“十三五”国家重点出版物出版规划项目
能源革命与绿色发展丛书
普通高等教育能源动力类系列教材

锅炉原理

第2版

主　编　张　力
参　编　蒲　舸　吕　太　唐　强　王恩宇
　　　　　闫云飞　杨仲卿　朱全利
主　审　周怀春

机 械 工 业 出 版 社

本书是按照教育部能源动力类教学指导委员会锅炉原理课程教学大纲编写而成的。本书结合锅炉行业的现状和发展趋势，全面阐述了锅炉的工作原理和主要设备及系统，重点介绍了锅炉的燃料及燃烧计算、燃烧设备、受热面、热力计算方法、水动力学原理及运行和调节等，反映了国内外的锅炉新技术、新成果，并采用了现行的国家标准。

本书可作为高等院校能源动力类专业本科生的锅炉原理课程教材（48 ～ 64 学时），也可供其他相关专业学生及从事锅炉设计制造和运行工作的工程技术人员参考。

本书配有电子课件，向授课教师免费提供，需要者可登录机工教育服务网（www.cmpedu.com）下载。

图书在版编目（CIP）数据

锅炉原理/张力主编．—2版．—北京：机械工业出版社，2021.1（2025.1重印）

（能源革命与绿色发展丛书）

普通高等教育能源动力类系列教材 “十三五”国家重点出版物出版规划项目

ISBN 978-7-111-66765-0

Ⅰ.①锅… Ⅱ.①张… Ⅲ.①锅炉-高等学校-教材 Ⅳ.①TK22

中国版本图书馆CIP数据核字（2020）第196137号

机械工业出版社（北京市百万庄大街 22 号 邮政编码 100037）

策划编辑：蔡开颖 责任编辑：蔡开颖 尹法欣

责任校对：王明欣 封面设计：张 静

责任印制：邓 博

北京盛通数码印刷有限公司印刷

2025 年 1 月第 2 版第 4 次印刷

184mm×260mm · 21 印张 · 516 千字

标准书号：ISBN 978-7-111-66765-0

定价：64.80 元

电话服务 网络服务

客服电话：010-88361066 机 工 官 网：www.cmpbook.com

010-88379833 机 工 官 博：weibo.com/cmp1952

010-68326294 金 书 网：www.golden-book.com

封底无防伪标均为盗版 机工教育服务网：www.cmpedu.com

前言

本书是按照教育部能源动力类专业教学指导委员会锅炉原理课程教学大纲，针对普通高等学校能源动力类相关专业编写而成的。

本书在编写中结合了国内外锅炉的现状和发展趋势，吸取了国内外锅炉研究的新成果和新技术，注重突出教学内容的先进性和实用性，全面阐述了锅炉的工作原理和主要设备及系统，重点介绍了锅炉的燃烧技术与燃烧设备、本体结构特征及受热面布置方式、热力计算方法和水动力学原理及计算方法，以及锅炉的运行和调节，符合工程类应用型本科的专业教学需要。其章节内容与题目鲜明、具体，便于教学中掌握要点，宜于自学。

本书在第 1 版体系的基础上，对原书中存在的一些不完善、不准确的表述进行了补充与修改，减少了工业锅炉的内容，删去了"第 13 章锅炉通风"和"第 14 章锅炉用钢及强度计算"，增补了新内容"第 13 章锅炉的运行和调节"。

重庆大学张力担任本书主编，编写第 1 章、第 4 章；重庆大学蒲舸编写第 7 章、第 9 章和第 13 章；东北电力大学吕太编写第 12 章；重庆大学唐强编写第 10 章、第 11 章；河北工业大学王恩宇编写第 2 章、第 3 章和第 5 章；武汉大学朱全利编写第 6 章、第 8 章。重庆大学闫云飞、杨仲卿参与了部分章节的编写工作。

华中科技大学周怀春教授担任本书主审，本书在编写过程中得到了华北电力大学刘石教授和西安热工研究院有限公司聂剑平教授级高工的帮助，他们提出了很多宝贵的意见和建议，使编者获益匪浅，在此表示诚挚的谢意。

本书可作为高等院校能源动力类专业本科生的锅炉原理课程教材（48 ～ 64 学时），也可供其他相关专业学生及从事锅炉设计制造和运行工作的工程技术人员参考。

由于编者水平所限，书中不足之处在所难免，恳请读者批评指正。

编　者

主要符号表

拉丁字母符号

A——燃料的工业分析灰分（%）面积，m^2
系数
AI——煤的磨损指数，mg/kg
A_l——炉膛水冷壁面积，m^2
A_{lt}——流通面积，m^2
A_s——锅炉散热面积，m^2
A_{sr}——受热面积，有效辐射面积，m^2
a——黑度
宽度，m
飞灰占总灰分的质量份额（%）
分配系数
B——燃料消耗量，kg/h
倾角系数
Bi——毕渥数
b——煤粉细度系数
宽度
深度，m
c——比热容，kJ/（kg·℃）
D——水量，锅炉蒸发量，kg/h
直径，m
DT——灰分的变形温度，℃
d——直径，m
E——活化能，kJ/mol
肋片有效系数
FC——燃料的工业分析固定碳（%）
FT——灰分的流动温度，℃
g——重力加速度，m/s^2
H——烟气焓，空气焓；kJ/kg，kJ/m^3
HT——灰分的半球温度，℃
h——高度，m
工质焓，kJ/kg
K——循环倍率，燃料的可磨性系数
传热系数，W/（m^2·℃）
轴向动量，kg·m/s
K_e——煤的冲刷磨损指数
k——蒸汽的携带系数（%）
火焰辐射减弱系数，1/（m·MPa）
玻耳兹曼常数
L——动量矩，kg·m^2/s
l——长度，m
M——燃料的工业分析水分（%）
摩尔质量，g/mol
n——转速，r/s
旋流强度
均匀性系数
P——功率，kW
Pr——普朗特数
p——压力，Pa
真空度
Q——热量，kJ
燃料发热量，kJ/kg
q——热负荷，kW/m^2，kW/m^3
q_m——质量流量，kg/s
q_V——体积流量，m^3/s
炉膛容积热负荷，kW/m^3
q_1——有效利用热占输入锅炉热量的百分率（%）

q_2——排烟热损失（%）
q_3——气体不完全燃烧热损失（%）
q_4——固体不完全燃烧热损失（%）
q_5——锅炉散热损失（%）
q_6——其他热损失（%）
R——热阻，$m^2 \cdot ℃/W$
半径，m
结构阻力系数
摩尔气体常数
Re——雷诺数
R_f——灰沾污指数
R_J——煤的燃尽特性指数
R_{VS}——灰黏度结渣指数
R_w——着火稳定性指数
R_x——煤粉细度（%）
R_Z——煤灰的结渣特性指数
r——汽化热，J/kg
风率，烟气再循环率
S——硫含量，硫分（%）
S——盐含量，mg/kg
ST——灰分的软化温度，℃
s——辐射层厚度，m
滑移比
节距，m
T——热力学温度，K
磨损量
t——摄氏温度，℃
孔距，mm
U——湿周长，m
u——燃烧器区域炉膛周长，m
V——燃料的工业分析挥发分（%）
容积，m^3
v——比体积，m^3/kg
w——流速，m/s
质量分数（%）
飞灰速度
w_i——化学反应速度，mol/s
x——质量含汽率（%）
角系数
Y——压差，Pa
z——曝光不均匀系数

希腊字母符号

α——过量空气系数
夹角
硝酸生成热的校正系数
表面传热系数，$W/(m^2 \cdot ℃)$
β——燃料特性系数
垂直度系数
容积含汽率
倾角
外内径之比
γ——一次风所占份额（%）
δ——厚度，mm
ε——辐射率
（对流受热）污染系数，$m^2 \cdot ℃/kW$
ζ——（辐射受热）污染系数
η——效率，热效率，燃烧效率（%）
不均系数，热偏差系数
飞灰撞击率
Θ——量纲一的温度
θ——烟气温度，℃
λ——热导率，$W/(m \cdot ℃)$
沿程摩擦阻力系数
μ——动力黏度，$Pa \cdot s$
热量均流系数
ν——运动黏度，m^2/s
ξ——局部阻力系数
利用系数
修正系数
ρ——密度，kg/m^3
σ——应力，Pa

相对节距

σ_0——绝对黑体的辐射常数，kW/（m^2·K^4）

τ——时间，s

温差，℃

切应力，Pa

φ——保热系数

减弱系数

截面含汽率

ψ——摩擦阻力校正系数

热有效系数

温压修正系数

ω——蒸汽湿度（%）

角标符号

act 实际

ad 空气干燥基

ar 收到基

b 炉壁，壁面，弹筒

b，w 排污

c 出口

cr 临界

d 干燥基，动力段

d，a 烟道灰

daf 干燥无灰基

dl 对流，当量

eh 恶化

ex 试验

f 辐射

fg 发光

fh 飞灰

fl 汽水分离器，分配集箱

fo 外来的

g 烟气

gl 过冷，锅炉

gr 高位，过热，过热器

gz 工质

g，d 干烟气

h 汽水混合物，灰粒，焊缝

hl 汇集集箱

hq 含汽段

hy 火焰

in 输入

j 计算值，静，焦炭，介质

jb 局部

jl 节流

js 加速

jx 界限

k 空气，空容积，空间

ks 扩散

ky 空气预热器

l 炉，炉膛，露点

le 肋

lf 漏风

lk 冷空气

lp 炉排

lq 冷却

ls 炉水

lz 炉渣，流动阻力

m 面

max 最大值

mc 摩擦

mf 煤粉

min 最小值

nb 内壁

net 低位

nl 逆流

p 屏，偏差管

pj 平均值，屏间

py 排烟

q 气体，蒸汽

r 入口，燃料，燃烧器

rat 额定

rk 热空气
rs 热水段
sd 速度
sl 顺流，水力，水露点
sm 省煤器，省煤段
ss 上升
st 标准
w 水蒸气
xj 下降
xt 系统
y 烟气
yc 烟囱，引出管
yd 运动，烟道
yf 引风
yx 有效，允许
z 中心
zh 着火
zr 再热，再热器
zs 折算，自生
zw 重位
zx 再循环
zy 自用

目录

第1章 绪　论

1.1 锅炉的构成和一般工作过程

锅炉是一种燃烧化石燃料以产生蒸汽（或热水）的热力设备。在锅炉中，通过燃烧将化石燃料的化学能转变成热能，并通过传热过程将能量传递给水，产生规定参数的蒸汽（或热水），提供给汽轮发电机组（或用热设备）。在火力发电厂，锅炉是三大主机之一。在各种工业企业的供热系统中，锅炉也是重要的组成部分。

1.1.1 锅炉的构成

锅炉由锅炉本体和辅助设备组成。

锅炉本体是锅炉的主要组成部分，由燃烧系统、汽水系统，以及连接管道、炉墙和构架等部分组成。燃烧系统由炉膛、烟道、燃烧器和空气预热器等组成，其主要作用是使燃料在炉内良好燃烧，放出热量。汽水系统由省煤器、锅筒、下降管、集箱、水冷壁、过热器和再热器等组成，其主要任务是有效吸收燃料放出的热量，使锅水蒸发并形成具有一定温度和压力的过热蒸汽。此外，连接管道用于烟道与风道的连接；炉墙用来构成封闭的炉膛和烟道；构架用来支撑和悬吊锅筒、锅炉受热面和炉墙等。

锅炉辅助设备主要包括燃料供应设备、燃料制备设备、通风设备、水处理及给水设备、除尘除灰设备、脱硫设备、仪表及自动控制设备等。

燃料供应设备主要包括燃料装卸和运输机械等，其主要作用是将燃料由储煤场送到锅炉房。燃料制备设备主要包括原煤斗、给煤机、磨煤机、分离器、排粉风机及输送管道等，其主要作用是将原煤干燥并制成合格的入炉燃料。通风设备主要包括送风机、引风机、风道、烟道和烟囱等，其主要作用是提供燃料燃烧和干燥所需的空气，并将燃烧生成的烟气排出炉外。水处理及给水设备由水处理设备、给水泵和给水管路组成，其主要作用是可靠地向炉内提供符合标准品质的给水，并防止锅炉水汽系统结垢、积盐和腐蚀。除尘除灰设备的主要任务是清除燃料燃烧后的灰渣和烟气中的飞灰。脱硫设备的主要任务是去除烟气中的二氧化硫（SO_2），减少污染排放。仪表及自动控制设备主要包括热工测量仪表、计算机及自动控制设备等，主要作用是测量和调控汽、水、风、烟等工质参数，维持锅炉的安全、高效、经济运行。

1.1.2 锅炉的一般工作过程

锅炉内部同时进行着燃料燃烧、烟气向工质传热和工质受热汽化三个过程。以图 1-1 所示的具有中间再热、配直吹式制粉系统的煤粉锅炉为例，说明锅炉的一般工作过程。

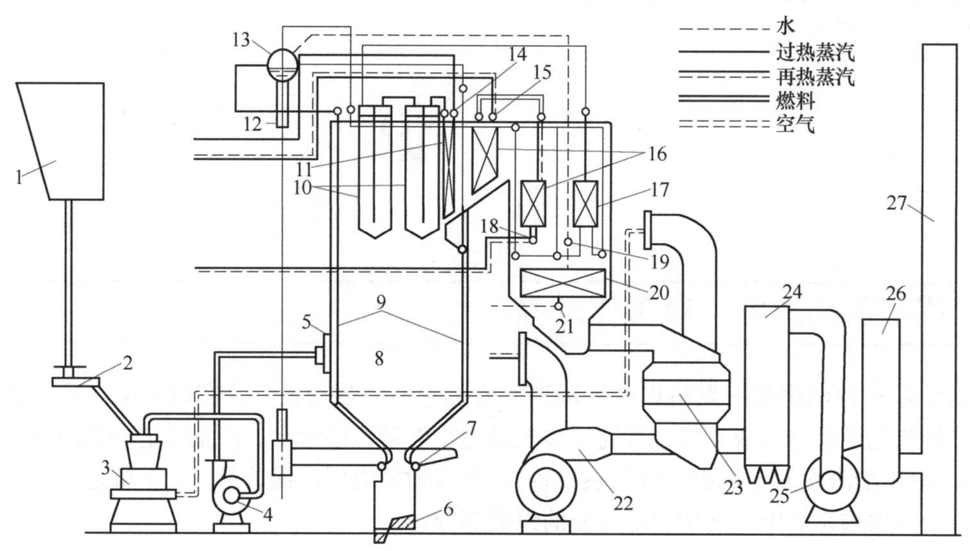

图 1-1 锅炉设备及一般工作过程示意图

1—原煤斗 2—给煤机 3—磨煤机 4—排粉风机 5—燃烧器 6—排渣装置 7—下集箱 8—炉膛 9—水冷壁 10—屏式过热器 11—高温过热器 12—下降管 13—锅筒 14—过热器出口集箱 15—再热器出口集箱 16—再热器 17—低温过热器 18—再热器进口集箱 19—省煤器出口集箱 20—省煤器 21—省煤器进口集箱 22—送风机 23—空气预热器 24—电除尘器 25—引风机 26—脱硫装置 27—烟囱

原煤斗 1 中的煤靠自重落下，经过给煤机 2 进入磨煤机 3 中，煤在磨煤机中被从空气预热器 23 来的热风干燥，磨制成合格的煤粉。通过排粉风机 4 经燃烧器 5，煤粉被喷入炉膛 8 的空间中燃烧放热，燃烧生成的高温火焰和烟气在炉膛 8 和烟道中，以不同的换热方式依次将热量传递给水冷壁 9（辐射换热）、屏式过热器 10（半辐射、半对流换热）、高温过热器 11（对流换热）、再热器 16（对流换热）、低温过热器 17（对流换热）、省煤器 20（对流换热）和空气预热器 23（对流换热）。烟气离开锅炉时，温度已经较低，然后进入电除尘器 24 除去绝大部分灰粒，经引风机 25 进入脱硫装置 26 除去大部分 SO_2，最后通过烟囱 27 排至大气中。

燃料燃烧需要的空气，经送风机 22 送入空气预热器 23，被烟气加热成热空气后分成两部分。其中一部分通过燃烧器 5 直接送入炉膛 8，主要起混合、强化燃烧的作用，称为二次风；另一部分进入磨煤机 3，用于干燥和输送煤粉，这股携带煤粉的空气称为一次风。燃料燃烧后生成灰渣，灰渣由炉膛下部的排渣装置 6 排出，较细的飞灰由烟道尾部的电除尘器 24 收集，收集的干灰可以综合利用，也可与灰渣一起经灰渣泵送往灰场。

给水经给水泵升压后送入锅炉省煤器 20，被烟气加热，然后进入锅筒 13。锅筒里的水沿下降管12至水冷壁的下集箱7再进入水冷壁9，水在水冷壁中吸收炉内高温火焰和烟气的辐射热量，部分水变成水蒸气，在水冷壁管子中形成汽水混合物。汽水混合物向上流入锅筒，在锅筒中由汽水分离装置进行汽水分离。分离出来的水留在锅筒下部，与连续送入锅筒的给水一起再通过下降管又进入水冷壁吸热，形成自然循环。

而分离出的饱和蒸汽进入过热器，被进一步加热成过热蒸汽。过热蒸汽经过蒸汽管道进入汽轮机高压缸做功，蒸汽在汽轮机高压缸做功后，温度、压力都下降，又引回锅炉再热器16，再次加热达到规定参数后送往汽轮机的中压缸继续做功。

现代锅炉是一个十分复杂、具有高度技术水平的设备，其各部分的组成取决于锅炉的容量、蒸汽参数和燃料的性质，也取决于工作的可靠性、经济性以及自动化水平。

1.2 锅炉的分类和主要形式

1.2.1 锅炉的分类

按用途分类锅炉可以分为生活锅炉、工业锅炉和电站锅炉。

按蒸汽压力分类锅炉可以分为低压锅炉（出口蒸汽表压≤2.45MPa）、中压锅炉（表压为2.94～4.90MPa）、高压锅炉（表压为7.84～10.8MPa）、超高压锅炉（表压为11.8～14.7MPa）、亚临界压力锅炉（表压为15.7～19.6MPa）、超临界压力锅炉（表压为24.0～28.0MPa）和超超临界机组（表压达到28.0MPa以上，或主蒸汽温度和再热蒸汽温度为593℃及以上）。

按燃料种类分类锅炉可以分为燃煤锅炉、燃油锅炉和燃气锅炉等。

按燃烧方式分类锅炉可以分为火床炉、室燃炉、旋风炉和流化床炉等。目前，电站锅炉以燃烧煤粉为主，称为室燃炉。

按工质在蒸发受热面中的流动方式分类，锅炉可以分为自然循环锅炉、强制循环锅炉、直流锅炉和复合循环锅炉。

1.2.2 锅炉的主要形式

1. 层燃锅炉

低压小容量锅炉一般用于工业生产供热或生活采暖等，多采用层燃燃烧方式（也称火床燃烧方式），有水管式也有火管式。由于压力较低，蒸发需要的热量（汽化热）占70%～92%。因此布置锅炉管束来增加蒸发受热面，一般在尾部装有铸铁式省煤器以加热给水，同时降低排烟温度，提高锅炉效率。有时为满足生产工艺的要求，也布置过热器。

图1-2所示为国内生产的容量为10～20t/h的横置双锅筒水管锅炉。蒸发受热面有水冷壁及对流锅炉管束，过热器布置在防渣管之后，有铸铁（或钢管）省煤器和管式空气预热器，一般采用鳞片式链条炉排，锅炉管束、过热器及省煤器都装有蒸汽吹灰装置。

2. 循环流化床锅炉

图1-3所示为DG440/13.7型循环流化床锅炉。该锅炉为超高压带中间再热、单锅筒自

然循环、半露天布置和全钢架支吊结构，采用高温汽冷式旋风分离器，锅炉整体呈左右对称布置。

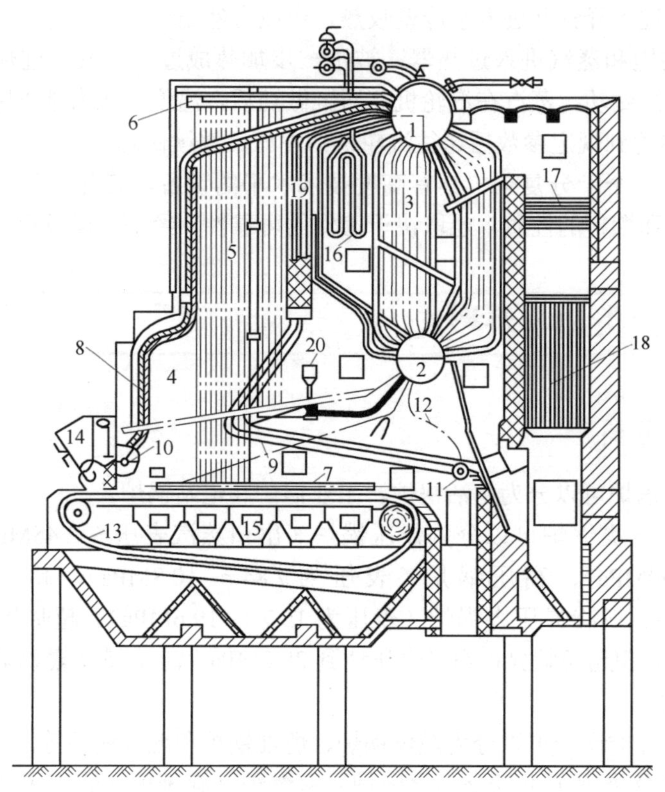

图 1-2 横置双锅筒水管锅炉

1—上锅筒 2—下锅筒 3—对流管束 4—炉膛 5—侧墙水冷壁 6—侧墙水冷壁上集箱 7—侧墙水冷壁下集箱 8—前墙水冷壁 9—后墙水冷壁 10—前水冷壁下集箱 11—后水冷壁下集箱 12—下降管 13—链条炉排 14—煤斗 15—风仓 16—蒸汽过热器 17—省煤器 18—空气预热器 19—防渣管 20—二次风管

炉膛采用全膜式水冷壁结构，炉膛上部沿宽度方向分别布置有 6 片屏式过热器和 4 片屏式再热器。炉膛底部是由水冷壁管弯制围成的水冷风室。

锅炉采用前墙集中给煤方式，6 台气力播煤装置均匀布置在前墙水冷壁下部。石灰石采用气力输送，3 个石灰石给料口布置在炉膛下部。炉底布置有床下点火油燃烧器，用于锅炉起动点火和低负荷稳燃。2 台风水冷流化床选择性排灰冷渣器布置在炉膛两侧。

在 2 台高温旋风分离器下各布置一台回料器。由旋风分离器分离下来的物料经回料器直接返回炉膛。

尾部采用双烟道结构，上部被中隔墙过热器分为前烟道和后烟道，前烟道中布置有低温再热器，后烟道中布置有高温过热器及低温过热器，上部烟道被膜式包墙过热器所包覆，下部为单烟道，自上而下依次布置有省煤器及空气预热器，省煤器管束采用顺列布置，管式空气预热器采用卧式布置。

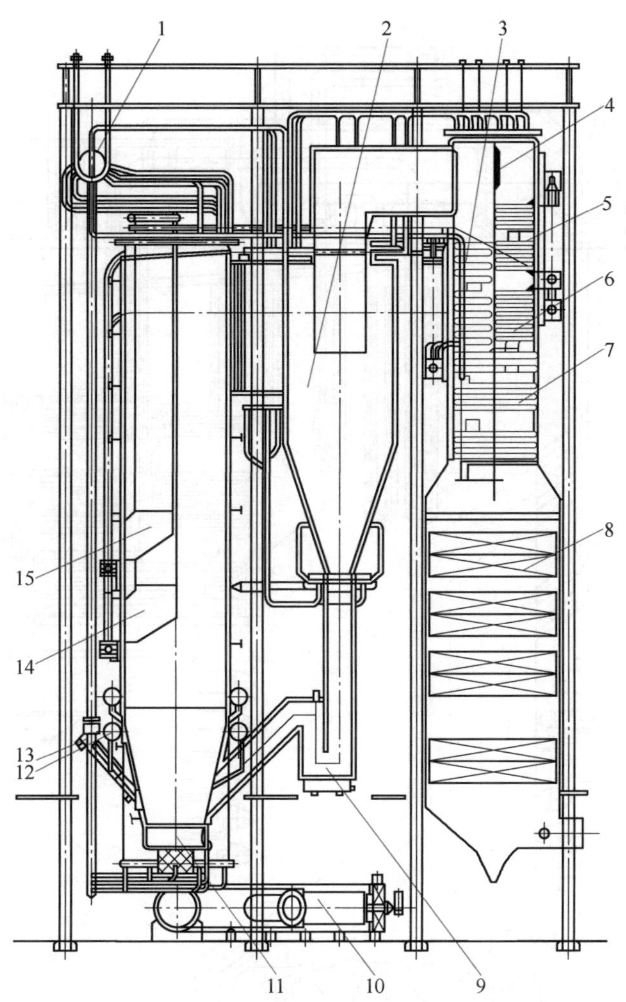

图 1-3 DG440/13.7 型循环流化床锅炉

1—锅筒 2—高温旋风分离器 3—低温再热器 4—中隔墙过热器 5—高温过热器
6—低温过热器 7—省煤器 8—空气预热器 9—回料阀 10—床下点火油燃烧器
11—水冷风室 12—二次风口 13—播煤机 14—屏式再热器 15—屏式过热器

3. 自然循环锅炉

自然循环锅炉中，汽水主要依靠下降管中的水和上升管中汽水混合物的密度差产生的压差而循环流动。锅炉的工作压力越低，密度差越大，循环越可靠。在高压、超高压锅炉中，只要适当地设计锅炉的循环回路，自然循环是很可靠的。甚至到了亚临界压力时，虽然锅筒中压力已达到 18.5MPa 左右，水和蒸汽的密度差已经很小，但只要按照炉内热负荷的分布规律，合理地设计循环回路，仍然可以采用自然循环。图 1-4 所示是 2209t/h 亚临界压力自然循环锅炉的本体结构示意图。

该锅炉为亚临界自然循环锅炉，单炉膛对冲燃烧，配低氮型 DS 旋流分级燃烧器。采用一次中间再热，固态机械除渣和正压气力除灰系统。制粉系统为双进双出钢球磨煤机一次风正压直吹式制粉系统。燃烧器前、后墙对冲布置共 24 只，前、后墙各 3 排，每排 4 只。设计燃料为无烟煤。

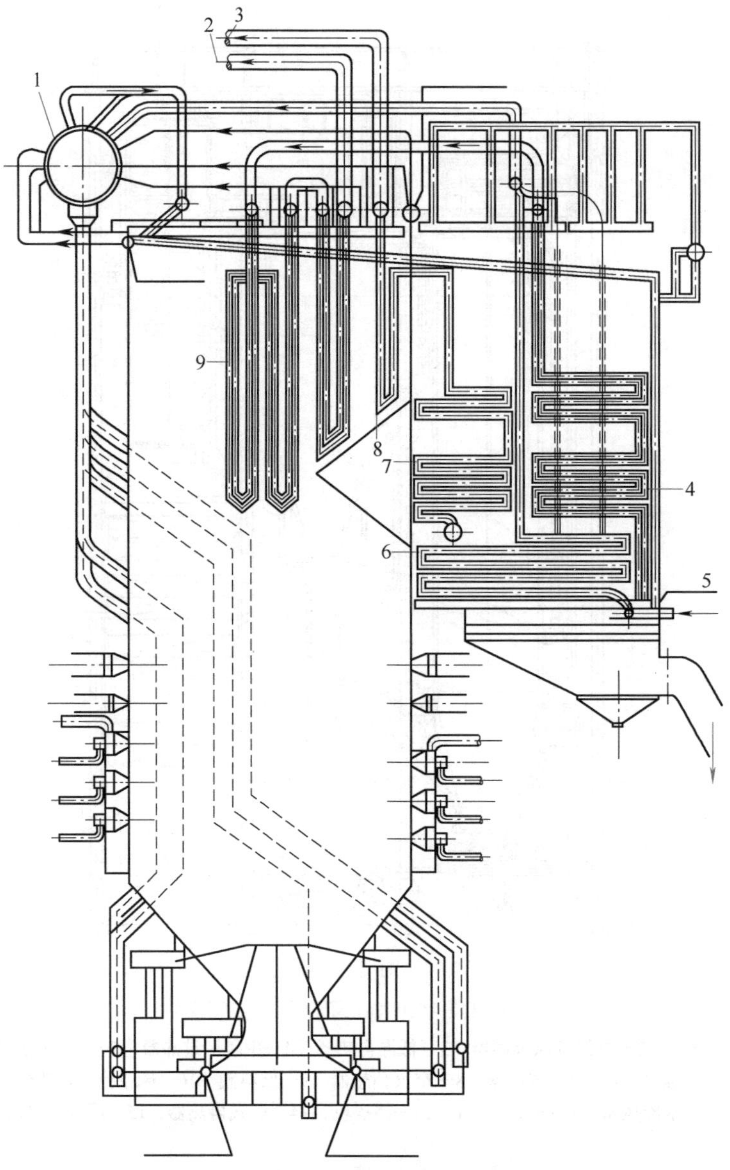

图 1-4 2209t/h 亚临界压力自然循环锅炉

1—锅筒 2—过热器出口 3—再热器出口 4—低温过热器 5—低温过热器进口 6—省煤器 7—再热器 8—高温过热器 9—屏式过热器

4. 控制循环锅炉

图 1-5 所示为哈尔滨锅炉厂有限责任公司（简称哈尔滨锅炉厂）采用 CE 技术设计制造的 HG2008/18.3-M 型亚临界压力控制循环锅炉。

炉膛上部布置有墙式辐射再热器和大节距的分隔屏过热器。折焰角之前布置了后屏过热器，水平烟道中依次布置了后屏再热器、末级再热器和末级过热器。在尾部竖井烟道中顺序布置有立式及水平式低温过热器和省煤器。所有屏式和对流过热器、再热器和省煤器的管子均为顺列布置。两台 CE 型的三分仓容克式空气预热器对称地布置于尾部竖井下方。

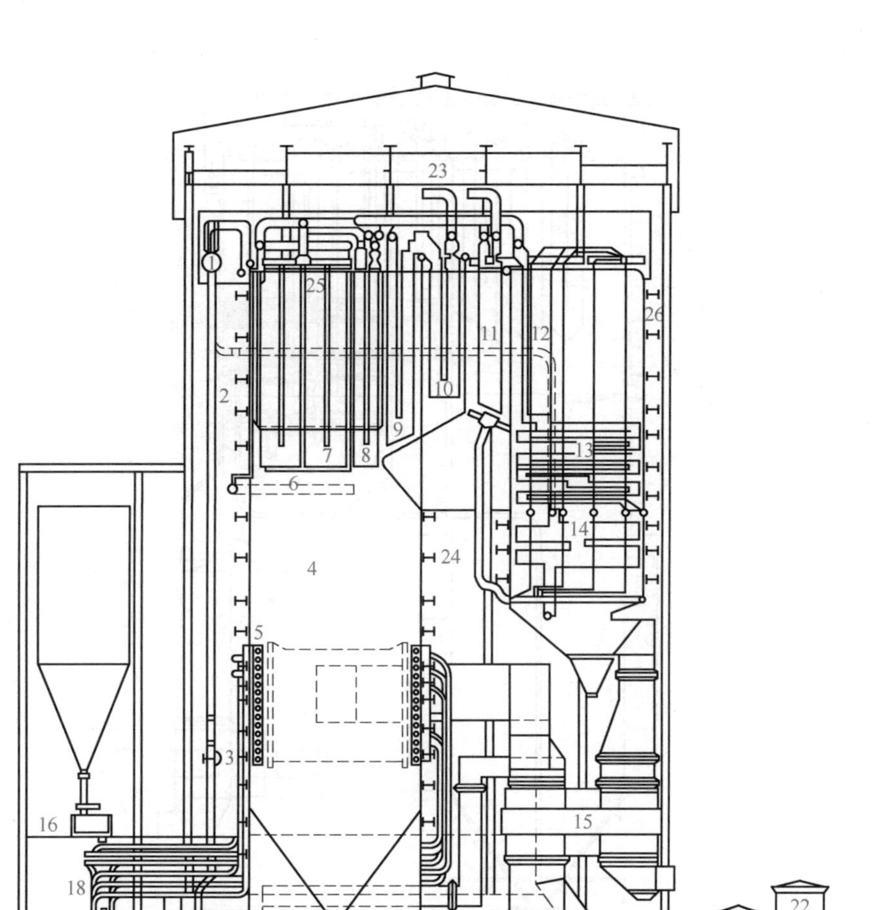

图 1-5 HG2008/18.3-M 型亚临界压力控制循环锅炉

1—锅筒 2—下降管 3—循环泵 4—水冷壁 5—燃烧器 6—墙式辐射再热器 7—分隔屏过热器 8—后屏过热器 9—后屏再热器 10—末级再热器 11—末级过热器 12—立式低温过热器 13—水平低温过热器 14—省煤器 15—容克式空气预热器 16—给煤机 17—磨煤机 18—煤粉管道 19—水封式除渣装置 20—风道 21—一次风机 22—送风机 23—锅炉构架 24—刚性梁 25—顶棚管 26—包墙管

5. 超临界直流锅炉

直流锅炉中的工质——水、汽水混合物和蒸汽是由给水泵的压力而一次经过全部受热面，因此称为直流锅炉。它只有相互连接的受热面，没有锅筒。这种锅炉对给水品质和自动控制要求高，给水泵消耗功率较大。当压力超过临界压力时，由于汽水不可能用锅筒进行分离，只有采用直流锅炉。

DG1900/25.4-Ⅱ2 型超临界直流本生型锅炉如图 1-6 所示，由东方锅炉（集团）股份有限公司与巴布科克 - 日立公司合作设计制造。该锅炉燃烧烟煤，Π 形布置，旋流燃烧器前、后墙对冲布置，单炉膛，尾部双烟道结构，一次再热，采用挡板调节再热汽温，固态排渣，全钢构架悬吊结构，露天布置。

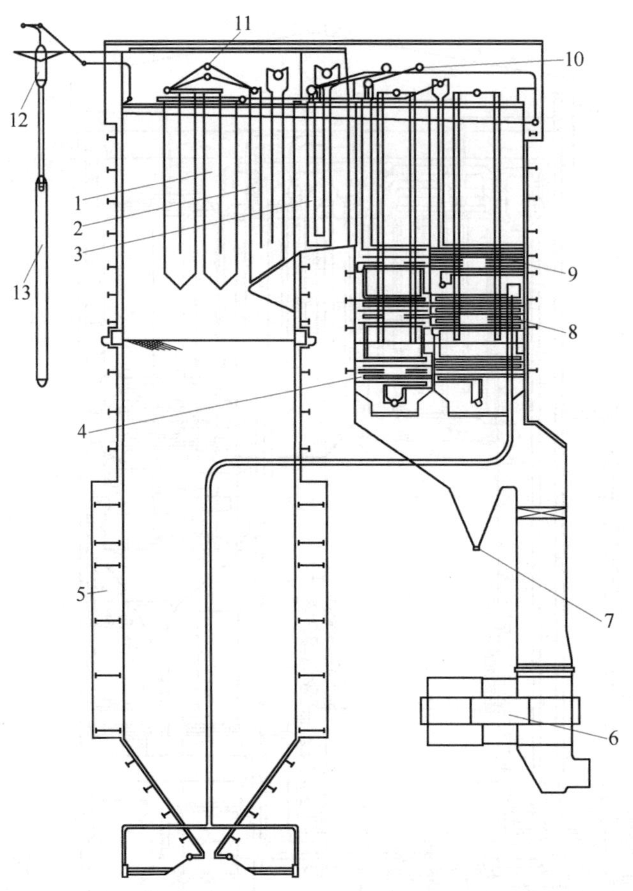

图 1-6 DG1900/25.4-Ⅱ 2 型超临界直流本生型锅炉

1—屏式过热器 2—高温过热器 3—高温再热器 4—低温再热器 5—燃烧器 6—空气预热器 7—省煤器灰斗 8—省煤器 9—低温过热器 10—再热减温器 11—过热器二级减温器 12—起动分离器 13—储水罐

锅炉循环系统由汽水分离器、储水罐、下降管、下水连接管、水冷壁上升管及汽水连接管等组成。负荷≥25%锅炉最大连续蒸发量后，直流运行，一次上升，起动分离器入口具有一定的过热度。

炉膛水冷壁分为上下两部分，上部水冷壁采用全焊接的垂直上升膜式管屏，下部水冷壁采用内螺纹管的全焊接螺旋上升膜式管屏。

过热器及再热器受热面均为辐射 - 对流型。过热器系统由在尾部竖井后烟道内的低温过热器、炉膛上部的屏式过热器和水平烟道中的高温过热器组成。过热汽温调节采用二级喷水减温。再热器由低温再热器和高温再热器组成。

省煤器水平布置于尾部后竖井水平低温过热器的下方。空气预热器为三分仓回转式空气预热器。

燃烧器采用旋流式燃烧器，采用前、后墙对冲布置和分级燃烧技术。分三层布置，共设有36只燃烧器。上部布置16只燃尽风喷口。设有起动油枪12只，点火油枪36只，总输入热量相当于30%B-MCR锅炉负荷，用于起动和维持低负荷燃烧。

该锅炉采用的制粉系统为正压直吹式制粉系统，配置6台MPS辊式中速磨煤机。

1.3 锅炉容量和参数

1.3.1 锅炉容量

锅炉容量指每小时产生的蒸汽量，单位为 t/h，分为额定蒸发量和最大连续蒸发量两种。

（1）锅炉额定蒸发量　它是指锅炉在额定蒸汽参数、额定给水温度和使用设计燃料，并保证热效率时的蒸发量。

（2）锅炉最大连续蒸发量　它是指锅炉在额定蒸汽参数、额定给水温度和使用设计燃料，长期连续运行时所能达到的最大蒸发量。

1.3.2 锅炉的参数

锅炉的蒸汽参数是指锅炉过热器和再热器出口的额定蒸汽压力和额定蒸汽温度。我国锅炉的蒸汽参数及容量见表 1-1。

表 1-1　我国锅炉的蒸汽参数及容量

参数			最大连续蒸发量 /（t/h）	发电功率 /MW
额定蒸汽压力 /MPa	额定蒸汽温度 /℃	给水温度 /℃		
2.5	400	105	20	3
3.9	450	145 ～ 155	35，65	6，12
		165 ～ 175	130	25
9.9	540	205 ～ 225	220，410	50，100
13.8	540/540	220 ～ 250	420，670	125，200
16.8	540/540	250 ～ 280	1025	300
17.5	540/540	260 ～ 290	1025，2008	300，600
25.4	571/569	282	1913	600
27.56	605/603	298	2950	1000

（1）额定蒸汽压力　它是指蒸汽锅炉在规定的给水压力和规定的负荷范围内，长期连续运行时应保证的过热器和再热器出口的蒸汽压力。

（2）额定蒸汽温度　它是指蒸汽锅炉在规定的负荷范围内、额定蒸汽压力和额定给水温度下长期运行所必须保证的过热器和再热器出口的蒸汽温度。

（3）给水温度　它是指省煤器进口的给水温度。

1.4 锅炉的性能指标

锅炉的性能指标主要包括经济性指标和可靠性指标等。

1.4.1 锅炉的经济性指标

锅炉的经济性指标是指热效率和成本等。

1. 热效率

锅炉热效率是指锅炉有效利用的热量 Q_1 与燃料输入热量 Q_r 的百分比，即

$$\eta_{gl} = \frac{Q_1}{Q_r} \times 100\% \tag{1-1}$$

实际中，只用锅炉热效率来说明锅炉运行的经济性是不够的，锅炉还有很多辅助设备，如风机、水泵和吹灰器等，它们要消耗电能和蒸汽，考虑了这些能量消耗就可得到净效率。一般锅炉效率是指热效率。锅炉净效率可用以下公式计算，即

$$\eta_j = \frac{Q_1}{Q_r + \sum Q_{zy} + 29270 \dfrac{b}{B} \sum P} \times 100\% \tag{1-2}$$

式中，B 为锅炉燃料消耗量（kg/h）；Q_{zy} 为锅炉自用热耗（kJ/kg）；$\sum P$ 为锅炉辅助设备实际消耗功率（kW）；b 为电厂发电标准煤消耗量［kg/（kW・h）］。

2. 成本

锅炉的成本，除总投资外，还往往用每吨蒸汽所需的投资数来表示。由于钢材、耐火材料等价格在各个时期可能不同，并且成本受到劳动生产率、工资等影响，为便于比较，往往用占锅炉成本中最主要的一项，即钢材消耗率来表示锅炉成本。钢材消耗率定义为锅炉单位蒸发量所用的钢材质量，单位为 t/(t/h)。在设计制造锅炉时，当然希望尽可能降低钢材消耗量，特别是各种贵重的耐热合金钢材的消耗量。但另一方面，还要考虑到运行的经济性，使锅炉有比较高的热效率。

1.4.2　锅炉的可靠性指标

锅炉工作的可靠程度是锅炉技术水平的主要标志之一。锅炉的可靠程度可用锅炉连续运行小时数、锅炉可用率及锅炉事故率等指标来表示。

锅炉连续运行小时数是指锅炉两次被迫停炉进行检修之间的运行小时数。

锅炉可用率是指在统计期间内，锅炉总运行小时数及总备用小时数之和与该统计期间总小时数的百分比。

锅炉事故率是指在统计期间内，锅炉总事故停炉小时数与总运行小时数、总事故停炉小时数之和的百分比。

1.5　锅炉发展历史和趋势

1.5.1　锅炉发展历史

18 世纪末，随着英国工业革命的迅速发展，对动力的需求大大增加，出现了工业用的圆筒形锅炉。由于当时社会生产力的迅猛发展，蒸汽在工业上的用途日益广泛，不久就对锅炉提出了扩大容量和提高参数的要求。于是，在圆筒形蒸汽锅炉的基础上，从增加受热面入手，对锅炉进行了一系列的技术变革。锅炉主要向两个方向发展：

1）在锅筒内部增加受热面，形成了烟管锅炉系列。起初是在一个大锅筒内增加了一个

火筒，形成单火筒锅炉。其后增加为两个火筒，形成双火筒锅炉。随着锅炉的进一步发展，在19世纪中期，出现了用小直径的烟管取代火筒的烟管锅炉，烟管锅炉的燃烧室也由锅筒内部移至锅筒外侧。后来又出现了烟管-火筒组合锅炉。

这类锅炉的共同特点是烟气在管内流动，水在大锅筒与小烟管之间被加热汽化。其炉膛一般都较矮小，炉膛四周又被作为辐射受热面的筒壁所围住，所以炉内温度低，燃烧条件差，难于燃用低质煤。烟气纵向冲刷壁面，传热效果也差，排烟温度很高，热效率低。这类锅炉的金属耗量大，结构刚度大，受热后膨胀不均匀，胀接处易漏水，且水垢不易清除，蒸发量小，参数低（蒸汽压力小于1.5MPa）。

2）在锅筒外部发展受热面，形成水管锅炉系列。为了增加受热面，首先增加水筒数目，燃料在水筒外燃烧，水筒数目不断增加，发展形成很多小直径水管，从而形成水管锅炉。

早期出现的水管锅炉是整集箱横水管锅炉。由于整集箱尺寸太大，其强度难以保证，后来改为波形分集箱结构。这类锅炉由于水管接近水平放置，水循环不可靠，易出故障，故已不再生产。

20世纪初出现了水管锅炉的另一个分支——竖水管锅炉。初期采用直水管，后来为布置方便和增加弹性，直水管逐渐被弯水管代替。最初采用多只锅筒做成多锅筒弯水管锅炉，后来，随着传热学的发展，认识到炉膛中设置的水冷壁管的辐射传热，比一般对流管束的吸热强度高得多，锅炉朝着增加辐射受热面，减少对流受热面方向发展。同时，锅筒数目逐渐减少，出现双锅筒锅炉、单锅筒锅炉，现在已经出现无锅筒的直流锅炉。

水管锅炉的出现，是锅炉发展的一大飞跃，相比烟火管锅炉，水管锅炉无论在燃烧条件、传热效果和受热面布置等方面都得到了根本性的改善，锅炉容量、参数和热效率大为提高，金属耗量大为下降。

总之，现代电站锅炉正朝着大容量、高参数方向发展，亚临界、超（超）临界锅炉已经成为主流。对于工业锅炉，也朝着简化结构、改善燃烧、提高效率、降低金属消耗和扩大燃料适应性方向发展。

1.5.2 工业锅炉和生活锅炉的发展趋势

截至2012年年底，我国有工业锅炉约47万台，总容量约为178万t/h，年消耗原煤7亿t，是仅次于电站锅炉的第二大煤炭消耗装置。

我国工业及生活锅炉目前存在的主要问题表现在：热效率偏低，单台容量小，自动化程度低，污染较重。

为了克服以上问题，我国锅炉行业加快了技术创新与产品结构调整，工业及生活锅炉朝着简化结构、改善燃烧、提高效率、控制排放和降低金属消耗的方向发展。

我国燃煤工业锅炉以层燃锅炉为主，占总量的65%以上。该型锅炉主要在能效和环保性能方面需要进一步提高。对于层燃锅炉主要采取对原煤进行洗选筛分，并同时改进燃烧设备的方法。比如，可采用分层给煤和炉前成型给煤耦合、宽煤种炉拱设计、飞灰高温分离与飞灰内循环流化再燃等技术来提高层燃锅炉效率，减少污染。

循环流化床燃烧技术具有燃烧效率高、燃料适应性广和排放污染物少等特点，在容量≥10t/h燃煤工业锅炉中得到广泛应用，是很有发展前途的清洁燃烧技术。

采用燃油或燃气工业锅炉，不仅可以提高锅炉热效率，而且可以显著减少污染物排放。随着环保要求的不断严格，加之西气东输和利用国际天然气资源等工程的实施，大多数城市开始推广应用清洁能源，大量的燃气锅炉将替代原有的燃煤锅炉，燃气锅炉的市场前景相当广阔。

当前，我国城市生活垃圾成分有了明显的变化，其质量基本具备焚烧的条件，城市垃圾焚烧发电已推广应用，推动了垃圾焚烧锅炉的发展。借鉴国外先进技术，研制国产垃圾焚烧锅炉，其市场前景非常广阔。目前常见的垃圾焚烧炉有机械炉排炉、流化床炉与回转窑炉。

水煤浆是一种由质量分数为29%～34%的水、65%～70%的煤以及约1%的添加剂混合制备而成的新型煤基流体洁净环保燃料。水煤浆既保留了煤的燃烧特性，又具备了类似重柴油的液态燃烧特性。水煤浆外观像油，流动性好，储存稳定，运输方便，燃烧效率高，污染排放低。因此，水煤浆在量大面广的工业锅炉中替代油气燃料有很好的前景。

1.5.3 电站锅炉的发展趋势

截至2018年年底，我国发电装机容量达到18.9967亿kW，位居世界第一，其中，火电11.4367亿kW，占60.2%。

火电机组的效率随着蒸汽参数的提高而提高。根据实际运行的燃煤机组的经验，亚临界机组（17MPa，538℃/538℃）的净效率为37%～38%，超临界机组（24MPa，538℃/538℃）的净效率为40%～41%，超超临界机组（28MPa，600℃/600℃）的净效率为44%～45%。从供电煤耗看，亚临界机组为330～340g/（kW·h），超临界机组为310～320g/（kW·h），超超临界机组为290～300g/（kW·h）。根据能源资源状况和电力技术发展的水平，发展高效、节能、环保的超（超）临界火力发电机组势在必行。

从20世纪50年代起，超（超）临界锅炉就是西方发达国家主要发展方向。1957年，美国第一台125MW超临界试验机组投入运行，到1986年，共有166台机组投入运行，总功率达111亿kW，其中800MW以上的机组107台，1300MW机组至今已有9台投入运行，蒸汽参数大多为24.11MPa、538℃/538℃。美国电力研究院（EPRI）从1986年起就一直致力于开发32MPa、593℃/593℃/593℃带中间负荷的超超临界燃煤火电机组。

20世纪90年代，日本投运的超临界机组蒸汽温度逐步由538℃/566℃提高到538℃/593℃，蒸汽压力则保持24～25MPa，容量以1000MW为多。三菱、东芝、日立等制造公司，将发展超超临界机组的计划分为三个阶段：第1阶段，24.5MPa、600℃/600℃参数已完成；第2阶段，计划采用31.4MPa、593℃/593℃/593℃参数；第3阶段，则采用更高的34.5MPa、649℃/593℃/593℃参数。

欧洲超临界机组的参数大多为25MPa、540℃/540℃，机组容量中等，440～660MW。德国Lippendorf电站两台930MW、550℃/580℃的机组于1999年投入运行。丹麦Nordjyllands-vaerker电站一台容量为411MW，参数为28.15MPa、580℃/580℃/580℃二次再热的燃煤超超临界机组于1998年投入运行，由于其采用冷却水温10℃，锅炉排烟温度降到100℃，锅炉效率达95%，厂用电率为7.16%，机组的净效率达到47%。欧盟制订了“THERMIE”700℃先进燃煤火电机组的发展计划，开发35MPa、700℃/720℃/720℃的超超临界火电机组，其净效率将达到50%以上。

苏联从1963年第一台300MW超临界机组投入运行以来，到1985年即有187台超临界机组投入运行，总功率达6800万kW，单机功率分为300MW、500MW、800MW和1200MW，蒸汽参数为23.15MPa、540℃/540℃。

我国电站锅炉的发展经历了学习国外技术，自力更生，引进、消化吸收、优化创新，全面发展的阶段，20世纪50年代实现了从无到有，蒸汽温度达到450℃，20世纪60～80年代自主研制了高压和超高压锅炉，逐渐形成自主研发能力，开发了配100MW机组的410t/h高压锅炉和配200MW机组的超高压锅炉；20世纪80年代以后，引进、消化吸收了美国CE公司300～600MW亚临界控制循环锅炉技术，首台300MW亚临界锅炉安装在山东石横电厂，600MW亚临界锅炉安装在安徽平圩发电厂。进入21世纪，我国电站锅炉技术跨进了世界先进水平行列，开发了600～1000MW超超临界二次再热锅炉和300～600MW大型循环流化床锅炉。目前我国已能制造适合多煤种、不同燃烧方式和不同炉型的全系列产品，形成了从中压、高压、超高压到亚临界、超临界、超超临界及高效超超临界等一系列不同压力等级的电站锅炉，并远销世界各地。目前，国内形成了东方锅炉（集团）股份有限公司（简称东方锅炉厂）、哈尔滨锅炉厂有限责任公司和上海锅炉厂有限公司（简称上海锅炉厂）三大电站锅炉制造和研发基地。

未来我国电站锅炉行业面临着提高效率同时降低污染排放的双重任务，因此开发高效清洁燃煤电站锅炉势在必行，在新的形势下，电站锅炉行业的总体技术走向如下：

（1）700℃等级先进超超临界燃煤发电锅炉　目前，世界上已投入运行的超超临界燃煤发电机组，主蒸汽温度在560～600℃之间，供电效率最高达到47%。如果将主蒸汽温度进一步提高到700℃以上，一次/二次再热超超临界机组效率均将提高至50%以上，同时与目前600℃一次/二次再热超超临界发电机组相比，可进一步降低供电煤耗至少26g/(kW·h)以上。

（2）大容量、高参数燃用准东煤锅炉　新疆准东煤预测储量达3900亿t，是我国目前最大的整装煤田。此类煤种属高热值燃料，但碱金属含量很高（灰中，Na_2O含量为5%～10%（本书未注明时指质量分数）；CaO含量为20%～40%），具有极强的结渣和沾污特性。由于准东煤的特殊性，目前能实现350MW等级机组在长期满负荷下燃用90%比例准东煤。但距离开发100%燃用准东煤大容量电站锅炉和更高参数、更低排放的燃用准东煤锅炉仍有较多工作要做。

（3）高效循环流化床锅炉　完善现有超临界循环流化床锅炉设计制造技术，开发更加高效的超超临界循环流化床锅炉，进一步丰富我国火力发电锅炉的产品系列，提升能源利用效率。

（4）燃气-蒸汽联合循环余热锅炉　燃气-蒸汽联合循环机组具有环保性好、效率高、调峰性好和初投资低等诸多优点，目前已成为我国发电机组中不可缺少的组成部分。目前，我国余热锅炉装机容量的比例远低于国外发达国家的装机比例，随着环保压力的加大，以及大量天然气资源被发现，同时购买国外天然气的长期供应得以实现，未来燃气-蒸汽联合循环机组在未来将有很大发展空间。

思 考 题

1-1　锅炉本体由哪些系统及部件组成？其作用是什么？

1-2 锅炉有哪些辅助设备？其作用是什么？

1-3 简述锅炉的工作过程。

1-4 按蒸汽压力分类锅炉可以分为哪几类？

1-5 什么是锅炉的额定蒸发量与最大连续蒸发量？

1-6 什么是锅炉的热效率与净效率？

1-7 简述电站锅炉的未来发展趋势。

第 2 章 锅炉燃料

通常所说的燃料，指的是在自然界中大量存在或生产的、能与氧发生激烈氧化反应、放出大量热量、并在经济上能合理利用的物质的总称，比如煤炭、石油、天然气及其加工产品。

锅炉燃料按照其物态可以分为固体燃料、液体燃料和气体燃料。

锅炉使用的固体燃料一般有煤炭、煤矸石、煤泥、固体废弃物和生物质等，液体燃料有重柴油、水煤浆和工业废液等，气体燃料有天然气和人工燃气等。

2.1 煤的常规特性及其分类

2.1.1 煤的化学组成及分析

煤的化学组成和含量依靠煤的分析获得。煤的分析有元素分析和工业分析两种。

1. 煤的元素分析成分

元素分析是分析煤的碳（C）、氢（H）、硫（S）、氧（O）、氮（N）五种元素（一般称为可燃质）。下面分别对煤中各元素特性及其对燃烧的影响加以说明。

（1）碳（C） 碳是煤中的最主要可燃元素，在煤中碳的含量（本章均指质量分数）可达到 20% ～ 70%，煤的煤化程度越高，其碳含量越大。碳在燃烧时会放出大量的热量，其发热量为 32783kJ/kg（$C \rightarrow CO_2$）。碳是一种较难燃烧的元素，煤的碳含量越大，着火和燃烧越困难，但发热量会较多。

（2）氢（H） 氢是煤中第二重要元素，也是煤中的可燃元素，而且是燃料中发热量最高、最有利于燃烧的元素。不过煤中氢含量一般不高，只有 3% ～ 5%，而且煤化程度越高，煤的氢含量越小。氢含量越高的煤着火越容易，发热量也越高，但在燃烧时容易分解出炭黑粒子，即容易冒黑烟。

（3）硫（S） 硫是燃料中最有害的可燃元素，硫在燃烧后会生成 SO_2 与 SO_3 气体，对动植物产生毒害作用，还会与水蒸气结合形成亚硫酸和硫酸蒸气。如果排放到大气后会形成酸雨或硫酸烟雾，造成环境污染，或者对燃烧装置的金属表面产生腐蚀作用，尤其是常在燃烧设备中造成尾部受热面的酸腐蚀。我国煤中硫含量变化范围很大（0.2% ～ 8%）。

（4）氧（O） 氧为不可燃元素。由于氧与碳、氢等可燃元素构成氧化物而使它们失去了进行燃烧的可能性，从而降低了燃烧放热量，所以煤中的氧也是一种有害元素。煤中氧含量变化很大，随煤化程度加深而减少，如褐煤中氧含量可达25%，而无烟煤中氧含量仅有1%～3%。氧的存在形式也有两种，多数与碳、氢等构成有机化合物，少数以游离态存在，可以起到助燃作用。

（5）氮（N） 氮也为不可燃元素，是煤中唯一完全以有机状态存在的元素。一般情况下不参与燃烧，但在高温或有催化剂的条件下部分氮可和氧作用生成NO_x，污染大气环境。煤中氮的含量一般不高，为0.5%～2%。

在锅炉的设计及运行等方面，都需要掌握煤的元素分析成分的组成。煤的元素分析成分测定方法都在国家标准中做了相应的规定，可参阅相关国家标准。

2. 煤的成分分析基准

煤的组成用各成分的质量分数来表示。对于既定的燃料，其中的C、H、S、O和N的绝对含量是不变的，但燃料的水分和灰分会随着开采、运输、储存乃至气候等条件的变化而变化，从而使燃料各组成成分的质量分数也随之变化。为此，应根据实际的需要，采用不同的分析基准来表示燃料的成分。只有分析基准相同的分析数据，才能确切地说明燃料的特性，评价和比较燃料的优劣。

常用煤的分析基准有以下四种：

（1）收到基 以收到状态的煤为基准，即对进厂的原煤或炉前应用的燃料取样，以下角标“ar”作为标记。收到基将包括全部水分和灰分的燃料各种成分之和当作100%，即

$$\mathrm{C_{ar}+H_{ar}+S_{ar}+O_{ar}+N_{ar}}+A_{\mathrm{ar}}+M_{\mathrm{ar}}=100 \tag{2-1}$$

式中，$\mathrm{C_{ar}}$、$\mathrm{H_{ar}}$、$\mathrm{S_{ar}}$、$\mathrm{O_{ar}}$、$\mathrm{N_{ar}}$、A_{ar}和M_{ar}分别为燃料中碳、氢、硫、氧、氮、灰分和水分的收到基质量分数（%）㊀。

收到基成分常应用于燃烧设备的燃烧、传热及热工试验的计算中。比如，煤的水分通常用收到基水分M_{ar}来表示表征煤的干湿程度。

（2）空气干燥基 以与空气湿度达到平衡状态的煤为基准，即以在实验室条件（温度为20℃，相对湿度为60%）下进行自然干燥（除去外在水分）后的煤取样，以下角标“ad”作为标记，即有

$$\mathrm{C_{ad}+H_{ad}+S_{ad}+O_{ad}+N_{ad}}+A_{\mathrm{ad}}+M_{\mathrm{ad}}=100 \tag{2-2}$$

为了避免水分在分析过程中变动，国家标准中规定，在实验室进行燃料成分分析时，均采用空气干燥基成分测定，其他的“基”均据此导出。

（3）干燥基 以假想无水状态的煤为基准，即以除去全部水分的煤样作为基准。用下角标“d”作为标记。干燥基成分可写为

$$\mathrm{C_d+H_d+S_d+O_d+N_d}+A_{\mathrm{d}}=100 \tag{2-3}$$

干燥基中去除了全部的水分，所以当燃料水分变化时，并不影响干燥基成分。因此，用干燥基灰分A_{d}更能确切反映煤中所含灰分的高低。

（4）干燥无灰基 以假想无水、无灰状态的煤为分析基准，即以可燃质成分作为

㊀ 煤炭行业国家标准GB/T 211、GB/T 212、GB/T 476等在定义质量分数时，均将“%”视为单位，而在公式中均为不带单位的数，并由此产生一系列公式。为与国家标准在公式形式等方面保持一致，这里也如此处理，下文不再赘述。

100%，以下角标“daf”作为标记，即有

$$C_{daf}+H_{daf}+S_{daf}+O_{daf}+N_{daf}=100 \tag{2-4}$$

不难看出，燃料的干燥无灰基成分除去了容易受外界因素影响的全部水分和灰分，而只针对可燃质成分进行分析，故其成分比较稳定，常用于判断煤的燃烧特性和进行煤的分类。比如，煤矿的煤质资料中常以干燥无灰基成分表示煤的组成，而煤的工业分类中也是以干燥无灰基挥发分 V_{daf} 作为分类依据。

根据各基的定义，燃料的各种分析基之间的关系如图 2-1 所示。

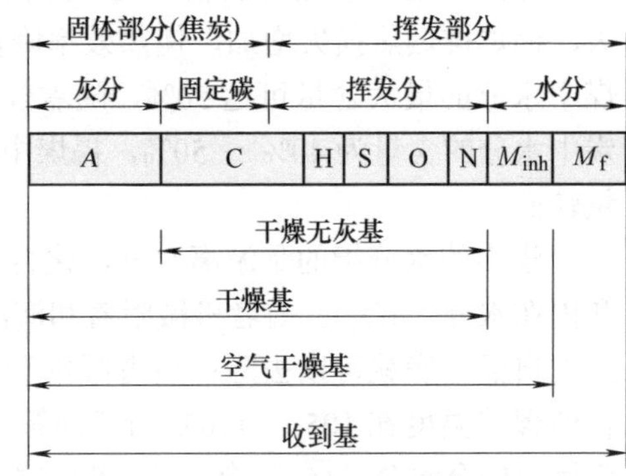

图 2-1　燃料的各种分析基之间的关系

由上所述，各种分析基准的成分常用在不同的场合，所以它们之间常需要换算。换算原则是根据物质守恒定律（即不同基的同一成分的绝对量是相等的）寻求等量关系，找到各种基之间的换算系数 K。各种基的成分间换算系数 K 见表 2-1。

表 2-1　各种基的成分间换算系数 K

已知基	收到基 ar	空气干燥基 ad	干燥基 d	干燥无灰基 daf
收到基 ar	1	$\frac{100-M_{ad}}{100-M_{ar}}$	$\frac{100}{100-M_{ar}}$	$\frac{100}{100-M_{ar}-A_{ar}}$
空气干燥基 ad	$\frac{100-M_{ar}}{100-M_{ad}}$	1	$\frac{100}{100-M_{ad}}$	$\frac{100}{100-M_{ad}-A_{ad}}$
干燥基 d	$\frac{100-M_{ar}}{100}$	$\frac{100-M_{ad}}{100}$	1	$\frac{100}{100-A_d}$
干燥无灰基 daf	$\frac{100-M_{ar}-A_{ar}}{100}$	$\frac{100-M_{ad}-A_{ad}}{100}$	$\frac{100-A_d}{100}$	1

3. 煤的工业分析成分

煤的工业分析又叫煤的技术分析或实用分析，是评价煤质的基本依据。在国家标准（GB/T 212—2008）中，煤的工业分析包括煤的水分（M）、灰分（A）、挥发分（V）和固定碳（FC）等指标的测定。通常煤的水分、灰分和挥发分按照空气干燥煤样直接测出，而固定碳是用差减法计算出来的。

煤的工业分析成分常用于评价煤的质量或煤的分类。通常，煤的水分用收到基水分表示，它表示入炉煤的干湿程度；煤的灰分用干燥基灰分表示，它表征煤的稳定质量；煤的挥发分用干燥无灰基挥发分表示，便于不同煤种的比较。煤的工业分析成分对煤的燃烧组织和锅炉结构的设计有着举足轻重的影响，所以在锅炉的设计及运行管理过程中，需要对工业分析成分有很好的了解。下面对煤的工业分析成分的含义及对燃烧的影响进行叙述。各工业

分析成分的测定方法由于篇幅限制不再赘述，有兴趣的读者可参阅 GB/T 212—2008《煤的工业分析方法》。

（1）水分（M） 水分是煤中的不可燃杂质，也是燃料中的有害成分，它不仅降低了燃料的可燃质含量，使燃料发热量降低，而且在燃烧时还要消耗热量，使其蒸发和将蒸发的水蒸气加热，延长了煤的点燃时间，降低炉温而恶化燃烧。燃用高水分的煤时，烟气体积增大，锅炉排烟热损失增加，使热效率降低，同时还可能加剧尾部受热面的低温腐蚀和堵灰。煤中水分的最大含量可达 50%，随着煤的地质年代增加，煤中水分的含量降低。比如，泥炭中水分的含量为 40% ～ 50%，褐煤中水分的含量为 10% ～ 40%，烟煤和无烟煤的水分含量较低。

煤中的水分指的是游离水分，化合水分计入化合氢中。煤中水分可分为外在水分（M_f）和内在水分（M_{inh}）。前者机械附着和润湿在燃料颗粒表面及直径大于 10^{-5}cm 的大毛细孔中，通过自然干燥就可以去除；后者吸附和凝聚在颗粒内部直径小于 10^{-5}cm 的毛细孔中，需要在能保持温度在 105 ～ 110℃的干燥箱中加热 1 ～ 2h 去除。外在水分和内在水分的总和称为燃料的全水分（M_t），全水分的测定按照 GB/T 211—2017《煤中全水分的测定方法》进行。

（2）灰分（A） 煤经燃烧后残留的不可燃残留物称为灰分。灰分是煤中不可燃矿物质经过高温分解和氧化后形成的固体残留物。一部分是由原始成煤植物中的和由成煤过程进入的矿物质所形成的灰分，称为内在灰分；另一部分是在燃料开采、运输和储存过程中，由外界带入的矿物质所形成的灰分，称为外来灰分。灰分的物质成分（质量分数）大致为：$SiO_2$40% ～ 60%，$Al_2O_3$15% ～ 35%，$Fe_2O_3$5% ～ 25%，CaO1% ～ 15%，MgO0.5% ～ 8%，K_2O 与 Na_2O1% ～ 4%。各种煤中的灰分含量差别很大，一般为 5% ～ 50%。需要说明的是，煤中的灰分的组成以氧化物的形态来表示，并不意味着煤中就存有这种氧化物。

煤中的灰分是一种有害成分，也是影响燃烧质量的主要成分。从以下几个方面体现出来：①灰分大，可燃物的含量会减少，从而使煤的发热量下降；②灰分大的煤，由于灰分的包裹作用影响煤的着火和燃烧，使煤不易完全燃烧；③灰分大，烟气中灰粒含量多，使受热面磨损严重；灰分大，排入大气中的灰量大而污染环境；灰分大，受热面积灰增多，受热面传热能力下降，使燃烧设备热效率降低。

（3）挥发分（V） 在隔绝空气的条件下加热煤，则煤中的水分首先蒸发逸出，然后煤中的有机物开始热分解而逸出，这些气体产物被称为挥发分，最后留下的固体残余物称为焦炭。可见，煤的挥发分是煤在隔绝空气条件下加热分解的气体产物，而不是以现成状态存在于煤中。挥发分包括可燃气体 CO、CH_4 等和不可燃气体 CO_2、N_2、O_2 等。

煤的挥发分的大小，基本可以代表煤的煤化程度。一般来说，煤的煤化程度越高，煤中挥发分含量越少。褐煤挥发分 V_{daf} 一般可达 40% ～ 60%；烟煤跨度较大，在 10% ～ 50% 之间；而煤化程度最高的无烟煤挥发分 V_{daf} 则低至不足 10%。

煤的燃烧一般可以分为四个过程：预热干燥、挥发分析出并燃烧、焦炭的燃烧和燃尽。挥发分含量的多少对煤炭的燃烧过程的发生和发展有很大的影响。挥发分大的煤，释放的可燃气体多，所以易着火燃烧；挥发分的燃烧对焦炭进行加热，为焦炭的燃烧做好充分准备，有利于燃烧的稳定和完全。因此，挥发分的大小是衡量煤是否易于燃烧的重要指标。但是在空气不足或低温下着火时，挥发分易产生炭黑粒子（冒黑烟）。所以，挥发分是煤的一个重要燃烧特性，也是作为煤的分类的重要依据之一。

（4）固定碳（*FC*）　固定碳是煤中有机质在高温下裂解并逸出气态产物后剩下的固态产物，主要成分为碳元素。但绝不能把两者混同，就数量上来说，煤的固定碳小于煤中有机质的碳含量，只有在高变质程度煤中两者才趋于接近。在实验室条件下，可用测定煤样挥发分后的残留物减去灰分后的残留物表达。煤中的固定碳和挥发分一样，可以表征煤的变质程度。各种煤的固定碳 FC_{daf} 含量大致为：褐煤 35%～60%，烟煤 45%～90%，无烟煤 >90%，但有少数高硫无烟煤固定碳含量低至 88%。

2.1.2　煤的发热量

1. 燃料发热量

发热量是评价燃料质量的一个重要指标，也是计算燃料消耗量、热效率和燃烧温度时不可缺少的依据。燃料的发热量是指单位质量或单位体积的燃料在完全燃烧时所放出的热量。固体燃料和液体燃料的发热量用单位质量来表示，单位为 kJ/kg；气体燃料的发热量一般用单位体积来表示，单位为 kJ/m^3。

燃料的发热量有三种表示方法：弹筒发热量、高位发热量和低位发热量。

弹筒发热量用氧弹量热计测定煤发热量，将一定量的煤样放入氧弹中，氧弹内充满压力为 2.6～2.8MPa 的氧气，点火燃烧，然后使燃烧产物冷却到煤的原始温度（约 20～25℃），在此条件下单位质量的煤所放出的热量即为弹筒发热量，用 Q_b 表示。

高位发热量是煤样的弹筒发热量减去硫和氮生成酸的校正值后所得的热值，用 Q_{gr} 表示。

低位发热量是煤的高位发热量减去煤样中氧和氢燃烧时生成的水的汽化热后的热值，用 Q_{net} 表示。

2. 煤的高、低位发热量的换算

高位发热量中扣除全部水蒸气的汽化热后即为低位发热量。煤的高位发热量和低位发热量之间的关系可表示为

$$Q_{gr,ar}=Q_{net,ar}+206\mathrm{H}_{ar}+23M_{ar} \tag{2-5}$$

$$Q_{gr,ad}=Q_{net,ad}+206\mathrm{H}_{ad}+23M_{ad} \tag{2-6}$$

$$Q_{gr,d}=Q_{net,d}+206\mathrm{H}_{d} \tag{2-7}$$

$$Q_{gr,daf}=Q_{net,daf}+206\mathrm{H}_{daf} \tag{2-8}$$

不同基之间相差的水分和灰分对发热量没有贡献，可燃质相同，燃烧放热量相同。对于高位发热量来说，并不涉及水分的汽化热问题，水分只是作为一种对发热量没有贡献的成分而使燃料的发热量减小。所以，高位发热量只与燃料成分有关，高位发热量在各种基之间的换算关系实际上为不同基燃料成分之间的换算关系。对于低位发热量来说，通过如上计算公式计算出高位发热量，便很容易得到低位发热量之间的关系。

3. 煤的发热量测定

煤的发热量取决于燃料的可燃成分，但是燃料的组成并不是各种成分的机械混合，而是有极其复杂的化合关系，因而燃料的发热量并不等于所含各可燃元素的发热量的算术和，无法用理论公式来准确计算得到，只能借助于实测或由经验公式推算出其近似值。煤的发热量测定方法要根据国家标准进行，现行标准为 GB/T 213—2008。发热量测定结果以 MJ/kg 或 J/g 表示。

从弹筒发热量中扣除硝酸生成热和硫酸校正热（硫酸与二氧化硫形成热之差）即得高位发热量。即有

$$Q_{gr,ad}=Q_{b,ad}-(94.1S_{b,ad}+\alpha Q_{b,ad}) \tag{2-9}$$

式中，$Q_{gr,ad}$为空气干燥煤样的恒容高位发热量（J/g）；$Q_{b,ad}$为空气干燥煤样的恒容弹筒发热量（J/g）；$S_{b,ad}$为由弹筒洗液测得的煤的硫含量（质量分数，%），当全硫含量低于4.00%或发热量大于14.60MJ/kg时，用全硫（按GB/T 214—2007测定）代替；94.1为空气干燥煤样中每1.00%硫的校正值（J/g）；α为硝酸生成热校正系数，当$Q_{b,ad}\leqslant16.70$MJ/kg时，α=0.0010，当16.70MJ/kg$<Q_{b,ad}\leqslant25.10$MJ/kg时，α=0.0012；当$Q_{b,ad}>25.10$MJ/kg时，α=0.0016。

工业上是根据煤的收到基低位发热量进行计算和设计的。煤的收到基低位发热量$Q_{net,ar}$（J/g）常用式（2-10）计算，即

$$Q_{net,v,ar}=(Q_{gr,v,ad}-206H_{ad})\times\frac{100-M_t}{100-M_{ad}}-23M_t \tag{2-10}$$

式中，$Q_{net,v,ar}$为煤的收到基恒容低位发热量（J/g）；$Q_{gr,v,ad}$为煤的空气干燥基恒容高位发热量（J/g）；206为对应于空气干燥基煤样中每1%氢的汽化热校正值（恒容，J/g）；23为对应于收到基煤样中每1%水分的汽化热校正值（恒容，J/g）；M_t为煤的收到基全水分的质量分数（%），按照GB/T 212—2008测定；M_{ad}为煤的空气干燥基水分的质量分数（%），按照GB/T 212—2008测定；H_{ad}为煤的空气干燥基氢的质量分数（%），按照GB/T 476—2008测定。

由弹筒发热量计算出的高位发热量和低位热量都属于恒容状态，在实际工业燃烧中则是恒压状态，煤的恒压低位发热量可按下式计算，即

$$Q_{net,p,ar}=[Q_{gr,v,ad}-212H_{ad}-0.8(O_{ad}+N_{ad})]\times\frac{100-M_t}{100-M_{ad}}-24.4M_t \tag{2-11}$$

式中，$Q_{net,p,ar}$为煤的收到基恒压低位发热量（J/g）；O_{ad}为空气干燥基煤样中氧的质量分数（%）；N_{ad}为空气干燥基煤样中氮的质量分数（%）；212为对应于空气干燥基煤样中1%氢的汽化热校正值（恒压，J/g）；0.8为对应于空气干燥基煤样中1%氧和氮的汽化热校正值（恒压，J/g）；24.4为对应于空气干燥基煤样中1%水分的汽化热校正值（恒压，J/g）。

煤的发热量除了进行试验测定而获得外，还可依据元素分析成分或工业分析成分的经验公式计算得到，可参考有关文献，这里不再叙述。

4. 折算成分

煤中的水分、灰分对燃烧装置的燃烧和运行工况都有较大的影响，但直接用燃料中所含的水分和灰分的高低来评价燃料的好坏有时并不合适。因为有的燃料尽管水分或灰分含量较高，但同时其发热量也较高，则当其放出一定的热量时，所带入的水分或灰分含量可能比发热量较低而灰分和水分含量也较低的燃料少。所以，提出了折算成分的概念，即相对于收到基低位发热量为4187kJ/kg（1000kcal/kg）的燃料所含有的收到基水分、灰分和硫分分别称为折算水分$M_{ar,zs}$（%）、折算灰分$A_{ar,zs}$（%）和折算硫分$S_{ar,zs}$（%）。

定义折算水分为

$$M_{ar,zs}=\frac{4187M_{ar}}{Q_{net,ar}} \tag{2-12}$$

同样，折算灰分为

$$A_{ar,zs}=\frac{4187A_{ar}}{Q_{net,ar}} \tag{2-13}$$

折算硫分为

$$S_{ar,zs}=\frac{4187S_{ar}}{Q_{net,ar}} \tag{2-14}$$

如果燃料的收到基折算水分 $M_{ar,zs}>8\%$，收到基折算灰分 $A_{ar,zs}>4\%$ 或收到基折算硫分 $S_{ar,zs}>0.2\%$，则分别称为高水分、高灰分或高硫分燃料。

5. 标准煤

各种煤的发热量差别很大，有的煤发热量仅有 8MJ/kg 左右，有的高达 30MJ/kg 以上。同一锅炉在相同的工况下，燃用发热量高的煤时，燃料消耗量就少；反之，燃用发热量低的煤时，燃料消耗量就多。这样，当锅炉燃用不同的煤时，就难以根据其耗煤量的多少判别其运行的经济性。为此，引入了“标准煤”或“煤当量”（Coal Equivalent）的概念，从而可以根据标准煤的消耗量进行比较或制订生产和用煤计划等。GB/T 2589—2008《综合能耗计算通则》规定：低位发热量等于 29307kJ 的燃料称为 1kg 标准煤（1kgce）。

2.1.3　煤的分类

煤分类的方法很多。目前，世界各主要产煤国家，主要是根据煤的工艺性能和应用范围来进行分类的。

1. 煤的工业分类

煤炭形成的过程中，埋藏年代越久，炭化程度就越深，水分及挥发物不断减少，碳的含量不断增加，而氧、氢、氮等含量则不断减少。在 GB/T 5751—2009《中国煤炭分类》中，按照煤化程度参数来区分褐煤、烟煤和无烟煤。

各类煤用两位阿拉伯数字表示。十位数是按煤的挥发分分组，无烟煤为 0，烟煤为 1 ～ 4，褐煤为 5。个位数，无烟煤为 1 ～ 3，表示煤化程度；烟煤为 1 ～ 6，表示黏结性；褐煤为 1 ～ 2，表示煤化程度。我国煤炭分类总表见表 2-2。

（1）褐煤（Brown Coal）　褐煤是煤化程度低的煤，因其能将热碱水染成褐色而得名。褐煤多呈褐色、黑褐色或黑色，一般暗淡或呈沥青光泽。其特点是水分高，密度小，挥发分高，不黏结，化学反应性强，热稳定性差，发热量低，含有不同数量的腐植酸。天然状态的褐煤含水量为 30% ～ 60%，风干后含水量仍达 10% ～ 30%，氧含量常达 15% ～ 30%，在空气中易风化碎裂。褐煤多被用作燃料和汽化原料，含油率达到工业要求时可用于低温干馏，制取焦油及其他化工产品，也可用来提取褐煤蜡、腐植酸，制造磺化煤或活性炭。一号褐煤还可以用作农田、果园的有机肥料。

（2）烟煤（Bituminous Coal）　烟煤是自然界分布最广、储量最大、品种最多、用途最广的煤种。全部为黑色，密度一般在 1.25 ～ 1.45g/cm^3 之间。烟煤的煤化程度高于褐煤而低于无烟煤，其特点是挥发分产率范围大，单独炼焦时从不结焦到强结焦均有，燃烧时有烟，火焰较长，易于着火燃烧。烟煤是重要的动力工业燃料和化学工业原料。由于烟煤具有其他煤种所缺少的结焦性，所以某些烟煤可作为炼焦原料而成为冶金工业不可缺少的

燃料。

在烟煤中含水分、灰分较高者常被称为劣质烟煤，其低位发热量大约只有11000 ~ 12500kJ/kg，而灰分含量却达到40% ~ 50%，不易着火燃烧。

（3）无烟煤（Anthracite Coal） 无烟煤又称白煤或硬煤，是煤化程度最高的一种煤，密度为1.4 ~ 1.9 g/cm^3。其特点是挥发分低，固定碳高（碳含量最高达89% ~ 97%），密度大，硬度高，燃烧时烟少，火苗短，火力强。无烟煤主要用作民用和动力燃料，还可以作为制造合成氨的造气原料。低灰、低硫和可磨性好的无烟煤不仅可以用作高炉喷吹及烧结铁矿石的燃料，而且还可以用于制造各种碳素材料，如碳电极、阳极糊和活性炭。

表2-2 我国煤炭分类总表

类别	代号	编码	分类指标	
			V_{daf}（%）	P_M（%）
无烟煤	WY	01，02，03	≤ 10.0	—
烟煤	YM	11，12，13，14，15，16 21，22，23，24，25，26 31，32，33，34，35，36 41，42，43，44，45，46	>10.0	—
褐煤	HM	51，52	>37.0 ①	≤ 50 ②

① 凡 V_{daf}>37.0% 且 G ≤ 5，再用透光率 P_M 来区分烟煤和褐煤（在地质勘探中，V_{daf}>37.0%，在不压饼的条件下测定的焦渣特征为1 ~ 2号的煤，再用 P_M 来区分烟煤和褐煤）。

② 凡 V_{daf}>37.0% 且 P_M>50% 者，为烟煤，30%<P_M ≤ 50% 的煤，如恒湿无灰基高位发热量 $Q_{gr,maf}$ 大于24MJ/kg，则划为长焰煤，否则为褐煤。

2. 发电用煤的分类

发电用煤的最新分类由GB/T 7562—2018《商品煤质量 发电煤粉锅炉用煤》规定。发电煤粉锅炉用煤按挥发分进行类别划分，按发热量和全硫指标进行质量等级划分，以“类别 + 发热量等级 + 全硫等级”的形式表示，产品编码方式按照“FD- 类别中英文缩写 -Q-S”进行，共计74个品种。

发电用煤按煤种命名，分为4个类别，分别为发电煤粉锅炉用无烟煤、发电煤粉锅炉用低挥发分烟煤、发电煤粉锅炉用中 - 高挥发分烟煤和发电煤粉锅炉用褐煤。各分类的干燥无灰基挥发分限值如表2-3所示。

表2-3 发电用煤各分类的干燥无灰基挥发分限值

类别名称	类别简码	挥发分限值
发电煤粉锅炉用无烟煤	FD-WY	V_{daf} ≤ 10.00%
发电煤粉锅炉用低挥发分烟煤	FD-LVYM	10.00% < V_{daf} ≤ 20.00%
发电煤粉锅炉用中 - 高挥发分烟煤	FD-MHVYM	V_{daf} > 20.00%
发电煤粉锅炉用褐煤	FD-HM	V_{daf} > 37.00%

注：对于 V_{daf} > 37.00% 的煤，按GB/T 5751的规定，确定其类别为烟煤或褐煤。

3. 工业锅炉用煤的分类

根据煤的挥发分、水分、灰分以及发热量的不同，工业锅炉用煤可分为石煤及煤矸石、褐煤、烟煤、贫煤和无烟煤五大类，无烟煤、烟煤及石煤各再分为三类。工业锅炉行业煤的分类见表 2-4。

表 2-4　工业锅炉行业煤的分类

燃料类别		干燥无灰基挥发分 V_{daf}（%）	收到基低位发热量 $Q_{net,ar}$/（MJ/kg）
石煤、煤矸石	Ⅰ	—	≤ 5.4
	Ⅱ	—	5.4 ～ 8.4
	Ⅲ	—	8.4 ～ 11.5
褐煤		>37	≥ 11.5
无烟煤	Ⅰ	6.5 ～ 10	<21
	Ⅱ	<6.5	≥ 21
	Ⅲ	6.5 ～ 10	≥ 21
贫煤		10 ～ 20	≥ 17.7
烟煤	Ⅰ	>20	14.4 ～ 17.7
	Ⅱ	>20	17.7 ～ 21
	Ⅲ	>20	>21

2.2　煤的燃烧、熔融、结渣及沾污特性

2.2.1　煤的燃烧特性

煤的燃烧特性指标包括以下几个。

1. 碳氢比

燃煤元素分析成分中碳与氢之比，可以表示煤燃烧的难易程度，碳氢比越高，说明燃煤的碳含量越高，煤燃烧越困难，也难于燃尽。

2. 燃料比 FC/V_{daf}

燃料比是煤的工业分析成分中固定碳（FC）与干燥无灰基挥发分 V_{daf} 的比值，它表明燃煤着火和燃尽的难易程度。煤的燃料比越大，着火越困难，也越难于燃尽。

3. 反应指数 T_{15}

反应指数是指煤样在氧气气氛中加热，使其温升速度达到 15℃ /min 时所需要的加热温度。煤的反应指数越大，表明这种煤越难着火和燃烧。

4. 煤的燃烧特性曲线

煤的燃烧特性曲线可以由热重分析仪（热天平）测得。试验时，将制备好的一定质量的煤样与参比物（α-Al_2O_3）分别放在综合热重分析仪两只坩埚中，通一定流量的干燥空气，使试样在空气氛围中以一定温升速度连续升温，用热重分析仪记录试样质量（TG 曲线）和质量变化率（DTG 曲线）。

5. 煤的着火稳定性指数 R_w

着火温度是一个系统温度，在规定条件下测定煤粉着火温度可以用来比较煤粉气流的

着火性能。另一方面，考虑到在实际燃烧装置中，煤粉的着火热来源于系统本身，即煤粉是被煤粉燃烧所产生的热量通过一定形式的回流而点燃的，因此，仅由着火温度一项指标来预测实际燃烧装置中的火焰稳定性是不全面的，还必须考虑其他一些反映煤粉着火后的燃烧特性的影响，如最大燃烧速度（w_{1max}）及其相应的温度（t_{1max}）等。

由热重分析仪测得的燃烧特性曲线如图 2-2 所示，特征指数见表 2-5。

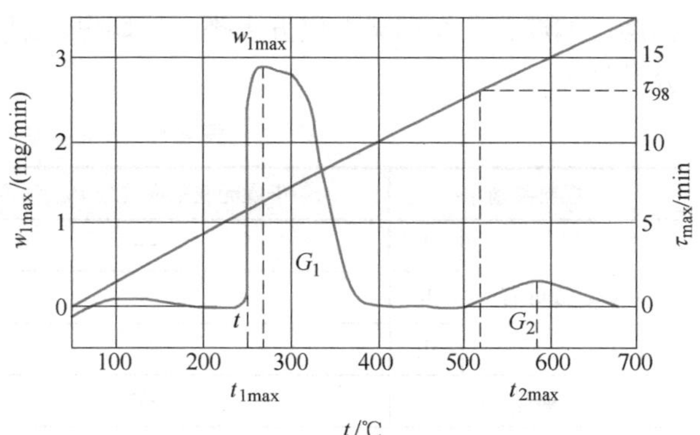

图 2-2 某烟煤煤样燃烧特性曲线

表 2-5 某烟煤的燃烧和燃尽分析曲线特征指数

特征指数	t/℃	w_{1max}/（mg/min）	t_{1max}/℃	t_{2max}/℃	G_1/mg	G_2/mg	τ_{98}/min	τ'_{98}/min
指数举例	251	2.83	282	577	9.36	0.64	13.75	2.75

注：t 为着火温度；w_{1max} 为易燃峰的最大燃烧速度；t_{1max} 为易燃峰的最大燃烧速度所对应的温度；t_{2max} 为难燃峰最大燃烧速度所对应的温度；G_1 为易燃峰下烧掉的燃料量；G_2 为难燃峰下烧掉的燃料量；τ_{98} 为烧掉 98% 燃料量所需的时间；τ'_{98} 为烧掉 98% 煤焦量所需的时间。

图 2-2 所示为试验煤样的微商热重曲线，即所谓的燃烧特性曲线（DTG）。DTG 曲线描述了煤粉试样在加热过程中水分蒸发、挥发分析出、着火燃烧及燃尽整个过程的质量变化速度。DTG 曲线在 100℃左右出现的小峰为水分析出峰，到达一定温度时煤样开始剧烈反应——着火，曲线陡然升高。取 DTG 曲线上相应拐点（或外推始点）对应的温度为着火温度 t。随着温度升高而相继出现的两个峰，则分别表示挥发分和焦炭中易燃部分、焦炭中难燃部分这两部分的燃烧过程。燃烧峰的位置反映了燃烧进行过程中相应的温度水平，峰下的面积则表示试样在相应温度区域反应消耗的可燃质数量的多少。

对多种煤运行分析，按等效离散度相等的原理所确定的各特性指标在综合判断体系中的权数，得出着火稳定性指数 R_w，即

$$R_w = \frac{560}{t} + \frac{650}{t_{1max}} + 0.27 w_{1max} \tag{2-15}$$

按照 R_w 判定着火难易程度的划分界线为：① $R_w<4.02$，为极难着火煤种；② $4.02 \leqslant R_w<4.67$，为难着火煤种；③ $4.67 \leqslant R_w<5.00$，为中等着火煤种；④ $5.00 \leqslant R_w<5.59$，为易着火煤种；⑤ $R_w \geqslant 5.59$，为极易着火煤种。

R_w 的高低与煤中的干燥无灰基挥发分 V_{daf} 有一定关系，当无条件取得 R_w 的试验值，而又需要使用以 R_w 为参数的计算式和图表时，可用 V_{daf} 估算 R_w，但对灰分（A_{ar}）大于 35% 或水分（M_{ar}）大于 40% 的煤种，则应根据估算 R_w 确定的着火稳定性界限相应地降低一级，如易着火煤种降为中等着火煤种。依据经验拟合，R_w 与 V_{daf} 的关系式为

$$R_w = 3.59 + 0.054 V_{daf} \tag{2-16}$$

6. 煤的燃尽特征指数 R_J

煤的燃尽特征指数 R_J 同样由热重分析仪测定，对此，除燃烧特性曲线外，还需要煤焦

燃尽曲线（图 2-3）。

表征煤粉燃尽特征指数的有：燃烧特性曲线中难燃峰下烧掉的燃料量（G_2），难燃峰最大燃烧速度对应的温度（$t_{2\max}$），以及烧掉 98% 燃料量所需的时间，即煤粉燃尽时间（τ_{98}）。显然，仅仅用 τ_{98} 来预测实际燃烧装置可能达到的燃烧速度会有较大的局限性，必须综合考虑 G_2 和 $t_{2\max}$，以及燃尽试验中的煤焦燃尽时间（τ'_{98}）的影响。

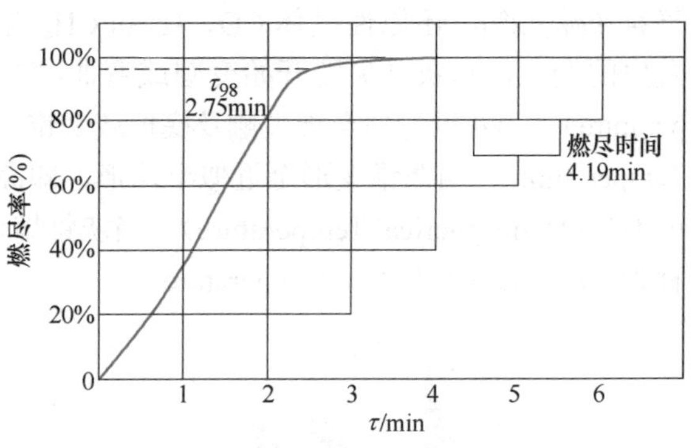

图 2-3　某烟煤煤焦燃尽曲线

对多种煤进行分析，采用等效离散度相等的原理确定各指标的权数，计算出煤粉的燃尽特征指数为

$$R_{\mathrm{J}}=\frac{10}{a'A'+b'B'+c'C'+d'D'} \tag{2-17}$$

式中，A'、B'、C' 和 D' 分别为 G_2、$t_{2\max}$、τ_{98}、τ'_{98} 各特征指标应得的燃尽等级数，见表 2-6；a'、b'、c' 和 d' 分别为各指标所占的权数。

表 2-6　各特征指标划定的燃尽等级

燃尽等级	燃尽性能	难燃峰下烧掉的燃料量 G_2/mg	难燃峰最大反应速度对应的温度 $t_{2\max}$/℃	煤粉燃尽时间 τ_{98}/min	煤焦燃尽时间 τ'_{98}/min
1	极易燃尽	≤ 0.6	≤ 520	≤ 14	≤ 2.5
2	易燃尽	0.6 ～ 1.2	520 ～ 580	14 ～ 15	2.5 ～ 3.5
3	中等燃尽	1.2 ～ 1.8	580 ～ 640	15 ～ 16	3.5 ～ 4.5
4	难燃尽	1.8 ～ 2.4	640 ～ 700	16 ～ 17	4.5 ～ 5.5
5	极难燃尽	>2.4	>700	>17	>5.5
权数		0.33	0.26	0.14	0.27

2.2.2　煤灰熔融性

当焦炭中的可燃物——固定碳燃烧殆尽后，残留下来的成分即为煤的灰分。灰分的熔融性，过去习惯上称为煤的灰熔点。灰分在低温下呈固体状态，当加热至一定温度时，灰分将会软化并带有黏性，再继续加热将达到灰分熔点，这时灰分将呈流体状态。实际上，由于灰分不是单一物质而是多种矿物成分的氧化物，其成分变动较大，严格地说没有一定的熔点，而只有熔化温度范围，因此在新的国家相关标准中取消了灰熔点的说法，而用灰熔融性代替。煤灰熔融性是判断其结渣性能的重要指标。

1. 煤灰熔融性的测定方法

煤灰熔融性通常用角锥法测定。测定时将灰分堆积成高度为 20mm，锥底边长为 7mm 的等边三角形的正棱锥形灰锥，再将灰锥体放入调温电炉（最高允许温度为 1500℃）中，逐步升温后可以看到灰锥体的四个变形阶段（图 2-4）。在试验过程中升温速度在炉温 900℃以下控制在 15 ～ 20℃ /min，在 900℃以上控制在（5±1）℃ /min。炉内气氛为弱还原性

气氛（φ_{O_2}<2%，还原性气体CO、H_2和CH_4占10%～70%）。在升温时不断观察灰锥形态发生的变化，当灰锥尖端开始变圆或弯曲时的温度，称为变形温度DT（Deformation Temperature）；当灰锥弯曲至锥尖触及底板或灰锥变成球形时的温度，称为软化温度ST（Sphere Temperature）；当灰锥变形至近似半球形，即高度约等于底长的一半时的温度，称为半球温度HT（Hemispherical Temperature）；当灰锥熔化展开成高度在1.5mm以下的薄层时的温度，称为流动温度FT（Flow Temperature）。

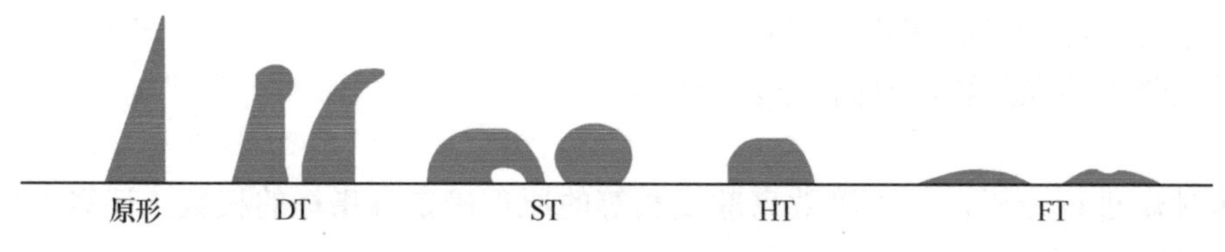

图2-4 灰锥熔融特征示意图

2. 测定煤灰熔融性的意义

煤灰熔融性是动力用煤的重要指标，它反映煤中矿物质在锅炉中的动态变化。测定煤灰熔融性温度在工业上特别是火电厂中具有重要意义。

1）可提供锅炉设计选择炉膛出口烟气温度和锅炉安全运行依据。工业上一般以煤的软化温度ST作为衡量其灰熔融性的主要指标。对固体排渣煤粉炉，为避免炉膛出口结渣，出口烟温要比软化温度ST低50～100℃，在运行中也要控制在此温度范围内，否则会引起锅炉出口过热器管束间灰渣的“搭桥”，严重时甚至会发生堵塞，从而导致锅炉出口左、右侧过热蒸汽温度不正常。

2）预测燃煤的结渣。因为煤灰熔融温度与炉膛结渣有密切关系，根据煤粉锅炉的运行经验，煤灰的软化温度小于1350℃就有可能造成炉膛结渣，妨碍锅炉的连续安全运行。

3）为不同锅炉燃烧方式选择燃煤。不同燃烧方式和排渣方式对煤灰熔融温度有不同的要求。煤粉固态排渣锅炉要求煤灰熔融温度高些，以防止炉膛结渣；相反，对液态排渣锅炉，则要求煤灰熔融温度低些，以避免排渣困难，一般要求锅炉排渣口的温度要高于煤灰流动温度FT，因为煤灰熔融温度低的煤在相同温度下有较低的黏度，易于流动；对链条炉，则要求煤灰熔融温度适当，不宜太高，因为炉壁上需要保留适当的灰渣以达到保护炉栅的作用。

4）判断煤灰的渣型。以上四个温度是煤灰在液相和固相共存时的温度，它们仅表示煤灰形态变化过程中的温度间隔。煤灰熔融温度间隔对锅炉的工作影响很大，如果温度间隔很大，那就意味着固相和液相共存的温度区间很宽，煤灰的黏度随温度变化很慢，这样的灰渣称为长渣。长渣在冷却时可长时间保持一定的黏度，在炉膛中易于结渣；反之，如果温度间隔很小，那么灰渣的黏度就随温度急剧变化，这样的灰渣称为短渣。短渣在冷却时其黏度增加得很快，只会在很短时间内造成结渣。一般认为ST、DT的差值在200～400℃时为长渣，100～200℃时为短渣。

3. 煤灰熔融性对锅炉工作的影响

1）灰熔融性对煤的燃烧完善程度以及锅炉的工作会产生影响。如果煤灰熔融温度低，燃烧温度容易达到ST以上，灰分开始软化，遇到空气冷却后，灰分则结成渣块，包裹可燃物，使煤粒不易燃尽，造成煤的不完全燃烧损失。

2）灰分的熔融温度低，容易使锅炉受热面结渣，使水冷壁、过热器甚至对流管束等受热面的传热系数大大降低，从而使耗煤量增大；同时，由于受热面结渣，造成烟气流通通道截面减小，通风阻力增大，使耗电量增大。所以，锅炉受热面结渣造成锅炉经济性降低。

2.2.3　煤的结渣及沾污特性

1. 煤的结渣性

煤的结渣性是指煤在气化或燃烧过程中煤灰受热、软化、熔融而结渣的性质，受热面的结渣问题将影响锅炉运行的安全性和经济性。煤的结渣性常用如下指标表示。

（1）结渣率　结渣率是指煤在一定的空气流速下燃烧并燃尽时，其所含灰分因受高温影响而结成灰渣，其中大于 6mm 的渣块占全部残渣的质量分数。

结渣率与煤种和空气流速有关。结渣率越高的煤，在一定的炉内空气动力条件下越易结渣。

（2）碱酸比 B/A　碱酸比 B/A 指煤灰中碱性组分（铁、钙、镁、锰等的氧化物）与酸性组分（硅、铝、钛的氧化物）之比，即

$$\frac{B}{A}=\frac{w(\mathrm{Fe_2O_3})+w(\mathrm{CaO})+w(\mathrm{MgO})+w(\mathrm{Na_2O})+w(\mathrm{K_2O})}{w(\mathrm{SiO_2})+w(\mathrm{Al_2O_3})+w(\mathrm{TiO_2})} \tag{2-18}$$

式中，B 为煤灰中碱性成分的质量分数；A 为煤灰中酸性成分的质量分数；w（Fe_2O_3）、w（Al_2O_3）等分别为干燥基灰中相应组分的质量分数。

由于煤中的酸性成分（Al_2O_3、SiO_2、TiO_2）比碱性成分（Fe_2O_3、CaO、MgO、Na_2O 、K_2O）的熔融温度普遍要高，一般认为煤中酸性成分越多，其煤灰熔融温度越高，越不易结渣。

当 B/A=0.4 ～ 0.7 时，为结渣煤；当 B/A=0.1 ～ 0.4 时，为轻微结渣煤；当 B/A<0.1 时，为不结渣煤。

（3）硅铝比　即 w（$2SiO_2$）/w（Al_2O_3）的比值。因为 SiO_2 的熔融温度较高，但对灰熔化温度的影响比较复杂。如果全部 SiO_2 与 Al_2O_3 结合成高岭土（$Al_2O_3 \cdot 2SiO_2$），熔点高，此时其硅铝比为 w（$2SiO_2$）/w（Al_2O_3）=1.18，不会结渣。如果硅铝比大于 1.18，则有过量的 SiO_2 存在，它将与 CaO、MgO 等形成共晶体，导致煤的灰熔融性下降，就有可能结渣。

（4）煤灰的结渣性指数 R_Z　判别煤灰的结渣性有许多方法，如灰熔融性、灰成分、灰高温黏度、热显微镜观测、重力筛煤灰偏析和热平衡相图等。普华煤燃烧技术开发中心曾根据国内煤灰成分及在实际炉内的结渣表现，统计分析了综合判别煤灰的结渣性指数 R_Z，其分级界限见表 2-7。

表 2-7　R_Z 判别煤灰的结渣性分级界限

R_Z	≤ 1.5	1.5 ～ 2.5	≥ 2.5
结渣倾向	不易	中等	严重

R_Z 的定义式为

$$R_Z = 1.24(B/A) + 0.28[w(SiO_2)/w(Al_2O_3)] - 0.0023ST - 0.019S_p + 5.4 \tag{2-19}$$

式中，ST 为煤灰的软化温度；S_p 为硅比。

$$S_p = \frac{100w(SiO_2)}{w(SiO_2) + w(CaO) + w(MgO) + w(Fe_2O_3) + 1.11w(FeO) + 1.43w(Fe)} \tag{2-20}$$

（5）以 ST 和 $Q_{net,v,ar}$ 判别煤的结渣性　如前所述，煤灰的软化温度常用来预测煤灰的结渣性。统计资料表明，随着煤的发热量（$Q_{net,v,ar}$）的增加，形成结渣的灰软化温度 ST 的上限范围值扩大。反之，$Q_{net,v,ar}$ 减小，炉内温度水平下降，不结渣的 ST 下限范围值也扩大，也就是说，此时即使 ST 很低也不会形成结渣。所以，在判别煤的结渣性时，除采用 ST 外，还以 $Q_{net,v,ar}$ 作为辅助判别指标。用 ST 和 $Q_{net,v,ar}$ 判别煤的结渣性界限见表 2-8。

表 2-8　用 ST 和 $Q_{net,v,ar}$ 判别煤的结渣性界限

煤的结渣性	ST/℃	$Q_{net,v,ar}$/（MJ/kg）
不结渣煤	>1350	>12.6
	不限	≤ 12.6
易结渣煤	≤ 1350	>12.6

（6）以煤灰黏度特性判别煤的结渣性　结渣主要是由于灰渣的黏附所形成的。一般认为，灰渣的动力黏度 μ=25 ～ 1000Pa・s 时是最易黏附结渣的。在此黏度范围的上下限值所对应的灰渣温度差（$\Delta t = t_{25} - t_{1000}$）越大，则说明灰渣黏结在受热面上的可能性越大，故结渣的危险性也越大，这种渣称为长渣。反之，Δt 越小的灰渣称为短渣。有人把 FT−ST>100℃的灰渣划为长渣，FT−ST ≤ 100℃的灰渣划为短渣。显然长渣比短渣有更大的结渣可能性。用灰黏度判别结渣性时常采用灰黏度结渣指数 R_{VS}，具体分级界限见表 2-9。

$$R_{VS} = \frac{t_{25} - t_{1000}}{97.5 f_s} \tag{2-21}$$

式中，t_{25}、t_{1000} 分别为灰黏度等于 25Pa・s 和 1000Pa・s 时的温度；f_s 为结渣因子，其值取决于灰黏度等于 200Pa・s 时的温度 t_{200}。具体数值见表 2-10。

表 2-9　R_{VS} 判别结渣性分级界限

R_{VS}	≤ 0.5	0.5 ～ 0.99	1.0 ～ 1.99	≥ 2.0
结渣倾向	轻	中等	严重	极严重

表 2-10　结渣因子 f_s 的取值

t_{200}/℃	1000	1100	1200	1300	1400	1500	1600
f_s	0.9	1.3	2.0	3.1	4.7	7.1	11.4

2. 煤灰的沾污特性

不同煤种及不同的灰成分会对对流受热面产生灰沾污，影响受热部件的正常传热过程。通常用灰沾污指数 R_f 来表征煤灰对受热面沾污的程度。

（1）对于烟煤型灰　即 $\dfrac{w(\mathrm{Fe_2O_3})}{w(\mathrm{CaO})+w(\mathrm{MgO})}>1$ 的煤灰，其灰沾污指数为

$$R_{\mathrm{f}}=\frac{B}{A}w(\mathrm{Na_2O})=\frac{w(\mathrm{Fe_2O_3})+w(\mathrm{CaO})+w(\mathrm{MgO})+w(\mathrm{Na_2O})+w(\mathrm{K_2O})}{w(\mathrm{SiO_2})+w(\mathrm{Al_2O_3})+w(\mathrm{TiO_2})}w(\mathrm{Na_2O}) \tag{2-22}$$

经上海发电设备成套设计研究院研究，提出了判别烟煤型灰沾污倾向的灰沾污指数界限值见表 2-11。同时该研究院还指出：煤灰中的 Na_2O 分活性钠和稳定性钠两种，其中活性钠对沾污影响更大。试验发现，年轻烟煤和褐煤中的活性钠占绝大部分，对炭化程度影响较深的无烟煤、烟煤，活性钠占的比例有所减少。故建议 R_f 计算式中的 Na_2O 质量份额应以活性钠计算更为合理。

表 2-11　烟煤型灰沾污指数界限值

R_f	≤ 0.1	0.1 ～ 0.25	0.25 ～ 0.5	>0.5
沾污倾向	轻微	中等	重	严重

（2）对于褐煤型灰　即 $\dfrac{w(\mathrm{Fe_2O_3})}{w(\mathrm{CaO})+w(\mathrm{MgO})}<1$，$w(\mathrm{CaO})+w(\mathrm{MgO})>20\%$ 的煤灰，其灰沾污指数为

$$R_{\mathrm{f}}=w(\mathrm{Na_2O}) \tag{2-23}$$

经哈尔滨和上海两个成套设计研究院的研究发现，国外对褐煤型灰的沾污倾向判别的界限值不适用于我国煤种，建议按表 2-12 的界限值判别。

表 2-12　褐煤型灰沾污指数界限值

R_f	≤ 0.5	0.5 ～ 1.0	1.0 ～ 1.5	>1.5
沾污倾向	轻微	中等	重	严重

2.3　固体生物质燃料

固体生物质燃料包括农作物秸秆（稻秸、麦秸、玉米秸等）、农业加工残余物（稻壳、蔗渣等）、薪材及林业加工剩余物、人畜粪便、有机生活垃圾、有机工业废弃物等。据统计，我国固体生物质燃料所含可回收能量每年约相当于 7 亿吨标煤。

生物质含有大量由碳、氢、氧、氮、硫等基本元素组成的有机可燃物质，以及少量灰分和水分等无机不可燃物质。固体生物质燃料与煤的性质有相似之处又有区别。生物质燃料碳含量一般在 50% 左右，而煤炭的碳含量一般为 60% ～ 90%，生物质燃料碳含量比煤炭的低，点火温度相对较低，更容易点燃。生物质燃料氧含量一般在 35% ～ 45% 之间，远高于煤炭的氧含量。生物质燃料中氢含量约 5.5%，煤炭的氢含量一般 4% 左右，因为氢的发热量高，所以氢的存在有利于燃烧。生物质中的氮含量较少且多存在于蛋白质中，燃烧后会转化为 NH_3、HCN、N_2 和 NO_x 等物质。生物质燃料中的氮含量一般为 0.1% ～ 1.2%，我国煤炭的氮含量一般为 0.52% ～ 1.8%。硫在植物内含量一般为 0.1% ～ 0.5%，相较于煤中的含量要低，主要以无机硫和有机硫化合物的形式存在于植物体内。其他无机物在生物质中含

量都很少，最后都会随燃烧过程存在于灰中。与煤相比，生物质灰烬的熔点较低，会产生结垢和结渣的问题，甚至会对燃烧设备有腐蚀作用，对燃烧设备的设计和运行提出了特殊的要求。

固体生物质燃料的元素分析和工业分析与煤炭的相似。最新的固体生物质燃料工业分析方法的国家标准为GB/T 28731—2012，固体生物质燃料发热量测定方法的国家标准为GB/T 30727—2014。一些固体生物质燃料的元素组成、热值及工业分析结果见表2-13。

表2-13 一些固体生物质燃料的元素组成、热值及工业分析

燃料	元素分析结果（%）					$Q_{net,v,ar}$/（MJ/kg）	工业分析结果（%）			
	C_{daf}	H_{daf}	O_{daf}	N_{daf}	S_{daf}		V_{ad}	M_{ad}	A_{ad}	FC_{ad}
花生壳	46.14	6.35	43.71	0.80	0.31	18.64	66.90	6.63	7.29	19.18
玉米秸	43.17	6.02	34.82	0.73	0.12	16.67	76.88	7.76	5.44	9.92
小麦秸	49.60	6.20	43.40	0.74	0.12	16.47	77.48	4.88	10.12	7.52
稻草	48.30	5.30	33.95	0.81	0.09	17.60	67.80	3.61	12.20	16.40
松木	47.39	5.89	30.75	0.23	0.10	17.80	77.61	7.90	0.30	14.19
杨木	51.60	6.00	41.70	0.39	0.05	17.93	73.68	6.26	3.50	16.56
木屑	46.46	5.34	40.45	0.32	0.12	18.41	73.88	5.55	1.76	17.81
柳枝稷	48.33	6.07	44.55	0.48	0.57	16.25	82.84	6.43	3.49	7.24

生物质的堆积密度一般只有30～350kg/m³，远小于煤炭（褐煤的堆积密度为500～600kg/m³，烟煤的堆积密度为800～900kg/m³）。图2-5为颗粒大小为15～25mm的生物质燃料的堆积密度。

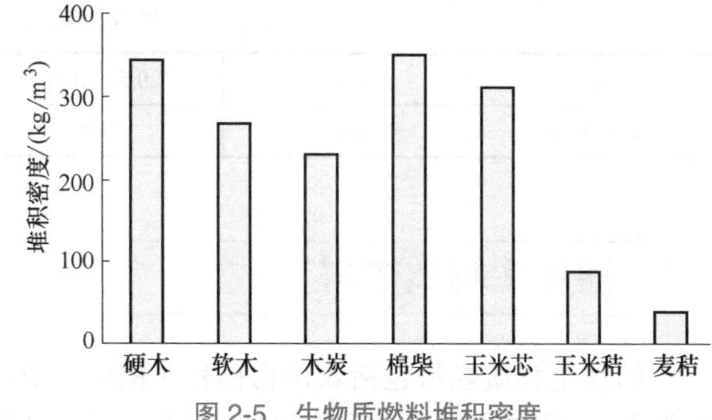

图2-5 生物质燃料堆积密度

生物质堆积密度低，会导致固体生物质燃料的运输、储运和使用产生成本高、占用空间大等问题。为了提高其堆积密度，生物质压缩成型燃料技术应运而生。成型后的燃料具有体积小，密度大，储运方便，成型燃料致密，无碎屑飞扬，使用方便、卫生，燃烧持续稳定，燃烧效率高的特点。目前，市场上的生物质成型燃料主要有颗粒和压块两种，密度可达到800～1350kg/m³。颗粒料的直径为5～12mm，长度为10～30mm。燃料具有流动性好，燃烧器的上料系统易于自动化等特点。但要求原料粉碎粒度小，含水量要求为15%～20%，能耗相对较高。压块可为棒状或块状，横截面一般为30mm×30mm，长度为30～80mm。压块料具有原料适应性较强、原料粉碎力度大等特点。含水量要求为15%～35%，能耗相对较低，但流动性差，燃烧器上料系统不易自动化。

2.4 液体燃料

用作锅炉燃料的主要有柴油、重柴油及渣油，统称为燃料油。近年来随着石油资源的

短缺，煤的液化技术和水煤浆技术得到了重视并快速发展起来，煤的液化产品和水煤浆可作为石油产品的替代燃料。此外，具有一定燃烧热值的工业废液也可作为锅炉燃料来使用。

液体燃料具有发热量高、使用方便、燃烧污染物较少等许多优点，是一种较理想的燃料。

2.4.1　燃料油

重柴油和渣油的概念既有联系又有区别。炼油过程的残余油不经处理就直接作为燃料油，称为渣油。将常压渣油、减压渣油、裂化渣油、裂化柴油和催化柴油等油种按适当比例调合，以达到一定的质量控制指标的燃料油，则称为重柴油。重柴油来源于石油加工过程中的渣油。重柴油主要用于供热锅炉、工业炉窑、冶金用工业炉和船用锅炉等。

液体燃料的成分表示方法与固体燃料相同，都是以 1kg 燃料中所含的元素成分来表示。燃料油的成分和原油的成分紧密相关，也是由多种碳氢化合物混合而成。这类化合物主要有烷烃、环烷烃、烯烃和芳香烃。重柴油中一般 C_{ar} 占到了 85% ～ 87%，H_{ar} 占 11% ～ 14%，还有少量的 O、S、N、水分和机械杂质等。重柴油的成分也可表示为

$$C_{ar}+H_{ar}+S_{ar}+O_{ar}+N_{ar}+A_{ar}+M_{ar}=100 \tag{2-24}$$

具有代表性的燃料油成分和发热量见表 2-14。

表 2-14　有代表性的燃料油成分和发热量

燃料油名称	C_{ar}(%)	H_{ar}(%)	S_{ar}(%)	O_{ar}(%)	N_{ar}(%)	A_{ar}(%)	M_{ar}(%)	$Q_{net,ar}$/(kJ/kg)
0 号轻柴油	85.55	13.49	0.25	0.66	0.04	0.01	0.00	42915
100 号重柴油	82.50	12.50	1.50	1.91	0.49	0.05	1.05	40612
200 号重柴油	83.976	12.23	1.00	0.568	0.20	0.026	2.00	41868
渣油	86.17	12.35	0.26	0.31	0.48	0.03	0.40	41797

燃料油的可燃元素主要是 C 和 H，它们约占燃料油可燃成分的 95%（质量分数，下同）以上。一般来说，燃料油的黏度越大，碳含量就越大，氢含量则越小。燃料油中 O 和 N 一般很少，对燃烧影响不大。燃料油中的 S 含量也不多，但对燃烧危害很大，所以必须严格控制。我国大部分地区的燃料油硫含量都小于 1%。

燃料油中的水分是在运输和储存过程中混进去的。燃料油含水多时，不仅降低了燃料油的发热量和燃烧温度，而且还容易由于水分的汽化影响供油设备的正常运行，甚至影响火焰的稳定。水分太多时应设法去掉，目前一般都是在储油罐中用自然沉淀的办法使油水分离。近年来为了改善高黏度残渣油的雾化性能和降低烟气中 NO 的含量，向燃料油中掺进适当的水分（约 10%），经乳化后，可以取得较好的效果。

燃料油的灰分极少，一般不超过 0.3%，但灰中含有钾、钒等化合物，灰易黏附在金属上，产生高温腐蚀。机械杂质的含量则和输送及储存条件有关，为了保证供油设备和燃烧装置的正常运行，应当进行必要的过滤。

燃料油的发热量 $Q_{net,ar}$ 通常为 39000 ～ 42000kJ/kg。燃料油发热量同固体燃料发热量一样，也用氧弹热量计来测定或者用元素分析法计算。

燃料油的主要使用性能有黏度、闪点、燃点、着火点、凝点及杂质含量等。

黏度是燃料油最主要的性能指标，是划分燃料油等级的主要依据。它是对流动性阻抗能力的度量，它的大小表示燃料油的易流性、易泵送性和易雾化性能的好坏。黏度与燃料油的成分、温度以及压力有关。燃料油的加热温度越高，黏度越小，所以，燃料油在运输、装卸和燃用时常需要预热。通常要求油雾化器前的油温应在100℃以上。

燃料油在一定温度下，低沸点的成分会蒸发而产生油蒸气，当明火掠过油表面时，会产生短暂的火花（或者叫闪光），此时的温度定义为闪点。闪点是燃料油受热时的安全防火指标，为了确保运输、储存时的安全，一般容器内的油温至少应比闪点低10℃。汽油的闪点为-58～10℃，煤油的闪点为30～70℃，柴油的闪点为50～90℃，重柴油的闪点为80～130℃。

在油温超过闪点后，明火掠过油表面时使油蒸气燃烧（至少5s）而不熄灭，这时的油温叫作油的燃点。显然油的燃点高于闪点，一般重柴油的燃点比闪点高10～30℃。

如果继续提高油温，油表面的蒸气会自己燃烧起来，这时的油温为自燃点或着火点。闪点越低的燃料，油着火点也越低，越易于着火。通过闪点的高低可以估计燃料油中所含轻质成分的高低，故可用于判断燃料油着火的难易程度。

虽然燃料油达到了闪点并不能使燃料油着火，但闪点已足以表征一燃料油着火燃烧的危险程度，习惯上也正是根据闪点对危险品进行分级。显然闪点越低越危险，越高越安全。

当油温降低到某一值时，燃料油会变得很稠，盛有燃料油的试管倾斜至45°而油面在1min内可保持不变，这个温度定义为燃料油的凝点。它是保证燃料油流动和泵吸所必须超过的最低温度，凝点越高，则燃料油的流动性越差。为了保证燃料油的流动性，在输送中，需加热到高于凝点10℃。燃料油中，重柴油的凝点最高，一般为15～36℃或更高，所以在重柴油的输送中，除了需要预热外，对管道的保温是至关重要的。柴油的凝点比重柴油低。柴油的牌号就是按照凝点而划分的。轻柴油的凝点不高于10℃，重柴油的凝点不高于30℃。

燃料油中杂质主要包括硫含量、水分及灰分。在燃料油中，硫可以以单质、化合物等各种形式存在。硫在燃烧后生成的SO_2、SO_3等排入大气将严重污染环境，与水蒸气结合，生成强腐蚀性的亚硫酸、硫酸等，会对烟道、除尘器和风机的使用寿命造成影响。此外，油中的硫化物对管道、阀、泵、密封圈和喷枪等都有不同程度的影响；油中的硫含量还关系到发动机的积炭、腐蚀和磨损。海上船舶用混残油型燃料油硫含量允许到2%，但陆上使用的控制在1%。根据硫含量的高低，燃料油可以划分为高硫、中硫和低硫燃料油，其中，高硫指硫含量在3.5%或以上的燃料油，中硫指硫含量介于1%～3.5%之间的燃料油，低硫指硫含量在1%或以下的燃料油。

水分是燃料油中的主要杂质之一，水分的存在会影响燃料油的凝点。随着含水量的增加，燃料油的凝点逐渐上升。它不仅会降低燃料油中可燃成分的含量，而且会使燃料着火困难。过高的含水量会增加管道和设备腐蚀，增加排烟热损失和输送能耗，同时不均匀的含水量会导致火焰脉动甚至熄火。燃料油使用前应做脱水处理，一般含水量应控制在1%～3%。

灰分是燃烧后剩余不能燃烧的部分，特别是催化裂化循环油和油浆渗入燃料油后，硅铝催化剂粉末会使泵、阀磨损加速。另外，灰分还会覆盖在锅炉受热面上，使传热性变坏。灰分的组成和含量是根据原油的种类、性质和加工方法不同而异的。天然原油的灰分主要是由于少量的无机盐和金属有机化合物及一些混入的杂质造成的。灰分中的 V_2O_5 熔点较低，黏附在金属表面上会发生高温腐蚀性磨损，尤其在钠存在条件下，生成低熔点的钒钠混合氧化物，会增加腐蚀作用。因此，对含钒较多的燃料油应加油溶性镁化物，以提高钒化物的熔点而防止腐蚀。

2.4.2 水煤浆

水煤浆（Coal Water Slurry，CWS）是 20 世纪 70 年代兴起的新型煤基液体燃料，它是由 65% ～ 70% 不同粒度分布的煤，29% ～ 34% 的水和约 1% 的化学添加剂经过一定的加工工艺制成的混合物。水煤浆具有良好的流动性和稳定性，可以用管道输送、雾化燃烧，可用于工业锅炉、电站锅炉和工业窑炉等代油燃烧。我国现在是世界上水煤浆炉型最多的国家，用于发电锅炉的水煤浆占了全国水煤浆产量的近 70% ～ 80%，而用于工业锅炉的水煤浆占 20% 左右。我国水煤浆技术的研究和开发起步较晚，但在成浆性的探索、水煤浆工业制备、廉价高效添加剂的开发、各种浓度煤浆的储运和工业应用等方面已具有较高水平，特别是其应用领域的广泛性处于国际领先地位。

水煤浆的性能特征一般有浓度、流变性（黏度）、稳定性、触变性、抗剪切性、抗温变性和可雾化性等。作为液体燃料的技术要求及其试验方法在 GB/T 18855—2014《燃料水煤浆》中进行了具体的规定，包括有发热量、全硫、灰分、表观黏度和粒度等，见表 2-15。

表 2-15 燃料水煤浆的技术要求和试验方法（GB/T 18855—2014）

项目	单位	技术要求			试验方法
		Ⅰ级	Ⅱ级	Ⅲ级	
发热量（$Q_{net,cws}$）	MJ/kg	≥ 16.80	≥ 16.00	≥ 15.20	GB/T 213
全硫（$S_{t,cws}$）	%	≤ 0.30	≤ 0.45	≤ 0.55	GB/T 214
灰分（A_{cws}）	%	≤ 6.00	≤ 7.50	≤ 8.50	GB/T 212
表观黏度（$\eta_{100s^{-1}}$）	mPa·s	≤ 1500			GB/T 18856.4
粒度（$P_{d,+0.5mm}$）	%	≤ 0.8			GB/T 18856.3
煤灰熔融性软化温度（ST）	℃	≥ 1250			GB/T 219
氯含量（Cl_{cws}）	%	≤ 0.15			GB/T 3558
煤灰中钾和钠含量 $w(K_2O)+w(Na_2O)$ ①	%	≤ 2.80			GB/T 1574
砷含量（As_{cws}）	μg/g	≤ 25			GB/T 16659
汞含量（Hg_{cws}）	μg/g	≤ 0.200			GB/T 3058

① $w(K_2O)+w(Na_2O)$ 表示煤灰中氧化钾和氧化钠的质量分数（%）之和。

水煤浆的发热量、全硫、灰分等分析结果一般以水煤浆为基准表示（即水煤浆基，简称为浆基）。水煤浆表观黏度指浆体温度为 20℃、剪切速率为 $100s^{-1}$ 时的黏度，单位为毫帕秒（mPa • s），采用 $\eta_{100s^{-1}}$ 表示。水煤浆粒度是指水煤浆中煤颗粒的大小，以大于某一特定粒度的物料占水煤浆中干物料的含量表示。比如，用 $P_{d,+0.5mm}$ 表示大于 0.5mm 的物料占水煤浆中干物料的含量（%）。

水煤浆的低位发热量主要与产浆的煤有关，煤的发热量越高水煤浆的发热量也越高。水煤浆的原料煤通常不是原煤，一般是灰分、硫分含量要比原煤低得多的洗精煤，所以，水煤浆燃烧的粉尘和 SO_2 排放比燃煤要低。由于水煤浆中含有 40% 左右的水分，因此燃烧时火焰温度要比同种煤粉低 100 ～ 200℃。另外，由于蒸汽有还原作用，可使部分 NO_x 还原成 N_2，而且水煤浆的燃烧火焰高温区相对分散，空气过剩系数小，可抑制 NO_x 的生成，所以，燃烧水煤浆排放的 NO_x 要比燃煤低。此外，水煤浆配加脱硫剂后，可以起到在燃烧中脱硫的效果。可见，水煤浆是一种环保效益较好的燃料。

2.5 气体燃料

气体燃料按照其来源可分为天然气体燃料和人造气体燃料。天然气体燃料是在自然界直接开采和收集的、不需要加工即可燃用的气体燃料，称为天然气。人造气体燃料是以煤、石油或各种有机物为原料，经过各种加工而得到的气体燃料，包括高炉煤气、焦炉煤气、发生炉煤气、液化石油气和油制气等。

由于气体燃料的来源不同，各种气体燃料的组成也不相同。它主要由低级烃（甲烷、乙烷、丙烷、丁烷、乙烯、丙烯和丁烯）、氢气和一氧化碳等可燃组分，氮气、二氧化碳等不可燃组分，以及氨、硫化物、水蒸气、焦油、萘和灰尘等杂质所组成。

气体燃料具有下列优点：①可用管道进行远距离输送；②不含灰分；③着火温度较低，燃烧容易控制；④燃烧炉内气体可根据需要进行调节为氧化气氛或还原气氛等；⑤可经过预热以提高燃烧温度；⑥可利用低级固体燃料制得。其缺点是所用的储气柜和管道要比相等热量的液体燃料所用的大得多。

天然气是由地下开采出来的可燃气体。根据其来源又可分为气田气、油田气和煤田气。气田气是指从天然气井直接开采出来的气体。油田气又称油田伴生气，是指在开采石油的同时所采出的天然气。煤田气又称煤层气或矿井气，即生成煤炭过程中逸出的天然气，一部分吸附在煤层上，俗称煤矿瓦斯气；一部分经地层裂隙转移到空隙处被岩石盖住，聚储起来，成为聚煤气；还有一部分则经过地层缝隙跑出地面失散。天然气中各种碳氢化合物的含量高达 90% 以上，主要成分为 CH_4。即使是同一个气田或油田产出的天然气，其成分也不是一成不变的，各成分的含量会有些许的变化。从天然气井出来的天然气中一般含有 SO_2 和 H_2S，但加工为商品天然气时，都经过了脱硫处理，天然气中总硫含量和 H_2S 含量都受到严格控制，所以天然气中几乎不含有 SO_2 和 H_2S。天然气相对煤和石油来说，是一种清洁的燃料，在环境污染日益严重的今天，受到世界各地的大力加强利用。

焦炉煤气是指用几种烟煤配成炼焦用煤，在炼焦炉中经高温干馏后，在产出焦炭和焦油产品的同时所得到的可燃气体，是炼焦生产的副产品，主要作为城市燃气气源和工厂动力燃料。焦炉煤气的主要可燃成分为 H_2、CH_4 和 CO。惰性气体成分有 N_2 和 CO_2，但一般含量很少，其体积分数为 8% ～ 16%。所以，焦炉煤气的发热量较高，标准状态下的低位发热量约为 15000 ～ 17200kJ/m^3。在工业上，焦炉煤气一般多与高炉煤气或发生炉煤气配成发热量为 8360kJ/m^3 左右的混合煤气用于平炉和加热炉。焦炉煤气为无色、微有臭味的有毒气体，CO 的体积分数约为 7%。焦炉煤气与空气或氧气混合到一定的比例，遇明火或 550℃左右的高温就会爆炸。焦炉煤气的爆炸范围为 4.72% ～ 37.59%（焦炉煤气在空气中的体积分数）。

高炉煤气为炼铁过程中产生的副产品，主要成分为 CO、CO_2、N_2、H_2 和 CH_4 等，其中可燃成分 CO 的（体积分数）约为 20% ～ 30%，H_2、CH_4 的含量很少，惰性气体成分 CO_2 和 N_2 的（体积分数）为 60% ～ 70%，其发热量比较低，一般仅为 3762 ～ 4180kJ/m^3。高炉煤气中的 CO_2 和 N_2 既不参与燃烧产生热量，也不能助燃；相反，还吸收大量的燃烧过程中产生的热量，导致高炉煤气的理论燃烧温度偏低，一般只有 1400 ～ 1500℃。高炉煤气的着火点并不高，似乎不存在着火的障碍，但在实际燃烧过程中，受各种因素的影响，混合气体的温度必须远大于着火点，才能确保燃烧的稳定性。高炉煤气的理论燃烧温度低，参与燃烧的高炉煤气的量很大，导致混合气体的升温速度很慢，温度不高，燃烧稳定性不好。在许多情况下，必须将空气和高炉煤气预热来提高它的燃烧温度，才能满足用户的要求。所以，高炉煤气常与焦炉煤气掺混，以提高其燃烧性能，用于焦炉或平炉中。此外，高炉煤气有时也与重柴油或煤粉掺混作为锅炉或炉窑的燃料使用。

高炉煤气是无色、无味、有剧毒的可燃气体，含有大量的一氧化碳气体，极易造成人身中毒，如果与氧气或空气混合到一定比例，遇明火或 700℃左右的高温就会爆炸，所以在使用过程中也需要特别注意其毒性和爆炸性。

发生炉煤气和液化石油气虽然是重要的气体燃料，但一般不作为锅炉燃料使用，这里不多加以介绍。

思考题

2-1　什么叫燃料？它应具备哪些基本要求？

2-2　什么是煤的元素分析和工业分析？煤的元素分析和工业分析之间有什么关系？

2-3　什么叫燃料的发热量？什么叫弹筒发热量、高位发热量和低位发热量？

2-4　煤中各元素成分及工业分析成分对燃烧的影响如何？

2-5　为什么提出煤的各种分析基准？一般各用在什么场合？怎样进行各种基准间的换算？

2-6　我国煤是如何分类的？

2-7　煤灰熔融性对锅炉工作有何影响？

2-8　什么是煤的结渣性？煤的结渣性有哪些指标？

2-9　固体生物质燃料与煤相比有何不同？

2-10　锅炉燃料油的成分及其对燃烧过程的影响有哪些？

2-11　水煤浆的燃烧特性与煤相比有何不同？

2-12　什么叫燃油的闪点、燃点、着火点？什么叫燃油的凝点？

2-13　常用的气体燃料有哪些？各有什么特性和用途？

2-14　气体燃料与固体及液体燃料相比有何优点和缺点？

第 3 章 燃料燃烧计算及锅炉热平衡

燃料只有在完全燃烧的条件下才能放出最大的热量。燃烧过程是否完全，是燃烧设备燃烧效率高低的重要标志。为了达到燃料完全燃烧的目的，应很好地组织燃烧过程，并对燃烧过程是否完善进行检测。为此，必须进行燃料的燃烧计算，以获得有关燃烧过程的数据，包括：①燃料燃烧时所需空气量；②燃烧产物（烟气）生成量、成分及焓值；③燃烧温度；④锅炉机组热平衡计算及锅炉热效率计算。

在燃料的燃烧计算过程中，通常要进行如下规定或假定：

1）气体成分都按照标准状态体积分数或质量分数计算，对空气和烟气中所有组成成分，都视为理想气体处理，即 1kmol 气体的体积在标准状态（101.325kPa，0℃）下都是 22.4 m^3。

2）空气的成分只考虑氮气、氧气和水蒸气，而忽略氩、氖、氙、氦等稀有气体及二氧化碳气体。干空气的成分按体积分数为氮气 79%、氧气 21% 计算；湿空气的水蒸气含量按照某温度下（大气温度）饱和含湿量计算。

3）当温度不超过 2000℃时，在计算中不考虑烟气的热分解和固体燃料中灰质的热分解产物。

3.1 燃料燃烧所需要的空气量计算

3.1.1 理论空气量

理论空气量是指 1kg（或标准状态下 1m^3）燃料完全燃烧且燃烧产物（烟气）中又没有氧存在时所需的空气量，也就是根据化学反应式计算出来的化学当量比状态空气量，以符号 V_k^0 表示，其单位为 m^3/kg（固体燃料和液体燃料燃烧，标准状态）或 m^3/m^3（气体燃料燃烧，标准状态）。

1. 固体燃料和液体燃料燃烧时所需理论空气量

根据燃料完全燃烧的化学方程式可得，1kg 燃料完全燃烧所需的 O_2 的体积 $V_{O_2}^0$（m^3/kg）为

$$V_{O_2}^0 = \frac{22.4}{100}\left(\frac{C_{ar}}{12}+\frac{H_{ar}}{4.032}+\frac{S_{ar}}{32}-\frac{O_{ar}}{32}\right) \tag{3-1}$$

已知空气中氧的体积分数为 21%，所以，标准状态下 1kg 燃料完全燃烧所需的理论空气量 V_k^0（m³/kg）为

$$V_k^0 = \frac{22.4}{21}\left(\frac{C_{ar}}{12}+\frac{H_{ar}}{4.032}+\frac{S_{ar}}{32}-\frac{O_{ar}}{32}\right) \tag{3-2}$$

或者可写为

$$V_k^0 = 0.0899C_{ar} + 0.265H_{ar} + 0.0333S_{ar} - 0.0333O_{ar} \tag{3-3}$$

2. 气体燃料燃烧时所需理论空气量

根据化学反应方程关系，可以得出标准状态下 1m³ 的气体燃料完全燃烧所需的理论氧气量 $V_{O_2}^0$（m³/m³）为

$$V_{O_2}^0 = \frac{1}{100}\left[0.5\varphi(CO)+0.5\varphi(H_2)+\sum\left(n+\frac{m}{4}\right)\varphi(C_nH_m)+1.5\varphi(H_2S)-\varphi(O_2)\right] \tag{3-4}$$

那么，标准状态下 1m³ 的气体燃料完全燃烧所需的理论空气量 V_k^0（m³/m³）为

$$V_k^0 = \frac{V_{O_2}^0}{0.21} = \frac{1}{21}\left[0.5\varphi(CO)+0.5\varphi(H_2)+\sum\left(n+\frac{m}{4}\right)\varphi(C_nH_m)+1.5\varphi(H_2S)-\varphi(O_2)\right] \tag{3-5}$$

需要注意的是，以上各式中 V_k^0 是不含水蒸气的干空气量。在锅炉计算中，常按照 1kg 的干空气中水蒸气含量为 10g 来计算湿空气量。

3.1.2 实际空气量

理论空气量是完全燃烧所需的最小空气量。一般的燃烧设备，因为很难保证氧气和燃料的充分完全混合，所以在理论空气量下很难达到完全燃烧。为了保证燃烧的完全，通常给的实际空气量都大于理论空气量，即 $V_k \geqslant V_k^0$。但有些工业炉窑为了工艺的需要保持还原性气氛而使实际空气量小于理论空气量，即 $V_k<V_k^0$。

1. 空气系数

实际空气量与理论空气量的比值定义为空气系数，用符号 α 表示（在锅炉空气量计算时也常用 β 表示），即

$$\alpha = \frac{V_k}{V_k^0} \tag{3-6}$$

为了保证燃料完全燃烧，一般的燃烧装置都要求 $\alpha \geqslant 1$，此时称为过量空气系数。而当空气系数小于 1 时，称为空气消耗系数。锅炉中的过量空气系数 α 一般是指炉膛出口处的空气系数 α_1''，这是因为炉内燃烧过程是在炉膛出口处结束。过量空气系数是锅炉运行的重要指标，太大会增大烟气容积使排烟热损失增大，太小则不能保证燃料完全燃烧。它的最佳值与燃料种类、燃烧方式以及燃烧设备结构的完善程度有关。常用的层燃锅炉，α_1'' 值一般在 1.3 ～ 1.6 之间；燃油、燃气锅炉一般控制在 1.05 ～ 1.10 之间；煤粉锅炉的 α_1'' 值一般在 1.15 ～ 1.25 之间。实际采用的 α_1'' 见表 3-1。

燃烧 1kg（或标准状态下 1m³）燃料实际所需的空气量可由下式计算，即

$$V_k = \alpha V_k^0 \tag{3-7}$$

过量空气量可由下式计算，即

$$\Delta V_k = V_k - V_k^0 = (\alpha - 1)V_k^0 \tag{3-8}$$

表 3-1 炉膛出口过量空气系数

燃烧形式		燃料	炉膛出口过量空气系数 α''_l
层燃锅炉	手烧炉排	烟煤、褐煤	1.4
		无烟煤	1.5
	抛煤机	褐煤、烟煤	1.3 ~ 1.4
	链条炉排、往复炉排	褐煤、烟煤	1.3
		无烟煤	1.5 ~ 1.6
循环流化床锅炉		矸石	1.2 ~ 1.25
		烟煤、褐煤	1.1 ~ 1.2
		贫煤、无烟煤	1.2 ~ 1.25
油炉、气炉		天然气、高炉煤气、焦炉煤气、重柴油	1.10①
煤粉锅炉	固态排渣	褐煤、烟煤	1.20
		无烟煤、贫煤	1.20 ~ 1.25②
	液态排渣（开式、半开式）	褐煤、烟煤	1.20
		无烟煤、贫煤	1.20 ~ 1.25②

① 采用气密炉墙及微正压炉膛时，取 1.05；自动调节油量和空气量，且漏风系数小于 0.05，可取燃油锅炉炉膛出口过量空气系数为 α''_l= 1.02 ~ 1.03。

② 热风送粉时取大值。

2. 漏风系数

锅炉等设备在实际运行时常处于负压状态，外界的空气会通过密封不严处漏到锅炉设备中，使炉子各处的实际空气系数不同。定义锅炉各处的漏风量与理论空气量的比值为漏风系数 $\Delta\alpha$，即

$$\Delta\alpha = \Delta V_k / V_k^0 \tag{3-9}$$

对各受热面来说，出口的过量空气系数 α''，总是等于入口过量空气系数 α' 与漏风系数之和，即

$$\alpha'' = \alpha' + \Delta\alpha \tag{3-10}$$

烟道内任一截面处的过量空气系数等于炉膛出口的过量空气系数与其前面各段烟道的漏风系数之和，即

$$\alpha = \alpha''_l + \sum\Delta\alpha \tag{3-11}$$

锅炉各处漏风系数的大小取决于锅炉结构、安装质量及运行操作水平，取值见表 3-2。

表 3-2 额定负荷下的烟道漏风系数

烟道名称		漏风系数 $\Delta\alpha$
层燃锅炉	机械、半机械化加煤	0.10
	人工加煤	0.30
煤粉锅炉炉膛、油炉及煤气炉膛	固态排渣锅炉，膜式水冷壁	0.05

（续）

烟道名称				漏风系数 $\Delta\alpha$
煤粉锅炉炉膛、油炉及煤气炉膛	固态排渣锅炉，钢架支撑炉墙，有护板			0.07
	固态排渣锅炉，无护板			0.10
	液态排渣锅炉、油炉、煤气炉，有护板			0.05
	液态排渣锅炉、油炉、煤气炉，无护板			0.08
对流受热面烟道	凝渣管簇、屏式过热器、第一对流蒸发管簇（D>50t/h）			0
	第一对流蒸发管簇（$D \leqslant$ 50t/h）			0.05
	过热器、热器			0.03
	省煤器	D>50t/h，每级		0.02
		$D \leqslant$ 50t/h	钢管	0.08
			铸铁，有护板	0.10
			铸铁，无护板	0.20
	空气预热器	管式	D>50t/h，每级	0.03
			$D \leqslant$ 50t/h，每级	0.06
		回转式	D>50t/h	0.20
			$D \leqslant$ 50t/h	0.25
除尘器	电气除尘器	D>50t/h		0.10
		$D \leqslant$ 50t/h		0.15
	多管旋风分离器、水膜除尘器			0.05
锅炉后烟道	钢制，每 10m 长			0.01
	砖砌，每 10m 长			0.05

注：D 为锅炉蒸发量（t/h）。

空气预热器中，空气侧较高压力的空气会有部分漏入烟气侧，该级的漏风系数 $\Delta\alpha_{ky}$ 要高些。在空气预热器中

$$\beta'_{ky} = \beta''_{ky} + \Delta\alpha_{ky} \tag{3-12}$$

式中，β'_{ky}、β''_{ky} 分别为空气预热器进口和出口的过量空气系数。

对煤粉锅炉而言，考虑到炉膛及制粉系统的漏风，β''_{ky} 与 α''_1 之间关系为

$$\beta''_{ky} = \alpha''_1 - \Delta\alpha_1 - \Delta\alpha_{zf} \tag{3-13}$$

式中，$\Delta\alpha_1$ 为炉膛漏风系数，见表 3-2；$\Delta\alpha_{zf}$ 为制粉系统漏风系数，见表 3-3。

表 3-3　各制粉系统的漏风系数

制粉系统特性		$\Delta\alpha_{zf}$	制粉系统特性		$\Delta\alpha_{zf}$
球磨机	仓储式，用热空气作为干燥剂	0.10	锤击磨煤机	负压式	0.04
	仓储式，用热空气和烟气混合物作为干燥剂	0.12		正压式	0
			中速磨，负压式		0.04
	直吹式	0.04	风扇磨，具有干燥管		0.20 ～ 0.25

注：高值用于多水分煤。

此外，有些锅炉是处于正压运行的，那么锅炉内的烟气会外逸，锅炉过量空气系数不会变化，$\Delta\alpha=0$。

3.2 燃烧产物及其计算

3.2.1 固体燃料和液体燃料完全燃烧时烟气量计算

1. 烟气成分

当 $\alpha=1$ 时完全燃烧产生的烟气成分包括：CO_2、SO_2、N_2 和 H_2O，此时的烟气量称为理论烟气量，用符号 V_y^0 表示，单位为 m³/kg（标准状态）。其中，CO_2、SO_2 和 N_2 三种成分称为干烟气成分，干烟气量用符号 V_{gy}^0 表示，单位为 m³/kg（标准状态）；CO_2 和 SO_2 合称为三原子气体，通常由 RO_2 表示。干烟气和 H_2O 合称为湿烟气。当 $\alpha>1$ 时完全燃烧产生的烟气量称为实际烟气量，用符号 V_y 表示，单位为 m³/kg（标准状态），实际烟气量中比理论烟气量多了燃烧剩余的空气及由过量空气带入的水蒸气。

烟气成分表示为各组成所占的体积分数，即

$$\varphi(CO_2)+\varphi(SO_2)+\varphi(N_2)+\varphi(O_2)+\varphi(H_2O)=100\%$$

2. 理论烟气量

理论烟气量的计算按照完全燃烧方程式来进行。1kg 煤完全燃烧时，产生的三原子气体的体积（m³/kg，标准状态）为

$$V_{RO_2}=\frac{22.4}{100}\left(\frac{C_{ar}}{12}+\frac{S_{ar}}{32}\right) \tag{3-14}$$

理论氮气量的来源有两部分：燃料中的氮和理论空气量中的氮气。理论氮气量（m³/kg，标准状态）为

$$V_{N_2}^0=\frac{22.4}{100}\times\frac{N_{ar}}{28}+0.79V_k^0 \tag{3-15}$$

理论水蒸气量的来源通常有四部分：燃料中氢完全燃烧转化而来的水蒸气、燃料中的水分形成的水蒸气、理论空气量带入的水蒸气、燃用重柴油且采用水蒸气雾化时带入炉内的水蒸气。所以，标准状态下理论水蒸气量（m³/kg，标准状态）为

$$V_{H_2O}^0=\frac{22.4}{100}\left(\frac{H_{ar}}{2.016}+\frac{M_{ar}}{18}\right)+0.0161V_k^0+1.24G_{zq} \tag{3-16}$$

式中，G_{zq} 为雾化 1kg 重柴油需要消耗的水蒸气量（kg）；1.24 为水蒸气标态下的比体积，为 1.24m³/kg；0.0161 为当按照空气的含湿量为 d=10g/kg（干空气）计算时，水蒸气量与理论空气量的体积比。

标准状态下理论干烟气量（m³/kg，标准状态）为

$$V_{gy}^0=V_{RO_2}+V_{N_2}^0=\frac{22.4}{100}\left(\frac{C_{ar}}{12}+\frac{S_{ar}}{32}+\frac{N_{ar}}{28}\right)+0.79V_k^0 \tag{3-17}$$

标准状态下理论烟气量（m³/kg，标准状态）为

$$V_y^0 = V_{gy}^0 + V_{H_2O}^0 = V_{RO_2} + V_{N_2}^0 + V_{H_2O}^0 \tag{3-18}$$

3. 实际烟气量

实际燃烧过程中由于空气系数 $\alpha>1$，过量的空气量直接变为烟气量，理论烟气量加上过量的空气量等于实际烟气量。标准状态下过量干空气量（m^3/kg）为

$$\Delta V_k = (\alpha - 1)V_k^0 \tag{3-19}$$

而实际上空气为湿空气，标准状态下过量湿空气量（m^3/kg）为

$$\Delta V_{k,s} = 1.0161(\alpha - 1)V_k^0 \tag{3-20}$$

所以，标准状态下实际烟气量（m^3/kg）为

$$V_y = V_y^0 + \Delta V_{k,s} = V_y^0 + 1.0161(\alpha - 1)V_k^0 \tag{3-21}$$

标准状态下实际干烟气量（m^3/kg）为

$$V_{gy} = V_{gy}^0 + \Delta V_k = V_{gy}^0 + (\alpha - 1)V_k^0 \tag{3-22}$$

标准状态下氮气量（m^3/kg）为燃料中的氮和空气中的氮两部分之和，即

$$V_{N_2} = V_{N_2,r} + V_{N_2,k} = \frac{22.4}{100} \times \frac{N_{ar}}{28} + 0.79\alpha V_k^0 \tag{3-23}$$

标准状态下烟气中的氧气量（m^3/kg）即等于过量空气中的氧气量，即

$$V_{O_2} = 0.21(\alpha - 1)V_k^0 \tag{3-24}$$

标准状态下水蒸气量（m^3/kg）为

$$V_{H_2O} = \frac{22.4}{100}\left(\frac{H_{ar}}{2.016} + \frac{M_{ar}}{18}\right) + 0.0161\alpha V_k^0 + 1.24G_{zq} \tag{3-25}$$

按照烟气成分，各烟气量之间关系还可写为

$$V_{gy} = V_{RO_2} + V_{N_2} + V_{O_2} \tag{3-26}$$

$$V_y = V_{gy} + V_{H_2O} \tag{3-27}$$

3.2.2　气体燃料完全燃烧时烟气量计算

1. 烟气成分

气体燃料的成分有 CO、CO_2、C_nH_m、H_2、H_2O、H_2S、N_2 和 O_2 等，空气成分为 N_2、O_2 和 H_2O。气体燃料和空气混合燃烧之后产生的烟气成分包括：CO_2、SO_2、N_2、O_2 和 H_2O。其烟气成分与固体和液体燃料的相同。

2. 理论烟气量

根据气体燃料完全燃烧方程式，可计算出标准状态下 $1m^3$ 气体燃料生成 CO_2、SO_2、N_2 和 H_2O 四种成分的标准状态体积。

理论氮气量 $V_{N_2}^0$（m^3/m^3，标准状态）为

$$V_{N_2}^0 = V_{N_2,r} + V_{N_2,k}^0 = \frac{\varphi(N_2)}{100} + 0.79V_k^0 \tag{3-28}$$

理论水蒸气量 $V_{H_2O}^0$（m^3/m^3，标准状态）为

$$V_{H_2O}^0=\frac{1}{100}\left[\varphi(H_2)+\varphi(H_2O)+\sum\frac{m}{2}\varphi(C_nH_m)+\varphi(H_2S)\right]+0.0161V_k^0 \tag{3-29}$$

三原子气体量（m^3/m^3，标准状态）为

$$V_{RO_2}=V_{CO_2}+V_{SO_2}=\frac{1}{100}[\varphi(CO)+\varphi(CO_2)+\sum n\varphi(C_nH_m)+\varphi(H_2S)] \tag{3-30}$$

理论干烟气量（m^3/m^3，标准状态）为

$$V_{gy}^0=V_{RO_2}+V_{N_2}^0=\frac{1}{100}[\varphi(CO)+\varphi(CO_2)+\sum n\varphi(C_nH_m)+\varphi(H_2S)+\varphi(N_2)]+0.79V_k^0 \tag{3-31}$$

气体燃料的理论烟气量同样地可以通过理论干烟气量和理论水蒸气量之和得出，其计算式与式（3-18）相同。

3. 实际烟气量

气体燃料燃烧的实际烟气计算与液体或固体燃料的计算方法相同，实际烟气量 V_y 等于理论烟气量 V_y^0 与剩余湿空气量 $\Delta V_{k,s}$ 之和，实际干烟气量为理论干烟气量与剩余干空气量之和。气体燃料燃烧的实际烟气量、实际干烟气量及氧气量的计算公式与式（3-21）、式（3-22）和式（3-24）相同。

此外，气体燃料燃烧的实际烟气中，氮气量 V_{N_2}（m^3/m^3，标准状态）为

$$V_{N_2}=V_{N_2,r}+V_{N_2,k}=\frac{\varphi(N_2)}{100}+0.79\alpha V_k^0 \tag{3-32}$$

水蒸气量 V_{H_2O}（m^3/m^3，标准状态）为

$$V_{H_2O}=\frac{1}{100}[\varphi(H_2)+\varphi(H_2O)+\sum\frac{m}{2}\varphi(C_nH_m)+\varphi(H_2S)]+0.0161\alpha V_k^0 \tag{3-33}$$

气体燃料燃烧的实际烟气量成分之间的关系也满足式（3-26）和式（3-27）。

3.2.3　燃料不完全燃烧时的烟气量计算

燃料的完全燃烧并不是有足够的氧气就可以了，而是还要以燃料和氧气完全混合为前提的。所以，在任何空气系数下都有可能发生不完全燃烧的情况。

$\alpha\geqslant1$ 时燃料燃烧所需的空气充分，但由于燃烧设备不完善，燃料和空气混合不充分，会产生不完全燃烧产物，烟气的成分除了 CO_2、SO_2、N_2、O_2 和 H_2O 外，还有不完全燃烧产物 CO、H_2、C_nH_m 等。其中，H_2 和 C_nH_m 数量很少，一般工程计算中可忽略不计。因此，当燃料不完全燃烧时，可以认为烟气中不完全燃烧产物只有 CO。

空气量不足（$\alpha<1$）时，必然有不完全燃烧产物。此时，会有两种情况：其一，燃料和空气充分混合，氧量耗尽；其二，燃料和空气混合不良，烟气中仍然存在剩余氧量。

如果不完全燃烧发生时，需要进行烟气成分的分析测试，才能进行烟气量计算，这在下一节加以论述。

3.2.4　烟气分析及其结果的应用

1. 烟气分析方法

在燃烧设备的实际使用中，为了保证燃烧过程完善地进行，控制不完全燃烧产物及其

他污染物的生成，需要对燃烧过程进行检测和必要的调整。为此，需要对烟气进行分析。烟气分析不仅可以获得烟气成分，了解燃烧完全程度和污染物的排放情况，而且通过对烟气成分的分析计算还可以得到影响燃烧过程的重要参数——空气系数，获得不完全燃烧损失的情况。

用于烟气分析的气体分析仪种类很多，根据烟气分析仪的工作原理，可以划分为多种类型：化学吸收式、电化学式、色谱式和红外线式等。根据烟气分析仪的使用方式又有固定式和便携式，以及间断式和在线式之分。化学吸收式和色谱分析仪一般体积较大不便移动，电化学式和红外线式气体分析仪一般可做到便携、在线分析。根据单台仪器检测烟气成分的多少可分为单组分和多组分烟气分析仪。

（1）化学吸收法　化学吸收法的分析原理：利用具有选择性吸收气体特性的化学溶液，在同温同压下分别吸收烟气的相关气体成分，从而根据吸收前、后体积的变化求出各组成气体的体积分数。奥氏气体分析仪就是一种过去常用的采用化学吸收法的烟气分析仪。奥氏烟气分析仪结构简单，但必须对烟气进行人工取样和分析，操作繁琐，响应速度慢，测量精度低。奥氏烟气分析仪只能逐个地进行单一成分的检测分析，不具备多重输入和信号处理功能，难以实时地分析烟气成分变化，已逐渐被全自动分析仪器替代。

（2）色谱分析法　色谱分析法（Gas Chromatography，GC）的原理：被分析的试样组分在流动气体或液体的推动下，流经一根装有填充物（固定相）的管子（色谱柱）时，受固定相的吸附或溶解作用，样品中的各组分在流动相和固定相中产生浓度分配。由于固定相对不同组分的吸附或溶解能力不同，因此各组分在流动相和固定相中的浓度分配情况不同，最终导致各自从色谱柱流出的时间不同，从而使组分分离，继而达到分析和测定试样组分的目的。

根据不同的流动相物态，色谱分析法又可分为液相色谱法和气相色谱法，前者用液体作为流动相，后者用气体作为流动相，通常称之为载气。色谱柱中的固定相也有两种状态，即固态和液态，如气相色谱又有气固色谱和气液色谱之分。前者利用固态充填物对不同组分吸附能力的差别进行组分分离，后者则利用不同组分在液态充填物中的溶解度差异实现组分分离。

色谱分析法分离效能高，样品用量少，可进行多组分同时分析，精度高。但色谱分析仪价格高，标定时间长，且样品质量要求高，对操作员素质要求也高。

（3）红外吸收法　在烟气主要成分中，除了同原子的双原子气体（H_2、N_2 和 O_2 等）外，其他非对称分子气体，如 CO、CO_2、NO 和 H_2O 等，在红外区均有特定的吸收带。红外吸收法的原理：利用某些气体对不同波长的红外线辐射具有选择性吸收的特性，通过测量红外线辐射的吸收程度，从而得到被测气体的浓度。红外吸收仪的优点：①具有良好的选择性，对于多组分的混合气体，不管混合气体中的干扰组分浓度如何变化，它只对待测组分浓度有反应；②分析范围广；③分析周期短，响应时间快；④可同时测量若干组分。但是，如前所述，红外吸收法不适用于分析具有对称结构无极性双原子及单原子分子气体。

（4）电化学传感器法　按照检测原理不同，电化学气体传感器主要分为金属氧化物半导体式传感器、催化燃烧式传感器、定电位电解式气体传感器、迦伐尼电池式氧气传感器和 PID 光离子化传感器等。目前烟气分析仪中使用较多的是定电位电解式气体传感器和迦伐尼电池式氧气传感器。电化学传感器烟气分析仪一般可以做成便携式，并可以实现在线检测，

使用方便，但由于传感器一般都有一定寿命，所以需要定期更换。

2. 烟气排放连续监测系统

烟气排放连续监测系统（Continuous Emission Monitoring System，CEMS）是指对大气污染源排放的气态污染物和颗粒物进行浓度和排放总量连续监测，并将信息实时传输到主管部门的装置，又称为“烟气自动监控系统”或“烟气在线监测系统”。CEMS分别由气态污染物监测子系统、颗粒物监测子系统、烟气参数测量子系统、数据采集处理与通信子系统组成（图3-1）。气态污染物监测子系统主要用于监测气态污染物 SO_2、NO_x 等的浓度和排放总

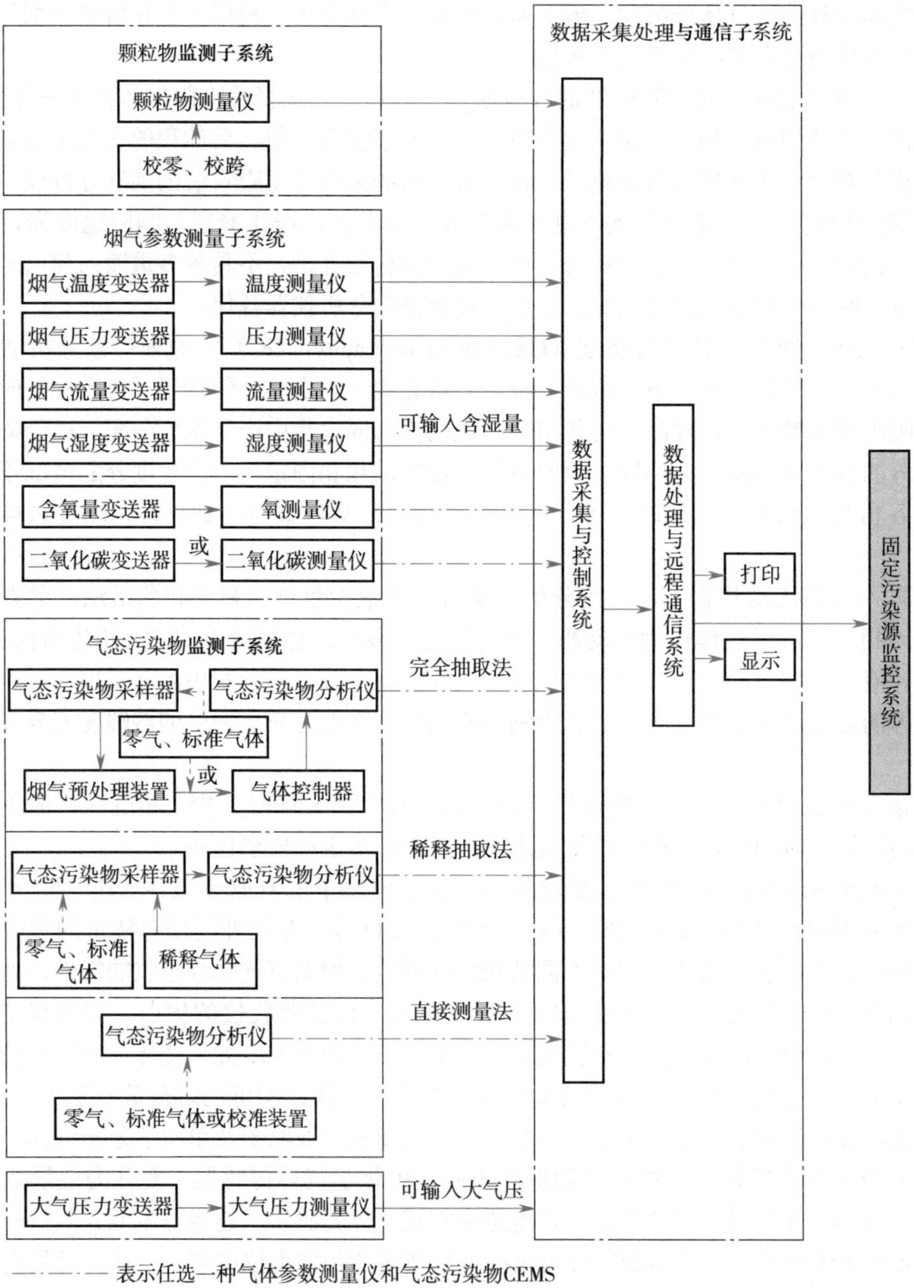

图3-1　烟气排放连续监测系统示意图

量；颗粒物监测子系统主要用来监测烟尘的浓度和排放总量；烟气参数测量子系统主要用来测量烟气流速、烟气温度、烟气压力、烟气氧含量（或二氧化碳含量）和烟气湿度等，用于排放总量的计算和相关浓度的折算；数据采集处理与通信子系统由数据采集器和计算机系统构成，实时采集各项参数，生成各浓度值对应的干基、湿基及折算浓度，生成日、月、年的累积排放量，完成丢失数据的补偿并将报表实时传输到主管部门。

CEMS 的监测方法可分三类：一是抽取式监测，二是现场监测，三是遥测。目前国际上广泛采用的是抽取式和现场监测两种方法。我国现行的固定污染源烟气规范主要是国家环境保护标准 HJ 75—2017《固定污染源烟气（SO_2、NO_x、颗粒物）排放连续监测技术规范》和 HJ 76—2017《固定污染源烟气（SO_2、NO_x、颗粒物）排放连续监测系统技术要求及检测方法》。而遥测方法因准确度和精密度较差，基本上未被采用。CEMS 分析技术采用许多化学的、物理的方法，但它并不是采用简单的化学方法，而是先进的光电技术，例如气体滤光相关光谱技术、傅里叶红外光谱技术等。目前，常用的颗粒物 CEMS 采用的方法有不透明度、向后散射和 β 射线吸收；常用二氧化硫 CEMS 采用的方法有非分散红外吸收、紫外荧光和紫外吸收等。

3. 烟气量的计算

烟气分析中，烟气一般是干烟气成分，所以，烟气成分定义㊀为

$$\varphi(\mathrm{RO_2})=\frac{V_{\mathrm{CO_2}}+V_{\mathrm{SO_2}}}{V_{\mathrm{gy}}}\times 100=\frac{V_{\mathrm{RO_2}}}{V_{\mathrm{gy}}}\times 100 \tag{3-34}$$

$$\varphi(\mathrm{O_2})=\frac{V_{\mathrm{O_2}}}{V_{\mathrm{gy}}}\times 100 \tag{3-35}$$

$$\varphi(\mathrm{CO})=\frac{V_{\mathrm{CO}}}{V_{\mathrm{gy}}}\times 100 \tag{3-36}$$

$$\varphi(\mathrm{N_2})=\frac{V_{\mathrm{N_2}}}{V_{\mathrm{gy}}}\times 100 \tag{3-37}$$

一般情况下，在锅炉干烟气中不完全燃烧成分很少，如果忽略 H_2、CH_4 和 C_nH_m 等，根据干烟气成分的定义，有

$$\varphi(\mathrm{RO_2})+\varphi(\mathrm{CO})=\frac{V_{\mathrm{RO_2}}+V_{\mathrm{CO}}}{V_{\mathrm{gy}}}\times 100 \tag{3-38}$$

对于每个 C 来说，生成 CO_2 或 CO 的体积是相等的，故而 $V_{\mathrm{RO_2}}+V_{\mathrm{CO}}$ 完全可以用完全燃烧时的 $V_{\mathrm{RO_2}}$［$V_{\mathrm{RO_2}}^{\mathrm{com}}$，即式（3-14）或式（3-30）计算结果］表示。干烟气量可由下式计算，即

$$V_{\mathrm{gy}}=\frac{V_{\mathrm{RO_2}}^{\mathrm{com}}}{\varphi(\mathrm{RO_2})+\varphi(\mathrm{CO})}\times 100 \tag{3-39}$$

标准状态下，对于固体和液体燃料来说，有

㊀ 由于其他公式中用到这些容积百分数时，习惯上都用分子，所以此处定义时只给出这些百分数的分子。——作者注

$$V_{gy}=\frac{\frac{22.4}{100}\left(\frac{C_{ar}}{12}+\frac{S_{ar}}{32}\right)}{\varphi(RO_2)+\varphi(CO)}\times 100 \tag{3-40}$$

标准状态下，对气体燃料来说，有

$$V_{gy}=\frac{\frac{1}{100}[\varphi(CO)+\varphi(CO_2)+\sum n\varphi(C_nH_m)+\varphi(H_2S)+\varphi(SO_2)]}{\varphi(RO_2)+\varphi(CO)}\times 100 \tag{3-41}$$

需要注意，式（3-41）中，分子的体积分数是指燃料成分，分母中体积分数是指烟气成分，不可混淆。

不完全燃烧时水蒸气量的计算与完全燃烧时相同。如果已知水蒸气量和干烟气量，即可得出不完全燃烧时的烟气量。

4. 烟气中 φ（CO）的计算

烟气中不完全燃烧产物只有 CO 时，烟气分析结果应满足如下关系式，即

$$(1+\beta)\varphi(RO_2)+\varphi(O_2)+(0.605+\beta)\varphi(CO)=21 \tag{3-42}$$

该式反映燃料特性与烟气成分分析结果的关系，称为燃烧方程。其中，β 是量纲为一的量，称为燃料特性系数。β 只与燃料的可燃成分有关，与燃料的水分、灰分无关，不论分析基准如何，数值都相同。燃料中自由氢的含量越高，β 值越大。β 值可由燃料成分计算得出［见式（3-43）和式（3-44）］。

当为固体和液体燃料时，有

$$\beta=\frac{0.79\left(\frac{H_{ar}}{4.032}-\frac{O_{ar}}{32}\right)+0.21\frac{N_{ar}}{28}}{\frac{C_{ar}}{12}+\frac{S_{ar}}{32}}=2.351\frac{H_{ar}-0.126O_{ar}+0.0383N_{ar}}{C_{ar}+0.375S_{ar}} \tag{3-43}$$

当为气体燃料时，有

$$\beta=\frac{0.79[0.5\varphi(H_2)+0.5\varphi(H_2S)-0.5\varphi(CO)-\varphi(CO_2)-\varphi(O_2)]+0.21\varphi(N_2)}{\varphi(CO)+\varphi(CO_2)+\sum n\varphi(C_nH_m)+\varphi(H_2S)} \tag{3-44}$$

当完全燃烧时，烟气中 φ (CO) =0。则完全燃烧方程可表示为

$$(1+\beta)\varphi(RO_2)+\varphi(O_2)=21 \tag{3-45}$$

α=1 且完全燃烧时，φ (RO_2) 达到最大值，根据燃烧方程有

$$\varphi(RO_2)_{max}=\frac{21}{1+\beta} \tag{3-46}$$

对于一定燃料而言，β 和 $\varphi(RO_2)_{max}$ 都为定值。几种常用燃料的 β 和 $\varphi(RO_2)_{max}$ 值见表 3-4。

表 3-4 几种常用燃料的特性值（在空气中燃烧）

燃　料	β	φ $(RO_2)_{max}$
炭	0	21
无烟煤	0.02 ～ 0.10	20.6 ～ 19.1

（续）

燃　　料	β	$\varphi(RO_2)_{max}$
贫煤	0.09 ～ 0.12	19.3 ～ 18.9
烟煤	0.10 ～ 0.15	19.1 ～ 18.3
褐煤	0.05 ～ 0.11	20 ～ 18.9
泥煤	0.07 ～ 0.08	19.6 ～ 19.4
重柴油	0.29 ～ 0.35	16.2 ～ 15.6
甲烷	0.79	11.7
天然气	0.75 ～ 0.8	11.8

在实际测量中，$\varphi(RO_2)$ 和 $\varphi(O_2)$ 一般容易测准，而 $\varphi(CO)$ 一般较难测准，所以常利用燃烧方程求 $\varphi(CO)$，即

$$\varphi(CO)=\frac{21-(1+\beta)\varphi(RO_2)-\varphi(O_2)}{0.605+\beta} \tag{3-47}$$

当存在固体不完全燃烧损失时，应用下式计算，即

$$\varphi(CO)=\frac{21-\left(1+\dfrac{\beta}{K_{q_4}}\right)\varphi(RO_2)-\varphi(O_2)}{0.605+\dfrac{\beta}{K_{q_4}}} \tag{3-48}$$

式中，K_{q_4} 为考虑固体不完全燃烧的修正系数，$K_{q_4}=\dfrac{100-q_4}{100}$。

5. 过量空气系数的计算

不完全燃烧时，根据烟气分析结果可由下式计算过量空气系数，即

$$\alpha=\frac{1}{1-\dfrac{79}{21}\dfrac{\varphi(O_2)-0.5\varphi(CO)-0.5\varphi(H_2)-2\varphi(CH_4)}{100-\varphi(RO_2)-\varphi(O_2)-\varphi(CO)-\varphi(H_2)-\varphi(CH_4)-\varphi(N_{2,r})}} \tag{3-49}$$

式中，$\varphi(N_{2,r})$ 为燃料中 N 转换而来的 N_2 的体积分数，$\varphi(N_{2,r})=\dfrac{V_{N_2,r}}{V_{gy}}\times 100$。

完全燃烧时，过量空气系数的计算式可化为

$$\alpha=\frac{1}{1-\dfrac{79}{21}\dfrac{\varphi(O_2)}{100-\varphi(RO_2)-\varphi(O_2)}} \tag{3-50}$$

碳或硫完全燃烧时生成的 RO_2 体积等于燃烧时所消耗的氧气体积，因此，对于氢含量很低的燃料，在 $\alpha\approx 1$ 时，$\varphi(N_2)\approx 79$。在粗略估算时，过量空气系数值可按下式计算，即

$$\alpha=\frac{21}{21-\varphi(O_2)} \tag{3-51}$$

当烟气分析结果不太完善时，可把式（3-51）进行变换，即

$$\alpha=\frac{21/(1+\beta)}{21-\varphi(O_2)/(1+\beta)}=\frac{\varphi(RO_2)_{max}}{\varphi(RO_2)} \tag{3-52}$$

式中，$\varphi(RO_2)$ 为完全燃烧时烟气中的三原子气体体积分数；$\varphi(RO_2)_{max}$ 为 $\alpha=1$ 且完全燃烧时烟气中的三原子气体体积分数。

3.3 空气焓和烟气焓的计算

在锅炉热平衡计算及受热面传热计算时，需要知道空气焓和烟气焓。空气或烟气焓是指在定压条件下，将 1kg 燃料所需的空气量或所产生的烟气量从 0℃加热到 t℃时所需的热量，单位为 kJ/kg。

3.3.1 空气焓的计算

1. 理论空气焓

理论空气焓（kJ/kg 或 kJ/m³）即理论空气量的焓，可定义为

$$H_k^0 = V_k^0 (ct)_k \tag{3-53}$$

式中，c 为比热容 [kJ/（m³ · ℃）]；$(ct)_k$ 为湿空气的比焓（kJ/m³，干空气），可依空气温度 t_k 直接由表 3-5 查得。

2. 实际空气焓

实际空气焓（kJ/kg 或 kJ/m³）定义为

$$H_k = V_k (ct)_k \tag{3-54}$$

根据实际空气量与理论空气量的关系，可得实际空气焓与理论空气焓的关系为

$$H_k = \alpha H_k^0 \tag{3-55}$$

3.3.2 烟气焓的计算

1. 理论烟气焓

烟气是多种气体成分的混合物，烟气焓可由各种烟气成分的焓值之和计算得到。理论烟气量 V_y^0 为 V_{CO_2}、V_{SO_2}、$V_{N_2}^0$ 和 $V_{H_2O}^0$ 之和。所以，1kg 固体和液体燃料或标准状态下 1m³ 气体燃料的理论烟气焓（kJ/kg 或 kJ/m³）为

$$H_y^0 = V_{CO_2}(ct)_{CO_2} + V_{SO_2}(ct)_{SO_2} + V_{N_2}^0 (ct)_{N_2} + V_{H_2O}^0 (ct)_{H_2O} \tag{3-56}$$

式中，$(ct)_{CO_2}$、$(ct)_{SO_2}$、$(ct)_{N_2}$ 和 $(ct)_{H_2O}$ 分别为标准状态下 CO_2、SO_2、N_2 和 H_2O 的比焓（kJ/m³），$(ct)_{CO_2}$、$(ct)_{N_2}$、$(ct)_{H_2O}$ 的取值见表 3-5。

因 $V_{SO_2} \ll V_{CO_2}$，且 $(ct)_{SO_2} \approx (ct)_{CO_2}$，所以式（3-56）可写为

$$H_y^0 = V_{RO_2}(ct)_{CO_2} + V_{N_2}^0 (ct)_{N_2} + V_{H_2O}^0 (ct)_{H_2O} \tag{3-57}$$

对一定的燃料而言，由于燃料组成是一定的，故而生成的烟气量 V_{RO_2}、$V_{N_2}^0$ 和 $V_{H_2O}^0$ 也一定，所以，H_y^0 仅随温度而变。

2. 实际烟气焓

前面章节已经介绍，1kg 固体和液体燃料或标准状态下 1m³ 气体燃料生成的烟气等于理论烟气量和过量湿空气量之和。实际烟气焓则等于理论烟气焓与过量湿空气的焓之和。

过量湿空气的焓（kJ/kg 或 kJ/m³）可表示为

$$\Delta H_k = (\alpha - 1)H_k^0 \tag{3-58}$$

实际烟气焓由下式计算，即

$$H_y = H_y^0 + \Delta H_k = H_y^0 + (\alpha - 1)H_k^0 \tag{3-59}$$

当燃烧煤时，烟气中常含有飞灰。当 $a_{fh}A_{ar,\ zs}>6$ $\left(即\dfrac{4187A_{ar}a_{fh}}{Q_{net,ar}}>6\right)$ 时（a_{fh} 是飞灰量占燃料总灰量的份额），还应计算飞灰的焓（kJ/kg），即

$$H_{fh} = a_{fh}\frac{A_{ar}}{100}(ct)_h \tag{3-60}$$

式中，$(ct)_h$ 为灰的比焓，见表 3-5。

此时

$$H_y = H_y^0 + (\alpha - 1)H_k^0 + H_{fh} \tag{3-61}$$

同样的，若根据实际烟气的组成 $V_y=V_{RO_2}+V_{N_2}+V_{O_2}+V_{H_2O}$，实际烟气焓（kJ/kg 或 kJ/m^3）也可由下式计算，即

$$H_y = V_{RO_2}(ct)_{CO_2} + V_{N_2}(ct)_{N_2} + V_{O_2}(ct)_{O_2} + V_{H_2O}(ct)_{H_2O} \tag{3-62}$$

如果烟气中飞灰含量较高，也应考虑飞灰的焓，即

$$H_y = V_{RO_2}(ct)_{CO_2} + V_{N_2}(ct)_{N_2} + V_{O_2}(ct)_{O_2} + V_{H_2O}(ct)_{H_2O} + a_{fh}\frac{A_{ar}}{100}(ct)_h \tag{3-63}$$

表 3-5　空气、烟气及灰的比焓

t/℃	$(ct)_{CO_2}$	$(ct)_{N_2}$	$(ct)_{O_2}$	$(ct)_{H_2O}$	$(ct)_k$	$(ct)_h$
	kJ/m^3，标准状态					kJ/kg
100	170.0	129.6	131.8	150.5	132.4	80.8
200	357.5	259.9	267.0	304.5	266.4	169.1
300	558.8	392.0	406.8	462.7	402.7	263.8
400	771.9	526.5	551.0	626.2	541.8	360.1
500	994.4	663.8	699.0	794.9	684.1	458.5
600	1224.6	804.1	850.1	968.9	829.7	560.2
700	1461.9	947.5	1004.1	1148.9	978.3	662.4
800	1704.9	1093.6	1159.9	1334.4	1129.1	767.0
900	1952.3	1241.6	1318.1	1526.1	1282.3	875.0
1000	2203.5	1391.7	1477.5	1722.9	1437.3	983.9

（续）

t/℃	$(ct)_{CO_2}$	$(ct)_{N_2}$	$(ct)_{O_2}$	$(ct)_{H_2O}$	$(ct)_k$	$(ct)_h$
	kJ/m³，标准状态					kJ/kg
1100	2458.4	1543.8	1638.2	1925.1	1594.9	1096.9
1200	2716.6	1697.2	1800.7	2132.3	1753.4	1206.9
1300	2976.7	1852.7	1963.8	2343.7	1914.2	1360.7
1400	3239.1	2008.7	2128.3	2559.1	2076.2	1582.6
1500	3503.1	2166.0	2294.2	2779.0	2238.9	1758.5
1600	3768.8	2324.5	2460.5	3001.8	2402.9	1875.7
1700	4036.4	2484.0	2628.5	3229.2	2567.3	2064.1
1800	4304.7	2643.7	2797.5	3458.4	2731.9	2185.5
1900	4574.1	2804.1	2967.2	3690.3	2898.8	2386.5
2000	4844.1	2965.1	3138.4	3925.5	3064.7	2512.1
2100	5115.3	3127.4	3309.4	4163.1	3233.8	—
2200	5386.6	3289.2	3482.7	4401.9	3401.6	—

注：$(ct)_k$ 为含水分 d=10g/kg（干空气）的湿空气比焓。

3.3.3 烟气焓温表及理论燃烧温度的计算

1. 烟气焓温表

以上给出了烟气和空气焓的计算方法。在实际使用中，因为焓是温度的函数，对一定的气体而言，随着温度的变化，烟气焓也变化。为了计算方便，一般需要编制烟气焓温表，见表3-6。如此，在进行热力计算时，可方便地根据烟气温度和过量空气系数查得对应的烟气焓，或根据烟气焓和过量空气系数求出烟气温度。

2. 理论燃烧温度的计算

燃料的燃烧温度是指燃料燃烧时放出的热量使燃烧产物（烟气）可能达到的温度。在绝热条件下完全燃烧，不考虑对外做功时，烟气可能达到的最高温度，称为理论燃烧温度（t_a）。

理论燃烧温度可通过燃烧热平衡方程计算得出，即输入锅炉的总热量全部用于加热烟气，即有

$$H_y = V_y c_y t_a = \sum Q_{in} = Q_{net,ar} + Q_r + H_k + Q_{zq} \tag{3-64}$$

式中，Q_r 为燃料的物理显热（kJ/kg）；Q_{zq} 为雾化燃油所用蒸汽带入的热量（kJ/kg）。

根据式（3-64）计算出输入锅炉的总热量，即等于烟气焓值 H_y，对照焓温表即可求得理论燃烧温度 t_a（℃）。实际计算过程中常采用试凑法，即已知输入总热量 $\sum Q_{in}$，假定一系列烟气温度 t，根据烟气焓温表计算出烟气焓 H_y，当计算出的烟气焓 H_y 等于输入总热量 $\sum Q_{in}$ 时，对应的假定温度 t 即为理论燃烧温度 t_a。

表 3-6 烟气焓温表

t/℃	V_{RO_2}/(m³/kg)		$V^0_{N_2}$/(m³/kg)		$V^0_{H_2O}$/(m³/kg)		$a_{fh}\frac{A_{ar}}{100}$/(kg/kg)		H^0_y/(kJ/kg)	V^0_k/(m³/kg)		$H_y[=H^0_y+(\alpha-1)H^0_k]$/(kJ/kg)		
	$(ct)_{CO_2}$/(kJ/m³)	$V_{RO_2}(ct)_{CO_2}$/(kJ/kg)	$(ct)_{N_2}$/(kJ/m³)	$V^0_{N_2}(ct)_{N_2}$/(kJ/kg)	$(ct)_{H_2O}$/(kJ/m³)	$V^0_{H_2O}(ct)_{H_2O}$/(kJ/kg)	$(ct)_h$/(kJ/kg)	$a_{fh}\frac{A_{ar}}{100}(ct)_h$/(kJ/kg)	Σ(3+5+7+9)	$(ct)_k$/(kJ/m³)	$H^0_k=V^0_k(ct)_k$/(kJ/kg)	α=	α=	α=
1	2	3	4	5	6	7	8	9	10	11	12	13	14	15
100	170.0		129.6		150.5		80.8			132.4				
200	357.5		259.9		304.5		169.1			266.4				
300	558.8		392.0		462.7		263.8			402.7				
400	771.9		526.5		626.2		360.1			541.8				
500	994.4		663.8		794.9		458.5			684.1				
600	1224.6		804.1		968.9		560.2			829.7				
700	1461.9		947.5		1148.9		662.4			978.3				
800	1704.9		1093.6		1334.4		767.0			1129.1				
900	1952.3		1241.6		1526.1		875.0			1282.3				
1000	2203.5		1391.7		1722.9		983.9			1437.3				
1100	2458.4		1543.8		1925.1		1096.9			1594.9				
1200	2716.6		1697.2		2132.3		1206.9			1753.4				
1300	2976.7		1852.7		2343.7		1360.7			1914.2				
1400	3239.1		2008.7		2559.1		1582.6			2076.2				
1500	3503.1		2166.0		2779.0		1758.5			2238.9				
1600	3768.8		2324.5		3001.8		1875.7			2402.9				
1700	4036.4		2484.0		3229.2		2064.1			2567.3				
1800	4304.7		2643.7		3458.4		2185.5			2731.9				
1900	4574.1		2804.1		3690.3		2386.5			2898.8				
2000	4844.1		2965.1		3925.5		2512.1			3064.7				

注：表中 m³ 指标准状态下。

3.4 锅炉热平衡与热损失

锅炉热平衡是指在稳定运行状态下，锅炉输入热量与输出热量及各项热损失之间热量的平衡关系。进行锅炉热平衡就是为了研究燃料的热量在锅炉内部的利用情况，测算多少热量被利用，多少热量损失，以及这些损失的表现方式与产生原因。热平衡的根本目的就是为提高锅炉的热效率寻找最佳的途径。

热效率是衡量锅炉设备的完善程度与运行水平的重要指标之一，提高热效率是锅炉运行管理的主要工作。为了全面评定锅炉的工作状况，有必要对锅炉进行热平衡测试，从而更加细致地分析总结影响热效率的因素，得到测量数据，以指导锅炉的运行与改造。热平衡测试分正平衡法与反平衡法两种。

3.4.1 锅炉热平衡组成

1. 热平衡方程式

锅炉热平衡方程式为

$$Q_{in} = Q_1 + Q_2 + Q_3 + Q_4 + Q_5 + Q_6 \tag{3-65}$$

式中，Q_{in} 为锅炉的输入热量（kJ/kg）；Q_1 为锅炉有效利用的热量（kJ/kg）；Q_2 为排烟损失热量（kJ/kg）；Q_3 为气体不完全燃烧损失热量（kJ/kg）；Q_4 为固体不完全燃烧损失热量（kJ/kg）；Q_5 为锅炉散热损失热量（kJ/kg）；Q_6 为其他热损失热量（kJ/kg）。

如有其他热量损失，也应考虑在热平衡方程中。

式（3-65）两边同除以 Q_{in}，得到锅炉热平衡方程的百分比表达式㊀，即

$$q_1 + q_2 + q_3 + q_4 + q_5 + q_6 = 100 \tag{3-66}$$

式中，q_1 为有效利用热量占输入锅炉热量的百分比，等于锅炉的热效率（%）；q_2 为排烟热损失（%）；q_3 为气体不完全燃烧热损失（%）；q_4 为固体不完全燃烧热损失（%）；q_5 为散热损失（%）；q_6 为其他热损失（%）。

2. 锅炉输入热量

锅炉输入热量是锅炉范围以外输入的热量，即 1kg 燃料带入锅炉的热量，不包括锅炉范围内循环的热量，通常可表示为

$$Q_{in} = Q_{net,ar} + Q_r + Q_{zq} + Q_{wr} \tag{3-67}$$

式中，$Q_{net,ar}$ 为燃料的收到基低位发热量（kJ/kg）；Q_r 为燃料的物理显热（kJ/kg）；Q_{zq} 为雾化燃油所用蒸汽带入的热量（kJ/kg）；Q_{wr} 为外来热源加热空气时带入的热量（kJ/kg）。

燃料的物理显热计算公式为

$$Q_r = c_r t_r \tag{3-68}$$

式中，c_r 为燃料的比定压热容 [kJ/（kg·℃）]；t_r 为燃料温度（℃）。

对于固体燃料，当有外来热源干燥时，应计算燃料的物理显热；若未经预热，则只有当 $M_{ar} \geqslant \frac{Q_{net,ar}}{628}$ % 时才需计算，此时可取 t_r=20℃。

㊀ $q_1 \sim q_6$ 在公式中用的是百分数的分子。——作者注

固体燃料的比热容可按下式计算，即

$$c_{\rm r} = c_{\rm r,d}\frac{100 - M_{\rm ar}}{100} + 4.187\frac{M_{\rm ar}}{100} \tag{3-69}$$

式中，$c_{\rm r,d}$ 为燃料的干燥基比热容［kJ/（kg·℃）]，见表3-7。

表3-7　燃料的干燥基比热容 $c_{\rm r,d}$　　　［单位：kJ/（kg·℃）]

燃　料	温度/℃				
	0	100	200	300	400
无烟煤、贫煤	0.92	0.96	1.05	1.13	1.17
烟煤	0.96	1.09	1.26	1.42	
褐煤	1.09	1.26	1.47		
油页岩	1.05	1.13	1.30		
切铲泥煤	1.30	1.51	1.80		

重柴油的比热容可按下式计算，即

$$c_{\rm zy} = 1.738 + 0.0025t_{\rm zy} \tag{3-70}$$

或近似地取 $c_{\rm zy}$=2.09kJ/（kg·℃）。

雾化燃油所用水蒸气带入的热量计算式为

$$Q_{\rm zq} = G_{\rm zq}(h_{\rm zq} - h_{\rm zq,0}) \tag{3-71}$$

式中，$G_{\rm zq}$ 为雾化1kg燃油所用的蒸汽量（kg/kg）；$h_{\rm zq}$ 为雾化蒸汽在入口参数下的比焓（kJ/kg）；$h_{\rm zq,0}$ 为基准温度下饱和蒸汽的比焓（运行时），或排烟中蒸汽的比焓（设计时，kJ/kg），可近似取为2512kJ/kg。

外来热源加热空气带入的热量的计算式为

$$Q_{\rm wr} = \beta'(H_{\rm k}^0 - H_{\rm k,0}^0) \tag{3-72}$$

式中，β' 为空气预热器入口处的过量空气系数；$H_{\rm k}^0$ 为按加热后空气温度计算的理论空气焓（kJ/kg）；$H_{\rm k,0}^0$ 为基准温度下的理论空气焓（kJ/kg）。

对于燃煤锅炉，如果燃料和空气都没有利用外界热量进行预热，且燃煤水分 $M_{\rm ar} < \frac{Q_{\rm net,ar}}{628}$ %，则输入热量 $Q_{\rm in}=Q_{\rm net,ar}$。

3. 锅炉有效利用热

锅炉有效利用热是指水和蒸汽流经各受热面时吸收的热量。空气在空气预热器吸收的热量把烟气热量带回到炉膛，这部分热量属于锅炉内部热量循环，不应计入。锅炉有效利用热量 Q_1 可按照工质的总焓和给水焓之差计算。

（1）对于饱和蒸汽锅炉

$$Q_1 = \frac{1}{B}\left[(D + D_{\rm zyq})\left(h_{\rm bq} - h_{\rm gs} - \frac{r\omega}{100}\right) + D_{\rm pws}(h_{\rm bs} - h_{\rm gs})\right] \tag{3-73a}$$

（2）对于过热蒸汽锅炉

$$Q_1 = \frac{1}{B}[D(h_{\rm grq} - h_{\rm gs}) + D_{\rm zyq}(h_{\rm zyq} - h_{\rm gs}) + D_{\rm zrq}(h''_{\rm zrq} - h'_{\rm zrq}) + D_{\rm pws}(h_{\rm bs} - h_{\rm gs})] \tag{3-73b}$$

（3）对于热水锅炉

$$Q_1=\frac{Q}{B} \tag{3-73c}$$

式中，B 为锅炉燃料消耗量（kg/h）；D 为锅炉蒸发量（kg/h）；D_{zyq} 为锅炉自用蒸汽量（kg/h）；D_{zrq} 为锅炉再热蒸汽量（kg/h）；D_{pws} 为锅炉排污量（kg/h）；h_{bq} 为饱和蒸汽焓（kJ/kg）；h_{grq} 为过热蒸汽焓（kJ/kg）；h''_{zrq} 为再热器出口蒸汽焓（kJ/kg）；h'_{zrq} 为再热器进口蒸汽焓（kJ/kg）；h_{zyq} 为自用蒸汽焓（kJ/kg）；h_{bs} 为饱和水焓（kJ/kg）；h_{gs} 为给水焓（kJ/kg）；r 为汽化热（kJ/kg）；ω 为蒸汽湿度（%）；Q 为热水锅炉供热量（kJ/h）。

当锅炉排污量小于锅炉蒸发量的 2% 时，排污的热量可以忽略不计。锅炉的出力为扣除自用蒸汽量的蒸发量。在计算锅炉热效率时，有效利用热量中仍包括自用蒸汽量，而在计算锅炉净效率时应予以扣除。

3.4.2 锅炉各项热损失

1. 固体不完全燃烧热损失

固体不完全热损失 q_4 是指灰渣（包括飞灰、炉渣、漏煤、烟道灰、溢流灰和冷灰（渣）等）中未燃尽可燃物造成的热损失占输入热量的百分比，也称为机械不完全燃烧热损失，是燃用固体燃料的锅炉热损失中的一个主要项目。

对于火床炉

$$q_4=\left(a_{lz}\frac{C_{lz}}{100-C_{lz}}+a_{lm}\frac{C_{lm}}{100-C_{lm}}+a_{ydh}\frac{C_{ydh}}{100-C_{ydh}}+a_{fh}\frac{C_{fh}}{100-C_{fh}}\right)\frac{32700A_{ar}}{Q_{in}} \tag{3-74a}$$

$$a_{lz}+a_{lm}+a_{ydh}+a_{fh}=1$$

对于流化床锅炉

$$q_4=\left(a_{ylh}\frac{C_{ylh}}{100-C_{ylh}}+a_{lh}\frac{C_{lh}}{100-C_{lh}}+a_{ydh}\frac{C_{ydh}}{100-C_{ydh}}+a_{fh}\frac{C_{fh}}{100-C_{fh}}\right)\frac{32700A_{ar}}{Q_{in}} \tag{3-74b}$$

$$a_{ylh}+a_{lh}+a_{ydh}+a_{fh}=1$$

对于煤粉炉

$$q_4=\left(a_{lh}\frac{C_{lh}}{100-C_{lh}}+a_{ydh}\frac{C_{ydh}}{100-C_{ydh}}+a_{fh}\frac{C_{fh}}{100-C_{fh}}\right)\frac{32700A_{ar}}{Q_{in}} \tag{3-74c}$$

$$a_{lh}+a_{ydh}+a_{fh}=1$$

式中，a_{lz}、a_{lm}、a_{ydh}、a_{fh}、a_{ylh} 和 a_{lh} 分别为炉渣、漏煤、烟道灰、飞灰、溢流灰和冷灰（渣）中的灰量占入炉煤总灰分的质量份额；C_{lz}、C_{lm}、C_{ydh}、C_{fh}、C_{ylh} 和 C_{lh} 分别为炉渣、漏煤、烟道灰、飞灰、溢流灰和冷灰（渣）中可燃物的质量分数（%）；32700 表示未燃烧碳的发热量为 32700kJ/kg。

影响 q_4 的主要因素有燃料特性、燃烧方式、锅炉结构、锅炉负荷、锅炉运行水平、燃料在炉内停留时间和与空气的混合情况等。

燃料的灰分越高，灰分熔点越低，炉渣损失越大；煤的挥发分低而结焦性强时，易形成熔渣，炉渣损失也大；水分低而结焦性弱且细末又多时，飞灰损失大。不同的燃烧方式直接决定了各项固体不完全损失的大小，机械或者风力抛煤机炉比链条炉的飞灰损失大；煤粉炉尽管不漏煤，但飞灰损失远远大于层燃炉；沸腾炉飞灰损失更严重。层燃炉炉拱的尺寸、二次风的大小、炉排的尺寸及间隙都会影响 q_4，炉拱配合不好，碳粒在炉膛燃烧不尽，则飞灰损失大；炉排间隙大，则漏煤损失严重；煤粉炉炉膛尺寸过小，则烟气滞留时间短，飞灰损失加强。当锅炉负荷增大时，燃料增加，风量相应提高，风速增加，飞灰损失加大；层燃炉的煤层厚度、链条炉炉排速度及风量分配，煤粉炉运行时的煤粉细度及配风操作等对 q_4 也有影响；过量空气系数太小，q_4 会增加；过量空气系数稍增大，q_4 会有所降低。

在进行锅炉设计时，q_4 可按表 3-8 或表 3-9 选取，如果对各项灰的份额和可燃物含量有可靠的数据，也可按式（3-74a）～式（3-74c）计算得到。

表 3-8　工业锅炉设计时 q_3、q_4 等的选取推荐值

燃烧方式		燃料种类		q_3（%）	q_4（%）	飞灰份额 a_{fh}	飞灰可燃物质量分数 C_{fh}（%）	冷灰可燃物质量分数 C_{lh}（%）
层燃炉	手烧炉	褐煤、无烟煤		2	10～15	—	—	—
		烟煤		5				
	往复炉排	褐煤		0.5～2.0	7～10	0.15～0.2	—	—
		烟煤	Ⅰ		9～12			
			Ⅱ		7～10			
		贫煤		0.5～1.0	—			
		无烟煤			9～12			
	链条炉排	褐煤		0.5～2.0	8～12	0.1～0.2	—	—
		烟煤	Ⅰ、Ⅱ		10～15			
			Ⅲ		8～12			
		贫煤、无烟煤		0.5～1.0	10～15			
	抛煤机机械炉排	褐煤、烟煤、贫煤		0.5～1.0	8～12	0.2～0.3	—	—
		Ⅲ类无烟煤			10～15			
流化床炉	鼓泡流化床	Ⅰ类石煤或煤矸石		0～1	21～27	0.25～0.35	8～13	—
		Ⅱ类石煤或煤矸石		0～1.5	18～25	0.25～0.40	10～19	
		Ⅲ类石煤或煤矸石			15～21	0.40～0.52	11～19	
		Ⅰ类烟煤			12～17	0.4～0.5	15～20	
		褐煤			5～12	0.4～0.6	10～20	
		Ⅰ类无烟煤		0～1	18～25	0.4～0.5	20～40	
		贫煤			15～20		15～20	
	循环流化床	矸石		0～0.5	4～12	0.3～0.7	<15	<3
		烟煤、褐煤		0～1	2～6		<10	<2
		贫煤、无烟煤		0～0.5	4～10		<18	<3
室燃炉	固态排渣煤粉炉	烟煤		0.5～1.0	6～8	—	—	—
		褐煤		0.5	3			
	油炉	—		0.5	0			
	天然气或炼焦煤气炉	—		0.5	0			

表 3-9 电站锅炉 q_4 的一般数据

锅炉类型	煤种	q_4（%）	备注	锅炉类型	煤种	q_4（%）	备注
固态排渣煤粉炉	无烟煤	4～6	挥发分高取小值	液态排渣煤粉炉	无烟煤	3～4	挥发分高取小值
	贫煤	2			贫煤	1～1.5	挥发分高取小值
	烟煤	1～1.5	挥发分高取小值		烟煤	0.5	
	褐煤	0.5～1	挥发分高取小值		褐煤	0.5	

2. 气体不完全燃烧热损失

气体不完全燃烧热损失 q_3 是指烟气中残留的 CO、H_2 和 CH_4 等可燃气体成分因未放出其燃烧热，而造成的热量损失占输入热量的百分比。其计算公式为

$$q_3=\frac{236\varphi(CO)+201.5\varphi(H_2)+668\varphi(CH_4)}{Q_{in}}\frac{C_{ar}+0.375S_{ar}}{\varphi(RO_2)+\varphi(CO)}\left(1-\frac{q_4}{100}\right)\times100 \qquad (3\text{-}75)$$

式中，$\left(1-\frac{q_4}{100}\right)$为扣除固体不完全燃烧实际参加燃烧的燃料量的份额。

实际上，在燃煤锅炉烟气中的 H_2、CH_4 很少，为了简化计算，可认为烟气中不完全燃烧产物只有 CO，并以 CO 的含量进行 q_3 的计算。

气体不完全燃烧热损失 q_3 主要与锅炉的结构、燃料特性、燃烧过程组织以及操作水平有关。如果炉膛高度不够或者容积太小，会造成烟气流程过短，使部分可燃气体未能燃尽就离开炉膛；如果水冷壁过多、过密，将造成炉膛温度降低，也会增大损失；对燃料而言，挥发分较高的燃料，q_3 损失要稍大一些；燃烧过程的组织，主要指过量空气系数的大小、二次风的大小，以及引入位置、炉内气流的混合扰动情况等，过量空气系数过小或者过大的时候，q_3 损失都会增加；对于层燃炉，如果煤层过厚，将在煤层表面形成还原区域，那么 CO 等还原性气体增加，从而会增大 q_3 损失；当负荷增加时，可燃气体在炉内停留时间减少，也使 q_3 增加。

正常燃烧时，q_3 值一般很小。在进行锅炉设计时，q_3 值可按燃料种类和燃烧方式选取，见表 3-8。

3. 排烟热损失

排烟热损失 q_2 是指由于锅炉排烟带走的热量所造成的热损失占输入热量的百分比。影响 q_2 的主要因素是排烟温度与排烟容积。

排烟温度越高，热损失越大；但是排烟温度过低在技术上、经济上都是不合理的。排烟温度降低，将导致烟气与空气的传热温差降低，增加金属耗量；对于含 S 的燃料，如果排烟温度低于酸露点，将引起尾部受热面腐蚀。因此排烟温度一般控制在 150～200℃。

排烟容积与过量空气系数、漏风量以及燃料所包含水分的多少有关。漏风严重将导致过量空气系数增加，相应的烟气量增大；水分高也会导致排烟容积增加。

应该注意的是，减少过量空气系数可以降低排烟热损失，但会导致固体、气体不完全燃烧热损失，因此要合理选择，使三项损失之和最小。

排烟热损失是锅炉热损失比较大的一项，一般装有省煤器的水管锅炉排烟热损失在 6%～12%，不装省煤器的可能高达 20% 以上。

在热平衡试验中，q_2 可按照下式计算，即

$$q_2 = \frac{H_{py} - \alpha_{py} H_{lk}^0}{Q_{in}}\left(1 - \frac{q_4}{100}\right) \times 100 \tag{3-76}$$

式中，H_{py} 为排烟焓（kJ/kg）；α_{py} 为排烟处过量空气系数；H_{lk}^0 为冷空气的理论焓（kJ/kg）。

4. 散热损失

锅炉散热损失 q_5 是指通过锅炉炉墙、金属结构及锅炉范围的烟道、风道、汽水管道、集箱等向四周环境散失的热量占输入热量的百分比。散热损失的大小，取决于锅炉散热表面积、表面温度、保温层性能和厚度以及环境温度等。一般来说，随着锅炉容量的增大，燃料消耗量成比例增加，但是锅炉的外表面积并不是成比例增加的，因此单位燃料对应的外表面积反而是减小的，因此散热损失随着锅炉容量的增大是减小的。

新设计锅炉时，对于小于或等于 2t/h（1.4MW）的快装、组装锅炉，按式（3-77）计算，即

$$q_5 = \frac{1650 A_s}{B Q_{in}} \tag{3-77}$$

式中，B 为锅炉燃料消耗量（kg/h）；A_s 为锅炉散热面积（m^2）。

锅炉容量在 2t/h（1.4MW）以上时，可按照表 3-10 和表 3-11 选取。

表 3-10　蒸汽锅炉散热损失 q_5 的取值　（%）

额定蒸发量 D/（t/h）	4	6	10	15	20	35	65	75	130	220	410	670	1025
无尾部受热面	2.1	1.5											
连同尾部受热面	2.9	2.4	1.7	1.5	1.3	1.0	0.8	0.75	0.6	0.5	0.35	0.22	0.2

表 3-11　热水锅炉散热损失 q_5 的取值

锅炉供热量 /MW	≤ 2.8	4.2	7.0	10.5	14	29	46
q_5（%）	2.9	2.4	1.7	1.5	1.3	1.1	0.8

对运行锅炉，q_5 的测量比较复杂且难测准，所以一般也可按表 3-10 和表 3-11 选取。当锅炉的实际蒸发量或实际供热量与额定蒸发量或额定供热量相差大于 25% 时，q_5 按式（3-78a）或式（3-78b）换算，即

$$q_5 = q_{5,ed} \frac{D_{ed}}{D_{sj}} \tag{3-78a}$$

$$q_5 = q_{5,ed} \frac{Q_{ed}}{Q_{sj}} \tag{3-78b}$$

式中，$q_{5,ed}$ 为额定蒸发量或额定供热量时的散热损失（%），见表 3-10 和表 3-11；D_{ed} 为额定蒸发量（kg/h）；D_{sj} 为实际蒸发量（kg/h）；Q_{ed} 为额定供热量（kg/h）；Q_{sj} 为实际供热量（kg/h）。

关于散热损失在锅炉各段烟道间的份额分配问题，为了简便起见，假定各受热面烟道的散热量与该烟道中烟气放出的热量成正比，在各受热面计算中，引入保热系数 φ 来考虑散

热损失。保热系数就是吸收的热量与烟气放出的热量的比值。保热系数按式（3-79）计算，即

$$\varphi = 1 - \frac{q_5}{\eta + q_5} \tag{3-79}$$

式中，η 是锅炉的热效率（%）。

式（3-79）适用于无空气预热器时的情况。锅炉热力计算中一般认为采用式（3-79）计算 q_5 已足够准确，如有空气预热器可近似取用。

5. 其他热损失

锅炉的其他热损失主要指灰渣物理热损失 $q_{6,\ hz}$，另外在大容量锅炉中，由于某些部件（如尾部受热面的支撑梁等）要用水或空气冷却，而水或空气所吸收的热量又不能送回锅炉系统中应用，就造成冷却热损失 $q_{6,\ lq}$。

灰渣物理热损失 $q_{6,\ hz}$ 是炉渣、漏煤或溢流灰排出锅炉时带走的热量占输入热量的百分比。

$$q_{6,\mathrm{hz}} = \frac{A_{\mathrm{ar}} a_{\mathrm{hz}} (ct)_{\mathrm{h}}}{Q_{\mathrm{in}}} \tag{3-80}$$

式中，a_{hz} 为入炉总灰量中灰渣的质量分数。

对固态排渣煤粉炉，只有当燃料中灰分满足 $A_{\mathrm{ar}} \geqslant \frac{Q_{\mathrm{net,ar}}}{418}$ 时才需计算 $q_{6,\ hz}$，灰渣温度取为600℃。对液态排渣煤粉炉，灰渣温度取为 t=FT+100℃（FT为灰的流动温度）。流化床炉溢流灰温度等于床温，冷渣管排出的冷灰温度比床温低50℃。

3.4.3 锅炉热效率及燃料消耗量计算

1. 锅炉热效率

根据式（3-65）和式（3-66）可见，锅炉热效率的确定有两种方法。一种由锅炉热效率 η（%）的定义直接获得，为锅炉的有效利用热量占锅炉输入热量的百分比，即

$$\eta = q_1 = \frac{Q_1}{Q_{\mathrm{in}}} \times 100 \tag{3-81}$$

这种方法称为正平衡法（正平衡测量法）。另一种是求出各项热损失后，反算出锅炉的热效率，即

$$\eta = 100 - (q_2 + q_3 + q_4 + q_5 + q_6) \tag{3-82}$$

这种方法称为反平衡法（反平衡测量法），是在锅炉设计或热效率试验时常用的一种方法。

无论是进行锅炉正平衡试验，还是反平衡试验，最终都是求得锅炉的热效率，摸清用能水平。锅炉正平衡试验测算项目较少，比较简单。而反平衡试验测算项目多，计算较复杂，但是正热平衡试验只能求得热效率，难以分析热效率低下的原因。而反热平衡试验不仅可以求得锅炉的热效率，摸清用能水平，而且还可以知道哪项热损失比同类锅炉大，以此研究应采取的改善措施。有时同时进行正、反热平衡试验，这不仅可以达到同样的作用，而且还可以判别热平衡试验的准确度。工业锅炉和电站锅炉都有对应的国家标准规定了锅炉热效

率的测定方法。

GB/T 10180—2017《工业锅炉热工性能试验规程》中规定：测定锅炉效率应同时采用正平衡法和反平衡法，锅炉效率取正平衡法与反平衡法测得值的平均值。当锅炉为额定蒸发量（额定热功率）大于或等于 10t/h（7MW）的燃固体燃料锅炉和垃圾焚烧锅炉，可仅用反平衡法测定锅炉效率；手烧锅炉、下饲式锅炉和电加热锅炉可仅用正平衡法测定锅炉热效率；对于锅炉热平衡系统边界内发生烟气冷凝且热量回收利用的锅炉试验时，锅炉本体部分应采用正、反平衡法，冷凝段部分可仅采用正平衡法，然后计算锅炉热效率。

冷凝器热效率 η_{ln}（%）按下式计算，即

$$\eta_{\text{ln}} = \frac{Q_{\text{ln}}}{Q_{\text{in}}} \times 100 \tag{3-83}$$

式中，Q_{ln} 为锅炉余热利用装置（冷凝器）的有效吸收热量（kJ/kg），其计算式为

$$Q_{\text{ln}} = \frac{1}{B}[D_{\text{ls}}(h_{\text{ljs}} - h_{\text{lcs}})] \tag{3-84}$$

式中，D_{ls} 为余热利用装置（冷凝器）中给水流量（kg/h）；h_{ljs} 为余热利用装置（冷凝器）中的进水焓（kJ/kg）；h_{lcs} 为余热利用装置（冷凝器）中的出水焓（kJ/kg）。冷凝锅炉的热效率即为按式（3-81）[或式（3-82）] 和式（3-83）计算结果之和。

2. 燃料消耗量

锅炉的燃料消耗量有两种表述方法，即实际燃料消耗量 B 和计算燃料消耗量 B_{j}。

在新设计锅炉时，燃料消耗量 B 的确定方法是按反平衡法选取 q_3、q_4 和 q_5，同时先设定排烟温度后算出 q_2，再算出 q_6，则可根据式（3-82）求出锅炉设计效率 η，再按照正平衡法求出燃料消耗量 B（kg/h），其计算式表示为

$$B = \frac{100Q_{\text{yx}}}{\eta Q_{\text{in}}} \tag{3-85}$$

式中，Q_{yx} 为锅炉总有效利用热量（kJ/h），$Q_{\text{yx}}=Q_1B$。

计算燃料消耗量 B_{j}，是扣除固体不完全燃烧热损失后的锅炉燃料消耗量，表示实际参与燃烧反应的燃料消耗量，它与锅炉实际燃料消耗量之间的关系为

$$B_{\text{j}} = B\left(1 - \frac{q_4}{100}\right) \tag{3-86}$$

涉及计算空气和烟气的总体积及烟气对受热面的放热量时，需要以 1kg 计算燃料消耗量为基础进行。而在燃料输运系统和制粉系统的设备计算中，则以锅炉的实际燃料消耗量为依据。

思 考 题

3-1　燃料燃烧的理论空气量、实际空气量和空气系数如何计算？各计算公式的应用条件怎样？

3-2　燃料燃烧生成的烟气包含有哪些成分？它们的体积如何计算？

3-3　不完全燃烧和完全燃烧的烟气成分有何区别？各成分间的关系如何？

3-4　什么叫完全燃烧和不完全燃烧？

3-5　用以计算固体和液体燃料燃烧时的过量空气系数的公式，是否也适用于气体燃料的燃烧计算？

为什么？

3-6 同样 1kg 的煤，在供应等量空气的条件下，在有气体不完全燃烧产物时，烟气中氧的体积比完全燃烧时是多了还是少了？相差多少？不完全燃烧与完全燃烧所生成的烟气体积是否相等？为什么？

3-7 为什么燃料燃烧计算中空气量按干空气来计算，而烟气量则要按湿空气来计算？

3-8 燃料特性系数 β 的物理意义是什么？

3-9 怎样计算烟气的焓？绘制焓温表有什么用处？怎样绘制？

3-10 什么是理论燃烧温度？影响理论燃烧温度的因素有哪些？

3-11 影响锅炉热效率的因素有哪些？

3-12 影响锅炉排烟损失、固体不完全燃烧热损失和气体不完全燃烧热损失的主要因素有哪些？举例说明目前减小锅炉热损失的措施有哪些？

3-13 什么是锅炉的正平衡试验和反平衡试验？二者有何不同？

第 4 章 燃烧原理及设备

4.1 燃烧理论基础

燃烧是指燃料中的可燃物与氧化剂发生的伴随发光发热的剧烈化学反应。燃料与氧化剂可以是同一形态下的燃烧，如气体燃料在空气中的燃烧，称为单相（或均相）燃烧；燃料与氧化剂也可以是不同形态下的燃烧，如固体燃料在空气中的燃烧，称为多相（或异相）燃烧。下面介绍燃料燃烧的基本理论。

4.1.1 化学反应速度及其影响因素

1. 化学反应速度

锅炉内燃烧化学反应可用如下通式表示，即

$$aA + bB \longleftrightarrow gG + hH \tag{4-1}$$

燃料　氧化剂　　燃烧产物

化学反应过程的快慢用化学反应速度表示。化学反应速度通常是指单位时间内反应物浓度的减少或生成物浓度的增加。如果以 w_i^B 表示式（4-1）中反应物 B 的化学反应速度，以 c_B 表示反应物 B 的浓度，则

$$w_i^B = \frac{-dc_B}{d\tau} \tag{4-2}$$

因为燃烧过程中反应物 B 的浓度是随时间而减少的，所以式中要加一个负号。

化学反应速度取决于参与反应的原始反应物的性质，同时还受反应进行时所处条件的影响。其中主要是浓度、压力、温度以及是否存在催化作用或连锁反应。

2. 影响化学反应速度的主要因素

（1）浓度的影响　化学反应速度与浓度的定量关系可用质量作用定律来说明。质量作用定律是反映浓度对化学反应速度影响的规律，其表示在温度不变时，化学反应速度与该瞬间各反应物浓度幂的乘积成正比。各反应物浓度的幂指数等于其相应的化学计量系数。

以式（4-1）的反应为例，质量作用定律可用下列方程式表示，其中正反应速度为 w_1，

逆反应速度为 w_2，即

$$w_1 = k_1 c_A^a c_B^b \tag{4-3}$$

$$w_2 = k_2 c_G^g c_H^h \tag{4-4}$$

式中，k_1、k_2 分别为正反应速度常数和逆反应速度常数，对于一定的化学反应，它与反应物或生成物的浓度无关，而只取决于温度。

化学反应的合成速度等于正、逆反应速度之差，它在反应过程中不断减小，最后变为零。这时正、逆反应速度相等，也就是达到化学平衡状态。在达到化学平衡状态时，$w_1=w_2$，或者 $k_1c_A^ac_B^b=k_2c_G^gc_H^h$，此时 k_1 与 k_2 的比值称为平衡常数 k_c，即

$$k_c = \frac{k_1}{k_2} = \frac{c_G^g c_H^h}{c_A^a c_B^b} \tag{4-5}$$

式（4-5）也是质量作用定律的一种表示，它可用来确定一定温度下各平衡混合物的浓度。

在温度不变的情况下，各混合物中气体的分压力与其浓度成正比。因此，质量作用定律也可以用压力平衡系数 k_p 表示，即

$$k_p = \frac{p_G^g p_H^h}{p_A^a p_B^b} \tag{4-6}$$

式中，p_A、p_B、p_G 和 p_H 分别为反应物 A、B 和生成物 G、H 的分压力。

（2）温度的影响　温度对化学反应速度的影响可以通过阿累尼乌斯定律（简称阿氏定律）来说明。根据反应速度常数随温度而变化的关系，阿累尼乌斯经过试验提出了一个经验表达式，阿氏定律可表示为

$$k = k_0 e^{-E/(RT)} \tag{4-7}$$

式中，k 为反应速度常数；k_0 为频率因子；E 为活化能；R 为摩尔气体常数；T 为热力学温度。

从统计物理学的观点，频率因子 k_0 表征了反应物质分子碰撞的总次数，可以近似认为它与温度无关，是一个常数，但实际上因为分子碰撞总次数与分子运动速度成正比，根据气体动力学原理，分子运动速度是与温度 T 的平方根成正比的，因此在精确计算中，k_0 的数值应为

$$k_0 = 常数 \times \sqrt{T} \tag{4-8}$$

分子互相作用的先决条件是它们必须相互碰撞。分子间的碰撞次数很多，假如每一次碰撞均有效，则一切气体反应都将瞬时完成，但实际情况并非所有的碰撞都有效，只有少数能量较大的分子碰撞后才能发生反应。使普通的分子（具有平均能量的分子）变为活化分子（能量大于某一定值）所需的能量称为活化能，这个概念用图 4-1 示意。图中，简化地用 A 代表反应物，C 代表产物。反应物 A 变成产物 C 时，中间必须经过活化状

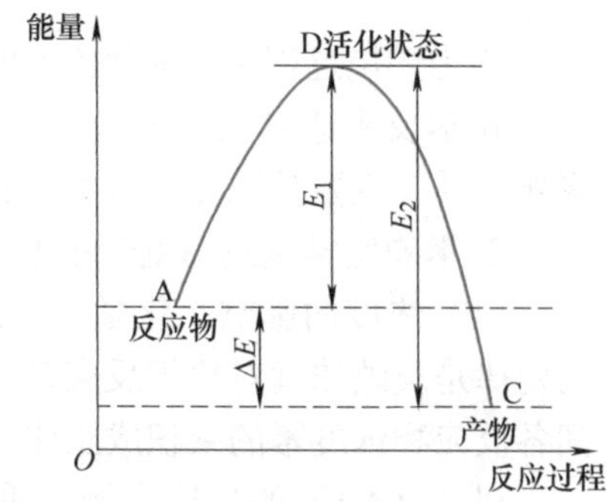

图 4-1　活化能与活化状态

态 D。反应物内部原子需要重排或拆开，然后才能变成 C，显然就需要较高的能量。活化分子 D 的能量高于 A 的能量。同理，对于逆反应，产物 C 必须先吸收能量 E_2 达到活化状态 D，才能进行反应生成 A。E_1 是正反应的活化能，E_2 是逆反应的活化能。

从 A 到 C，最后总的结果是放出能量 ΔE。但是，A 却不能直接变为 C，它必须先吸收能量 E_1，经过活化状态 D 之后再变为 C。同理，从 C 到 A，也必须先得到能量 E_2，经过活化状态 D 后才能起反应转变为 A。ΔE 为 C、A 两个状态的能量差。

一般情况下，活化能有两种来源：一种是热活化；另一种是不需加热，如光量子辐射等。

由测定不同温度下的反应速度常数来计算活化能，但反应必须是简单反应。因为只有简单反应的反应速度与温度的关系才能用阿累尼乌斯定律来表示，而活化能的概念也只有在每一基元反应中才有明确的意义。

（3）催化作用的影响　如果把某些称为催化剂的少量物质加到反应系统中，使化学反应速度发生变化，则这种作用称为催化作用。

催化剂可以影响化学反应速度，但化学反应却不能改变催化剂本身。催化剂虽然也可以参加化学反应，但在另一反应中又被还原，所以到反应终了时，它本身的化学性质并未发生变化。所有的催化作用都有一个共同的特点，即催化剂在一定条件下，仅能改变化学反应的速度，而不能改变反应在该条件下可能进行的限度，即不能改变平衡状态，只能改变达到平衡状态的时间。从活化能的观点看，催化剂可以改变反应物的活化能。

例如，SO_2 的氧化反应 $2SO_2+O_2 \longrightarrow 2SO_3$ 是很慢的，但如果加入催化剂 NO，就会使反应速度大大增加，其反应式为

$$O_2+2NO \longrightarrow 2NO_2$$
$$2NO_2+2SO_2 \longrightarrow 2SO_3+2NO$$

（4）链锁反应的影响　链锁反应中，参加反应的中间活性产物或活化中心，一般是自由态原子或基团，每一次活化作用能引起很多的基本反应（反应链），这类反应容易发生并能继续下去，直至反应物消耗殆尽或通过外加因素使链环中断为止。链锁反应分不分支链锁反应与分支链锁反应两种，燃烧反应属于分支链锁反应。

下面以氢和氧的反应为例说明燃烧反应的基本机理。其化学反应计量方程式是

$$2H_2+O_2 \longrightarrow 2H_2O$$

这个方程式应是三级反应。但实际上，温度在 500℃以下时，氢的燃烧反应是一般的化学反应。但在比较高的温度时，它会转变为分支链锁反应，而且分支速度很快，反应会自动加速，甚至发展成爆炸反应。

氢燃烧（氢和氧的化合反应）的分支链锁反应的机理是：当氢分子吸收了使氢活化所需的任何一种质点 M 的激发作用后，便开始下列反应，即

$$H_2+M \longrightarrow 2\dot{H}+M \qquad \text{(a)}$$

$$\dot{H}+O_2 \longrightarrow \dot{O}H+\dot{O} \qquad \text{（吸热反应）(b)}$$

$$\dot{O}+H_2 \longrightarrow \dot{O}H+\dot{H} \qquad \text{（放热反应）(c)}$$

$$2\,\dot{O}H + 2H_2 \longrightarrow 2H_2O + 2\,\dot{H}$$ （放热反应）(d)

在氢的链锁反应的传递过程中，活化中心氢原子（$\dot{H}$）是链锁的主要部分，而且$\dot{O}H$游离基也起了相当大的作用。式（a）反应开始，即产生了活化中心（$\dot{H}$），便按式（b）、式（c）、式（d）的反应顺序进行，然后再按同样的反应顺序不断循环下去，使整个链锁一直传递下去，而单个链锁循环的结果，可以用总的平衡式表示，即把式（b）、式（c）和式（d）相加，得

$$\dot{H} + 3H_2 + O_2 \longrightarrow 3\,\dot{H} + 2H_2O$$

可以看出，每一个循环的结果使一个活化中心氢原子（$\dot{H}$）转变为三个。活化分子的产生速度大于消耗速度，因而是分支链锁反应，反应速度大大加快。

（5）压力的影响　根据道尔顿（Dalton）定律，混合气体中某一成分的浓度与该成分的分压力成正比。因此，压力升高就是增大了气体的浓度，造成反应物分子间的碰撞频率增加，从而使反应速度加快。压力对反应速度的影响还与反应级数有关。

对于一级反应，反应速度方程式为

$$w = -\frac{dc_1}{d\tau} = k_1 c_1 \tag{4-9}$$

考虑到混合气体中某种物质（如第 i 种物质）的摩尔浓度关系式，则有

$$c_i = \frac{p_i}{RT}$$

$$p_i = X_i p$$

式中，p 和 T 分别为混合气体的总压力和温度；R 为摩尔气体常数，R=8.31J/(mol・K)。

由于讨论的是等温条件下的化学反应，所以，T 恒为定值，则反应速度表示为

$$w = k_1 \frac{p_1}{RT} = k_2 X_1 \frac{p}{RT} \tag{4-10}$$

对于二级反应，则可得

$$w = -\frac{dc_i}{d\tau} = k_2 c_1 c_2 = k_2 X_1 X_2 \frac{p^2}{(RT)^2} \tag{4-11}$$

对于 v 级反应，同理可得

$$w = -\frac{dc_i}{d\tau} = k_v \frac{1}{(RT)^v} \left(\prod_{i=1}^{v} X_i\right) p^v \tag{4-12}$$

因此，可以得出结论：在等温条件下，v 级反应的反应速度与压力的 v 次方成正比，即

$$w \propto p^v \tag{4-13}$$

以上分析影响反应速度的各种因素，可以初步用来分析燃烧过程的好坏，并提出改善燃烧过程的措施。最后还需指出，本书在讨论各种因素对反应速度的影响时，都是孤立进行分析的，即定出一种影响因素，假设其他因素都不变，而在实际的燃烧过程中，各种因素都是相互联系、相互制约的。例如，等容下温度变化将导致压力的变化。温度、压力的变化不仅对正向反应有影响，而且对逆向反应也有影响。所以，在具体分析某一燃烧过程时，必须

综合考虑各种影响因素之间的制约关系。

4.1.2　着火与燃烧机理

一切燃烧过程都要经历两个阶段：第一阶段是着火阶段，它是一个过渡过程；第二阶段是燃烧阶段，它是稳定的过程。可燃混合物的着火过程发生在燃烧之前，是燃烧的准备阶段。为了使燃烧过程顺利进行，一定需要使可燃混合物先行着火，然后再转入稳定的燃烧。所以说着火是燃烧的必经过程，也是很重要的过程。

1. 着火的两种方式

着火方式有两种：一种称为自燃着火，通常简称自燃；另一种叫作强迫着火，简称点燃或点火。自燃和点燃过程统称为着火过程。

一定条件下，可燃混合物在缓慢氧化反应的基础上，不断地积聚热量和活性粒子，混合物的温度不断升高，反应速度不断加快，一旦反应生成热量的速度超过散热速度而且不可逆转时，整个容积的可燃混合物就会同时着火，这一过程就是自燃着火。

点火是在可燃物中，用一点火热源使可燃混合物局部升温并着火燃烧，然后将火焰传播到整个可燃混合物中去。点火热源可以是电热线圈、电火花、炽热体和点火火焰等。

2. 着火的机理

根据化学动力学的观点，着火机理可分为两种：一种是热力着火，另一种是链式着火。

热力着火机理是在利用外部热源加热的条件下，使反应混合物达到一定的温度，在此温度下，可燃混合物发生化学反应所释放出的热量大于反应容器所散失的热量，从而使混合物的温度升高，这又促使混合物的反应速度和放热速度增大，这种相互促进的结果，导致极快的反应速度而达到着火。

链式着火机理是由于链的分支反应使活化中心迅速增殖，从而使反应速度剧烈升高而导致着火。在这种情况下，温度的增高固然能促使反应速度加快，但即使在等温情况下也会由于活化中心浓度的迅速增大而造成自发着火。

实际燃烧过程中，不可能有纯粹的热力着火或链式着火。事实上，它们是同时存在而且是相互促进的。可燃混合物的自行加热不仅加强了热活化，而且也加强了每个链锁反应的基元反应。低温时链锁反应可使系统逐渐加热，加强了分子的热活化。

着火反应具有以下两个特征：

1）具有一定的着火温度 T_0。当反应系统达到该温度时，反应速度急剧增大，产生压力急升、放热发光等着火现象。

2）在达到着火温度之前有一个感应期，通常称之为着火延迟期。在着火延迟期内，反应速度极慢，可燃混合物浓度变化很小。

4.1.3　煤和焦炭燃烧

1. 煤粒燃烧的四个阶段与特点

固体燃料——煤粒在空气中的燃烧过程可以分为以下四个阶段：

（1）预热干燥阶段　主要是要将煤中水分蒸发出来，在这个阶段中，燃料不但不能发热，而且要大量吸收炉膛烟气中的热量。

（2）挥发分析出并着火阶段　主要是煤中所含的高分子碳氢化合物吸热，进行热分解，分解出一种混合可燃气体，即挥发分。挥发分一经析出，便马上着火。煤受热析出挥发分是一个热分解反应。它是一级反应，析出挥发分的速度随时间按指数规律递减。起初以较高速度析出挥发分的80%～90%，其余部分要经过较长时间才完全析出。

（3）燃烧阶段 包括挥发分和焦炭的燃烧。首先是挥发分燃烧，放出大量的热量，为焦炭燃烧提供温度条件。随之焦炭燃烧，这个阶段需要大量的氧气，以满足燃烧的需要，这样就能放出大量热量，使温度急剧上升，以保证燃料燃烧反应所需要的温度条件。当温度升高使煤中较难分解的烃也析出并挥发完之后，剩下的就是石墨晶格结构的微小晶粒组成的结合体，称为焦炭。焦炭由固体碳和一些矿物杂质组成，不易点燃。当挥发分燃烧时，焦炭也达到炽热状态，挥发分燃烧时消耗了氧，所以，焦炭一般在挥发分烧掉后才开始燃烧。

（4）燃尽阶段 这个阶段主要是残余的焦炭最后燃尽，成为灰渣。因为残余的焦炭常被灰分和烟气所包围，空气很难与之接触，故燃尽阶段的燃烧反应进行得十分缓慢，容易造成不完全燃烧热损失。

实际上，以上各个阶段是交错进行的，将燃烧过程分为上述四个阶段主要是为了分析问题方便。例如，在燃烧阶段，仍不断有挥发分析出，只是析出数量逐渐减少。同时，灰渣也开始形成了。

要使燃烧完全，首先要实现迅速而稳定的着火，保证燃烧过程的良好开端。只有实现了迅速而稳定的着火，燃烧和燃尽阶段才可能进行，燃烧效率才有可能提高。只要燃烧及燃尽过程顺利进行，就可以释放大量热量，维持着火燃烧所需要的高温条件，又为着火提供必要的热源。所以着火和燃尽是相辅相成的。着火是前提，燃尽是目的。

2. 碳燃烧机理

在固体燃料中，碳是主要的成分，约占煤中总质量的50%～95%，碳的燃烧放热量也较大，约占燃煤总放热量的60%～95%。而且，焦炭的燃烧是多相燃烧，其着火、燃烧和燃尽都比较困难，燃烧的时间也比较长。在创造热力条件上，焦炭的燃烧过程对煤的连续稳定燃烧具有重要的意义。因此，煤粒的燃烧速度、温度及燃尽所需的时间，主要由焦炭决定。所以在研究煤粒的燃烧过程时，通常首先从碳的燃烧机理与过程分析着手。

碳的燃烧是多相燃烧过程，它受多种因素的影响。例如，碳表面的化学反应动力学状况、氧从四周向碳表面的扩散过程、已燃烧的气体通过碳表面的边界层离开碳表面的扩散过程等。

碳和氧之间的反应是在碳的吸附表面上进行的。如果碳表面反应的最终产物是二氧化碳，则有

$$C+O_2 \xrightarrow{k_1} CO_2 \tag{4-14}$$

可是，碳表面上生成的气体产物也可能是一氧化碳，即

$$2C+O_2 \xrightarrow{k_2} 2CO \tag{4-15}$$

已经证实，靠近碳表面的产物为CO，气相的CO在绕颗粒周围的薄层反应区内转化成CO_2。即CO在表面生成，又扩散离开碳表面，并与氧反应生成CO_2。CO_2再向碳表面和离开碳表面扩散。当CO_2达到碳表面时，再与碳反应还原成CO，即

$$2CO+O_2 \xrightarrow{k_3} 2CO_2 \tag{4-16}$$

$$C + CO_2 \xrightarrow{k_4} 2CO \tag{4-17}$$

反应式（4-14）～式（4-17）不是全部可能的反应，当碳表面有水时，还会存在以下反应，即

$$C+H_2O \longrightarrow CO+H_2 \tag{4-18}$$

而在靠近碳表面的气体层中，会产生如下反应，即

$$2H_2+O_2 \longrightarrow 2H_2O \tag{4-19}$$

$$CO+H_2O \longrightarrow CO_2+H_2 \tag{4-20}$$

上面各反应中哪些反应的速度快，哪些反应的速度慢，要看燃烧的具体过程和条件。要求解碳的燃烧速度，需要求解所有这些反应方程式。

在低于 800℃的中等温度且有氧存在的情况下，碳在表面处燃烧，并通过反应式（4-14）和式（4-15）产生二氧化碳和一氧化碳。碳表面上可燃气体的浓度很高，并向四周扩散。在扩散过程中和氧相遇，氧是迎着扩散燃气朝向碳表面扩散的，如图 4-2a 所示。若提高反应的温度，则一氧化碳会按照反应式（4-16）进行，在扩散中遇到氧便会燃烧，所生成的二氧化碳就与反应式（4-14）所生成的二氧化碳混合在一起。温度升高，则反应式（4-16）的反应速度加快，使二氧化碳的含量超过最大值。二氧化碳的局部浓度很高，所以它不仅向四周扩散，也会朝碳表面扩散。二氧化碳和碳表面接触时，就会按式（4-17）发生还原反应，生成一氧化碳。一氧化碳向外扩散，又回到与氧相邻的区域。于是，二氧化碳产生的过程和整个反应过程的循环又重新开始，如图 4-2b 所示。温度越高，释放出的一氧化碳越多，并消耗更多的氧，以至于最后当氧达到碳表面时已不再是纯氧。在 1000 ～ 3000℃范围，氧扩散几乎全是在二氧化碳扩散的影响下发生的。碳表面上碳消耗的速度可表示为

$$G_C = K_S^c c_S = K_S^p p_S \tag{4-21}$$

式中，G_C 为每单位外几何表面积上碳的消耗率［g/（cm^2 • s）］；p_S 为碳表面上氧的分压力（Pa）；K_S^c 和 K_S^p 为表面反应速度系数；c_S 为碳表面上的氧浓度（g/cm^3）。

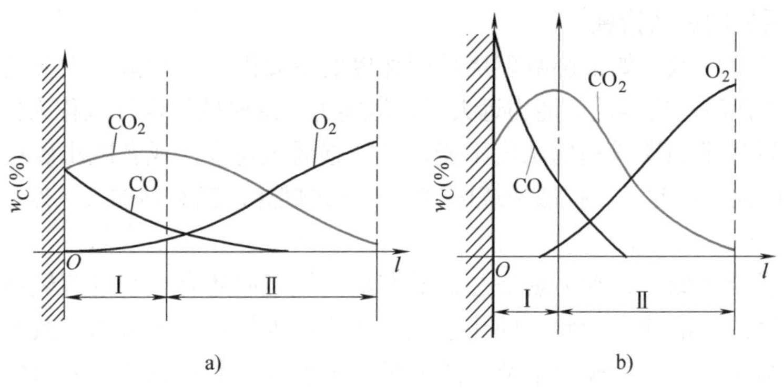

图 4-2　碳表面上的气化和燃烧过程

c_S 定义为

$$c_S = \frac{Mp_S}{RT}$$

式中，R 为摩尔气体常数；T 为热力学温度；M 为摩尔质量。

系数 K_S^c 和 K_S^p 取决于几个因素，如碳的类型、表面温度、碳表面处和周围介质中氧的分压力、碳粒大小、碳表面粗糙度、碳的孔隙率以及碳表面上阻碍氧扩散的因素等。

3. 碳的多相燃烧特点

碳的多相燃烧反应可以在碳粒的外表面进行，也可以在碳粒的内表面（由于碳粒有缝隙，因此有内表面存在）进行。碳燃烧反应由以下五个连续的阶段组成：

1）参与燃烧反应的气体分子（氧）向碳表面的转移与扩散。

2）气体分子（氧）被吸附在碳表面上。

3）被吸附的气体分子（氧）在碳表面上发生化学反应，生成燃烧产物。

4）燃烧产物从碳表面上解吸附。

5）燃烧产物离开碳表面，扩散到周围环境中。

碳燃烧反应的五个阶段是连续进行的，其中任何一个环节都会影响全局。因此，反应过程中最慢的某一个阶段，决定了燃烧反应速度。

上述五个阶段中，吸附阶段2）和解吸附阶段4）进行得最快，燃烧产物离开碳表面、扩散的阶段5）也较快，比较慢而最主要的是氧向碳表面的转移与扩散阶段1）和氧在碳表面发生化学反应的阶段3）这两个阶段。碳的多相燃烧速度既取决于氧向碳表面的转移与扩散速度，也取决于氧与碳粒的化学反应速度，最终取决于其中速度最慢的一个。

4. 碳的多相燃烧反应区域划分

在多相燃烧中，根据燃烧条件的不同，可以将多相燃烧分成三种燃烧区域，即动力燃烧区域、扩散燃烧区域和过渡燃烧区域。

（1）动力燃烧区域　在动力燃烧区域中，燃烧反应速度取决于化学反应速度，可以认为与扩散速度无关。根据阿累尼乌斯定律，反应速度常数 k 取决于温度，它随燃烧过程温度的升高而增大得很快。因此，在动力燃烧区域，反应速度 w 将随温度 T 的升高而按指数关系急剧地增大，如图4-3的曲线1所示。动力燃烧区域发生在低温区，在此区域内，提高温度是强化燃烧反应的有效措施。

（2）扩散燃烧区域　如果影响燃烧反应速度的主要因素是扩散，也就是说，此时燃烧反应的温度已经很高，化学反应能力远大于扩散能力，这时的燃烧区域称为扩散燃烧区域。

如果燃烧过程中的燃料初始浓度不变，则加强通风速度，或者减小碳粒直径，都可使扩散速度系数增大。因此，在扩散燃烧区域，要强化燃烧，就必须加大风速，加强碳粒与氧的扰动混合。

（3）过渡燃烧区域　在动力燃烧与扩散燃烧区域之间还有一个过渡燃烧区域，在过渡燃烧区域内，氧的扩散速度和碳粒的化学反应速度较为接近，即氧的扩散速度系数 β 与化学反应速度常数 k 值相比，哪一个都不能忽略；参加反应的氧在碳粒表面的浓度，将小于周围介质的氧浓度 c_O，但不等于零，这个燃烧区域称为过渡燃烧区域。这种情况在图4-4中用曲线2、3表示，而在图4-3中，多相燃烧过程的过渡燃烧区域，被限制在动力燃烧区域的实线1与虚线3之间，而虚线3与曲线2（2a、2b、2c 和2d）的交点是燃烧过程转入扩散燃烧区域的转折点。在过渡燃烧区域的燃烧反应速度，将同时取决于化学反应速度和扩散速度。要强化这个区域的燃烧，提高温度和强化碳粒与氧的扰动混合，同样都是重要的措施。

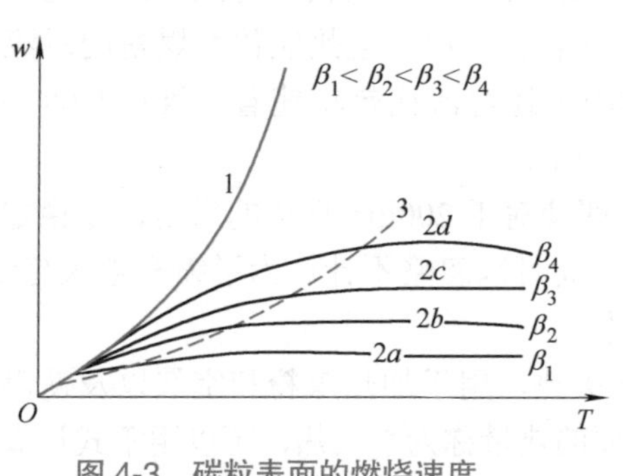

图 4-3　碳粒表面的燃烧速度

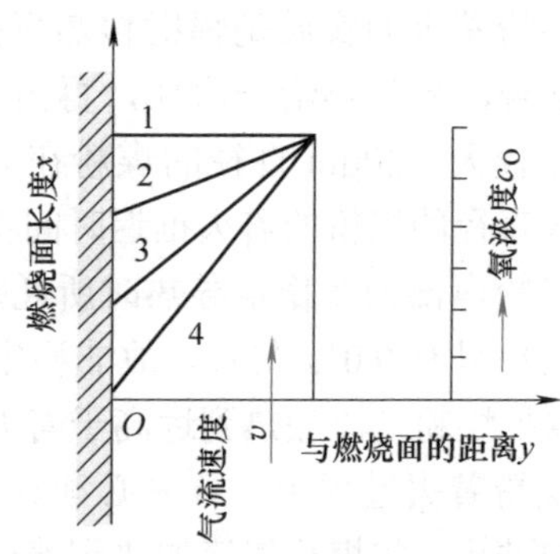

图 4-4　多相燃烧过程各燃烧区域的氧浓度变化

1—动力燃烧区域　2、3—过渡燃烧区域　4—扩散燃烧区域

4.1.4　煤粉气流的着火燃烧

1. 煤粉燃烧的特点

煤粉燃烧除具有煤粒和碳粒的燃烧特点外，还有其他一些特点。煤粉炉燃用的煤粉粒度很小，一般为 30 ～ 100μm，炉膛温度很高，煤粉 0.1 ～ 0.2s 就能被加热到 1500℃左右。在这种条件下，其燃烧过程与煤粒燃烧不同。煤粒以较慢的速度加热燃烧时，首先是挥发分析出并着火燃烧，然后才是焦炭的着火燃烧。而细小的煤粉快速加热时，挥发分的析出、着火和碳的着火几乎是同时的，甚至有可能是极小的煤粒首先着火燃烧，然后才是挥发分的析出与着火燃烧。

2. 煤粉气流的着火

煤粉与一次风气流喷进炉膛后，受到对流传热与辐射传热而升温着火。煤粉的燃烧速度要比气体燃料与空气的可燃预混合物的燃烧速度低得多。火焰前锋面不像气体燃料预混火焰的锋面那样薄，而是很厚。火焰前锋面内的温度梯度相当小，火焰前锋面对新鲜的煤粉与一次风混合物的导热很小。

煤粉一次风气流的着火，也就是火焰在煤粉一次风混合物中的传播，是靠对流传热和辐射传热来进行的。静止的平面火焰前锋面在向下游气流中传播时，没有对流传热，这时只有在火焰前锋面上游的高温燃烧产物向下游辐射传热，成为火焰传播的动力。其火焰传播的物理模型可描述为：高温火焰的辐射热能传递给来流的煤粉空气混合物，煤粉浓度越大或煤粉越细时，混合物的黑度越大，混合物吸收的辐射热量越多。煤粉受到辐射热后还要传递一部分热量给气体，使气体温度和煤粉温度同时升高。当混合物温度达到着火温度时，煤粉空气混合物就着火。根据火焰辐射的热流密度可以算出煤粉空气混合物的温度，从而就能求出火焰传播速度。试验证实，上述情况下的火焰传播速度为 0.1 ～ 1.0m/s。

当煤粉与一次风混合物以射流形式喷入炉膛着火时，着火机理与上面所述的平面火焰锋面有些不同。首先是射流与周围高温烟气的卷吸混合使气流受到十分强烈的对流传热。旋转射流或钝体稳燃器产生的回流区更使气流与高温烟气的混合加强。火焰辐射也变化了，射流被高温烟气和火焰所包围，辐射传热的角系数比平面火焰锋面时增大，因此，煤粉一次风气流的流速达到 15 ～ 30m/s 时仍能稳定着火。

煤粉着火的实质是辐射传热直接到达煤粉表面而被煤粉吸收。对流传热则是烟气与一次风混合，先传热给一次风，再由一次风传给煤粉。一次风把热能传给煤粉的对流换热的热阻比较大。20μm 直径的煤粉在着火过程中因上述对流换热将使着火推迟 0.08 ～ 0.18s；200μm 直径的煤粉的着火推迟时间将达到 0.8 ～ 1.8s。

煤粉内部为非稳定导热时所耗时间很短，即使对于 200μm 直径的煤粉，非稳定导热所耗时间也只有 0.01s 左右。故非稳定导热所耗时间可以忽略不计。为了缩短着火延迟时间，一定要把煤粉气流加热到远高于着火温度的状态。

煤粉着火过程中，首先必须具备一定的着火热，用于加热煤粉和空气以及使煤中水分蒸发和过热。将煤粉气流加热到着火温度所需要的热量称为着火热，可以用下式计算，即

$$\begin{aligned}Q_{zh}=&B_r\left(V^0\alpha\gamma_{1k}c_{1k}\frac{100-q_4}{100}+c_d\frac{100-M_{ar}}{100}\right)(T_{zh}-T_0)+\\&B_r\left\{\frac{M_{ar}}{100}[2510+c_q(T_{zh}-100)]-\frac{M_{ar}-M_{mf}}{100-M_{mf}}[2510+c_q(T_0-100)]\right\}\end{aligned} \tag{4-22}$$

式中，B_r 是每台煤粉燃烧器所燃用的燃料消耗量；V^0 为理论空气量；α 为由燃烧器送入炉中的过量空气系数；γ_{1k} 为一次风所占份额；c_{1k} 为一次风比热容；$(100-q_4)/100$ 为燃料消耗量折算成计算燃料量的系数；q_4 为锅炉的固体不完全燃烧热损失（%）；c_d 为煤的干燥基的比热容；M_{ar} 为煤的收到基全水分；T_{zh} 为着火温度；T_0 为煤粉与一次风气流的初温；$[2510+c_q(T_{zh}-100)]$ 与 $[2510+c_q(T_0-100)]$ 为煤中水分蒸发成蒸汽，并过热到着火温度或一次风初温所需的焓增量；c_q 为过热蒸汽的比热容；$(M_{ar}-M_{mf})/(100-M_{mf})$ 为每千克原煤在制粉系统中蒸发的水分；M_{mf} 为煤粉水分的质量分数。

按照煤粉气流着火过程及式（4-22），可知影响煤粉着火的主要因素为：

（1）燃料性质　煤的可燃基挥发分如果很小，它的着火温度很高，煤粉气流就必须加热到很高温度才能正常地着火，除非采取相应措施。煤的挥发分减小将使着火推迟。

煤的水分增大时，由式（4-22）可知，着火热增加，同时水分的加热、汽化、过热都要吸收炉内的热量，致使炉膛温度降低，这对于着火是不利的。

煤中的灰分增大，煤的热值将降低，增加燃料的消耗，大量灰分在着火和燃烧过程中要吸热，从而降低炉膛温度，推迟煤粉气流着火。

煤粉磨得更细时，煤粉气流着火更容易。

（2）炉内散热条件　减少炉内散热，有利于着火。因此，为了加快和稳定低挥发分煤着火，经常将燃烧器区域用耐火材料遮盖起来，形成所谓的燃烧带，以减少水冷壁吸热，同时也就减少燃烧过程传热，从而提高燃烧器区域的温度，改善煤粉气流的着火条件。

（3）一次风量和一次风速　一次风量和一次风速提高都会使着火点推迟。一次风量增加时，着火热增大，因此着火要推迟。减少一次风量，会使着火热显著降低，由于一次风要保证燃烧初期氧的供给，一次风量不能过小。

一次风速过高将降低煤粉气流的加热速度，使着火距离加长。但一次风速过低，燃烧器喷口会被烧坏。

（4）煤粉气流初温　提高煤粉与一次风气流的初温，可以降低着火热，使着火提前。燃用低挥发分煤时，常采用高温预热空气作为一次风来输送煤粉，即所谓的热风送粉。

燃烧器的结构特性及锅炉负荷的变化也会影响煤粉气流的着火。

4.1.5　燃料油的燃烧

燃料油的燃烧方式可分为两大类：一类为预蒸发燃烧，另一类为喷雾燃烧。预蒸发燃烧方式是使燃料在进入燃烧室之前先蒸发为油蒸气，然后以不同比例与空气混合后进入燃烧室中燃烧。比如，汽油机装有化油器，燃气轮机的燃烧室装有蒸发管等。

喷雾燃烧方式是将液体燃料通过喷雾器雾化成一股由微小油滴（约 50 ～ 200μm）组成的雾化锥气流。在雾化的油滴周围存在空气，雾化锥气流在燃烧室被加热，油滴边蒸发、边混合、边燃烧。在燃油锅炉中，油的燃烧一般采用喷雾燃烧方式。

燃料油的喷雾燃烧主要分为四个阶段：

（1）雾化阶段　雾化质量的好坏，直接影响到燃料油在炉膛内燃烧的化学反应速度和燃烧效率。为保证炉膛内良好的燃烧工况，要求雾化气流中液滴群的平均滴径要小，最好在 100μm 以下，而且要求滴径尽量均匀。为了使喷嘴出口的雾化气流易于着火，还常应用旋转气流，以便在中心形成回流区，使高温热烟气回流至火焰根部加热雾化气流，使之着火、燃烧。

（2）蒸发阶段　将燃料油加热到沸点，将连续产生油蒸气。油的燃烧过程存在着两个相互依存的过程：一方面燃烧反应需要由油的蒸发提供“油气”；另一方面，油的蒸发是吸热过程，所需热量要由燃烧反应提供。大多数油的沸点不高于 200℃，蒸发过程在较低的温度下便开始进行。

（3）“油气”与空气的混合阶段　油及其蒸气都是由碳氢化合物组成的，它们在高温下若能以分子状态与氧分子接触，便能发生燃烧反应。在燃油锅炉炉膛温度环境中，如果油雾和油蒸气与空气混合不均匀，有些地方氧量供应不足，在缺氧状态下，碳氢化合物因受热而发生分解（即热裂解现象）。油蒸气热裂解会产生粒径非常微小的固体颗粒，这就是炭黑。另外，尚未来得及蒸发的油粒本身，如果剧烈受热而达到较高温度，液体状态的油粒会发生裂化现象。裂化的结果是产生一些较轻的分子，呈气体状态从油粒中飞溅出来，剩下的较重的分子可能呈固态，即所谓的焦粒或沥青。气体状态的碳氢化合物，包括油蒸气以及热解、裂化产生的气态产物，与氧分子接触并达到着火温度时，便开始剧烈的燃烧反应。固态的炭黑很难在炉内继续燃烧，往往被烟气带走，这不仅降低了锅炉燃烧效率，而且造成烟囱冒黑烟，污染环境。因此，“油气”与空气的混合质量，常常是决定燃油锅炉燃料燃烧速度和完全程度的主要因素之一。

加强“油气”和空气混合的主要措施有三条：一是提高燃烧器出口空气流速；二是加强燃烧器出口气流的扰动；三是送入一定量的一次风与油雾预先混合，以防油雾产生热裂解现象。

（4）着火燃烧阶段　从燃烧器喷出的油雾和空气必须不断地获取热量，使其迅速达到着火温度以上，才能保持稳定燃烧，这个热量叫作着火热。着火热的来源：一是高温烟气和炉墙的辐射热；二是回流的高温烟气与混合物（“油气”与空气的混合物）间的对流热。

为了强化油燃料的燃烧过程，应该采取措施加速油的蒸发过程，强化油与空气的混合过程，防止和减轻化学热分解（热裂解）。

4.1.6 气体燃料的燃烧过程

气体燃料含灰分极少，其燃烧属于均相反应，着火和燃烧要比固体燃料容易得多。气体燃料的燃烧速度和燃烧的完全程度主要取决于它与空气的混合。

气体燃料的燃烧可分为扩散燃烧、部分预混燃烧和完全预混燃烧。

1. 扩散燃烧

扩散燃烧时，由于燃料和空气在进入炉膛前不预先混合，而是分别送入炉膛后，一边混合一边燃烧，燃烧速度较慢，火焰较长，较明亮，并且有明显的轮廓，因此扩散燃烧有时也称为有焰燃烧。其燃烧过程有两个阶段：一是可燃气体和空气的混合阶段，二是化学反应阶段。燃烧主要在扩散区进行，燃烧速度的大小主要取决于混合速度，为实现完全燃烧则需要较大的燃烧空间。为了减小不完全燃烧热损失，要求较大的过量空气系数，一般 α=1.15 ～ 1.25。

由于燃气和空气在进入炉膛前不混合，所以无回火和爆炸的危险，可将燃料和空气分别预热到较高的温度，以利于提高炉内温度水平，提高热效率。燃烧所需要的空气由风机提供，因此不需要很高的燃气压力，单台烧嘴的热功率可以较高。

2. 部分预混燃烧

所谓部分预混燃烧是指气体燃料和燃烧所需的部分空气在喷出喷口前，在燃烧器中预先混合（一次空气系数一般为 0.5 ～ 0.6），在喷口后的燃烧空间再和燃烧所需的其余二次空气逐步混合并继续燃烧。它兼有扩散燃烧和完全预混燃烧的特点，燃烧反应速度很快，燃烧得以强化，火焰温度也得以提高。

3. 完全预混燃烧

所谓完全预混燃烧是指气体燃料和燃烧所需的全部空气在燃烧器中已均匀混合，预混可燃气体的过量空气系数为 1.05 ～ 1.10，因此，燃烧过程只有着火燃烧一个阶段。燃烧速度快，火焰呈透明状，无明显轮廓，故完全预混燃烧也称为无焰燃烧。燃烧速度主要取决于化学反应速度，即取决于炉膛内的温度水平。由于燃料和空气在燃烧前已均匀混合，所以有回火的危险，应严格控制预热温度。对于喷射式烧嘴，要求燃气有足够的压力，以免引起回火或引风量不足而出现燃烧不完全现象，燃气的热值越高，要求燃气的压力越高。

4.1.7 完全燃烧的条件

要组织良好的燃烧过程，其标志就是尽量接近完全燃烧，也就是在炉内不结渣的前提下，燃烧速度快而且燃烧完全，得到最高的燃烧效率。燃烧效率可用下式表示，即

$$\eta_r=100-(q_3+q_4) \tag{4-23}$$

要做到完全燃烧，其原则性条件为：

（1）供应充足与适量的空气量 空气量常用过量空气系数来表示，直接影响燃烧过程的过量空气系数是炉膛出口过量空气系数 α_1''。α_1'' 要恰当，如果 α_1'' 过小，即空气量供应不足，会增大不完全燃烧热损失 q_3 和 q_4，使燃烧效率降低；α_1'' 过大，会降低炉温，也会增加不完全燃烧热损失，同时引起排烟热损失 q_2 增大。因此，有一个最佳的 α_1''。最佳的 α_1'' 值是使 q_2、q_3 和 q_4 之和为最小值，这个 α_1'' 值要通过燃烧调整试验来取得。

（2）适当高的炉温 炉温高，着火快，燃烧速度快，燃烧也易于趋向完全。但是炉温

也不能过分地提高，因为过高的炉温不但会引起炉内结渣，也会引起膜态沸腾，同时因为燃烧反应是一种可逆反应，过高的炉温会使正反应速度加快，但同时也会使逆反应（还原反应）速度加快。逆反应速度加快，意味着有较多燃烧产物又还原成为燃烧反应物，这同样等于燃烧不完全。通过试验证明，锅炉的炉温在中温区域（1000 ～ 2000℃）内比较适宜。当然，在这个温度区域内，若炉内不结渣，炉温可尽量高一些。

（3）空气和煤粉的良好扰动和混合　煤粉燃烧反应速度主要取决于煤粉的化学反应速度和氧气扩散到煤粉表面的扩散速度。因而，必须使煤粉和空气充分扰动混合，及时将空气输送到煤粉的燃烧表面。这就要求燃烧器的结构特性优良，一、二次风配合良好，并有良好的炉内空气动力场。煤粉和空气不但要在着火、燃烧阶段充分混合，而且在燃尽阶段也要加强扰动混合。因为在燃尽阶段中，可燃质和氧的数量已经很少，而且煤粉表面可能被一层灰分包裹着，妨碍空气与煤粉可燃质的接触，所以此时加强扰动混合，可破坏煤粉表面的灰层，增加煤粉和空气的接触机会，有利于燃烧完全。

（4）保证煤粉在炉内足够的停留时间　煤粉燃尽需要一定时间。煤粉在炉内的停留时间，是煤粉自燃烧器出口一直到炉膛出口这段行程所经历的时间。煤粉在炉内的停留时间主要取决于炉膛容积、炉膛截面积、炉膛高度及烟气在炉内的流动速度，这都与炉膛容积热负荷有关，即要在锅炉设计中选择合适的参数，而在锅炉运行时切不可超负荷运行。

4.2　层燃炉

层燃炉的特点是有一个金属炉排，燃料在炉排上形成均匀的、有一定厚度的燃料层进行燃烧。层燃炉也叫火床炉。

按照燃料层相对于炉排的运动方式的不同，层燃炉可分为三类：①燃料层不移动的固定炉排炉，如手烧炉；②燃料层沿炉排面移动的炉子，如往复炉排炉和振动炉排炉；③燃料层随炉排面一起移动的炉子，如链条炉排炉和抛煤机炉。本书主要介绍工业锅炉中较为常见的链条炉排炉、往复炉排炉和抛煤机炉。

4.2.1　链条炉排炉

链条炉排炉简称链条炉，是一种结构比较完善的层燃炉。由于它的加煤、清渣、除灰等主要操作均由机械来完成，制造工艺成熟，运行稳定可靠，燃烧效率也较高，适用于大、中、小型工业锅炉。

1. 链条炉的结构

图 4-5 所示为链条炉结构简图。按照燃料供给方式，链条炉是典型的前饲式炉子。煤自炉前煤斗经过煤闸门落至炉排上，炉排由传动机构带动自前往后缓慢移动。煤闸门可以升降，以调节煤层厚度。进入炉膛的煤依次完成预热干燥，挥发物析出和焦炭形成、燃烧、燃尽各个阶段，燃尽后的灰渣由安装在炉排末端的除渣板（俗称老鹰铁）铲落至渣斗。

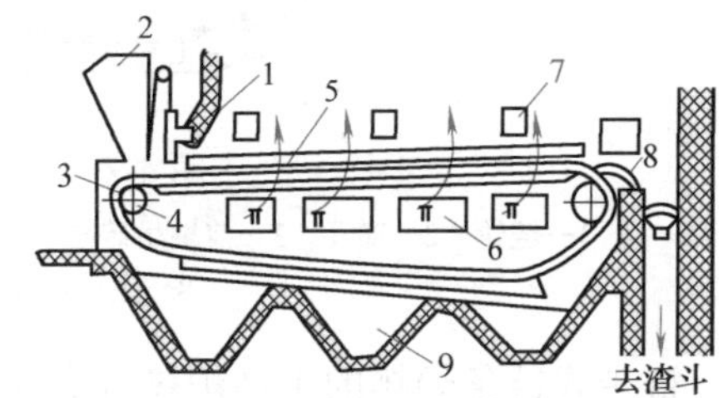

图 4-5　链条炉结构简图

1—煤闸门　2—煤斗　3—炉排　4—主动链轮
5—防渣箱　6—分区送风仓　7—看火孔及检查门
8—除渣板　9—灰斗

在链条炉排的腹中框架里，设置几个能单独调节风量的风仓，燃烧所需的空气从风仓经过炉排的通风孔隙进入燃烧层，参与燃烧反应。

炉排两侧装设纵向防渣箱，通常以侧冷水壁下集箱兼作防渣箱。装设防渣箱的作用：一是保护炉墙，使之不受高温燃烧层的磨损和侵蚀；二是可避免紧贴燃烧层的侧墙部位黏结渣瘤，确保煤在炉排横向均匀布满，防止炉排两侧漏风而影响燃烧的正常进行。

较为常见的链条炉排有链带式链条炉排和鳞片式链条炉排。

（1）链带式链条炉排　较小容量的供热锅炉，大多采用轻型链带式链条炉排。图4-6所示为薄片型链带式炉排片。图4-7所示为国产快装炉上的轻型链带式链条炉排总体结构。

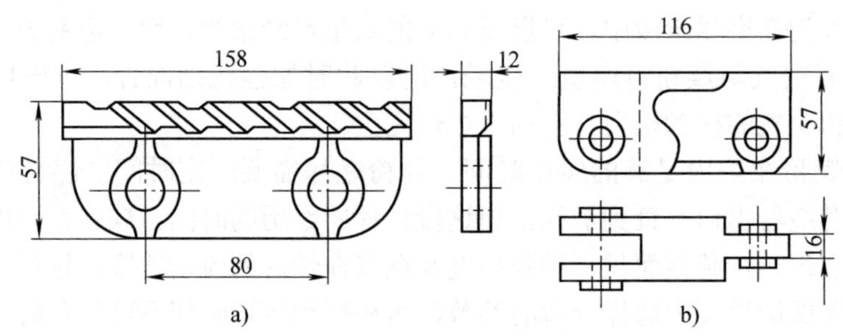

图4-6　薄片型链带式炉排片

a）从动炉排片　b）主动炉排片（主动链环）

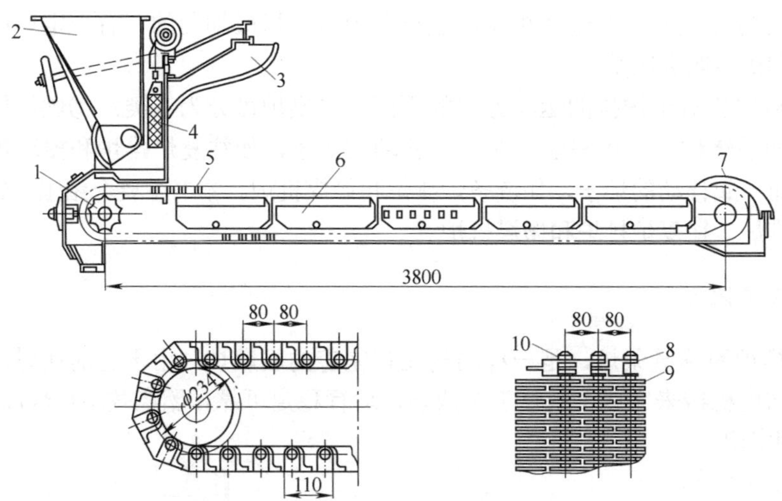

图4-7　轻型链带式链条炉排总体结构

1—链轮　2—煤斗　3—前拱吊砖架　4—煤闸门　5—链带式炉排　6—分仓送风室　7—除渣板　8—主动链环　9—炉排片　10—圆钢拉杆

链带式链条炉排的主动炉排片和从动炉排片用圆钢拉杆串联在一起，形成一条宽阔的链带，围绕在主动链轮和从动轮上。主动炉排片组成主动链环，直接与固定在主动轴上的主动链轮啮合，传递整个炉排运动的拉力，其厚度较从动炉排片厚，由可锻铸铁制成。主动轴由电动机通过变速箱驱动。

链带式链条炉排结构简单，金属耗量少，安装制造比较方便。但由于它的链带既受力又受热，很容易发生故障。制造及安装质量要求高，否则易产生炉排跑偏、起拱、卡住或拉断等故障，更换炉排片困难。因此，10t/h 以上锅炉常用鳞片式链条炉排。

（2）鳞片式链条炉排　图 4-8 所示为国产鳞片式链条炉排的结构。在炉排宽度方向有若干平行设置的链条，链条上装有中间夹板或侧密封夹板，炉排片就嵌插在左、右夹板之间，前后交叠成鳞片状，以减少漏煤损失。拉杆穿过节距套管（其上套有铸铁滚筒），把平行工作的各组链条和炉排片串联起来，组成链状软性结构。链条及炉排片的重量，是通过节距套管外的铸铁滚筒传给炉排支架，并沿支撑面滚动前进。当炉排片行至尾部转弯处，开始一片片翻转，进入空行程后，则因自重而倒挂在夹板上，使残留其间的煤屑、灰渣自动清除，炉排片也得到充分冷却。

鳞片式链条炉排采用前轴传动方式，为保证炉排面平整，在后轴下方有一段下垂炉排，其重量足以克服铸铁滚筒与上轨道间的摩擦阻力，使工作炉排面始终处于拉紧状态。

鳞片式链条炉排能自行调整其松紧度，保持啮合良好；炉排片较薄，冷却条件好，可以不停炉更换炉排片。但是，此炉排结构比较复杂，金属耗量和机械加工量大，刚度较差，当炉排较宽时，容易发生炉排片脱落或卡住等故障。其炉排宽度一般不大于 4.5m。鳞片式链条炉排在 10 ～ 35t/h 锅炉应用较多。

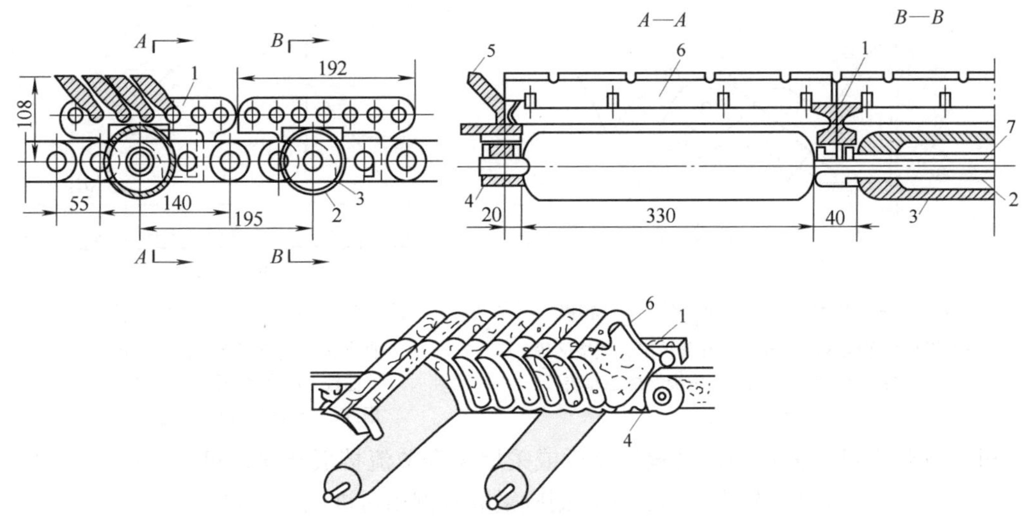

图 4-8　鳞片式链条炉排结构

1—炉排夹板　2—节距套管　3—铸铁滚筒　4—链条　5—侧密封板　6—炉排片　7—拉杆

2. 链条炉的燃烧及配风

链条炉的燃煤自炉前煤斗靠自重落在不断前进的冷炉排上，进入炉子后，主要靠来自炉膛的高温辐射热，自上而下地着火、燃烧，是属于“单面引火”的炉子。燃烧过程的四个阶段是自前至后，依次连续地完成，燃烧工况较手烧炉大为改善。

链条炉的燃烧过程具有区段性。由于煤与炉排没有相对运动，链条炉自上而下的燃烧过程受炉排运动的影响，使燃烧的各个阶段分界面均与水平成一倾角。图 4-9a 所示为燃烧区段分布图。

燃料在Ⅰ区段完成预热干燥，燃料在Ⅱ区段释放出挥发分并开始着火燃烧，从 O_2H 线开始进入焦炭燃烧区段，该区段又分为氧化层$Ⅲ_a$和还原层$Ⅲ_b$。最后是燃尽区段，即灰渣形成的区段Ⅳ。

链条炉的燃烧过程分区段进行，烟气的成分沿炉排长度方向各不相同，如图4-9b所示。前部煤的预热、干燥区段基本上不需要空气，尾部燃尽区段所需空气量也不多，而中部挥发分和焦炭燃烧区段，则需要大量的空气。

3. 改善链条炉燃烧的措施

（1）分段送风　链条炉的燃烧过程是沿长度方向分区段进行的，各区段所需空气量不同。国内链条炉配风的优化，都采用“两端少、中间多”的分段配风方式，将统仓分隔成若干个分仓，即区段。一般分为4～6区段，通过分段调节风门，供给燃烧所需空气量。图4-10所示为链条炉沿炉排长度方向空气分配示意图。

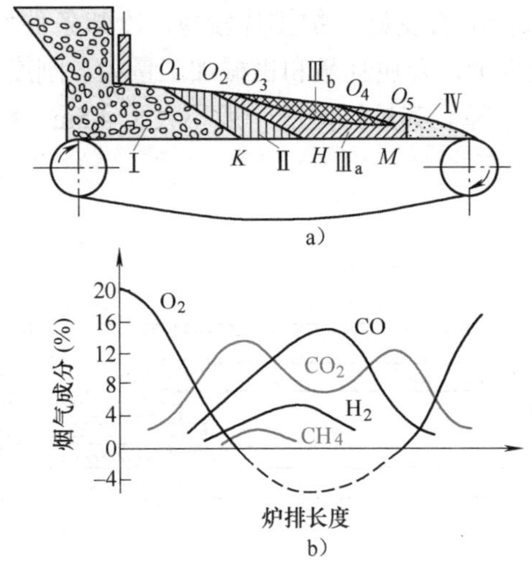

图4-9　链条炉燃烧区段与烟气成分分布图

Ⅰ—新煤预热干燥区段　Ⅱ—挥发分析出、燃烧区段

$Ⅲ_a$—焦炭燃烧氧化层　$Ⅲ_b$—焦炭燃烧还原层

Ⅳ—燃尽区段

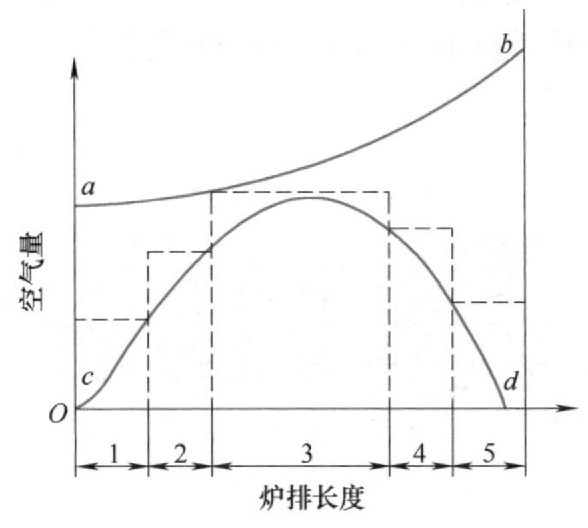

图4-10　链条炉空气分配示意图

曲线 *ab*—统仓送风时的进风量

曲线 *cd*—燃烧所需空气量

虚线—分区段送风时的进风量

对于单侧进风的链条炉，设置导风板或采用风仓节流挡板装置，可改善炉排横向配风的均匀性。对于炉排宽度较大的链条炉，则应采取双侧相对进风的方式。

（2）设置炉拱　炉拱是炉墙向炉膛内突出的部分，由耐火材料砌筑而成。炉拱在链条炉中有着相当重要的作用，它可以加强燃料中析出的可燃气体与空气的混合，为可燃气体的燃尽创造条件，另外，它还可以起到加速新入炉煤着火燃烧的作用。炉拱分前拱及后拱，如图4-11所示。

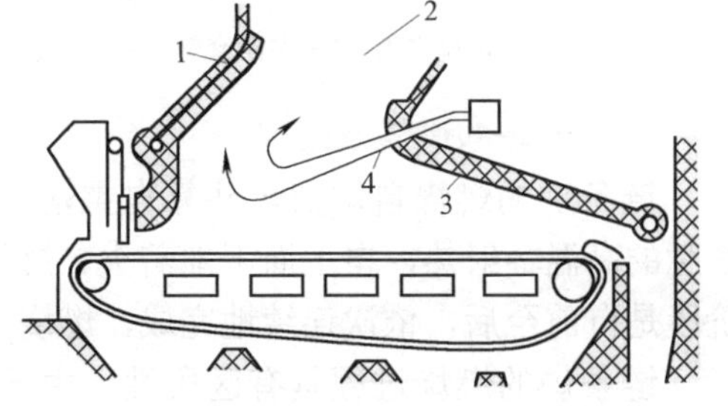

图4-11　炉拱、喉口与二次风示意图

1—前拱　2—喉口　3—后拱　4—二次风

前拱的主要作用是通过以再辐射为主、镜反射为辅的方式，将燃烧火床面的辐射热和部

分高温烟气辐射热，传递到新入炉煤的着火区，加速煤的着火燃烧。

后拱与前拱组成喉口，加强气流扰动，将炉排后端较多的过量氧的气体导向燃烧中心，促使可燃物和空气充分混合，以利于燃烧；延长气流在炉内停留的时间，以利于可燃物的燃尽。同时，被导向前端的灼热的烟气和所夹带的火红碳粒在气流转弯向上时起到惯性分离作用，使火红碳粒落到新煤层上，有利于新入炉煤的着火燃烧。

煤种不同，对后拱的要求也不相同。燃用无烟煤时，因其着火温度高，通常采用低而长的后拱，有时后拱的覆盖长度占炉排有效工作长度的一半以上，后拱倾角一般为 8°～10°。燃用烟煤和褐煤时，一般设计成短而高的后拱，但与前拱组成的喉口应有较强烈的扰动混合作用，以利于炉膛空间的可燃物燃烧、燃尽。

（3）布置二次风　二次风是指在燃料层上方借助于喷嘴高速喷入炉膛空间的若干股强烈气流（从炉排下送入的空气称为一次风）。

二次风能加强炉内气流扰动，增强它们相互间的混合，在不提高过量空气系数的条件下，减少气体不完全燃烧热损失 q_3 和固体不完全燃烧热损失 q_4；此外，布置于后拱的二次风能将后拱区的高温烟气引到炉排前部，来加热新煤层，以利于新燃料及时着火燃烧。布置在喉口前、后拱处的二次风，对吹形成烟气涡旋，这一方面延长了悬浮颗粒在炉内的停留时间，另一方面，又使夹带在气流中的焦炭粒子，再次甩回燃料层。两种作用均能促使焦炭的进一步燃尽，既减少了飞灰中的 q_4，提高锅炉热效率，又减少了排烟含尘量，以利于环境保护。二次风还可以改善炉内气流充满度，控制燃烧中心，减少炉膛死角的涡流区，以防止炉内结渣和积灰，保证锅炉安全运行。

二次风的作用不在于补充空气，主要是增强炉内扰动。因此，既可用空气，也可用高温烟气或蒸汽作为二次风的工质。

二次风的布置与燃料种类、燃烧方式和炉膛的形状及大小有关，主要有单面布置和双面布置。

1）单面布置：二次风喷口只布置在前墙或后墙，适用于炉膛深度较小的小容量锅炉。

2）双面布置：前、后墙同时布置二次风喷口，适用于容量较大的锅炉。

（4）分层燃烧技术　链条炉运行时，煤直接由原煤斗靠自重落到缓慢前移的链条炉排上，这种给煤方式给锅炉燃烧造成不良影响。首先，由于煤向下的垂直压力较大，再加上煤闸板的挤压作用，使进入炉排上煤的密实度大，造成煤层透气性差，通风阻力大，送风机电耗量增加；另外，煤经过输煤装置卸入原煤斗时，块状煤易向两侧滚动，使炉排上的煤粒分布不均匀，两侧块煤多，中间细煤多，由于两侧块煤多，通风阻力小，易漏入冷空气，使炉膛内过量空气系数不正常地增加，炉膛温度降低，影响到煤的燃烧、燃尽。

采用煤的分层燃烧技术可以保证整个炉排面上煤的颗粒度分布均匀，使块煤位于煤层的最下面，即紧靠炉排面；中、小颗粒煤位于煤层中间；细煤在煤层的最上面；煤末悬浮在炉膛空间燃烧。煤的分层燃烧一般采用机械分层和风压分层两种方法。采取分层燃烧后，锅炉热效率可提高 5～15 个百分点。

滚筒给煤机分离装置是最常用的机械分层设备，其结构如图 4-12 所示。煤由溜煤管出口落在转动的滚动给煤机上，借助离心力的作用将煤抛至倾斜导向滑板上，并自动下滑到双层筛上，未通过上层粗筛板的煤块溜到链条炉排的空行程处，即煤层的最下面；从上下筛板中间出来的中等颗粒的煤，落到煤块的上面；通过下筛板的细煤，落在煤层的最上面。当通

道或筛板堵塞时，摇动摇柄，使筛板振动即可疏通。

4. 燃料性质对链条炉燃烧的影响

链条炉单面引火，着火条件差，燃烧层本身无自行扰动的功能，煤种适应能力差。

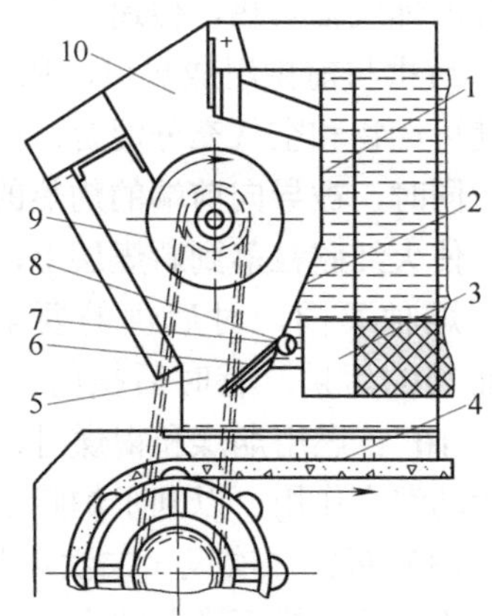

图 4-12 滚筒给煤机分离装置

1—外壳 2—导向滑板 3—承重梁 4—链条炉排 5—出口 6—筛子 7—摇柄 8—凸轮 9—滚筒 10—进口

煤中的水分过多会使煤层的着火延迟，缩短了燃烧、燃尽阶段的工作长度，造成较大的固体不完全燃烧热损失和排烟热损失。然而，煤中的水分也不宜过少，特别是燃用细屑煤末较多的煤，水分含量应高一些，以使细屑煤末适当的结团，不至于被气流吹走或从炉排漏落。同时，由于水分蒸发，能疏松煤层，增大煤与空气的接触面积，有利于煤的燃烧、燃尽。对于黏结性较强的煤，加少量水可使煤层不致过分结焦；适当加一些水，可延缓挥发分的析出，降低挥发分的析出速度，有利于减少气体不完全燃烧热损失。因此，入炉煤的水分应适度，一般煤的收到基水分含量控制在 8% ～ 10% 为宜。

挥发分高低对燃烧过程的影响，主要体现在煤着火的易与难。燃用低挥发分的贫煤和无烟煤，挥发分要在较高的温度下才能析出，着火困难，燃烧前的准备阶段长，从而使燃烧、燃尽的时间相对缩短，而这类煤的碳含量又很高，会使固体不完全燃烧热损失增加。若燃用高挥发分的煤，着火容易，燃烧完全，但要求炉膛体积能保证挥发分和细屑煤末的燃烧、燃尽，否则，气体和固体不完全燃烧热损失会增大。

黏结性强的煤种，在高温下易在煤层表面板结，通风严重受阻，不得不加强拨火操作，严重影响燃烧的正常进行。相反，燃烧贫煤、无烟煤一类弱黏结、不黏结的煤时，受热时易形成细屑煤末，增加了飞灰、漏煤损失，影响锅炉运行的经济性。

煤的灰分含量，对链条炉的工作和燃烧也有较大影响。煤在燃烧过程中形成“灰衣”，并包裹在碳粒外围。煤中灰分含量越多，这种现象越严重，增加了氧气向可燃物质扩散的阻力，焦炭燃尽越困难。但是灰分过少，会使炉排上的灰渣垫太薄或不易形成，而使炉排片过热。如燃烧灰熔点较低的煤，熔融的灰渣还会阻塞炉排通风孔隙，使燃烧恶化。因此，链条炉对燃料的灰分与灰熔点都有一定要求，干燥基灰分不宜大于 30%，灰的熔化温度 t_3 最好能高于 1200℃。

煤的颗粒度也直接关系到链条炉的燃烧工况。当燃用未经筛选的原煤时，由于粒度大小不一，碎屑细末会嵌填于块煤之间，影响煤中水分的蒸发和热量的传递，使着火和燃烧过程推迟；密实的煤层会增加通风阻力，细屑煤末集中处容易被气流吹走，使火床出现火口，破坏燃烧层的稳定。煤的粒度大小过于悬殊，在煤斗中容易产生机械分离，粗粒大块跑向两侧，细屑煤末则积存在中间，最终是两侧穿风早已燃尽，中间却是一条“火龙”，使固体不完全燃烧热损失增大。

4.2.2 往复炉排炉

往复炉排炉又称往复推饲炉排炉，简称往复炉。它是利用炉排往复运动来实现给煤、除渣和拨火机械化的燃烧设备。往复炉排炉按布置方式可分为倾斜往复炉排炉和水平往复炉排炉两种。本书主要介绍倾斜往复炉排炉。

倾斜往复炉排炉结构如图 4-13 所示，其炉排为倾斜阶梯形，并具有 15° ～ 20° 的倾角。炉排由相间布置的活动炉排片 1 和固定炉排片 2 组成。活动炉排片的尾端装在活动框架上，其前端直接搭在相邻的固定炉排上。固定炉排片的尾端嵌在固定梁 7 上，中间由相应的支撑棒 3 托住以减轻对活动炉排片的压力。活动框架 8 与推拉杆 11 相连，推拉杆由直流电动驱动的偏心轮 12 带动，使活动炉排片在固定炉排片上做往复运动。活动炉排片的运动行程为 70 ～ 120mm，往复频率为 1 ～ 5 次 /min。炉排通风截面比约为 7% ～ 12%。

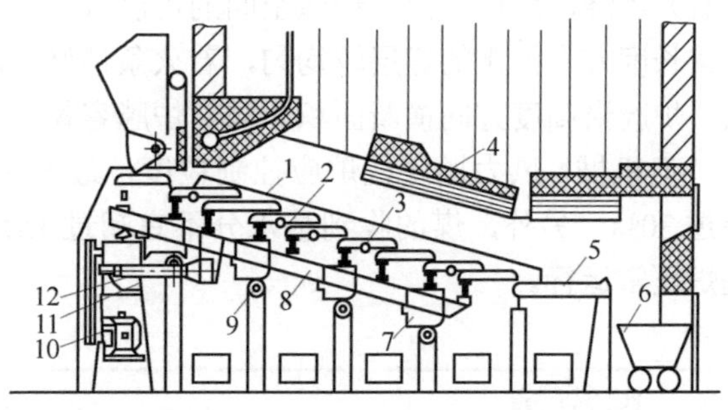

图 4-13　倾斜往复炉排炉

1—活动炉排片　2—固定炉排片　3—支撑棒　4—炉拱
5—燃尽炉排　6—渣斗　7—固定梁　8—活动框架
9—滚轮　10—电动机　11—推拉杆　12—偏心轮

煤从煤斗靠自重落下，经过煤闸门进入炉内，使煤层厚度控制在 100 ～ 140mm 之间，在活动炉排的往复推饲下，煤沿着炉排面由前向后缓慢移动，先后完成预热干燥、挥发分逸出并着火燃烧、焦炭燃烧和燃尽等各个阶段。活动炉排片在返回的过程中，又耙回一部分已经着火的煤粒至未燃煤层的底部，成为该部分煤层的引火火种，着火条件大大改善。活动炉排片的耙拨作用还能击碎焦块，使包裹在焦炭上面的灰壳脱落，并增强了层间透气性，有利于强化燃烧及煤粒的燃尽。相比于链条炉排炉，往复炉排炉有较好的煤种适应性。

往复炉排炉沿炉排长度方向也采用分段送风，中段风量最大，前、后两段送风量较少。为了加强炉膛内气流的扰动和充分混合，往复炉排炉炉膛也应布置炉拱和适当布置二次风。

倾斜往复炉排炉具有煤的着火条件好、煤种适应性强、结构简单、制造工艺要求不高和金属耗量低等优点，因此，在蒸发量为 2 ～ 6t/h 的蒸汽锅炉或相应容量的热水锅炉中用得较多。

倾斜往复炉排炉由于炉排面斜向布置，炉体高大，而且侧密封结构比较难处理，易漏风、漏煤；活动炉排片头部因其不断与灼热的煤层接触，容易烧坏。

4.2.3　抛煤机炉

常用的抛煤机炉有两种形式，即抛煤机固定炉排炉与抛煤机链条炉。抛煤机链条炉又分两种：抛煤机正转炉排（炉排从炉前向炉后方向运动）炉和抛煤机倒转炉排（炉排从炉后向炉前方向运动）炉。

按抛煤方式抛煤机可分为风力抛煤机、机械抛煤机和机械 - 风力抛煤机三种类型。目前，国内普遍采用的是机械 - 风力抛煤机。

机械 - 风力抛煤机炉的结构如图 4-14 所示，主要由机械 - 风力抛煤机、炉膛和炉排组成，它是以机械力为主、风力为辅的机械抛煤设备。机械 - 风力抛煤机将新煤直接抛在炽热的火床上，新煤层双面受

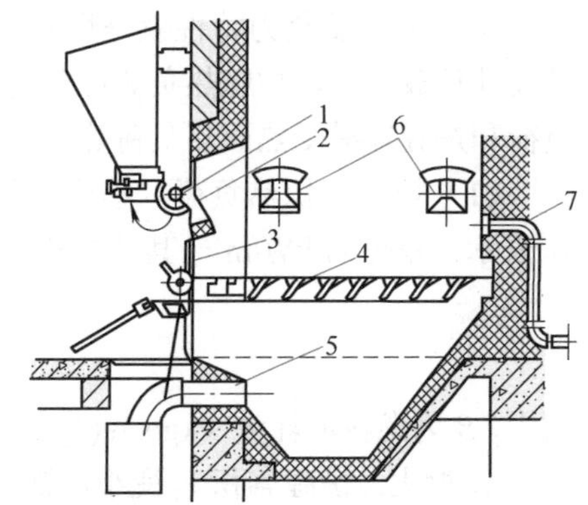

图 4-14　机械 - 风力抛煤机炉

1—机械 - 风力抛煤机　2—拨煤风口
3—炉门　4—翻转炉排　5—进风口
6—看火门　7—飞灰复燃装置

热，燃烧条件好，细煤屑在炉膛空间燃烧，悬浮燃烧与火床燃烧同时进行。由于着火条件优越，煤种适应性广，从褐煤到无烟煤基本上都可燃用。抛煤机炉可采用薄煤层（一般50mm左右）燃烧，还原层薄，炉膛空间的可燃气体含量少，气体不完全燃烧热损失小。抛煤机沿炉排长度方向抛撒的煤层较均匀，着火条件好，燃烧过程的区段性不明显，一般不需设置炉拱，炉膛沿高度方向横断面积相同，炉膛容积大，可以提高煤的燃尽程度。

但机械-风力抛煤机炉应控制粒度，最大颗粒宜在40mm以下，0～3mm的细末不应超过30%。另外，煤的收到基水分不宜超过15%，否则将会引起煤斗和抛煤机堵塞，影响锅炉正常运行。

4.3 煤粉炉

4.3.1 煤粉炉燃烧设备

煤粉炉燃烧设备由炉膛、燃烧器和点火装置组成。

1. 炉膛

炉膛是锅炉中组织燃料燃烧的空间，也称燃烧室，是燃烧设备的重要组成部分。炉膛的设计应满足以下条件：

1）具有足够容积和高度，合理布置燃烧器，组织炉内燃烧过程，保证燃料完全燃烧。

2）保证合理的炉内空气动力特性，充满度好，炉内火焰气流不直接冲刷炉墙，避免出现结渣和高温腐蚀现象。

3）合理布置炉膛辐射受热面，以满足锅炉容量的要求，并保证合适的炉膛出口烟气温度。

4）炉膛的辐射受热面应具有可靠的水动力特性，保证其工作安全。

5）在满足以上要求的基础上，应使炉膛结构紧凑，以节省金属及材料消耗。

炉膛几何特性主要指的是炉膛的宽度、深度、高度和几何形状，它们都与炉膛的主要热力特性有关。炉膛几何特性是影响炉膛能否满足设计要求的重要因素之一。

炉膛的主要热力特性就是燃料每小时输入炉膛的平均热量，或称炉膛热负荷。根据锅炉设计计算需要，炉膛热负荷可分为炉膛容积热负荷、炉膛截面热负荷、燃烧器区域壁面热负荷和炉膛辐射受热面热负荷等主要热力参数。

（1）炉膛容积热负荷　单位时间送入炉膛单位容积中的热量称为炉膛容积热负荷，用 q_V 表示，单位为 kW/m^3，其计算式为

$$q_V = \frac{BQ_{ar,net}}{V_1} \tag{4-24}$$

式中，B 为燃料消耗量（kg/s）；$Q_{ar,\ net}$ 为燃料收到基低位发热量（kJ/kg）；V_1 为炉膛容积（m^3）。

q_V 增大，炉膛容积 V_1 变小，锅炉变紧凑，同时，烟气停留时间减少，对燃料燃尽不利；反之，q_V 减小，炉膛容积 V_1 变大，烟气停留时间延长，但造价提高，同时炉膛温度水平降低，对着火不利。q_V 值的选取，应综合考虑燃料完全燃烧条件和满足烟气到达炉膛出口必需的冷却条件。

对于固态排渣煤粉炉，当燃用无烟煤时，q_V 取 110 ～ 140kW/m^3；贫煤时取 120 ～ 165kW/m^3；烟煤时取 140 ～ 200kW/m^3；褐煤时取 90 ～ 150kW/m^3。大容量锅炉的 q_V 要比中、小容量锅炉选得小一些，燃用烟煤和贫煤时，已经降低到 106 ～ 110kW/m^3。

（2）炉膛截面热负荷　单位时间送入单位炉膛截面上的热量称为炉膛截面热负荷，用 q_a 表示，单位为 kW/m^2，其计算式为

$$q_a = \frac{BQ_{ar,net}}{A} \tag{4-25}$$

式中，A 为燃烧器区域炉膛截面积（m^2）。

q_a 是炉膛的重要热力计算参数，它反映了炉内截面热负荷，保证有合适的烟气流动速度，主要是与容积热负荷 q_V 匹配用于设计锅炉形状。如果 q_a 过低，会使炉膛截面积过大，燃烧器区域温度过低，对着火与稳燃不利，并且会造成烟气在炉内停留时间不够，炉膛出口烟气温度过高。如果 q_a 过高，会使炉膛截面积过小，在燃烧器区域没有足够的水冷壁受热面来冷却，就会使该区域的局部温度过高，引起燃烧器区域的结渣。同时，还要防止水冷壁内发生膜态沸腾，使水冷壁管过热烧坏。因此，必须选择合适的 q_a 值。

q_a 的选取还与燃料性质、燃烧方式和排渣方式有关。对于 200MW 以上机组的固态排渣煤粉炉，炉膛截面热负荷 q_a 值可在 3260 ～ 4650kW/m^2 之间。

在大容量锅炉中，燃烧器为多层布置，应考虑每层燃烧器的截面热负荷，以确定各层燃烧器局部区域的温度水平。一般设计各层燃烧器的截面热负荷 q_{ac}（kW/m^2）近似相等。可用下式计算，即

$$q_{ac} = \frac{q_a}{n} \tag{4-26}$$

式中，n 为燃烧器层数。

（3）燃烧器区域壁面热负荷　由于大容量锅炉的燃烧器采用多层布置，每层燃烧器间距较大，单纯用 q_a 来判断煤粉气流的着火燃烧稳定性和燃烧器区域的结渣可能性就不够合理。因而，用燃烧器区域壁面热负荷作为设计的辅助参数。燃烧器区域壁面热负荷指按照燃烧器区域炉膛单位炉壁面积折算，单位时间送入炉膛的热量，用 q_r 表示，单位为 kW/m^2，其计算式为

$$q_r = \frac{BQ_{ar,net}}{uh_r} \tag{4-27}$$

式中，u 为燃烧器区域炉膛周长（m）；h_r 为燃烧器区域的高度，即最上排燃烧器喷口上边缘和最下排喷口下边缘的距离（m）。

q_r 反映了燃烧器分层或集中布置时的火焰分散和集中情况，同时也反映了燃烧器区域的温度水平。q_r 越大，火焰越集中，燃烧器区域的温度水平就越高，有利于燃料的稳定着火，但却容易引起燃烧器区域附近壁面结渣。

设计中，燃用褐煤时，q_r 可取 930 ～ 1160kW/m^2；燃用无烟煤及贫煤时，q_r 可取 1400 ～ 2100kW/m^2；燃用烟煤时，q_r 可取 1280 ～ 1400kW/m^2。

（4）炉膛辐射受热面热负荷　炉膛单位辐射受热面在单位时间吸收的热量称为炉膛辐射受热面热负荷，也称辐射受热面热流密度，用 q_f 表示，单位为 kW/m^2，其计算式为

$$q_f = \frac{B_j Q}{A} \tag{4-28}$$

式中，B_j 为计算燃料消耗量（kg/s）；Q 为炉膛辐射吸热量（kJ/kg）；A 为炉膛水冷壁面积（m^2）。

q_f 越高，单位辐射受热面所吸收的热量越大，炉内烟气温度水平越高。q_f 如果过大，就会造成水冷壁结渣。此外，判断膜态沸腾是否会发生，q_f 的值也是主要指标之一。

燃煤性质是 q_f 取值的主要决定因素，对于固态排渣煤粉炉，燃烧褐煤时 q_f 可取 $100kW/m^2$，燃烧烟煤和无烟煤时 q_f 可取 $140kW/m^2$。

2. 燃烧器

燃烧器是煤粉炉的关键燃烧设备，其作用是将燃料和燃烧所需空气送入炉膛，组织合理的空气动力工况，保证煤粉气流及时着火，煤粉与空气充分混合，稳定完全燃烧，并使锅炉安全经济运行。煤粉炉燃烧器按其出口气流的流动特性可分为两大类，即旋流燃烧器和直流燃烧器。

对煤粉炉燃烧器的基本要求是：

1）保证着火及时，燃烧稳定。

2）二次风与一次风混合及时，扰动强烈，三次风布置恰当，保证较好的燃尽程度。

3）能形成较好的炉内空气动力场，火焰充满度好，同时应防止发生火焰“刷墙”引起结渣。

4）具有良好的调节性能，以适应煤质或负荷的变化。

5）能较好地控制污染物（NO_x）的生成。

3. 点火装置

煤粉炉点火装置的作用，首先是在锅炉起动时点燃煤粉气流。另外，当锅炉机组运行负荷较低，或燃煤质量变差时，也用来稳定燃烧或作为辅助燃烧设备。

锅炉常用的点火装置有电火花点火、电弧点火、高能点火和等离子点火四种。

（1）电火花点火　电火花点火装置由产生电火花的打火电极、火焰检测器和燃气配风三部分组成。点火杆与点火器外壳组成打火电极，在两极间加上 5000 ～ 10000V 的高电压，高压下两极间产生火花放电，借以点燃燃气，然后点燃油雾化器喷出的油雾，最后点燃煤粉。

（2）电弧点火　电弧点火装置如图 4-15 所示，它由电弧点火器 3 和点火轻油枪 6 组成。通电后，炭棒 2 和炭块 1 先接触再拉开起弧，电极间形成高温电弧。点火顺序：电弧点火器点燃轻油枪，轻油枪点燃煤粉（或者轻油枪点燃重油枪，重油枪点燃煤粉）。

（3）高能点火　国内电站锅炉多采用半导体高能点火器（图 4-16）来直接点燃燃料油。其工作原理是：半导体电嘴两极在一个能量峰值很高的脉冲电压作用下，在半导体电嘴的表面产生出强烈的电火花，其能量能够直接点燃雾化的燃料油。

（4）等离子点火　以煤代油、节约油料已成为我国一项基本的能源政策，等离子点火技术是煤粉锅炉点火过程中以煤代油的一项新技术。

等离子点火燃烧器是利用在强磁场控制下的直流电流接触引弧放电，并在介质气压 0.004 ～ 0.03MPa 的条件下获得稳定功率的直流空气等离子体。该等离子体内含有大量活性粒子，这些粒子内部有上万摄氏度的高温。将该等离子体射流在专门设计的燃烧器的中心燃烧筒中，形成温度超过 4000K 的梯度极大的局部高温区（即等离子“火核”），煤粉颗粒通

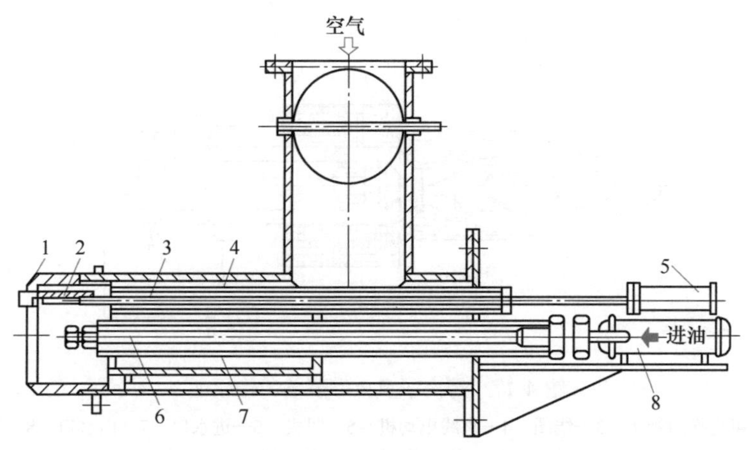

图 4-15　电弧点火装置

1—炭块　2—炭棒　3—电弧点火器　4—套管　5—引弧气缸　6—轻油枪　7—套管　8—油枪推进气缸

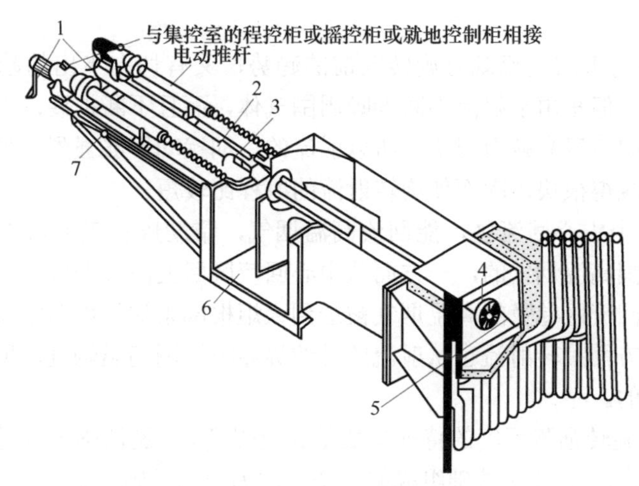

图 4-16　半导体高能点火器

1—电源线　2—高能点火器　3—重油枪　4—点火稳焰器　5—发火嘴　6—煤粉燃烧器下二次风入口　7—行程开关

过该等离子“火核”时由于受到超高温的强烈作用，并在 1×10^{-3}s 内迅速释放出挥发分，并被破碎再析出挥发分，从而迅速燃烧。由于反应是在气相中进行，使混合物组分的粒级发生了变化，因而使煤粉的燃烧速度加快，也有助于加速煤粉的燃烧，这样就大大减少点燃煤粉所需要的引燃能量，即以极低的点火功率使煤粉稳定点燃。其工作原理如图 4-17 所示。

4.3.2　燃烧器出口风粉射流特性

燃烧器将燃料和燃烧所需空气送入炉膛，其出口风粉射流主要分为两种——旋转射流与直流射流，它们的特性对合理组织炉内空气动力工况、保证煤粉气流及时着火 、煤粉与空气充分混合、稳定完全燃烧，并使锅炉安全经济运行有重要作用。

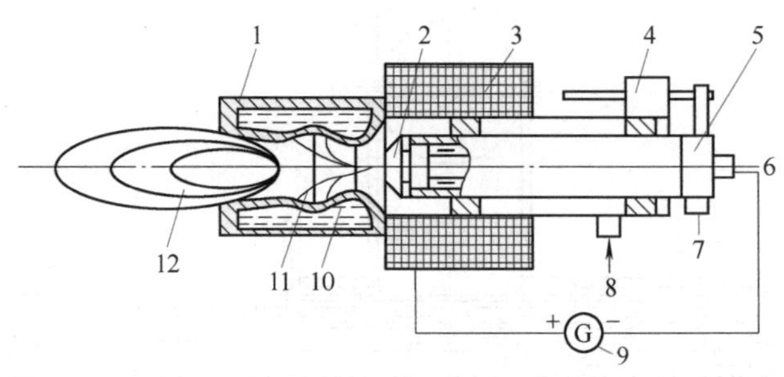

图 4-17 等离子点火燃烧器工作原理

1—阳极 2—可更换阴极头 3—线圈 4—直线电动机 5—阴极 6—进水口 7—出水口 8—压缩空气进口 9—电源 10—放电腔 11—电弧 12—等离子体

1. 旋转射流的流动结构及特点

旋流燃烧器的出口气流是旋转射流，它是通过各种形式的旋流器产生的。在燃烧器中，一、二次风的通道是隔开的。一次风射流可以是旋转射流，也可以是不旋转的直流射流，二次风均是旋转射流。

从旋流燃烧器出来的气流既有旋转向前的趋势，又有切向飞出的趋势，因此，气流的初期扰动非常强烈。但是由于射流不断卷吸周围气体，而且不断扩展，其切向速度的旋转半径也不断增大，切向速度衰减得很快，所以射流的后期扰动不够强烈。最大轴向速度也由于卷吸周围气体而衰减得很快，因而使旋转射流的射程比较短。

旋转射流有一个中心回流区，能回流高温烟气，帮助煤粉气流着火。因此，旋转射流是从两方面卷吸周围高温烟气的，一方面从中心回流区回流高温烟气，这对燃烧过程极为重要，因为它意味着回流区卷吸的高温烟气被送到火炬根部来加热煤粉空气混合物，对稳定着火极为有利；另一方面旋转射流也从射流的外边界卷吸周围高温烟气，所以旋转射流的着火是从内外边界开始的。

决定旋转射流旋转强烈程度的特征参数是旋流强度 n。旋流强度 n 是用两个特征量——旋转动量矩 L 和轴向动量 K 为基础组成的一个量纲为一的准则，即

$$n=\frac{8L}{\pi DK} \tag{4-29}$$

式中，D 为旋流燃烧器出口直径（m）。

而旋转动量矩 L 和轴向动量 K 常用燃烧器的几何特性来计算，即

$$L=\rho q_V w_q r \tag{4-30}$$

$$K=\rho q_V w_x \tag{4-31}$$

式中，ρ 为气流密度（kg/m^3）；w_q 为该截面上某一点的气流切向速度（m/s）；w_x 为该截面上同一点的气流轴向速度（m/s）；q_V 为气流的体积流量（m^3/s）；r 为旋转气流的旋转半径（m）。

随着旋流强度的不同，旋转射流可分为弱旋转射流和强旋转射流。

弱旋转射流是指当旋流强度很小时，气流中心不出现回流区，而只是速度很低，速度呈马鞍形分布，如图 4-18a 所示。

强旋转射流是指气流中心有回流区的情况，其又分为以下两种：

（1）开放气流　当旋流强度逐渐增大，气流内外压力逐渐接近时，沿着主气流方向，中心回流区至主气流速度很低时才封闭，如图 4-18b 所示。

（2）全扩散气流　当旋流强度继续增大，气流外边界所形成的扩散角也随之增大，气流外侧压力小于中心回流区的压力。气流在内外侧压力差的作用下，向四周扩展开来，形成全扩散气流，如图 4-18c 所示。这种现象也称为“飞边”。

实践证明，适当的中心回流区，有助于煤粉火焰的稳定。而全扩散气流虽然也有利于低挥发分煤的着火，但气流离开燃烧器后便会贴墙运动（飞边），会使燃烧器喷口烧坏，也会使燃烧器周围结渣，因而在锅炉技术中，应采用开放式气流而避免出现全扩散式气流。

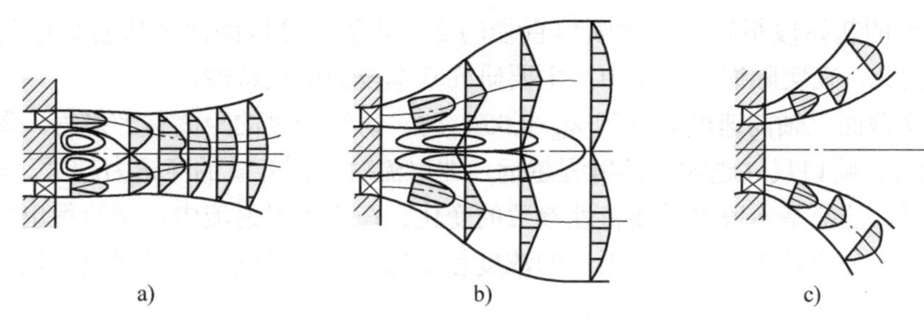

图 4-18　旋转射流的气流形式

a）弱旋转射流（封闭气流）　b）开放气流　c）全扩散气流

对于旋流燃烧器的旋转射流，随着旋流强度的增加，中心回流区的回流量增加；而回流区的长度是先增加而后又缩短的。扩展角是随着气流的旋流强度增加而增大的，会卷吸更多的周围高温烟气，这对着火是有利的。气流的射程随着旋流强度的增大而减小。火炬长度要合适，即要有合适的射流射程，也就是要有合适的旋流强度。旋流式燃烧器适合燃用挥发分较高的煤种。

2. 直流射流结构及基本特性

若直流射流射入很大的不受约束的空间，就可以称为自由射流。由于直流燃烧器喷口尺寸相对于炉膛宽度和深度是很小的，因此，由这些喷口射入炉膛的射流可以近似看成自由射流。从喷口喷出来的直流射流，具有较高的初速，一般其雷诺数 $Re \geqslant 10^6$，因此燃烧器喷射出来的射流都是湍流射流。

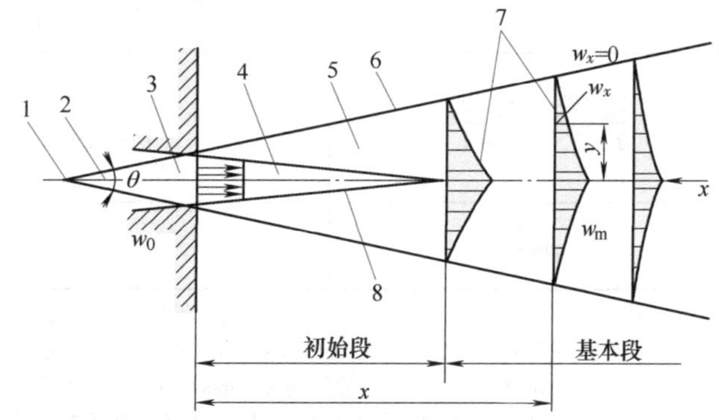

图 4-19　等温自由射流的结构特性及速度分布

1—射流源点　2—扩展角　3—喷口　4—射流等速核心区　5—射流边界层　6—射流的外边界　7—速度分布　8—射流内边界

图 4-19 所示是初始速（初速）为 w_0 的射流从喷口喷出后形成的自由射流结构图。射流与周围介质进行热质交换，从而带动周围介质一起随射流移动，射流质量逐渐增加，横截面积不断扩大，

同时射流速度逐渐减小。

射流与周围气体的边界（此处流速 $w_x \to 0$）称为射流的外边界。在射流中心尚未被周围气体混入的地方，仍然保持初速 w_0，这个保持初速为 w_0 的三角形区域称为射流等速核心区，核心区内的流体完全是射流本身的流体。在核心区维持初速 w_0 的边界称为内边界，内外边界之间的区域就是湍流边界层，湍流边界层内的流体是射流本身的流体以及卷吸进来的周围气体。从喷口喷出来的射流到一定距离，核心区便消失，只在射流中心轴线上某点处尚保持初速 w_0，此处对应的截面称为射流的转折截面。在转折截面前的射流段称为初始段，在转折截面以后的射流段称为基本段，基本段中射流的轴心速度也开始逐步衰减。

射流的内外边界都可近似地认为是一条直线，射流的外边界线相交之点称为源点，其交角称为扩展角。扩展角的大小与射流喷口的截面形状和喷口出口速度分布情况有关。

因为射流的初始段很短，仅为喷口直径的 2 ～ 4 倍，这段距离在煤粉炉中尚处于着火准备阶段。因此，在实际锅炉工作中，主要研究基本段的射流特性。

一般定义截面上轴向速度衰减到 $w_m=0.05w_0$ 时，射流经过的距离称为射程。显然，射流初速 w_0 相同时，喷口尺寸越大，其射程越远，即射流对周围介质的穿透力越大。表 4-1 列出了不同形状喷口湍流基本段内主要特性参数的变化。在不等温射流中，试验得出的温度差分布与射流的速度分布是相似的；量纲一的浓度差变化特性与量纲一的温度差变化特性也是相同的。

表 4-1　直流射流基本段内特性参数关系式

计算参数名称	圆形喷口	矩形喷口
$\dfrac{w_x}{w_m}$	$\left[1-\left(\dfrac{y}{R_m}\right)^{3/2}\right]^2$	$\left[1-\left(\dfrac{y}{R_m}\right)^{3/2}\right]^2$
$\dfrac{w_m}{w_0}$	$\dfrac{0.96}{\dfrac{ax}{R_0}+0.29}$	$\dfrac{1.20}{\sqrt{\dfrac{2ax}{b_0}+0.41}}$
$\dfrac{q_V}{q_{V,0}}$	$2.22\left(\dfrac{ax}{R_0}+0.29\right)$	$1.2\sqrt{\dfrac{ax}{b_0}+0.41}$
$\dfrac{T_m-T_w}{T_0-T_w}=\dfrac{c_m-c_w}{c_0-c_w}$	$\dfrac{0.7}{\dfrac{ax}{R_0}+0.29}$	$\dfrac{1.04}{\sqrt{\dfrac{ax}{b_0}+0.41}}$
$\tan\dfrac{\theta}{2}$	3.4α	2.4α

注：表 4-1 中，各符号含义说明如下：w_x—在距喷口 x 处与轴线垂直的截面上任意点的轴向速度（m/s）；w_m—上述截面上轴线的速度（m/s）；y—任意点到射流轴线的距离（m）；R_m—该截面的半宽度，即是轴线与外边界的距离（m）；w_0—射流的初速（m/s）；a—湍流系数，对于圆形喷口，a=0.066 ～ 0.076，对于矩形喷口，a=0.10 ～ 0.12；R_0—圆形喷口直径（m）；b_0—矩形喷口两边中的短边长度（m）；x—计算截面距喷口的距离（m）；q_V—基本段距喷口为 x 的截面的射流流量（m^3/s）；$q_{V,0}$—射流的初始流量（m^3/s）；α—经验系数，对于圆形喷口，α=0.07 ～ 0.08，对于矩形喷口，α=0.10 ～ 0.11；T、c—分别为距喷口距离为 x 的截面上、距轴线距离为 y 处的温度和浓度；T_0、c_0—分别为射流在喷口出口处的温度和浓度；T_w、c_w—分别为周围气体中的温度及浓度；T_m、c_m—分别为射流基本段内距喷口某一距离轴线上的温度和浓度；θ—射流扩展角。

4.3.3 直流燃烧器与旋流燃烧器

燃烧器的形式很多，按照出口气流流动特点，可以分为直流燃烧器和旋流燃烧器。直流燃烧器出口射流是不旋转的直流射流和直流射流组合，旋流燃烧器的出口射流一边旋转，一边向前做旋转运动。下边具体介绍直流燃烧器和旋流燃烧器。

1. 直流燃烧器

煤粉锅炉的直流燃烧器中，一次风和二次风是从一组矩形或圆形喷口以直线形式喷入炉膛的。各喷口之间保持一定的距离，整个燃烧器呈狭长形。喷口喷出的直流射流多为水平方向，也有向上或向下倾斜某一角度，有的直流燃烧器的喷口可以在运行时上下摆动一定的角度。

直流燃烧器可以布置在炉膛四角、炉膛顶部或炉膛中部的拱形部分，从而形成四角布置切圆燃烧方式、U 形火焰燃烧方式和 W 形火焰燃烧方式。

由于单个直流燃烧器喷口的射流本身卷吸高温烟气的能力不够强，还不足以使煤粉强烈着火，所以直流燃烧器都采用四角布置切圆燃烧方式。这样就使得某一角上燃烧器煤粉气流着火所需要的热量，除依靠射流本身卷吸的高温烟气和接收炉膛火焰的辐射热以外，主要靠四角布置中上游邻角正在剧烈燃烧的火焰横扫过来的混合和加热作用。煤粉气流受到这横扫过来的高温火焰的直接冲击，大大加强了湍流热交换，因此着火稳定性较好。这说明四角布置切圆燃烧方式中，四角燃烧器间的相互作用对炉内的着火和燃烧过程有重要的影响。在我国的燃煤电站锅炉中，应用最广的是四角布置切圆燃烧方式。

（1）四角布置切圆燃烧方式　直流燃烧器布置在炉膛四角，如图 4-20a 所示，有的墙形成切角，如图 4-20b 所示；对于宽度和深度不一致的炉膛，也可把四个燃烧器布置在两侧墙或前后墙，如图 4-20c 所示；大型锅炉可能出现双炉膛双四角布置，由双面曝光水冷壁把两个炉膛隔开，如图 4-20d 和图 4-20e 所示；也有采用单炉膛六角或八角布置，如图 4-20f 和图 4-20g 所示；另外，也有采用正反双切圆布置，如图 4-20h 所示；同向双切圆布置，如图 4-20i 所示；两角对冲两角相切等布置方式，如图 4-20j 所示。每个角的燃烧器出口气流的几何轴线均切于炉膛中心的假想圆，故称四角布置切圆燃烧方式。这种燃烧方式，由于四角射流着火后相交，相互点燃，有利于稳定着火；四股气流相切于假想圆后，使气流在炉内强烈旋转，有利于燃料与空气的扰动混合；而且火焰在炉内的充满程度较好。

（2）主要特点　四角切圆燃烧的主要特点是：

1）四角射流着火后相交，相互点燃，使煤粉着火稳定，是煤粉着火稳定性较好的炉型。

2）由于四股射流在炉膛内相交后强烈旋转，湍流的热量、质量和动量交换十分强烈，故能增加着火后燃料的燃尽程度。

3）四角切圆射流有强烈的湍流扩散和良好的炉内空气动力结构，炉膛充满系数较好，炉内热负荷均匀。

4）切圆燃烧时每角均由多个一、二次风喷嘴所组成，负荷变化时调节灵活，对煤种适应性强，控制和调节手段也较多。

5）炉膛结构简单，便于大容量锅炉的布置。

6）便于实现分段送风，组织分段燃烧，从而抑制 NO_x 的排放等。

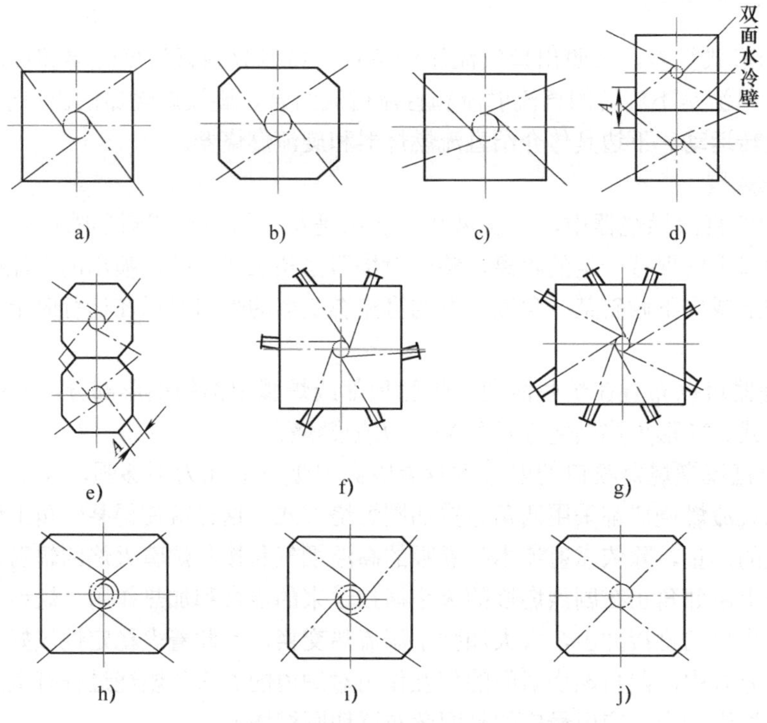

图 4-20 直流燃烧器的四角布置切圆燃烧方式

由于切圆燃烧方式在炉内形成旋转气流，从每一个角的燃烧器喷出的煤粉气流都受到上游邻角横扫过来的正剧烈燃烧的高温火焰的冲击和加热，使之很快着火燃烧。因此，四角布置的切圆燃烧方式使得各燃烧器出口气流有适度偏斜，如图 4-21 所示。设计时选择的假想切圆直径越大，从上游邻角过来的火焰气流便越靠近射流根部，对着火也越有利，也使混合更强烈，炉内充满度也更好。但假想切圆直径过大，气流偏斜严重，会出现火焰冲刷水冷壁而引起结渣，这就严重影响锅炉安全运行。相反，如果假想切圆直径过小，高温火焰集中在炉膛中部，炉膛四周温度水平低，不利于煤粉着火、混合和燃尽，假想切圆直径见表 4-2。

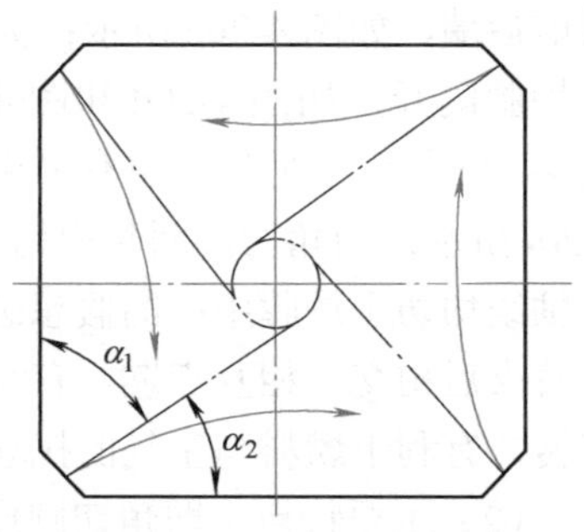

图 4-21 切圆燃烧方式炉内气流的偏斜

表 4-2 固态排渣煤粉炉的假想切圆直径 （单位：mm）

煤种		锅炉容量 / (t/h)			
		≤ 130	220	410	670
无烟煤、贫煤、劣质烟煤	易结渣	300 ～ 400	400 ～ 500	600 ～ 700	700 ～ 800
	不易结渣	600 ～ 700	700 ～ 800	800 ～ 1000	1000 ～ 1200
优质烟煤、褐煤		300 ～ 400	400 ～ 500	600 ～ 700	700 ～ 800

（3）切圆燃烧炉内气流偏斜原因　在切圆燃烧中，为了有效地防止煤粉气流贴壁引起的结渣，必须防止切圆燃烧炉内气流偏斜，因而必须仔细分析射流偏斜的原因。

影响炉内气流偏斜的原因有许多方面：

1）假想切圆直径过大是射流偏斜的重要因素，它导致炉内形成的旋转气流对煤粉射流的横向撞击更接近根部，射流偏斜更严重。

2）炉内旋转气流所产生的横向推力会迫使燃烧器喷射出来的射流偏斜。旋转气流的横向推力的大小，取决于炉内旋转气流的旋转强度，即取决于它的旋转动量矩。而一、二次风的动量是旋转动量矩的影响因素。另外，煤粉射流两侧补气条件的差异也是射流偏斜的重要因素。切圆燃烧时，射流对相邻两侧炉墙的夹角 α_1 和 α_2（图 4-21）是不相等的，夹角大的补充气体较容易，夹角小的补气条件差，甚至出现较大的负压，此时射流两侧存在压差，由于射流两侧补气条件不同，两侧的压力也不相同，这样就使得射流两侧有不同的静压差，从而迫使射流向夹角小的一侧（此侧压力较低）偏斜。

3）直流燃烧器本身的结构特性，导致射流刚性变差，影响射流的偏斜。直流燃烧器整体呈狭长形，出来的扁薄射流虽然对着火有利，但其刚性较差，不易抵抗上游邻角气流横向推力的冲击，特别是一次风射流，因其动量较小，刚性更差，更容易偏斜。

4）炉膛断面形状也会影响气流偏斜。四角布置切圆燃烧器炉膛形式是很多的，从空气动力学的观点看，最佳的炉膛形状为正方形，而对长方形炉膛来说，燃烧器最好布置成正方形。因为当燃烧器矩形的边长比超过 1.25 时，炉内空气动力学条件就会变得较差。此时，两侧气流补气条件不同，射流卷吸烟气后将导致两侧的压力不等，从而使射流偏斜，影响水平速度分布，导致实际切圆直径增大，严重时将导致气流冲刷炉墙。

（4）减少气流偏斜的措施　减少切圆燃烧炉内气流偏斜的措施有：

1）合理的假想切圆直径。冷态试验表明，实际测量和观察到的切圆直径要比表 4-2 所列数值大 2.5 ～ 4 倍。而在热态试验时，由于燃烧引起气体膨胀，上升动量必然增加，致使旋转动量矩相应减少，从而使热态时的假想切圆直径比冷态时稍小一些。

2）合理的一、二次风动量比。二次风率和风速都比一次风高，所以二次风的动量起主要作用。适当增加一次风动量或减小二次风动量，都会减小旋转动量矩，而使气流的偏斜减弱。但为了保证煤粉气流着火，特别是燃用低挥发分煤时，为了及时着火，一次风率及风速都有所限制，一次风率及风速都不可能增加，一次风动量不能提高，二次风动量便不能减小，炉内气流的容易发生偏斜。

3）合理的射流对相邻两侧炉墙的夹角。炉子宽度与深度比值较大时，要注意 α_1 和 α_2 的选择，避免两者出现较大的差值。

4）合理的燃烧器高宽比。燃烧器的总高度与喷口宽度之比（高宽比）$\sum h/b$ 不能过大。直流燃烧器的 $\sum h/b \leqslant 8$，否则会因射流的刚性变差而使射流偏斜；但是 $\sum h/b$ 值增大，却对着火和燃烧有利。这是因为 $\sum h/b$ 增大，燃烧器出口气流与炉内高温烟气的接触面积增大，有利于煤粉气流的着火和燃烧的稳定。因此，在燃用低挥发分的无烟煤和贫煤时，常使 $\sum h/b>8$，这时通常采用增加各喷口边缘间距 Δ 的办法来防止射流过分偏斜。适当的喷口间距能起到压力平衡孔的作用，使射流两侧因补气条件不同造成的压差降低，起到减轻射流偏斜的作用，但喷口间距过大不利于上下两股气流的混合，这对燃用烟煤的燃烧器显然是不适合的。在设计中，常采用相对间距 Δ/b 来代替间距 Δ。目前，常采用的一、二次风喷口间的相

对间距为：对无烟煤和贫煤，Δ/b=0.3～0.9；对烟煤和褐煤，$\Delta/b\leqslant 0.3$。

5）合理的燃烧器面积。燃烧器总面积$\sum A$与炉膛截面积A的比值，对射流偏斜也有影响。当$\sum A/A$增大时，在一定的燃烧器总面积下，意味着炉膛截面积A相对减小，这不但导致相邻射流交点前移，使射流提前偏斜，而且使得炉内气流的平均上升速度增加，对煤粉的燃尽不利；但对于矩形炉膛，由于直流燃烧器每个角射流至相交点的行程各不相同，转弯向上流动的距离也各不相同，因而使上游邻角气流作用在射流上的动量部分错开，使射流产生偏斜的重要因素减弱，从而减小了射流的偏斜。

（5）切圆燃烧方式直流燃烧器的布置 切圆燃烧方式直流燃烧器的一次风喷口都是多层布置，而且随着锅炉容量的增大，一次风喷口的层数逐渐增加。这是因为随着锅炉容量的增大，单个一次风喷口的热负荷不可能成正比地增加，否则会导致炉膛局部热负荷过高而引起结渣；而且还会因燃烧中心温度过高，致使有害气体NO_x的产量增加。因此，单个一次风喷口热负荷的增加是有限的，只有增加一次风喷口的数量，才能满足锅炉容量增大的需要，所以可以采用一次风喷口多层布置。

当然，随着锅炉容量的增大，炉膛的深度和宽度也会增大（但与锅炉容量的增大不成正比），也要求一、二次风气流有较大的射程，特别是大容量锅炉，炉膛中气流上升速度增加，会使四角燃烧器喷射出来的四股气流在假想切圆相切后形成旋转上升气流的旋转强度减弱，为了避免这个缺点，适当地增加单个喷口的热负荷也是必要的，这就要求相应地增加一、二次风喷口的尺寸和出口气流速度。

表4-3列出了切圆燃烧方式直流燃烧器一次风喷口的布置层数及其热负荷的参考数值。

表4-3 切圆燃烧方式直流燃烧器一次风喷口的布置层数及其热负荷

机组电功率/MW	12	25	50	100，125	200	300	600
锅炉容量/（t/h）	60，75	120，130	220，230	400，410	670	1000	2000
一次风喷口层数	2	2	2～3	3～4	4～5	5～7	6
单个一次风喷口热负荷/MW	7.0～9.3	9.3～14.0	14.0～23.3	18.6～29.0	23.3～41.0	23.3～52.0	41.0～67.5

图4-22所示为某300MW亚临界锅炉直流燃烧器分级配风方式结构简图。其布置特点是，一次风喷口相对集中布置，并靠近燃烧器的下部，二次风喷口则分层布置，称为分级配风燃烧器。这样既可推迟一、二次风的混合，以保证在混合前的一次风煤粉气流有较好的着火条件；同时二次风分层，分阶段送入燃烧着的煤粉气流中去。首先，在一次风煤粉气流着火后送入一部分二次风，促使已着火的煤粉气流的燃烧能继续扩展，待全部煤粉气流着火后，再由中上二次风口和上二次风口高速送入部分二次风，使它与已着火的煤粉气流强烈混合，借此加强气流的扰动，提高扩散速度，促使煤粉的猛烈燃烧和燃尽过程的迅速完成。这种配风方式，适合于低挥发分的无烟煤和贫煤的燃烧要求，故又称无烟煤、贫煤型配风方式。对于燃用劣质烟煤，为了稳定着火和燃烧，也常用这种配风方式。

图4-23所示为某400t/h锅炉直流燃烧器均等配风方式结构简图。其一、二次风口相间布置，称为均等配风燃烧器。与分级配风燃烧器相比，其喷口间距较小，使一次风煤粉气流着火后可以及时补入二次风，这种结构有利于一、二次风气流较早混合，适合于燃用挥发分较高的烟煤、褐煤。

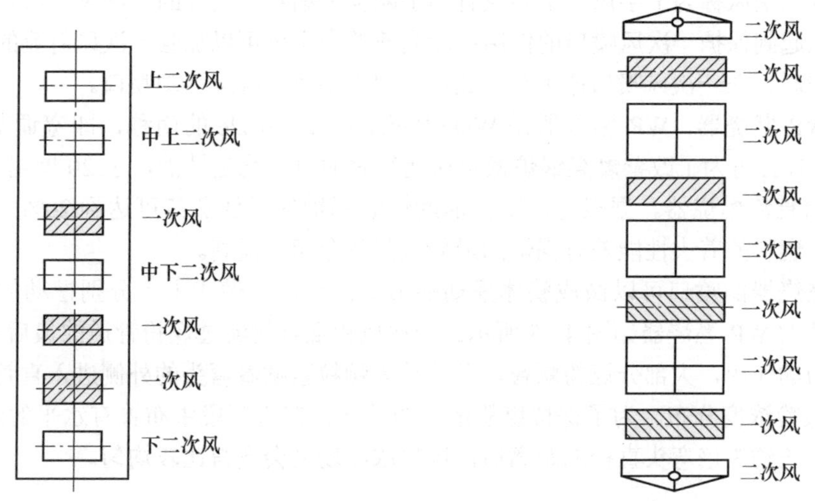

图 4-22　直流燃烧器分级配风方式　　图 4-23　直流燃烧器均等配风方式

在大、中型煤粉锅炉四角布置切圆燃烧方式直流燃烧器的一次风喷口中，有时还布置有一个狭长形的二次风喷口，因其形状和布置位置不同而分别称为周界风、夹心风和十字风，如图 4-24 所示。

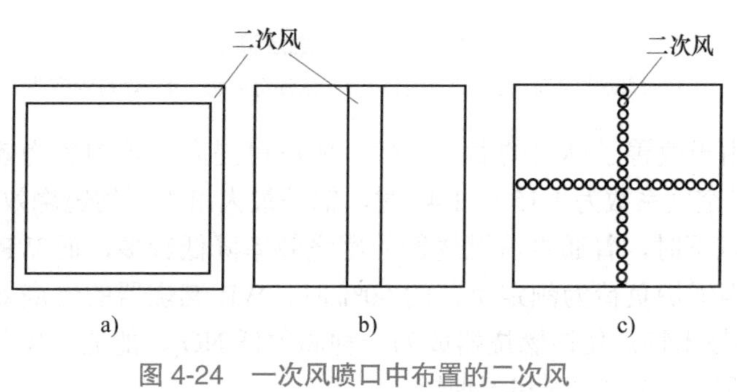

图 4-24　一次风喷口中布置的二次风

a）周界风　b）夹心风　c）十字风

在燃用低挥发分煤的切圆燃烧方式直流燃烧器的一次风喷口四周，有时常布置一层二次风，称为周界风，如图 4-24a 所示。周界风具有冷却一次风喷口和防止煤粉从一次风中分离出来的作用。

为了避免周界风妨碍一次风直接卷吸高温烟气的不利影响，又出现了夹心风。所谓夹心风就是在一次风喷口中间竖直地布置一个二次风喷口，如图 4-24b 所示。夹心风的风速高于一次风速，其风量约占二次风总量的 10% ～ 15%。夹心风的作用在于能及时补充煤粉气流着火后燃烧所需要的空气，但却不影响着火；并可提高一次风射流的刚性，使一次风射流减少偏斜；强化了煤粉气流的湍流脉动，有利于煤粉和空气的混合；减少了射流的扩展角，使煤粉气流不易冲墙贴壁，有利于防止炉内结渣。

在某些燃用褐煤锅炉的切圆燃烧方式直流燃烧器的一次风喷口中，为了使煤粉气流着火后能迅速补充氧气，常在一次风喷口中安装十字形排列的许多二次风小喷口，如图 4-24c

所示，这种二次风称为十字风。十字风有利于减少火焰对大尺寸的一次风喷口内壁面的辐射传热，可以起到保护一次风喷口的作用；较高速的十字风可以加强一次风射流的刚性，使一次风不易偏斜；在一次风喷口停用时，还可以用十字风来继续冷却喷口。

（6）WR 燃烧器 WR 燃烧器是 Wide Range Coal Nozzle 的简称，即宽调节比燃烧器，它是美国 CE 公司为了改善燃煤锅炉低负荷运行时的着火稳定性能，于 20 世纪 70 年代后期研制出来的直流燃烧器。据报道，不投油助燃时锅炉的最低负荷可达到 20%。当然，这与煤质有关，燃料的着火性能差时锅炉的最低负荷就会相应提高。

WR 燃烧器的喷口可以做成整体摆动的形式，也可以做成上下分别摆动的两部分。喷口整体摆动的 WR 燃烧器如图 4-25 所示。一次风粉混合物流过煤粉管道的最后一个弯头时，由于惯性力的作用，大部分煤粉颗粒，尤其是大颗粒紧贴着弯头的外侧进入直管段，形成上浓下稀的煤粉浓度分布。为了保持煤粉浓度的差异，在直管段中布置有水平的浓淡分隔板。否则，经过长约 3 倍弯头直径的距离后，煤粉浓度场又会变得比较均匀。

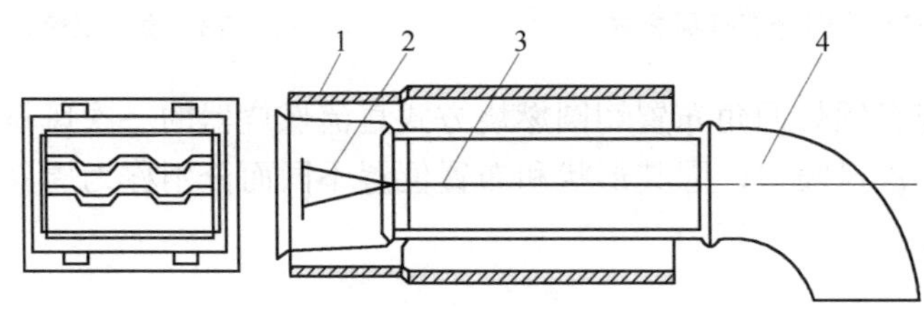

图 4-25 WR 燃烧器

1—摆动式喷嘴 2—楔形钝体 3—浓淡分隔板 4—煤粉管弯头

这种燃烧器由于改善了燃料的着火条件，所以可提高锅炉的燃烧效率。与普通直流燃烧器相比，当过量空气系数为 1.15 ～ 1.40 时，锅炉最大出力下的燃烧效率高 1%；当过量空气系数降到 1.10 以下时，普通直流燃烧器的燃烧效率降低较多，而 WR 燃烧器的燃烧效率几乎没有变化；当锅炉负荷为额定负荷的 50% 时，WR 燃烧器的燃烧效率要比普通直流燃烧器高 5%。上述技术特点使该燃烧器成为一种高效低 NO_x、能适应煤种和负荷变化的多功能燃烧器，尤其适用于燃用贫煤和无烟煤。

2. 旋流燃烧器

（1）旋流燃烧器类型 常见的旋流燃烧器有单蜗壳扩锥型旋流燃烧器、双蜗壳旋流燃烧器、轴向叶片旋流燃烧器和切向叶片旋流燃烧器等。

1）图 4-26 所示为单蜗壳扩锥型旋流燃烧器。单蜗壳扩锥型旋流燃烧器的二次风气流通过蜗壳旋流器产生旋转，一次风从中心管直流射出，通过扩流锥形成高温烟气的回流区，使煤粉气流着火、燃烧稳定。这种燃烧器结构简单，一次风阻力小，射程远，初期混合扰动不如双蜗壳旋流燃烧器，但后期扰动比双蜗壳燃烧器好，因此，煤种适应性较双蜗壳旋流燃烧器好。但这种燃烧器调节性能较差，扩流锥容易烧坏。

2）图 4-27 所示的是双蜗壳旋流燃烧器。这种燃烧器的一、二次风都是通过各自的蜗壳而形成旋转射流的。燃烧器中心装有一根中心管，可以装置点火用的重柴油雾化器。在一、二次风蜗壳的入口处装有舌形挡板，可以调节气流的旋流强度。双蜗壳旋流燃烧器的一、二次风旋转的方向通常是相同的，因为这有利于气流的混合。

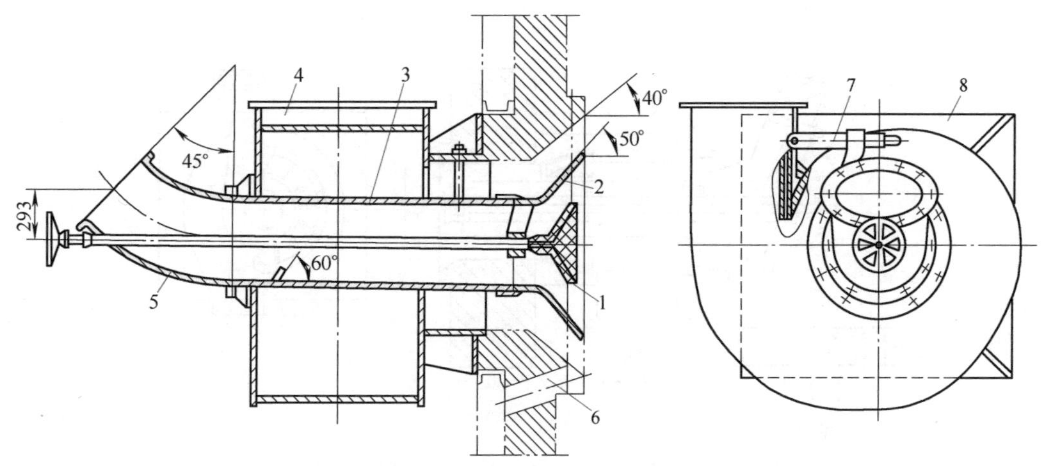

图 4-26　单蜗壳扩锥型旋流燃烧器

1—扩流锥　2—一次风扩散管口　3—一次风管　4—二次风蜗壳　5—一次风连接管
6—点火喷嘴布置孔　7—二次风舌形挡板　8—连接法兰

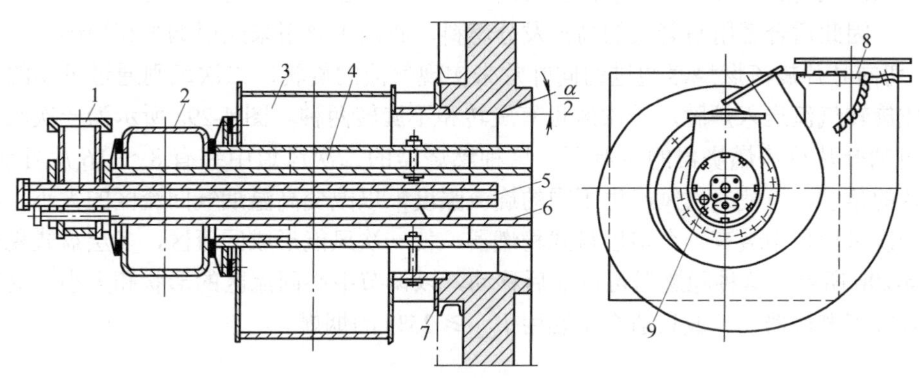

图 4-27　双蜗壳旋流燃烧器

1—中心管　2—一次风蜗壳　3—二次风蜗壳　4—一次风通道　5—油雾化器装设管
6—一次风的内套管　7—连接法兰　8—舌形挡板　9—火焰检测器安装管

这种燃烧器结构简单，由于出口气流前期混合很强烈，主要用于燃用挥发分较高的烟煤和褐煤，也能用于燃烧贫煤，在我国的小型煤粉炉中使用较多。但这种燃烧器的舌形挡板调节性能不是很好，调节幅度不大，故对燃料的适应范围不广；同时其一次风阻力大，不宜用于直吹式制粉系统；燃烧器出口处的气流速度和煤粉浓度分布都不太均匀，所以在燃用低挥发分煤的现代大中型锅炉中很少使用。

3）轴向叶片旋流燃烧器利用轴向叶片使气流产生旋转，燃烧器中的轴向叶片可以是固定的，也可以是移动可调的。二次风是通过轴向叶片的导向，形成旋转气流进入炉膛的。而一次风也有不旋转的和旋转的两种，因而有不同的结构。图 4-28 所示的是一次风不旋转、在出口处装有扩流锥（也有另一种不装扩流锥的）、二次风通过轴向可动叶轮形成旋转气流的轴向可动叶轮旋流燃烧器。

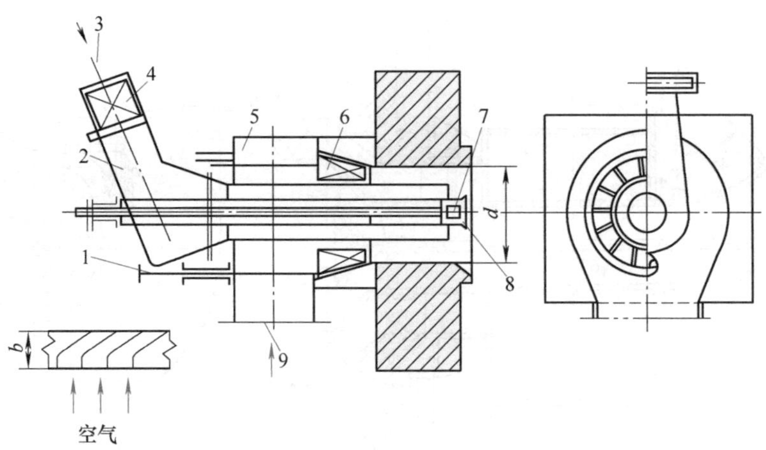

图 4-28 一次风不旋转的轴向可动叶轮旋流燃烧器

1—拉杆 2—一次风管 3—一次风进口 4—一次风舌形挡板 5—二次风壳 6—二次风叶轮 7—喷油嘴 8—扩流锥 9—二次风进口

这种燃烧器的轴向叶轮是可调的，沿轴向移动拉杆调节叶轮在二次风道中的位置，就可以调节二次风的旋流强度，调节比较灵活，调节性能也较好。这种燃烧器的中心回流区较小、较长，因此适合燃用易着火的高挥发分燃料，我国主要用来燃用烟煤和褐煤。

4）切向叶片旋流燃烧器通过切向叶片来实现气流的旋转，二次风则通过可动的切向叶片，变成旋转气流送入炉膛，一次风也有旋转和不旋转两种。图 4-29a 所示为一次风不旋转的切向可动叶片旋流燃烧器的示意图。这种燃烧器的二次风道中装有 8 ～ 16 片可动叶片，改变叶片的角度，可使二次风产生不同的旋流强度，以改变高温烟气回流区的大小。这种燃烧器在一次风出口中装有一个多层盘式稳燃器，使一次风能形成回流区，多层盘式稳燃器结构如图 4-29b 所示。这种稳燃器可以前后移动，以调节中心回流区的形状和大小。这种切向可动叶片旋流燃烧器，一般只适合于燃用 $V_{daf} \geqslant 25\%$ 的烟煤。

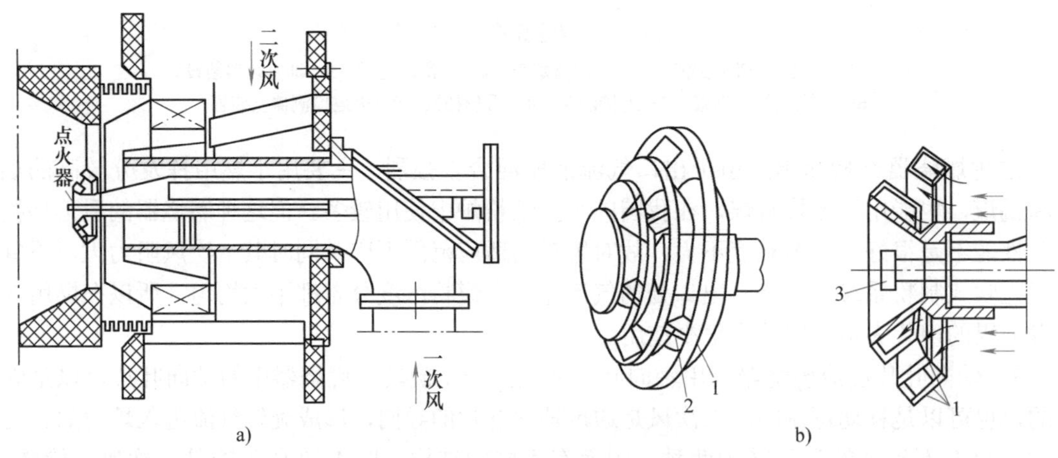

图 4-29 切向叶片旋流燃烧器

a）一次风不旋转叶片 b）多层盘式稳燃器

1—锥形圈 2—定位板 3—油雾化器

国内传统旋流燃烧器多为蜗壳式或可动叶轮式，实际运行中可调性和煤种适应性较差，且 NO_x 排放量高。近些年发展的新型旋流燃烧器在降低 NO_x 排放和提高燃烧效率等方面都有很大提高。

HT-NR3 燃烧器是一种应用较为广泛的低 NO_x 排放新型旋流燃烧器。在 HT-NR3 燃烧器中，燃烧的空气被分为三股，即直流一次风、直流二次风和旋流三次风，其结构如图 4-30 所示。

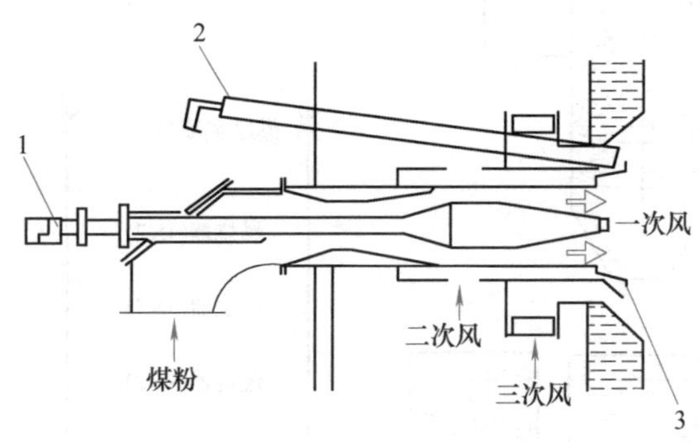

图 4-30　HT-NR3 燃烧器

1—起动油枪　2—点火油枪　3—火焰稳燃环

HT-NR3 燃烧器在一次风通道中布置煤粉浓缩器；二次风通过燃烧器内同心通道送入炉膛，参与燃烧；三次风通道内设有独立的旋流装置，从燃烧的不同阶段送入炉膛，燃烧器实现分级燃烧。这种燃烧器的特点是通过双调风使燃烧器中心保持还原性气氛和富燃料状态，从而实现降低 NO_x 排放的目的。

（2）旋流燃烧器的布置方式　旋流燃烧器的布置方式对炉内的空气动力场有很大影响，为了提高炉膛的利用率，应注意改善炉膛的充满程度，并避免烟气冲墙贴壁。旋流燃烧器常用的布置方式是前墙布置、前后墙对冲或交错布置，如图 4-31 所示。

1）在中小容量的锅炉中，主要采用前墙布置的方式。这种布置方式的优点是：煤粉管道短，阻力小；煤粉及空气的分配较均匀（因为磨煤机是布置在炉前的）；炉宽和对流烟道的宽度及锅筒的长度便于相互配合，可不受炉膛截面宽深比的限制；当燃烧器单只功率选择恰当且布置合理时，炉膛出口烟气温度的偏差较小。

前墙布置也存在以下缺点：炉膛的火焰充满度较差，使炉膛空间的有效利用率降低；炉内火焰的扰动较小，后期混合较差；当负荷过低需切断部分燃烧器时，会引起炉内温度分布和烟气流速不够均匀。

2）在大容量锅炉中，随着炉膛容积的增大，都采用前后墙对冲或交错布置，这种布置方式的优点是：炉内火焰充满度好，扰动强；沿炉膛宽度的烟气温度及速度分布较为均匀，对过热器保护好，且过热器热偏差也较小；防止结渣性较好，因热量的输入沿炉宽比较均匀，避免了炉膛中部的烟气温度过高。

前后墙对冲或交错布置也存在以下缺点：风、粉管道的布置比较复杂；为了在后墙布置燃烧器，加大了后墙与尾部竖井烟道之间的距离，使锅炉布置不够紧凑。

例如，DG1900/25.4-Ⅱ1 型锅炉采用前后墙对冲燃烧方式，燃烧器布置图如图 4-32 所示。

24只HT-NR3燃烧器前后墙3排布置，每层4只，总共24只，组织前后墙对冲燃烧。主燃烧器之上设燃尽风喷口12只，燃尽风喷口含两股独立的气流，中央部分为非旋转气流，外圈为旋转气流。

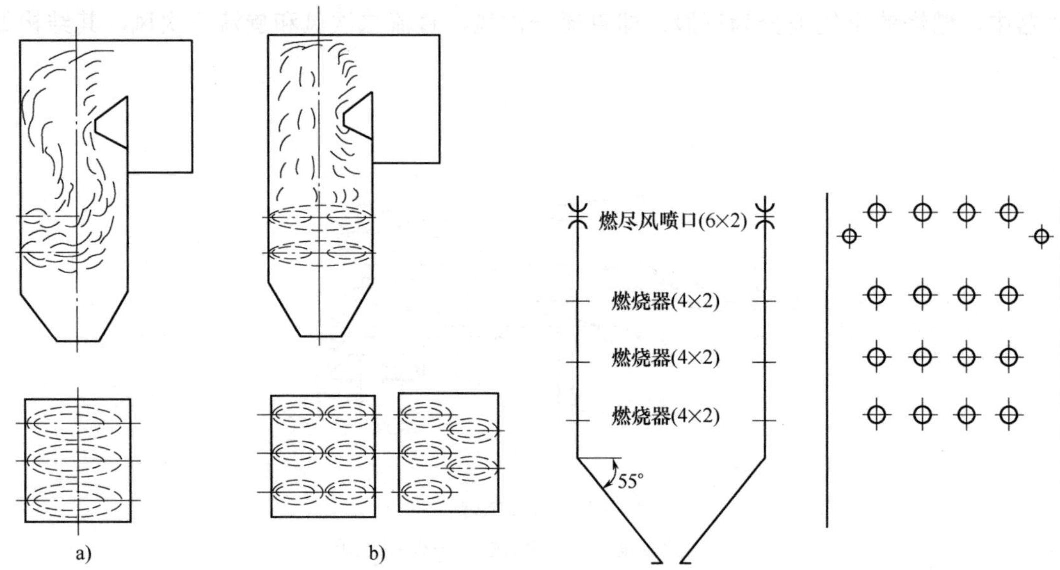

图4-31 旋流燃烧器的布置

a）前墙布置 b）前后墙对冲或交错布置

图4-32 DG1900/25.4-Ⅱ1型锅炉燃烧器布置图

（3）旋流燃烧器的运行参数 旋流燃烧器的主要运行参数是一次风率 r_1 及一次风速 w_1，二次风率 r_2 及二次风速 w_2，三次风率 r_3 与三次风速 w_3，二、一次风速比 w_2/w_1 和热风温度等，它们主要受燃料特性、炉膛尺寸和介质温度的影响。

一次风率 r_1 就是一次风量占总风量的份额。一次风率大，则煤粉气流加热到着火温度所需热量多，着火将推迟，反之，着火将提前。特别是对燃用低挥发分的煤时，为加快着火，应限制一次风量，使煤粉空气混合物能较快地加热到煤粉气流的着火温度。同样，也应采用较低的一次风速，使煤粉着火的稳定性较好。在热风送粉的中间储仓式制粉系统中，热风温度也因燃煤种类不同而异。

二次风率 r_2 与制粉系统有关。当乏气送粉时，二次风量等于总风量扣除一次风和炉膛漏风；而热风送粉时还必须扣除三次风量。二次风速与气流射程、煤粉与空气的有效混合以及燃尽程度有关。

一次风率 r_1 可按表4-4选用；一、二次风速则可按表4-5选取，热风温度见表4-6。从这些表中可看出，煤种不同，燃烧器所采用的一次风率，一、二次风速和热风温度都是不同的。

表4-4 旋流燃烧器的一次风率 r_1

煤 种	V_{daf}(%)	一次风率 r_1	煤 种	V_{daf}(%)	一次风率 r_1
无烟煤	2～10	0.15～0.20[①]	烟煤	20～30	0.25～0.30
贫煤	11～19	0.15～0.20	烟煤	30～40	0.30～0.40
			褐煤	40～50	0.50～0.60

① 采用300℃以上热风温度并采用热风送粉时，r_1=0.20～0.25。

表 4-5　旋流燃烧器的一、二次风速　（单位：m/s）

煤　种	无烟煤	贫煤	烟煤	褐煤
一次风速 w_1	12 ～ 16	16 ～ 20	20 ～ 26	20 ～ 26
二次风速 w_2	15 ～ 22	20 ～ 25	30 ～ 40	25 ～ 35

表 4-6　不同煤种的热风温度　（单位：℃）

煤　种	无烟煤	贫煤及劣质烟煤	烟煤、洗中煤	褐煤	
				热风干燥	烟气干燥
热风温度	380 ～ 430	330 ～ 380	280 ～ 350	350 ～ 380	300 ～ 350

在热风送粉的仓储式制粉系统中，低温的乏气中含有一定数量的细粉，一般将它作为三次风送入炉膛。三次风数量由制粉系统计算确定，三次风风速一般较高，约为 50 ～ 60m/s，以增强其对高温烟气的穿透能力，加强扰动混合，提高燃烧效率。

根据实践经验，目前采用风速比来保证一、二次风的混合。为使旋流燃烧器处于最佳工况下运行，一般取 w_2/w_1=1.2 ～ 1.5。

4.3.4　低 NO_x 煤粉燃烧

1. 燃烧过程中 NO_x 的生成机理

煤燃烧过程中产生的氮氧化物主要是一氧化氮、二氧化氮及少量的氧化二氮。通常煤粉燃烧温度下，NO 占 90%（体积分数，下同）以上，NO_2 占 5% ～ 10%，N_2O 只占 1% 左右。NO_x 的生成途径共有三种：热力型 NO_x（Thermal NO_x）、燃料型 NO_x（Fuel NO_x）和快速型 NO_x（Prompt NO_x）。

（1）热力型 NO_x　热力型 NO_x 是指燃烧用空气中的 N_2 在高温下氧化而生成的氮氧化物。温度对热力型 NO_x 的影响是非常明显的。当燃烧温度低于 1800K 时，热力型 NO_x 生成极少，当温度高于 1800K，随着温度的升高，NO_x 的生成量急剧升高。在实际燃烧过程中，如果局部区域的火焰温度很高，则在这些区域会产生大量的 NO_x，在实际燃烧过程中应尽量避免局部高温区的形成。另外，过量空气系数对热力型 NO_x 的影响也非常明显，热力型 NO_x 生成量与氧浓度的平方根成正比。过量空气系数增大，一方面增加氧浓度，另一方面也会使火焰温度降低，从总的趋势来看，随着过量空气系数的增大，NO_x 生成量先增加，到一个极值后会下降。

（2）燃料型 NO_x　燃料型 NO_x 是由燃料中的氮受热分解和氧化生成的。燃料型 NO_x 占流化床燃烧方式总排放的 95% 以上，对其他燃烧方式也占很大比例。要减少燃料型 NO_x 的生成，就应控制燃烧着火初期的过量空气系数。比如采用双调风燃烧器能形成富燃料区，使煤粉在开始着火阶段处于缺氧状态，挥发分生成 NO_x 的一部分被还原，这样实际生成的 NO_x 数量就会明显减少。

（3）快速型 NO_x　快速型 NO_x 是指空气中的氮和燃料中的碳氢离子基团在过量空气系数小于 1 的情况下，在火焰锋面内急剧生成的大量 NO_x。这部分 NO_x 占总量的 5%。

2. 低 NO_x 煤粉燃烧技术

目前，国内外控制 NO_x 排放的技术措施主要有两大类：一是采用低 NO_x 的燃烧技术，

通过改变燃烧过程来有效地控制 NO_x 的生成；二是尾部烟气脱硝处理，通过使用选择性催化还原（SCR）和选择性非催化还原（SNCR）两种方式对烟道气进行处理。

本节主要介绍低 NO_x 煤粉燃烧技术。

由于在安装和操作上相对简单，基建成本和运行成本相对较低，低 NO_x 燃烧技术在许多要求适度降低 NO_x 排放量的情况下成为首选。此外，低 NO_x 燃烧系统也可以作为初步措施与下游的烟道气处理技术一起使用。

低 NO_x 煤粉燃烧技术目前主要有以下几种：

（1）低过量空气燃烧　使燃烧过程尽可能在接近理论空气量的条件下进行，随着烟气中过量氧的减少，可以抑制 NO_x 的生成。这是一种最简单的降低 NO_x 排放的方法。一般可降低 NO_x 排放 15% ～ 20%。但如果炉内氧浓度过低（体积分数 3% 以下），会造成 CO 浓度急剧增加，增加化学不完全燃烧热损失，引起飞灰碳含量增加，燃烧效率下降。因此在锅炉设计和运行时，应选取最合理的过量空气系数。

（2）空气分级燃烧　空气分级燃烧的基本原理是将燃料的燃烧过程分阶段完成。在第一阶段，将从主燃烧器供入炉膛的空气量减少到总燃烧空气量的 70% ～ 75%（相当于理论空气量的 80%），使燃料先在缺氧的富燃料燃烧条件下燃烧。此时第一级燃烧区内过量空气系数 $\alpha<1$，因而降低了燃烧区内的燃烧速度和温度水平。因此，不但延迟了燃烧过程，而且在还原性气氛中降低了生成 NO_x 的反应率，抑制了 NO_x 在这一级燃烧中的生成量。为了完成全部燃烧过程，完全燃烧所需的其余空气则通过布置在主燃烧器上方的专门空气喷口 OFA（Over Fire Air）——燃尽风喷口送入炉膛，与第一级燃烧区在“贫氧燃烧”条件下所产生的烟气混合，在 $\alpha>1$ 的条件下完成全部燃烧过程。目前已开发出先进的分段送风系统，如分离式燃尽风（SOFA）和强耦合式燃尽风（CCOFA），这两项技术的使用可以达到减少 NO_x 排放和提高锅炉性能的目的（图 4-33）。由于整个燃烧过程所需空气是分两级供入炉内，故称为空气分级燃烧法。

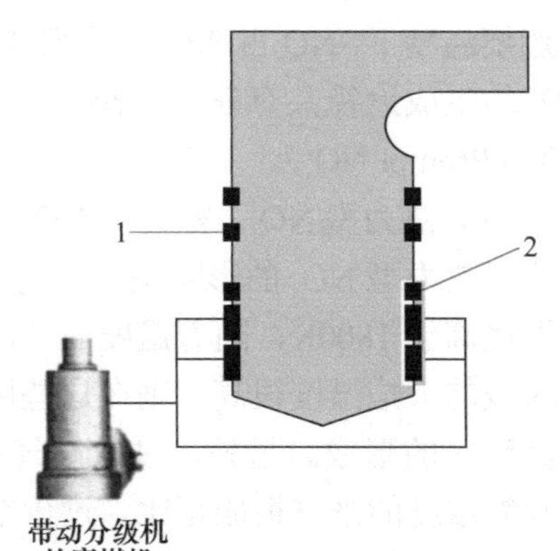

图 4-33　空气分级燃烧

1—分离式燃尽风　2—强耦合式燃尽风

这一方法弥补了简单的低过量空气燃烧的缺点。在第一级燃烧区内的过量空气系数越小，抑制 NO_x 的生成效果越好，但不完全燃烧产物越多，导致燃烧效率降低，引起结渣和腐蚀的可能性越大。因此为保证既能减少 NO_x 的排放，又保证锅炉燃烧的经济性和可靠性，必须正确组织空气分级燃烧过程。

（3）燃料分级燃烧　在燃烧中已生成的 NO 遇到碳氢基团 CH_i 和未完全燃烧产物 CO、H_2、C 和 C_nH_m 时，会发生 NO 的还原反应，反应式为

$$4NO+CH_4 \longrightarrow 2N_2+CO_2+2H_2O \tag{4-32}$$

$$2NO+2C_nH_m+(2n+m/2-1)O_2 \longrightarrow N_2+2nCO_2+mH_2O \tag{4-33}$$

$$2NO+2CO \longrightarrow N_2+2CO_2 \tag{4-34}$$

$$2NO+2C \longrightarrow N_2+2CO \tag{4-35}$$

$$2NO+2H_2 \longrightarrow N_2+2H_2O \tag{4-36}$$

利用这一原理，将 80% ～ 85% 的燃料送入一级燃烧区（主燃区），在 $\alpha>1$ 条件下，燃烧并生成 NO_x。送入一级燃烧区的燃料称为一次燃料，其余 15% ～ 20% 的燃料则在主燃烧器的上部送入二级燃烧区，在 $\alpha<1$ 的条件下形成很强的还原性气氛，使得在一级燃烧区中生成的 NO_x 在二级燃烧区内被还原成氮分子，二级燃烧区又称再燃区，送入二级燃烧区的燃料又称为二次燃料，或称再燃燃料。在再燃区中不仅使得已生成的 NO_x 得到还原，还抑制了新的 NO_x 的生成，可使 NO_x 的排放浓度进一步降低。

一般，采用燃料分级可使 NO_x 的排放浓度降低 50% 以上。在再燃区的上面还需布置燃尽风喷口，形成三级燃烧区（燃尽区），以保证再燃区中生成的未完全燃烧产物的燃尽。这种再燃烧法又称为燃料分级燃烧。燃料分级燃烧示意图如图 4-34 所示。

天然气被认为是再燃的理想燃料，煤粉炉可以利用煤粉作为二次燃料，宜采用高挥发分易燃的煤种，而且煤粉要磨得更细，采用所谓的超细煤粉。

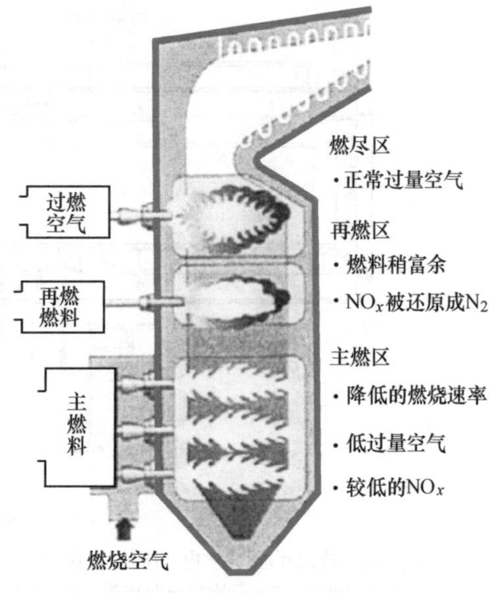

图 4-34　燃料分级燃烧

（4）烟气再循环　目前使用较多的还有烟气再循环技术，它是在锅炉的空气预热器前抽取一部分低温烟气直接送入炉内，或与一次风或二次风混合后送入炉内，这样不但可降低燃烧温度，而且也降低了氧气浓度，进而降低了 NO_x 的排放浓度。从空气预热器前抽取温度较低的烟气，通过再循环风机将抽取的烟气送入空气烟气混合器，和空气混合后一起送入炉内，再循环烟气量与不采用烟气再循环时的烟气量之比，称为烟气再循环率。

烟气再循环技术降低 NO_x 排放的效果与燃料品种和烟气再循环率有关。经验表明，烟气再循环率为 15% ～ 20% 时，煤粉炉的 NO_x 排放浓度可降低 25% 左右。NO_x 的降低率随着烟气再循环率的增加而增加，而且与燃料种类和燃烧温度有关。燃烧温度越高，烟气再循环率对 NO_x 降低率的影响越大。电站锅炉的烟气再循环率一般控制在 10% ～ 20%。当采用更高的烟气再循环率时，燃烧会不稳定，不完全燃烧热损失会增加。另外采用烟气再循环时需加装再循环风机、烟道，还需要场地，增大了投资，系统复杂。对原有设备进行改装时还会受到场地的限制。

（5）低 NO_x 燃烧器　煤粉燃烧器是锅炉燃烧系统中的关键设备。不但煤粉是通过燃烧器送入炉膛，而且煤粉燃烧所需的空气也是通过燃烧器进入炉膛的。从燃烧的角度看，燃烧器的性能对煤粉燃烧设备的可靠性和经济性起着主要作用。从 NO_x 的生成机理看，占 NO_x 绝大部分的燃料型 NO_x 是在煤粉的着火阶段生成的，因此，通过特殊设计的燃烧器结构以及通过改变燃烧器的风煤比例，可以将前述的空气分级、燃料分级和烟气再循环等多种降低 NO_x 的技术用于燃烧器，以尽可能地降低着火区的氧浓度，适当降低着火区的温度，达到最大限度地抑制 NO_x 生成的目的，这就是低 NO_x 燃烧器。低 NO_x 燃烧器得到了广泛开发和应用，世界各国的大锅炉公司，为使其锅炉产品满足日益严格的NO_x排放标准，分别开发了不同类型的低NO_x燃烧器，NO_x降低率一般在30%～60%。目前国内外开发出各种高效低NO_x燃烧器，如美国燃烧工程公司设计的直流式宽调节比摆动燃烧器、巴布科克日立公司研制的HT-NR3低NO_x旋流燃烧器，我国自主研发的DSB低NO_x燃烧器等。

DSB低NO_x燃烧器结构（图4-35）主要包括中心风通道，一次风弯头、煤粉均匀挡片、煤粉浓缩文丘里、一次风伸缩套筒、一次风旋流叶片、稳焰环，内二次风通道、内二次风旋流叶片，外二次风通道、外二次风旋流叶片。

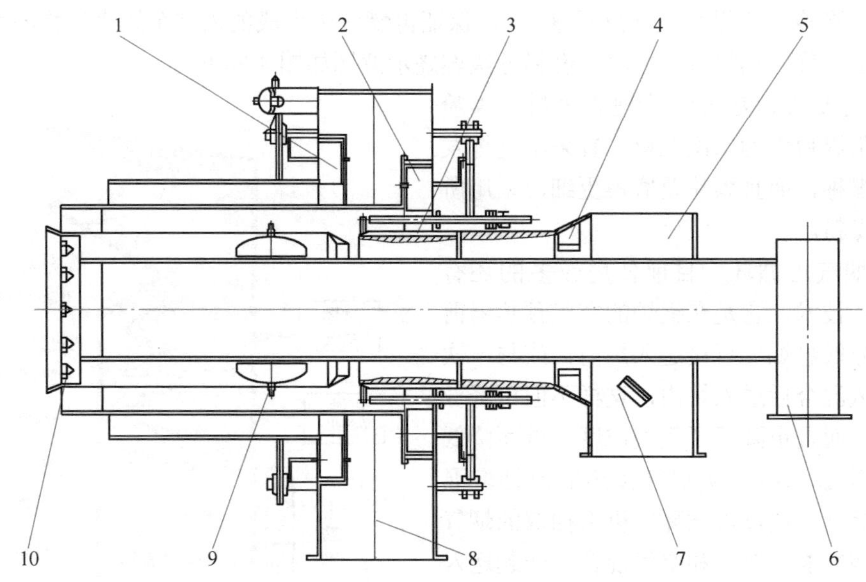

图4-35 DSB低NO_x燃烧器结构

1—外二次风旋流叶片 2—内二次风旋流叶片 3—一次风伸缩套筒 4—一次风导流叶片 5—一次风弯头 6—中心风弯头 7—一次风导向挡板 8—内外二次风风量比例调节 9—一次风旋流叶片 10—稳焰环

1）技术特点。DSB低NO_x燃烧器有以下三个技术特点：

① 采用双调风技术。

② 在燃烧器内部实现一次风向二次风扩散，从而使得喷口一次风速可调，极大地提高了燃烧稳定性和煤种适应性。

③ 多种调节手段，能适应各种炉膛、煤质和燃烧工况，主要包括：内外二次风风量比例可调节，内外二次风旋流可单独调节，一次风旋流可通过旋流叶片调节，一次风量（速）可通过伸缩套筒调节，煤粉浓度可通过伸缩套筒进行调节，中心风可调节。

2）NO_x控制机理。DSB低NO_x燃烧器采用二次风分级，形成空气分级燃烧方式是一般低NO_x燃烧器具有的共同特征，也是实现低NO_x控制的基本手段。此外，其在NO_x控制方面还具有如下两方面的新特点：

① 空气分级程度被加深。DSB低NO_x燃烧器一次风速（量）可以大幅度减小，能够有效提高初期燃烧稳定性，并使得燃烧初期氧量更加缺乏，空气分级程度加深，使得NO_x控制效果更为显著。

② 形成了燃料浓淡分布的燃烧方式。部分煤粉颗粒预先分散到内二次风内，降低了一次风区域附近的氧浓度，使得一次风粉远离二次风气流更为明显，进一步强化了空气分级燃烧，同时具有燃料浓淡分布的效果，在一定程度上具有燃料分级效果。

（6）煤粉炉的低 NO_x 燃烧系统　为更好地降低 NO_x 的排放量，很多公司将低 NO_x 燃烧器和炉膛低 NO_x 燃烧（空气分级、燃料分级和烟气再循环）等组合在一起，构成一个低 NO_x 燃烧系统。例如 DG1900/25.4- Ⅱ 2 锅炉就采用了巴布科克日立公司研制的 HT-NR3 低 NO_x 旋流燃烧器，并采用空气分级燃烧方式，设置分离式燃尽风，共同保证锅炉 NO_x 排放小于 400mg/m^3（标准状态）的要求。

4.3.5　W 形火焰燃烧方式

1. W 形火焰锅炉燃烧特点

将直流或弱旋流式煤粉燃烧器布置在炉膛前、后墙炉拱上，使火焰先向下流动，再返回向上，就形成 W 形火焰的燃烧方式，如图 4-36 所示。

美国福斯特 • 惠勒公司（FW）最先开发 W 形火焰的固态排渣煤粉炉，源于早期的 U 形火焰燃烧方式，故又称双 U 形火焰燃烧方式。W 形火焰燃烧方式有许多特点，适合于低挥发分煤的燃烧。

W 形火焰锅炉炉膛由下部的拱式着火炉膛和上部的辐射炉膛组成。前后突出的炉顶构成炉顶拱，煤粉喷嘴及二次风喷嘴装在炉顶拱上，并向下喷射。当煤粉气流向下流动扩展时，在炉膛下部与二次风相遇后，180° 转弯向上流动，形成 W 形火焰。燃烧生成的烟气进入辐射炉膛。在炉顶拱下区域的水冷壁设燃烧带，使着火区域形成高温，以利着火。

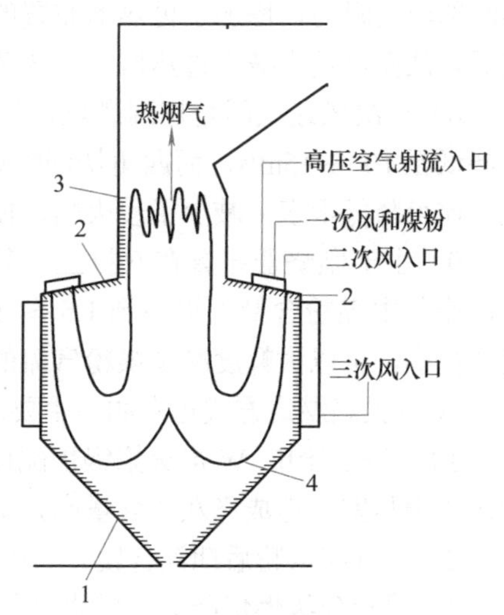

图 4-36　W 形火焰锅炉炉膛示意图

1—炉壁（衬耐火材料）　2—拱
3—上部前（或后）墙
4—U 形垂直煤粉火焰

W 形火焰的炉内过程分为三个阶段：第一阶段为着火的起始阶段，煤粉在低扰动状态下着火和初步燃烧，空气以低速、少量送入，以免影响着火；第二阶段为燃烧阶段，已着火的煤粉气流先后与以二次风、三次风形式送入的空气强烈混合，形成猛烈的燃烧；第三阶段为辐射换热和燃尽阶段，燃烧生成的高温烟气向上流动进入上部辐射炉膛后，除继续以低扰动状态使燃烧趋于完全外，烟气一边流动，一边对受热面进行辐射热交换。

国内外实践证明，W 形火焰燃烧方式对燃用低挥发分煤是有效的。但其炉膛容积的大小和形状结构、燃烧带所设位置及面积、配风比例及风速等因素，对 W 形火焰燃烧都会产生显著的影响。因此，在设计时对不同的无烟煤应做适当的调整。

W 形火焰燃烧方式有如下主要优点：

1）W 形火焰燃烧方式的燃烧中心就在煤粉喷嘴出口附近，煤粉喷出后就直接与卷吸回流的高温热烟气接触而迅速被加热，可以提高火焰根部的温度水平，而前、后拱形炉墙的辐射传热也提供了部分着火热，又在着火区域设了燃烧带，这都有利于低挥发分无烟煤的着火和燃烧。

2）空气可以沿着火焰行程逐步加入，易于实现分级配风，分段燃烧，这不但有利于低挥发分无烟煤的着火和燃烧，还可以控制较低的过量空气系数及较低的 NO_x 生成量。

3）W 形火焰燃烧方式在炉膛内的火焰行程较长，即增加了煤粉在炉内的停留时间，有利于低挥发分无烟煤的燃尽。

4）W 形火焰在下部着火炉膛底部向上反向流动时，可使部分飞灰分离出来，减少了烟气中的飞灰含量。

5）可以配置多种类型的燃烧器，其中都是配用高浓度煤粉燃烧器，有利于组织良好的着火和燃烧过程。

6）由于在负荷变动时，下部炉膛火焰中心温度变化不大，因而有良好的负荷调节性能，在较低负荷运行时可以不投油或少投助燃油。

7）由于不同于燃烧器四角布置的切圆燃烧，W 形火焰燃烧的炉膛的宽深比很大，特别是上部炉膛的宽深比可达 2.6，又无类似于切圆燃烧的旋转烟气流，因此，炉膛出口沿炉膛宽度温度的分布比较均匀，这就大大有利于大容量机组的再热器采用单级布置，以减少再热蒸汽的流动阻力，增加了再热器布置的灵活性。同时，又可以适当减少过热器的中间混合和交叉，从而可适当减小过热器中过热蒸汽的流动阻力。

8）一次风速比四角切圆燃烧锅炉更低，即允许降低一次风速。对于无烟煤，一次风速可降低至 10 ～ 15m/s，而四角切圆燃烧锅炉一般为 20 ～ 22m/s，因此 W 形火焰锅炉允许的风煤比可降低很多，减少了着火热，使煤粉气流易于着火。

9）由于燃烧器布置在双拱上，其喷口向下，故 W 形火焰锅炉易于实现煤粉的分离浓缩，空气中煤粉含量可提高到 1.5 ～ 2.0kg/kg（一般的煤粉浓度为 0.3 ～ 0.7kg/kg）。煤粉浓度的提高，可以大幅度减少煤粉气流的着火热，有利于提高低挥发分煤的着火稳定性。

W 形火焰燃烧方式也有如下主要缺点：

1）有些结构的 W 形火焰锅炉配风不当时火焰容易短路，并引起拱部区域结渣，火焰直接进入燃尽室，造成飞灰碳含量高，降低了锅炉效率。

2）空气和煤粉后期混合较差，影响煤粉燃尽。

3）尽管分级燃烧降低了燃烧过程中 NO_x 的生成，但由于燃烧无烟煤的需要，炉膛内温度水平较高，导致 NO_x 的生成量较大，高于国内四角切圆燃烧锅炉的一般水平。额定工况下的 NO_x 排放量在 850 ～ 1300mg/m^3 ［$w(O_2)=6\%$］。

4）由于在炉膛下部设有燃烧带，当燃用灰熔点较低的煤种时，容易结渣，影响锅炉安全运行。

5）锅炉结构比较复杂，炉拱的设计安装困难，燃烧器风粉管道布置困难，整体体积大，钢材耗量大，造价高，调试复杂。

6）燃烧器布置在同一水平线上，调节火焰中心位置的灵活性降低，使低负荷时调节汽温的手段减少。

2. 采用 W 形火焰燃烧方式的燃烧器

W 形火焰锅炉最常用的是带旋风分离器的高浓度煤粉燃烧器，如图 4-37 所示。这种燃烧器的工作原理是：煤粉空气混合物经过分配箱分成两路，各进入一个旋风分离器。在旋风分离器内由于离心力的作用而将煤粉空气分成高浓度煤粉气流和低浓度煤粉气流。约有 50% 的空气和少量（占 10% ～ 20%）的煤粉组成的低浓度煤粉气流，从旋风分离器上部的抽气管通过通风燃烧器（乏气喷嘴）送入炉膛。其余 50% 的空气连同大部分煤粉（其煤粉浓度可达 1.5 ～ 2.0kg/kg）形成的高浓度煤粉气流从旋风子下部流出，然后垂直向下通过旋流燃烧器（主燃烧器）进入炉膛。主燃烧器的两侧有高速的二次风气流同时喷入。

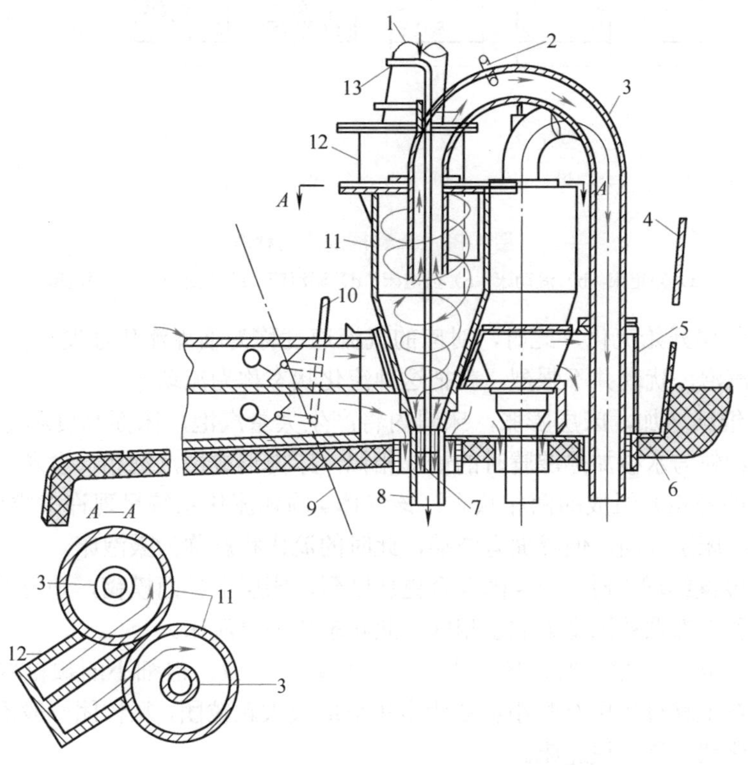

图 4-37　带旋风分离器的高浓度煤粉燃烧器

1—一次风进口　2—抽气控制挡板　3—抽气管　4—锅炉护板　5—二次风箱　6—耐火砖块　7—叶片　8—主燃烧器喷嘴　9—点火油枪中心线　10—二次风调节挡板控制杆　11—旋风分离器　12—煤粉气流分配箱　13—主燃烧器轴向叶片调节杆

4.4　流化床锅炉

4.4.1　概述

将固体燃料颗粒置于一块既能使气体通过又能在床料层静止或流体速度较小时不使颗粒落下的托板上，如果不断提高通过床料层的气流速度，床料层就会随着气流速度的增大而相继出现不同状态，如图 4-38 所示。

对于某种大小的颗粒和真实密度的物料，气流速度在某一确定值以前，气流速度增大，床料层阻力也增加，而床料层厚度不变，这一阶段称为固定床。

当气流速度增加到某一数值时，气流作用于固体颗粒的向上阻力与颗粒在气体中受到的浮力之和恰好等于颗粒的重力，于是颗粒开始漂浮，固体颗粒呈现出类似流体的性质，这

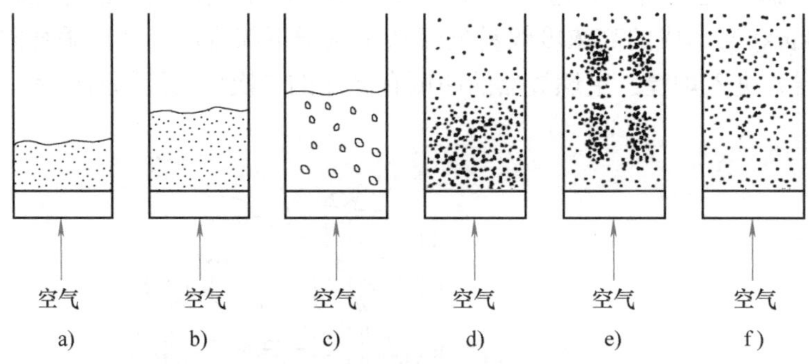

图 4-38 床料层的流化状态

a）固定床 b）流动床 c）鼓泡床 d）湍流床 e）快速床 f）喷流床

一状态称为床料层开始流化，此时，对应的气流速度称为临界流化速度 w_{cr}。如果这时床料内未产生大量汽泡，扰动并不强烈，就把这种流化状态称为流动床。

流化速度继续增加，床层膨胀，床料内将产生大量汽泡，床面高度和空隙率都明显增大，整个床内颗粒与水被加热沸腾时的情况相似，床内形成由汽泡相（含颗粒很少）和乳化相（充满颗粒的密相）组成的两相状态，该气体 - 固体流化系统呈现许多类似流体的特征。此时，有明显的床层界面，但界面有波动，此时的流化状态称为鼓泡床。

当流化速度继续增大时，气 - 固混合更加剧烈，床层上界面模糊，炉内形成上部颗粒浓度小的稀相区和下部颗粒浓度大的密相区。此状态称为湍流床。

当流化速度进一步增大时，床料上下浓度更趋于一致，但细小的颗粒将聚成一个个小颗粒团上移，在上移过程中有时小颗粒团聚集形成较大颗粒团，颗粒团一般沿流动方向呈条状，这时的流化状态称为快速床。

当流化速度达到足够大时，颗粒将均匀地、快速地全部喷出床外，这时的流动状态称为喷流床，也称气力输送。

不论是流动床，还是鼓泡床、湍流床以及快速床，都可称为流化床。流化床燃烧是介于层燃燃烧与煤粉燃烧之间的一种燃烧方式。层燃燃烧效率低，煤粉燃烧虽然效率高，但气体污染物排放多。流化床燃烧则克服了两者的某些缺点，保留了它们的优点，是一种很有竞争力的洁净燃烧技术。

4.4.2 鼓泡流化床锅炉

弗里茨 • 温克勒（Fritz Winkler）于 1921 年建立了第一个小型流化床燃烧试验台，进行了流态化技术的试验研究，并申请了专利。道格拉斯 • 埃利奥特（Douglass Elliott）于 20 世纪 60 年代初与英国煤炭利用研究协会和煤炭局一起开发流化床燃煤锅炉，几年之后第一台常规鼓泡流化床锅炉投入了运行。接着我国和美国的鼓泡流化床锅炉也先后投入运行。

1. 鼓泡流化床锅炉的构造

鼓泡流化床锅炉主要由布风装置、给煤装置、灰渣溢流口、沸腾层和悬浮段等几部分组成，如图 4-39 所示。

（1）布风装置 鼓泡流化床锅炉的炉篦在流态化技术上称为布风装置，其作用和结构都和普通火床炉的炉篦有所不同。其布风装置的主要作用是均匀地分配气体，使空气沿炉膛底部截面均匀地进入炉内，以保证燃料颗粒的均匀流化，在停炉状态下起支撑燃料的作用。布风装置应能满足布风均匀，阻力小，停炉压火时不漏煤、不堵塞，结构简单，制造和检修方便等要求。目前，使用较多的是风帽型布风装置，它包括风帽、花板和风室等部件，如图 4-40 所示。

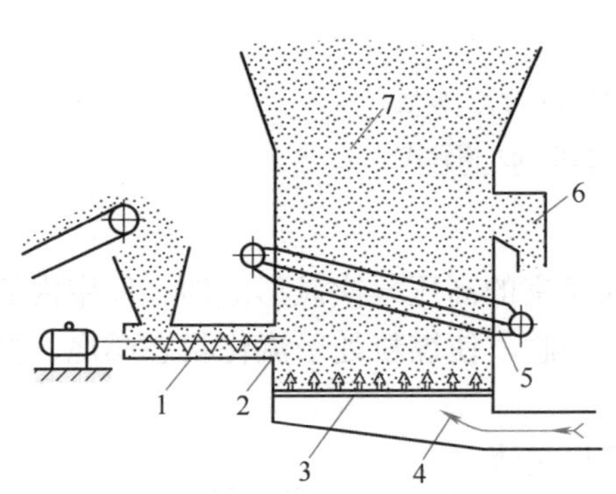

图 4-39　鼓泡流化床锅炉结构示意图

1—给煤机　2—沸腾层　3—风帽式炉排（布风板）
4—风室　5—沉浸受热面　6—灰渣溢流口　7—悬浮段

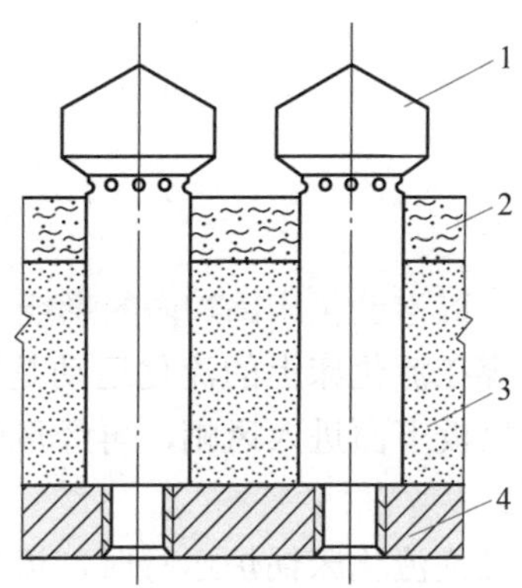

图 4-40　风帽型布风装置

1—风帽　2—耐火混凝土
3—耐火土　4—花板

（2）给煤装置　鼓泡流化床锅炉的给煤方式有两种，一种是在料层下给煤，属正压给煤，全部燃料经过高温沸腾层，有利于细燃料的燃尽，因此可降低飞灰损失。但进料口要求密封严密，且进料处新燃料易堆积。正压给煤需设置给煤机，以保证连续进煤。另一种是在料层上的炉膛负压区给煤，属负压给煤，由于燃料从沸腾层以上进入，部分细颗粒燃料未燃尽就被烟气流带走，飞灰不完全燃烧热损失较大。负压给煤进料装置比较简单，不需要设置给煤机，煤可由煤斗自行流入，不易造成进料口堆料。

（3）炉膛结构　鼓泡流化床锅炉的炉膛必须满足燃料颗粒流态化、燃烧、传热以及飞灰沉降等一系列要求。鼓泡流化床锅炉的炉膛由沸腾层和悬浮段组成。

沸腾层是指从溢渣口的中心线到风帽通风小孔中心线的这段高度，一般为 1.4 ～ 1.6m。高度过低时，未完全燃烧的煤粒会从溢渣口排出，增加灰渣不完全燃烧热损失；反之，高度过高时，为了维持正常溢渣，要加大风压、风量，则电耗增加，并增加煤屑细末的带走量，增加飞灰不完全燃烧热损失。

在沸腾层布置的受热面称为埋管受热面，它有三种布置形式：竖管式、斜管式及横管式，如图 4-41 所示。

溢渣口中心线以上的炉膛称为悬浮段，它包括从溢渣口上方渐扩的过渡段。悬浮段的作用是使部分被气流从沸腾段带出的燃料颗粒降低流速并落回沸腾段，从而延长燃料颗粒在炉内的停留时间，以便悬浮颗粒燃尽。

悬浮段四周布置水冷壁，但受热面布置不宜太多，以免悬浮段温度降得太低，不利于飞灰中可燃物的燃尽。

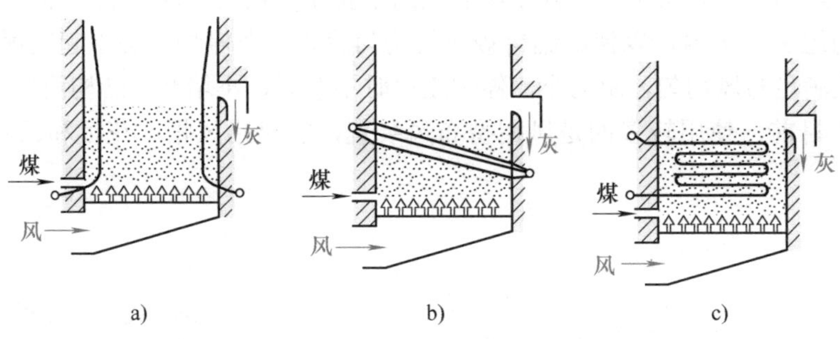

图 4-41 埋管受热面的布置形式

a）竖管式 b）斜管式 c）横管式

2. 鼓泡流化床锅炉内的燃烧

煤在流化床上的流化运动是靠从床底送入风室的高压一次风形成的。风室内的高压风从布风板下面进入风帽，再经风帽通气孔吹入炉膛，使煤粒处于流化状态燃烧，如图 4-42 所示。

鼓泡流化床锅炉运行时，流化床内的煤粒与灰渣扰动得非常强烈，整个床料层是一个蓄热很大的处于炽热状态的料层，送入流化床的新煤，通常只占整个床料层的 5%，新煤进入沸腾层后，立即和比自己多几十倍的灼热炉料混合，引燃条件非常好，新燃料能迅速着火燃烧。鼓泡流化床锅炉能很好地燃烧劣质煤以及挥发分极低的无烟煤。

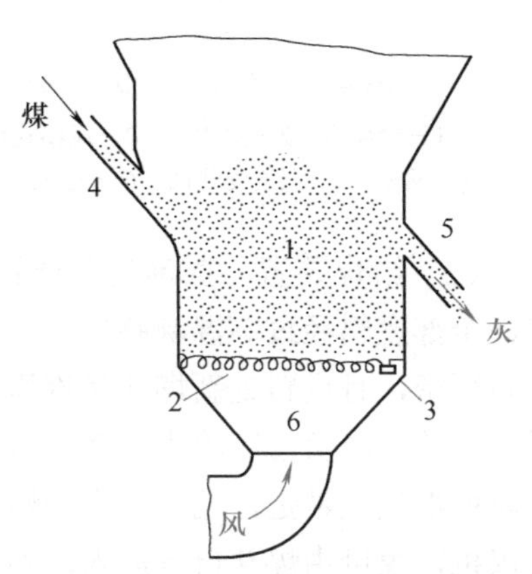

图 4-42 鼓泡流化床锅炉燃烧特性

1—沸腾层 2—布风板 3—风帽 4—给煤管 5—溢渣口 6—风室

鼓泡流化床锅炉沸腾层温度控制在 900 ～ 950℃，属于低温燃烧，比煤的变形温度低 200℃左右。因此，能防止床层内高温料层结渣，保证燃烧正常进行。当然，低温燃烧使化学反应速度受到限制，这是不利因素。但由于流化运动，使燃料在沸腾层内停留时间大幅延长，这完全可能为任何难以燃尽的燃料提供足以保证其燃尽的燃烧时间。

沸腾层内颗粒属浓相，其容积热负荷 q_V 高达 1.7 ～ 2.1MW/m^3，是煤粉炉的 10 倍；炉排面热负荷 q_r 为 2.9 ～ 3.5MW/m^2，是链条炉的 4 ～ 6 倍。因此，布置在沸腾层内的沉浸受热面，其传热效果好，又能保持床层温度处于 900 ～ 950℃。

对于少数粒径小于流化临界粒径的煤屑细末，它们未能在沸腾层内充分燃烧，被气流带到悬浮段，该段尽管有足够的氧气，但烟气温度一般在 700 ～ 800℃，燃烧反应速度很慢，可燃物未燃尽就被带出炉膛，造成飞灰燃尽率低。

3. 鼓泡流化床锅炉的优缺点

（1）优点 鼓泡流化床锅炉的优点主要有：

1）可以燃用低质及劣质燃料。

2）由于其燃烧热负荷高，可以大大缩减炉膛尺寸，其金属耗量和成本较低。

3）鼓泡流化床锅炉为低温燃烧，可以燃用低灰熔点燃料，烟气中 NO_x 浓度较低。

4）可以进行炉内脱硫。

5）鼓泡流化床锅炉灰渣具有低温烧透的性质，便于综合利用。

6）负荷调节性能好。鼓泡流化床锅炉能在 25% ～ 110% 的负荷范围内正常运行。

（2）缺点　鼓泡流化床锅炉的缺点主要有：

1）锅炉热效率低。固体不完全燃烧热损失过大，鼓泡流化床锅炉热效率一般在 54% ～ 68% 之间。

2）运行电耗大。鼓泡流化床锅炉运行时，为了克服料层阻力需要高压风机。另外，燃料需要破碎，耗电量大。

3）埋管受热面磨损严重。布置在沸腾层内的受热面受到固体颗粒不停地冲刷，管壁磨损严重，弯头部位更甚，采取防磨措施后，一般能运行一年左右。

4）烟尘排放浓度大。必须采用多电场电除尘器或布袋除尘器，否则将严重污染大气环境。

4.4.3　循环流化床锅炉

鼓泡流化床锅炉燃烧宽筛分煤粒时，夹带出燃烧室的细颗粒份额较大，碳不完全燃烧热损失大，燃烧效率不高。为了克服燃烧效率不高的缺点，收集飞灰再循环燃烧的流化床技术就应运而生。

目前全球主要的循环流化床锅炉有鲁奇（Lurgi）型循环流化床锅炉、Pyroflow 型循环流化床锅炉、Foster Wheeler 公司的循环流化床锅炉。第一台由鲁奇公司开发的燃煤循环流化床锅炉于 1982 年在德国的鲁能（Luenen）投入运行，其热功率为 84MW。经由奥斯龙（Ahlstrom）公司开发的热功率为 15MW，由烧油改烧泥煤的循环流化床锅炉于 1979 年建成投入运行。我国 20 世纪 80 年代开始循环流化床燃烧技术的研究，至今已有数百台 35t/h、75t/h、220t/h 和 420t/h 的循环床锅炉投入运行，1000t/h 蒸发量的循环流化床锅炉也已经投入运行，2000t/h 蒸发量的循环流化床锅炉正在开发。

1. 循环流化床锅炉的构造

循环流化床燃烧系统由流化床燃烧室、飞灰分离收集装置和飞灰回送装置组成。有的还有外部流化床热交换器，燃料在燃烧系统内完成燃烧和大部分热量传递过程。循环流化床系统如图 4-43 所示。

（1）燃烧室　流化床燃烧室以二次风入口为界分为两个区。二次风入口以下为大粒子还原气氛燃烧区，二次风入口以上为小粒子氧化气氛燃烧区。燃烧过程、脱硫过程、NO 和 N_2O 的生成及分解过程主要在燃烧室内完成。燃烧室内布置的受热面完成大约 50% 燃料释热量的传递过程。流化床燃烧室既是一个燃烧设备、热交换器，也是一个脱硫、脱氮装置，集流化过程、燃烧、传热与脱硫、脱硝反应于一体。所以流化床燃烧室是流化床燃烧系统的主体。

（2）飞灰分离收集装置　循环流化床飞灰分离收集装置是循环流化床燃烧系统的关键部件之一。它的形式决定了燃烧系统和锅炉整体布置的形式和紧凑性。它的性能对燃烧室的气动特性、传热特性、飞灰循环、燃烧效率、锅炉出力和蒸汽参数，石灰石的脱硫效率和利用率、负荷的调节范围和锅炉起动所需时间，以及散热损失和维修费用等均有重要影响。

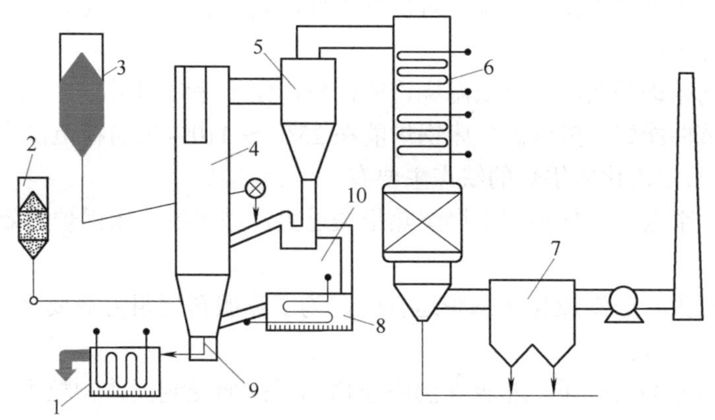

图 4-43 循环流化床系统示意图

1—底渣冷却器 2—石灰石仓 3—煤仓 4—炉膛 5—分离器 6—尾部受热面
7—电除尘器 8—外置热交换器 9—布风板 10—返料器

（3）飞灰回送装置 飞灰回送装置是带飞灰回燃的鼓泡流化床锅炉和循环流化床锅炉的重要部件之一。它的正常运行对燃烧过程的可控性、锅炉的负荷调节性能起决定性作用。

飞灰回送装置的作用是将分离器收集下来的飞灰送回流化床循环燃烧，而又保证流化床内高温烟气不经过送灰器短路流入分离器。送灰器既是一个飞灰回送器，也是一个锁气器。如果这两个作用失常，飞灰的循环燃烧过程建立不起来，锅炉的燃烧效率将大为降低，燃烧室内的燃烧工况会变差，锅炉性能也将达不到设计值。

（4）外部流化床热交换器 部分循环流化床锅炉带有外置式热交换器，其主要作用是控制床温，但并非循环流化床锅炉的必备部件。外部流化床热交换器使分离下来的飞灰部分或全部（取决于锅炉的运行工况和蒸汽参数）冷却到500℃左右，然后通过送灰器送至床内再燃烧。外部流化床热交换器内的流化速度是0.3 ～ 0.45m/s，布置的受热面可有省煤器、蒸发器、过热器和再热器等。

德国鲁奇型和美国巴特尔型、FW型、ABB-CE型循环流化床燃烧系统均采用了外部流化床热交换器。芬兰（奥斯龙型）和我国的循环流化床燃烧系统均没有采用外部流化床热交换器。

2. 循环流化床锅炉的分类

1）按分离器的形式分，有旋风分离器型、惯性分离器型、炉内卧式分离器型、炉内旋涡分离器型和组合分离器型等。

2）按分离器的工作温度分，有高温分离器型、中温分离器型、低温分离器型和组合分离器型（两级分离）。

3）按有无外置式流化床热交换器，可分为有外置式流化床热交换器型和无外置式流化床热交换器型。

4）按锅炉燃烧室压力不同，可分为常压流化床锅炉和增压流化床锅炉，后者可与燃气轮机组成联合循环动力装置。

目前，循环流化床锅炉的主流形式是配置高温旋风分离器，有或无外置式热交换器。

3. 循环流化床锅炉的燃烧

循环流化床锅炉燃烧的基本原理是床料在流化状态下进行燃烧。一般粗粒子在燃烧室下部燃烧，细粒子在燃烧室上部燃烧。被吹出燃烧室的细粒子采用各种分离器收集下来之后，送回床内循环燃烧。

循环流化床锅炉燃烧主要可以分为三个不同的区域，即炉膛下部密相区（二次风口以下）、炉膛上部稀相区（二次风口以上）和高温气固分离器区。采用中温气固分离器的循环流化床锅炉只有炉膛上下部两个燃烧区域。

炉膛下部密相区由一次风将床料和加入的煤粒流化。一次风量约为燃料燃烧所需风量的 40% ～ 80%。新鲜的燃料及从高温分离器收集的未燃尽的焦炭被送入该区域。燃料的挥发分析出和部分燃烧也发生在该区域。该区域内通常处于还原性气氛，为了防止锅炉钢管被腐蚀，受热面用耐火混凝土覆盖。

炉膛下部区域的固体颗粒浓度要比上部区域高得多，因此该区域充满灼热的物料，是一个稳定的着火热源，也是一个储存热量的热库。当锅炉负荷增加时，增加一次风与二次风的比值，使得能够输送数量较大的高温物料到炉膛的上部区域燃烧并参与热质交换。当锅炉负荷低不需要分级燃烧时，二次风也可以停掉。

在所有工况下，燃烧所需要的空气都会通过炉膛上部区域，被输送到上部区域的焦炭和一部分挥发分在这里以富氧状态燃烧。大多数燃烧发生在这个区域。一般而言，上部区域比下部区域在高度上要大得多。焦炭颗粒在炉膛截面的中心区域向上运动，同时沿截面贴近炉墙向下移动，或者在中心区随颗粒团向下运动。这样焦炭颗粒在被夹带出炉膛之前已沿炉膛高度循环运动了多次，焦炭颗粒在炉膛内停留时间增加，十分有利于焦炭颗粒的燃烧和燃尽。

被夹带出炉膛的未燃尽的焦炭进入覆盖有耐火混凝土的高温旋风分离器，焦炭颗粒在旋风分离器内停留时间很短，而且该处的氧浓度很低，因而焦炭在旋风分离器中的燃烧份额很小。不过，一部分一氧化碳和挥发分常常在高温旋风分离器内燃烧。

4. 循环流化床锅炉的优缺点

（1）优点　循环流化床锅炉的优点主要有：

1）对燃料的适应性特别好，可以燃用各类烟煤、贫煤和无烟煤等，也可燃用煤矸石等低热值燃料。

2）燃烧效率高，可以达到 95% ～ 99%。

3）由于飞灰再循环燃烧，克服了常规流化床锅炉床内燃烧释热份额大、悬浮段释热份额小的缺点，提高了锅炉的炉膛截面热负荷和容积热负荷。

4）可燃用含硫较高的燃料，通过向炉内添加石灰石，能显著降低二氧化硫的排放。

5）控制炉膛温度在 850 ～ 900℃范围，采用分级送风，NO_x 排放量低。

6）负荷变化范围大，调节特性好。

7）给煤点数量少。

8）无埋管磨损。

9）渣的碳含量低，排出的灰渣活性好，可用于水泥的掺和料或其他用途，综合利用效益好。

（2）缺点　循环流化床锅炉的缺点主要有：

1）飞灰的再循环燃烧，一次风机压头高，电耗大。另外还有一次风机、二次风机和送灰风机之分，布置复杂。

2）膜式水冷壁的变截面处和裸露在烟气冲刷中的耐火材料砌筑部件易磨损。

3）高温分离器和飞灰回送器有笨重的耐火材料内砌体，冷热惯性大，给支撑和快速起停带来了困难。

4）循环流化床锅炉对燃煤粒径及其分布有一定要求，与常规流化床锅炉相比要严格一些，否则难以保证达到设计出力和设计效率。

5）N_2O 生成量高。

6）循环流化床燃烧室内的微正压燃烧和高温分离器的局部正压区，加上某些连接处的膨胀及密封设计不妥，导致漏灰较严重，给锅炉房的清洁卫生和文明生产带来不利影响。

7）我国制造的中小型循环流化床锅炉，由于燃煤制备系统较简单，燃煤中大于 1mm 的颗粒偏多，加之较普遍采用的惯性分离器的分离收集效率较低，带来较普遍的问题是锅炉达不到设计出力，磨损严重，燃烧效率不高。

5. 东方锅炉厂自主开发的 300MW 亚临界循环流化床锅炉

由东方锅炉厂自主研发的 300MW 亚临界循环流化床锅炉如图 4-44 所示。该锅炉为亚临界参数变压自然循环锅炉，一次中间再热，M 形布置。

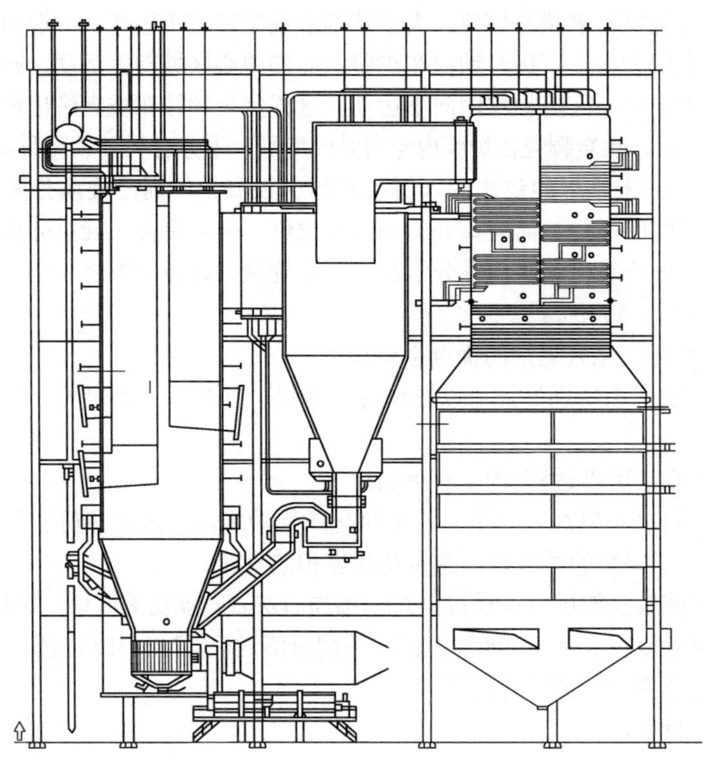

图 4-44 东方锅炉厂 300MW 亚临界循环流化床锅炉

该循环流化床锅炉的结构特点为：单炉膛，两侧进风；炉内布置水冷屏和屏式过热器、屏式再热器；前墙给煤；床上床下联合点火；后墙排渣，采用滚筒冷渣器；布置三台汽冷分离器；尾部双烟道挡板调温；采用管式空气预热器；受热与非受热表面采取了可靠的防磨措施。

4.5 燃油锅炉与燃气锅炉

4.5.1 燃油锅炉

燃油锅炉是利用油燃烧器将燃料油雾化后，与空气强烈混合，在炉膛内呈悬浮状燃烧的一种燃烧设备。油燃烧器是燃油锅炉的关键设备，油燃烧器由油雾化器、配风器和稳燃器等主要部件和点火装置等附属设备组成。

燃油通过雾化器雾化成细小油滴，以一定雾化角喷入炉内，并与经过配风器送入的空气流相混合，细小油滴受炉膛的高温辐射，以及喷射气流卷吸的炉内高温烟气的对流换热，油滴温度升高，经过雾化、蒸发、扩散混合与着火、燃烧等阶段，生成高温的烟气。油雾化器与调风器应能使燃烧所需的绝大部分空气及时从火焰根部供入，并使各处的配风量与油雾的流量密度分布相适应。

1. 油雾化器

油雾化器又称油喷嘴或油枪，它由头部的喷嘴和连接管等构成。它的任务是把油均匀地雾化成油雾细粒并送入炉膛进行燃烧，还应在保证雾化质量的前提下，随着锅炉负荷的变化调节喷油量。评价油雾化器雾化质量的主要指标有雾化粒度、雾化角和流量密度等。

燃油锅炉上所采用的油雾化器有两种类型：机械油雾化器和介质油雾化器。

（1）机械油雾化器　它包括压力式、回油式和转杯式。

1）简单压力式油雾化器。简单压力式油雾化器结构如图 4-45 所示，主要由雾化片、旋

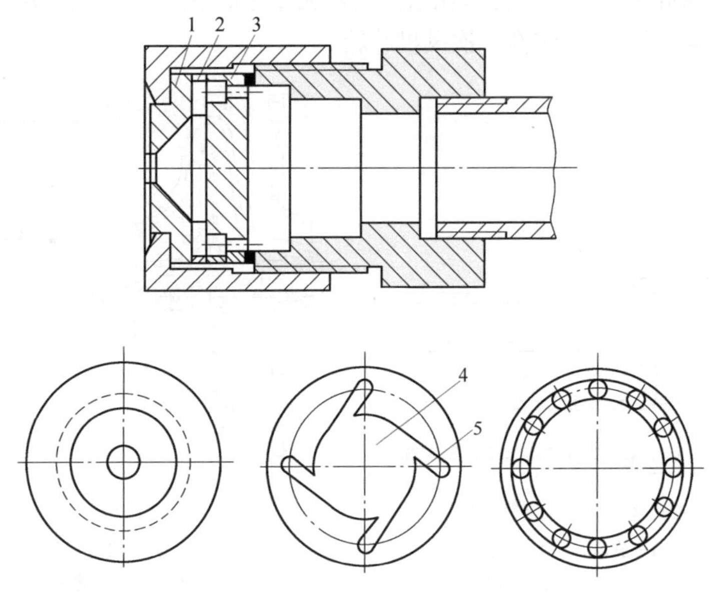

图 4-45　简单压力式油雾化器结构

1—雾化片　2—旋流片　3—分流片　4—旋流室　5—切向槽

流片和分流片构成。燃油经过油泵加压至 2 ～ 5MPa，经过滤网流入分流片周边的小孔，汇集到其前端周边环形空间，充满开有切向槽的旋流片背面外围空间，再沿切向槽高速地流入旋流片中央的旋流室，在此产生高速旋转运动，并沿雾化片的圆锥内表面呈螺旋线以更高速运动，最后从雾化片中央圆孔高速旋转喷出。喷射的油滴在离心力、惯性力和摩擦力的作用下被粉碎成雾状，并沿轴向速度和径向速度合成的速度方向运动（螺旋线运动），从而扩散成 60° ～ 100° 的空心雾化锥。

简单压力式油雾化器油压越高，油雾化后的颗粒就越细。反之，油压过低，则雾化质量不好。这种雾化喷嘴单只喷油量为 120 ～ 4000kg/h，雾化粒度较粗，索特平均直径一般为 180 ～ 200μm，但油雾流量密度分布较为理想。

此型油雾化器可通过改变供油压力来调节喷油量，以适应不同的工况。进油压力降低会使雾化质量变差，这种喷嘴的最大负荷调节比仅为 1 : 1.4。当锅炉在更低负荷下运行时，需要减少投入的燃烧器数量。这种油雾化器适用于带基本负荷的锅炉。

2）回油式压力油雾化器。回油式压力油雾化器的结构如图 4-46 所示。

回油式压力油雾化器的工作原理与简单压力式油雾化器基本相同，不同点在于回油式压力油雾化器前后各有一个通道，一个通向喷孔，将油喷向炉膛；另一个通向回油管，让油回流。油进入旋流室以后，一部分由雾化片中间小孔高速旋转喷出，另一部分则由旋流室背面的回油孔返回。回油量越大，喷出的油量就越少。其优点是油量调节幅度大，一般调节比可达 1 : 4；喷油量降低时，雾化质量不但不变坏，反而有所改善。其缺点是返回油泵入口或油箱的大量热回油，使油泵或油箱的工作温度升高，可能影响安全；油泵的耗电量增加；系统也比较复杂。

这种油雾化器适宜用于负荷变化幅度较大和较频繁，并要求完全自动调节的锅炉上。

3）转杯式油雾化器。转杯式油雾化器的结构如图 4-47 所示。它的旋转部分由高速的转杯和通油的空心轴组成，轴上装有一次风机叶轮。

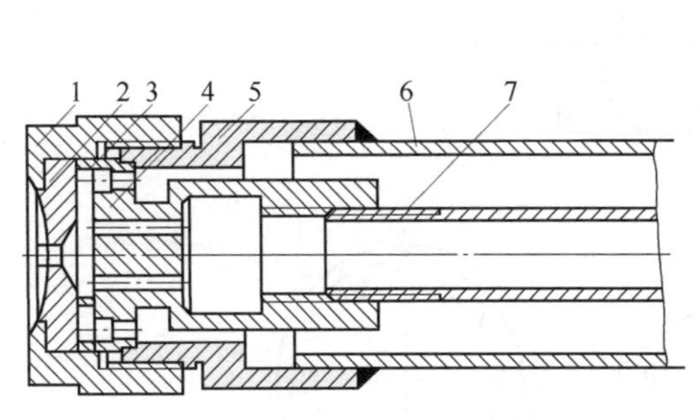

图 4-46 回油式压力油雾化器结构

1—螺母 2—雾化片 3—旋流片 4—分油嘴 5—喷嘴座 6—进油管 7—回油管

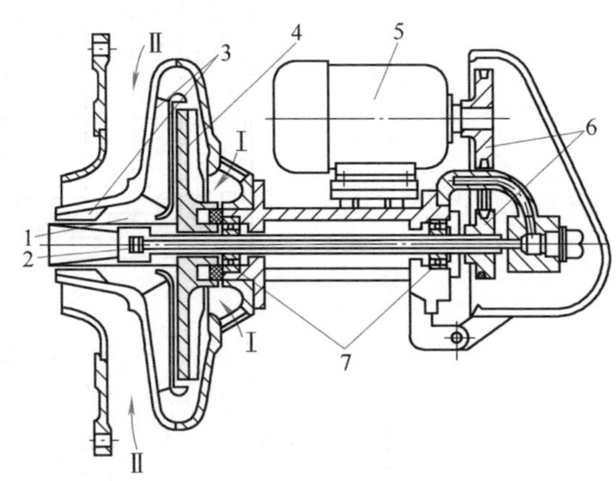

图 4-47 转杯式油雾化器结构

1—空心轴 2—转杯 3—一次风导流片 4—一次风机叶轮 5—电动机 6—转动带轮 7—轴承 Ⅰ—一次风 Ⅱ—二次风

电动机经带轮带动安装在空心轴上的转杯和一次风机，使其以 3000 ～ 6000r/min 的速度旋转，油通过空心轴均匀地流进转杯中，由于高速旋转的离心力的作用，在杯内壁形成一层油膜，并不断向杯口推进，到达杯口的油膜，在离心力的作用下，飞出雾化，高速的一次风则帮助使油雾化得更细。

一次风由一次风机加压经一次风导流片供给，一次风的旋转方向与转杯相反。一次风量占总风量的 10% ～ 20%。运行中可根据燃烧工况调节风门开度，调节一次风量，以改变雾化角。

转杯式油雾化器可以采用较低的油压力，负荷调节范围大，调节比可达 1∶8，而且便于自动调节。转杯式油雾化器的雾化颗粒较粗，但油滴大小和分布较均匀，雾化角较大，火焰短而宽，易于控制。这种油雾化器进油压力低，但其出力较小，主要用于工业锅炉。这种油雾化器的喷嘴结构复杂，对制造和运行要求较高。

（2）介质油雾化器　介质油雾化器利用高速喷射介质（蒸汽或空气）的冲击作用来雾化燃料油。图 4-48 所示为一种外混式蒸汽雾化油雾化器结构。燃料油由油雾化器的油入口进入中心油管，蒸汽由油雾化器的蒸汽入口进入环形套管，然后由头部喷油出口的中央喷孔高速喷出，将中心油管中的油引射带出并互相撞击而雾化。中心油管可以前后伸缩，以改变蒸汽喷孔的截面大小，从而实现蒸汽量及喷油量的调节，负荷调节比大。

蒸汽雾化油雾化器是利用 0.5MPa 以上压力蒸汽雾化燃油，雾化质量好，雾化后油粒平均直径小于 100μm，调节比大，可达 1∶5。油压控制在 0.2 ～ 0.25MPa 即可。它的结构简单，制造方便，运行安全可靠。但要有蒸汽汽源，蒸汽消耗量较大，油的平均汽耗为 0.4 ～ 0.6kg/kg，这种油雾化器的火焰细长，可达 2.5 ～ 7m。

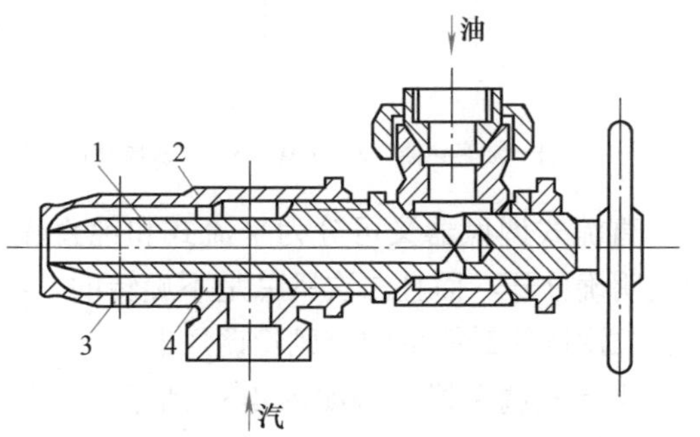

图 4-48　外混式蒸汽雾化油雾化器结构
1—油管　2—蒸汽套管　3—定位螺钉　4—定位爪

这种油雾化器耗汽量大、雾化质量不高时，锅炉会冒黑烟，还会加剧尾部受热面的低温腐蚀和积灰堵塞等，适用于雾化黏度较高的重柴油。

2. 调风器

调风器的作用是正确地控制风和油的比例，保证燃烧所需空气连续均匀地与油雾混合，并构成有利的空气动力场，使着火迅速、火焰稳定、燃烧完全。

根据油燃烧的特点，要求调风器有根部风，以尽可能减少燃油高温热分解；在燃烧器出口形成一定尺寸的高温回流区，保证燃油着火稳定；前期油气混合强烈，后期油气的扰动也应强烈。

调风器按照出口气流的特点，可分为旋流式和直流式两大类。旋流式调风器所喷出的气流是旋转的，而直流式调风器喷出的主气流则是不旋转的。

旋流式调风器按进风方式分为蜗壳型与叶片型两种形式，叶片型又有切向叶片型和轴向叶片型之分。

切向叶片型旋流调风器结构如图 4-49 所示。气流沿切向通道流入旋流调风器，使气流围绕轴线成螺旋线形旋转，离开火道后，形成旋转射流。调风器各叶片可通过同步绕本身的轴转动，从而改变叶片间通道的截面积来达到调节风量的目的。这种调风器一、二次风均为旋转气流，一次风在着火前就与油雾混合，并在油雾化器出口处形成具有一定雾化角的旋转

气流；二次风离开火道口也形成扩散的旋转气流，其扩散角小于雾化角，而且旋转方向与油雾流的旋转方向相反。

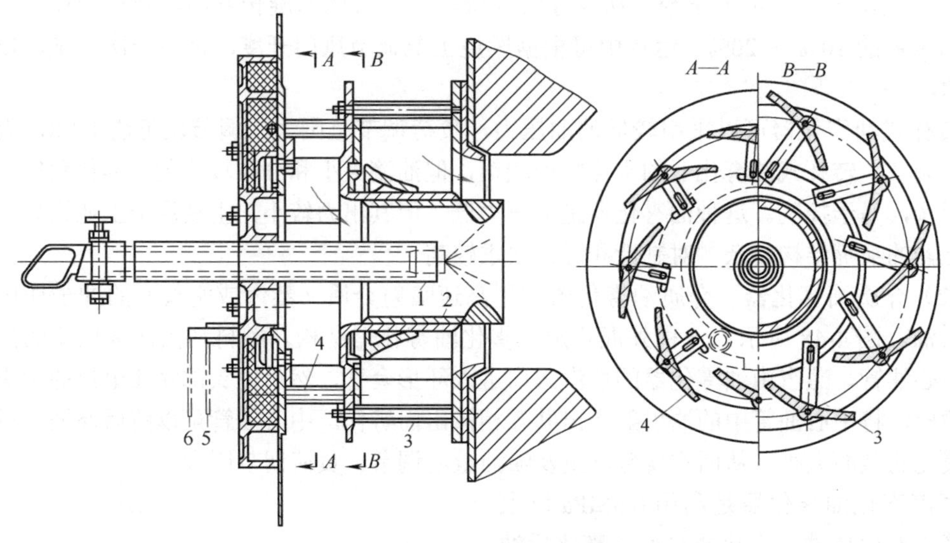

图 4-49 切向叶片型旋流调风器结构

1—油雾化器 2—风套 3—二次风叶片 4—一次风叶片 5—一次风手柄 6—二次风手柄

直流式调风器又可分为平流式和纯直流式两种。平流式调风器的特点是一、二次风不预先明确分开，而且二次风总是不旋转的。纯直流式调风器是一种出口气流不旋转，也不分一、二次风的最简单的空风管调风器。

平流式调风器结构如图 4-50 所示。空气由大风箱经可进行风量调节的圆筒形风门，进入调风器内。一次风（占总风量的 10% ～ 30%）经过稳燃器产生强烈旋转，与从油雾化器喷出的油雾混合，在稳燃器后形成旋转的雾化锥，促进了油雾与空气的早期混合，并产生了回流区，加速油雾的着火、燃烧；未经过稳燃器的二次风为直流气流，风速很高，气流速度衰减较慢，射程长，后期扰动强烈，使未燃烧的油气与空气混合好，对燃油在炉膛内的燃烧、燃尽起很大作用。

3. 燃油锅炉的炉膛

燃油锅炉的炉膛结构与煤粉炉基本相同。由于无须出渣，通常将后墙（或前墙）下部水冷壁管弯曲，并沿炉膛底面延长而构成炉底。在炉底管上覆盖耐火材料以提高炉温。小型燃油锅炉为了简化结构，炉底也可不布设水冷壁管，而直接用耐火砖砌筑。

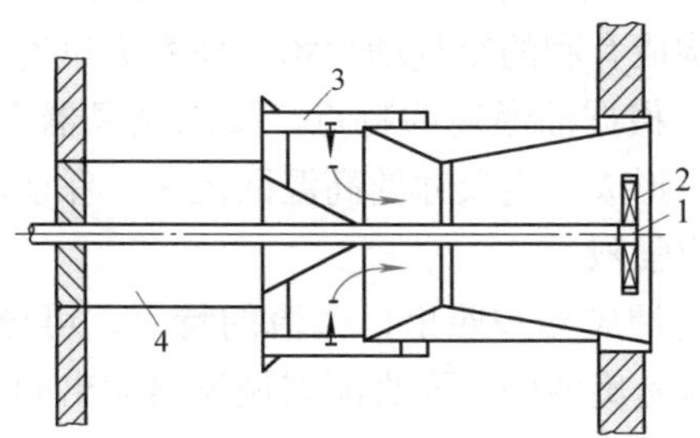

图 4-50 平流式调风器结构

1—油雾化器 2—稳燃器 3—圆筒形风门 4—大风箱

燃烧器在炉膛中的布置方式通常有前墙布置、前后墙对冲（或交错）布置、四角布置等几种。燃油锅炉一般为塔形和 Π 形布置。由于燃油容易着火，燃烧猛烈，燃油锅炉的炉膛容积热负荷与炉膛截面热负荷较煤粉炉高。燃油锅炉适宜于微正压和低氧燃烧，因此要求锅炉的炉墙有很好的密封性。

4.5.2　燃气锅炉

燃气锅炉具有设备简单，结构紧凑，对大气污染比较轻，炉膛容积热负荷大，易实现自动化、智能化控制等优点。但由于气体燃料易燃、易爆、有毒，因此，应采取防爆措施。燃气燃烧器是燃气锅炉最主要的燃烧设备。

1. 燃气燃烧器的分类

（1）按照燃烧方式分类　燃气燃烧器分为以下三种：

1）扩散式燃气燃烧器。燃烧所需空气不预先与燃气混合，一次空气系数等于零。

2）部分预混式燃气燃烧器。燃烧所需的部分空气预先与燃气混合，一次空气系数为 0.2 ～ 0.8。

3）完全预混式燃烧器。燃烧所需的全部空气预先与燃气充分混合，一次空气系数为 1.05 ～ 1.10。

（2）按照空气供给方式分类　燃气燃烧器分为以下三种：

1）自然供风式燃气燃烧器。

2）引射式燃气燃烧器。

3）机械鼓风式燃气燃烧器。

（3）按燃气压力分类　燃气燃烧器分为以下两种：

1）低压燃烧器。燃气压力在 5000Pa 以下。

2）高（中）压燃烧器。燃气压力在 5000 ～ 300000Pa 之间。

另外，还有特殊功能的气体燃烧器，如低 NO_x 燃烧器和浸没式燃烧器等。

2. 常用的燃气燃烧器

（1）扩散式燃气燃烧器　所谓扩散式燃气燃烧器，是指燃烧所需的全部空气是在燃烧过程中供给的。根据空气的供给方式，扩散式燃气燃烧器分为自然供风式和鼓风式两种。

1）自然供风式扩散燃气燃烧器。自然供风式扩散燃气燃烧器是最简单的扩散式燃烧器，它是在一根钢管上钻一排或交叉布置的两排火孔，燃气在一定压力下进入管内，经火孔喷出，依靠自然抽力或扩散供给空气，空气与燃气混合后燃烧，燃烧前空气与燃气不预混。

与这种燃烧器相对应的炉膛形状可以是圆形的或方形的，低压燃气通过管子上的火孔流出，依靠自然扩散供给空气，在炉膛内混合燃烧。

这种燃烧器结构简单，燃烧稳定，可以使用 300 ～ 400Pa 的低压燃气。但要求过量空气系数大，α=1.2 ～ 1.6，q_3 偏大；火焰较长，所需炉膛容积大；燃烧速度慢，适用于小容量锅炉。

2）鼓风式扩散燃气燃烧器。鼓风式扩散燃气燃烧器燃烧所需的全部空气由鼓风机一次供给，但燃气与空气在燃烧前并不预混，仍属于扩散燃烧。鼓风式扩散燃气燃烧器分为套管式、旋流式和平流式。

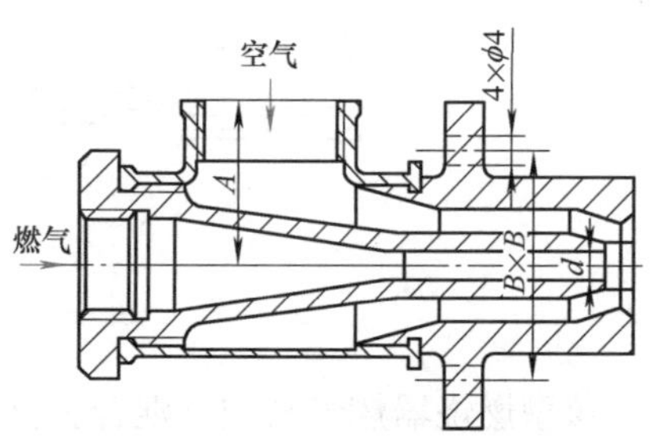

图 4-51　套管式扩散燃气燃烧器

图 4-51 所示为套管式扩散燃气燃烧器。燃气从中间小管中流出，空气从大管和小管之间的夹套中流出，两者在火道或炉膛中边混合边燃烧。燃气出口速度为 80 ～ 100m/s，相应的燃气压力不大于

6kPa；空气出口速度为40～60m/s，相应的空气压力为1～2.5kPa。

这种燃烧器结构简单，燃烧稳定，不产生回火现象。但由于燃气与空气为同心平行射流，燃气与空气混合较差，火焰较长，需要较大的炉膛空间，而且过量空气系数也较大，排烟热损失 q_2 偏大。

（2）部分预混式燃气燃烧器　部分预混式燃气燃烧器燃烧所需的部分空气在燃烧器内预先混合，喷出喷嘴后再与其余二次空气边混合边燃烧。根据空气供给方式，部分预混式燃气燃烧器可分为大气式燃气燃烧器和鼓风式部分预混式燃气燃烧器。

1）大气式燃气燃烧器。大气式燃烧器又称引射式燃烧器，应用十分广泛。它由头部和引射器两部分组成，如图4-52所示。燃气高速（100～300m/s）从喷嘴喷出，形成真空，将燃烧所需的部分空气，即一次空气吸入，燃气与空气在喉管内混合后，从头部火孔流出，进行燃烧。

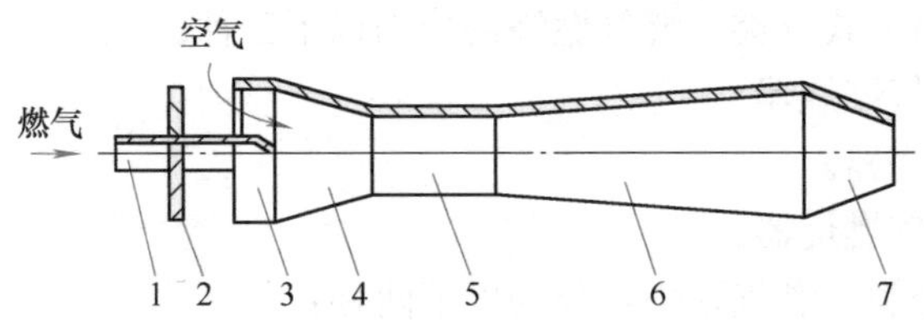

图4-52　单火孔大气式燃气燃烧器

1—燃气喷嘴　2—一次空气调节机构　3—支承　4—收缩管　5—喉管　6—扩散管　7—头部

大气式燃气燃烧器按头部形状可分为环形燃烧器、棒形燃烧器、星形燃烧器和管排燃烧器等。大气式燃气燃烧器适用于民用燃气具、小型锅炉及工业炉。

2）鼓风式部分预混式燃气燃烧器。图4-53所示的以天然气为燃料的周边供气蜗壳式燃气燃烧器即为此种类型。燃烧所用的空气在蜗壳内旋转前进，一部分空气作为一次风进入内筒与燃气混合；另一部分从外环套出口端部环缝流出，作为二次风，在火道内与已着火的气流边混合边燃烧，二次风还有冷却燃烧器头部的作用。气流旋转形成的回流区，对混合气流的稳定着火与燃烧极为有利。

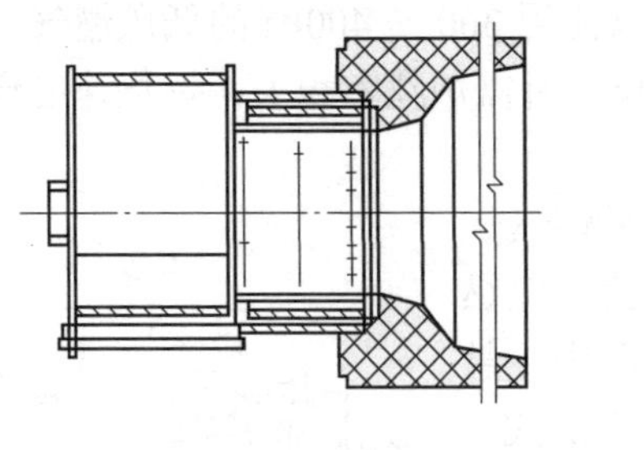
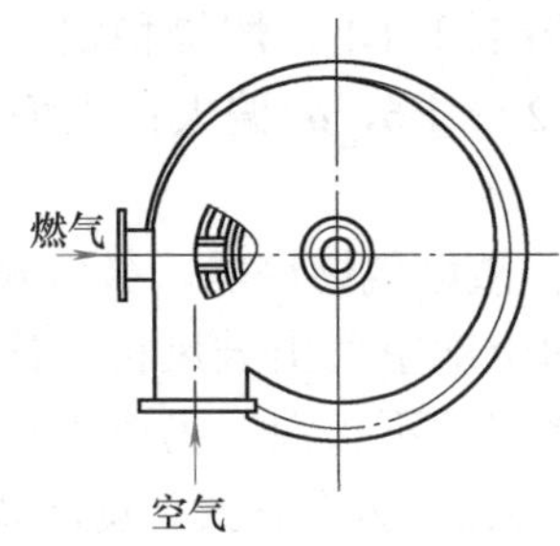

图4-53　周边供气蜗壳式燃气燃烧器

该型燃烧器燃气与空气混合强烈，燃烧稳定、安全，过量空气系数小（α=1.05），燃烧效率高。但气流阻力较大，燃气压力为10kPa，空气压力为1kPa以上。

（3）完全预混式燃烧器　完全预混式燃烧器又叫无焰式燃气燃烧器，其燃烧所需的全部空气在燃烧器喷口前已与燃气充分混合。完全预混式燃烧器按燃气压力可分为低压及中（高）压两种，按燃气和空气的混合方式可分为加压混合和引射混合两种。

图 4-54 所示为高炉煤气无焰燃烧器。高炉煤气和空气在混合段和前室中充分混合，进入前室开始点燃，并在燃烧道中完成大部分燃烧过程。前室与燃烧道由耐火砖砌成，具有蓄热作用，使高炉煤气的着火和燃烧更为稳定。这种燃烧器 q_3 损失较小，仅 1% 左右，但阻力较大，设有燃烧道，适宜于燃烧低热值燃气。

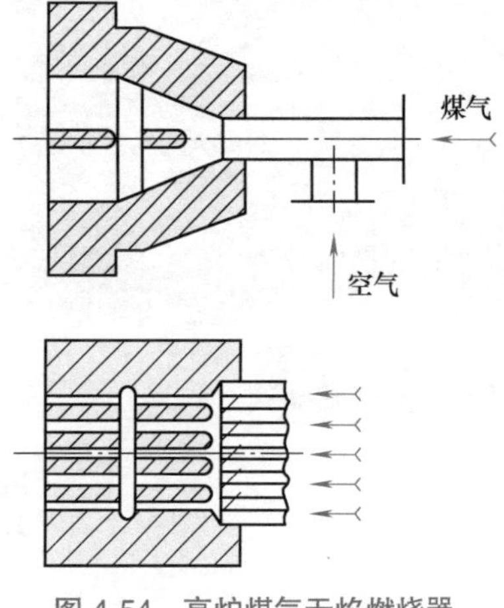

图 4-54　高炉煤气无焰燃烧器

思　考　题

4-1　什么是活化能、着火热和着火温度？着火的方式和机理是什么？

4-2　热力着火的两个条件是什么？

4-3　煤粒燃烧分哪四个阶段？各自的特点是什么？

4-4　分析碳的燃烧机理，碳多相燃烧反应分区、各自特点和强化燃烧的措施。

4-5　什么是过量空气系数、空燃比和最佳过量空气系数？

4-6　影响煤粉着火的主要因素是什么？

4-7　煤粉在炉内完全燃烧的条件是什么？

4-8　按旋流强度，旋转射流可分哪三种？

4-9　分析直流射流结构及基本特性。

4-10　什么是一、二、三次风？

4-11　分析四角布置切圆燃烧方式气流偏斜的原因与减少气流偏斜的措施。

4-12　NO_x 的生成途径是什么？

4-13　分析低 NO_x 煤粉燃烧技术。

4-14　床料层的流化状态可分为哪几种？

4-15　燃气燃烧器按照燃烧方式分为哪几类？

第 5 章 燃料制备

为了使燃料适合燃烧设备的要求，燃料在送入锅炉炉膛之前都需要进行某种预处理，这种预处理就是所谓的燃料制备。本章仅介绍煤粉的性质、磨煤设备及其相应的制粉系统。

5.1 煤粉特性

煤粉燃烧较沸腾燃烧或层燃而言，由于燃烧颗粒表面积大大增加，空气与煤粉的混合非常有利，燃烧非常猛烈，燃尽率很高，而且过量空气系数可以控制得很低，从而使锅炉热效率大大超过层燃炉。此外，煤粉炉在运行机械化和自动化程度上也高于层燃炉。所以，在电站锅炉中，大多都采用煤粉炉。但是，煤粉炉需要磨煤机及其制粉系统，其金属耗量和磨煤电耗都比较大，而且煤粉炉还要求连续运行，负荷调节较差，低负荷运行具有一定难度。所以，供暖锅炉多采用层燃炉。

5.1.1 煤粉的一般特性

煤粉颗粒尺寸一般小于 500μm，其中 20 ～ 60μm 的颗粒占大多数。刚磨制的疏松煤粉的堆积密度为 0.4 ～ 0.5t/m^3，经堆存自然压紧后，其堆积密度约为 0.7t/m^3。

煤粉具有较好的流动性。由于煤粉颗粒小，比表面积大，能吸附大量的空气，所以煤粉的堆积角很小，具有很好的流动性，发电厂正是利用这个特性用管道对煤粉进行气力输送。同时，煤粉也容易通过缝隙向外泄漏，造成对环境的污染。当煤粉仓内粉位太低，煤粉自流会穿过给煤装置，流入一次风管，造成堵塞。为此，对制粉系统的严密性和煤粉的自流问题都应给予足够的重视。

煤粉易吸附空气，极易受到缓慢氧化，致使煤粉温度升高，达到着火温度时，会引起煤粉自燃。煤粉和空气的混合物在适当的浓度和温度条件下甚至会发生爆炸。影响煤粉爆炸的因素有煤的挥发分含量、煤粉细度、煤粉浓度和温度等。挥发分越多的煤粉越容易爆炸；煤粉越细，煤粉与空气的接触面积越大，煤粉越易自燃和爆炸。一般情况下，干燥无灰基挥发分 V_{daf} 小于 10% 的无烟煤煤粉，或者煤粉的颗粒尺寸大于 200μm 时几乎不会爆炸。煤粉在空气中的质量浓度为 1.2 ～ 2.0 kg /m^3 时，爆炸性最大。当空气中烟煤含量为 0.25 ～ 3 kg / kg，温度为 70 ～ 130℃时，一旦有点火源就会发生爆炸。输送煤粉的气体中，氧气的体积分数小于 15%，且温度低于 100℃时，煤粉不会爆炸。此外，风粉混合物在管内流速要适当，过低会造成煤粉的沉积，过高又会引起静电火花导致爆炸，一般应控制在 16 ～ 30m/s 的范围内。

煤粉的水分对煤粉流动性与爆炸性有较大的影响，水分太高，流动性差，输送困难，且易引起粉仓搭桥，同时也影响着火和燃烧；水分太低，则易引起自燃或爆炸。因此，一般要求烟煤磨制后的煤粉最终水分 M_{mf} 约等于 M_{ad}，无烟煤 M_{mf} 约等于 $0.5M_{ad}$，褐煤 M_{mf} 约等于 $M_{ad}+8$。

5.1.2　煤粉细度

煤粉细度表示煤粉的粗细程度，是表征煤粉的重要特性指标。煤粉过粗，在炉膛中不易燃尽，会增加不完全燃烧热损失；煤粉过细，又会使制粉系统的电耗和金属磨损量增加，所以煤粉细度应合适。

煤粉细度用 R_x 表示。煤粉细度一般用具有标准筛孔尺寸的筛子来测量。将一定数量的煤粉试样放在筛子上筛分，若标准筛孔边长为 x（μm），试验煤粉经筛分后，通过筛子的煤粉质量为 b，留在筛子上的煤粉质量（称为筛余量）为 a，则该煤粉的细度 R_x(%）定义为

$$R_x = \frac{a}{a+b} \times 100 \tag{5-1}$$

R_x 为在孔径为 x 的筛子上的筛分后剩余量占筛分煤粉试样总量的百分数。可见筛余量越大，R_x 越大，则煤粉越粗。

我国电厂采用的筛子规格及煤粉细度的表示方法见表 5-1。我国电厂中常用 R_{90} 和 R_{200} 同时表示煤粉细度和均匀度，也有的电厂只用 R_{90} 表示煤粉细度。褐煤和油页岩磨碎后成纤维状，颗粒直径可达 1mm 以上，常用 R_{200} 和 R_{500}（或 R_1）来表示。

表 5-1　常用筛子规格及煤粉细度表示方法

筛号	6	8	12	30	40	60	70	80	100
孔径 /μm	1000	750	500	200	150	100	90	75	60
煤粉细度符号	R_1	R_{750}	R_{500}	R_{200}	R_{150}	R_{100}	R_{90}	R_{75}	R_{60}

5.1.3　煤粉的均匀性

煤粉的颗粒特性只用煤粉细度表示还不够全面，还要看煤粉的均匀性。比如，同为 R_{90}=30% 的煤粉，甲煤粉 R_{200}=20%，乙煤粉 R_{200}=10%，说明甲煤粉留在筛子上的较粗的颗粒比乙煤粉多，则甲煤粉就比乙煤粉不均匀。

煤粉均匀性是指煤粉颗粒大小的均匀程度。煤粉均匀性对燃烧和制粉系统的经济性均有影响，因此，它是一个衡量煤粉品质的重要指标。在相同煤粉细度时，煤粉越均匀，粗颗粒和细颗粒就越少，制粉电耗和金属磨耗也就越少，该煤粉燃烧越经济。

事实上，煤粉是一种宽筛分组成，理论上可以包含有最大粒径以下任意大小的煤粉。用全筛分得到的曲线 $R_x=f(x)$ 称为煤粉颗粒组成特性曲线，也称粒度分布特性。它可直观比较煤粉粗细，也可表示煤粉的均匀程度。煤在一定设备中被磨制成煤粉，其颗粒尺寸是有

一定规律的。煤的颗粒分布特性可用破碎公式（又称 Rosin-Rammler 公式）表示，即

$$R_x=100\exp(-bx^n) \tag{5-2}$$

式中，R_x 为孔径 x 的筛子上的全筛余量百分数（%）；b 为细度系数；n 为均匀性系数。

若已知 R_{90} 和 R_{200}，可由式（5-2）导出 n 和 b 的计算式，即

$$n=\frac{\lg\ln\dfrac{100}{R_{200}}-\lg\ln\dfrac{100}{R_{90}}}{\lg\dfrac{200}{90}} \tag{5-3}$$

$$b=\frac{1}{90^n}\ln\frac{100}{R_{90}} \tag{5-4}$$

由此可知，只要测得两种孔径筛子上的筛余量，即可求得 n 和 b，然后利用式（5-2）求得任意孔径筛子上的筛余量 R_x，便可直观地反映出煤粉的粒径分布情况。

由式（5-3）知，n 为正值。当 R_{90} 一定时，n 越大，则 R_{200} 越小，即大于 200μm 的颗粒越少。当 R_{200} 一定时，n 越大，则 R_{90} 越大，即小于 90μm 的颗粒越少。也就是说，n 值大时该煤粉大于 200μm 和小于 90μm 的颗粒都越少。由此可知，n 值越大，煤粉粒度分布越均匀。反之，n 越小，则过粗和过细的煤粉越多，粒度分布越不均匀。煤粉均匀性会直接影响煤粉炉的燃烧和运行经济性。均匀性指数取决于磨煤机和粗粉分离器的型式以及煤种。一般情况下，配离心式分离器的 n=1.0 ～ 1.1；配旋转式分离器的 n=1.1 ～ 1.2；烧褐煤采用双流式惯性分离器的 n 约为 1.0，单流惯性式的 n 约为 0.8（参见 DL/T 5145—2012《火力发电厂制粉系统设计计算技术规定》）。

由式（5-4）可知，当均匀性指数 n 相同时，b 值越大，则 R_{90} 越小，表明煤粉越细；反之，则表示煤粉越粗。因此，b 是表示煤粉粗细的系数。

5.1.4 煤粉经济细度

煤粉细度对煤粉气流的着火和焦炭的燃尽以及磨煤运行费用（包括磨煤电耗费用和磨煤设备的金属磨耗费用）都有直接影响。煤粉越细，着火燃烧越迅速，机械不完全燃烧引起的损失 q_4 就越小，而且可适当减小过量空气系数而使排烟热损失 q_2 减小，但对磨煤设备而言，这将导致磨煤运行费用 q_w（金属磨耗）和 q_p（制粉电耗）的增加。显然，比较合理的煤粉细度应根据锅炉燃烧技术对煤粉细度的要求与磨煤运行费用两个方面进行技术经济比较来确定。通常把 q_2、q_4、q_w、q_p 之和（$q_2+q_4+q_w+q_p$）为最小值时所对应的煤粉细度称为煤粉经济细度。煤粉经济细度的确定如图 5-1 所示。

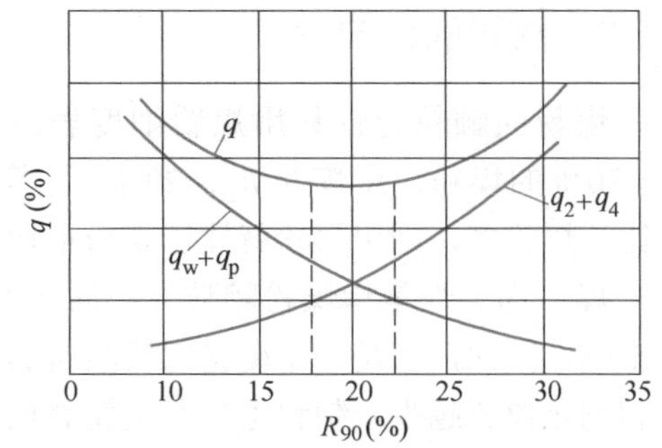

图 5-1 煤粉经济细度的确定

q_2+q_4—排烟热损失和固体不完全燃烧热损失之和

q_w+q_p—金属磨耗与制粉电耗之和

q—$q_2+q_4+q_w+q_p$

影响煤粉经济细度的主要因素是煤粉的干燥无灰基挥发分 V_{daf} 及磨煤机和粗粉分离器的性能。V_{daf} 高的燃煤，易于着火和燃尽，允许煤粉磨得粗些，即 R_{90} 可以大一些；否则，R_{90} 应小一些。磨煤机和粗粉分离器的性能决定了煤粉

的均匀性指数 n。n 值较大时，煤粉的粗细比较均匀，即使煤粉粗些，也能燃烧得比较完全，因而 R_{90} 也可以大一些；反之，R_{90} 也应该小一些。

燃烧设备的形式及锅炉运行工况对煤粉经济细度也有较大影响，若炉膛的燃烧热强度大，进入炉内的煤粉易于着火、燃烧及燃尽，可允许煤粉粗些。因此，在锅炉实际运行时，对于不同煤种和燃烧设备，应通过燃烧调整试验来确定煤粉的经济细度。

5.1.5　煤的可磨性指数

电厂的磨煤机和制粉系统形式通常依据煤的可磨性和磨损性来选择。可磨性和磨损性分别以可磨性指数和磨损指数表示。

可磨性指数表示煤被磨成一定细度的煤粉的难易程度。我国国家标准规定：煤的可磨性试验采用哈德格罗夫（Hardgrove）法测定，即所谓的哈氏可磨性指数 HGI。其具体方法如下：将经过空气干燥、粒度为 0.63 ～ 1.25mm 的煤样 50g，放入哈氏可磨性试验仪（图 5-2），施加在钢球上的总作用力为 284N，驱动电动机进行研磨，旋转 60r。将磨得的煤粉用孔径为 0.074mm 的筛子在振筛机上筛分，并称量筛上和筛下的煤粉量，然后采用下面经验公式计算 HGI，即

$$HGI=13+6.93m \tag{5-5}$$

式中，m 为筛下煤样质量（g），用总煤样质量减去筛上筛余量求得。

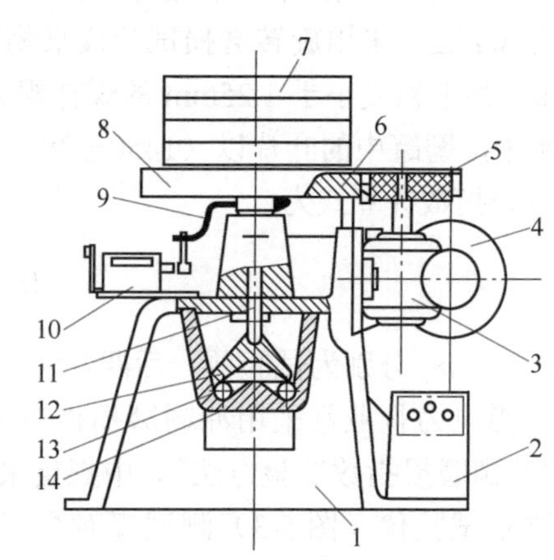

图 5-2　哈氏可磨性试验仪

1—机座　2—电气控制盒　3—涡轮盒　4—电动机　5—小齿轮　6—大齿轮　7—重块　8—护罩　9—拨杆　10—计数器　11—主轴　12—研磨环　13—钢球　14—研磨碗

我国动力用煤的可磨性指数为 HGI=25 ～ 129。HGI>80 的煤通常被认为是易磨煤，HGI<60 的煤为难磨煤。

除了可磨性指数 HGI 外，我国电力行业还采用 VTI 可磨性指数来表示煤的可磨性。K_{VTI} 定义为：将质量相等的标准煤和试验煤由相等的初始粒度磨制成细度相同的煤粉时，所消耗能量的比值。但实际中将两批煤磨成相同细度是很难做到的，故在应用时改为：在消耗相同能量条件下，将标准煤和试验煤所得到的细度进行比较，求得煤的 VTI 可磨性指数 K_{VTI}。其计算公式为

$$K_{VTI}=\left(\frac{\ln\dfrac{100}{R_{ex,90}}}{\ln\dfrac{100}{R_{st,90}}}\right)^{\frac{1}{p}} \tag{5-6}$$

式中，p 为试验用磨煤机特性系数，一般 p=1.2；R_{st} 为标准煤样细度（%）；R_{ex} 为试验煤样细度（%）。

哈氏可磨性指数 HGI 与 VTI 可磨性指数 K_{VTI} 之间可用下式进行转换，即

$$K_{VTI}=0.0149HGI+0.32 \tag{5-7}$$

5.1.6 煤的磨损指数

煤的磨损指数表示该煤种对磨煤机的研磨部件磨损轻重的程度。研究表明，煤在破碎时对金属的磨损是由煤中所含硬质颗粒对金属表面形成微观切削造成的。磨损指数的大小，不但与硬质颗粒含量有关，还与硬质颗粒的种类有关，如煤中的石英、黄铁矿和菱铁矿等矿物杂质硬度较高，若其含量较高，磨损指数就大。磨损指数还与硬质矿物的形状、大小及存在形式有关。磨损指数直接关系到工作部件的磨损寿命，并已成为磨煤机选型的一个依据。

煤的磨损指数在我国国家标准（GB/T 15458—2006《煤的磨损指数测定方法》）中定义为：在规定条件下磨碎每千克煤对金属磨损的毫克数，用符号 *AI*（Abrasion Index）表示，单位为mg/kg。采用旋转磨损试验仪来测定磨损指数。方法是将2kg经空气干燥、粒径小于9.5mm（其中粒度小于1.25mm的煤样组分不超过30%）的煤样平铺放入装有4个钢制叶片的磨罐中，磨罐中的叶片以（1450±30）r/min转速运转12000r，测量叶片被磨损的质量。

磨损指数计算式为

$$AI = \frac{m_1 - m_2}{m} \times 10^3 \tag{5-8}$$

式中，m_1、m_2 分别为试验前、后四片叶片的总质量（g）；m 为试验煤样质量（kg）。

我国电力行业常采用冲刷磨损指数表示煤的磨损性。电力行业标准（DL/T 465—2007《煤的冲刷磨损指数试验方法》）中规定采用冲刷式磨损试验仪（图5-3）测试煤对金属磨件的磨损性能。即在规定的试验条件下，按试验流程，从制备好的规定煤样粒度（小于5mm）被研磨至规定的最终细度（R_{90}=25%）时，煤样对纯铁片在单位时间里的磨损量与标准煤对纯铁片在单位时间里的磨损量的比值。

煤的冲刷磨损指数 *Ke* 的计算公式为

$$Ke = \frac{E}{A\tau} \tag{5-9}$$

式中，E 为纯铁试片的累计磨损量（mg）；A 为标准煤在单位时间内对纯铁试片的磨损量，规定 A=10.0mg/min；τ 为累计冲刷时间（min）。

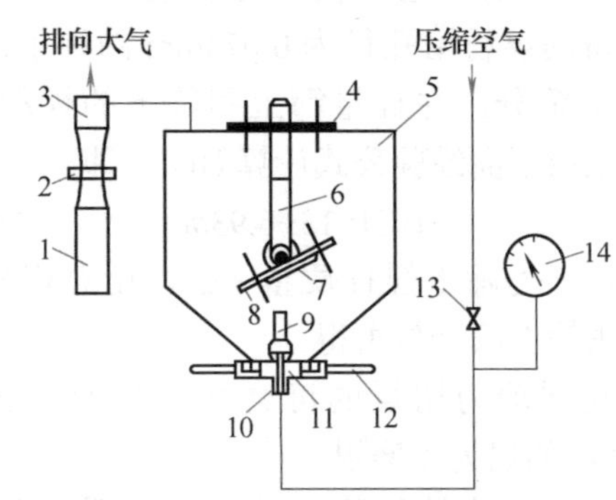

图5-3 冲刷式磨损试验仪

1—煤粉罐 2—活接头 3—煤粉分离器 4—螺母 5—密封容器 6—支架 7—磨损试片 8—活动夹片 9—喷管 10—喷嘴 11—旁路孔 12—底部托架 13—进气阀 14—压力表

磨损指数 *AI* 又常被称为回转磨损指数，按 $AI < 30$、AI=31～60、AI=61～80和 $AI > 80$ 把煤的磨损性划分为轻微、较强、很强和极强四级。按冲刷磨损指数 *Ke* 的大小把煤的磨损性分为七级，*Ke* 越大表示煤的磨损性越强。$Ke < 1.0$、$1.0 \leqslant Ke < 1.9$、$1.9 \leqslant Ke < 3.5$、$3.5 \leqslant Ke < 5.0$、$5.0 \leqslant Ke < 7.0$、$7.0 \leqslant Ke < 10.0$ 和 $Ke \geqslant 10.0$ 分别对应的磨损性为轻微、不强、较强、很强、一级极强、二级极强和三级极强，可供磨煤机选型时参考。

5.2 磨煤机

磨煤机是煤粉制备系统的主要设备，其作用是将具有一定尺寸的煤块干燥、破碎并磨制成煤粉。磨煤过程是煤被破碎及其表面积不断增加的过程。要增加新的表面积，必须克服固体分子间的结合力，因而需要消耗能量。煤在磨煤机中被磨制成煤粉，主要是通过压碎、击碎和研碎三种方式进行。其中压碎过程消耗的能量最省，研碎过程最费能量。各种磨煤机在制粉过程中都兼有上述的两种或三种方式，但以何种为主则视磨煤机的类型而定。

磨煤机的形式很多，按磨煤工作部件的转速可分为三种类型，即低速磨煤机、中速磨煤机和高速磨煤机。低速磨煤机的转速一般为 15 ～ 25r/min，如钢球磨煤机，钢球磨煤机又有单进单出钢球磨煤机和双进双出钢球磨煤机；中速磨煤机的转速一般为 50 ～ 300r/min，如中速平盘磨煤机（如 LM 磨）、辊 - 碗式中速磨煤机（如 RP、HP 磨）、辊 - 环式中速磨煤机（MPS、MBF 磨）和球 - 环式中速磨煤机（E 型磨）；高速磨煤机的转速为 500 ～ 1500r/min，如风扇磨煤机和锤击磨煤机。

5.2.1 钢球磨煤机

钢球磨煤机（筒式球磨机）具有煤种适应性广，对煤的可磨性指数、磨损指数及灰分等没有限制，能达到其他类型磨煤机难于达到的煤粉细度以及运行维修方便等优点。在不能应用其他类型磨煤机的场合可选用钢球磨煤机。目前电站锅炉中使用的钢球磨煤机有如下两种。

1. 单进单出钢球磨煤机

单进单出筒式钢球磨煤机的结构如图 5-4 所示。磨煤部件为一个直径 2 ～ 4m、长 3 ～ 10m 的圆筒，筒内装有许多直径为 25 ～ 60mm 的钢球。圆筒的两端各有一个端盖，其内面衬有扇形锰钢护瓦。筒身两端是架在大轴承上的空心圆轴，一端是原煤和热空气的进口，另一端是煤粉空气混合物的出口。圆筒旋转速度约为 15 ～ 22r/min，属低速磨煤机。

筒体旋转时，筒内钢球和煤一起在离心力和摩擦力作用下被提升到一定高度，在重力作用下跌落，筒内的煤受下落钢球的撞击作用，以及钢球与钢球、钢球与护甲之间的挤压和研磨作用而被破碎，磨制成煤粉。热空气既是干燥剂，又是煤粉输送剂。磨好的煤粉由干燥剂气流带出筒体。筒内钢球在运行一段时间以后会被磨损，可通过专门的装球装置，在不停机的情况下补充钢球，以保证磨煤出力和煤粉细度稳定。

钢球磨煤机的工作性能会受到筒体转速、钢球直径、钢球充满系数、通风量及筒内存煤量的影响。

与其他磨煤机相比，钢球磨煤机具有下列优点：

1）可磨制无烟煤。无烟煤挥发分低，着火温度高，燃尽困难。燃尽无烟煤必须要有高温一次风和粒度细的煤粉。钢球磨煤机能磨制其他磨煤机难于达到的细度，配套的热风送粉系统的一次风温可达 400℃以上。

2）可磨制高磨损的煤。煤的冲刷磨损指数高，则对金属的磨损量大，研磨部件寿命缩短。中速磨煤机需停机更换磨损部件，而钢球磨煤机的金属磨损量虽远大于中速磨煤机，但在运行过程中可以不停机就添加钢球，且不影响磨煤机正常运行。所以，钢球磨煤机可磨制冲刷磨损指数 Ke>3.5 的煤。

3）可磨制高水分煤。钢球磨煤机中，既作为干燥剂又作为输送介质的热风与煤一起被送入筒体，煤的研制过程和干燥过程同时进行，对煤的干燥能力强，因此与中速磨煤机相比，允许磨制有更高水分的煤。

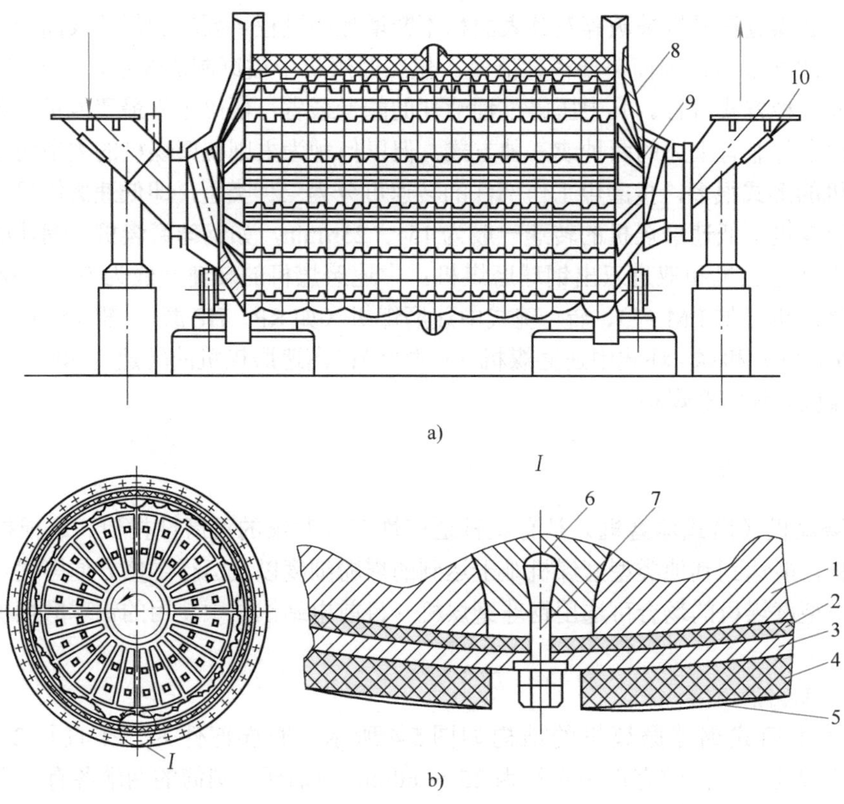

图 5-4 单进单出筒式钢球磨煤机的结构图

a）纵剖面 b）横剖面

1—波浪形护甲 2—石棉层 3—筒身 4—毛毡层 5—薄钢板外壳 6—压紧用的楔形块 7—螺栓 8—端盖 9—空心轴颈 10—短管

4）对煤中的杂质不敏感。铁块、木块和石块等进入磨煤机对磨煤几乎没有影响。

5）钢球磨煤机结构简单，故障少，运行安全可靠，检修周期长，对运行和维修的技术水平要求较其他磨煤机低。

钢球磨煤机的缺点主要是：设备庞大笨重，金属耗量大，初投资及运行电耗、金属磨损都较高，运行噪声大，磨制的煤粉也不均匀，在低负荷下运行不经济。

所以，在不能应用其他类型磨煤机的场合可选用钢球磨煤机。

2. 双进双出钢球磨煤机

双进双出钢球磨煤机的结构及工作原理与单进单出钢球磨煤机类似。所不同的是两端空心轴既是热风和原煤的进口，又是气粉混合物的出口。从两端进入的干燥介质气流在球磨机筒体中间部位对冲后反向流动，携带煤粉从两空心轴中流出，进入煤粉分离器，形成两个相互对称又彼此独立的磨煤回路。其典型结构如图 5-5 所示。双进双出钢球磨煤机的主要研磨部件是钢球，它也装有钢球添加装置，不需停机就可添加钢球。磨煤机为正压运行，用密封风机向中空轴的固定件和旋转件之间输送高压空气，防止煤粉向外泄露。

与单进单出钢球磨煤机一样，运行中的双进双出钢球磨煤机存煤量不随负荷变化。筒内的存煤量约为钢球质量的 15%，相当于磨煤机额定出力的 1/4。双进双出钢球磨煤机应用

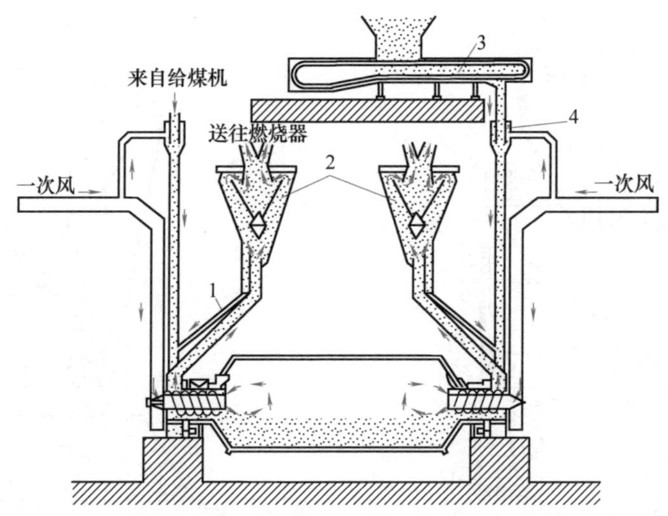

图 5-5　双进双出钢球磨煤机

1—返粉管　2—分离器　3—原煤给煤机　4—混料箱

检测制粉噪声或进出口压差的方法来控制筒内的存煤量。与其他研制方式不同，双进双出钢球磨煤机的出力不是靠调整给煤机来控制，而是靠调整通过磨煤机的一次风量控制。由于筒内存有大量的煤粉，当加大一次风阀的开度时，风的流量及带出的煤粉流量同时增加，而且风煤比（即煤粉浓度）始终保持稳定。所以，其响应锅炉负荷变化的时间非常短，相当于燃油锅炉。这是双进双出钢球磨煤机独有的特点。

由于双进双出钢球磨煤机出口的风煤比不随负荷变化，当在低负荷运行时，由于磨煤机筒体的通风量减少，导致磨煤机出口及一次风管内煤粉沉积。旁路风的一个主要作用就是在低负荷时加大旁路风风量，使输粉管和煤粉分离器内始终保持最佳风速，避免煤粉沉积和分离效果下降。双进双出钢球磨煤机的两个磨煤回路可以同时使用，也可以单独使用一个，使磨煤出力降至 50% 以下，扩大了磨煤机的负荷调节范围。

总的来说，双进双出钢球磨煤机保持了钢球磨煤的煤种适应性广等所有优点，与单进单出钢球磨煤机相比，又大大缩小了体积，降低了通风量，降低了磨煤机的功率消耗。

5.2.2　中速磨煤机

目前，国内大型电厂锅炉上用得最多的中速磨煤机主要有三种：辊 - 碗式，又称碗式磨煤机或 RP 磨煤机（改进型为 HP 型）；辊 - 环式，又称 MPS 磨煤机；球 - 环式，又称中速钢球磨煤机或 E 型磨煤机。它们的结构分别如图 5-6、图 5-7 和图 5-8 所示。

三种中速磨煤机的研磨部件各不相同，但它们具有相同的工作原理及基本类似的结构。由图可见，三种磨煤机沿高度方向自下而上可分为四个部分：驱动装置、研磨部件、干燥分离空间以及煤粉分离和分配装置。工作过程为：由电动机驱动，通过减速装置和垂直布置的主轴带动磨盘或磨环转动。原煤经落煤管进入两组相对运动的研磨件的表面，在压紧力的作用下受到挤压和研磨，被粉碎成煤粉。磨成的煤粉随研磨部件一起旋转，在离心力和不断被研磨的煤和煤粉推挤作用下被甩至风环上方。热风（干燥剂）经装有均流导向叶片的风环整流后以一定的风速进入环形干燥空间，对煤粉进行干燥，并将煤粉带入磨煤机上部的煤粉分

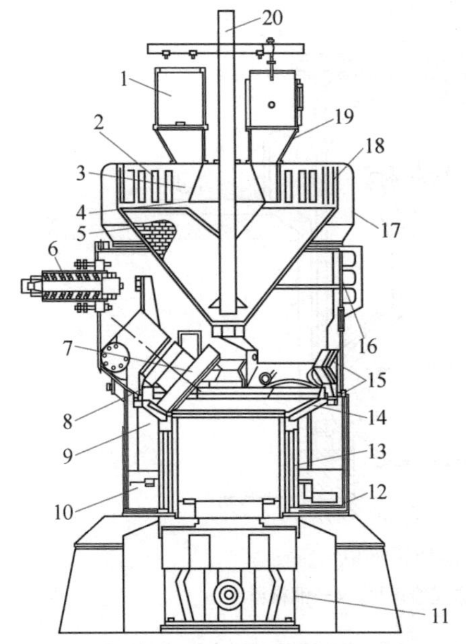

图 5-6 HP 型中速磨煤机

1—磨煤机阀 2—分离器调节组件 3—陶瓷文丘里叶片 4—出口文丘里管 5—陶瓷分离器锥斗 6—加载弹簧组件 7—碾辊 8—碾辊颈轴组件 9—磨盘 10—石子煤刮板 11—行星齿轮箱 12—隔热层 13—磨盘颈轴 14—磨盘衬板 15—风环组件 16—分离器机壳 17—分离器顶帽 18—分离器组件 19—煤粉气流出口 20—落煤管

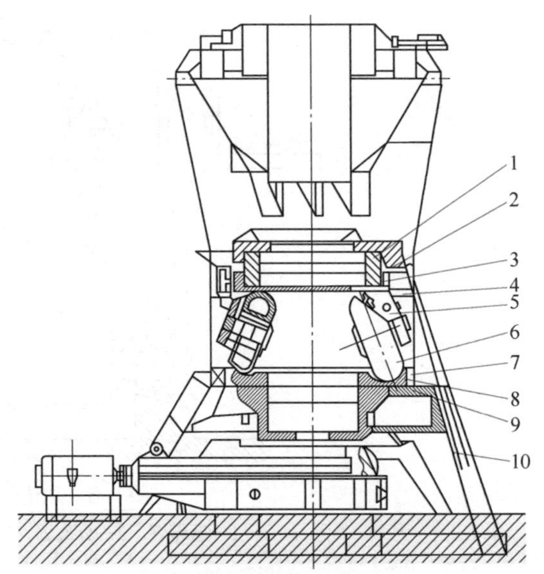

图 5-7 MPS 型中速磨煤机

1—弹簧压紧环 2—弹簧 3、5—压环 4—滚子 6—辊子 7—磨环 8—磨盘 9—喷嘴环 10—拉紧钢丝绳

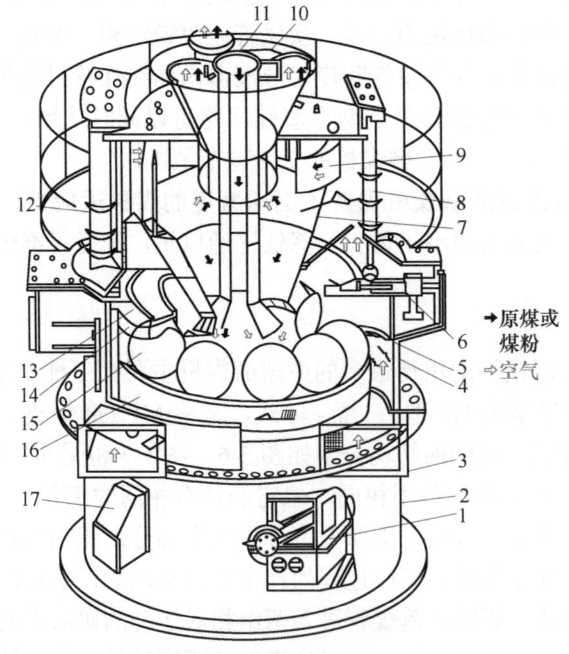

图 5-8 E 型中速磨煤机

1—减速箱 2—支座 3—热风进口 4—磨煤室筒壁 5—风环 6—导杆 7—分离器锥体 8—加压缸 9—分离器导叶 10—气粉混合物分配器 11—原煤入口 12—分离器室筒壁 13—上磨环主体 14—上磨环 15—钢球 16—下磨环 17—杂物箱

离器。不合格的粗煤粉在分离器中被分离下来，经锥形分离器底部返回研磨区重磨。合格的煤粉经煤粉分配器由干燥剂带出磨外，进入一次风管，直接通过燃烧器进入炉膛，参加燃烧。煤中夹带的难以磨碎的煤矸石和石块等在磨煤过程中也被甩至风环上方，因风速不足以将它们夹带而下落，它们会通过风环落至杂物箱。

中速磨煤机的运行应在最佳转速下进行，保证以尽可能小的能量消耗得到最佳磨煤效果的同时，应使磨煤机的研磨部件有适当长的使用寿命。转速太高，离心力过大，煤来不及磨碎就通过研磨部件，大量粗粉来回循环，致使气力输送的电耗增加，并导致制粉电耗增加；而转速太低，煤磨得过细，又将使磨煤电耗及制粉和金属磨耗增加。此外，中速磨煤机对煤的磨损指数、灰分含量及成分、可磨性指数都有一定要求，一般以磨制 $A_{ar}<40\%$、HGI ≥ 50、冲刷磨损指数 $Ke<3.5$ 的烟煤和贫煤为宜。

HP 型和 MPS 型的磨煤电耗较低，其中 HP 型更低些，耐磨损性能则是 E 型最好，MPS 型次之。若将磨煤机的使用寿命规定为 8000h，则 E 型适用于冲刷磨损指数 $Ke<3.5$ 的煤，MPS 型适用于 $Ke<2.0$ 的煤，HP 型适用于 $Ke<1.0$ 的煤。当煤的冲刷磨损指数 $Ke<1.0$ 时，三种中速磨煤机都有较长的磨损寿命。综合其他因素，当煤的冲刷磨损指数 $Ke<1.2$ 时，应优先使用 HP 型中速磨煤机，因为 HP 型磨煤电耗最低，并且有较好的煤粉分配性能及磨损件更换方便的优点。当煤的冲刷磨损指数为 $1.2<Ke<2.0$ 时，应选用 MPS 型，因 MPS 型比 E 型电耗低。

中速磨煤机的缺点：对原煤带入的三块（铁块、木块和石块）敏感性强，易引起振动和部件损坏；磨煤机结构复杂，运行和检修的技术水平要求高；不能磨制磨损指数高的煤种；对煤的水分要求高，因热风对磨盘上煤的干燥作用小，当煤水分高时，磨盘上的煤和煤粉将压成饼状，影响磨煤出力。

中速磨煤机的共同优点：起动迅速，调节灵活；磨煤电耗低，约 6 ～ 9kW・h/t，为钢球磨煤机的 50% ～ 75%；结构紧凑，占地面积为钢球磨煤机的 1/4；金属磨损量小，磨制煤粉的磨损量约为 4 ～ 20g/t，而钢球磨煤机为 400 ～ 500g/t。所以当煤种适宜时，优先采用中速磨煤机是合理的。

中速磨煤机对煤种适应性如下：

1）$V_{daf}=27\%\sim40\%$，外在水分 $M_f\leqslant15\%$，冲刷磨损指数 $Ke<3.5$ 的烟煤，应优先选用。

2）煤的冲刷磨损指数 $Ke<3.5$，且燃烧性能较好的劣质烟煤和贫煤可以选用。

3）煤的冲刷磨损指数 $Ke<3.5$，且外在水分 $M_f\leqslant15\%$ 的褐煤，经过技术经济比较，可以考虑采用。

5.2.3　高速磨煤机

高速磨煤机一般有风扇式和锤击式两种。

1. 风扇磨煤机

风扇磨煤机的结构与风机相类似，由叶轮和蜗壳组成，只是叶轮和叶片很厚，蜗壳内壁装有护板，如图 5-9 所示。叶轮、叶片和护板都用锰钢等耐磨钢材制造，是主要的磨煤部件。煤粉分离器在叶轮的上方，与外壳连成一个整体，结构紧凑。风扇磨煤机一般转速在 400r/min 以上，所以风扇磨煤机本身就可作为排粉风机，在对原煤进行粉碎的同时能产生 1500 ～ 3500Pa 的风压，用以克服系统阻力，完成干燥剂吸入和煤粉输送的任务。

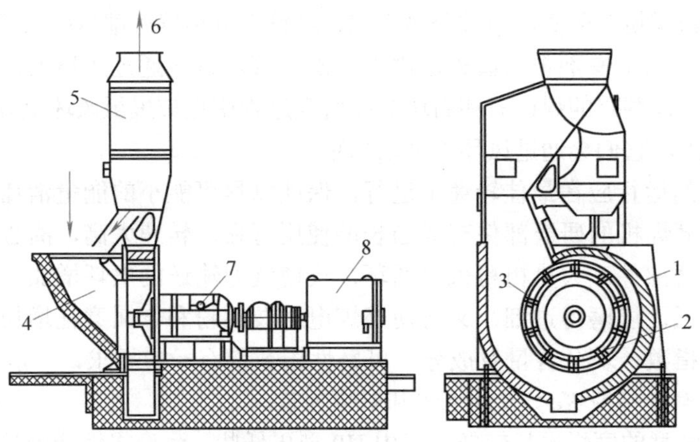

图 5-9　风扇磨煤机简图

1—蜗壳状护甲　2—叶轮　3—冲击板　4—原煤进口　5—分离器
6—煤粉气流出口　7—轴承箱　8—电动机

在风扇磨煤机中，煤的粉碎过程受机械力的作用，又受热力作用的影响。从风扇磨煤机入口进入的原煤与被风扇磨煤机吸入的高温干燥介质混合，在高速转动的叶轮带动下一起旋转，煤的破碎过程和干燥过程同时进行。叶片对煤粒的撞击、叶轮与煤粒的摩擦、运动煤粒对蜗壳上护甲的撞击和煤粒互相之间的撞击等机械作用起主要的粉碎作用。同时，由于水分高而具有较强塑性的褐煤等在被高温干燥剂加热后，塑性降低，脆性增加，易于破碎。部分含有较高水分的煤粒在干燥过程中会自动碎裂，随着破碎过程的进行，煤粒表面积增大，使干燥过程进一步深化，更有利于破碎。风扇磨煤机适宜磨制冲刷磨损指数 Ke<3.5 的褐煤。

风扇磨煤机中的煤粒几乎都在悬浮状态下，热风与煤粒的混合十分强烈，对煤粉的干燥非常强烈，所以风扇磨煤机与其他磨煤机相比，能磨制更高水分的褐煤和烟煤。若配合高温炉烟作为干燥剂，则可磨制水分大于 35% 的软褐煤和木质褐煤。风扇磨煤机有 S 型和 N 型两个系列。S 型系列适合磨制 $M_{ar}>35\%$ 的烟煤，N 型系列适合磨制 $M_{ar}<35\%$ 的褐煤。

风扇磨煤机的主要特点：叶轮、叶片磨损快，检修周期短；一般磨损寿命约为 1000h；但风扇磨煤机的结构简单，尺寸小，金属耗量少，更换备用叶轮时只需很短时间。

2. 锤击磨煤机

锤击磨煤机常用于工业锅炉中，如图 5-10 所示，锤击磨煤机的煤粉喷口以下为竖井形式，所以又称为竖井式磨煤机。锤击磨煤机的工作原理与风扇磨煤机相似，只不过磨煤部件由锤子代替了叶轮。经过预先除铁、破碎后的小煤块（一般直径为 10 ～ 15mm），从进煤口落入磨煤机底部后，被由两

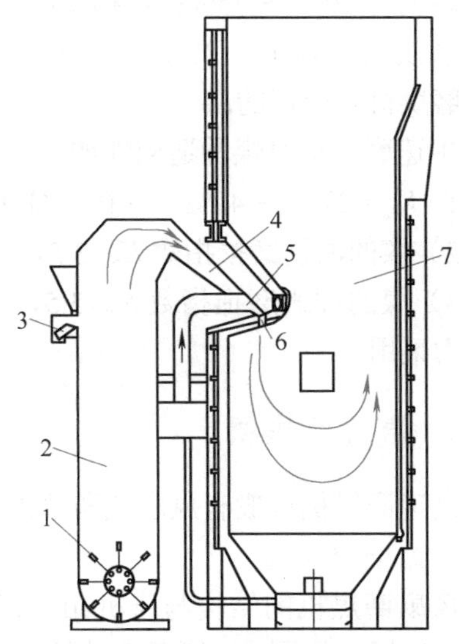

图 5-10　锤击磨煤机结构简图

1—磨煤机转子　2—竖井
3—振动给煤机　4—煤粉与一次风
5—二次风　6—煤粉喷口　7—炉膛

侧进风口进入的热风烘干，在锤子的高速击打和与外壳护甲板的撞击下变成粉末。煤粉被空气吹入竖井，其中细粉被气流直接带入炉膛燃烧，粗粉由于重力作用，被分离落回磨煤机，重新粉碎至所需要的细度。当煤粉的粗细度不符合要求时，可以通过调节挡板进行控制。竖井中气流速度通常为 1.5 ～ 3.0m/s，竖井高度一般不低于 4m。

同样，采用锤击磨煤机也可以省去排粉风机，从而使磨煤设备结构简单而紧凑。但是，运行中锤子磨损很快，同样只能适用于易磨和挥发分较高的燃料，如褐煤和较软的烟煤。

5.2.4　各种磨煤机的性能比较

各种磨煤机的性能比较见表 5-2。

表 5-2　各种磨煤机的性能

项　　目		钢球磨煤机	中速磨煤机	高速磨煤机
运行可靠性		最好	次之	较差
适用煤种	干燥无灰基挥发分 V_{daf}（%）	不限	15 ～ 20	＞ 20
	K_{km}	不限	1.2 ～ 1.3	＞ 1.3
	收到基水分 M_{ar}（%）	不限	5 ～ 8	不限
	收到基灰分 A_{ar}（%）	不限	＜ 30	＜ 25 ～ 30
研磨细度范围		5 ～ 50	15 ～ 50	—
金属耗量及投资		最大	较小	最小
运行费用	电耗	最大	较小	最小
	金属磨耗	最大	较小	较小
	检修护费	最小	较大	较小

注：K_{km}——苏联 ВТИ 可磨性指数，其与哈式可磨性指数之间可用下式换算，即

$$K_{km}=0.0034\,(\mathrm{HGI})^{1.25}+0.61$$

5.3　制粉系统

火电厂中，将以磨煤机为核心的、把原煤制成合格煤粉的系统称为制粉系统。制粉系统可分为直吹式和中间储仓式两大类。

直吹式制粉系统按磨煤机处的压力条件又可分为正压系统和负压系统。中间储仓式制粉系统中，磨成的煤粉先存储在煤粉仓内，随后根据负荷要求再由煤粉仓送入炉膛。中间储仓式制粉系统又可分为乏气送粉和热风送粉两种，前者将制粉系统乏气经排粉机提高压头后作为一次风使用，用其将煤粉仓下部给粉机排出的煤粉吹入炉膛；当燃用低挥发分煤时，为了稳定着火和燃烧，常用由空气预热器来的热空气作为一次风来输送煤粉，这就是所谓的热风送粉中间储仓式制粉系统。

5.3.1　直吹式制粉系统

直吹式制粉系统中，磨煤机磨制的煤粉全部直接送入炉膛内燃烧。因此，每台锅炉所

有运行磨煤机制粉量总和，在任何时候均等于锅炉煤耗量，即制粉量随锅炉负荷的变化而变化。这样若采用低速钢球磨煤机，在低负荷或变负荷下运行时制粉系统很不经济，因此，直吹式制粉系统一般多配用中速磨和风扇磨，仅在锅炉带基本负荷时才考虑采用配低速球磨机的直吹式制粉系统，但随着双进双出球磨机的引进，国内有的燃煤电厂采用了双进双出球磨机直吹式制粉系统。

中速磨煤机直吹式制粉系统有负压直吹式、正压热一次风机直吹式和正压冷一次风机直吹式三种形式。

图5-11a所示为中速磨煤机负压直吹式制粉系统，整个系统在负压下运行，煤粉不会向外泄漏，对环境污染小。但其排粉风机装在磨煤机出口，燃烧所需煤粉全部经过排粉风机，磨损严重，效率低，电耗大，需经常检修，系统运行可靠性低，目前已很少应用。

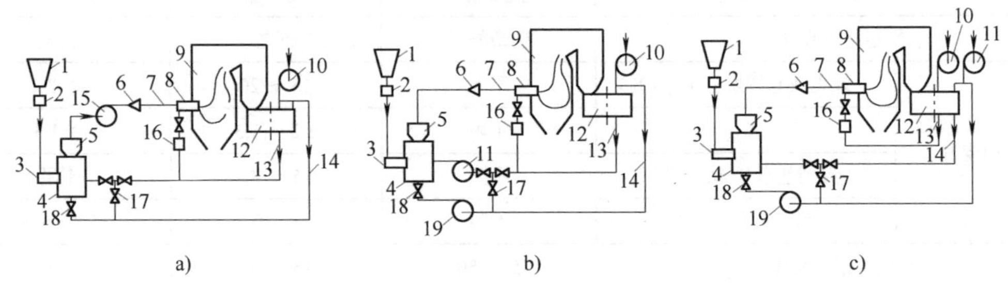

图5-11 中速磨煤机直吹式制粉系统

a）负压直吹式 b）正压热一次风机直吹式 c）正压冷一次风机直吹式

1—原煤仓 2—自动磅秤 3—给煤机 4—磨煤机 5—煤粉分离器 6—一次风风箱 7—煤粉管道 8—燃烧器 9—锅炉 10—送风机 11—一次风机 12—空气预热器 13—热风管道 14—冷风管道 15—排粉风机 16—二次风风箱 17—冷风门 18—密封风门 19—密封风机

与负压系统相反，正压直吹式制粉系统的一次风机布置在磨煤机之前，风机输送的是干净空气，不存在煤粉磨损叶片的问题。磨煤机处在一次风机造成的正压状态下工作，不会有冷空气漏入，对保证磨煤机干燥出力有利。为防止煤粉外泄、污染环境，或煤粉窜入磨煤机的滑动部分，系统中专门设有密封风机，以高压空气对其进行密封和隔离。

根据一次风机输送空气的温度不同（布置位置不同），中速磨煤机正压直吹式制粉系统可分为热一次风机系统和冷一次风机系统。

图5-11b所示为中速磨煤机正压热一次风机直吹式制粉系统。热一次风机布置在空气预热器与磨煤机之间，输送的是从空气预热器直接来的热空气。由于空气温度高、比体积大，因此比输送同样质量冷空气的风机体积大、电耗高，且风机运行效率低，还存在高温侵蚀。从回转式空气预热器来的热空气中还会携带有飞灰颗粒，对风机叶轮和机壳产生磨损，降低运行可靠性。

图5-11c所示为中速磨煤机正压冷一次风机直吹式制粉系统。正压冷一次风机直吹式制粉系统锅炉应用三分仓回转式空气预热器。独立的一次风经空气预热器的一次风通道加热后再进入磨煤机。与两分仓空气预热器比，漏风量减少。系统配置有自动控制系统，具有根据磨煤机出口气粉混合物温度，自动调整冷、热调温空气门，控制磨煤机进口风温的功能。

冷一次风机系统与热一次风机系统相比，具有以下明显的优点：

1）冷一次风机输送的是干净的冷空气，工作条件好，风机结构简单，体积小，造价低。冷空气比体积小，风机容量小，电耗低，并可采用高效风机。

2）高压头冷一次风机可兼作磨煤机的密封风机，使系统设备减少。

3）因作为干燥剂的热风温度不受一次风机的限制，所以可以提高进入磨煤机的干燥剂温度，适应磨制较高水分煤的要求。

4）一次风是一个独立系统，锅炉负荷变化时对一次风温度影响很小。

5）一次风量改变时对烟气热量回收的影响不大，因为一次空气仓中没有回收的热量可在二次空气仓中加以回收。

风扇磨煤机一般应用于直吹式制粉系统中。由于风扇磨煤机同时具有磨煤、干燥、干燥介质吸入和煤粉输送等功能，煤粉分离器与磨煤机连成一体，所以它的制粉系统比其他形式磨煤机的制粉系统简单，设备少，投资省。根据煤所含的水分不同，风扇磨煤机制粉系统分别采用单介质干燥直吹式制粉系统、二介质干燥直吹式制粉系统和三介质干燥直吹式制粉系统（图5-12）。其中，高温炉烟取自炉膛上部，低温炉烟取自引风机出口。

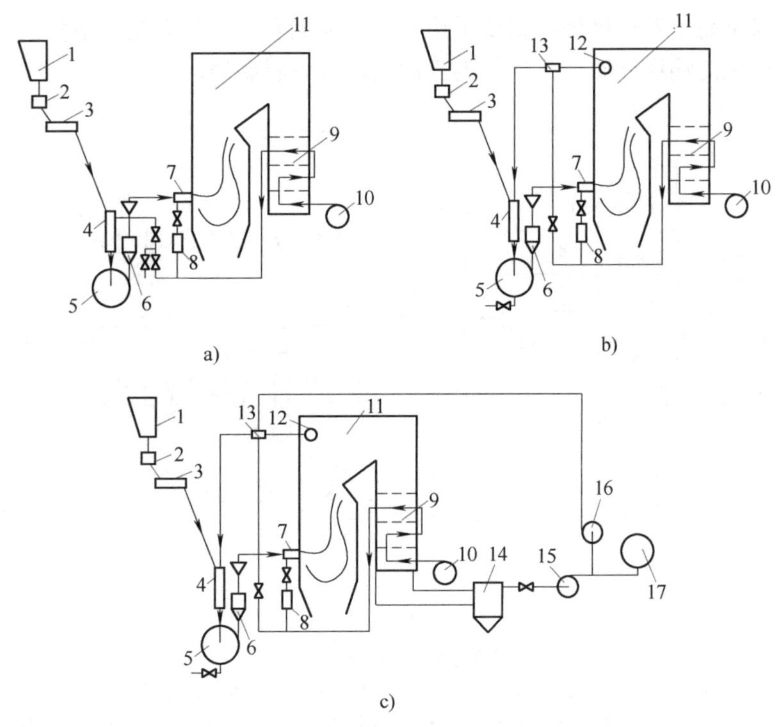

图5-12 风扇磨煤机直吹式制粉系统

a）单介质干燥直吹式 b）二介质干燥直吹式 c）三介质干燥直吹式

1—原煤仓 2—自动磅秤 3—给煤机 4—下行干燥管 5—磨煤机 6—煤粉分离器 7—燃烧器 8—二次风箱 9—空气预热器 10—送风机 11—锅炉 12—抽烟口 13—混合器 14—除尘器 15—引风机 16—冷烟风机 17—烟囱

当燃用烟煤和水分不高的褐煤时，一般采用热风作为干燥剂的单介质干燥直吹式系统。对高水分褐煤则采用二介质干燥直吹式系统或三介质干燥直吹式系统。

采用热风和高、低温炉烟混合物作为干燥剂有如下优点：

1）热风和炉烟混合后，降低了干燥剂的氧浓度，有利于防止高挥发分褐煤煤粉发生爆炸。

2）氧含量低的热风和炉烟混合后作为一次风送入炉膛，可以降低炉膛燃烧器区域的温度水平，燃用低灰熔点褐煤时可避免炉内结渣，并减少 NO_x 的生成。

3）当燃煤水分变化幅度大时，改变高、低温炉烟的比例即可满足煤粉干燥的需要，而一次风温度和一次风比例仍保持不变，减轻了燃煤水分变化对炉内燃烧的影响。

5.3.2　中间储仓式制粉系统

中间储仓式制粉系统的特点是磨煤机出力不受锅炉负荷的限制，可保持在经济出力下运行，所以这种制粉系统一般都配用低速钢球磨煤机。由于直吹式系统有对锅炉负荷变化响应迟缓和低负荷运行经济性差的缺点，中速磨煤机储仓式制粉系统也被广泛应用。

图5-13所示为两种典型的中间储仓式制粉系统：乏气送粉系统和热风送粉系统。当燃用煤的质量较好时，可采用乏气送粉系统，以乏气作为一次风的输送介质，乏气夹带的细粉与给粉机下来的煤粉混合后，被送入炉膛燃烧。当燃用难燃的无烟煤、贫煤或劣质烟煤时，需要高温一次风来稳定着火燃烧，则要采用热风送粉储仓式制粉系统，用从空气预热器来的热空气作为一次风的输送介质，乏气作为三次风送入炉膛燃烧。

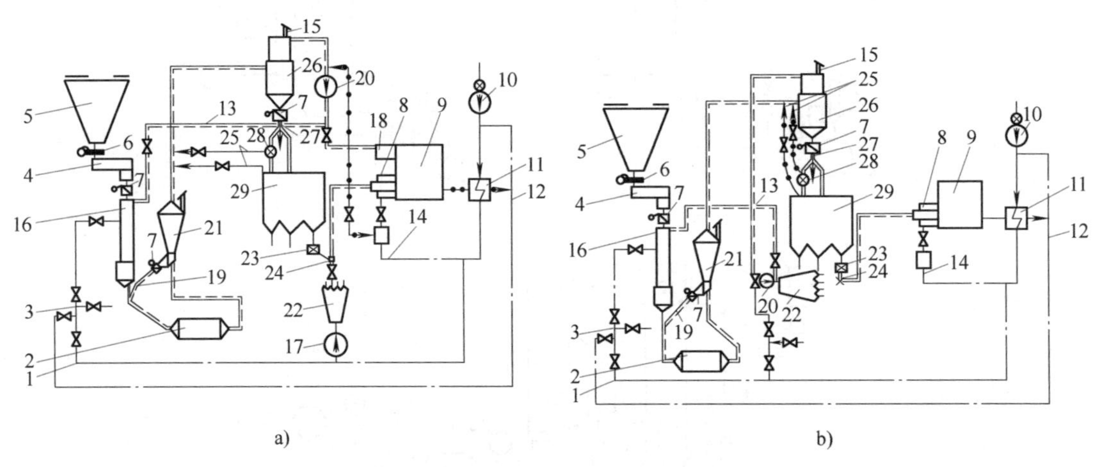

图5-13　钢球磨煤机中间储仓式制粉系统

a）热风送粉系统　b）乏气送粉系统

1—热风管　2—磨煤机　3—冷风入口　4—给煤机　5—原煤仓　6—闸板　7—锁气器　8—燃烧器　9—锅炉　10—送风机　11—空气预热器　12—压力冷风管　13—再循环管　14—二次风管　15—防爆门　16—下行干燥管　17—热一次风机　18—三次风　19—回粉管　20—排粉机　21—粗粉分离器　22—一次风箱　23—给粉机　24—混合器　25—排湿管　26—细粉分离器　27—转换挡板　28—螺旋输粉机　29—煤粉仓

在煤粉仓上部一般设有排湿管，利用排粉风机的负压将湿气吸出，以免煤粉受潮结块。在排粉风机出口和磨煤机进口之间一般还设有乏气再循环管，用来协调煤粉输送、干燥和燃烧三者所需的风量，以适应煤的水分和燃烧所需煤粉量等的变化。图5-14所示为中速磨煤机储仓式制粉系统。由于中速磨煤机磨制的煤一般挥发分较高，煤粉的着火和燃烧性能较好，通常采用乏气送粉系统。由于系统中增设了煤粉仓，有较多的煤粉储存，因此磨煤机的出力不再受锅炉负荷的限制，始终在最佳工况下运行，可以保证所需的煤粉细度，且具有较高的经济性。同时，锅炉负荷变化时，可以通过改变给粉机转速直接调节给粉量，迅速响应负荷变化，满足调峰机组的运行要求。

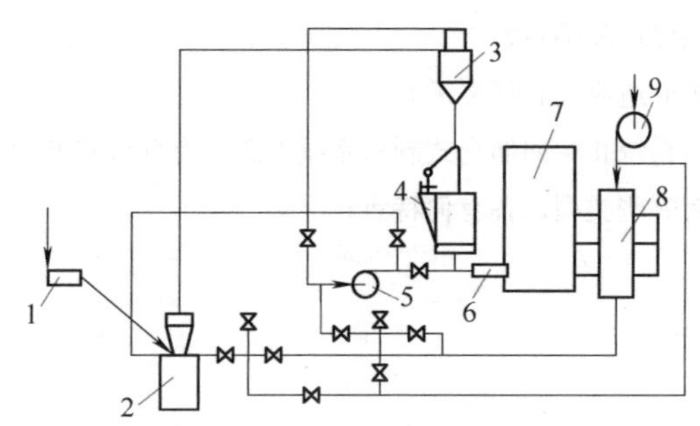

图 5-14 中速磨煤机储仓式制粉系统

1—给煤机 2—磨煤机 3—细粉分离器 4—煤粉仓 5—排粉风机 6—燃烧器
7—锅炉 8—空气预热器 9—送风机

5.3.3 中间储仓式和直吹式制粉系统的特点

中间储仓式制粉系统需要设置煤粉仓、细粉分离器、排粉风机和给粉机等设备，使系统复杂庞大，建设初投资大。由于系统的设备多，管道长，容易在系统中产生煤粉沉积，增加了煤粉爆炸的危险性，系统中需设置许多防爆装置。系统中负压较大，漏风量大，致使输粉电耗增大，锅炉效率降低。

在直吹式制粉系统中，磨煤机磨制的煤粉全部直接送入炉膛内燃烧。因此具有系统简单、设备部件少、输粉管道阻力小、运行电耗低、钢材消耗少、占有空间小、投资少和爆炸危险性小的优点。

中间储仓式制粉系统中，因为锅炉和磨煤机的煤粉之间有煤粉仓，所以磨煤机的运行出力不必与锅炉随时配合，即磨煤机出力不受锅炉负荷变动的影响，磨煤机可以一直维持在经济工况下运行。即使磨煤设备发生故障，煤粉仓内寄存的煤粉仍能供应锅炉需要，同时，可以经过螺旋输粉机调运其他制粉系统的煤粉到发生事故系统的煤粉仓去，使锅炉继续运行，提高了系统的可靠性。在直吹式系统中，磨煤机的工作直接影响锅炉的运行工况，锅炉机组的可靠性相对低些。

负压直吹式系统中，燃烧需要的全部煤粉都要经过排粉机，因此它磨损较快，发生振动和需要检修的可能性就大。而在中间储仓式系统中，只有少量细煤粉的乏气流经排粉机，所以它磨损较轻，工作比较安全。

当锅炉负荷变动或燃烧器所需煤粉变化时，中间储仓式系统只要调节给粉机就可以适应需要，既方便又灵敏。而直吹式系统要从改变给煤量开始，经过整个系统才能改变煤粉量，因而惰性较大。此外，直吹式系统的一次风管是在分离器之后分支通往各个燃烧器的，燃料量和空气量的调节手段都设置在磨煤机之前，同一台磨煤机供给煤粉的各个燃烧器之间，容易出现风粉不均的现象。

思 考 题

5-1 煤粉的特性有哪些指标？

5-2 什么是煤粉的经济细度？

5-3 磨煤机按磨煤工作部件的转速一般是如何分类的？

5-4 各种磨煤机有哪些优点和不足？

5-5 各种磨煤机对煤种的适应性有何要求？

5-6 什么是直吹式制粉系统和中间储仓式制粉系统？二者有何优点和缺点？

5-7 常用的制粉系统有哪些类型，各有何特点？

第 6 章

锅炉蒸发受热面

6.1 水冷壁

水冷壁是锅炉主要的承压受热面之一，通常称为蒸发受热面。它由许多上升管组成，布置在锅炉炉膛内壁的四周，接收炉膛中高温烟气辐射的热量。

水冷壁是锅炉的主要蒸发受热面，吸收炉内高温烟气和火焰的辐射热，把水加热蒸发成饱和蒸汽。由于炉墙内表面被水冷壁所遮盖，炉墙温度可大大降低，炉墙不会被烧坏。同时，有利于防止结渣和熔渣对炉墙的侵蚀。它还可以简化炉墙，减轻炉墙的重量。

6.1.1 水冷壁类型

随着锅炉的容量、形式和参数的不同，水冷壁的形式也不同。水冷壁可分为光管水冷壁、膜式水冷壁和销钉管水冷壁三种形式。

1. 光管水冷壁

光管水冷壁是由普通的无缝钢管弯制而成，一般是贴近燃烧室炉墙内壁、互相平行地垂直布置，上端与锅筒或上集箱连接，下端与下集箱连接，如图 6-1 和图 6-2 所示。

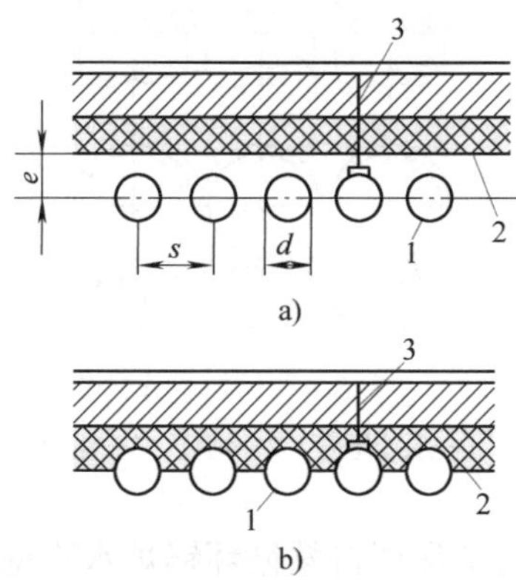

图 6-1　光管水冷壁结构图

1—水冷壁管　2—炉墙　3—拉杆

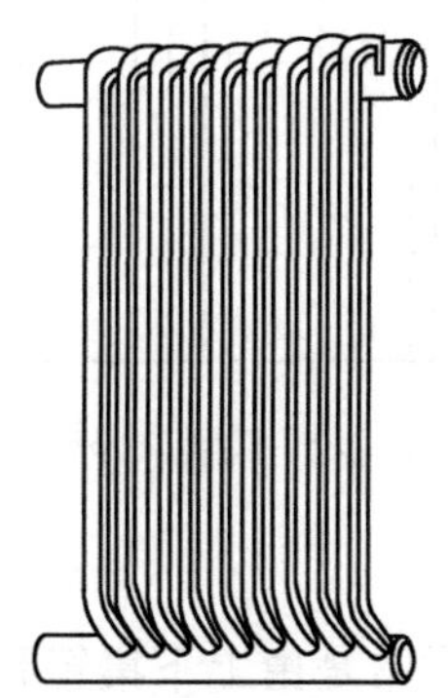

图 6-2　光管水冷壁组合件

图6-1中展示了两种结构，其中图6-1a为较老式锅炉水冷壁的布置方式，采用钢架支撑的轻型炉墙。水冷壁相对节距较大，*s*/*d*约为1.25。由于炉墙内表面温度高，因此炉墙比较厚，单位面积炉墙也比较重。图6-1b采用敷管炉墙，受热时炉墙与水冷壁一起向下膨胀，为较新型结构，水冷壁相对节距较小，*s*/*d*约为1.1以下，由于相对节距较小，炉墙内表面温度较低，炉墙较薄。单位面积炉墙重量仅为轻型炉墙的一半。

2. 膜式水冷壁

膜式水冷壁是由鳍片管组成的，鳍片管如图6-3所示，现代大型锅炉水冷壁大都采用这种结构形式。各根管的鳍片顶部相互焊接起来，把四周水冷壁连成一个整体。膜式水冷壁优点很多，如炉膛的密封性好，减小了炉膛漏风；可防止炉膛结渣；采用敷管炉墙时，不需要耐火材料层，只要绝热材料层和抹面即可，炉墙很薄，大大减轻炉墙重量。

随着焊接技术的发展，膜式水冷壁也可由光管直接焊制而成。这种水冷壁通常是在两根光管之间焊接扁钢而成，对焊接质量要求较高。

鳍片管水冷壁与光管水冷壁的区别：鳍片管造价高，但是，由于焊缝在鳍片上，所以焊接容易；光管造价相对较低，但是，由于要将扁钢焊接到管子上，对焊接质量要求较高。随着自动电焊机在锅炉制造中的成功应用，现代大型锅炉也广泛采用光管膜式水冷壁。

3. 销钉管水冷壁

销钉管水冷壁是用来敷设卫燃带的，如图6-4所示。卫燃带的作用是使煤粉进入炉膛后很快着火，并维持燃烧，是燃用着火点高的煤种时必不可少的设施。先在水冷壁管上焊上许多长20～25mm、直径为6～12mm的销钉，然后敷上铬矿砂耐火涂料制成。铬矿砂具有良好的耐热性能和导热性能，能较好地满足上述要求。

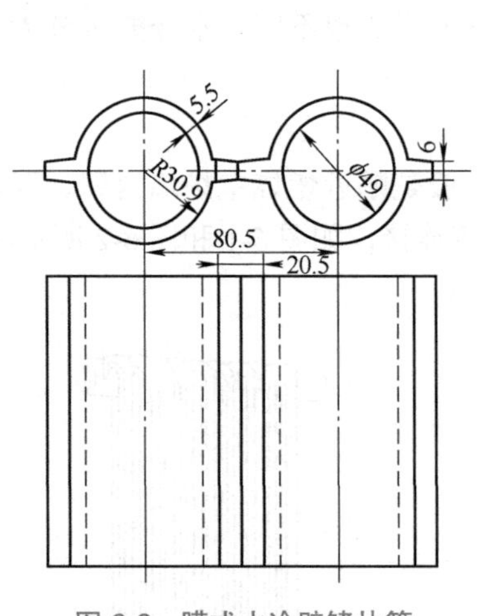

图6-3　膜式水冷壁鳍片管

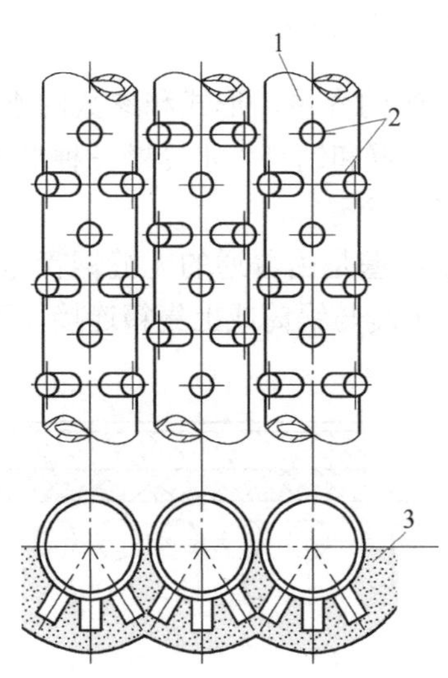

图6-4　销钉管水冷壁

1—水冷壁管　2—销钉　3—耐火材料

水冷壁通常是由上下集箱和水冷壁管构成。为了保证自然循环锅炉水冷壁工作的可靠性，按吸热量不同，将水冷壁分成若干个独立循环回路。每个独立循环回路水冷壁都有各自的上下集箱。水冷壁管通常采用50～80mm的无缝钢管，材料为优质碳素钢。

随着锅炉容量的增大，锅炉体积也越来越大。大容量锅炉水冷壁的膨胀量已达 300 ～ 400mm。为维持正常炉型，减少热应力的产生，要求将整个炉膛悬吊起来。容量较大锅炉的炉膛水冷壁都采用悬吊结构。

燃烧中燃烧工况的变化将引起炉内压力经常变动。运行不正常时，会产生炉膛熄火和打炮现象。为防止水冷壁变形，炉膛四周用工字钢加强，称为刚性梁，结构如图 6-5 所示。由图可知，刚性梁与水冷壁之间既允许在水平方向相对移动，同时又能沿下降管在垂直方向移动，以保证水冷壁在水平方向和垂直方向自由膨胀。刚性梁之间的距离一般为 2 ～ 3m。

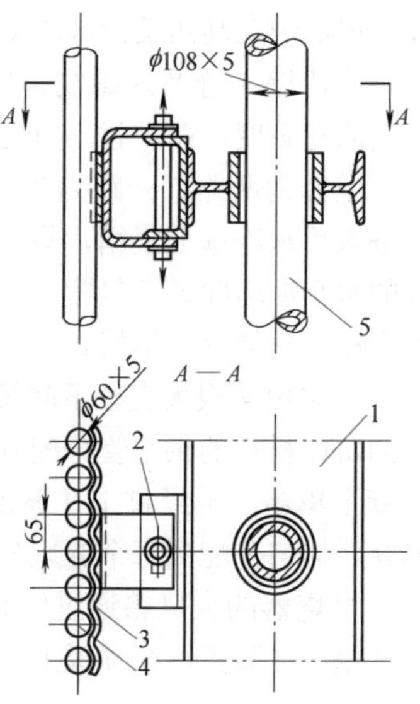

图 6-5　锅炉刚性梁示意图

1—刚性梁　2—连接装置　3—波形板　4—水冷壁　5—下降管

6.1.2　亚临界锅炉的水冷壁

以某 1025t/h 亚临界锅炉的水冷壁为例。该锅炉水冷壁采用全焊式膜式水冷壁，它由光管和扁钢焊接而成，光管尺寸为 ϕ60mm×6mm，炉膛四周水冷壁鳍片是由 10mm×10mm 碳素钢扁钢制成，折焰角膜式壁是由 21.2mm×6mm 碳素钢扁钢制成，管间节距为 75mm。管间节距主要受钢管所受最大热负荷的限制，要求扁钢的根部热强度不超过允许值。扁钢越宽，则根部的热流强度也越大，容易超过允许值，而且节距过宽，则使膜式水冷壁刚度变差。如扁钢的厚度太大，则使它的向火面和背火面的温差大，会引起过大的热应力。一般应根据管径的大小来选取适当的扁钢厚度和宽度。

这种光管和扁钢焊接而成的膜式水冷壁，结构简单，制造工艺不复杂，克服了鳍片管制造困难和加工工艺要求高的缺点。但是这种膜式水冷壁焊接工作量大，特别在水冷壁焊接时会降低钢管的强度，对焊接技术要求较高。

水冷壁采用全悬吊式支撑结构，在水冷壁的上集箱上均焊有吊耳，通过悬吊杆悬吊在炉顶的钢梁上。折焰角水冷壁由吊杆和拉条支撑。

该锅炉炉室为由 648 根 ϕ60mm×6mm、材料为 SA-210C、节距为 75mm 的钢管组成的膜式壁，形成宽 21m、深度（上 / 下）8.4m/15.6m 的炉室。整个水冷壁系统划分成 26 个独立的回路。

前、后墙水冷壁在标高 16.59m 处与水平方向成 40° 夹角转折形成冷灰斗。前后墙冷灰斗下倾至标高 7.6m 处形成深度为 1.2m 的出渣口，并与渣斗装置相连接。后墙在标高 39.242m 处形成深为 3m，由 ϕ60mm×6mm、节距为 75mm 或 100mm 的钢管组成的膜式壁折焰角。在此标高处后墙均匀抽出 33 根尺寸为 ϕ60mm×6mm、材料为 15CrMo 的钢管形成后墙悬吊管排或称第一悬吊管，以此支撑炉膛后墙的全部重量。折焰角以与水平方向成 30° 的夹角向后上方延伸，在标高 48.240m 处折向水平烟道底部，然后垂直向上形成后墙排管。

为了提高燃烧器区域温度，以利于煤的着火与燃烧，在热负荷较高的燃烧器区域水冷壁处合理敷设了耐火材料组成的燃烧带，其水冷壁为销钉管式。可以有效防止水冷壁发生传热恶化，确保水循环具有较高的可靠性。如前所述，为了防止膜态沸腾、提高水循环的安全性，该锅炉在高热负荷区域采用了内螺纹管水冷壁。

水冷壁光管及内螺纹管尺寸均为ϕ60mm×6mm，材料为SA-210C。为了改善炉内高温烟气的充满度，在炉膛出口处由后水冷壁弯成折焰角，折焰角由吊杆和拉条支撑。其上部后水冷壁分为两路。一路为70根尺寸为ϕ60mm×6mm、横向节距为300mm的钢管，垂直向上进入后水冷壁上集箱，另一路为209根尺寸为ϕ60mm×6mm、横向节距为100mm钢管组成的水平烟道膜式壁包覆，到尾部烟道入口处，向上延伸组成水平烟道后部凝渣管，最后进入水冷壁延伸管上集箱。

锅水由4根大直径下降管引到7600mm水冷壁下集箱位置，经106根ϕ133mm×12mm、SA-106C材料的供水管分配到每个水冷壁下集箱。通过水冷壁受热面后的汽水混合物进入水冷壁上集箱，再经过110根ϕ159mm×14mm、SA-106C材料的引出管导入锅筒内的前、后隔仓，均匀分配到每个旋风分离器。

燃烧器的大风箱通过组合桁架均匀地焊在水冷壁上，水冷壁、炉墙以及刚性梁均通过水冷壁吊挂装置吊在顶板上。

6.1.3 超（超）临界锅炉的水冷壁

目前，变压运行超（超）临界直流锅炉水冷壁有两种主要形式：一种是内螺纹垂直管；另一种是炉膛下部采用螺旋管圈水冷壁，上部采用垂直水冷壁。内螺纹垂直管变压运行超临界锅炉是日本三菱重工20世纪80年代开发的产品，自1989年日本松浦电厂1号炉投产后，已有10多台700～1000MW超临界、超超临界锅炉运行。哈尔滨锅炉厂引进日本三菱技术生产的600MW和1000MW超超临界锅炉均采用内螺纹垂直管，已在我国华能营口电厂和华能玉环电厂投入运行。螺旋管圈水冷壁在超临界和超超临界锅炉上应用最为广泛，欧洲全部采用螺旋管圈水冷壁，日本除三菱公司生产的部分内螺纹垂直管锅炉外，也都采用了螺旋管圈水冷壁，我国国产超临界锅炉均采用螺旋管圈水冷壁，超超临界锅炉除哈尔滨锅炉厂外，其他制造厂均采用螺旋管圈水冷壁。

1. 螺旋管圈水冷壁

螺旋管圈水冷壁的管径和管数选择灵活，不受炉膛周界尺寸的限制，解决了周界尺寸与质量流速之间的矛盾，只要改变螺旋管的升角，就可改变工质的质量流速，以适应不同容量机组和煤种的需要（图6-6）。可采用较粗的钢管，因而对钢管制造公差所引起的水动力偏差敏感性较小，运行中不易堵塞。可采用光管，不必采用制造工艺较复杂的内螺纹管，可实现锅炉变压运行和带中间负荷的要求。不需在水冷壁入口处和水冷壁下集箱进水管上装设节流圈以调节流量。水冷壁管间的吸热偏差小，由于同一管以相同方式从下到上绕过炉膛的角隅部分和中间部分，吸热均匀，管间热偏差小，因此，对于因燃烧偏斜或局部结焦而造成的热负荷不均有很强的抗衡能力。在炉膛上部虽然用了垂直管屏，但热负荷已明显降低，较低的质量流速已足以使管壁获得冷却，螺旋管圈与垂直管屏的交界处设有中间混合集箱，以控制垂直管屏的壁温在许可的范围内，同时冷灰斗的管圈也为螺旋管。由于热偏差小，因而水冷壁的出口温度沿炉膛周界的偏差值较低，抗燃烧干扰能力强。当切圆燃烧的火焰中心发生较大偏斜时，各管吸热偏差与出口温度偏差仍能保持较小值，与一次垂直上升管屏相比，要有利得多。有良好的负荷适应性，即使在30%的负荷下，质量流速仍高于膜态沸腾的界限流速，能保持一定的壁温裕度。

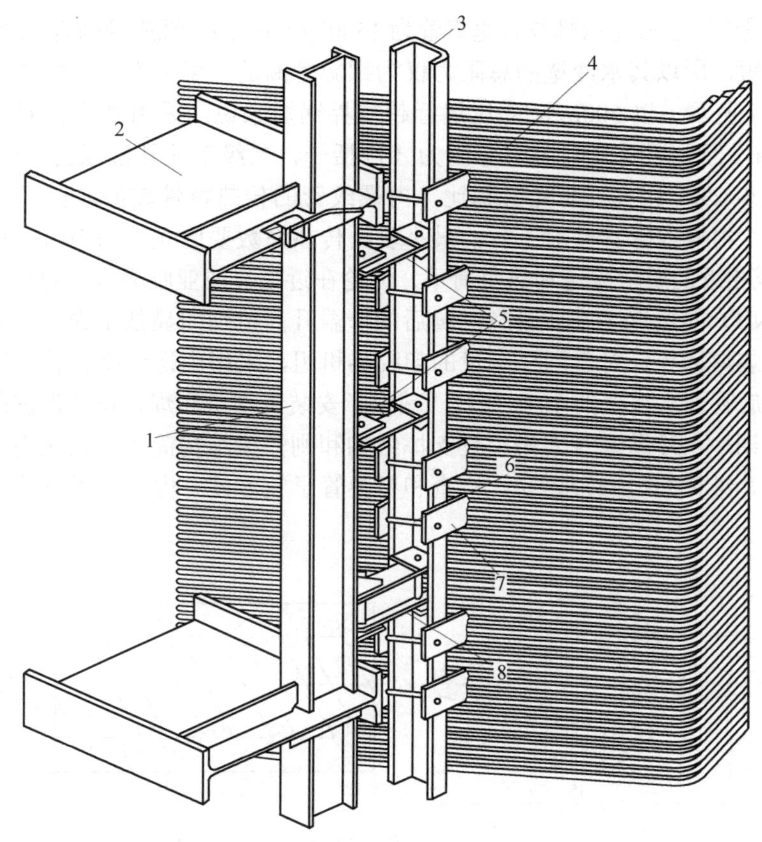

图 6-6　螺旋管圈水冷壁结构示意图

1—垂直刚性梁　2—水平刚性梁　3—垂直搭接板　4—螺旋膜式水冷壁　5—小接头
6—销杆　7—垂直搭接板滑道耳板　8—大接头

螺旋管圈水冷壁的阻力较大，给水泵功耗增加 2% ~ 3%（与垂直管屏水冷壁相比）。其现场安装复杂，与垂直管屏水冷壁相比，焊口是后者的 2.5 倍，管屏是 2 倍，吊件是 3 倍。在亚临界区，与内螺纹管相比，在相同或即使在稍高的质量流速下，光管工质侧的传热能力较差。水冷壁系统结构复杂，因螺旋管圈与垂直管的交界处需装设中间混合集箱，钢管要穿出和穿进炉墙，密封性变差。燃烧器喷口的水冷壁管形状复杂，经过每个喷口水冷套的钢管根数为同容量垂直管屏的 10 倍。冷灰斗部分引出的钢管与螺旋管圈之间需倾角较大的过渡段，两者之间需单弯头过渡。在上部螺旋管圈与垂直管屏的过渡段也需采用过渡弯头，其弯曲半径小，需采用锻造体或精密铸件，再进行机械加工。水冷壁支撑和刚性梁结构复杂。因水平钢管承受轴向载荷能力差，必须采用“张力板式”结构，刚性梁必须采用框架式结构，增加了安装工作量。负荷波动时，水冷壁与吊件之间存在温度偏差。水冷壁挂渣比垂直管重。

有的超临界锅炉为了强化传热，防止汽水分离，在炉膛热负荷高的区域采用了内螺纹螺旋管圈水冷壁，使水冷壁运行更安全，更可靠。东方锅炉厂设计制造的 600MW 超临界锅炉采用内螺纹螺旋管圈水冷壁。但是，这令水冷壁的成本增加了 10% ~ 20%，锅炉总成本增加了 1% ~ 2%。

2. 内螺纹垂直管水冷壁

内螺纹垂直管水冷壁的阻力较小，可降低给水泵耗电量，与螺旋管圈相比，内螺纹管

垂直管屏的质量流速较低［内螺纹管垂直管为 1500kg/(m^2•s)，螺旋管圈为 3100kg/(m^2•s)］，钢管总长也较短，所以其水冷壁的总阻力仅为螺旋管圈的一半左右。内螺纹垂直管的内螺纹结构如图 6-7 所示。以 600MW 变压运行超临界锅炉来说，采用螺旋管圈时水冷壁总阻力约为 2.0MPa，但采用垂直管屏时总阻力（包括一、二级节流孔圈阻力）约 1.2MPa，给水泵耗功可减少 2% ～ 3%。与光管相比，内螺纹管的传热特性较好。在近临界区出现传热恶化状态时，内螺纹管管壁对工质的最小表面传热系数要比光管高 50%（指单侧受热工况）。在相同或相近的质量流速和热负荷下，无论在近临界或亚临界区，内螺纹管开始出现膜态沸腾（DNB）的蒸汽干度和膜态沸腾后的壁温升高值均明显低于光管，增加了水冷壁的安全性。安装焊缝少，对于同样容量的超临界机组，采用内螺纹垂直管水冷壁的安装焊口总数仅为螺旋管圈水冷壁的 10% 左右，减少了安装工作量和焊口可能泄漏的概率，同时缩短了安装工期。水冷壁本身支吊，且支撑结构和刚性梁结构简单，热应力小，可采用传统的支吊形式。维护和检修较容易，检查和更换管子较方便。内螺纹垂直管比螺旋管圈结渣轻。

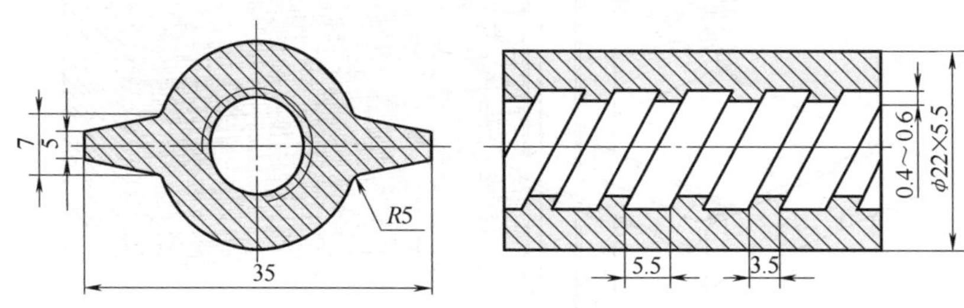

图 6-7 内螺纹结构

内螺纹垂直水冷壁管径较细，内螺纹管相对于光管来说价格较高，一般高出 10% ～ 15%。内螺纹垂直水冷壁需装设节流孔圈，增加了水冷壁和下集箱结构的复杂性，节流圈的加工精度要求高，调节较为复杂。机组容量会受垂直管屏管径的限制，对容量较小的机组，其炉膛周界相对较大，无法保证必要的质量流速。一般认为，对垂直管屏来说，锅炉的最小容量为 50 ～ 800MW。沿炉膛周界和各面墙的水冷壁出口温度的偏差较螺旋管圈的大，虽可通过装设节流圈来调节各管流量，将偏差值控制在允许范围内，但将导致阻力的增加。对同容量的锅炉来说，如果采用相同的炉膛出口温度，垂直管屏水冷壁出口温度偏差还是比螺旋管圈稍高，即使采用二级节流也要高出 10 ～ 20℃。

20 世纪 90 年代后期，英国三井巴布科克公司研究开发了低质量流速垂直管水冷壁，采用优化的内螺纹管。世界上第一台低质量流速直流锅炉（亚临界）在我国姚孟电厂 1 号 UP 型炉上改造成功。

水冷壁工质质量流速高时，动压损失（摩擦阻力）大，当炉膛热负荷不均匀时，受热强的管工质比体积增大，流速加快，摩擦阻力增加。这根管内的工质流量就得降低，以使总压差与回路压差匹配，这就是所谓负流量响应特性。而低质量流速摩擦阻力小，静压差占主导地位，受热强的管静压差变小，整个压差就下降，而回路进出口压差不变，使得受热强的管流量增加与其匹配，这就是所谓正流量响应特性。正因为低质量流速具有热负荷增加流量自动增加的特性，才引起了人们的重视和应用。

垂直管水冷壁质量流速更低，约为 700kg/（m^2 • s），且具有正的流量响应，比日本三菱重工的垂直管水冷壁阻力更小，更节约给水泵电耗；各管内流量自动分配，不需用节流圈分配；调峰能力更大，本身负荷可降到 20% 额定负荷。优化的内螺纹管可强化传热，防止传热恶化。

姚孟电厂 1 号炉是 20 世纪 70 年代初，上海锅炉厂自行研制设计的配 300MW 机组 UP 型亚临界直流锅炉，双炉膛、四角切圆燃烧，钢球磨中储式制粉系统，乏气送粉，燃用劣质烟煤。水冷壁采用内螺纹管，尺寸为 ϕ22mm×5.5mm。

由于锅炉容量小，为确保水冷壁管内达到足够的质量流速而不得不采用了小管径的内螺纹管，加之国内当时对于内螺纹管的制造工艺不成熟，管径偏差较大，因而，在运行过程中水冷壁系统出现频繁爆管等问题，调峰能力差，机组达不到铭牌出力。水动力试验表明，机组负荷 250MW（83% 额定负荷）时，就出现脉动之类的水动力不稳定现象；负荷在 77% 额定负荷时，同点壁温波动 31℃，管间温差 28℃；负荷降到 70% 额定负荷时，最大温度变化高达 99℃，管间温差高达 69℃。因此，为提高机组出力、可靠性和调峰能力，对锅炉水冷壁进行了改造，2002 年 5 月转入商业运行。

水冷壁改造采用了工质在低质量流速时具有正的流量响应特性的设计思想。BMCR（锅炉最大连续蒸发量）时炉膛外墙水冷壁质量流速为 700kg/（m^2·s），双面水冷壁为 760kg/（m^2·s）。水冷壁为优化的内螺纹管。改造后水冷壁的运行性能得到很大改善，水动力试验表明，机组在 40% ～ 100% 额定负荷运行时，水冷壁均处于安全状态，机组的调峰能力大幅提高。

由于低质量流速内螺纹垂直管水冷壁具有正流量响应特性，缓解了炉膛热负荷不均匀造成的水冷壁壁温和汽温的偏差，同时具有用电节约、制造安装简单等优点，可以预见，随着锅炉技术的不断发展，低质量流速内螺纹垂直管水冷壁将得到广泛的应用。

6.2 锅炉炉墙

6.2.1 锅炉炉墙的作用及要求

锅炉燃烧室燃烧后的全部烟气是通过炉墙围成的通道而排出的，锅炉炉墙将锅炉中燃烧的火焰、高温烟气以及各受热面部件与外界隔绝起来，它是锅炉本体的重要组成部分。炉墙的主要作用有：

1）绝热作用。防止锅炉内热量的散失，最大限度地减少锅炉的散热损失，确保锅炉运行的经济性。

2）密封作用。当锅炉负压运行时，防止外界冷空气漏入炉膛和烟道，确保运行的经济性；当锅炉正压运行时，防止火焰和烟气喷出，确保运行人员的工作安全和环境卫生。

3）组成烟气的流道。促使锅炉中的烟气按一定的通道依次流过各受热面。

为保证炉墙能起到上述作用，炉墙应满足下列要求：

（1）良好的绝热性　锅炉的散热损失在很大程度上取决于炉墙结构和炉墙材料的合理选取。对于大型锅炉机组来说，散热损失要求不超过 0.5%，这就要求锅炉炉墙具有良好的绝热性。为了尽量减少散热损失，要求炉墙外表温度不超过一定的范围。

1）对于配 50MW 以上机组的锅炉，在室内布置时，环境温度按 25℃，炉墙外表面温

度不超过 50℃，最大热流密度不超过 290W/m²；在室外布置时，环境温度按当地年平均温度来确定，炉墙外表面温度不超过 40℃，最大热流密度不超过 290W/m²。

2）对于配 50MW 以下机组的锅炉，在室内布置时，环境温度按 25℃，炉墙外表面温度不超过 55℃，最大热流密度不超过 350W/m²；在室外布置时，环境温度按当地年平均温度来确定，炉墙外表面温度不超过 50℃，最大热流密度不超过 350W/m²。

（2）良好的密封性 炉墙的密封性对锅炉运行的经济性乃至安全性会产生很大的影响。对于负压运行的锅炉，由于炉墙密封不严所引起的外界冷空气的漏入，不仅增加了锅炉的排烟热损失，而且还造成了引风机电耗的增加，从而使锅炉效率降低约 0.4% ～ 0.5%。对于正压运行的锅炉，则炉墙的泄漏会导致向外喷热烟尘，危及运行人员的安全，影响卫生条件，故要求炉墙有更高的密封性。

（3）足够的耐热性能 锅炉炉墙各内侧受到炉膛内火焰的高温辐射，或受到高温烟气的冲刷，有的部位还与灼热的炉渣接触，因而炉墙应具有足够的耐热性能，并应具有承受相当大的温度波动与抵抗灰渣的能力，但是在不同的锅炉部位和在不同类型的锅炉中，炉墙有不同的内壁温度，因而也就有不同的耐热性要求。炉膛炉墙内壁的温度最高，随着烟气放热而温度不断下降，随后各烟道的炉墙温度也逐渐降低，因而对耐热性的要求也有所降低。在旧式锅炉和现代小型锅炉中，炉膛内壁有相当部分不敷设水冷壁或敷设的水冷壁管节距很大，炉墙内壁温度很高，因而要求其能耐高温。现代的大中型锅炉炉膛内都布满水冷壁，有时在高温烟道部分也敷设水冷壁，炉膛内壁温度一般不超过 900℃。有些新型锅炉中炉膛水冷壁的相对节距很小（$s/d \leqslant 1.0$），炉膛内壁温度可降到 500℃以下。更有不少新型锅炉，尤其是大型锅炉还采用膜式水冷壁，此时对炉墙的耐热要求更大为降低，乃至可以将其视为一种单纯的保温层。

（4）一定的机械强度 在炉墙上作用着各种力，包括炉墙自重、锅炉正常运行时的烟气压力、炉墙内轻度爆燃所造成的突发性烟气压力和地震时的水平惯性力等。为抵抗上述各种作用力而不发生破坏，锅炉炉墙应具有一定的机械强度。此外，显然还要求炉墙的重量轻、结构简单、价格低廉等。

炉墙的上述各项要求，一般难以用一种材料来满足。例如，耐热性能好的材料往往绝热性能较差，而且重量较重；密封用的材料则更有不同的选择标准。为了更好地满足以上各项要求，锅炉炉墙通常设计成几层。一般为三层，即内侧耐热层、中间绝热层和外壁密封层，各层采用不同的材料。但是，尽管如此，各层的作用有时也不能截然分开。

随着锅炉形式和受热面结构的发展，锅炉炉墙也经历三个发展阶段，并相应地形成了三种基本的结构形式，即重型炉墙、轻型炉墙和敷管炉墙。这三类炉墙的主要差别在于炉墙材料及支撑方式。

6.2.2 锅炉炉墙的结构

1. 炉墙的分类

（1）重型炉墙 重型炉墙是用砖材直接砌筑在锅炉基础上而成的，其结构类似于普通砖墙。重型炉墙有两个特点：一是使用重质材料（砖块）；二是重量由锅炉基础直接承受，因而也称为基础式炉墙。这种炉墙多用于蒸发量小于 35t/h 的锅炉，尤其是水冷壁稀少或无水冷壁的炉膛部分。

重型炉墙由内层耐热层和外层保温 - 密封层组成。耐热层采用标准耐火砖（230mm×113mm×65mm），外层则以机制红砖（240mm×115mm×53mm）为主。每一层砖有一定的砌法，使上下的砖缝不致贯穿。红砖外墙的四壁转角处的砖块砌筑成互相咬住的结构，四壁就自行形成整体，不需使用或仅需使用很少的钢架件来箍住外墙，因而重型炉墙的结构很简单且能保证其强度。重型炉墙为了防止内墙与外墙间脱离和倾斜，内墙在每高 5 ～ 8 层砖时就需将一层耐火砖伸入红砖外墙中，即砌一层牵连砖，或者每层有几块耐火砖作牵连砖，但各层牵连砖的位置在垂直线上应错开。而且当锅炉墙体高于 10m 时，必须采用金属构件进行加固和牵连，牵连结构常采用拉钩和衔铁结构，并采用特制的异型砖与之衔合砌筑。考虑到重型炉墙受到结构稳定性和砌体强度的限制，炉墙高度仍不宜超过 12m。

重型炉墙的优点是结构简单，耐热性好，适用于小型散装锅炉。其缺点是厚度大，重量重，常用的 2 ～ 2.5mm 砖厚的重型炉墙，约为 1000 ～ 1200kg/m^2，而且多为手工砌筑，费时多，造价高。因此，不宜用于较大容量的锅炉。

（2）轻型炉墙　轻型炉墙也称为托架式或护板框架式炉墙。其主要特点在于炉墙是沿高度分段支撑在水平托架上，每段炉墙的重量由其相应的各排托架均匀地传递到锅炉炉架上。因此，这种炉墙的高度不受限制，在中等容量锅炉设计上得到了广泛的采用。另外，为了减轻支撑重量，轻型炉墙采用轻质高效的保温材料及单独的密封层。轻型炉墙广泛用于蒸发量为 35 ～ 130t/h 的锅炉中。这种炉墙按所用材料不同，可以有砖砌轻型和混凝土轻型两种。混凝土轻型炉墙的墙体呈大块壁板状，故又称壁板炉墙。

砖砌轻型炉墙一般用于内壁温度在 600 ～ 1000℃之处，如水冷壁管布置较密（s/d=1.3 ～ 1.5）的炉膛处。混凝土轻型炉墙则通常用于烟气温度低于 800℃的对流受热面烟道转向室以及省煤器烟道等能够采用大型混凝土预制件的地方。砖砌轻型炉墙与混凝土轻型炉墙相比，其优点主要是耐热性（包括耐高温，抵抗低温波动和灰渣侵蚀的能力）较好，密封性和机械强度也稍好；其缺点主要是金属耗量大，砌筑很麻烦，尤其还使用大量异形砖，从而使炉墙成本高，施工速度慢。因此，现代大中型锅炉的尾部烟道已很少采用砖砌轻型炉墙，而改用混凝土轻型炉墙。

（3）敷管炉墙　敷管炉墙是直接敷贴在锅炉受热面管子上面的一种轻型炉墙，也称为管承炉墙或管子炉墙。其重量全部均匀连续分布并固定在锅炉受热面管子上，受热后随同管子一起膨胀。它要求其依托的受热面管子的相对节距较小（$s/d < 1.25$）或采用膜式水冷壁。敷管炉墙的内壁最高温度通常低于 600℃，内壁的平均温度一般仅为 350 ～ 400℃。敷管炉墙无须沿高度分段，且总高度不受限制。炉墙的重量全部均匀地分布到锅炉受热面管子上，再经管子由悬吊结构传递到锅炉的顶板大梁或锅炉构架上去。

敷管炉墙的层次结构与依托管子的结构及其节距大小有关。光管水冷壁敷管炉墙由耐热层、保温层及密封层所组成。内层耐热层为耐火混凝土；保温层有两层，中间层为保温板；外表层为密封涂料抹面层。如果中间层墙工作温度高于 600℃，就应采用硅藻土质保温混凝土。相反，如果水冷壁管排列很紧密，炉墙面温度不超过 450℃，那么保温层可简化成一层，并采用轻质保温混凝土或保温板。

当炉膛采用膜式水冷壁时，炉墙内壁面温度仅为 400℃左右，耐热层就可取消，此时敷管炉墙就直接由保温层和密封层组成。这种敷管炉墙与普通的保温层无多大差别，保温层由两层组成：第一层为超细玻璃棉，压实后厚度为 35mm 左右；第二层为蛭石砖或珍珠岩保

温砖，厚度为130mm左右。外表层为密封抹面。这种炉墙的保温层也可采用泡沫石棉，以减轻重量。此时，整个炉墙由三层50mm厚的泡沫石棉毡叠制而成。施工过程中应使各层泡沫石棉毡错缝，但不使用任何灰浆或黏结剂，厚度压缩50%。炉墙内外表面贴上玻璃布，炉墙外表面用镀锌铅丝网压住，并利用焊在鳍片上的支撑钉及弹性压板予以固定。炉墙最外层必要时可采用1.0～1.5mm厚的波纹外护板保护。

敷管炉墙与砖砌轻型炉墙相比，其重量轻，钢材消耗少，成本低，且易于做成复杂的形状，又可以和受热面一起组装，从而大大简化了安装工作，加速了安装进程。因此，敷管炉墙适合用于蒸发量在220t/h以上的大型锅炉。随着锅炉容量的不断增大，敷管炉墙已成为锅炉炉墙的主要形式。但是，敷管炉墙的应用要符合两个基本条件，即要有易于依托的受热面管子，且管子的节距要较小。例如，采用水平管圈和壁式辐射过热器的直流锅炉一般就不宜采用敷管炉墙。同时，即使在同一台锅炉中，悬吊式炉膛部分最适宜于采用敷管炉墙，尾部受热面就未必合适，而空气预热器烟道则不能采用敷管炉墙。这样，由于支撑方式不同，采用敷管炉墙的炉膛或加上一部分对流烟道与采用普通轻型炉墙的后部之间的衔接部位就存在一个密封问题。这需要通过正确选择敷管炉墙的布置范围来解决。一般来说，高温和垂直的结合面不宜密封，而低温和水平的结合面的膨胀补偿装置则十分简单和可靠。

2. 炉墙材料及性能

（1）炉墙材料的分类和性能　锅炉炉墙材料分为耐火材料、保温材料和密封材料，另外还有充填材料和其他辅料。炉墙上常采用的耐火材料有成型耐火材料，如耐火砖，以及不定型耐火材料，如各种耐火混凝土、耐火塑料等。保温材料也有成型的保温材料，如各种保温砖、保温板等，以及不定型的保温材料，如各种保温混凝土和松散状纤维材料等。密封材料有金属和非金属两类。非金属密封材料有各种密封涂料和抹面材料。

炉墙材料的一般机械性质和物理性能及其指标如下：

1）机械强度。机械强度是指材料抵抗机械作用力而不破裂的能力。通常用材料的耐压强度和抗折强度来表示。它主要用来判断成型材料的强度、抗撞击和抗磨损等性能。

2）导热性。炉墙材料的导热性以热导率表示。热导率与材料状态和使用温度有关，其表示材料的保温性能。热导率是炉墙材料尤其是保温材料的一个重要性能指标。

3）堆密度。堆密度是指单位体积材料的质量。炉墙材料的堆密度直接关系到锅炉构架和基础的荷载大小，因而要求堆密度尽量小。但是材料（包括同一种材料）的堆密度减小会使机械强度和导热能力降低。

4）热胀性。材料的热胀性以其线膨胀系数来表示，它是计算炉墙受热时耐火层膨胀量的依据。但在考虑耐火材料的热膨胀性时应同时考虑其残余收缩。热胀性更是影响材料本身热震稳定性的主要因素之一。

5）透气度。在一定的压差下，气体透过材料的程度称为透气度，计量单位为μm^2，即在1Pa的压差下，黏度为1Pa·s的气体透过面积为$1m^2$、厚度为1m的材料层的气体体积流量为$1m^3/s$时，透气度为$1m^2$，常用单位μm^2，即为此值单位的$10^{-12}m^2$。材料的透气度直接关系到炉墙的密封性。

（2）耐火材料　耐火材料一般是指耐火度在1580℃以上的无机非金属材料。按化学成分可分为酸性、碱性和中性；按耐火度可分为普通耐火材料（1580～1770℃）、高级耐火材料（1770～2000℃）、特级耐火材料（2000℃以上）和超级耐火材料（3000℃以上）；按化

学 - 矿物组成可分为硅酸铝质（黏土砖、高铝砖和半硅砖）、硅质、镁质、碳质和白云石质等。锅炉炉墙中所用的耐火材料一般为普通耐火材料，属硅酸铝质，包括各种耐火砖、耐火混凝土和耐火可塑料。

耐火材料的高温性能及其指标主要有以下各项：

1）耐火度。耐火度是指材料抵抗高温作用而不熔化的性能。耐火度是一个温度极限，材料在接近这一温度时就丧失其工作能力。耐火度是一个技术性的指标。决定耐火度的根本因素是材料的化学 - 矿物组成及其分布。材料中氧化铝的含量越多，材料的耐火度就越高。耐火度是耐火材料最重要的性能指标之一。

2）荷重软化温度。荷重软化温度是指耐火材料在一定的静荷重（通常取 0.2MPa）下按照规定的升温速度加热至发生一定的变形量（如自膨胀最大点压缩原试样高度的 0.6% 变形）的相应温度，其通过高温荷重变形试验来测定。荷重软化温度是一个表示材料抵抗负荷和高温共同作用能力的指标，它反映了材料的高温结构强度。荷重软化温度越高，使用温度越高。荷重软化温度与材料的化学组成及组织结构有关。黏土砖的荷重软化温度与耐火度的差值可达到 350 ～ 400℃。

3）热震稳定性。烧成的耐火制品对于急冷急热的温度变动的抵抗能力，称为热震稳定性。在规定的试验条件下，试样经受 1100℃至冷水的急冷急热而不破裂的次数作为热震稳定性的度量。

4）高温体积稳定性（残余性收缩或膨胀）。高温体积稳定性是指耐火制品在高温下长期使用中会进一步烧结和产生如再结晶和玻璃化等物相变化，导致体积的收缩或膨胀。这种体积的变化是不可逆的。大部分耐火材料在高温作用下体积会收缩。

5）抗渣性。抗渣性是指耐火材料在高温下抵抗灰渣的化学腐蚀和物理作用的性能。材料的抗渣性与温度、材料和灰渣的化学组成及它们在该温度下的物理性质有关。选用耐火材料时应注意到熔渣的性质，以便使两者的性能（主要是酸碱性）相适应。从这一点来看，锅炉中宜采用中性或半酸性耐火材料。

根据所用原料的不同，锅炉炉墙中使用的耐火砖有如下两种：

1）耐火黏土砖。它采用耐火黏土煅烧成的熟料作为原料，以生耐火黏土作为结合剂烧结而成。其 Al_2O_3 质量分数为 30% ～ 48%，其他组成是 SiO_2（质量分数为 50% ～ 65%）及少量碱金属与碱土金属的氧化物（质量分数不超过 7%）。耐火黏土砖属于半酸性或弱酸性的耐火材料，它能抵抗酸性渣的侵蚀，但对碱性渣的抵抗力较弱。热震稳定性较好，但抗高温性能稍差，荷重软化温度为 1350℃。

2）高铝耐火砖。其 Al_2O_3 的质量分数比耐火黏土砖高，大于 48%，被列为具有一些酸性倾向的中性耐火材料。高铝耐火砖的耐火度和荷重软化温度比耐火黏土高，抗渣性也较好。在锅炉炉墙中，高铝耐火砖一般只有在燃油或燃气锅炉的炉底及其他高温区才常用。

耐火混凝土是一种能长期承受高温作用的特种混凝土，又称为耐火浇注料，属于不定型耐火材料。它是由粒状骨料（集料）、黏结剂和粉状掺和料按一定比例配合，加水（对水泥黏结剂）搅拌，经浇注与养护而成。这种混凝土在常温下迅速产生强度，在高温下烧结成致密而坚固的耐火石料。耐火混凝土和耐火砖相比的优点是：具有可塑性和整体性，便于复杂成型，气密性好，寿命长；制作工艺简单，不必预先烧成，施工方便、灵活，生产效率高；原料广泛、易得，高温性能好等。在锅炉炉墙中得到了广泛的应用。

耐火混凝土中黏结剂的结合性质可以是水硬性结合、陶瓷结合和化学结合等。按照所采用的黏结剂不同，耐火混凝土主要分为水泥黏结剂耐火混凝土和无机黏结剂耐火混凝土两种。常用的水泥黏结剂耐火混凝土有硅酸盐水泥耐火混凝土和矾土水泥耐火混凝土等。无机黏结剂耐火混凝土有水玻璃耐火混凝土、磷酸耐火混凝土和磷酸铝耐火混凝土等。黏结剂的种类和用量将对耐火混凝土的性能产生十分重要的影响。

耐火可塑料是由粒状骨料、粉状掺和料与可塑黏土等黏结剂和增塑剂配合，加入少量水，经充分混炼所组成的一种呈硬泥膏状并在长时间内保持较高可塑性的不定型耐火材料。它与耐火混凝土相似，两者的差别：首先是成分和骨料的粒度有所不同；其次是两者的制作和使用方式不同。耐火可塑料是先在耐火材料厂配制成粗坯料，用塑料袋等密封包装，可长时间储存。使用时将其直接放在砌筑部位，用气锤或手锤捣打成无缝的砌体。

与耐火混凝土相比，耐火可塑料的优点：现场使用方便，无须特殊的施工技术，不必专门养护；热稳定性佳，抗剥落性强，使用寿命长；整体密封性好等。

耐火可塑料主要用于以下各方面：带销钉的水冷壁管上的涂料，如炉膛卫燃带涂料、液态排渣炉熔渣段的水冷壁覆盖层；锅筒和集箱等的遮高温烟气的保护层涂料；烟道内金属件防磨覆盖层；用作管子穿墙处及管子稠密交叉处的高温填塞密封料，以代替异形耐火砖；修补局部破损的炉墙。

（3）保温绝热材料　锅炉炉墙保温层中常采用各种材质的保温砖、保温板、保温毡和保温混凝土等。对保温绝热材料最重要的要求是热导率低；同时还要求其堆密度小，价格低；另外，还要求其耐热温度不低于使用温度，并具有一定的机械强度等。保温材料的原料可分为有机物和无机物材料两大类。有机物保温材料的堆密度较小，价格便宜，但耐热温度较低。锅炉炉墙保温层中只用无机物保温材料，其中绝大部分是矿物质，它们的最高使用温度可达900℃。锅炉炉墙所用的保温绝热材料按其成分可分为如下几类：

1）硅藻土质保温材料。它以硅藻土为原料，在其中附加一些能燃尽的可燃物后，经高温焙烧而成。锅炉炉墙中常用的硅藻土保温制品有硅藻土砖与硅藻土板。硅藻土是一种黄灰色或绿色的沉积岩石，组织松软较轻，气孔率可达85%，是一种高温保温材料。其化学成分最主要为SiO_2，其次是Al_2O_3和Fe_2O_3，另外还有少量的其他金属化合物以及结合水。

2）膨胀蛭石保温材料。蛭石是一种复杂的铁、镁含水硅铝酸盐类，是黑云母和金云母井水化或风化后所形成的再生矿物。其化学成分主要为SiO_2、MgO及Al_2O_3。蛭石在受热脱水时，处于它的封闭层空间的水分就会蒸发而产生压力，导致体积膨胀。在800℃时体积达到最大值，形成膨胀蛭石。由于蛭石受热时形态的变化很像水蛭（俗称蚂蟥）的蠕动，故得名。膨胀蛭石的堆密度小，热导率小，是一种优良的保温材料。膨胀蛭石可以直接填充在设备夹层中用于保温，也可用水玻璃或水泥作为黏结剂制成蛭石板、蛭石瓦等制品。

3）膨胀珍珠岩保温材料。珍珠岩是一种酸性含水火山玻璃质熔岩，因具有珍珠裂缝结构而得名。当焙烧时，珍珠岩突然受热达到软化温度，玻璃质中的结合水汽化而产生很大的压力，使珍珠岩的体积迅速膨胀。当玻璃质冷却至软化温度以下后，便凝结成多孔的轻质保温材料，即膨胀珍珠岩。它除了堆密度小和热阻高以外，还具有许多其他的优点，如对温度的耐久性高，化学热稳定性好，而且还无味、无毒、不燃烧、不腐蚀等。

4）保温混凝土。保温混凝土是以多孔的轻质保温材料，如硅藻土砖的碎料、膨胀珍珠岩或蛭石等作为骨料，用帆布水泥、硅酸盐水泥，乃至水玻璃作为黏结剂，加水配制而成。经浇注养护可制成任意形状的保温制品。保温混凝土具有一系列的优点：耐热温度高，热导率小，可整体浇注，密封性能较好等。在锅炉炉墙中常作为紧贴耐火混凝土层的保温层。

5）纤维状保温材料。纤维状保温材料的特点是堆密度、热导率很小，不燃烧等。根据其制造的原料可分为三类，即由熔化的岩石制得的矿物棉、由熔化的矿渣制得的矿渣棉以及由熔化的玻璃制得的玻璃棉。这种保温材料用作膜式水冷壁敷管炉墙的保温绝热层尤为合适。它可以直接敷填，也可制成毡状覆盖。目前常用的新型纤维状保温材料有超细玻璃纤维与硅酸盐耐火纤维。

超细玻璃纤维是一种特别细而软的纤维，呈白色棉状，外观与棉花相似，皮肤触其无刺激感。它不仅是一种优良的保温绝热材料，而且还是一种高效吸声材料。

思　考　题

6-1　简述锅炉水冷壁的类型及各自特点。

6-2　简述自然循环锅炉蒸发受热面系统的构成及工作流程。

6-3　简述超临界锅炉蒸发受热面系统的构成及工作流程。

6-4　简述锅炉炉墙的作用及要求。

6-5　锅炉常用的耐火材料是什么？

6-6　锅炉常用的保温材料是什么？

第 7 章

过热器及再热器

7.1 过热器与再热器的系统布置与结构形式

7.1.1 概述

1. 过热器和再热器的作用

过热器的作用是将饱和蒸汽加热成为达到合格温度的过热蒸汽，其目的是提高蒸汽焓值，以提高电厂热力循环效率。

再热器的作用是将汽轮机高压缸的排汽再一次加热，使其温度与过热汽温相等或相近，然后再送到中低压缸做功。机组采用一次再热可使循环热效率提高 4% ～ 6%，采用二次再热可使循环热效率进一步提高 2%。另外，再热器可降低汽轮机排汽的湿度，提高末级叶片的安全性。

2. 过热器和再热器的工作特点

1）由于管外烟气温度高，管内工质温度高，因此，过热器与再热器壁温很高。过热器和再热器要有可靠的调温手段，运行中应保持汽温稳定，汽温波动在额定温度的 −10 ～ +5℃范围内。

2）过热器与再热器的冷却条件较差。过热器与再热器内流动的是高温蒸汽，其传热性能差，为保证管子金属得到足够的冷却，管内工质必须保证一定的质量流速。过热器与再热器的工质流速的确定，既要考虑使管壁金属得到有效冷却，又要考虑避免产生较大的压降。

3）过热器与再热器中烟气流速应根据传热、磨损和积灰等因素，通过技术经济比较选择。

4）过热器与再热器需要可靠的安全保护措施，必须设计可靠的减温减压及旁路系统，保证在升炉和汽轮机甩负荷时有足够的蒸汽通过过热器和再热器，避免因得不到足够冷却而发生烧损或爆管。典型的旁路系统如图 7-1 所示。

5）应尽可能减少过热器与再热器蒸汽压降。由于汽轮机进汽压力为定值，过热器阻力越大，锅炉锅筒的工作压力就越高，这就需要提高给水压力，使给水泵的能耗增加。另外，锅筒、水冷壁、下降管等承压部件壁厚需增大，成本会提高。一般蒸汽在整个过热器中的压降应不超过工作压力的 10%。

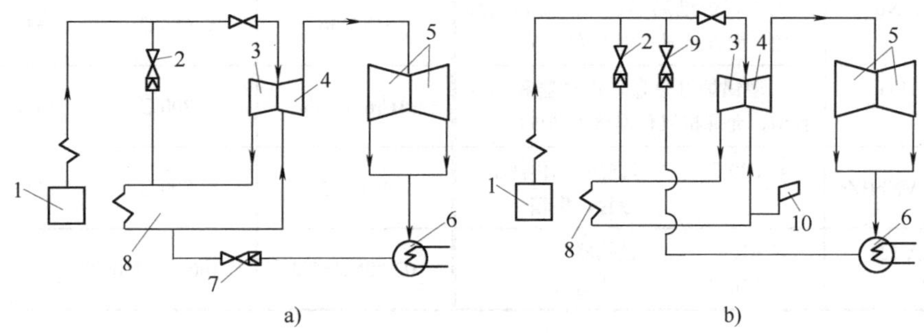

图 7-1　过热器与再热器旁路系统简图

a）两级串联旁路系统　b）两级并联旁路系统

1—锅炉　2—Ⅰ级减温减压旁路　3—汽轮机高压缸　4—汽轮机中压缸　5—汽轮机低压缸
6—凝汽器　7—Ⅱ级减温减压旁路　8—再热器　9—大旁路　10—向空排汽

再热器阻力增大，则再热器出口蒸汽压力降低，进入中、低压缸的蒸汽的做功能力降低，这将降低整个电厂的效率。一般电站锅炉允许再热器的最大压降为 0.2MPa。

6）在设计与运行时，应尽量防止或减少热偏差。

7）再热蒸汽压力低，表面传热系数只有过热蒸汽的 25%，对管壁冷却效果差，为了使再热器管壁不超温，应尽量将再热器布置在烟气温度较低的区域，并在出口端使用高级合金钢。

8）由于再热蒸汽压力低，温度高，比体积大，其体积流量比主蒸汽大得多，再热器采用大管径多管圈受热面，管子直径为 42 ～ 60mm，管圈数为 5 ～ 8。另外，再热蒸汽的连接管管径也比主蒸汽大。

9）再热器出口汽温受进口汽温的影响。单元机组在定压运行时，汽轮机高压缸排汽温度随负荷降低而降低，再热器进口汽温也相应降低，从而使再热器出口汽温降低。对于对流式再热器，其对流汽温特性更加显著，汽温调节幅度比过热器大。

3. 过热器和再热器所用材料

由于过热器与再热器的出口工质已达到其在锅炉中的最高温度，是锅炉中金属壁温最高的受热面，所以过热器和再热器的许多部分，特别是它们的末端部分需要采用价格较高的合金钢。锅炉常用钢材的允许工作温度见表 7-1。

表 7-1　锅炉常用钢材的允许工作温度

钢　号	允许壁温与用途	钢　号	允许壁温与用途
20G	≤ 480℃　受热面管子 ≤ 430℃　导管、集箱	12Cr2MoWVTiB （钢 102）	≤ 600℃　过热器、再热器
12CrMoG	≤ 540℃　受热面管子 ≤ 510℃　导管、集箱	12Cr3MoVSiTiB （П11）	≤ 600℃　过热器、再热器
15CrMoG	≤ 540℃　受热面管子 ≤ 510℃　导管、集箱	1Cr18Ni9 （304）	大型锅炉过热器、再热器和蒸汽管道，允许抗氧化温度为 705℃
12Cr1MoVG	≤ 570℃　过热器、再热器 ≤ 555℃　导管、集箱	0Cr17Ni12Mo2 （316）	大型锅炉过热器、再热器和蒸汽管道，允许抗氧化温度为 705℃

（续）

钢　　号	允许壁温与用途	钢　　号	允许壁温与用途
1Cr19Ni11Nb（347）	大型锅炉过热器、再热器和蒸汽管道，允许抗氧化温度为705℃	1Cr5Mo	≤650℃　吊挂、定距元件
0Cr18Ni11Ti（321）	大型锅炉过热器、再热器和蒸汽管道，允许抗氧化温度为705℃	1Cr6Si2Mo	≤700℃　吊挂、定距元件
Mn17Cr7MoVNbBZr	≤680℃　过热器、再热器、导管、集箱	4Cr9Si2	≤800℃　吊挂
X20CrMoV121（F12）	≤610℃　过热器 ≤650℃　再热器	1Cr20Ni14Si2	1000～1100℃　吊挂、定距元件

7.1.2 过热器与再热器的结构形式

1. 辐射式

辐射式（墙式）过热器或再热器布置在炉膛壁面上，直接吸收炉膛辐射热。在高参数大容量锅炉中，蒸汽过热或再热的吸热量占的比例很大，而蒸发吸热所占的比例减小，因此，为了在炉膛中布置足够的受热面，就需要布置辐射式的过热器或再热器。另外，辐射式受热面与对流式受热面汽温特性相反，有利于改善整个过热器和再热器的汽温调节性能，同时由于辐射传热强度大，可减少金属耗量。

辐射式过热器有多种布置方式，若设置在炉膛内壁上，称为墙式过热器；若悬挂在炉膛上部，称为前屏过热器；若布置在炉顶，称为顶棚管过热器。辐射式再热器通常布置在炉膛上部的壁面上，称为壁式再热器。

由于炉膛内烟气温度很高，且蒸汽的冷却能力较差，因此辐射式过热器或再热器管子的工作条件较恶劣。运行经验表明，管壁与管内工质的温差可达100～120℃，在其设计、布置和运行时应特殊考虑。首先，使辐射式过热器或再热器远离温度最高的火焰中心区，布置在烟气温度稍低的炉膛上部；其次，将辐射式过热器或再热器作为低温级受热面，以较低温度的蒸汽流过这些受热面，改善管子工作条件，并选取较高的管内工质质量流速，提高管内表面传热系数；另外，在锅炉起动时必须有足够的蒸汽流量来冷却管壁，冷却用蒸汽可以来自其他锅炉的减温减压蒸汽，也可以来自自生的蒸汽。

2. 半辐射式

半辐射式过热器和再热器指布置在炉膛上部或炉膛出口烟窗处，既吸收烟气流过时的对流热，又吸收炉膛中的辐射热及屏间烟气室辐射热的过热器和再热器。

利用屏式受热面吸收一部分炉膛和高温烟气的热量，能有效地降低进入对流受热面的烟气温度，防止密集对流受热面的结渣，并且减轻了大型锅炉炉膛壁面积相对较小，不能布置辐射受热面的困难，因而扩大了煤种的适用范围。

装置屏式过热器或再热器后，使过热器或再热器受热面布置在更高的烟气温度区域，减少了金属的消耗，并且有较大的气体辐射层厚度，气室辐射热量增加，使过热器或再热器辐射吸热的比例增大，改善了过热汽温的调节特性。

屏式受热面管屏由外径为32～42mm的无缝钢管组成，屏与屏之间的节距s_1=500～900mm，屏中管数由蒸汽流速确定，一般为15～30根，管子之间的相对节距

s_2/d=1.1 ～ 1.25。屏悬挂在炉顶的构架梁上，受热后能自由地向下膨胀。

烟气在屏间的流速通常为 5 ～ 10m/s，为了降低管壁温度，以提高受热面工作的安全性，屏式受热面内的蒸汽质量流速 $\rho\overline{w}$=700 ～ 1200kg/（m^2 • s），较相同压力的对流过热器高。

屏式受热面有几种布置方式，其中前屏主要吸收炉膛辐射热，烟气冲刷不好，对流传热所占份额较小，其他各屏则同时吸收辐射热与对流热，为半辐射式。

屏式受热面垂直布置时的结构比较简单，支撑方便；而水平布置的优点是在停炉时容易疏水。对于露天或半露天布置的锅炉，也有采用可以疏水的垂直布置的屏。

屏式受热器受炉膛火焰直接辐射，热负荷比较高，而屏中各管圈的结构和受热条件的差别又较大，因而屏式过热器的热偏差较大，特别是外圈管子，直接受到炉膛的高温辐射，工质行程又最长，因而流阻大，流量小，其工质焓增常比平均焓增大 40% ～ 50%，容易超温烧坏。为了平衡各管圈的吸热偏差，防止外圈管子超温，有许多改进的结构，如图 7-2 所示。如将每片屏的外圈管子采用较短的长度或较大的管径，或将外圈管子交换到内圈里去等，也可将外围的管子采用更好的材料，以提高其工作可靠性。

为了提高屏式受热面的工作性能，根据国外的经验，按照全焊膜式水冷壁的方式，用鳍片管制造全焊膜式屏，与光管屏相比，特别是用于结渣性燃料时，其污染程度较小，在同样条件下，其吸热的工作性能可提高 12%。

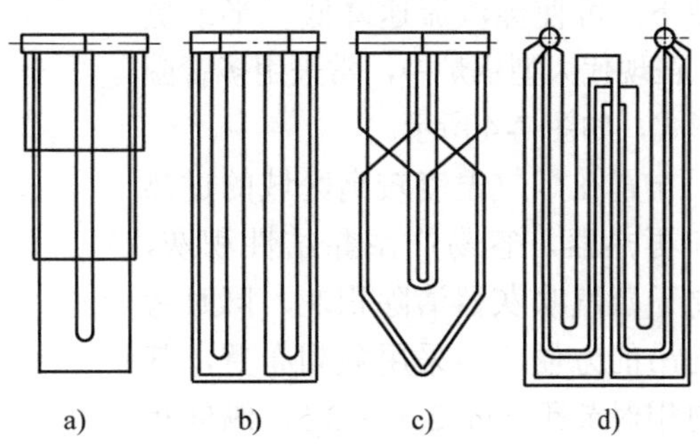

图 7-2 管屏的形式

a）外圈两圈管子截短 b）外圈管子短路

c）内外圈管子交叉 d）外圈管子短路，内外圈管屏交叉

3. 对流式

对流过热器和再热器布置在锅炉的对流烟道中，主要吸收烟气对流放热。在中压锅炉中，采用纯对流过热器；在大型锅炉中，采用复杂的过热器系统，然而对流过热器是其中主要的部分。

对流过热器和再热器是由大量平行连接的蛇形管束所组成，其进出口与集箱连接，蛇形管采用外径为 32 ～ 42mm 的无缝钢管制成，壁厚 3 ～ 7mm，由强度计算确定，过热器所用材料取决于其工作温度（表 7-1）。

根据管子的布置方式，对流过热器和再热器有立式和卧式两种。立式过热器和再热器蛇形管垂直布置，通常布置在炉膛出口的水平烟道中。其优点是结构简单，吊挂方便，结灰渣较少；其主要缺点是停炉后管内积水难以排除，长期停炉将引起管子腐蚀。在升炉时，由于管内积存有水，在工质流量不大时，可能形成气塞而将管子烧坏，因此在升炉时应控制过热器的热负荷，在空气没有完全排除以前，热负荷不应过大。

卧式过热器和再热器蛇形管水平布置，易于疏水排气，但其支吊结构比较复杂，常以有工质冷却的受热面管子作为它的悬吊管，布置在尾部竖井烟道内。塔式锅炉和箱式锅炉的过热器和再热器大多采用水平布置的方式。

按蒸汽与烟气的流动方向，对流过热器和再热器的布置方式可分为顺流、逆流和混流几种方式，如图 7-3 所示。逆流布置的温压最大，但工作条件最差；顺流布置的温压最小，耗用金属最多。一般在低烟气温度区的低温过热器和低温再热器采用逆流布置，在末级高烟

过热器和再热器采用顺流布置。

过热器并联蛇形管数目由蒸汽及烟气流速确定。蒸汽流速根据管子必需的冷却条件和流动阻力不致过大的原则来选取。过热器与再热器中烟气流速应根据传热、磨损和积灰等因素确定。为使过热器的烟气流速与蒸汽流速满足规定的要求，过热器蛇形管可以布置成单管圈或多管圈的形式，这样就可以在烟道截面不变的条件下，使蒸汽通道截面增加一倍或几倍，即在烟气流速不变的条件下，可使蒸汽流速降低一半或更多。在现代大型锅炉中，常采用多管圈的形式，如图 7-4 所示。

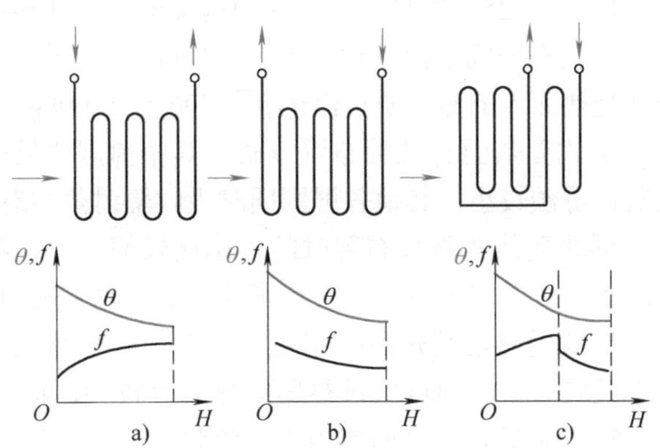

图 7-3 对流过热器和再热器的布置方式

a）顺流 b）逆流 c）混流

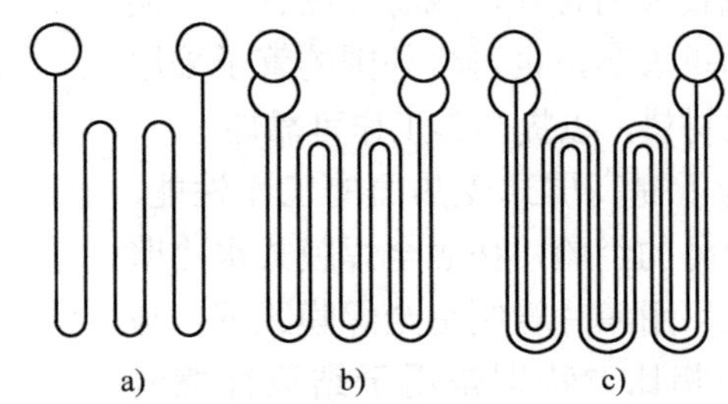

图 7-4 对流过热器和再热器的不同管圈结构

a）单管圈 b）双管圈 c）三管圈

布置在烟气温度较高区域的过热器和再热器，容易产生黏结性积灰，为便于蒸汽吹灰器清除积灰，同时考虑支吊的方便，多采用顺列布置，其横向相对节距 s_1/d=2.0 ～ 3.5，纵向相对节距取决于管子的弯曲半径。在尾部竖井中一般采用错列布置，其横向相对节距 s_1/d=3.0 ～ 3.5。当进口烟气温度高，如在 1000℃左右时，为防止结渣，常把过热器管的前几排拉稀，即把管束中的一排拉成两排而成为错列布置，这样可使管束前几排的横向相对节距增加一倍。为了防止在管子间形成渣桥而堵塞烟道，拉稀管束的相对节距应为：横向相对节距 $s_1/d > 4.5$，纵向相对节距 $s_2/d > 3.5$，如图 7-5 所示。

4. 包墙管过热器

在现代大容量高参数电站锅炉中，为了采用悬吊结构和敷管式炉墙，而在水平烟道和后部竖井烟道内壁像水冷壁那样布置过热器，称为包墙管过热器，有光管式和膜式包墙管。目前的大型锅炉都采用膜式包墙管结构，管间相对节距 s/d=2 ～ 3。这种结构可以保持锅炉的严密性，减少漏风，并可节约钢材。但另一方面，因包墙管紧靠炉墙，仅受烟气单面冲刷，而且烟速较低，因此对流传热效果较差。

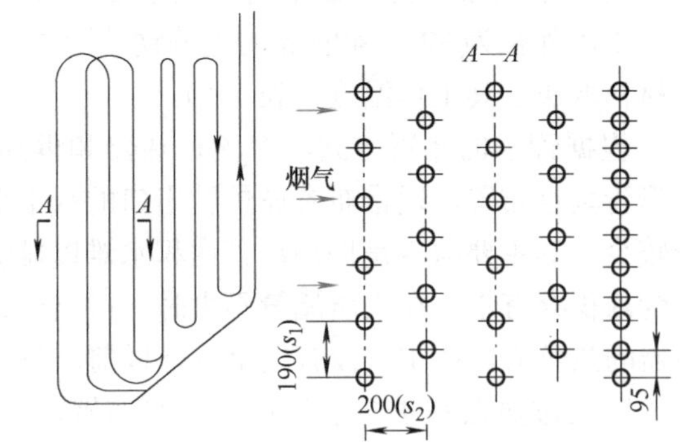

图 7-5 对流过热器前排管束的拉稀结构

7.1.3 过热器系统

过热器的系统布置应能满足蒸汽参数的要求，并有灵活的调温手段，还应保证运行中管壁不超温和具有较高的经济性等，其复杂性与锅炉参数有关。

DG1900/25.4-Ⅱ2 型锅炉的汽水流程图如图 7-6 所示。DG1900/25.4-Ⅱ 2 型锅炉过热器系统由顶棚管过热器、水平及后竖井烟道包墙管过热器，后竖井分隔墙式过热器，布置在尾部竖井后烟道内的水平对流低温过热器，位于炉膛上部的屏式过热器及位于折焰角上方的高温过热器组成。

工质在整个过热器系统的流程如下：

来自汽水分离器的蒸汽→顶棚管过热器及包墙管过热器→低温过热器→一级喷水减温器→屏式过热器→二级喷水减温器→高温过热器→汽轮机高压缸。

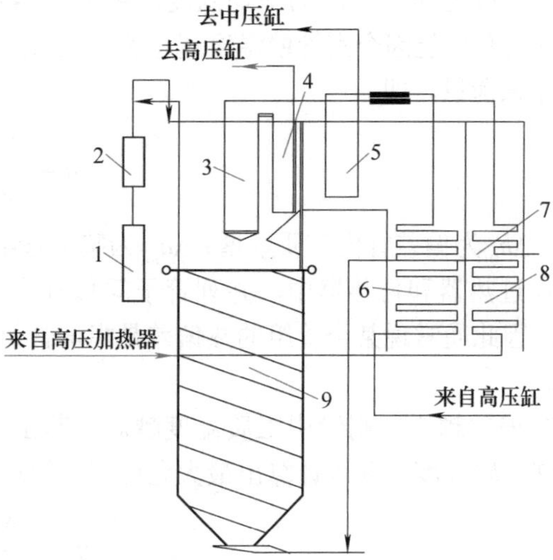

图 7-6　DG1900/25.4-Ⅱ 2 型锅炉的汽水流程图

1—储水罐　2—汽水分离器　3—屏式过热器　4—高温过热器　5—高温再热器　6—低温再热器　7—低温过热器　8—省煤器　9—炉膛

7.1.4　再热器系统

DG1900/25.4-Ⅱ 2 型锅炉的再热器系统由低温再热器、高温再热器及两者间的过渡管组组成。再热蒸汽温度的调节通过位于省煤器和低温再热器后方的烟气调节挡板进行控制，在低温再热器进口设事故喷水减温装置，在低温再热器出口管道上布置再热器微调喷水减温器作为辅助调节手段。

再热蒸汽的流程为：高压缸排汽→事故喷水减温器→低温再热器管组→再热器减温器→高温再热器→汽轮机中压缸。

相对于一次中间再热机组，二次再热机组能够进一步提高机组效率，同时二次再热还可以降低汽轮机低压缸排气湿度，有利于提高汽轮机运行的安全性。目前，我国已有多台二次再热机组投入运行，可以预计，未来二次再热机组在我国将有广阔的应用前景。

东方锅炉（集团）股份有限公司为惠来电厂 1000MW 二次再热锅炉采用 ∏ 型布置，单炉膛，前、后墙对冲燃烧，尾部双烟道，烟气再循环调节再热蒸汽温度。再热蒸汽的流程为：汽轮机超高压缸排汽→一次低温再热器→一次事故喷水减温器→一次高温再热器→汽轮机高压缸→二次低温再热器→二次事故喷水减温器→二次高温再热器→汽轮机中压缸。

7.2　热偏差

7.2.1　热偏差的概念

过热器和再热器长期安全工作的首要条件是其金属壁温不超过材料的最高允许温度。在过热器与再热器工作过程中，由于烟气侧和工质侧各种因素的影响，各平行管圈中工质的吸热量是不同的，平行管圈工质焓增也不相同，这种现象称为热偏差。过热器或再热器出口

的额定温度是所有蒸汽的平均温度，由于热偏差的存在，有的管内蒸汽温度将超过平均汽温，这就有可能因个别管壁温度超过安全极限产生烧损爆管事故。热偏差的程度可用热偏差系数 η 来衡量，即

$$\eta = \frac{\Delta h_{\mathrm{p}}}{\Delta h_{\mathrm{pj}}} \tag{7-1}$$

式中，Δh_{p} 为偏差管内工质焓增；Δh_{pj} 为整个管组工质平均焓增。

在过热器和再热器中，并列管子间总有热偏差存在，但最应关心的是焓增最大的那些管子，因此通常说某个管组的热偏差是指该管组中焓增最大的那些管子，将这些管子称为偏差管。

热偏差越大，则管中工质温度越高，其工作就越不安全。根据所用的材料可以确定最大允许工质温度，并可计算出最大允许工质焓增量 Δh_{yx}，从而计算出允许的热偏差系数 η_{yx}。

$$\eta_{\mathrm{yx}} = \frac{\Delta h_{\mathrm{yx}}}{\Delta h_{\mathrm{pj}}} \tag{7-2}$$

应该使过热器管组中最大的热偏差小于允许热偏差。

由于工质的焓增量大小取决于管子的热负荷 q、受热面积 A_{sr} 及通过管子的工质流量 q_m（kg/s）的大小，所以各管的焓增为

偏差管
$$\Delta h_{\mathrm{p}} = \frac{q_{\mathrm{p}} A_{\mathrm{sr,p}}}{q_{m,\mathrm{p}}} \tag{7-3}$$

平均管
$$\Delta h_{\mathrm{pj}} = \frac{q_{\mathrm{pj}} A_{\mathrm{sr,pj}}}{q_{m,\mathrm{pj}}} \tag{7-4}$$

定义

$$\eta = \frac{\Delta h_{\mathrm{p}}}{\Delta h_{\mathrm{pj}}} = \frac{\dfrac{q_{\mathrm{p}}}{q_{\mathrm{pj}}} \dfrac{A_{\mathrm{sr,p}}}{A_{\mathrm{sr,pj}}}}{\dfrac{q_{m,\mathrm{p}}}{q_{m,\mathrm{pj}}}} = \frac{\eta_q \eta_{A_{\mathrm{sr}}}}{\eta_G} \tag{7-5}$$

式中，η_q 为吸热不均系数，$\eta_q = \dfrac{q_{\mathrm{p}}}{q_{\mathrm{pj}}}$；$\eta_{A_{\mathrm{sr}}}$ 为结构不均系数，$\eta_{A_{\mathrm{sr}}} = \dfrac{A_{\mathrm{sr,p}}}{A_{\mathrm{sr,pj}}}$；$\eta_G$ 为流量不均系数，$\eta_G = \dfrac{q_{m,\mathrm{p}}}{q_{m,\mathrm{pj}}}$。

对于大多数过热器受热面，管子之间的受热面积的差异很小，可取 $\eta_{A_{\mathrm{sr}}}=1$，因此，过热器的热偏差主要是由于吸热不均和流量不均所造成的。对于过热器来说，最危险的将是那些热负荷较大而蒸汽流量又较小，因而其汽温又较高的那些管子。

7.2.2 产生热偏差的原因

1. 吸热不均

影响过热器管圈之间吸热不均的因素较多，有结构因素，也有运行因素。烟道内烟气

速度场与温度场的不均匀是造成吸热不均匀的主要原因。

首先，锅炉炉膛中烟气温度场和速度场本身不均匀。炉膛中部烟气温度高，速度也高，炉壁四周烟气温度低，速度也低。沿炉膛宽度方向温度与速度场分布不均，进入烟道后仍然将保持中部温度、速度较高的状况，会影响对流过热器的吸热，而且离炉膛出口越近，这种影响就越大。

一般来说，烟道中部的热负荷较大，沿宽度两侧的热负荷较小，如图 7-7 所示。沿宽度的吸热不均系数可达到 η_q=1.2 ～ 1.3。如果将烟道沿宽度方向分为几部分，如图中的三部分，可在烟道宽度的两侧布置一级过热器，并在烟道中布置另一级过热器，则过热器中并列管子吸热不均性会减少很多。

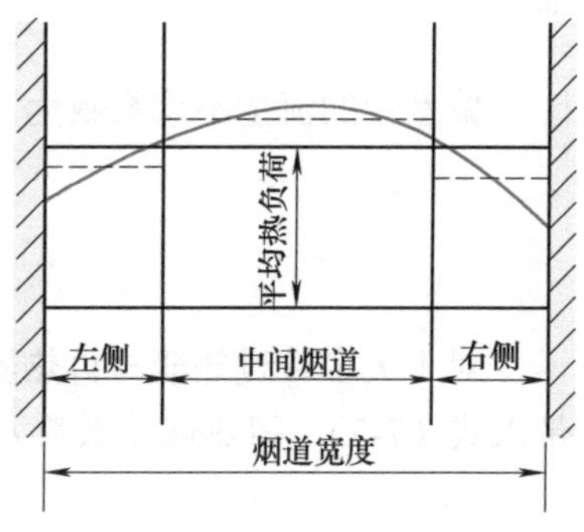

图 7-7　沿烟道宽度热负荷的分布

四角切向燃烧器所产生的旋转气流在对流烟道中的扭转残余，将导致进入烟道内的烟气温度和速度的分布不均匀，会使对流过热器产生吸热不均。运行中，火焰中心偏斜、燃烧组织不良、炉膛内部分水冷壁结渣等现象也会产生吸热不均。

过热器或再热器管排的横向相对节距不均匀，受热面的污染（如结渣或积灰）、屏式过热器屏内各管圈接受炉膛敷设时曝光不均匀等情况也会使管间吸热不均。

2. 流量不均

影响并列管子间流量不均的因素也很多，例如集箱连接方式的不同、并列管圈间重位压差的不同和管径及长度的差异等。此外，吸热不均也会引起流量的不均。

（1）吸热不均的影响　当不计集箱中的压力变化时，两集箱的压差为

$$\Delta p=\left(\Sigma\xi+\lambda\frac{l}{d_{\mathrm{n}}}\right)\frac{(\rho\overline{w})^2 v}{2}+\frac{h}{v}g \tag{7-6}$$

式中，Δp 为管子进出口压差（Pa）；$\rho\overline{w}$ 为管内蒸汽质量流速 [kg/（m^2 • s）]；v 为管内蒸汽平均比体积（m^3/kg）；l、d_n 分别为管子长度（m）、内径（m）；λ 为沿程摩擦阻力系数；ξ 为管子的局部阻力系数；h 为管子进出口高度差（m）；g 为重力加速度（m/s^2）。

对于过热蒸汽，重位压差 $\frac{h}{v}g$ 所占的压差份额是很小的，可不予考虑。在这种情况下，式（7-6）将变为

$$\rho\overline{w}=\sqrt{\frac{2\Delta p}{\left(\lambda\frac{1}{d_{\mathrm{n}}}+\Sigma\xi\right)v}} \tag{7-7}$$

设管子流通面积为 A_{lt}，则管内蒸汽流量 q_m（kg/s）为

$$q_m=\rho\overline{w}A_{\mathrm{lt}}=\sqrt{\frac{2\Delta pA_{\mathrm{lt}}^2}{\left(\lambda\frac{1}{d_{\mathrm{n}}}+\Sigma\xi\right)v}} \tag{7-8}$$

将式（7-8）中只与结构有关的参数合并为结构阻力系数 R，有

$$R=\frac{\frac{\lambda l}{d_n}+\Sigma\xi}{2A_{lt}^2} \tag{7-9}$$

则
$$q_m=\sqrt{\frac{\Delta p}{Rv}} \tag{7-10}$$

偏差管的流量不均系数为

$$\eta_G=\frac{q_{m,p}}{q_{m,pj}}=\sqrt{\frac{R_{pj}v_{pj}\Delta p_p}{R_p v_p \Delta p_{pj}}} \tag{7-11}$$

对于大多数过热器与再热器，各并列管圈的结构基本相同，$R_p \approx R_{pj}$，$\eta_{A_{sr}} \approx 1$。将式（7-11）带入式（7-5），得热偏差系数为

$$\eta=\frac{\eta_q}{\eta_G}=\sqrt{\frac{q_p^2 v_p \Delta p_{pj}}{q_{pj}^2 v_{pj} \Delta p_p}} \tag{7-12}$$

由式（7-12）可看出，即使管圈之间结构完全一样，阻力系数完全相同，由于吸热不均引起的工质比体积的差别也会导致流量不均。吸热量大的管子，其工质比体积也大，管内工质流量就小，更使得该管的热偏差系数增大。管内工质焓增增大，管子出口工质温度和壁温也相应升高。

（2）集箱内压力变化的影响　由集箱水动力学可知，由于集箱内蒸汽流速、沿程摩擦阻力和重位压差的变化，沿集箱长度各点的静压是不相等的。

当蒸汽从一端进入水平布置的分配集箱后，不断分流进入管排，沿集箱长度蒸汽流速逐渐降低，静压升高，至集箱末端流速为零，全部动压转化为静压。集箱进口至末端，静压的增加值等于进口处动压减去沿集箱摩擦损失。

在Z形连接管组中（图7-8a），蒸汽由进口集箱左端引入，并从出口集箱的右端导出。在进口集箱中，沿集箱长度方向，动能也沿集箱长度方向逐渐降低，而静压则逐步升高，进口集箱中静压的分布曲线如图7-8a中上面一根曲线所示；出口集箱中的静压变化如图7-8a中下面一根曲线所示。这样，在Z形连接管组中，管圈两端的压差 Δp 有很大差异，因而导致较大的流量不均。

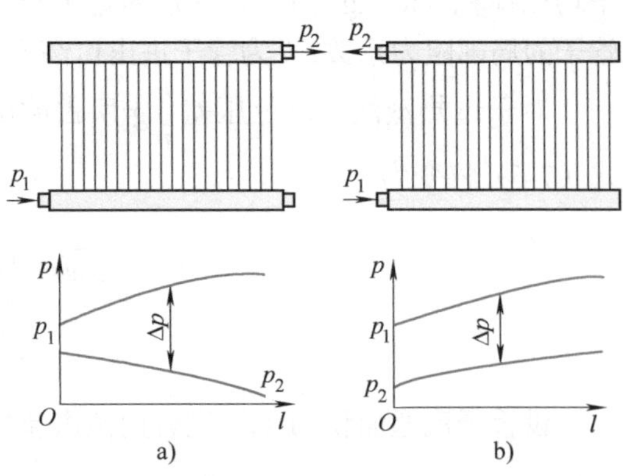

图7-8　过热器的Z形连接和U形连接方式

a）Z形　b）U形

在U形连接管组中（图7-8b），两个集箱内静压的变化有着相同的方向，因此并列管圈之间两端的压差 Δp 较小，其流量不均比Z形连接方式要小。可以预期，在多管均匀引入和导出的连接系统（图7-9）中，沿集箱长度静压的变化对流量不均的影响将减小到最低限度。

7.2.3　减小热偏差的措施

热偏差是由于吸热不均和流量不均引起的。现代大型锅炉因热偏差而造成的汽温偏差可达 50 ～ 70℃，甚至更高。因此，必须针对原因，在结构和运行上采取各项相应措施，以减轻过热器和再热器的热偏差，使管壁温度控制在允许范围内。

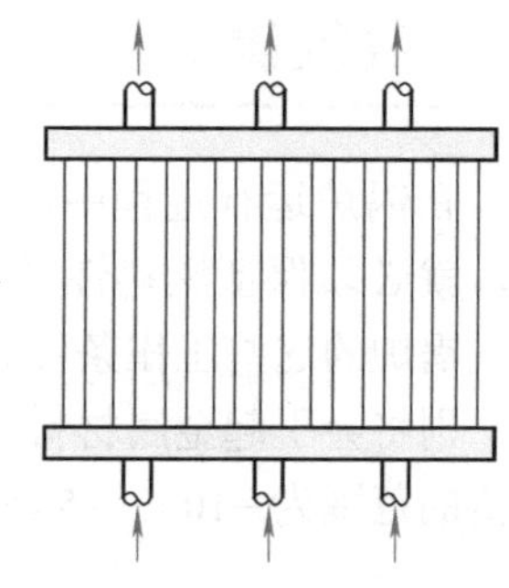
图 7-9　过热器的多管连接方式

为了减小热偏差，在设备方面采取的措施主要有以下两方面。

1. 运行措施

在运行时，应根据锅炉出力需要，合理投用燃烧器，调整好炉内燃烧，确保燃烧稳定，烟气均匀并充满炉膛空间，避免火焰产生偏斜和冲刷屏管，尽量使沿炉宽方向上的烟气流量和温度分布比较均匀，控制左右侧烟气温差不过大。要健全吹灰制度，定期进行吹灰，防止因积灰和结渣引起的受热不均。

2. 结构措施

1）将受热面分级，级间进行中间混合。将受热面分级并控制各级受热面中蒸汽的焓增值，是减小热偏差的重要措施之一。受热面分级后，对某一级来说所有受热不同的管子都接在同一出口集箱，在集箱内使蒸汽进行混合，于是在该级中产生的热偏差经混合后可以得到消除，而不会带到下一级中去。因此，级分得越多，每级的平均焓增越小，热偏差也就越小；但这会增加设备和系统的复杂性，故也不宜太多。

2）级间进行左右交叉流动，以降低两侧热偏差。为了减小过热器左右两侧的热偏差，可以采用级间左右交换流动，即用连通管将上一级原在左侧的蒸汽送往下一级的右侧，原在右侧的蒸汽送到左侧。

3）采用合理的集箱连接形式。采用比 Z 形连接的流量偏差小的 U 形连接，采用多管引入和多管引出的连接方式可使进出口集箱中沿长度的静压变化达到最小。

4）采用定距装置，以使屏间距离及蛇形管片的横向节距相等。保持管子横向节距相等，可以消除蛇形管间的“烟气走廊”，从而可避免因烟气走廊而使其相邻的蛇形管由于局部烟速过高及管间辐射层厚度增大引起的吸热量大于其他管子的热力不均现象。

5）按受热面热负荷分布情况划分管组。由于沿烟道宽度热负荷分布不同，将受热面划分成串联的两组，蒸汽先通过两侧管组，再进入中间的管组，可以减少由于烟道内中间热负荷高于两侧热负荷所引起的吸热不均。

6）对于屏式过热器，由于其结构特点，不仅存在比较大的吸热不均和流量不均，而且存在比较大的结构不均。因此在结构设计时，可以适当减小外管圈管子长度，或外管圈采用直径较大的管子。也就是使热负荷高的管内具有较高流速，使蒸汽焓增降低，减少热偏差。

7）加装节流圈。根据管圈两端的不同压差在管子的入口处装设不同孔径的节流圈，控制各管内蒸汽流量，使流量不均匀系数趋近于 1，从而减小热偏差。直流锅炉和强制循环锅炉常用加节流圈的方法来分配流量。

7.3 汽温调节

在锅炉运行过程中，总是希望锅炉在额定参数下工作。要保证锅炉能在额定参数下工作，就必须保证燃料性质、给水温度和炉膛过量空气系数等符合设计工况。但在实际运行中，锅炉的这些工作条件会产生较大波动，波动的结果总是造成蒸汽参数的变化。如汽温过高，则将会引起金属材料损坏；如汽温过低，则将影响热力循环效率。通常规定汽温偏离额定值的范围为 −10 ～ +5℃，因此，过热汽温与再热汽温调节非常重要。

7.3.1 运行中影响过热汽温和再热汽温的因素

1. 汽温变化的静态特性

汽温变化的静态特性，指的是过热器和再热器出口的蒸汽温度与锅炉负荷之间的关系，简称汽温特性。

（1）辐射式过热器的汽温特性　随着锅炉负荷的增加，过热器中工质的流量和锅炉的燃料消耗量按比例增大，因为炉内火焰温度的升高甚少，炉内辐射热并不按比例增加。也就是说，随锅炉负荷的增加，辐射式过热器吸收的辐射热增长不及蒸汽流量增长的比例大，辐射式过热器中蒸汽的焓增减少，出口蒸汽温度下降，如图 7-10 中曲线 1 所示。

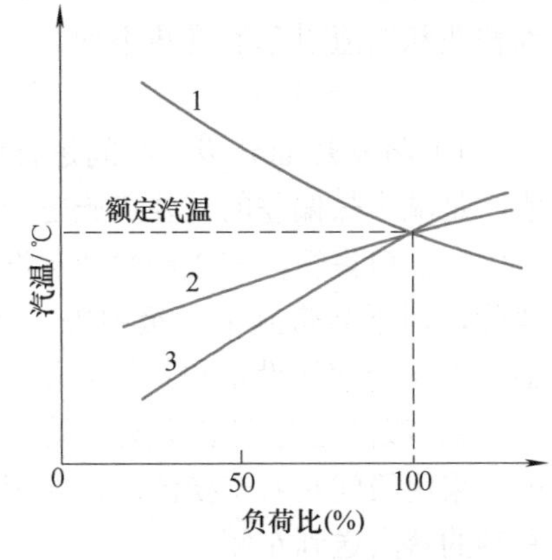

图 7-10　过热器的汽温特性

1—辐射式过热器　2、3—对流过热器

（2）对流过热器的汽温特性　当锅炉负荷增大时，燃料消耗量增加，由于水冷壁吸热增长很少，将有较多的热量随烟气离开炉膛，对流过热器中的烟速和烟气温度提高，过热器中工质的焓增随之增大。因此，对流过热器的出口汽温是随锅炉负荷的提高而增加的，如图 7-10 中曲线 2、3 所示。过热器布置远离炉膛出口时，汽温随锅炉负荷提高而增加的趋势更为明显，如图 7-10 中曲线 3 所示。

（3）半辐射式过热器的汽温特性　半辐射式过热器由于辐射和对流吸热的比例接近，它的汽温特性介于辐射式过热器与对流过热器之间，其出口汽温随锅炉负荷的变化较小。

（4）过热器系统的汽温特性　由于辐射式和对流式受热面的汽温特性正好相反，一般锅炉采用两者相结合的方式布置过热器和再热器系统，以减少负荷变化对汽温的影响。

一般自然循环锅炉的过热器，虽然是由辐射、半辐射和对流三种吸热方式的过热段组合而成，但辐射吸热的份额毕竟不大，整个过热器的汽温特性仍是对流式的，即负荷降低时，出口汽温将下降。在 70% ～ 100% 额定负荷范围内，过热汽温的变化约为 30 ～ 50℃。

（5）再热器的汽温特性　再热蒸汽温度随锅炉负荷变化规律原则上与过热器相同，但又有其不同的特点。在过热器中，锅炉负荷变化时，其进口汽温基本上是保持不变的，等于锅筒压力下的饱和温度。对于再热器，汽轮机高压缸排汽温度下降，再热器进口汽温也随之降低。一般当锅炉负荷从额定值降到 70% 额定负荷时，再热器进口汽温下降 30 ～ 50℃，如果再热器采用纯对流式，而且布置在烟气温度较低的区域，加上再热蒸汽的比热容又小，则会使再热器的出口汽温有更大幅度的下降。

（6）直流锅炉的汽温特性　直流锅炉的汽温特性与锅筒锅炉不同，在蒸发受热面与过热受热面之间没有固定的分界线。例如，在给水量保持不变时，如果减少燃料量，则加热段和蒸发段的长度增加，而过热段的长度减小，过热器出口汽温就要降低，要保持原来的蒸汽温度，就必须增加燃料量或减少给水量。在直流锅炉中，只要保持一定的燃料量与给水量的比例，就能保持一定的汽温值。如果汽温偏低，可增加燃料量或减少给水量，使汽温升高到额定值；若汽温偏高，可减少燃料量或增加给水量，使汽温降低到额定值。直流锅炉能在30%～100%额定负荷范围内通过调节水、燃料比来保持额定汽温。但由于直流锅炉水容量小，工况变化对汽温变化的敏感性很大，而且从给水进口到过热器出口总长度有600～700m，使其延迟时间较大，因此直流锅炉需要采用比较复杂的调节装置。

（7）机组变压运行时的汽温特性　传统的运行方式，锅炉是在等压下运行的，单元机组也可采用变压运行的方式，此时，汽轮机调节汽门保持全开，机组的功率变动是靠改变锅炉出口蒸汽压力来实现的。机组在额定负荷时按额定压力运行，在低负荷时按较低的压力运行，而蒸汽温度始终保持额定值。这样，在负荷变化时，汽轮机高压缸的排汽温度保持稳定，再热器进口汽温也就保持不变，其汽温特性可以得到很大改善。

另外，在变压运行时，负荷降低，过热器与再热器内蒸汽压力随之降低，蒸汽比热容减少，加热至相同温度所需热量减少，因此负荷降低时，过热汽温和再热汽温比等压运行时易于保持稳定。

2. 过量空气系数

炉膛过量空气系数的变化对过热汽温也有显著的影响。炉膛过量空气系数增大，将使得炉膛温度降低，辐射式过热器和再热器的吸热量减少，其出口汽温下降。另外，炉膛过量空气系数增大，燃烧生成的烟气量也增大，流速加快，表面传热系数增加。因此，对流受热面的吸热量增大。目前大多数锅炉的过热器均以对流吸热为主，当增大过量空气系数时将使过热汽温上升。根据运行经验，过量空气系数增加10%，汽温可增加10～20℃，而低温过热器中汽温增加的量要比高温段中增加的量要大得多。但是增大过量空气系数将使锅炉的排烟热损失增大。

3. 给水温度

锅炉给水温度降低时，会使锅炉的总吸热量增加，必须增加投入锅炉的燃料，以使进入对流受热面过热器的烟气温度与流速增加，造成对流受热面出口汽温升高，而对辐射受热面的出口汽温影响很小。例如，高压加热器解列，将使给水温度显著降低，对过热汽温有显著影响。根据运行经验，给水温度每降低10℃，将使过热汽温增加4～5℃。国内有些电厂，由于高压加热器未投入运行，使给水温度低于设计值约60℃，这将引起过热汽温升高约30℃。

4. 受热面的污染情况

炉膛受热面的结渣或积灰，会使炉内辐射传热量减少，炉膛出口的烟气温度提高，对流传热量增加，因而使汽温上升。反之，过热器或再热器本身的结渣或积灰将导致汽温下降。

5. 饱和蒸汽用汽量

当锅炉的吹灰器或风机水泵等使用饱和蒸汽时，为供应饱和蒸汽就需增加燃料，相当于锅炉负荷增加，其结果将使汽温上升。但由于饱和蒸汽用量少，因此对汽温的影响较小。

6. 燃烧器的运行方式

摆动燃烧器喷嘴向上倾斜时，会因火焰中心提高而使过热汽温升高。对于沿炉膛高度具有多排燃烧器的锅炉，运行中不同标高的燃烧器组的投入，也会影响蒸汽的温度。

7. 燃料性质

在煤粉锅炉中，燃煤水分增大或灰分增加时，由于发热量降低而必须增加燃料消耗量，这使得燃烧产生的烟气量增大，流速加快，对流式受热面出口汽温升高。由于炉膛温度降低而使辐射吸热量减少，辐射式受热面出口汽温将要降低。

当燃煤锅炉改为燃油时，由于炉膛辐射热的份额增大，辐射式受热面吸热量增加，而对流式受热面吸热量下降。

7.3.2　汽温调节方法

在现代锅炉中，汽温的调节方法很多，且各有其不同的特点，主要分为蒸汽侧调节与烟气侧调节两大类。

对蒸汽调节方法的基本要求是：①调节惯性或时滞要小；②调节范围要大；③设备的结构要简单可靠；④对循环的效率影响要小；⑤附加的设备和金属消耗要少。

1. 蒸汽侧汽温调节

蒸汽侧调节，是指通过改变蒸汽焓来调节气温，其方法主要包括喷水减温、表面式减温器和汽 - 汽热交换器。现代大型电站锅炉主要采用喷水减温。

在喷水减温器中，减温水直接喷入过热蒸汽中，使水受热蒸发，吸收蒸汽的热量，过热汽温随之降低，从而达到调节过热汽温的目的。喷水减温器是一种接触式热交换器。

喷水减温器调节幅度大，惯性小，调节灵敏，易于自动化，加上其结构简单，因此在过热器调温中得到普遍应用。在喷水减温器中，喷入的水与蒸汽直接混合，因而对水质的要求很高，所用的减温水应保证喷水后过热蒸汽中的盐含量及硅含量符合规定的蒸汽质量要求。

随着现代给水处理技术的提高，给水品质已相当高，故通常就以给水作为调温用的减温水。此时，只要在给水管路上接出一路减温水引到减温器处，利用给水和减温器之间的压差，即可达到有效喷射的目的。

大型电站锅炉的过热器分为很多级，因此常采用多级减温方式，即在整个过热器系统上，装设二级或三级喷水减温器。通常在过热器的低温段，由于蒸汽温度较低，可以不装减温器。在屏式过热器前设置第一级减温器，以保护屏式过热器不超温，并作为过热汽温的粗调节。在末级高温对流过热器前装设第二级减温器，这样既可以保证高温过热器的安全，同时可减小时滞，提高调节的灵敏度。也有在大屏、后屏和末级过热器前布置三级喷水减温器的。

由于再热器是串接在汽轮机的高、中压缸之间，加热后的蒸汽仍要回到中压缸内继续做功，在再热器中一般不宜采用喷水减温，因为喷水减温会使机组的热效率降低。在再热器中喷入的水化作中压蒸汽，使汽轮机中、低压缸的蒸汽流量增加，即增加了中、低压缸输出的功率，如果机组负荷一定，则势必要减小高压缸的功率。由于中压蒸汽做功的热效率较低，因而使整个机组的循环热效率降低。计算表明，在再热器中每喷入1%蒸发量的减温水，将使循环热效率降低0.1%～0.2%。为此再热汽温的调节必须考虑采用其他的调温方法。

喷水减温器的结构形式很多，按喷水方式有下列四种，即双喷头式减温器、文丘里管式减温器、旋涡式喷嘴减温器和多孔喷管式减温器等。

双喷头式减温器如图 7-11 所示。在过热器的连通管道或集箱中插入两根喷嘴，水从几个直径 3mm 的小孔喷出，直接与蒸汽混合。为了避免喷水的水滴与管壁接触引起热应力，在喷水处装置长约 3 ～ 4m 的内套管，或称混合管，使水与蒸汽混合。为了混合完全，喷水的雾化质量要好。这种减温器结构简单，制造方便，但由于其喷孔数量受到限制，因此喷孔阻力较大，在大容量锅炉中应用受到一定的限制。这种喷嘴悬挂在减温器中成一悬臂，受高速汽流冲刷会产生振动，甚至发生断裂损坏。

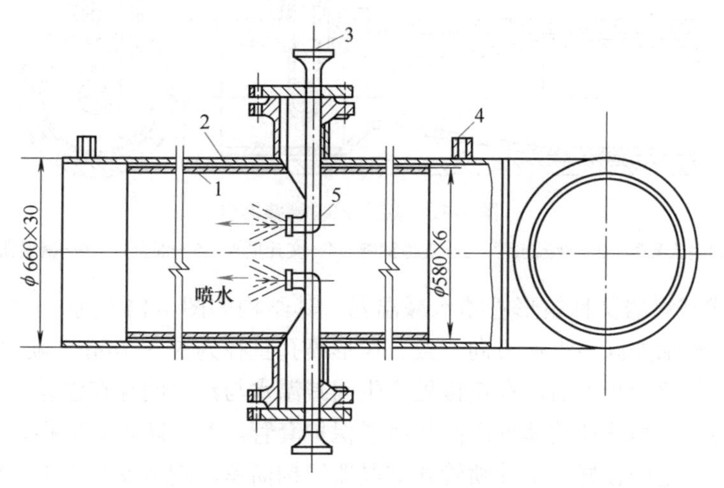

图 7-11　双喷头式减温器

1—混合管　2—筒体　3—减温水管　4—热电偶插座　5—喷水头

图 7-12 所示为文丘里管式喷水减温器结构示意图。它由文丘里管、混合管、环形水室及减温水管等组成。水经文丘里管喉口处的水室，再由喷孔喷入汽流，喷孔水流速度约为 1 ～ 2m/s。采用文丘里管喷管不仅可以增大喷水与蒸汽的压差，而且由于使喉口处的蒸汽流速能高达 70 ～ 120m/s，从而改善了混合条件。这种喷水减温器具有流动阻力小、水的雾化效果良好的优点，在我国应用较为广泛。同时，这种减温器结构较复杂，变截面多，焊缝多，由于在喷射给水时温差较大，在喷水量多变的情况下会产生较大的温差应力，故易引起水室断纹等损坏事故。

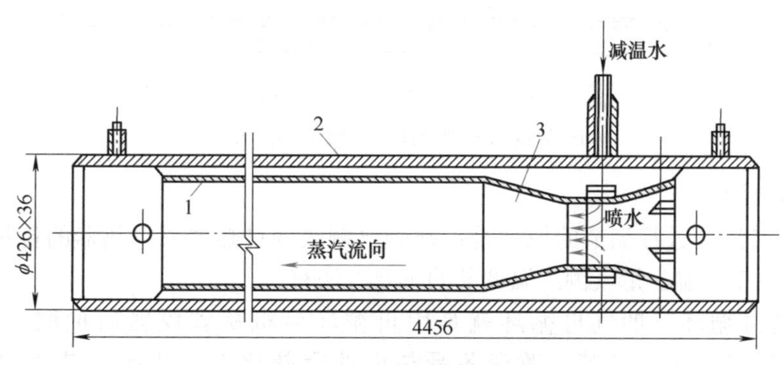

图 7-12　文丘里管式喷水减温器

1—混合管　2—减温器本体　3—文丘里管

图 7-13 所示为旋涡式喷嘴减温器，由旋涡式喷嘴、文丘里管和混合管组成。这种减温器雾化质量较好，减温幅度较大，能适应减温水频繁变化的工作条件。由于喷嘴以悬臂方式悬挂在减温器内，在设计时应避开共振区，防止喷嘴断裂损坏。

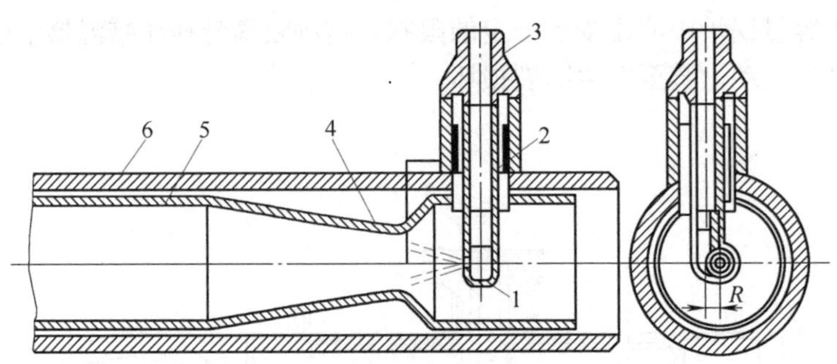

图 7-13 旋涡式喷嘴减温器

1—旋涡式喷嘴 2—减温水管 3—支撑钢碗 4—文丘里管 5—混合管 6—减温器集箱

多孔喷管式减温器又称笛形管喷水减温器，其结构如图 7-14 所示。它主要由多孔喷管和混合管组成，喷水方向与汽流方向一致。笛形喷孔直径为 5 ～ 7mm，喷水速度 3 ～ 5m/s。为避免筒壁直接与喷管相焊后，在连接处产生因减温水与蒸汽间存在温差及减温水量变化所引起的温差应力，在喷管和筒体壁之间加接了保护套管。为了防止悬臂振动，喷管采用上下两端固定，故其稳定性较好。多孔喷管式减温器结构简单，制造安装方便；但水滴雾化质量可能差些，因此混合管的长度宜适当长些。

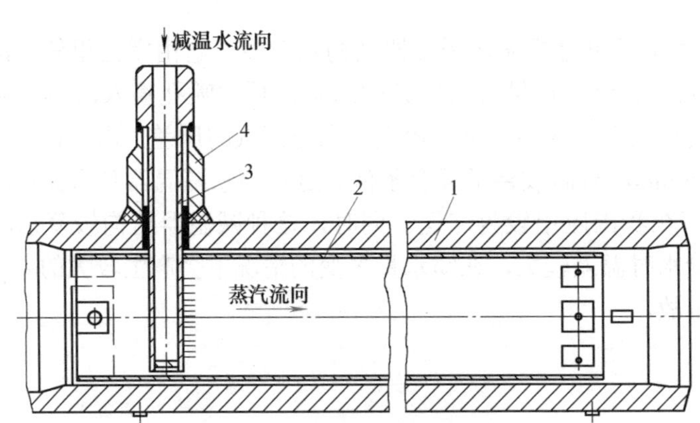

图 7-14 多孔喷管式减温器

1—筒体 2—混合管 3—喷管 4—管座

2. 烟气侧汽温调节

从烟气侧对汽温进行调节的原理是：从烟气侧改变过热器或再热器的传热特性，影响蒸汽的焓增，改变汽温。烟气侧汽温调节的主要方法有：

（1）烟气再循环 烟气再循环就是用再循环风机从省煤器后抽取一部分低温烟气（250 ～ 350℃），送入炉膛，改变各受热面的吸热比例，从而调节汽温，如图 7-15 所示。

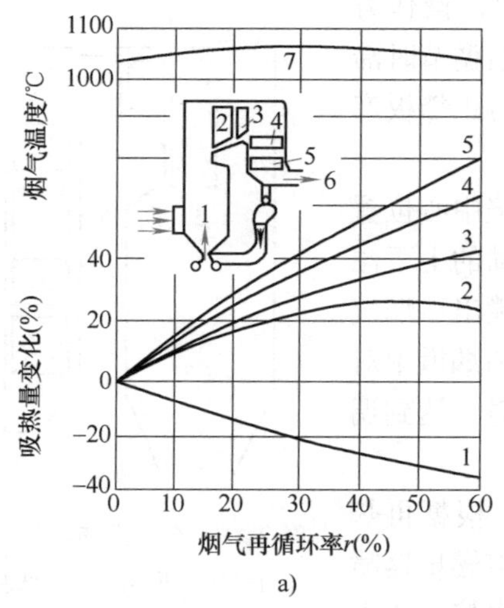

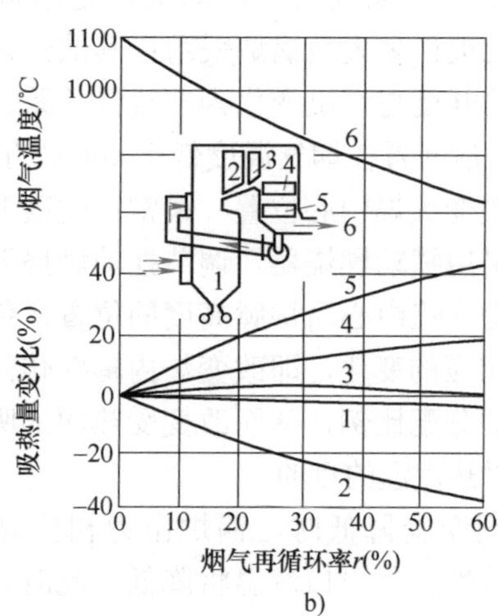

图 7-15　烟气再循环对锅炉热力特性的影响

a）再循环烟气从炉膛下部送入　b）再循环烟气从炉膛上部送入

1—炉膛　2—高温过热器　3—高温再热器　4—低温过热器

5—省煤器　6—炉膛出口烟气温度

再循环烟气从炉膛底部送入时，流经炉膛及各对流受热面的烟气量增多，炉内烟气量增多使炉内平均温度降低，从而减少了炉内的辐射传热，而炉膛出口附近的烟气温度变化不大。对流受热面传热量主要取决于烟气温度和烟气流量，烟气流量增多，传热也将增多，离炉膛越远的受热面烟气流速与传热温压都增加，受热面的吸热量增长越大。也就是说，采用烟气再循环后省煤器吸热量相对增加得最多，再热器次之，对流过热器最少。因此，当再热汽温采用烟气再循环调节时，宜将再热器布置在过热器之后，以增大调温幅度，减少对过热汽温的影响。

再循环烟气从炉膛上部烟窗附近送入时，炉膛辐射吸热量改变很小，但炉膛出口烟气温度显著降低，靠近烟窗的高温过热器的传热温压减小，传热量降低。在烟气行程后部的受热面，烟气量增加，流速加快，使得吸热量增加。这种烟气再循环对再热汽温调节幅度较小。但是，这样做会降低和均匀炉膛出口烟气温度，可以防止炉膛出口受热面结渣和超温。

烟气再循环是一种升温调节方法，它不同于喷水减温。当再热汽温降低时，可适当增大再循环的烟气量，以提高再热汽温，使之保持在所规定的数值内。每增加 1% 的再循环烟气量，可使再热汽温升高约 2℃。

烟气再循环的优点是调节幅度较大，反应灵敏时滞小，能节省受热面，同时还能均匀炉膛热负荷；其主要缺点是使用再循环风机增加了厂用电。同时，因使用的是高温风机，尤其是燃煤锅炉风机磨损又相当严重，故可靠性差，维修费用大。

（2）分隔烟道与烟气挡板　采用分隔烟道与烟气挡板是从烟气侧进行再热汽温调节的另一种方法，如图 7-16 所示。利用隔烟墙把后竖井烟道分成两个平行烟道，在主烟道中布置再热器，旁路烟道中布置过热器或省煤器，在烟道出口处装设可调的烟气挡板，当再热锅炉出力改变或其他工况条件发生变动引起再热汽温变化时，调节烟气挡板开度，改变两个烟道的烟气分配，也就是通过改变再热器的烟气流量和吸热量来调节再热汽温。

分隔烟道与烟气挡板法的优点是结构简单，操作方便，所以已被许多大型锅炉采用；其缺点是汽温调节时滞大，挡板的开度与汽温变化为非线性关系。为防止挡板产生热变形，应布置在烟气温度低于400℃的区域。

（3）改变火焰中心位置 最常用的改变火焰中心位置的方法是采用摆动燃烧器。调节摆动燃烧器喷嘴的上下倾角，以改变火焰中心沿炉膛高度的位置，使炉膛出口烟气温度发生相应的变化，即改变炉内辐射传热量和烟道中对流传热量的分配比例，从而改变受热面的吸热量，达到调节过热及再热汽温的目的。

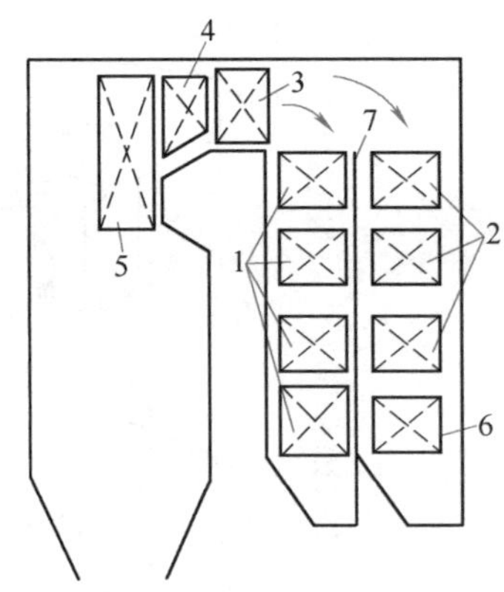

图 7-16 分隔烟道烟气挡板示意图

1—低温再热器 2—低温过热器 3—高温再热器 4—高温过热器 5—后屏过热器 6—省煤器 7—隔烟墙

当机组负荷降低时，锅炉出力相应减小，根据再热器的汽温特性，其出口汽温将降低。此时，调整燃烧器喷嘴的倾角使它向上摆动某一角度，于是炉膛内火焰中心上移，引起炉膛上部及炉膛出口烟气温度的升高，从而使壁式再热器及高温再热器的吸热量都得到相应的增加，再热器的出口汽温就能恢复到规定范围内而保持基本不变。反之，当再热汽温升高时，使燃烧器喷嘴向下摆动某一角度，同样能使再热温值维持在规定的范围内。一般燃烧器摆动 ±（20°～30°）时，炉膛出口烟气温度变化为110～140℃，调温幅度可达40～60℃。

在用烟气侧调温时，如通过摆动式燃烧器调节再热汽温时，由于这些方法同时作用于再热器和过热器，因此不仅调节了再热汽温，同时也影响到过热汽温。为此，在改变喷嘴倾角调节再热汽温的同时，需再用喷水减温器对过热汽温进行调整。

在用摆动式燃烧器进行汽温调节时，理想的调节特性使燃烧器摆角变化对再热汽温和过热汽温的调节幅度能与再热器和过热器的汽温特性所具有的汽温变化率之间达到“匹配”。这样，在锅炉出力改变时，两者将能实现“同步”调节，从而可不用或只用少量减温水对汽温进行校正的细调节。

摆动式燃烧器调温具有调节幅度大、时滞小等优点，然而，在具体应用中，考虑到燃烧器喷嘴摆角过大会对炉内燃烧工况及锅炉运行经济性带来不利的影响，尤其在燃用灰熔点较低的煤时，因受到炉膛出口温度的限制，使得实际的调温范围有所缩小。

对于采用多层燃烧器的锅炉，当负荷降低时，首先停用下排燃烧器，可使火焰中心抬高，可以在一定范围内调节汽温，但幅度较小，一般应与其他调温方式配合使用。

7.4 管壁温度计算

受热面壁温工况是保证锅炉可靠工作的首要因素之一，必须使所有受热面的金属温度低于它的安全极限。随着现代锅炉向大容量、高参数方向发展，已使锅炉受热面的管壁温度非常接近所用金属的安全极限，所以对管壁温度进行校核显得十分重要。

过热器与再热器的管壁温度在各受热面中也往往是最高的，因此，在设计和运行中，经常对过热器与再热器出口管壁温度进行校核计算与监测更显得必要。

为了便于分析问题，先考察沿圆周均匀受热时圆管的管壁温度分布，如图7-17所示。

在稳态时，根据传热学知识，有

$$t_{nb}=t_{gz}+\Delta t_2 \tag{7-13}$$

$$t_{wb}=t_{gz}+\Delta t_2+\Delta t_{gb} \tag{7-14}$$

$$t_b=t_{gz}+\Delta t_2+\frac{1}{2}\Delta t_{gb} \tag{7-15}$$

式中，t_{nb} 为管子内壁温度（℃）；t_{wb} 为管子外壁温度（℃）；t_b 为管子内外壁平均温度（℃）；t_{gz} 为工质的平均温度（℃）。

一般受热面管子外壁的热负荷 q_w 可从锅炉热力计算取用。令管子外径与内径之比 $\beta=d_w/d_n$，则内壁热负荷 $q_n=\beta q_w$。这样，管子内壁温度和工质温度之差 Δt_2（℃）为

$$\Delta t_2=t_{nb}-t_{gz}=\frac{q_n}{\alpha_2}=\frac{\beta q_w}{\alpha_2} \tag{7-16}$$

式中，q_n、q_w 分别为管子内壁、外壁热流密度（W/m^2）；α_2 为从内壁到工质的表面传热系数［W/（m^2·℃）］。

由热平衡原理知，稳定状态下通过圆筒壁的总热量与通过外壁传热量（W）相等，即

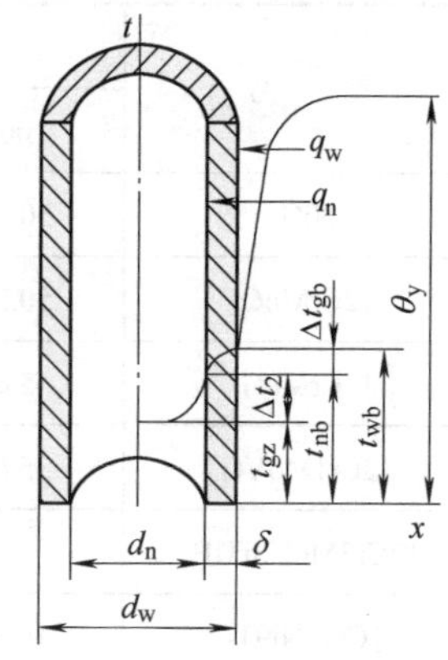

图 7-17　受热管壁温度分布

$$Q=\frac{2\pi\lambda l}{\ln(d_w/d_n)}\Delta t_{gb}=\pi d_w l q_w \tag{7-17}$$

则管子外壁温度和内壁温度之差 Δt_{gb}（℃）为

$$\Delta t_{gb}=\frac{q_w d_w \ln\beta}{2\lambda} \tag{7-18}$$

式中，λ 为管壁材料热导率［W/（m·℃）］。

为了简化计算，上式中的 $\ln\beta$ 可用泰勒幂级数展开，并取其第一项作为近似值，即取 $\ln\beta\approx2(\beta-1)/(\beta+1)$。若 $1<\beta<2$，其误差小于 3.8%，管壁越薄，误差越小。整理后式（7-18）变为

$$\Delta t_{gb}=t_{wb}-t_{nb}=\frac{2\delta\beta q_w}{\lambda(\beta+1)} \tag{7-19}$$

式中，δ 为管壁厚度（m）。

管子的外壁温度及平均温度分别为

$$t_{wb}=t_{gz}+\beta q_w\left[\frac{1}{\alpha_2}+\frac{2\delta}{\lambda(\beta+1)}\right] \tag{7-20}$$

$$t_b=t_{gz}+\beta q_w\left[\frac{1}{\alpha_2}+\frac{\delta}{\lambda(\beta+1)}\right] \tag{7-21}$$

金属的热导率 λ 与它的材料种类及温度有关。一般随着金属温度的升高，碳钢的 λ 下降而高合金钢的 λ 增加。通常在过热器所处的 500 ～ 600℃范围内，碳钢的 λ 比高合金钢约大 1.5 ～ 2.0 倍。表 7-2 列出了锅炉常用钢材的热导率。

式（7-20）和式（7-21）中的 β 值和管壁厚度 δ 是根据受热面设计时所要求的管径和钢

材强度来确定的。应当指出，在同一种管径下增大 δ 时，管壁平均温度升高，相应内外壁温差的增大将引起附加热应力的增加。因此，并不是 δ 越厚，管子的强度裕度越大。另外，合金钢管的强度看起来比碳钢高，但由于合金钢的热导率 λ 较低，在相同 q_w 和 β 值下其管壁的平均温度较高，这与提高材料强度又存在矛盾。因此，在选取钢材和管径时，应进行必要的分析比较。

表 7-2 锅炉常用钢材的热导率 λ [单位：W/（m·℃）]

钢 号	温度/℃						
	100	200	300	400	500	600	700
20G	50.7	48.6	46	42.2	39		
12CrMoG	50.2	50.2	50.2	48.6	46	46	
15CrMoG	45.6	44.3	42.2	39.5	36.8	33.7	
12Cr1MoVG	35.6	35.6	35.1	33.5	32.2	30.6	
12Cr3MoVSiTiB			38.5	37.2	36	34.8	33
1Cr18Ni9Ti	16.3	17.7	19.3	21	22.4	23.6	25.4

式（7-20）与式（7-21）的壁温计算公式只适用于沿管子圆周方向管外受热均匀和管内工质没有温度偏差，在管壁中只存在径向热流的情况。而实际过热器与再热器的受热情况与此存在较大的差距。首先，高温烟气对管子的冲刷以及辐射传热都具有一定的方向，沿管子周界各点存在着热流密度的偏差，管子圆周各点壁温不相等。在管壁中除了径向导热外，还存在着沿圆周方向的导热。所以在不均匀受热条件下，最大热负荷处管壁的径向热流密度总是小于均匀受热只存在径向导热时的热流密度。通常以热量均流系数来修正。其次，各过热器与再热器各管排间存在着受热不均匀与工质流速不均匀，各管排的管外热流密度与管内工质温度存在着差别。管壁温度计算应考虑最恶劣的工作条件，对管外热流密度与工质温度进行相应的修正。

引入热量均流系数 μ 后，可用 μ 来修正管壁热负荷，则管壁温度计算公式为

$$t_{wb}=t_{gz}+\Delta t_{gz}+\mu\beta q_{w,max}\left[\frac{1}{\alpha_2}+\frac{2\delta}{\lambda(\beta+1)}\right] \tag{7-22}$$

$$t_b=t_{gz}+\Delta t_{gz}+\mu\beta q_{w,max}\left[\frac{1}{\alpha_2}+\frac{\delta}{\lambda(\beta+1)}\right] \tag{7-23}$$

式中，Δt_{gz} 为考虑管间工质温度偏离平均值的偏差（℃）；$q_{w,max}$ 为热负荷最大管排的管外最大热流密度（W/m^2）；μ 为热量均流系数。

热量均流系数 μ 的值可根据图 7-18、图 7-19 确定。对于错列或顺列布置，$s/d_w<3$ 的过热器与再热器按图 7-18 确定。对于拉稀过热器（$s/d_w\geqslant 3$）及屏式过热器的第一排，取 μ=1。对屏式过热器其余各排，按图 7-19 中 s/d_w=1.1 的曲线确定。图 7-18、图 7-19 中，β 为管子外径与内径之比，$\beta=d_w/d_n$。Bi 为毕渥数，由下式确定，即

$$Bi=\frac{d_2 d_n}{2\lambda} \tag{7-24}$$

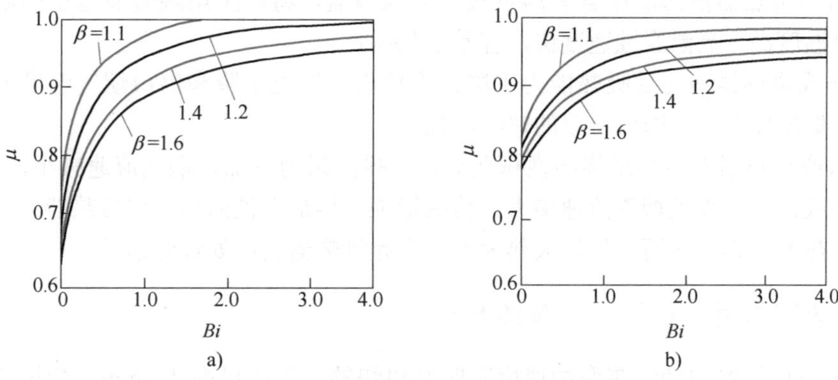

图 7-18 对流受热面管子的热量均流系数 μ

a）非拉稀管束的第 1 排管子及拉稀管束的第 1、2 排管子 b）除 a）中情况以外的各排管子

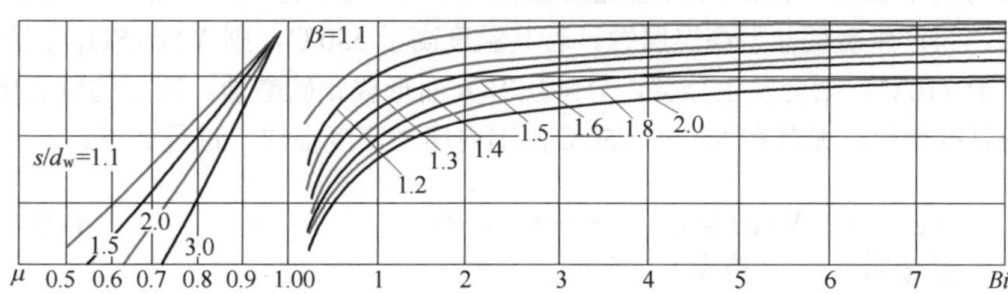

图 7-19 水冷壁管及屏式受热面管的热量均流系数 μ（光管，水冷壁管中心到炉墙的距离 $e \geqslant 0$）

7.5 过热器、再热器的积灰与腐蚀

7.5.1 高温积灰的特点及影响

积灰是指温度低于灰熔点时，灰粒在受热面上的积聚。积灰可发生在任何受热面上，一般来说，积灰可分疏松灰、高温黏结灰和低温黏结灰三种形态。

布置在炉膛上部和水平烟道中的屏式和对流式过热器或再热器正常运行时，该处烟气温度为 700 ～ 1100℃，已低于飞灰的开始变形温度（DT），不会产生熔渣黏结，受热面上的沾污通常属高温烧结性积灰。

但是，在此温度下，在燃烧过程中升华的气态钠、钾等碱金属氧化物遇到温度稍低的过热器或再热器即凝结在管壁上，形成白色薄灰层。冷凝在管壁上的碱金属氧化物与烟气中的三氧化硫反应生成硫酸盐，进而与飞灰中的氧化铁、氧化铝等反应生成复合硫酸盐。复合硫酸盐在 500 ～ 800℃范围内呈熔融状，会黏结飞灰并继续形成黏结物，使灰层迅速增厚。

当燃料中硫及碱金属含量较高时，易在高温过热器或再热器发生较严重沾污。该熔融灰渣层会被高温烧结，形成有较高机械强度的密实积灰层。烟气温度越高，烧结时间越长，灰渣的强度越高，越难清除。因此，及时对过热器和再热器进行吹灰相当重要。

过热器与再热器沾污层中含有熔点较低的硫酸盐，将产生熔融硫酸盐型高温腐蚀。而且由于管壁温度高，高温腐蚀速度快，容易引起爆管。

过热器或再热器沾污后吸热能力下降，将使出口汽温下降和出口烟气温度上升，从而导致锅炉排烟温度上升，降低机组的热经济性。

过热器或再热器发生高温烧结性积灰后，管排间阻力增加，烟气流速减小，传热减弱。而在未沾污或沾污较少处烟气流速增大，传热增强。再加上被沾污管的传热能力下降，造成管排间的吸热不均匀，从而产生较大热偏差，引起过热器出口处管壁超温。

7.5.2 过热器与再热器的高温腐蚀及防止

过热器与再热器的烟气侧腐蚀速度有时是很快的，每年可高达1mm，会很快引起爆管而被迫停炉检修，影响电站的安全性、可靠性和经济性。这种腐蚀与高温黏结灰的形成有关，多发生在迎风面。

过热器与再热器受热面上的高温烧结性积灰中含有低熔点复合硫酸盐 $X_3Fe(SO_4)_3$（X 为Na或K），将产生硫酸盐型高温腐蚀。若其温度高于550℃，则 $X_3Fe(SO_4)_3$ 呈液体状态。若其温度高于710℃，则会发生分解，分解出 SO_2 而形成正硫酸盐。液态的复合硫酸盐对金属有强烈的腐蚀作用。尤其在650～750℃范围内腐蚀速度很快，过程如下：

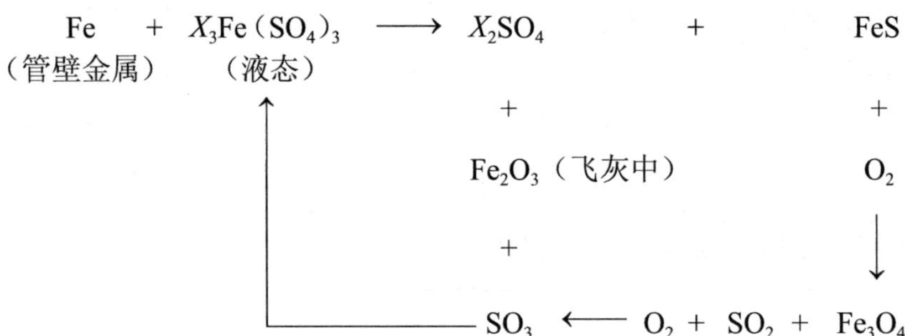

事实上，这个过程的周期性结果相当于 $Fe+O_2 \longrightarrow Fe_3O_4$，而其他中间产物相当于催化剂的作用。

这个过程说明，只要有少量的液态 $X_3Fe(SO_4)_3$ 存在，并有氧供给，就可腐蚀大量的金属，此外，这个过程中产生的FeS也有腐蚀作用。

在使用油点火（或掺烧油，或燃用钒煤）时，会对过热器或再热器引起钒氧化物型腐蚀。当燃料中含有钒氧化物（如 V_2O_3）时，在燃烧过程中会进一步氧化生成 V_2O_5，熔点为675～690℃。当 V_2O_5 与 Na_2O 形成共熔体时，熔点降至600℃左右，易于黏结在受热面上，并按下列反应生成腐蚀性的 SO_3 和原子氧，对管壁进行高温腐蚀，反应为

$$Na_2SO_4+V_2O_5 \longrightarrow 2NaVO_3+SO_3$$

$$V_2O_5 \longrightarrow V_2O_4+[O]$$

$$V_2O_4+\frac{1}{2}O_2 \longrightarrow V_2O_5$$

$$V_2O_5+SO_2+O_2 \longrightarrow V_2O_5+SO_3+[O]$$

当灰中的 V_2O_5 与 Na_2O 的含量比为 3 ～ 5 时，灰熔点最低，高温腐蚀速度最快。发生钒氧化物型腐蚀的壁温范围是 590 ～ 650℃，通常只在高温过热器和高温再热器中发生。

燃料中难免含有硫、钠、钾和钒等成分，要完全避免高温腐蚀是有困难的。影响高温黏结灰的所有因素都会影响高温腐蚀的程度和速度，其中温度的影响较为突出。研究证实，若壁温小于 550℃，则腐蚀大为减轻。复合硫酸盐中 Na 和 K 的比例约为 1 时，腐蚀最为严重。

通常可能采取的防止及减轻过热器与再热器腐蚀的措施有：

1）对于超临界和超超临界压力锅炉，末级过热器和再热器的壁温很高，为避免过高的烟气腐蚀速度，至少部分采用奥氏体高铬、高镍不锈钢。

2）在相同壁温条件下，烟气温度越高，腐蚀速度越快。因此将末级过热器和再热器布置于烟气温度较低的区域，有利于减轻高温腐蚀。

3）采用低氧燃烧技术，降低烟气中 SO_3 和 V_2O_5 的含量。试验表明，当过量空气系数小于 1.05 时，烟气中的 V_2O_5 含量迅速下降，且烟气温度越高，降低过量空气系数对减少 V_2O_5 含量的效果越显著。

4）选择合理的炉膛出口烟气温度，以及在运行过程中避免出现炉膛出口烟气温度过高现象，以减少和防止过热器与再热器结渣及腐蚀。

5）定时对过热器和再热器进行吹灰，清除含有碱金属氧化物和复合硫酸盐的灰污层，阻止高温腐蚀发生。另一方面，当已存在高温腐蚀时，过多的吹灰，使灰渣层脱落，会加速腐蚀的进行。

6）改善炉内空气动力及燃烧工况，合理组织燃烧，防止水冷壁结渣、火焰中心偏斜或后移等可能引起热偏差的现象发生，减少过热器与再热器的高温积灰。

思　考　题

7-1　过热器和再热器的作用是什么？

7-2　简述过热器和再热器的工作特点。

7-3　按照受热面的传热方式不同，过热器可分为哪几种型式？分析其特点。

7-4　什么是过热器与再热器的热偏差？分析其产生的原因及减小热偏差的措施。

7-5　分析运行中影响过热汽温与再热汽温的因素。

7-6　汽温调节的方法有哪些？分析其特点。

7-7　直流锅炉如何调节过热蒸汽温度？

7-8　如何调节再热蒸汽温度？为什么用喷水调节再热蒸汽温度会降低机组的经济性。

7-9　分析高温对流受热面积灰的机理。

7-10　分析过热器与再热器的高温腐蚀的机理及防止措施。

第 8 章 省煤器及空气预热器

8.1 尾部受热面概述

省煤器和空气预热器布置在锅炉对流烟道的最后或对流烟道的下方，进入这些受热面的烟气温度已不高，故常把这两个部件统称为尾部受热面或低温受热面。由于受热面的工质温度和烟气温度都比较低，管子金属的工作条件不像过热器和再热器那样恶劣，因此不易被烧坏。在承受压力的受热面中，省煤器金属的温度最低；在整个锅炉机组受热面中，空气预热器金属的温度最低。由于受热面金属温度低，烟气中的水蒸气和硫酸蒸气有可能在管壁上凝结，从而导致金属产生低温腐蚀。另外，夹带大量温度较低而较硬灰粒的烟气以一定速度冲刷受热面时，还会造成受热面的飞灰磨损和积灰。因而腐蚀、积灰和磨损就成为低温受热面运行中突出的问题。

空气预热器和省煤器可单级布置，也可双级布置。在所有的布置方式中，空气和给水总的流动方向都是由下向上，而烟气总是由上向下，这样可以形成良好的逆流传热系统。另外，为防止省煤器管内可能发生的少量气体或汽泡的停滞或阻塞，向上的水流也比向下的水流有利得多。

采用管式空气预热器的锅炉，尾部受热面有单级和双级两种布置方式。单级布置如图 8-1a 所示，较为简单，但热空气温度一般不高。如要求采用较高的热空气温度，则必须采用如图 8-1b 所示的双级布置，这是因为烟气的热量大于空气的热量，烟气温度每降低 1℃，空气温度约上升 1.25 ～ 1.5℃。如果拟得到 300℃以上的热空气，就需要更高的烟气温度，否则，空气预热器进口烟气温度与出口空气温度相差太小，会导致传热效果差，达不到预热温度。所以，当热风温度要求在 300℃以上时，必须采用双级布置，即把一部分受热面移至烟气温度更高的区域，中间用其他受热面（一般为省煤器）相隔。

回转式空气预热器一般单独使用，如图 8-1c 所示。由于回转式空气预热器的直径大，故多布置在尾部烟道的外面。300MW 以上的锅炉机组普遍采用了回转式空气预热器，再加上对流烟道中要布置较多的过热器和再热器受热面，比较拥挤，所以，尾部受热面通常采用单级布置。

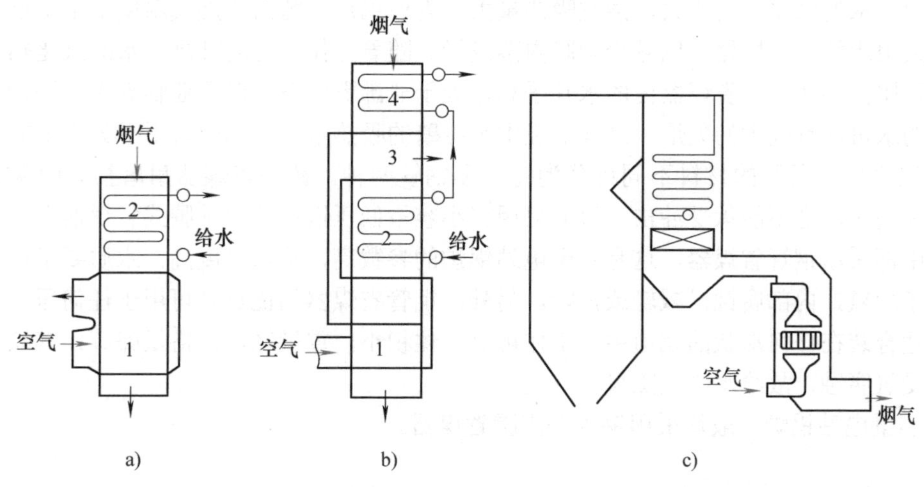

图 8-1　尾部受热面布置

a）单级布置　b）双级布置　c）回转式空气预热器

1、3—低温和高温段空气预热器　2、4—低温和高温段省煤器

8.2　省煤器

8.2.1　省煤器的作用

省煤器是利用锅炉尾部烟气的热量来加热给水的一种热交换设备。它可以降低排烟温度，提高锅炉效率，节省燃料。

由于给水在进入蒸发受热面之前，先在省煤器内加热，这样就减少了水在蒸发受热面内的吸热量，因此采用省煤器可以取代部分蒸发受热面。而且，省煤器中的工质是给水，其温度要比给水压力下的饱和温度要低得多，加上省煤器中工质是强制流动，逆流传热，它与蒸发受热面相比，在同样烟气温度的条件下，其传热温差较大，传热系数较高。也就是说，在吸收同样热量的情况下，省煤器可以节省金属材料。同时，省煤器的结构比蒸发受热面简单，造价也就较低。这样，就以管径较小、管壁较薄、传热温差较大、价格较低的省煤器来代替部分造价较高的蒸发受热面。

此外，给水通过省煤器后，提高了进入锅筒的给水温度，减少了给水与锅筒壁之间的温差，从而使锅筒的热应力降低。因此，省煤器的作用不仅是省煤，实际上已成为现代锅炉中不可缺少的一个组成部件。

8.2.2　省煤器的分类

省煤器按水在其中的加热程度可分为非沸腾式省煤器和沸腾式省煤器。水在省煤器中没有被加热到沸点的省煤器称为非沸腾式省煤器，如果水在省煤器中达到饱和温度并有部分蒸汽产生，则这种省煤器称为沸腾式省煤器。沸腾式和非沸腾式这两种省煤器并不表示结构上的不同，而只是表示省煤器热力特性的不同。沸腾式省煤器产生的蒸汽量与锅炉蒸发量之比，叫作沸腾率，一般不超过 20%，以免省煤器中流动阻力过大和产生汽水分层。对于中压

锅炉，由于水的汽化热占比大，蒸发吸热量大，为使锅炉炉膛出口烟气温度不至于过低，有时就要采用沸腾式省煤器，以减少炉膛内蒸发量。随着工作压力的升高，水的汽化热占水的总吸热量比例会变小，省煤器内的水几乎总是处于非沸腾状态。对于亚临界压力锅炉，省煤器出口的水可能有较大的欠焓，这样炉膛中水冷壁的吸热量有一部分将用于欠焓水的加热。

省煤器按其所用的材料不同可分为铸铁和钢管两种。铸铁省煤器耐磨损和耐腐蚀，但不能承受高压，更不能承受冲击。目前只用在小容量低压锅炉的非沸腾式省煤器上。现代电站锅炉中都采用钢管省煤器，这是由于电站锅炉的参数高，给水温度高，水质要求也高，给水经过了除氧，内部腐蚀已减轻或消除。另外，钢管省煤器的优点是可用于任何压力，任何容量，适合装在任何形状的烟道中，工作可靠，体积小，重量轻，价格低廉等；其缺点是钢管容易受氧腐蚀，故给水必须除氧。

大容量电站锅炉一般均采用钢管非沸腾省煤器。

8.2.3 省煤器的结构及布置

以某电厂600MW锅炉省煤器为例。该锅炉省煤器位于后竖井后烟道内低温过热器的下方，沿烟道宽度方向顺列布置，其结构如图8-2所示。

给水从炉右侧直接进入省煤器进口集箱（ϕ508mm×88mm，SA-106C），经省煤器蛇形管，进入省煤器出口集箱（ϕ508mm×88mm，SA-106C），然后从炉右侧通过单根下降管、32根下水连接管引入螺旋管圈水冷壁入口集箱。

省煤器蛇形管由ϕ50.8mm×7.1mm的SA-210C光管组成，4管圈绕，横向节距114.3mm，共192排，采用上下两组逆流布置。省煤器系统自重通过包墙系统引出吊挂管，由吊挂管上的悬吊装置将载荷直接传递到锅炉顶部的钢架上。

为防止省煤器管排的磨损和形成烟气通道，在省煤器管束与四周墙壁间设有均流板，在每组上两排迎流面及边排和弯头区域设置防磨盖板。

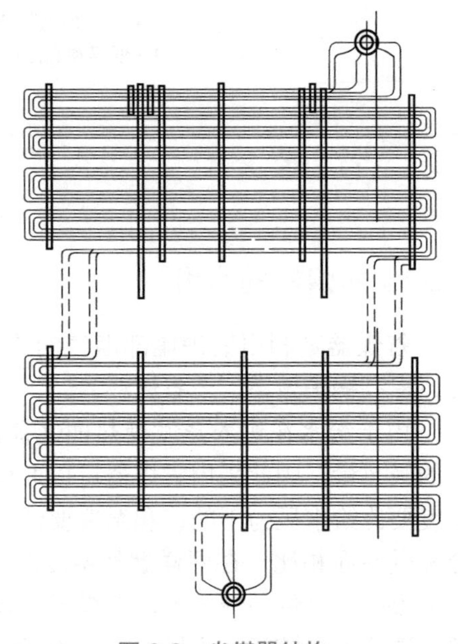

图8-2 省煤器结构

省煤器进口集箱位于后竖井包墙环形集箱下护板区域，穿护板处集箱上设置有防旋装置，进口集箱由支撑梁支撑。该省煤器的布置有如下特点：

1）采用钢管省煤器，布置在烟气下行的对流烟道中。省煤器管子采用垂直于前墙布置，在省煤器处设有防磨装置。省煤器蛇形管内，水流由下向上流动，便于排除水中的气体，避免造成管内的局部氧腐蚀。烟气自上而下流动，既有自身吹灰作用，又能保持烟气相对于水的逆向流动，以增大传热温差。

省煤器蛇形管中的水流速度，对管子金属的温度工况和管内腐蚀有一定的影响。当给水除氧不良时，进入省煤器的给水在受热后会放出氧气，这时如果水流速度很低，氧气就会附在管子内壁上，造成局部的氧腐蚀。运行经验证明，对非沸腾式省煤器，蛇形管的进口水流速度不低于0.5m/s，就可以避免金属的局部氧腐蚀。而对于沸腾式省煤器的后段，管内是汽水混合物，这时如果水平管内水流速度很低，就容易发生汽水分层。同蒸汽接触的那部分受热面传热效果较差，金属温度较高，甚至超温。在汽水分界面附近的金属，由于水面的上下波动，温度时高时低，容易引起金属疲劳断裂。因此，对沸腾式省煤器，蛇形管的进口水流速度不得低于 1m/s。

一般省煤器蛇形管在烟道中的布置可以垂直于锅炉前墙，也可以与前墙平行，如图 8-3 所示。当烟道尺寸和管子节距一定时，蛇形管布置方式不同，则管子的数目和水的流通截面积就不同，因而水的流速也不一样。蛇形管垂直于前墙布置，平行工作的蛇形管数最多，因而水流速度相对最低。此时管子的支吊较简单，因为烟道深度较小，只要在两端弯头附近支吊就已经足够。但是采用这样的布置，全部的蛇形管都要穿过尾部烟道的后墙。从飞灰对管子的磨损角度来看，这种布置方式是不利的。在 Π 形布置的锅炉中，当烟气由水平烟道向下转入尾部烟道竖井时，烟气要转弯，由于离心力的作用，烟气中的灰粒子大多集中于靠后墙的一侧，结果所有的蛇形管都会遭受严重的飞灰磨损。而蛇形管平行于前墙、单面进水布置方式，平行工作的蛇形管数最少，因而水流速度最高，且只有靠近后墙附近的几根蛇形管磨损比较严重，磨损后只需更换少数蛇形管就可以了。

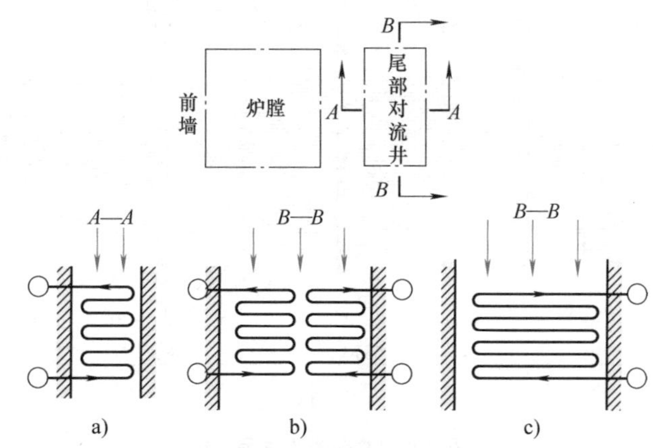

图 8-3　省煤器蛇形管的布置

a）垂直于前墙　b）平行于前墙，双面进水　c）平行于前墙，单面进水

2）省煤器采用悬吊结构，管子顺列布置。国内制造的省煤器，为使结构紧凑，管子大多采用错列布置方式。

省煤器的支吊方式，可以分采用支撑结构的省煤器和采用悬吊结构固定方式的省煤器。

采用支撑结构的省煤器固定在支杆上，支杆支撑在支持梁上，而支持梁则与锅炉钢架相连接，位于烟道内，受到烟气加热，为避免过热，多将横梁做成空心，外部用绝热材料包起来。或者把它接到送风系统，用空气来冷却。这种形式的省煤器集箱一般布置在锅炉烟道外面，如图 8-4a 所示。图 8-4b 为悬吊式省煤器。

省煤器蛇形管由支杆悬吊在省煤器出口集箱上，省煤器整个重量承受在与出口集箱相焊接的两排悬吊管上，再由拉板、吊杆悬吊于炉顶大梁上。省煤器出口的水通过悬吊管汇集于炉顶集箱，再均匀送入锅筒。锅炉给水从左右两侧引进省煤器进口集箱。这种结构可大大减少蛇形管穿过炉墙的漏风量，便于集中悬吊安装，但给检修带来困难。国内大容量机组的省煤器通常采用悬吊结构。

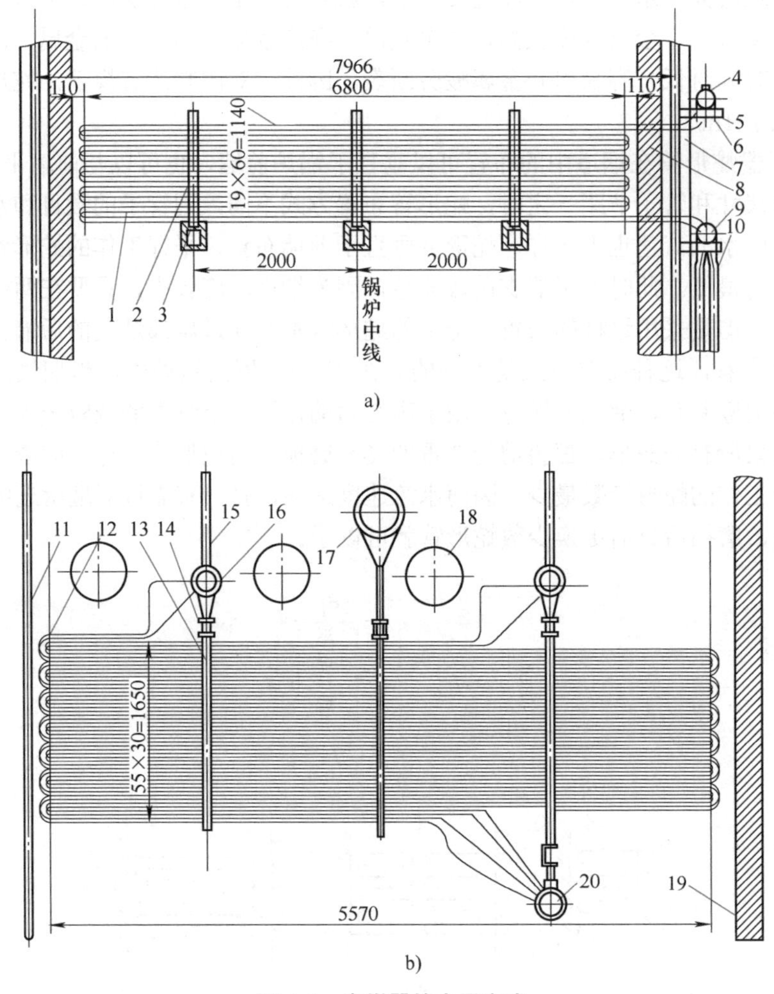

图 8-4 省煤器的支吊方式

a）省煤器的支撑结构 b）省煤器的悬吊结构

1—省煤器蛇形管 2、13—支杆 3—支持梁 4—出口集箱 5—托架 6—U 形螺栓 7—钢架 8—炉墙 9—进口集箱 10—连接管 11—后墙管 12—蛇形管 14—吊夹 15—悬吊管 16—出口集箱 17—再热器进口集箱 18—人孔 19—炉墙 20—进口集箱

3）省煤器采用光管受热面。钢管省煤器的蛇形管可以采用光管，也可以采用鳍片管、肋片管和膜式受热面，省煤器的光管结构如图 8-5 所示。

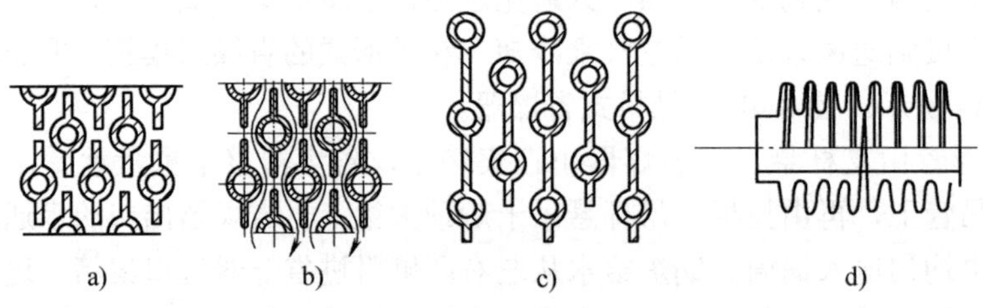

图 8-5 省煤器的光管结构

a）焊接鳍片管省煤器 b）轧制鳍片管省煤器 c）膜式省煤器 d）肋片式省煤器

光管结构简单，加工方便，烟气流过时的阻力小。鳍片管可以强化烟气侧的热交换，使省煤器结构更加紧凑，在同样金属耗量和通风电耗的情况下，焊接鳍片管所占空间比光管约减少 20% ～ 25%，而采用轧制鳍片管可使省煤器的外形尺寸比光管减少 40% ～ 50%，膜式省煤器也具有与鳍片管省煤器同样的优点。鳍片管省煤器和膜式省煤器还能减轻磨损。这是因为它们比光管占用空间小，因此在烟道截面不变的情况下，可以采用较大的横向节距，从而使烟气流通截面增大，烟气流速下降，磨损大为减轻。肋片式省煤器的主要特点是热交换面积明显增大，比光管约大 4 ～ 5 倍，这样，可以缩小省煤器的体积，节约钢材，节省投资。

采用光管式省煤器在降低积灰的同时，还可通过限制烟速来降低磨损。实践证明，省煤器受热面横向冲刷、额定负荷时，烟速应在 6 ～ 9m/s，高于 9m/s 会引起严重的磨损，每年磨损达 0.5 ～ 0.8mm，低于 6m/s 会积灰。

4）省煤器沿高度方向分为两组。为了便于检修，省煤器的管组高度有一定限制，当管子紧密布置时（$s/d<1.5$），管组高度应不超过 1m；当管组稀疏布置时，管组高度应不超过 1.5m。如果省煤器高度较大，那就需要将它分成几个管组，管组之间应留高度不小于 600mm 的空间。在省煤器与其相邻的空气预热器之间的空间高度应不小于 1000mm。该省煤器沿高度方向分为两组。上组布置在后竖井下部环形集箱以上包墙区域，下组布置在后竖井环形集箱以下护板区域。

8.3　空气预热器

8.3.1　空气预热器的作用

空气预热器也是一个利用尾部烟道中烟气的余热来加热空气的热交换设备。在电站锅炉中，它已成为一个不可或缺的重要组成部分。

1）采用空气预热器有助于提高低负荷燃烧的稳定性。空气通过空气预热器后再送入炉膛，由于送入炉内的空气温度提高，可使炉膛温度得到相应的提高，燃料迅速着火，改善或强化燃烧，保证低负荷下着火的稳定性。

2）采用空气预热器有助于提高锅炉效率。在现代大型锅炉中，由于给水的回热加热，给水温度已经提高得比较多。例如，亚临界压力锅炉给水温度可高达 250 ～ 290℃，若仅采用省煤器而不采用空气预热器，排烟温度仍然很高。利用温度比给水温度低得多的空气来冷却烟气，可进一步降低排烟温度，减少排烟热损失。试验及理论计算表明，排烟温度每降低 20℃，可使锅炉效率提高约 1%。另外，经空气预热器出来的热风干燥和预热后的煤粉与助燃的高温空气进入炉膛燃烧，可使煤粉着火迅速，燃烧剧烈、完全，因而可降低燃料的固体不完全燃烧热损失和化学未完全燃烧热损失，这对于燃用难着火的无烟煤及劣质煤尤为重要。

3）采用空气预热器有助于提高炉内辐射传热，进而减少水冷壁受热面的金属耗量。炉膛内辐射传热量与火焰平均温度的四次方成正比。送入炉膛的热空气温度提高，使得火焰平均温度提高，从而增强了炉内的辐射传热。热力试验表明，助燃的空气温度每提高 100℃，

炉膛的燃烧温度约可提高30～40℃。这样，在满足相同的蒸发吸热量的条件下，就可以减少水冷壁管受热面，节省金属。

4）热空气还可作为制粉系统中的干燥剂。由于燃烧和干燥煤粉的要求，对煤粉炉制粉系统，采用经空气预热器加热的部分热空气作为干燥剂来干燥和输送煤粉。当锅炉燃用不易着火的无烟煤、贫煤或劣质烟煤时，则可采用高温热空气（350～420℃）作为送粉介质；当燃用挥发分较高的烟煤时，热风温度可以低一些（200～300℃）。

8.3.2 空气预热器的分类

电站锅炉常用的空气预热器有管式空气预热器和回转式空气预热器。

回转式空气预热器由于其传热面面容比高（可达500m²/m³），结构紧凑，安装检修方便，运行费用低，占地面积小，已被大中型电厂广泛采用。回转式空气预热器根据旋转部件的不同可分为受热面回转式空气预热器和风罩回转式空气预热器。

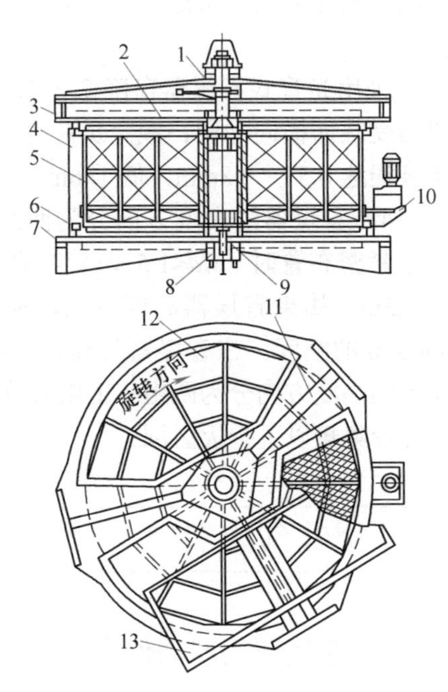

图8-6　受热面回转式空气预热器

1—上轴承　2—径向密封　3—上端板　4—外壳　5—转子　6—环向密封　7—下端板　8—下轴承　9—主轴　10—传动装置　11—三叉梁　12—空气出口　13—烟气进口

受热面回转式空气预热器是回转式空气预热器中最主要的一种，如图8-6所示。这种空气预热器既有二分仓的，又有三分仓的。它由圆筒形的转子和固定的圆筒形外壳、烟风道以及传动装置所组成。圆筒形外壳和烟风道均不转动，而内部的圆筒形转子是转动的。转子中有规则地紧密排列着传热元件（受热面）——蓄热板，蓄热板由波形板和定位板组成，间隔排列放在仓格内。对于二分仓空气预热器，圆筒形外壳的顶部和底部上下对应地分隔成烟气流通区、空气流通区和密封区（过渡区）三部分。烟气流通区和烟道相连，空气流通区和风道相连，密封区中既不流通烟气，也不流通空气，因而烟气和空气不会混合。转子由电动机通过传动装置带动缓慢旋转（0.75～2.5r/min），受热面交替地经过烟气和空气通道。当受热面转到烟气流通区时，烟气自上而下流过受热面，热量由烟气传给受热面金属，并被金属蓄积起来，其温度升高。然后受热面转到空气流通区时，受热面金属就将蓄积的热量传递给自下而上流过的空气，温度降低。这样循环下去，转子每转动一周，就完成一个热交换过程。

受热面回转式空气预热器，由于转子直径较大，转子的质量也相当大，为了减小转动部件的质量，减轻支撑轴承的负载，便出现了风罩回转式空气预热器，如图8-7所示。它由静子、上下烟罩、上下风罩及传动装置等组成。静子部分的结构和受热面回转式空气预热器的转子相似，但它不动。上下烟罩与静子外壳相连，静子的上下两端装有可转动的上下风罩。上下风罩成同心相对的“8”字形，用中心轴相连。电动机通过传动装置带动下风罩旋转，上风罩跟着同步旋转。冷空气通过下部固定的冷风道进入旋转的下风罩，自下而上流过静子受热面而被加热，加热后的空气由旋转的上风罩流向固定的热风道。烟气则由上而下流过静子，加热其中的受热面。风罩每转动一周，静子中的受热面进行两次吸热和放热。

回转式空气预热器的优点是外形小，重量轻；传热元件允许有较大磨损，特别适用于大容量锅炉。其缺点是漏风量大，结构复杂。

8.3.3　管式空气预热器的结构

图 8-8 所示为一立管式空气预热器。它由许多直管组成，管的两端焊接在上下管板上。通常管子呈错列布置，受热面外面装有密封墙板。一组空气预热器是由许多独立的管箱组合而成，便于空气预热器的安装和检修。通常，烟气在管内流动，而冷空气从管外冲刷空气预热器管子而被加热成为热空气。由于空气预热器是不承压元件，常用直径 40 ～ 51mm、壁厚 1.5mm 的碳素钢管制成。

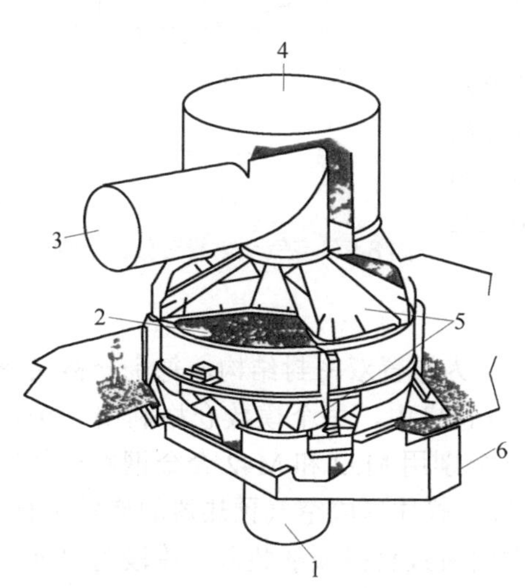

图 8-7　风罩回转式空气预热器

1—冷空气入口　2—静子　3—热空气出口
4—烟气进口　5—转动的上下风罩
6—烟气出口

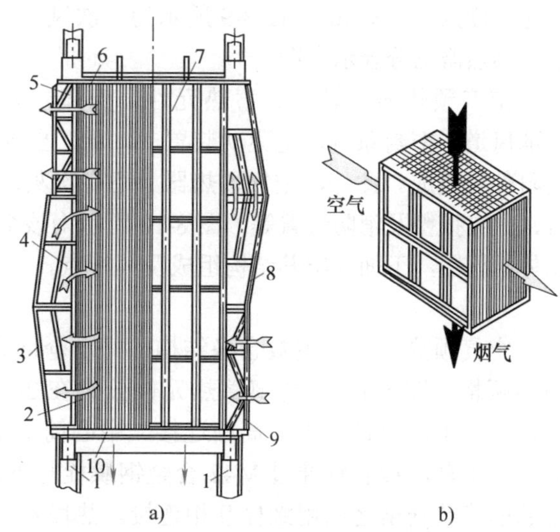

图 8-8　立管式空气预热器

a）空气预热器剖视图　b）管箱
1—锅炉钢架　2—钢管　3—空气连通罩　4—导流板
5—热风道法兰　6—上管板　7—空气预热器墙板
8—膨胀节　9—冷风道法兰　10—下管板

值得注意的是，相对于回转式空气预热器来说，由于管式空气预热器传热效率低，体积庞大，所以，管式空气预热器通常只适合 200MW 及 200MW 以下的锅炉使用。

8.3.4　回转式空气预热器的结构

以 LAP13494/886 三分仓回转式空气预热器为例。通常每台锅炉配置两台空气预热器。LAP13494/886 表示受热面回转式空气预热器的转子直径为 13494mm，蓄热元件高度自上而下分别为 800mm、800mm 和 600mm。热端和中间段蓄热元件高度为（800+800）mm，材料为碳钢。冷端蓄热元件高度为 600mm，采用低合金耐腐蚀材料。其正常转速为 0.99r/min，空气预热器采用反转方式，即一次风温低，二次风温高。每台空气预热器金属质量为 680t，

其中转动质量约490t，约为总重的75%。

该空气预热器采用先进的径向、轴向和环向密封系统，径向、轴向密封采用双密封，密封周界短，效果好，并配有性能可靠的、带电子式敏感元件的、具有自动热补偿功能的密封间隙自动跟踪调节装置。在运行状态下，热端扇形板自动跟踪转子的变形而调节间隙，以减少漏风。

为适应大容量燃煤锅炉的需要，通常采用“冷一次风”系统，即采用三分仓回转式空气预热器。该空气预热器的一、二次风在空气预热器中已分开，一次风机布置在空气预热器的前面，风机中介质体积较小且清洁，风机体积小，寿命长。

三分仓空气预热器是在二分仓的基础上，将空气通道一分为二。一、二次风中间由径向密封片、轴向密封片将它们隔开，成为分开的一次风和二次风通道，以适应系统需要，烟气通道不变。一次风的角度可任意变化，以适应不同燃料的需要。目前已有的标准化角度为35°和50°。图8-9所示为一次风角度为35°的空气预热器三分仓示意图。

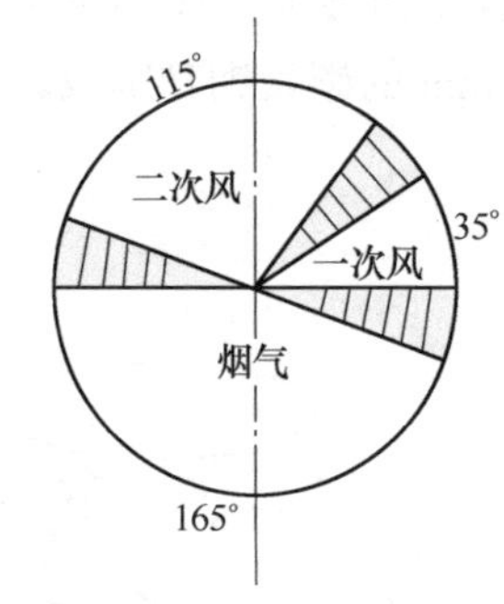

图8-9　空气预热器三分仓示意图

空气预热器由转子、蓄热元件、壳体、梁、扇形板及烟风道、密封系统、电驱动装置、轴承、自控系统及相关附件等组成。此外，空气预热器上还有吹灰、清洗、润滑、火灾报警及消防装置等。图8-10所示为该空气预热器立体结构图，下面介绍其结构组成及其特点。

1. 转子

空气预热器采用模数仓格结构，每个仓格为15°，为布置双密封结构，每个仓格又分隔为两格（图8-11），全部蓄热元件分装在24个模数仓格内，每个模数仓格利用一个定位销和一个固定销与中心筒相连接。中心筒上下两端分别用M52和M42合金钢螺栓连接上轴和下轴，接长轴通过M42合金钢螺栓与下轴连接，整体形成空气预热器的旋转主轴。相邻的模数仓格之间用螺栓互相连接。热段蓄热元件由模数仓格顶部装入，冷段蓄热元件由模数仓格外周上所开设的门孔装入。转子上下端最大直径处所设的弧形T型钢为旁路密封零件。

2. 蓄热元件

热段蓄热元件由压制成特殊波形的碳钢板构成，按模数仓格内各小仓格的形状和尺寸，制成各种规格的组件，每一组件都是由一块具有垂直大波纹和扰动斜波的定位板，与另一块具有同样斜波的波纹板一块接一块地交替层叠捆扎而成。钢板厚0.6mm，如图8-12所示。

冷段采用低合金耐腐蚀钢蓄热元件，也按仓格的形状和尺寸制成各种规格的组件，每一组件都是由一块具有垂直大波纹的定位板与另一块平板交替层叠捆扎而成（图8-13）。

所有热段和冷段蓄热元件组件均用扁钢、角铁焊接包扎，结构牢固，并可颠倒放置。如果冷段蓄热元件下缘遭受腐蚀，检修时取出，清理后颠倒再重新放入转子内使用，直至深度腐蚀。当蓄热元件严重腐蚀并影响排烟温度或运行安全（如经常有被腐蚀的残片脱落）时，需将冷段蓄热元件更换。

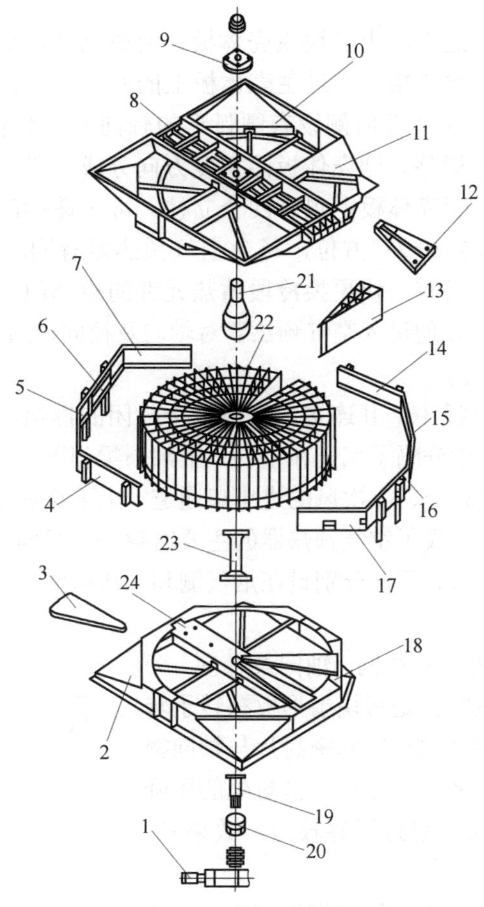

图 8-10　空气预热器立体结构图

1—电驱动装置　2，10—扇形板及烟风道　3—冷段扇形板　4，14—副壳体板　5，16—主壳体板　6—轴向密封装置　7，15—侧壳体板　8—上梁　9—导向轴承　11—上部小梁　12—热段扇形板　13—模数仓格　17—蓄热元件检修侧壳体板　18—下部小梁　19—接长轴　20—推力轴承　21—上轴　22—转子　23—下轴　24—下梁

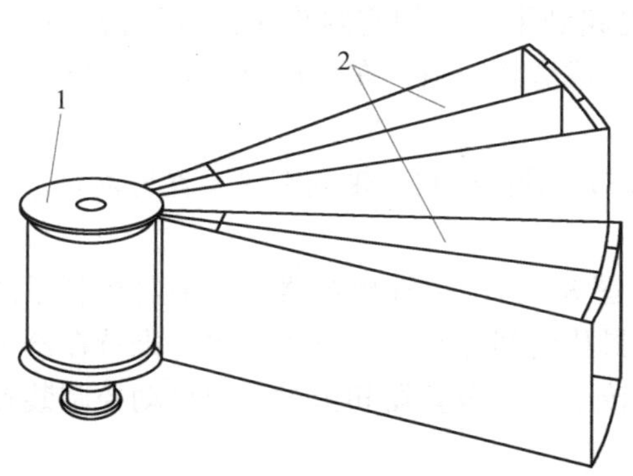

图 8-11　改进的密封装置

1—中心筒　2—所增加的径向隔板

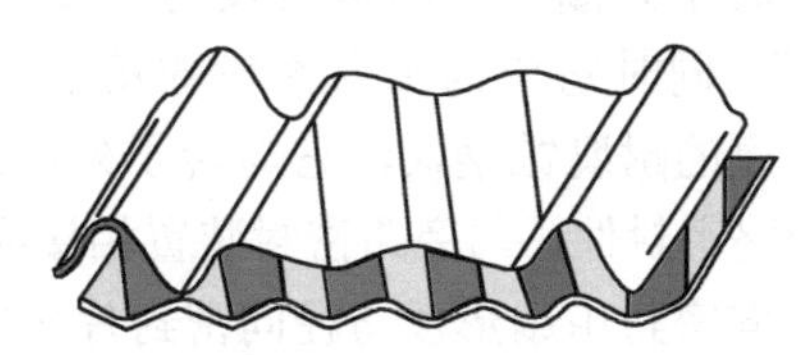

图 8-12　热段蓄热元件板型（DU 型）

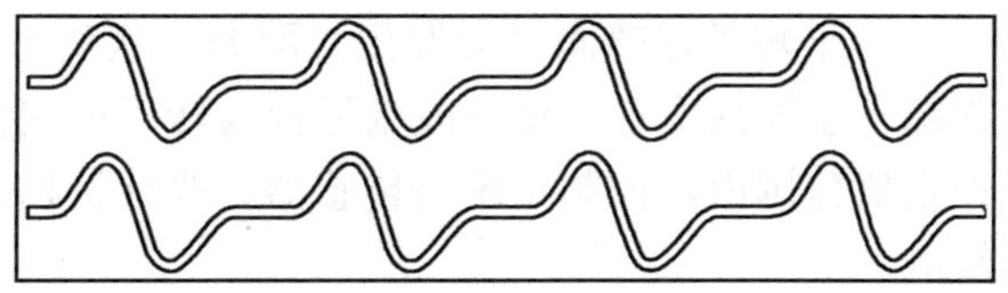

图 8-13　冷段蓄热元件

3. 壳体

空气预热器壳体呈九边形，由三块主壳体板、两块副壳体板和四块侧壳体板组成。主壳体板Ⅰ、Ⅱ与下梁及上梁连接，通过主壳体板上的四个立柱，将空气预热器的绝大部分重量传递给锅炉构架。主壳体板内侧设有圆弧形的轴向密封装置，外侧有若干个调节点，可对密封装置的位置进行调整。副壳体板沿宽度方向分成三段，中间段可以拆去，是安装时吊入模数仓格的大门。副壳体板上也有四个立柱，可传递小部分空气预热器重量至锅炉构架。侧壳体板布置在45°和25°方位，每台空气预热器有四块，其中一块设有安装驱动装置的机座框架，靠炉后设有一块更换冷段蓄热元件的检修门。每一块侧壳体板上都设有508mm×508mm的大门，以便进入空气预热器对轴向及径向密封装置进行调整和维修。

4. 梁、扇形板及烟风道

上梁、下梁与主壳体板Ⅰ、Ⅱ连接，组成一个封闭的框架，成为支撑空气预热器转动件的主要结构。上梁和下梁分隔了烟气和空气，上部小梁和下部小梁又将空气分隔成一次风和二次风，分别形成烟气和一、二次风的进出口通道。上下梁和上下小梁装有扇形板，扇形板与转子径向密封片之间形成了空气预热器的主要密封——径向密封。扇形板可进行少量调整。它与梁之间有固定密封装置，分别设在烟气侧和二次风侧。

5. 密封系统

该空气预热器采用先进的径向-轴向及径向-旁路双密封系统，双密封系统就是每块扇形板在转子转动的任何时候至少有两块径向和轴向密封片与轴向密封装置相配合，形成两道密封。这样，密封处的压降减少一半，从而降低漏风。密封周界较短，效果好，如图8-14所示。

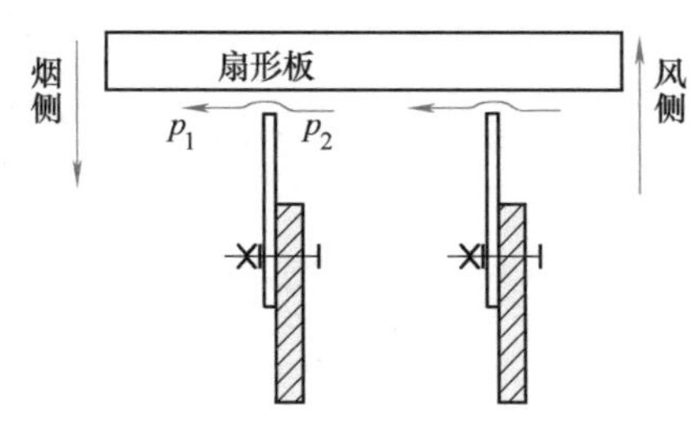

图8-14 空气预热器的双密封系统

径向密封片厚2.5mm，用耐腐蚀钢板制成，沿长度方向分成两段。用螺栓连接在模数仓格的径向隔板上。由于密封片上的螺栓孔为腰形孔，径向密封片的高低位置可以适当调整。

轴向密封片由厚2.5mm的耐腐蚀钢板制成，也用螺栓连接在模数仓格的径向隔板上，沿转子的径向可以调整。

在转子外圈上下两端还设有一圈旁路密封装置，防止烟气或空气在转子与壳体之间"短路"，同时它作为轴向密封的第一道防线，也起到了一定的密封作用。旁路密封片为1.2mm厚的耐腐蚀钢板，它与转子外周的T型钢构成旁路密封，在扇形板处断开，断开处另设旁路密封件，与旁路密封装置相接成一整圈。

径向密封由扇形板与径向密封片构成（图8-15），轴向密封由轴向密封装置与轴向密封片构成，旁路密封由旁路密封片与T型钢构成。

由于转子在热态时会发生"蘑菇"状变形（图8-16），空气预热器通过密封控制系统跟踪转子的热变形，使热段扇形板与转子径向密封片的间隙在运行过程中始终维持在冷态设定值范围内。控制系统由传感器、执行机构、转子停转报警器和密封间隙自动控制装置组成。

6. 电驱动装置

该空气预热器采用下轴中心驱动方式，电驱动装置采用两个独立电源的电动机。主驱动电动机采用厂用电源，辅助驱动电动机采用保安电源。一旦厂用电源失效，保安电源主动接通辅助驱动电动机，维持空气预热器低速旋转。主、辅驱动电动机连锁保护。主、辅驱动电动机起动时为变频调速起动，配有变频控制装置，且配有气动马达的气源控制系统。

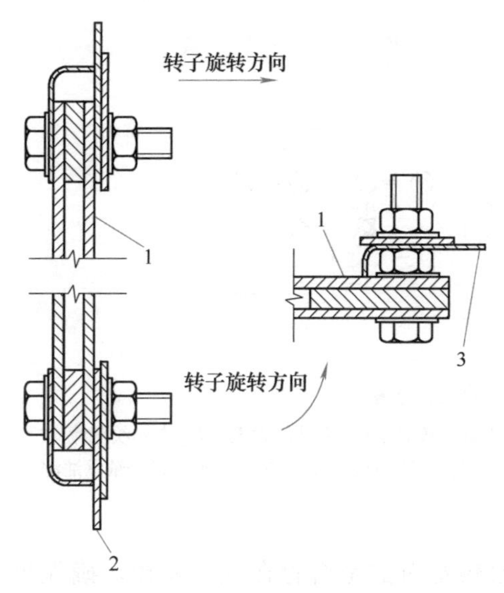

图 8-15　空气预热器的密封装置

1—模数仓格径向隔板　2—径向密封片　3—轴向密封片

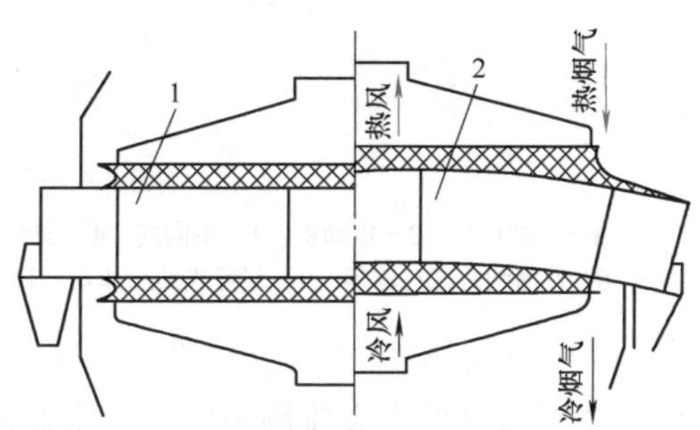

图 8-16　空气预热器转子的“蘑菇”状变形

1—冷转子　2—热转子

7. 导向与推力轴承及其润滑

导向轴承采用调心滚子轴承，内圈固定在上轴套上，外圈固定在导向轴承座上，随着空气预热器主轴的热膨胀，导向轴承座可在导向轴承外壳内做轴向移动。导向轴承配有空气密封座，可接入密封空气对导向轴承进行密封和冷却，同时还采用 U 形密封环进行第二道密封，彻底解决了导向轴承处的密封问题。轴承外壳支撑在上梁中心部分，轴承采用油浴润滑。

推力轴承采用推力调心滚子轴承，内圈通过同轴定位板与下轴固定，外圈坐落在推力轴承座上，推力轴承座通过 36 个 M48×390 合金钢螺栓紧固在下梁底面。轴承采用油浴加循环油润滑。

导向与推力轴承分别采用两种类型的稀油站装置，如图 8-17 所示。导向轴承稀油站置于上梁外侧，为安全可靠运行，采用双泵结构，一泵运行，一泵备用。

每台空气预热器在烟气侧冷端装有一台伸缩式吹灰器，吹灰器采用电动机驱动，齿轮齿条行走机构。

8. 消防及清洗装置

每台空气预热器烟气侧热端和冷端各装有一根 ϕ159mm×12mm 固定式清洗管。按转子旋转方向，清洗管装在靠近烟气侧的起始边，以便清洗水从烟侧灰斗排出。

清洗管上装有一系列不同直径的喷嘴，使空气预热器转子内不同部位的受热面能获得均匀的水量，从而保证清洗效果。清洗介质为常温工业水（p=0.59MPa），清洗管兼作消防用。

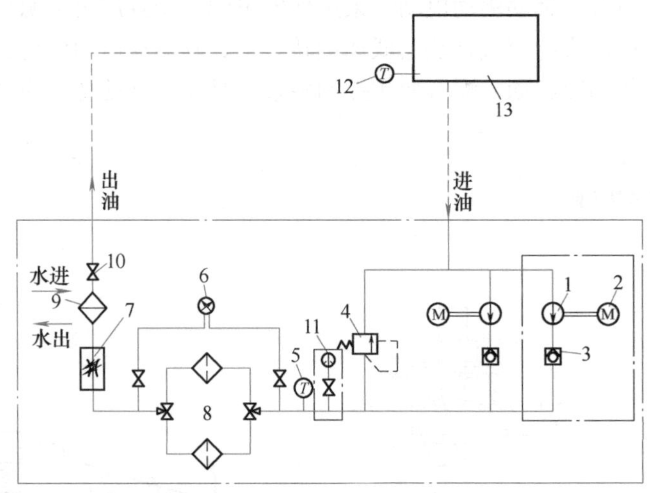

图 8-17 空气预热器稀油站系统图

1—三螺杆泵 2—电动机 3—单向阀 4—安全阀 5—双金属温度计 6—双针压力表 7—内螺纹截流阀 8—双筒网片式过滤器 9—列管式油冷却器 10—球阀 11—电接点压力表 12—铂热电阻 13—轴承油池

9. 空气预热器红外线火灾监测系统

空气预热器火灾监测系统是用来监测空气预热器内部是否存在火灾隐患，确保机组安全、经济、可靠运行不可缺少的设备。在正常情况下，空气预热器内部烟侧温度一般在400℃左右。火灾监测系统能随时监控空气预热器内部的温度分布，并在空气预热器温度过高，偏离正常运行及火灾发生的早期能够及时报警。

10. 吹灰装置

空气预热器装有吹灰装置，用于去除空气预热器中受热元件的积灰或灰垢。

8.4 空气预热器的低温腐蚀

空气预热器的低温腐蚀主要发生在空气预热器的冷端（即冷风进口处的低温段）。对回转式空气预热器而言，腐蚀会加重堵灰，使烟道阻力增大，严重影响锅炉的经济运行。由于低温腐蚀会对锅炉造成很大危害，因此必须预防发生低温腐蚀。

8.4.1 低温腐蚀的原因

烟气进入低温受热面后，随着受热面的不断吸热，烟气温度逐渐降低，其中的水蒸气可能由于烟气温度降低或在接触温度较低的受热面时发生凝结。烟气中水蒸气开始凝结的温度称为水露点。纯净水蒸气露点取决于它在烟气中的分压力。常压下燃用固体燃料的烟气中，水蒸气的分压力 p_{H_2O}=0.01 ～ 0.015MPa，水蒸气的露点低达 45 ～ 54℃，一般情况下不易在受热面上发生结露。

而当锅炉燃用含硫燃料时，硫燃烧后全部或大部分生成二氧化硫，其中一部分二氧化硫（占总含量的 1% 左右，体积分数）又在一定条件下进一步氧化生成三氧化硫（SO_3）。SO_3 与烟气中的水蒸气化合后生成硫酸蒸气，硫酸蒸气的凝结温度称为酸露点。酸露点比水露点要高得多，而且烟气中 SO_3 含量越高，酸露点越高，酸露点可达 110 ～ 160℃。当受热面的壁温低于酸露点时，这些酸就会凝结下来，对受热面金属产生严重的腐蚀作用，这种腐蚀称为低温腐蚀。

烟气酸露点的高低，表明了受热面低温腐蚀的范围大小及腐蚀程度高低，酸露点越高，更多受热面要遭受腐蚀，而且腐蚀越严重。因此，烟气中酸露点是一个表征低温腐蚀是否会发生的指示。

烟气的酸露点与燃料硫含量和单位时间送入炉内的总硫量有关，而后者是随燃料发热量降低而增大的。两者对露点的影响，综合起来可用折算硫分（$S_{ar,zs}$）来反映。而且 $S_{ar,zs}$ 越高，燃烧生成 SO_2 就越多，SO_3 也将增多，致使烟气酸露点升高。

当燃用固体燃料时，烟气中带有大量的飞灰粒子。飞灰粒子含有钙和其他碱金属化合物，它们可以部分地吸收烟气中的硫酸蒸气，从而可以降低它在烟气中的浓度，使得烟气中硫酸蒸气分压力降低，酸露点也降低。烟气中飞灰粒子数量越多，影响越显著。燃料中灰分对酸露点的影响可用折算灰分 $A_{ar,zs}$ 与飞灰系数 a_{fh} 来表达。

综合上述影响因素，可用下列经验式估算烟气的酸露点，即

$$t_1 = t_{s1} + \frac{125 {S_{ar,zs}}^{1/3}}{1.05 a_{fh} A_{ar,zs}}$$

式中，t_1 为烟气的酸露点（℃）；t_{sl} 为按烟气中水蒸气分压力计算的水露点（℃）；$A_{ar,zs}$、$S_{ar,zs}$ 分别为燃料的收到基折算灰分和折算硫分；a_{fh} 为飞灰系数，对固态排渣煤粉炉，a_{fh}=0.9。

低温腐蚀还与烟气中 SO_3 的生成份额有关。SO_2 进一步氧化生成 SO_3 是在一定条件下发生的，一般有下列三种方式。

1. 燃烧生成 SO_3

在炉膛高温作用下，部分氧分子会离解成原子状态，它能将 SO_2 氧化成 SO_3。火焰中心温度越高，越容易生成原子氧，较多的过量空气也会增大原子氧的浓度，原子氧越多，生成 SO_3 就会越多。

2. 催化作用生成 SO_3

烟气流过对流受热面时，SO_2 会遇到一些催化剂，如钢管表面的氧化铁（Fe_2O_3）膜，飞灰沉积在高温过热器受热面上成为催化剂（灰中含有微量的钒，燃烧后生成 V_2O_5）等，受到催化作用的 SO_2 与烟气中剩余氧结合而生成 SO_3。

3. 盐分解出 SO_3

燃煤中硫酸盐在燃烧时会分解出一部分 SO_3，但它在 SO_3 总量中所占的比例甚小。

8.4.2　腐蚀速度和受热面壁温

根据对受热面腐蚀过程的研究，硫酸对金属的腐蚀速度与受热面上凝结下来的硫酸量、硫酸的含量、壁温和材质等有关。受热面上凝结的酸量越多，腐蚀速度越快，但当酸量足够多时，对腐蚀速度的影响减弱。腐蚀处金属壁温越高，反应越快，腐蚀速度也高。硫酸含量（质量分数）与腐蚀速度的关系较大，如图 8-18 所示。随着硫酸含量的增加，腐蚀速度增大，当达到 56% 时，腐蚀速度最大，超过这一含量后，腐蚀速度急剧下降，到 60% 以上时，腐蚀作用很轻微。单位时间在管壁上凝结的酸量增加，腐蚀加剧。管壁上凝结的酸量与壁温

有一定关系。受热面壁温除与酸量凝结有关以外，还直接影响腐蚀化学反应速度。随着壁温升高，腐蚀化学反应速度增大，如图 8-19 所示。

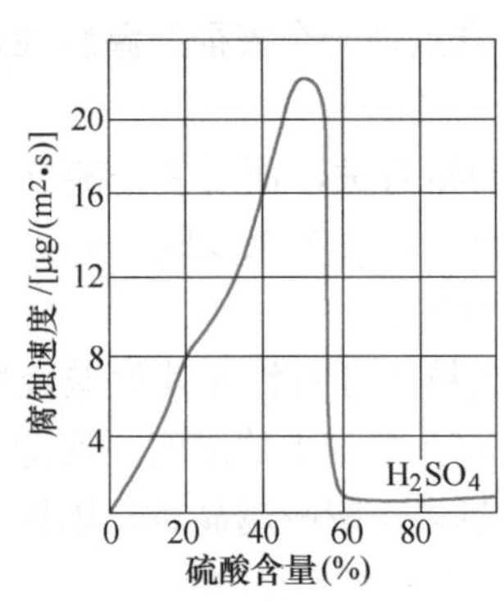

图 8-18 腐蚀速度与硫酸含量的关系

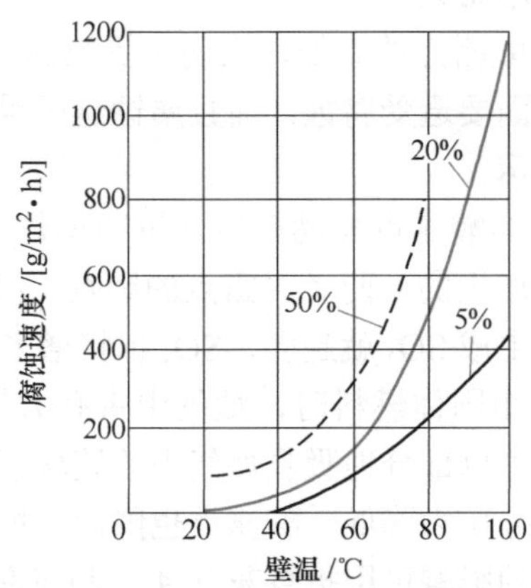

图 8-19 不同硫酸含量下钢材腐蚀速度与壁温的关系

图 8-20 所示为一台煤粉炉中尾部受热面腐蚀速度与壁温的关系。其过程如下：沿烟气流向，受热面壁温逐渐降低，当壁温达到酸露点 *A* 后，硫酸蒸气开始凝结，腐蚀发生。此时虽然壁温较高，但凝结酸量较少，且含量高，所以腐蚀速度低；随壁温降低，凝结酸量逐渐增大，含量降低，逐渐过渡到强烈腐蚀含量区，故腐蚀速度不断增大，至点 *B* 达到最大；随壁温降低，凝结酸量减小，含量也下降，此时腐蚀速度也逐渐降低，至点 *C* 为最低；此后随壁温降低，当壁温达水露点时，烟气中水蒸气大量凝结在受热面管壁上，使烟气中 SO_2 直接溶解于壁面水膜中，生成亚硫酸（H_2SO_3），对受热面也会产生强烈腐蚀，而且烟气中 HCl 溶于水膜也有一定的腐蚀作用，所以点 *C*、*D* 后随壁温降低，腐蚀又加剧。

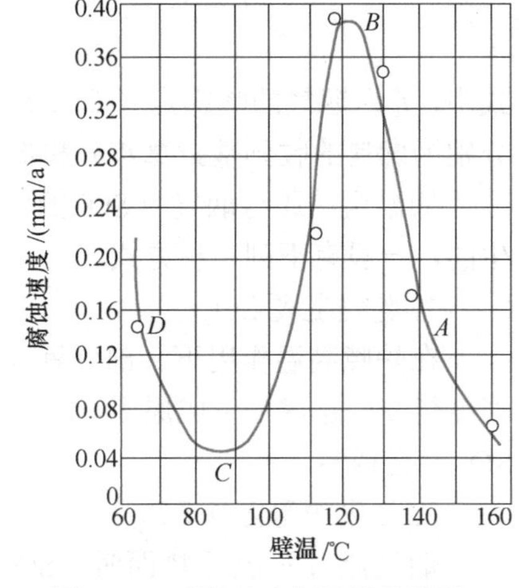

图 8-20 腐蚀速度与壁温的关系

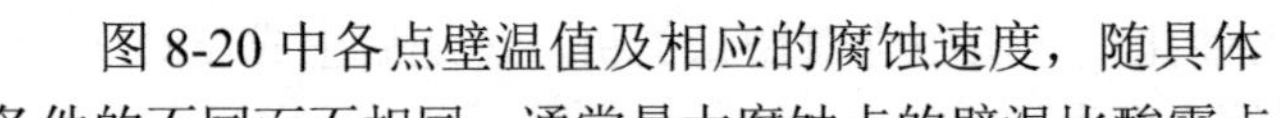

图 8-20 中各点壁温值及相应的腐蚀速度，随具体条件的不同而不相同，通常最大腐蚀点的壁温比酸露点低 20 ～ 25℃。

8.4.3 低温腐蚀的减轻和防止

1. 提高空气预热器受热面的壁温

提高空气预热器受热面的壁温是防止低温腐蚀最有效的办法。提高壁温就要提高排烟温度和入口空气温度，但提高排烟温度虽然可以使壁温升高，腐蚀减轻，但排烟热损失 q_2 增大，使锅炉热效率下降，因此排烟温度的提高是有限制的。

实践中常用的办法是提高空气入口温度。这可通过热风再循环（图 8-21）或加装暖风器（图 8-22）来实现。热风再循环就是将空气预热器出口的热空气送一部分回到送风机入口，来提高入口风温的一个办法。但入口风温的提高也会使排烟温度升高，排烟热损失加大。所以热风再循环只宜将进口风温提高到 50 ～ 65℃，这样排烟热损失增加不多，风机耗电也不很大。暖风器通常装在送风机与空气预热器之间，通常是利用汽轮机低压抽汽来加热冷空气。这种方式仍然会使排烟温度有所增高，但由于利用了低压抽汽，提高了整个热力系统的经济性，使电厂的经济性基本不受影响，有时甚至有所提高。

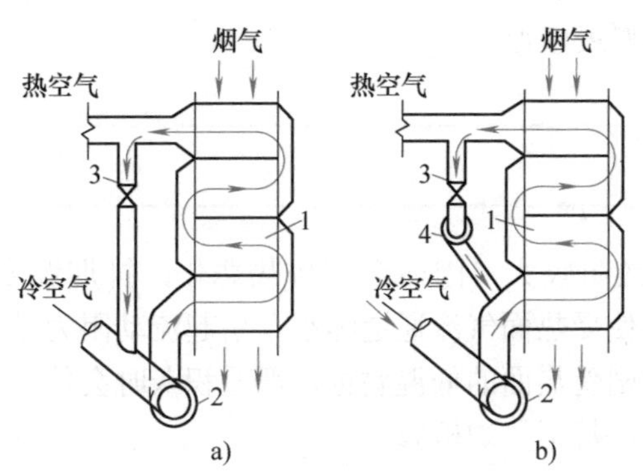

图 8-21　热风再循环系统

a）利用送风机再循环　b）利用再循环风机

1—空气预热器　2—送风机　3—调节挡板　4—再循环风机

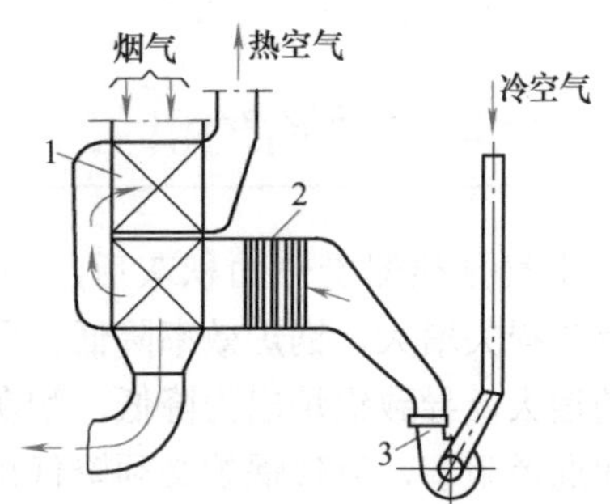

图 8-22　暖风器系统

1—空气预热器　2—暖风器　3—送风机

2. 燃料脱硫

这是防止低温腐蚀的最彻底的措施。在入炉前采用洗煤的方式，利用水流的冲击作用，根据密度不同的原理，可以将煤中部分黄铁矿硫进行分离，但煤中的有机硫很难除去。至今，技术可行、经济合理的脱硫方案还在继续探索中。

3. 减少 SO_3 生成份额

燃料中的过剩氧会增大 SO_3 的生成份额，为此，必须设法降低过量空气系数及减少烟道漏风，但这必须在燃料完全燃烧的前提下。为此，采用低氧燃烧必须有配风十分理想的燃烧器、良好的炉内空气动力工况和性能优越的自动控制装置。

4. 冷端受热面采用耐腐蚀材料

为克服低温腐蚀，在易发生腐蚀的空气预热器冷端受热面采用耐腐蚀材料，如管式低温段采用玻璃管、铸铁管和铜管等，对回转式空气预热器采用不锈钢波形板、搪瓷波形板和陶瓷砖等。

5. 采用降低露点或抑制腐蚀的添加剂

目前，这种方法仅在燃油炉和沸腾炉上取得一定效果。使用最广的添加剂是石灰石或白云石。粉末状的石灰石或白云石混入燃料中或直接吹入炉膛，吹入过热器后的烟道中，能吸收或中和掉一部分 SO_3 或硫酸蒸气，使烟气中 SO_3 分压力降低，酸露点降低，减轻低温腐蚀。其反应式为

$$CaO+H_2SO_4 \longrightarrow CaSO_4+H_2O$$

$$MgO+H_2SO_4 \longrightarrow MgSO_4+H_2O$$

反应生成的硫酸盐是一种松散的粉末，必须通过加强吹灰来予以清除。但长期使用时仍会使受热面积灰增多，污染加重，影响传热。

对于回转式空气预热器，由于在相同的烟气温度和空气温度下，其烟气侧受热面壁温比管式空气预热器高，这就给减轻低温腐蚀带来了好处；同时，一般回转式空气预热器的传

热元件沿其高度方向都分为三段，即热段、中间段和冷段，或分为冷段和热段两段，冷段最易受低温腐蚀。从结构上将冷段与不易受腐蚀的热段和中间段分开的目的，在于简化传热元件的检修工作及降低维修费用，当冷段的波形板被严重腐蚀后，只需要更换冷端的蓄热板即可；此外，为增加冷端蓄热板的抗腐蚀能力，延长其更换周期，冷端的蓄热板常用耐腐蚀的低合金钢或其他耐腐蚀的材料制成，而且其厚度较厚。

8.5 尾部受热面的积灰

空气预热器受热面积灰后，由于灰的热阻较大，因而会使传热恶化，排烟温度升高，排烟热损失增大，锅炉效率降低；同时积灰使受热面气流通道缩小，引起流动阻力及风机电耗的增大，导致锅炉出力降低。积灰还会加剧受热面的低温腐蚀，严重积灰时会使一部分受热面通道阻塞，以致锅炉必须降低出力运行，甚至停炉检修。

8.5.1 尾部受热面积灰的形态

在锅炉尾部低温受热面中，积灰的形态有干松灰和低温黏结灰两种。

1. 干松灰

干松灰是粒度小于 30μm 的灰的物理沉积，呈干松状，易清除。在燃用固体燃料时，在对流受热面上都会有干松灰的沉积。实际上，干松灰也不是绝对的干松，只不过其黏结性较小而已。

2. 低温黏结灰

这种形态的灰常会在空气预热器冷端形成。低温黏结灰的形成有两种原因：一是积灰与凝结在管壁上的硫酸形成以硫酸钙为主的水泥状物质；二是吹灰用蒸汽冷凝成的水或省煤器的漏水渗到积灰层上产生的水泥状物质。这两种水泥状物质便是低温黏结灰。低温黏结灰呈硬结状，会把管子或管间堵死，也很难被清除。它对锅炉工作的影响很大，在燃用多硫、多灰和多水的燃料时，要特别注意防止低温黏结灰的形成。这种灰的形成与 SO_3 的生成和结露有关。

8.5.2 造成积灰的原因

烟气携带的飞灰由各种大小不同的颗粒组成，一般都小于 200μm，以 10 ～ 30μm 的居多。当含灰的气流冲刷受热面时，这些微小灰粒便会在受热面上沉积下来，形成积灰。灰分沉积是由微小灰粒的物理化学特性所引起的。

1）含灰气流流入波形板受热面时，由于流动阻力使得一部分灰粒停留下来，沉积在受热面上，形成松散的积灰。

2）当含灰气流冲刷受热面管束时，管子的背风面产生旋涡，大颗粒灰由于惯性大，不易被卷进去，而小颗粒灰，特别是小于 10μm 的微小灰粒，很易被卷进去，碰上管壁便沉积下来。

3）单位质量的微小灰粒具有较大的表面积，即具有较大的表面能。当灰粒与管壁接触时，微小灰粒与金属表面间具有很大的分子引力（吸附力），靠分子引力吸附在壁面上，形成积灰。灰粒尺寸越小，其引力越大。小于 5μm 的灰粒，其分子引力大于自身的质量，吸附上后就不会掉下，从而形成积灰。

4）烟气流动时，烟气中的灰粒会发生静电感应，灰粒带电荷。当灰粒粒径小于 30μm，特别是小于 10μm 的灰粒碰到金属壁面时，灰粒的静电引力足以克服它自身的重力而吸附在金属壁面上形成积灰。

5）金属壁面具有一定的粗糙度，3 ～ 5μm 的灰粒可靠机械作用停留在粗糙的金属壁面上，形成积灰。

干松灰的沉积过程，开始是迅速增加的，但很快便达到动平衡，积灰不再增加。这时，一方面仍有细灰沉积，另一方面烟气中的大灰粒又把沉积的细灰粒冲刷带走。当然，这只是对干松灰而言，如果灰粒遇水或冷凝的硫酸，形成低温黏结灰，则灰粒不易被冲刷带走，积灰将逐渐加剧。

8.5.3　影响积灰的因素

1. 飞灰颗粒组成成分的影响

烟气中的微小颗粒灰容易沉积，大颗粒灰不仅不易沉积，还有冲刷受热面壁面的作用。因此，沿管壁两侧面不易积灰，背风面积灰达到一定厚度后也不再增加，达到动平衡。若飞灰中大颗粒灰少细灰多，则冲刷作用较弱，积灰较多。

2. 烟气流动工况的影响

烟气流动工况是由对流受热面的布置方式及结构特性决定的，对积灰也有较大的影响。

对于错列布置的管束，如果管子排列很稀，冲刷工况与单管相似。当管子排列很密时，由于邻近管子的影响，烟气曲折运动，气流扰动大，气流对管子的冲刷作用增强，既可冲掉松散的干灰，又可使冲刷区域增大，减少背风面的旋涡区，因而可以减少积灰。

在管子顺列布置时，除第一排管子可冲刷到正面及 90°范围外，从第二排开始，烟气冲刷不到管子的正面及背面，只冲刷到侧面，因此，管子正面及背面都处于旋涡区，会严重积灰。

3. 烟速的影响

由静电引力沉积的细灰量与烟速的一次方成正比，其沉积量较小。而冲刷掉的灰量与烟速的三次方成正比，烟速越大，冲刷作用越大。因此烟速越大，积灰就越少。

对燃用固体燃料的锅炉，若烟速小于 3m/s，则管子的迎风面容易积灰，大于 10m/s 则不会积灰。因此在设计时，额定负荷下尾部受热面的烟速应不小于 6m/s，这样在低负荷时，烟速也不致低于 3m/s。

4. 受热面金属温度的影响

若受热面金属温度太低，则会使烟气中的水蒸气或硫酸蒸气在受热面上凝结，将使飞灰黏结在受热面上，或者形成低温黏结灰。因此受热面金属温度低于酸露点时积灰就会较严重。

8.5.4　采取的措施

1）为防止积灰，采取适当的烟气流速。提高烟气流速可减轻积灰，而且能增强自吹灰能力，改善换热条件，但会加剧磨损和增大烟气流动阻力。

2）因为腐蚀与积灰往往是相互促进的，积灰使传热减弱，受热面金属壁温降低，而且

350℃以下沉积的灰又能吸附SO_3，这将加剧腐蚀过程。因此，采取的切实有效的防腐措施也是防止或减轻积灰的措施。

3）合理组织和调整燃烧，保持一定的过量空气系数，做到不冒黑烟，特别在锅炉起停过程及低负荷运行时，更应注意。

4）装设吹灰器并定期进行空气预热器的吹灰，如发现锅炉燃烧冒黑烟，应及时对空气预热器（及其他受热面）进行吹灰。

5）切实做好防爆防漏工作，防止省煤器发生泄漏和爆破。

8.5.5 空气预热器的硫酸氢铵堵塞及防治措施

1. 产生原因

随着电厂对环保问题的重视，尾部烟道中普遍加装了SCR脱硝装置，但SCR脱硝技术的应用也会带来一定的不利影响，就是会造成部分氨逃逸。从SCR装置逃逸出来的氨会接触SO_2/SO_3，进一步生成硫酸氢铵，由于硫酸氢铵具有较强的黏附性，长期工作状态下会吸附大量的灰尘，从而造成空气预热器堵塞的现象。硫酸氢铵造成的空气预热器堵塞，会带来一些不利的影响，如引风机出现出力不足，机组出力受阻，等等。传统的对空气预热器高压清洗方法不但效率不高，还会增加火电厂的运行成本，给火电厂的经济运行带来挑战。

2. 防治措施

1）优化脱硝系统的运行参数及流场，减少氨逃逸。优化控制脱硝系统的NH_3/NO_x比例，避免出现较大振荡；优化喷氨格栅结构及反应器内流场，获得均匀流场，减少氨逃逸。

2）调整燃烧控制SO_2/SO_3转化率。采用低硫燃料，控制入炉燃料的硫含量；采用低过量空气燃烧，通过锅炉燃烧调整，在保证锅炉完全燃烧的前提下降低锅炉整体过量空气系数，减少氧化反应；采用低SO_2/SO_3转化率的催化剂。

3）提高空气预热器吹灰能力，定期加强吹灰。在出现空气预热器压差提高后，加强对空气预热器吹灰的频率，提高吹灰蒸汽压力，防止空气预热器堵塞情况恶化。

8.6 省煤器的飞灰磨损

对电厂来说，飞灰的磨损是引起省煤器磨损的主要原因。携带有灰粒和未完全燃烧颗粒的烟气冲刷省煤器蛇形管时，会逐渐使省煤器管壁变薄。而且，由于在省煤器处烟气温度较低，飞灰颗粒硬化，此处烟气的流动速度也较高，管子更易磨损。所以，在锅炉设计及运行中，必须了解飞灰磨损的规律，采取有效措施来防止或减轻飞灰磨损。

8.6.1 飞灰磨损的机理

高速烟气携带固体灰粒时，灰粒对受热面的每次撞击都会从受热面表面剥离掉微小的金属屑，这就是飞灰磨损的过程。

烟气携带的灰粒对受热面的撞击有两种情况：一种是垂直撞击，引起撞击磨损；另一种是斜向撞击，其撞击力可分解为垂直力（法线方向）和切向力，如图8-23所示。垂直撞击力引起撞击磨损，切向力引起摩擦磨损。因此，当灰粒斜向撞击受热面时，受热面既有撞击磨损，又有摩擦磨损，两者的大小取决于冲击角 α。试验证明，当 α=30°～50°时，磨损最严重。

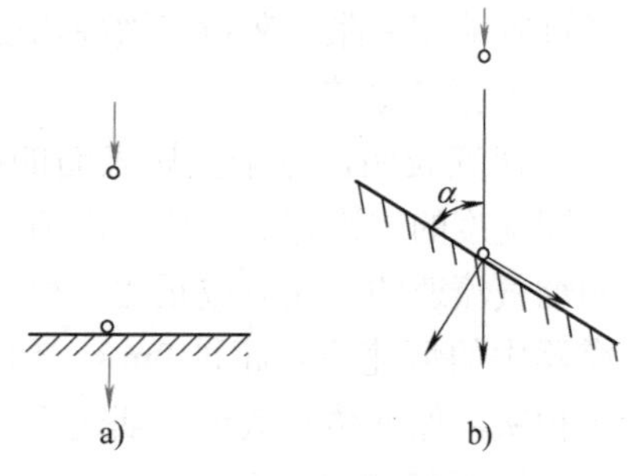

图 8-23　灰粒对受热面的撞击
a）垂直撞击　b）斜向撞击

8.6.2　影响飞灰磨损的因素

受热面表面金属的磨损，从能量转换的角度来看，是由于高速的灰粒具有较高的动能，当它撞击受热面时，消耗动能，其中部分用于增加受热面金属的表面能。根据试验研究，可用下式表示金属磨损与飞灰动能之间的关系，即

$$T \propto \frac{Gw^2}{2g}\tau \tag{8-1}$$

式中，T 为受热面表面金属的磨损量（g/m^2）；w 为飞灰速度（m/s）；τ 为时间（h）；G 为飞灰质量流速［$g/(m^2 \cdot s)$］，$G=\rho w$，ρ 为烟气中的飞灰质量浓度（g/m^3）。

将 $G=\rho w$ 代入式（8-1）得

$$T \propto \frac{(\rho w)w^2}{2g}\tau$$

可写成

$$T \propto c\eta\rho w^3\tau$$

式中，c 为考虑飞灰性质的系数，它与飞灰性质、管束结构特性有关；η 为飞灰撞击率，它与灰粒受到的惯性力和气流阻力有关，即飞灰颗粒大，密度大，烟气流速快，黏度小，则飞灰的撞击率大。

由上述分析可知影响因素有以下几方面。

1. 灰粒特性

灰的颗粒形状中，锐利有棱角的灰粒比圆体灰粒对金属的磨损更为严重。灰的颗粒直径越大，磨损越严重；灰的颗粒密度越大，磨损越严重。

2. 飞灰浓度

烟气中的飞灰浓度越大，磨损越严重。因此，燃用多灰燃料时，磨损严重。烟气走廊等局部地方的烟气浓度也较高，磨损也严重。

3. 管束的排列与冲刷方式

当烟气横向冲刷管束时，磨损情况如下：

1）错列和顺列布置时，第一排管子正迎着气流，磨损最严重的地方在迎风面两侧 30°～50°处，因为此处受灰粒的冲击力和切向力两者之和为最大。

2）错列布置时以第二排磨损最为严重，因为此处气流速度增大，管子受到更大的撞击。磨损最严重处在主气流两侧 25°～35°处。第二排以后磨损较轻。

3）顺列布置时，磨损最严重处在主气流方向两侧 60°处，以第五排最为严重，如图 8-24 所示。

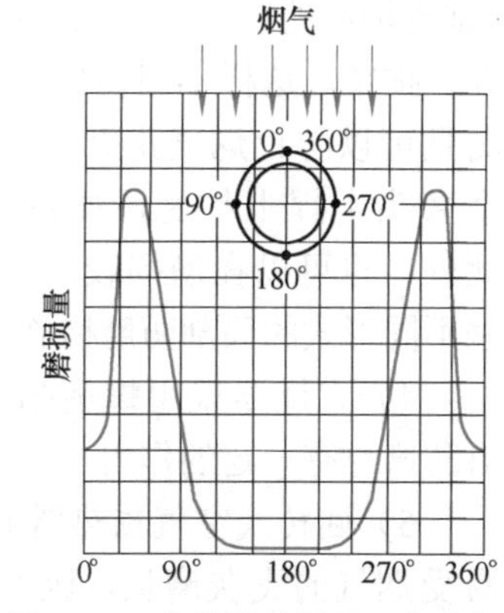

图 8-24　省煤器管子的飞灰磨损

当烟气纵向冲刷受热面时，磨损情况较轻，一般只在进口 150～200mm 处磨损较严重，因为此处气流不稳定。气流

经过收缩和膨胀，灰粒多次撞击受热面，以后气流稳定了，磨损就较轻。

4. 烟气速度

研究表明，管子金属表面的磨损与飞灰粒子的动能和撞击次数成正比，飞灰粒子的动能同速度的二次方成正比，而撞击的次数同速度的一次方成正比。这样，管子金属的磨损就同烟气流速的三次方成正比。可见烟速的大小对受热面磨损的影响是很大的。根据经验，省煤器中的烟速不宜超过 9m/s，但烟速降低，会使积灰增加，而且对流传热效果变差，为防止积灰，保证传热效果，烟速不宜小于 6m/s。

5. 运行中的因素

1）锅炉超负荷运行时，燃料消耗量和空气供应量都增大，因此烟气速度增大，烟气中飞灰浓度也会增加，因而会加剧飞灰磨损。

2）烟道漏风。漏风增加，必然增大烟速，增加磨损。例如，在高温省煤器处漏风系数增加 0.1，会使金属的磨损增大 25%。

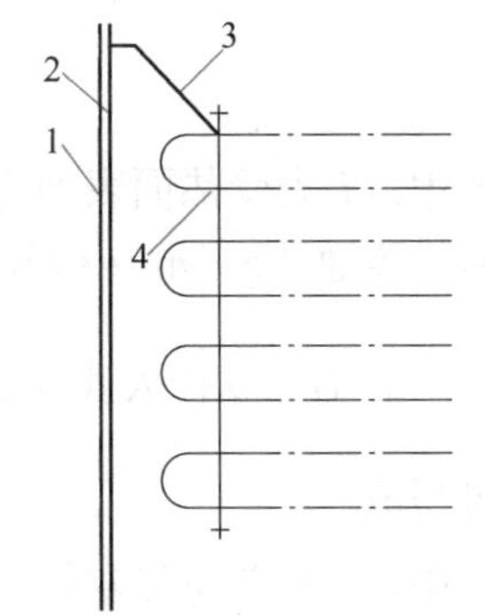

图 8-25　省煤器与箱体的连接

1—箱体侧边　2—角钢带　3—折流板　4—双孔板

8.6.3　减轻和防止磨损的措施

1）降低飞灰浓度，在可能的范围内降低烟气的速度。

2）防止在烟道内产生局部烟速过大和飞灰浓度过大。因此，不允许烟道内出现烟气走廊。例如，在进入省煤器烟道前加装折流板，即在省煤器蛇形管弯头和箱体之间加装折流板，如图 8-25 所示，可以均匀省煤器烟道内各处的烟气流速，防止烟气走廊的出现。

3）在省煤器弯头易磨损的部位加装防磨保护装置，如图 8-26 所示。这时受磨损的不是受热面管子，而是保护部件，检修时只要更换这些防磨保护部件即可。

省煤器的防磨保护装置有多种形式，图 8-26a 是省煤器整组弯头的整体保护，即在省煤器管子的最上层和最下层直管段（靠近炉墙处）焊上护瓦，并在各弯头顶端焊上护帘。这样不但使烟气分布比较均匀，而且可以防止烟气走廊的出现。也可在单个弯头上焊上护瓦，如图 8-26b、c 所示。此外，也可以在磨损较严重的部位采用一些不同形式的局部防磨措施（图 8-26d）。

4）省煤器采用螺旋鳍片管或肋片管，对防磨也有一定的作用。

5）回转式空气预热器的上层蓄热板容易受烟气的飞灰磨损，因此，一般上层蓄热板用耐热、耐磨的钢材制作，且厚度较

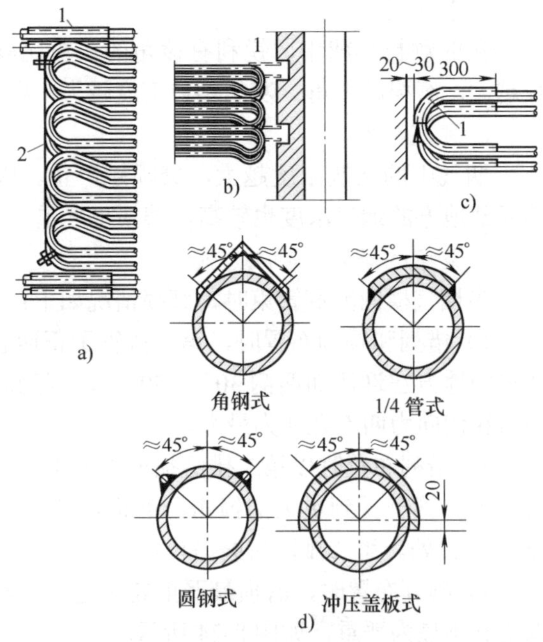

图 8-26　省煤器防磨保护措施

a）弯头整体保护　b）、c）单个弯头保护　d）局部防磨措施

1—护瓦　2—护帘

大。上层蓄热板一般设计得不高，而且要便于拆除更换。

思　考　题

8-1　省煤器及空气预热器的作用分别是什么？

8-2　对于管式空气预热器，垂直布置及水平布置的工作特点分别是什么？

8-3　回转式空气预热器由哪几部分构成？

8-4　回转式空气预热器漏风的主要原因是什么？简要分析应对漏风的措施。

8-5　在 SCR 投入运行后，易出现空气预热器硫酸氢铵堵塞现象，试分析其产生的主要原因。

8-6　引起低温腐蚀的原因是什么？如何减轻和防止低温腐蚀？

8-7　尾部受热面产生积灰的原因是什么？如何减轻尾部受热面的积灰？

8-8　引起省煤器飞灰磨损的因素有哪些？如何减轻和防止飞灰磨损？

8-9　查阅资料，在尾部烟道中降低排烟温度的方式还有哪些？分析其优缺点。

第 9 章 锅炉热力计算和整体布置

锅炉热力计算的目的是确定各受热面与燃烧产物和工质参数之间的关系。计算的基础是燃料的燃烧计算和锅炉的热平衡计算。本章在阐明锅炉各种受热面传热特点的基础上，以苏联提出的锅炉热力计算方法为主线，介绍锅炉辐射及对流受热面传热计算的具体步骤和方法。

9.1 炉膛传热计算

9.1.1 炉膛结构

炉膛是锅炉中的一个重要部件，进行炉膛设计时，要综合考虑燃烧、传热、水动力以及制造、安装、运行等方面的要求。

1. 燃料对炉膛设计的影响

在选择炉膛形式和尺寸时要使得燃料能燃烧完全又不使水冷壁超温。燃料种类不同，燃烧方式不同，对炉膛尺寸的选择有很大影响。

以燃烧天然气的锅炉炉膛为基准，因其燃烧放热较均匀，尺寸最小。由于油燃烧放热很集中，局部热负荷很高，需要放大炉膛来降低这种高的热负荷，使之燃烧完全，然后再放大尺寸到使水冷壁金属温度不致过高。煤粉的燃烧需要更好地与空气混合和更长的燃尽时间，故炉膛尺寸更要放大，另外还要考虑如何防止结渣。

不同煤种对炉膛尺寸也有影响。烟煤挥发分含量高，易于着火和燃尽，炉膛尺寸相对来说要小些；褐煤含水分多，烟气容积大，要求较大的炉膛容积；无烟煤挥发分少，着火和燃尽都困难，故除了燃烧器上要用稳焰措施外，还要延长在炉膛中的停留时间，常采用 W 形火焰燃烧方式。

由煤粉燃烧器布置在炉膛的不同位置而形成锅炉不同的燃烧方式，现代煤粉锅炉一般有切向燃烧方式、前后墙对冲燃烧方式和 W 形火焰燃烧方式。

2. 炉膛几何特征

（1）炉膛有效容积　煤粉的颗粒度虽然很小，但也要有足够的时间才能燃烧完。当烟气进入对流受热面的管子密集处后，它的温度就会迅速下降，如果煤粉在炉膛里没有烧完，进入对流受热面就没有再燃完的可能了，煤粉在炉膛里能停留足够长的时间是非常重要的。因此在设计炉膛时，必须确保炉膛有足够的容积。

炉膛有效容积是指实施煤粉悬浮燃烧及传热的空间，并用以计算炉膛容积热负荷的容积部分。

大型电站锅炉应按下述三项原则计算炉膛有效容积：

1）对于切向燃烧锅炉炉膛出口烟窗截面，一般规定为炉膛后墙折焰角尖端垂直向上直至顶棚管形成的假想平面，如图 9-1 所示。布置在上述假想平面以内（即炉膛侧）的屏式受热面横向间距如果小于 457mm，则该屏区应从炉膛有效容积中扣除。例如，布置在上述假想平面前的屏（一般为后屏）平均间距小于 457mm，则此时炉膛出口烟窗相应移到该屏区之前。

对于对冲燃烧锅炉及 W 形火焰燃烧锅炉横向间距大于 457mm 的屏式受热面，一般超出折焰角尖端垂直向上的平面（图 9-2、图 9-3），则炉膛出口烟窗可以沿水平烟道向后移至出现受热面横向间距小于 457mm 的截面，但是不能超出后墙水冷壁（对于 W 形锅炉指上炉膛后墙水冷壁）延伸的平面。

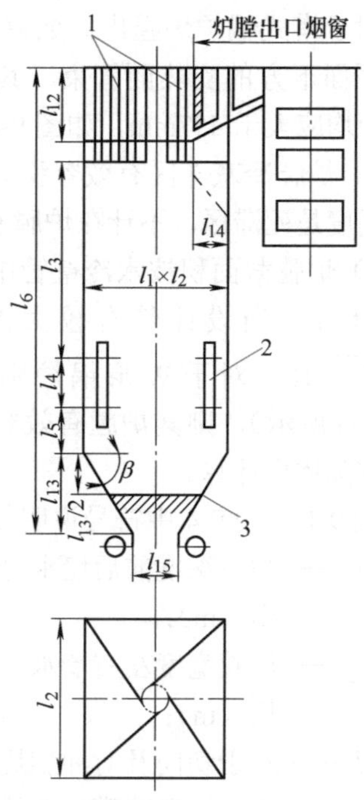

图 9-1 切向燃烧锅炉炉膛结构尺寸示意图

1—屏式过热器 2—燃烧器 3—冷灰斗计算断面

注：图示的切向燃烧锅炉的后井为单烟道布置，也有用双烟道平行挡板调温的炉型

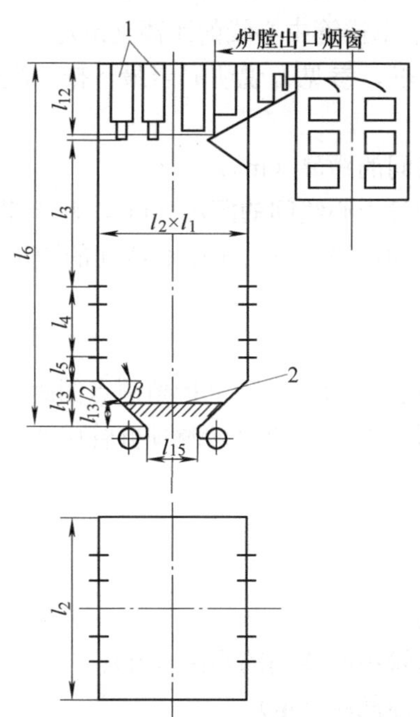

图 9-2 对冲燃烧锅炉炉膛结构尺寸示意图

1—屏式过热器 2—冷灰斗计算断面

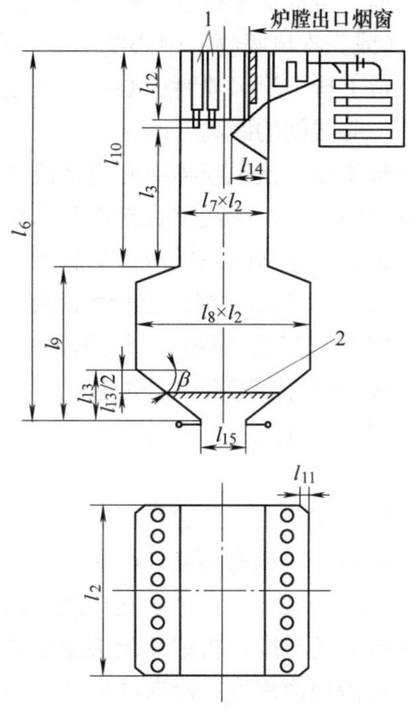

图 9-3 W 形火焰燃烧锅炉炉膛结构示意图

1—屏式过热器 2—冷灰斗计算断面

对于塔式锅炉炉膛出口烟窗为一水平假想平面，在该平面下方的受热面管束，其水平方向管子中心线间距均应大于457mm，如图9-4所示。

2）炉膛冷灰斗区有效容积只计上半高度，认为下半高度是死滞区，不计在炉膛有效容积内。

3）炉膛截面积按水冷壁管中心线所围成的矩形平面计算。当设计带有较大的切角（小直角边 $l_{11}>\sqrt{l_1 l_2}/10$，对于W形锅炉则为 $l_{11}>\sqrt{l_8 l_2}/10$ 时，如图9-3所示），则其炉膛有效容积应按切角壁面包裹的实际体积计算。

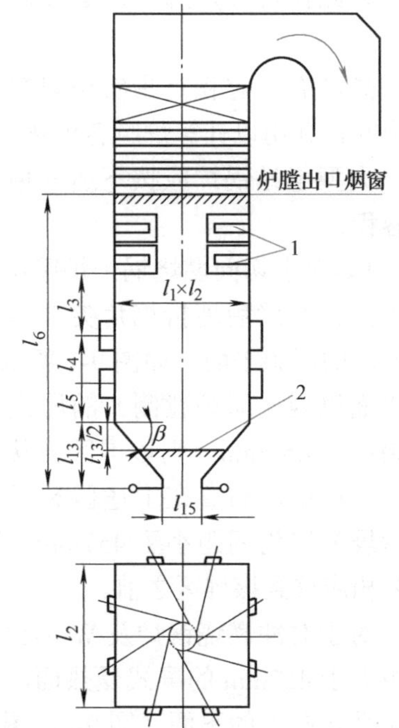

图9-4 塔式布置锅炉炉膛结构示意图

1—屏式过热器 2—冷灰斗计算断面

注：图示的塔式炉为切向燃烧方式，另外，也有对冲燃烧及W形燃烧方式塔式炉

图9-1～图9-4中符号说明如下：

l_1——炉膛深度前后墙水冷壁管中心线间的距离（m）；

l_2——炉膛宽度左右墙水冷壁管中心线间的距离（m）；

l_3——对于切向及对冲燃烧锅炉为燃烧器最上排一次风喷嘴中心线（对燃用无烟煤的切向燃烧锅炉采用中间储仓式热风送粉系统，而三次风喷嘴布置在一次风喷嘴中心标高以上时则为最上排二次风喷嘴）至屏最下排管中心线的距离（m）；对于塔式布置锅炉为最上排一次风喷嘴（或三次风喷嘴）中心线至炉内水平管最下排管中心线的距离（m）；

l_4——最上排一次风喷嘴中心线（或三次风喷嘴，参见 l_3 说明）至最下排一次风喷嘴中心线间的距离（m）；

l_5——最下排一次风喷嘴中心线至冷灰斗拐点间的距离（m）；

l_6——炉膛高度，指从炉底排渣口至炉膛顶棚管中心线间的距离（m），对于塔式布置锅炉，指从炉底排渣口至炉膛出口水平烟窗最下排管子中心线间的距离（m）；

l_7——W形火焰燃烧锅炉上炉膛深度（m）；

l_8——W形火焰燃烧锅炉下炉膛深度（m）；

l_9——W形火焰燃烧锅炉下炉膛高度，从炉底排渣口至拱顶上折角顶点的距离（m）；

l_{10}——W形火焰燃烧锅炉上炉膛高度，从拱顶上折角顶点至炉膛顶棚管中心线的距离（m）；

l_{11}——炉膛切角小直角边长（m）；

l_{12}——炉膛出口烟窗高度（m）；

l_{13}——炉膛冷灰斗拐点至炉底排渣口间的距离（m）；

l_{14}——折焰角深度，折焰角顶端至后墙水冷壁管中心线间的距离（m）；

l_{15}——排渣口净深度，冷灰斗底部出口的水平净间距（m）；

β——冷灰斗斜坡与水平面所成角度（°）。

对于火床炉，炉膛容积为由炉排面及通过炉排两端和除渣板或挡渣板的垂直平面所包围的容积。对于链条炉应扣除燃料层及灰渣层的容积，也就是以燃料层及灰渣层的外表面为界面。燃料层及灰渣层的平均计算厚度为：烟煤 150 ～ 200mm，褐煤 300mm。抛煤机炉燃料层厚度很小，可以不考虑。

（2）炉壁面积　按包覆炉膛有效容积的表面尺寸计算。对于双面曝光水冷壁及屏，应以其边界管中心线间距离和管子曝光长度乘积的两倍（即计及双面）作为其相应的受热面积。在计算半开式炉膛时，炉墙面积应包括位于燃烧室及冷却室之间的烟窗面积。

（3）主要炉膛热力特性参数　主要炉膛热力特性参数包括炉膛容积热负荷 q_V、炉膛截面热负荷 q_a、燃烧器区域壁面热负荷 q_r 以及炉膛辐射受热面热负荷 q_f。这些参数的大小取决于锅炉容量参数、燃料特性和燃烧方式，其计算与选取可见第 4 章 4.3 节。

（4）炉膛及燃烧器的设计要求　与炉膛及燃烧器设计有关的共性要求有以下几方面

1）对设计煤种和校核煤种的要求。在进行炉膛设计选型之前，应对设计煤种煤质分析数据（包括元素分析和发热量等）做必要的检验与核算，并分析锅炉投入运行后煤质可能的变化幅度。设计煤种和校核煤种的关系是以设计煤种为主，兼顾校核煤种。校核煤种与设计煤种应为同一大类煤种。

燃用的校核煤种或实际燃用煤种的煤质特性相对于设计煤种煤质特性的偏离应保证锅炉达到额定设计出力及额定工况下锅炉出口蒸汽参数值。

2）炉膛截面的宽深比（l_2/l_1）的选取。切向燃烧方式炉膛截面的宽深比（l_2/l_1）应尽量趋近 1，不宜超过 1.2。截面宽深比大于 1.2 的炉膛适用于前墙布置或前后墙对冲布置的旋流燃烧器。

在确定炉膛宽度时，还要兼顾对流受热面的工质流速和烟气流速，以及锅筒内部装置的要求。超高压以上的锅炉还要根据上升管内工质的质量流速来选择炉膛周长。

3）冷灰斗倾角 β 的选取。冷灰斗的倾角 β 一般采用 50° ～ 55°，燃用结渣倾向强的煤种时采用 55°。

4）炉膛高度及出口烟气温度的选取原则。选取炉膛高度时既要保证煤粉充分燃尽，又要考虑传热的要求。炉膛出口烟气温度与煤质特性、锅炉输入热功率、炉膛容积及形状、炉膛辐射受热面积、水冷壁污染系数及火焰中心高度等因素有关。为防止炉膛出口区域受热面结渣，在锅炉额定负荷时，应使出口烟气温度降低到煤灰变形温度 DT 以下 50 ～ 100℃；若煤灰软化温度 ST 与变形温度 DT 之差小于等于 50℃，则炉膛出口烟气温度应降低到煤灰软化温度 ST 以下 100 ～ 150℃。

5）下排一次风喷嘴中心至冷灰斗拐点的距离 l_5 的选取原则。下排一次风喷嘴中心至冷灰斗拐点的距离 l_5 的选取，要考虑为下半部分燃烧器进入的燃料提供一个燃烧空间，特别是直流式燃烧器，下摆时不能使火焰冲刷灰斗斜坡，造成水冷壁结渣或过烧、爆管。

3. 炉膛水冷壁的布置

大容量电站锅炉水冷壁通常采用外径为 45 ～ 60mm 的无缝钢管和内螺纹管，材料为 Q245R，双面曝光水冷壁管材采用 15CrMo 钢。

大容量电站锅炉水冷壁都采用膜式水冷壁。燃用低挥发分、不易着火的燃料，或是液态排渣炉或旋风炉，在燃烧器区域用耐火材料敷设燃烧带。

在自然循环锅筒锅炉中，为了防止受热不均匀而引起水循环不良现象的发生，把水冷壁分成若干独立的回路，每个回路受热面宽度一般不超过 2.5m。

9.1.2 炉膛传热原理及特点

炉膛是锅炉最重要的部件之一。在炉膛内，燃烧与传热过程同时进行，参与燃烧与传热过程的各因素互相影响，使炉膛内发生的过程十分复杂，其中包括燃料的燃烧、火焰对水冷壁的传热、火焰与烟气的流动，以及水冷壁表面的污染等物理化学过程。

从炉膛传热的过程来看，进入炉膛的燃料与空气混合着火后生成高温的火焰与烟气，主要以辐射传热方式将热量传给四周的水冷壁，到炉膛出口处，烟气温度下降到一定值后，进入对流烟道。

1. 炉膛传热过程的特点

1）炉膛内的传热过程是与燃料的燃烧过程同时进行的。

2）炉膛传热以辐射换热为主，对流换热所占比例很小。这是因为，一方面炉膛内火焰及烟气温度很高，常规煤粉锅炉火焰中心温度可达 1400 ～ 1600℃，炉膛出口烟气温度也在 1000℃以上，与四周温度较低的水冷壁之间的辐射换热非常强烈；另一方面，炉内烟气平均流速很小，在贴近水冷壁面处，烟气的流速更小，因此对流换热很弱。在一般煤粉锅炉炉膛中，辐射换热量占总换热量的 95% 以上。

3）火焰与烟气温度在其行程上变化很大。燃料着火后燃烧非常强烈，其放热大于四周水冷壁的吸热，火焰温度迅速上升，形成最大值所在的火焰中心。随后可燃物逐渐燃尽，其放热量小于水冷壁吸热量，火焰温度下降，形成炉内温度场沿炉膛高度不均匀的分布曲线，如图 9-5 所示。由图可见不论锅炉容量、过量空气系数及燃烧工况如何变化，对一定结构的炉膛，沿其高度的温度场变化是很有规律的，其曲线的形状是相似的。

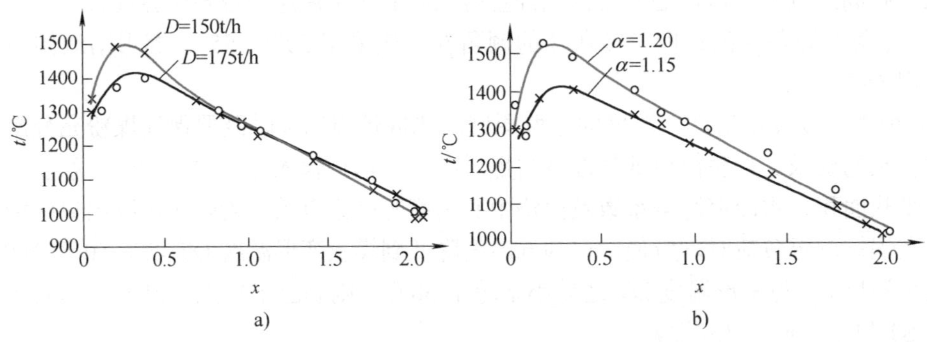

图 9-5 炉内温度场沿炉膛高度不均匀的分布曲线

a）不同容量 b）不同过量空气系数

2. 火焰辐射

炉膛火焰中具有辐射能力的成分通常分为四种：

1）三原子气体。CO_2 和 H_2O 等三原子气体在温度小于 2000K 时具有辐射和吸收能力。这些三原子气体只在红外光谱区的某些光带内具有辐射和吸收能力，而在光带以外则既不辐射也不吸收，对热辐射呈现透明体的性质。这种肉眼看不到的三原子气体组成的火焰称为不发光火焰。

2）焦炭粒子。煤粉颗粒中焦炭粒子是水分和挥发分逸出后的剩余物，其直径约为 30 ～ 50μm。焦炭粒子在未燃尽前悬浮在火焰气流中，辐射能力很强，并使火焰发光，是一种主要的辐射成分。

3）灰粒。焦炭粒子的可燃成分燃尽后就成为灰粒，其直径约为 10 ～ 20μm。灰粒在高温火焰中也以一定的辐射能力使火焰发光。含有焦炭粒子和灰粒的火焰称为半发光火焰。

4）炭黑粒子。炭黑粒子是燃料中的烃类化合物在高温下裂解而形成的，其直径约为 0.03μm，辐射能力很强，并使火焰发光。在燃烧器附近含有大量炭黑粒子的火焰称为发光火焰。

影响火焰辐射的因素可归纳为以下几方面：

1）火焰辐射成分。火焰的辐射能力随以上四种有效辐射成分在火焰中的组成不同而不同。如煤粉火焰中主要的辐射成分是大量的灰粒和焦炭粒子，另外也有少量三原子气体和炭黑粒子；气体燃料火焰中则主要是三原子气体和少量炭黑粒子；重柴油火焰中除三原子气体和炭黑粒子外，还有雾状油滴。

2）有效辐射成分在炉膛中的分布。炉膛中随着燃料燃烧和烟气的流动过程的进行，在不同区域，其有效辐射成分有着不同的分布。在不同的炉膛结构和形状影响下，不同的燃料或不同的燃烧方式，都会形成炉内有效辐射成分不同的浓度场。

3）燃烧方式和燃烧工况。同一种燃料，如用不同的燃烧器以不同的燃烧方式燃烧，会形成不同结构的火焰，其辐射特性也就不同。火焰中燃烧生成的三原子气体、炭黑、焦炭粒子的数量和位置不同，其发光部分比例大的，火焰的辐射能力就较强。

燃烧工况是指配风方式、一次风的比例和速度、煤粉细度和煤粉分配的均匀性等因素对炉内燃烧的影响。燃烧工况不同，燃料的着火点和火焰中心的位置不同，以及火焰的充满度和长度不同，都将造成不同的火焰辐射特性。

4）各辐射成分的相互影响。火焰中不同的辐射成分具有不同的吸收辐射能的频谱。如有部分吸收频谱重合，则其总吸收率比各辐射成分单独存在时的吸收率之和要小。

9.1.3　炉膛辐射换热的基本方程和计算方法

1. 炉膛辐射换热的基本方程

根据以上分析，为了得到炉膛计算的基本方程，针对炉膛辐射传热过程所做的假定如下：

1）把传热过程与燃烧过程分开，如需计及燃烧工况的影响，则考虑引入经验系数。

2）对流传热所占份额不大，可以忽略不计。

3）炉内的各物理量认为是均匀的，如火焰的温度和黑度，受热面外壁的温度和黑度。计算结果，如炉膛出口烟气温度和受热面热负荷也以平均值表示。

4）以与水冷壁相切的表面为火焰的辐射表面，其温度等于火焰的平均温度 T_{hy}，黑度等于火焰对炉壁辐射的黑度 a_{hy}，火焰的辐射热量就是通过这个表面传到炉壁上去的，如图 9-6 所示。

5）炉壁的表面温度为 T_b，黑度为 a_b，其面积为同侧炉墙的面积。

这样，炉膛传热计算就是计算火焰与四周炉壁之间的辐射传热量，并简化为两个互相平行的无限大平面间的辐射传热。根据斯忒藩 - 玻耳兹曼定律，可得如下的辐射传热方程式：

$$B_j Q_f = a_{xt} A_b \sigma_0 (T_{hy}^4 - T_b^4) \tag{9-1}$$

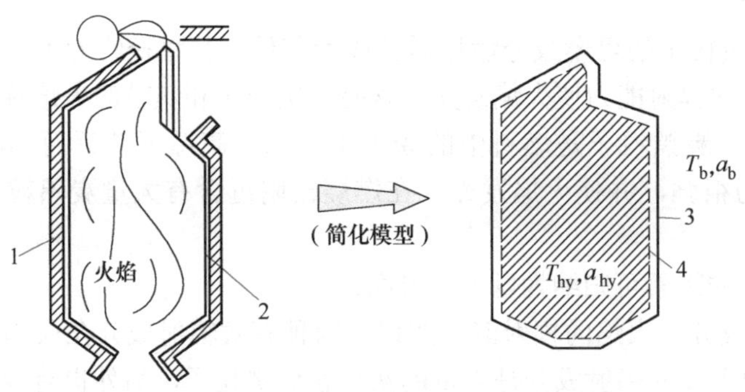

图9-6 计算炉膛辐射换热的简化模型

1—炉墙 2—水冷壁管 3—炉壁 4—火焰辐射面

$$a_{xt} = \frac{1}{\frac{1}{a_{hy}} + \frac{1}{a_b} - 1} \tag{9-2}$$

式中，T_{hy}、T_b 分别为火焰、炉壁的平均温度（K）；σ_0 为黑体的斯忒藩 - 玻耳兹曼常量，其值为 5.67×10^{-11}kW/（$m^2 \cdot K^4$）；B_j 为计算燃料消耗量（kg/s）；Q_f 为辐射传热量（kJ/kg）；A_b 为炉壁表面积（m^2）；a_{xt} 为系统黑度；a_{hy}、a_b 分别为火焰、炉壁的黑度。

从炉膛中火焰和烟气的放热过程还可列出热平衡方程式。把按每千克燃料计算的锅炉输入热量加上烟气再循环的热量称为炉膛有效放热量 Q_l（kJ/kg）。如果燃料完全燃烧的热量用来加热燃烧产物而不与炉壁发生热交换，在这种绝热状态燃烧产物所能达到的最高温度称为绝热燃烧温度，实际上并不存在这样的高温，故又称为理论燃烧温度 T_a(K)。由于火焰与炉壁之间有热交换，火焰的温度要低于理论燃烧温度。经过炉内热交换后到达炉膛出口的烟气降温到炉膛出口温度 T_l''，相应的烟气焓为 H_l''(kJ/kg)。这个过程可用热平衡方程式来表示，即

$$Q = \varphi B_j(Q_l - H_l'') \tag{9-3}$$

$$\varphi = 1 - \frac{q_5}{\eta + q_5} \tag{9-4}$$

式中，B_j 为锅炉计算燃料量（kg/s）；φ 为保热系数，是考虑炉膛向外部环境的散热损失的系数。

$$\text{而} Q_l - H_l'' = c_{pj}(T_a - T_l'') \tag{9-5}$$

式中，c_{pj} 为燃料烟气的平均比热容［kJ/（kg·K）］。

将（Q_l-H_l''）代入式（9-3），则可得

$$Q = \varphi B_j c_{pj}(T_a - T_l'') \tag{9-6}$$

火焰和烟气的放热量等于炉膛的吸热量，由此可列出炉膛传热计算的基本方程式，即

$$a_{xt} A_b \sigma_0 (T_{hy}^4 - T_b^4) = \varphi B_j c_{pj}(T_a - T_l'') \tag{9-7}$$

该式中存在 T_{hy}、T_b 和 a_{xt} 三个未知数，且难以用试验方法测定，故工程上难以用该式进

行计算。

为此，进一步分析火焰同炉壁之间的辐射换热过程，设火焰对炉膛的有效辐射热负荷为 q_{yx1}（kW/m^2），炉壁对火焰的有效反辐射热负荷为 q_{yx2}（kW/m^2），则单位面积上火焰与炉壁间的辐射热负荷为（$q_{yx1}-q_{yx2}$）。

为了分析火焰与炉壁间的辐射换热过程，还要引进炉壁的热有效系数 ψ，它定义为

$$\psi = \frac{q_{yx1} - q_{yx2}}{q_{yx1}} \tag{9-8}$$

式（9-8）的分子则为单位面积上火焰与炉壁之间的辐射热负荷。而火焰对炉壁的有效辐射热负荷可用传热学中的温度四次方定律表示为

$$q_{yx1} = a_1 \sigma_0 T_{hy}^4 \tag{9-9}$$

a_1 为炉膛黑度，它是为了进行炉膛热力计算引进的对应于火焰有效辐射的假想黑度。则炉膛壁面的总换热量为

$$Q = A_b \psi a_1 \sigma_0 T_{hy}^4 \tag{9-10}$$

由此，式（9-7）可表示为

$$A_1 \psi a_1 \sigma_0 T_{hy}^4 = \varphi B_j c_{pj}(T_a - T_1'') \tag{9-11}$$

这样，炉膛传热基本方程式的未知量变为 T_{hy}、φ 及 a_1。

由于炉内过程的复杂性，对炉膛传热进行纯理论的数学计算是不可能的。只能对简化的模型进行理论分析，然后根据相应的试验数据，建立半经验性的计算公式。

2. 炉膛辐射换热的计算方法

为了进行炉膛传热计算，首先要研究炉膛内温度场的分布规律，以确定火焰平均温度 T_{hy}。

对一定结构的炉膛，沿其高度的温度场变化是很有规律的，与燃料、燃烧方式及炉膛受热面结构有关。定义 $\Theta=T/T_a$，表示火焰温度与理论燃烧温度的比值。炉膛中火焰温度的变化曲线可用下式表示，即

$$\Theta^4 = e^{-\alpha x} - e^{-\beta x} \tag{9-12}$$

式中，x 为火焰行程与燃烧器轴线的相对高度，$x=h_1/h_2$，h_1 为火焰行程离燃烧器轴线的高度，h_2 为炉膛出口离燃烧器轴线的高度；α、β 分别为考虑燃烧与传热影响的系数。

当 $x=1$ 时，得到炉膛出口的量纲一的温度为

$$\Theta_1''^4 = e^{-\alpha} - e^{-\beta} \tag{9-13}$$

对 x 自 0 到 1 进行积分，得到炉膛火焰平均温度，即

$$\bar{\Theta}^4 = \frac{1-e^{-\alpha}}{\alpha} - \frac{1-e^{-\beta}}{\beta} \tag{9-14}$$

最高温度点的位置 x_{max} 可由 $\frac{d\Theta^4}{dx}=0$ 的条件确定，即

$$x_{max} = \frac{\ln\alpha - \ln\beta}{\alpha - \beta} \tag{9-15}$$

x_{max} 可以间接地反映燃烧条件的特性，燃料燃烧越迅速，则 x_{max} 值越小，如燃料从燃烧器喷出瞬时燃尽，则 x_{max}=0。x_{max} 的位置可用任何形式的高温计测出。

$\bar{\Theta}$ 可以用下式表示，即

$$\bar{\Theta} = \sqrt[4]{m}\Theta_1''^{\,n} \tag{9-16}$$

式中，m、n 分别为取决于燃烧及传热条件的参数。

m 值接近于 1；而 n 值随 x_{max} 增加，范围为 0.4 ～ 1。

这样式（9-16）可写成

$$\bar{\Theta} = \Theta_1''^{\,n} \tag{9-17}$$

或

$$\bar{\Theta}^4 = \Theta_1''^{\,4n} \tag{9-18}$$

在式（9-11）两边分别除以 T_a^4，并将式（9-18）代入，则可得到

$$\Theta_1''^{\,4n} = \frac{\varphi B_j c_{pj}}{\sigma_0 \psi A_l T_a^3} \frac{1-\Theta_1''}{a_l} \tag{9-19}$$

式中，$\frac{\varphi B_j c_{pj}}{\sigma_0 \psi A_l T_a^3} = k$，称为玻耳兹曼常数；$\sigma_0$ 为黑体的斯忒藩 - 玻耳兹曼常量，5.67×10^{-11}kJ/（m^2 • s • K^4）；φ 为保热系数，按式（9-4）计算；A_l 为炉墙面积（m^2）。

则式（9-19）可变为

$$\Theta_1''^{\,4n} = \frac{k}{a_l}(1-\Theta_1'') \tag{9-20}$$

式（9-20）表明，炉膛出口量纲一的温度 Θ_1'' 是 $\frac{k}{a_l}$ 及 n 或 x_{max} 的函数。经过大量的试验研究，经整理得出以下半经验公式，即

$$\Theta_1'' = \frac{T_1''}{T_a} = \frac{k^{0.6}}{M a_l^{0.6} + k^{0.6}} \tag{9-21}$$

式中，T_1'' 为炉膛出口处烟气的热力学温度（K）；T_a 为绝热条件下烟气的理论燃烧温度（K），它取决于炉内的有效放热量，该放热量为炉膛出口过量空气系数 α_1'' 时的燃烧产物的焓 H_a；M 为系数，取决于炉内火焰中心相对位置 x_m。

该半经验公式适用范围为 $\Theta_1'' \leqslant 0.9$。

实践表明，绝大部分的可燃物是在炉膛内燃烧器标高附近燃烧而形成火焰中心。故 x_m 主要与燃烧器的相对高度 x_r 有关。计算时炉膛高度是指沿炉膛中心线从炉底或灰斗中心到炉膛出口中心之间的距离，x_r 等于燃烧中心标高到炉底或冷灰斗中心的距离与炉膛高度之比。对大容量燃炉，可取 x_m=x_r。由于燃烧器的结构形式、布置方式或过量空气系数等因素的影响，会使火焰中心相对高度 x_m 偏离 x_r，需引进 Δx 进行修正，即

$$x_m = x_r + \Delta x \tag{9-22}$$

前墙或对冲布置的多层燃烧器燃用煤粉时，蒸发量 $D \leqslant$ 420t/h 的锅炉，Δx=0.1；蒸发量 D>420t/h 的锅炉，Δx=0.05。摆动式燃烧器（上下摆动 20°时），Δx=±0.1。

单室炉时系数 M 与 x_m 的关系为：

当燃用重柴油及气体燃料时

$$M=0.54-0.2x_m \tag{9-23}$$

当室燃烟煤、褐煤及层燃所有的燃料时

$$M=0.59-0.5x_m \tag{9-24}$$

当室燃无烟煤、贫煤及高灰分烟煤时

$$M=0.56-0.5x_m \tag{9-25}$$

不论 x_m 值如何，式（9-24）和式（9-25）中的 M 值最大不超过 0.5（室燃炉）。对于采用风力抛煤机的薄煤层火床炉，M=0.59；对于固定式或移动式炉排采用厚煤层的火床炉，M=0.52。

对于开式炉膛，当燃用烟煤、褐煤等高反应的固体燃料以及气体燃料和重柴油时，M=0.48；当燃用无烟煤屑及贫煤时，M=0.46。

实际计算时所用公式为

$$T_1''=\frac{T_a}{M\left(\dfrac{\sigma_0\psi A_1 a_1 T_a^3}{\varphi B_j c_{pj}}\right)^{0.6}+1} \tag{9-26}$$

式中，c_{pj} 为燃料的燃烧产物在 $\theta_a \sim \theta_1''$ 温度区间内总的平均比热容［kJ/（kg・℃）］。

$$c_{pj}=\frac{Q_1-H_1''}{T_a-T_1''} \tag{9-27}$$

式中，H_1''为温度为 θ_1''、过量空气系数为炉膛出口处的 α_1'' 时，1kg 燃料的燃烧产物的焓（kJ/kg）。

3. 炉膛黑度

炉膛黑度 a_1 是为了进行炉膛热力计算引进的对应于火焰有效辐射的假想黑度，用炉膛黑度可说明火焰与炉膛间辐射热交换的关系。联立式（9-1）、式（9-2）和式（9-10）可得

$$a_1=\frac{1}{\psi\left(\dfrac{1}{a_{hy}}+\dfrac{1}{a_b}-1\right)}\left(1-\frac{T_b^4}{T_{hy}^4}\right) \tag{9-28}$$

该式反映了炉膛黑度 a_1 与火焰黑度 a_{hy} 之间的关系。

设单位面积上火焰的有效辐射热量为 $q_{yx1}=a_1\sigma_0 T_{hy}^4$，炉壁对火焰的有效辐射热量为 $q_{yx2}=a_b\sigma_0 T_b^4+$（$1-a_b$）$a_1\sigma_0 T_{hy}^4$，则按热有效系数的定义，有

$$\psi=\frac{a_1\sigma_0 T_{hy}^4-[a_b\sigma_0 T_b^4+(1-a_b)a_1\sigma_0 T_{hy}^4]}{a_1\sigma_0 T_{hy}^4} \tag{9-29}$$

由此式变换可得

$$\left(\frac{T_b}{T_{hy}}\right)^4=a_1\left(1-\frac{\psi}{a_b}\right) \tag{9-30}$$

将式（9-30）代入式（9-28），化简后可得到室燃炉炉膛黑度的计算式，即

$$a_1 = \frac{a_{hy}}{a_{hy} + (1 - a_{hy})\psi} \tag{9-31}$$

对于火床炉或流化床锅炉的悬浮段，要考虑炉排上燃烧着的煤层或流化床密相区表面对上部炉膛空间的辐射热交换，情况更复杂些。假定下部燃烧层表面的黑度为1，其温度与火焰温度相等，经分析求解可得出火床炉或流化床炉的炉膛（悬浮段）黑度，即

$$a_1 = \frac{a_{hy} + (1 - a_{hy})\rho}{1 - (1 - a_{hy})(1 - \psi)(1 - \rho)} \tag{9-32}$$

式中，ρ 为炉排面积 A_{lp} 与炉膛总壁面积 A_b 之比，即

$$\rho = \frac{A_{lp}}{A_b} \tag{9-33}$$

4. 火焰黑度

要求得炉膛黑度，必须先求得火焰黑度。炉膛中沿火焰行程各处的黑度是变化的，而在炉膛传热计算中，采用的是平均火焰黑度，并以炉膛出口处的烟气温度和成分来计算整个炉膛的火焰黑度。火焰黑度与火焰中的辐射能力的各种成分的组成及其在炉膛中的分布有关，随燃料种类、燃烧方式和燃烧工况的不同而变化。

燃用气体和重柴油的火焰中的主要辐射成分是三原子气体 CO_2 和 H_2O 及悬浮着的炭黑粒子；而在固体燃料火焰中则是三原子气体 CO_2 和 H_2O，以及焦炭与灰的粒子。计算时把火焰作为灰体，火焰黑度用下式计算，即

$$a_{hy} = 1 - e^{-kps} \tag{9-34}$$

$$s = 3.6\frac{V_1}{A_1} \tag{9-35}$$

式中，k 为火焰辐射减弱系数［1/（m·MPa)］，随燃料和燃烧方式不同而变化，是各辐射成分减弱系数的代数和；p 为炉膛的压力（MPa），常压锅炉 p=0.1MPa；s 为炉膛的有效辐射层厚度（m）；V_1 为炉膛容积（m^3）；A_1 为炉壁面积（m^2）。

在燃用气体及液体燃料时火焰黑度为

$$a_{hy} = m_{fg}a_{fg} + (1 - m_{fg})a_q \tag{9-36}$$

式中，a_{fg} 为火焰发光部分的黑度；a_q 为火焰不发光部分的黑度，由三原子气体的辐射特性决定；m_{fg} 为火焰发光系数，表示火焰发光部分充满炉膛的份额。

对开式及半开式炉膛，当炉膛容积热负荷 $q_V \leqslant 400\text{kW/m}^3$ 时，m_{fg} 值与负荷无关，用气体燃料取 m_{fg}=0.1，用液体燃料取 m_{fg}=0.55；在 $q_V \geqslant 1160\text{kW/m}^3$ 时，用气体燃料取 m_{fg}=0.6，用液体燃料取 m_{fg}=1；q_V 为 400 ～ 1160kW/m^3 时，m_{fg} 值用直线内插法确定。

火焰发光部分的黑度 a_{fg} 按下式计算，即

$$a_{fg} = 1 - e^{-(k_q r + k_{th})ps} \tag{9-37}$$

不发光部分的黑度 a_q 按下式计算，即

$$a_q = 1 - e^{-k_q rps} \tag{9-38}$$

$$k_q = 10.2\left(\frac{0.78+1.6r_{H_2O}}{\sqrt{10.2p_q s}} - 0.1\right)\left(1-0.37\frac{T_1''}{1000}\right) \tag{9-39}$$

$$k_{th} = 0.3(2-a_1'')\left(1.6\frac{T_1''}{1000} - 0.5\right)\frac{C_{ar}}{H_{ar}} \tag{9-40}$$

式中，r 为火焰中三原子气体的总容积份额，$r=r_{RO_2}+r_{H_2O}$；k_q 为三原子气体的辐射减弱系数［1/（m・MPa）］；k_{th} 为火焰中炭黑粒子的辐射减弱系数［1/（m・MPa）］，当 $a_1''>2$ 时，取 $k_{th}=0$；p_q 为火焰中三原子气体的分压力（MPa），$p_q=pr$；C_{ar}/H_{ar} 为燃料收到基中碳与氢的含量比，对重柴油，其值接近于 8，对于气体燃料，一般小于 4，对于 C_mH_n 气体燃料

$$\frac{C_{ar}}{H_{ar}} = 0.12\sum\frac{m}{n}C_mH_n \tag{9-41}$$

式中，m、n 分别为化合物中碳和氢的原子数。

在预混合充分的燃气锅炉中的火焰不发光，只有三原子气体 CO_2 和 H_2O 具有辐射能力，即 $m_{fg}=0$，火焰黑度 a_{hy} 为

$$a_{hy} = a_q \tag{9-42}$$

在燃用固体燃料时，火焰黑度按式（9-34）计算。火焰辐射减弱系数 k 由下式计算，即

$$k = k_q r + k_h \mu_h + k_j x_1 x_2 \tag{9-43}$$

$$k_h = \frac{55900}{\sqrt[3]{T_1''^2 d_h^2}} \tag{9-44}$$

式中，k_h 为火焰中悬浮灰粒的辐射减弱系数［1/（m・MPa）］；μ_h 为每千克烟气中飞灰的含量（kg/kg）；k_j 为火焰中焦炭颗粒的辐射减弱系数，$k_j=10$（m・MPa）$^{-1}$；x_1 为考虑煤种对焦炭浓度的影响系数，对无烟煤、贫煤，$x_1=1$，对其他挥发分含量高的煤，$x_1=0.5$；x_2 为考虑燃烧方式的影响系数，对煤粉炉取 0.1，对层燃炉取 0.03；d_h 为火焰中灰粒的平均直径（μm），对层燃炉取 20μm，对煤粉炉球磨机取 13μm，中速磨取 16μm。

9.1.4　炉膛受热面的辐射特性

目前采用的锅炉热力计算方法中，用角系数 x、热有效系数 ψ 及污染系数 ζ 来描述炉膛受热面与火焰之间进行的辐射换热特性。

1. 角系数

角系数 x 表示火焰辐射到炉壁的热量中投射到水冷壁管上的份额，即

$$x = \frac{\text{投射到受热面上的热量}}{\text{投射到炉壁的热量}} \tag{9-45}$$

角系数是纯几何因子，它仅与受热面的几何形状及相对位置有关，而与受热面的表面温度、黑度等因素无关，可用几何方法进行理论求解。

锅炉中火焰对水冷壁管及炉墙辐射的示意图如图 9-7 所示。火焰的辐射能一部分直接落到水冷壁上，另一部分到达炉墙后被反射回来，其中又有一部分落到水冷壁上，其余返回火

焰之中。

大容量电站锅炉采用全密封型的膜式水冷壁，火焰辐射能全部落到水冷壁上，不论管子节距大小，角系数 x 总等于 1。

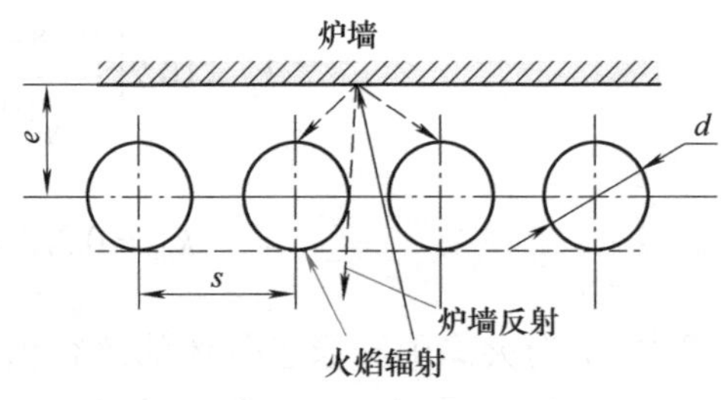

图 9-7 火焰对水冷壁及炉墙的辐射

角系数与炉壁面积的乘积称为有效辐射受热面积。

如果炉膛一侧壁面上的角系数为 x_i，该壁面的面积为 A_i，则其有效辐射面积 $A_{yx,\ i}$ 为

$$A_{yx,\ i} = A_i x_i \tag{9-46}$$

各侧墙的角系数不相等时，炉膛的总有效辐射面积为

$$A_{yx,1} = \sum(A_i x_i) \tag{9-47}$$

整个炉膛的平均角系数为

$$x = \frac{A_{yx,1}}{\sum A_i} = \frac{A_{yx,1}}{A_1} \tag{9-48}$$

整个炉膛的平均角系数也称为水冷程度。大型电站锅炉的炉膛水冷程度都很高，通常在 0.9 以上。

2. 热有效系数

炉膛受热面的热有效系数 ψ 表示受热面吸热的有效性，其定义可用下式表示，即

$$\psi = \frac{受热面吸收的热量}{投射到炉壁的热量} \tag{9-49}$$

ψ 值大，受热面吸收热量多，受热面管的利用就好。ψ 值的大小取决于炉膛对火焰的有效反辐射热负荷 q_{yx2} 的大小。如 q_{yx2}=0，则 ψ=1；如 q_{yx2}=q_{yx1}，则 ψ=0。炉壁的有效反辐射包括炉壁的自身辐射和对火焰有效辐射的反射两部分，炉壁温度 T_b 低，炉壁黑度 a_b 大，就可使自身辐射和反辐射减小，从而增大 ψ。

水冷壁管很干净时，外壁温度接近管内工质温度，一般情况下不会高于 400℃，相对于高温火焰的有效辐射，管壁的自身辐射可忽略不计；而且此时管壁的黑度很大，反辐射也小，则热有效系数就大。

水冷壁受到污染后，热有效系数会大幅度减小。如果水冷壁管外表面有 0.2 ～ 0.5mm 厚的灰垢层，由于其热导率很小［小于 0.1W/（m • ℃）]，当受热面热负荷为 100kW/m^2 时，会使灰层表面温度与水冷壁表面温度相差 400 ～ 500℃，也就是灰层表面达到 900 ～ 1000℃。这时炉壁的自身辐射就不能忽略，而且污染越严重，其黑度越小，炉壁吸收率较低，反射率越高，反射辐射越大。可见炉壁的热有效系数 ψ 值的大小取决于并反映了水冷壁管的污染程度。

3. 污染系数

水冷壁的（辐射受热）污染系数 ζ 是表示水冷壁管由于积灰导致管壁温度升高和黑度减小，而使水冷壁管吸热能力减小的一个系数，即

$$\zeta = \frac{受热面吸收的热量}{投射到受热面上的热量} \tag{9-50}$$

水冷壁的污染越严重，则污染系数越小，这是由于所结积的灰垢使得管壁灰污，壁温度升高，黑度减小，造成水冷壁吸收辐射热的能力下降。污染系数可通过试验测得，其数值见表 9-1。

燃煤时，由于煤中含有各种矿物杂质，会在管壁表面形成一层由 1.1 ～ 1.4μm 灰粒组成的厚约 1 ～ 2mm 的灰垢层。在炉膛中不同位置的水冷壁上，所积灰垢层的厚度和成分略有不同。重柴油和天然气中只有少量或微量杂质，但燃烧后也会积灰，只是程度轻些。

表 9-1　水冷壁的污染系数 ζ

水冷壁形式	燃料种类		ζ
光管水冷壁膜式水冷壁无覆盖贴墙布置	气体燃料		0.65
	重柴油		0.55
	火床炉	所有燃料	0.60
	煤粉炉	烟煤，褐煤 无烟煤（$C_{fh}\geqslant 12\%$） 贫煤（$C_{fh}\geqslant 8\%$）	0.45
		无烟煤（$C_{fh}<12\%$） 贫煤（$C_{fh}<8\%$）	0.35
		褐煤（$w_{zs}\geqslant 14\%$，烟气干燥，直吹式）	0.55
		页岩	0.25
固态排渣炉有耐火涂料的水冷壁	所有燃料		0.20
覆盖耐火砖的水冷壁	所有燃料		0.10

对液态排渣炉中覆盖了耐火涂料的部分水冷壁，其污染系数按下式计算，即

$$\zeta = b\left(0.53 - 0.25\frac{t_{zr}}{1000}\right) \tag{9-51}$$

式中，t_{zr} 为灰渣的熔点，可取比灰熔点低 50℃；b 为经验系数，对单室炉及双室炉，b=1.0，对半开式炉膛，b=1.2。

当采用不同的燃料运行时，按引起最大污染的燃料取用 ζ 值。

对包含在炉子有效容积内的双面曝光水冷壁及屏（边壁屏除外），其污染系数 ζ 值应比贴墙水冷壁的降低 0.1，而膜式双面曝光水冷壁及屏则降低 0.05。

当炉膛出口布置屏式过热器时，考虑屏间烟气向炉膛反辐射的影响，对屏与炉膛的分界面的污染系数要乘以修正系数 β，即

$$\zeta_p = \beta\zeta \tag{9-52}$$

修正系数 β 可根据炉膛出口烟气温度及燃料种类查图 9-8 得到。

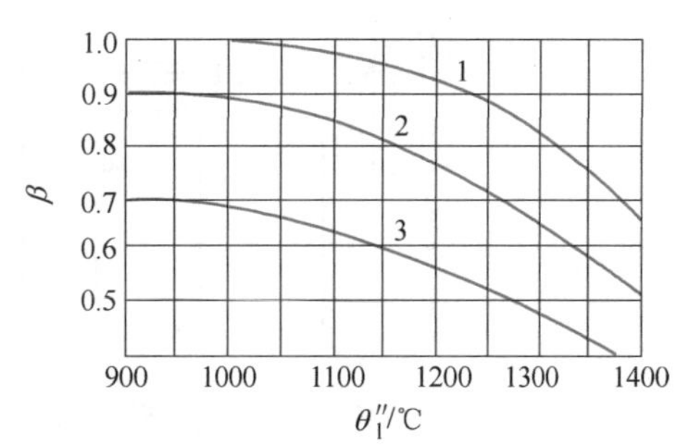

图 9-8　考虑屏间烟气反辐射影响的修正系数 β

1—煤　2—重柴油　3—气体燃料

水冷壁管的角系数、热有效系数和污染系数之间存在以下关系，即

$$\psi \approx x\zeta \tag{9-53}$$

该式只在当水冷壁管的 $s/d>1$，水冷壁管表面受到污染且管壁为非黑体时才成立。

如果炉膛内水冷壁管密集布置，$s/d=1$，而水冷壁管表面绝对干净，管壁黑度等于1时，则水冷壁管的吸热能力 $\psi=1$。

如果水冷壁管的 $s/d>1$，而水冷壁管表面绝对干净，管壁为黑体时，则 $\psi=x$。

如果水冷壁管的 $s/d=1$，而水冷壁表面受污染，管壁为非黑体时，则 $\psi=\zeta$。

9.1.5　炉膛热力计算方法

1. 苏联采用的炉膛热力计算方法

（1）单室炉及半开式炉膛传热计算　当给定炉膛结构特性参数时，也就是进行炉膛校核热力计算时，首先选定预热空气温度，并假定炉膛出口烟气温度，通过计算火焰黑度、炉膛黑度和热有效系数等参数，最后通过式（9-26）计算炉膛出口烟气温度 T_1''。如果最后求出的 T_1'' 与假定值相差超过100℃，则应按求得的炉膛出口烟气温度对 c_{pj} 及 a_{hy} 值进行校准，再重新计算炉膛出口烟气温度。

炉膛出口烟气温度 T_1'' 的选择，主要以对流受热面不结渣为前提，在条件允许时，应尽量考虑最佳的吸热分配、过热器管材使用温度的限制等因素。

（2）带有屏的炉膛传热计算　带有屏的炉膛传热计算有如下规定（图9-9）：

1）炉壁总面积 A_b 应包括炉膛空容积部分的炉壁面积 A_k、屏的面积 A_p 及屏区水冷壁的面积 A_{pb}，而对后两项应计及其曝光不完全性，即

$$A_b = A_k + z_p A_p + z_{pb} A_{pb} \tag{9-54}$$

式中，z_p、z_{pb} 分别为屏和屏区水冷壁的曝光不均匀系数。

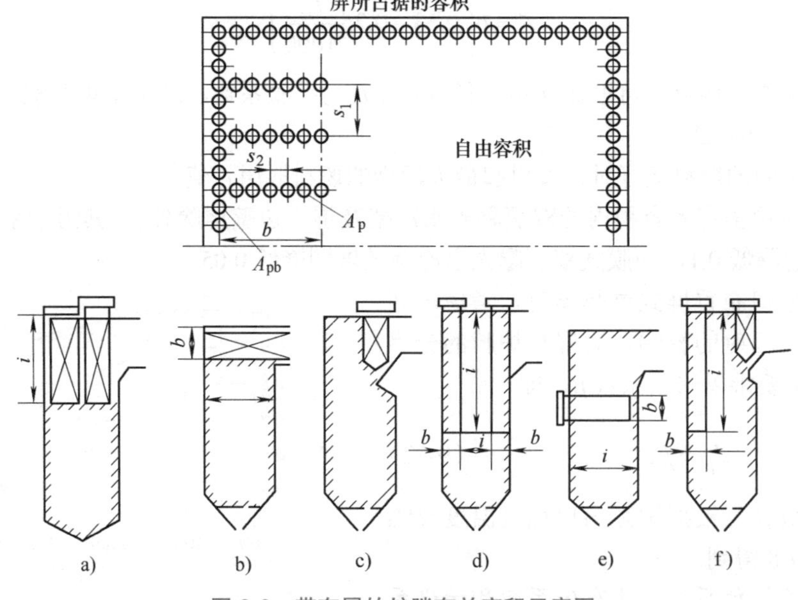

图9-9　带有屏的炉膛有效容积示意图

a）～f）屏在炉膛的不同布置方式

2）屏和屏区水冷壁的有效辐射受热面积为

$$A_{yx,p}=A_p x_p z_p \tag{9-55}$$

$$A_{yx,pb}=A_{pb} x_{pb} z_{pb} \tag{9-56}$$

式中，x_p、x_{pb} 分别为屏及屏区水冷壁的角系数。

3）炉膛有效辐射层厚度 s 考虑屏的面积后计算如下，即

$$s=\frac{3.6V_l}{A_k+A_p+A_{pb}}\left(1+\frac{A_b}{A_k+A_{pb}}\frac{V_k}{V_l}\right) \tag{9-57}$$

式中，V_k 为炉膛空容积部分的容积；V_l 为炉膛总容积。

4）屏及屏区水冷壁的曝光不均匀系数按下式计算，即

$$z_p=\frac{a_p}{a_k} \tag{9-58}$$

$$z_{pb}=\frac{a_{pb}}{a_k} \tag{9-59}$$

$$a_p=a_{pj}+\varphi_p c_p a_k \tag{9-60}$$

$$a_{pb}=a_{pj}+\varphi_{pb} c_{pb} a_k \tag{9-61}$$

式中，a_k 为炉膛空容积中的火焰黑度，按式（9-34）计算；a_p、a_{pb} 分别为屏及屏区水冷壁的火焰黑度，由屏间容积的火焰黑度和来自炉膛空容积的火焰黑度组成；a_{pj} 为屏间容积的火焰黑度，按式（9-34）计算，其有效辐射层厚度 s_{pj} 按屏间容积的尺寸计算；φ_p、φ_{pb} 为屏及屏区水冷壁的辐射系数；c_p、c_{pb} 为修正系数，可查相关手册，辐射系数与修正系数乘积表示该受热面单位面积受到炉膛容积的辐射热与屏入口窗单位面积受到的辐射热之比。

（3）炉膛热负荷分布　炉膛有效辐射受热面的平均热负荷（kW/m^2）为

$$q_f=\frac{\varphi B_j(Q_l-H_l'')}{A_l} \tag{9-62}$$

炉膛内温度场是不均匀的，使热负荷沿炉膛高度和各侧炉壁的分布也不均匀。分别用沿炉高热负荷分布不均匀系数 η_g 和沿炉宽或炉深热负荷分布不均匀系数 η_{rl}、各侧炉壁热负荷不均匀系数 η_b 来进行计算。η_g 可由相关手册查得，η_b 见表 9-2。

表 9-2　各侧炉壁的热负荷不均匀系数 η_b

燃烧器布置形式	前墙	侧墙	后墙
前墙布置	0.8	1.0	1.2
两侧墙布置	1.2−0.31*b*/*a*	1.31−0.2*b*/*a*	1.2−0.31*b*/*a*
前后墙布置（油炉）	1−0.1*b*/*a*	1.1	1−0.1*b*/*a*
四角切圆布置	1.0	1.0	1.0
火床炉	1.0	1.0	1.0

注：*a*—炉膛宽度，*b*—炉膛深度。

在炉膛高度某个区段上辐射受热面的热负荷 q_{fi} 为

$$q_{fi} = \eta_g q_f \tag{9-63}$$

炉膛各侧炉壁的平均热负荷 q_{fb} 为

$$q_{fb} = \eta_b q_f \tag{9-64}$$

当炉膛出口为屏式受热面时，考虑屏间烟气向炉膛的反辐射，炉膛出口截面的热负荷应乘以图 9-8 所示的 β，即

$$q_{fp} = \beta q_{fi} \tag{9-65}$$

η_g 最大值取决于燃烧器的布置，而对于液态排渣炉则取决于带销钉水冷壁的部位。

（4）大容量锅炉炉膛换热计算的改进　近年来，随着大容量锅炉的发展，采用上述炉膛传热的方法，发现实际的炉膛出口温度 T_1'' 要比计算值高出 100 ～ 130K，会影响锅炉设计的精确性。其主要原因是未考虑炉膛横截面积内温度场不均匀性对传热的影响。

随着锅炉容量增大，炉膛横截面内温度场不均匀性对传热的影响增大，使火焰辐射的有效平均温度减小，从而使炉膛辐射吸热量减少，炉膛出口烟气温度增加。

苏联中央锅炉汽轮机研究院把火焰有效平均温度 T_{pj} 作为独立参数引入计算式中，以考虑炉内温度场不均匀性对炉膛传热的影响。提出了如下的炉膛传热计算公式，即

$$\Theta_1''=1-0.96M\left(\frac{T_0}{T_a}\right)^{1.2}\left(\frac{a_1}{k}\right)^{0.6} \tag{9-66}$$

式中，T_0 为炉膛假想温度。

根据试验，当炉膛火焰有效平均温度 T_{yx}=T_0=1470K 时，按前述炉膛传热计算方法算出的炉膛吸热量与实际值吻合；如 T_{yx}>1470K，则计算值大于实际值；如 T_{yx}<1470K，则计算值小于实际值。在式（9-66）中，建议 T_0=1470K。

比较式（9-66）与式（9-21），可以看出炉膛温度的影响。由式（9-21）可得

$$\frac{1-\Theta_1''}{\Theta_1''}=M\left(\frac{a_1}{k}\right)^{0.6} \tag{9-67}$$

由式（9-66）可得

$$\frac{1-\Theta_1''}{\Theta_1''}=0.96\frac{M}{\left(\dfrac{T_1''}{T_0}\right)\left(\dfrac{T_a}{T_0}\right)^{0.2}}\left(\frac{a_1}{k}\right)^{0.6}=MM'\left(\frac{a_1}{k}\right)^{0.6} \tag{9-68}$$

比较式（9-67）和式（9-68），得出

$$M'=\frac{0.96}{(T_1''/T_0)(T_a/T_0)^{0.2}} \tag{9-69}$$

M' 就是用来考虑炉膛温度对炉膛传热影响的参数。如取 T_0=1470K，则

$$M'=\frac{6068}{T_1''T_a^{0.2}} \tag{9-70}$$

由此可见，在改进的炉膛传热计算方法中是用 $T_1''\ T_a^{0.2}$ 来代表火焰有效平均温度 T_{yx}（即

$T_{yx}=T_1''T_a^{0.2}$），而用 T_{yx}/T_0 来反映炉膛温度场不均匀性对炉膛传热的影响。试验表明，用式（9-66）计算得出的炉膛出口烟气温度与实测值相比，对 160 ～ 2650t/h 容量的各种锅炉来说，大多数试验点的偏差均不超过 ±30℃。

2. 美国燃烧工程公司计算方法

美国燃烧工程公司（CE）认为，大型锅炉炉膛中的换热 95% 以上是通过辐射来完成的。进行换热量计算时，如果认为燃料和空气完全瞬时转变成为 H_2O 和 CO_2，并采用霍特尔（Hottel）辐射率计算方法来计算炉内辐射换热量，会显著低估炉内换热量的大小，计算中应予以修正。

美国燃烧工程公司计算方法的特点是将炉膛分为下炉膛和上炉膛两部分，使用分段计算法。下炉膛仍按斯忒藩 - 玻耳兹曼公司计算辐射传热，但加上公司积累的试验数据，主要考虑烟气实际黑度修正、火焰中心（最高火焰温度）所处高度方向上的相对位置、炉膛截面热负荷、过量空气系数和水冷壁污染程度等。上炉膛作为冷却室进行计算，确定沿炉膛高度的吸热负荷分布曲线，以及确定炉膛出口烟气温度误差在 ±27.8℃以内。

炉膛中辐射受热面所吸的热量是炉膛中所放出的有效吸收净热量 Q_{yx} 与炉膛出口烟气所含热量 Q_1''之差。

$$Q_{yx}=q_1=\sigma_0 A_s\varepsilon_s\left[\varepsilon_g\left(\frac{T_g}{100}\right)^4-a_{wg}\left(\frac{T_w}{100}\right)^4\right] \tag{9-71}$$

$$Q_1''=q_m c_p(T_1''-T_h) \tag{9-72}$$

式中，A_s 为火焰外围的有效表面积，当该面积等于吸热面积时，代表吸热表面积；ε_s 为计算无限多次反射和反辐射的有效交换系数，用表面辐射率来表示；ε_g 为燃烧产物的辐射率；a_{wg} 为包围面积辐射中被烟气所吸收的份额；T_g 为烟气温度；T_w 为冷面温度；q_m 为烟气的质量流量；c_p 为在常压下从环境温度到炉膛出口温度之间的平均比热容；T_1''为炉膛出口烟气温度；T_h 为环境温度。

9.2　对流受热面的热力计算

9.2.1　对流受热面的热力计算特点

锅炉的对流受热面是指对流过热器和再热器、省煤器及空气预热器等受热面。尽管这些受热面的构造、布置，以及工质和烟气的热工参数有很大的不同，但其传热过程都是以对流换热为主，其传热计算可按同样的方式进行。但由于其任务、流动的工质和结构不同，在设计时要满足不同的要求。

1. 过热器热力计算特点

1）布置在炉膛上部的屏式过热器分为前屏、大屏、半大屏和后屏等形式。其中前屏以辐射换热为主，一般合并在炉膛中计算。大屏、半大屏和后屏为半辐射式换热面，按对流受热面的方式进行计算，但热力计算必须考虑从炉膛直接吸收的辐射热量。

2）在大容量锅炉中，对流式过热器往往都采用分级布置，计算时也要分级计算。计算高温级过热器时，应考虑炉内直接辐射的热量，其值为从屏式过热器漏过来的热量，但计算

受热面积不包括吸收炉膛辐射的受热面积。

3）现代电站锅炉都采用喷水调节过热汽温，在进行过热器热力计算中涉及喷水量对过热器蒸汽流量和吸热量的影响时，是采取先假定喷水量后校核的方法进行的。

2. 再热器热力计算特点

再热器的热力计算按再热器流量与参数进行，其计算方法与对流过热器基本上是相同的，可参照过热器热力计算方法进行。但计算高温再热器与高温过热器是有区别的，计算高温再热器时，可以忽略前面烟气容积辐射的影响，但对高温过热器则计算时要考虑该影响。

3. 转向室的热力计算特点

Π 形布置的锅炉，烟气由水平烟道向下转弯进入尾部垂直烟道时要经过转向室。转向室的结构尺寸取决于水平烟道的宽度和尾部垂直烟道的深度，它们可分别根据水平和垂直烟道内对流受热面的结构设计加以确定。

现代电站锅炉转向室墙上常装有包覆壁管。转向室热力计算的特点是：

1）由于转向室截面积大，烟气流速很低，对流传热量很小，可以忽略不计，只考虑辐射传热。

2）当包覆壁管采用膜式管壁结构时，漏风系数 $\Delta\alpha=0$。

3）热力计算采用先假定吸热量后校核的方法进行，计算的吸热量与预先估计的吸热量，两者误差允许在 10% 以内。

4. 附加受热面的热力计算

凡是与主受热面平行，或顺烟气流动方向布置的其他受热面，其面积不超过主受热面 10% 的称为附加受热面或配合受热面，如现代电站锅炉中，屏式过热器区域的贴壁水冷壁、顶棚管、对流烟道中的包覆管、受热面的悬吊管和引出管等。

如果附加受热面的面积不超过主受热面的 4%，可将其归纳为主受热面，按通常方法与主受热面一起计算。如果附加受热面的面积为主受热面的 4% ～ 10%，其吸热量的计算按以下规定进行：

1）传热系数与主受热面取相同的数值。

2）当附加受热面平行于主受热面时，传热温差为

$$\Delta t = \vartheta_{pj} - t_{pj}$$

附加受热面与主受热面顺列布置时

$$\Delta t = \vartheta'' - t_{pj}$$

式中，ϑ_{pj} 为主受热面烟道的平均烟气温度；ϑ'' 为主受热面烟道出口烟气温度；t_{pj} 为附加受热面中工质的平均温度。

3）附加受热面热力计算采用先假定吸热量并加到主受热面的吸热量中，然后再按校核方法进行。计算附加受热面吸热量与预先假定吸热量的误差，允许在 10% 以内。

5. 尾部受热面热力计算的特点

省煤器和空气预热器布置在对流烟道的最后，进入这些受热面的烟气温度已不高，故将这两部分统称为尾部或低温受热面。尾部受热面热力计算的特点为：

1）尾部受热面的热力计算可按设计计算进行，也可按校核计算进行。

2）当进入省煤器的烟气温度不低于 400℃时，省煤器的热力计算需要计入高温烟气与

管束表面之间的辐射换热量。

3）空气预热器中的空气平衡是与其他受热面不同的。漏入烟气侧的空气不是炉外的冷空气，而是被加热到一定温度的热空气。空气的漏入是沿烟气流程连续发生的，进行热平衡计算时，可以假想空气是在每级空气预热器中央漏入。

4）对于管式空气预热器，在任何情况下都应保证其最低壁温高于烟气露点温度。

5）回转式空气预热器可更换的冷段和不可更换的热段应分别进行热力计算。冷、热段的选择原则以热段不受气体腐蚀为依据。

6. 对流传热面积的确定

现代大型电站锅炉的对流受热面管壁厚，管子内外表面积的比值不一样，在热力计算中合理地规定受热面的传热面积对准确计算传热量有很大影响。

当采用平壁传热系数计算公式时，如果壁面侧的表面传热系数相差很大，则以表面传热系数小的一侧的湿润面积作为传热面积；如果壁面两侧的表面传热系数相近，则以管子内外表面积的算术平均值作为传热面积。

锅炉的凝渣管束、锅炉管束、省煤器、过热器和再热器等受热面，都以管子外侧（烟气侧）的全部表面积作为计算传热面积。

屏式过热器为半辐射式受热面，故计算传热面积按平壁表面积（m^2）计算，即等于通过屏受热面各管子的中心线并由屏最外圈管子的外廓线所围成的平面面积 A_{p_1} 的 2 倍（双面），再乘以角系数 x_p，即

$$A_{p_2} = 2x_p A_{p_1} \tag{9-73}$$

布置在炉膛出口的顺列管束与屏的区别在于其纵向相对节距 s_2 和横向相对节距 s_1 不同。当 $s_2 \leqslant 1.5$ 且 $s_1>4$ 时，其传热面积即可按屏来计算。

管式空气预热器的传热面积是按烟气侧和空气侧的平均表面积计算。回转式空气预热器的传热面积是按蓄热板两侧表面积之和计算。

7. 工质和烟气流速计算和选取

锅炉对流受热面烟气流速的选择将影响锅炉的可靠性和经济性。对流受热面中烟气流速与受热面的传热强度有关，也和烟气侧的流动阻力、受热面的磨损和积灰有关。

为了防止受热面积灰堵塞，在额定负荷时，烟气横向冲刷管束的最小流速应大于 6m/s，烟气纵向冲刷管束和回转式空气预热器的最小流速应大于 8m/s。

提高烟气流速可以增强传热、减少受热面、节省钢材；但烟道阻力同时增大，受热面磨损增大，并使得引风机能量消耗增加，权衡这两个相互制约的因素，可得出一个最经济的烟气流速。在该流速下锅炉对流受热面的初投资与运行费用之和最为节省。按这个要求计算得到的最经济烟气流速见表 9-3。对于顺列管束，经济烟速比表 9-3 中的数值要高 40%。

应指出的是，随钢材价格和煤、电价格的变动，经济烟气流速也会有所改变。若钢材价格比煤、电价格上涨很多，则采用高的经济烟气流速，偏向于节省受热面；反之，则降低经济烟气流速以减少运行费用。

表 9-3　经济烟气流速

<table>
<tr><th>错列管束受热面</th><th>经济烟速 / (m/s)</th><th>错列管束受热面</th><th>经济烟速 / (m/s)</th></tr>
<tr><td>省煤器（20 钢）</td><td>11 ～ 15</td><td rowspan="2">再热器（珠光体钢），过热器（奥氏体钢）</td><td rowspan="2">17 ～ 21</td></tr>
<tr><td>过热器（珠光体钢）</td><td>12 ～ 16</td></tr>
</table>

对燃油及气体燃料锅炉，不考虑受热面的磨损问题，应按经济烟速来选择烟气流速。

燃用固体燃料时，根据计算分析，受热面的磨损量与烟气流速的3.3次方成正比，烟气流速提高一倍，磨损速度则提高8倍以上，因此，烟气流速的选择受飞灰磨损条件的限制。一般过热器允许流速为10～14m/s。省煤器错列布置时的允许流速为9～11m/s，顺列布置时为10～13m/s。

对于空气预热器，情况与省煤器有所不同。此时，受热面的投资与运行费用不仅与烟气流速有关，也和空气流速有关，这是因为受热面两侧的表面传热系数较为接近，因此除了确定最经济烟气流速外，还应计算最经济的空气和烟气流速比。对于管式空气预热器，最经济烟气流速为9～13m/s，最经济的流速比为w_k/w_y=0.45～0.55；对于回转式空气预热器，最经济烟气流速为9～11m/s，最经济流速比为w_k/w_y=0.7～0.8。

烟气流速（m/s）按下式计算，即

$$w_y = \frac{B_j V_y(\theta + 273)}{273 A_{lt}} \tag{9-74}$$

式中，B_j为计算燃料消耗量（kg/s）；V_y为1kg燃料燃烧后，按0.1MPa和0℃状态下烟道中平均过量空气系数下计算的烟气体积（m^3/kg）；A_{lt}为流通截面的面积（m^2）。

当只有部分烟气g_y流经所求的烟道时，式（9-74）的右边应乘以g_y。

空气的计算速度为

$$w_k = \frac{B_j \beta_{ky} V^0 (t + 273)}{273 A_{lt}} \tag{9-75}$$

式中，V^0为燃料所需的理论空气量，指0.1MPa和0℃状态下；β_{ky}为空气预热器中空气侧过量空气系数，按下式计算，即

$$\beta_{ky} = \beta''_{ky} + \frac{\Delta a_{zx}}{2} + \beta_{zx} \tag{9-76}$$

式中，β''_{ky}为空气预热器出口处的空气量与理论空气量之比；β_{zx}为空气预热器中进行再循环的空气的份额；Δa_{ky}为空气预热器的漏风量，即等于空气侧漏走的风量。

如果部分被加热的空气从空气预热器引出，则β''_{ky}计算时应扣除流经旁路的那部分空气量。而不论在空气侧或在烟气侧有旁路的空气预热器中，漏风量Δa_{ky}仍保持不变。

蒸汽和水的流速为

$$w = \frac{q_m v_{pj}}{A_{lt}} \tag{9-77}$$

式中，q_m为蒸汽或水的流量（kg/s）；v_{pj}为蒸汽或水的平均比体积（m^3/kg）；A_{lt}为蒸汽或水的流通截面的面积（m^2）。

在布置有被烟气或空气横向及斜向冲刷的管束的烟道中，烟气或空气的流通截面按管子中心线平面来确定，等于烟道内截面积与管子所占面积之差。这样确定的流通截面与其他平行截面相比是最小的，凡是要确定气流速度都应采用这种最小截面积的原则。具体在各种受热面中计算流通截面积的公式如下：

1）当介质横向流过光滑管束时

$$A_{lt} = ab - z_1 ld \tag{9-78}$$

式中，a、b 为所求截面上烟道的尺寸（m）；z_1 为每排管子的根数；d、l 分别为管子的直径（外径）和长度，如是弯管，则取其投影长度作为管长（m）。

2）当介质纵向冲刷受热面时

若介质在管内流动

$$A_{lt} = z_2 \frac{\pi d_n^2}{4} \tag{9-79}$$

式中，z_2 为平行并列的管子数；d_n 为管子内径（m）。

若介质在管间流动

$$A_{lt} = ab - z\frac{\pi d^2}{4} \tag{9-80}$$

式中，z 为管束中的管子数。

当所求烟道的各部分截面积不同而求其平均流通截面积时，可按照速度平均的条件，也就是按 $1/A_{lt}$ 值平均的方法来求出。

若所计算的几段烟道，受热面的结构特性及冲刷特性是同样的，只是流通截面积不等，则平均流通截面可按下式计算，即

$$\overline{A}_{lt} = \frac{A_{sr1} + A_{sr2} + \cdots}{\dfrac{A_{sr1}}{A_{lt1}} + \dfrac{A_{sr2}}{A_{lt2}} + \cdots} \tag{9-81}$$

式中，A_{sr1}、A_{sr2} 等分别为对应于流通截面各为 A_{lt1}、A_{lt2} 等的受热面积（m^2）。

若烟道流通截面是平滑渐变，其进口和出口截面积分别为 A'_{lt1} 和 A''_{lt1}，则平均流通截面积（m^2）为

$$\overline{A}_{lt} = \frac{2A'_{lt}A''_{lt}}{A'_{lt} + A''_{lt}} \tag{9-82}$$

若通道截面积相差不超过 25%，可按算术平均法求其平均截面积。

9.2.2　对流受热面换热的基本方程

1. 传热计算基本方程

锅炉对流受热面传热计算的基本方程是热平衡方程和传热方程。

（1）热平衡方程　在热平衡方程中，烟气的放热量等于蒸汽、水及空气的吸热量（kJ/kg），即

$$Q_d = \varphi(H' - H'' + \Delta\alpha H_{lf}^0) \tag{9-83}$$

式中，H' 和 H'' 分别为所计算受热面进出口处烟气的焓值（kJ/kg）；$\Delta\alpha H_{lf}^0$ 为漏风带入的热量（kJ/kg），计算 H_{lf}^0 时，空气预热器按空气平均温度 $t = \frac{1}{2}\left(t'_{ky} + t''_{ky}\right)$ 计算，其他受热面按冷空气温度计算；等号右侧为每千克燃料的烟气放出的热量；Q_d 为相对于每千克燃料工质吸入的热量。

对不同的对流受热面 Q_d 分别为：

1）对于靠近炉膛，受到来自炉膛辐射量 Q_f 的屏式过热器和对流过热器，Q_d 的计算要扣除 Q_f，则

$$Q_d = \frac{G}{B_j}(H'' - H') - Q_f \tag{9-84}$$

2）对于布置在尾部烟道中的过热器、再热器、省煤器和直流锅炉的过渡区，用下式计算，即

$$Q_d = \frac{q_{mgz}}{B_j}(H''_{gz} - H'_{gz}) \tag{9-85}$$

式中，H'_{gz} 和 H''_{gz} 为受热面进出口处工质的焓值（kJ/kg）；q_{mgz} 为工质流量（kg/s）。

3）对于空气预热器，则为

$$Q_d = \left(\beta''_{ky} + \frac{\Delta\alpha_{ky}}{2} + \beta_{zx}\right)(H^{0''}_{ky} - H^{0'}_{ky}) \tag{9-86}$$

式中，β''_{ky} 为空气预热器出口空气量与理论空气量之比，等于炉膛出口过量空气系数 α''_l 减去炉膛和制粉系统的漏风量，即 $\beta''_{ky}=\alpha''_l-\Delta\alpha_l-\Delta\alpha_{2f}$；$\Delta\alpha_{ky}$ 为空气预热器空气侧的漏风量；β_{zx} 为在空气预热器中，空气进行再循环所占份额；$H^{0'}_{ky}$、$H^{0''}_{ky}$ 分别为空气预热器进出口处的理论空气焓值（kJ/kg）。

当计算屏式过热器时，吸收炉膛的辐射传热量 Q_f（kJ/kg）应考虑炉膛、屏及屏后受热面之间的相互辐射，其计算式为

$$Q_f = Q'_f - Q''_f \tag{9-87}$$

屏进口截面（炉膛出口截面）所吸收的炉膛辐射量 Q'_f 为

$$Q'_f = \frac{\eta_g \beta q_l A''_l}{B_j} \tag{9-88}$$

式中，η_g 为炉膛受热面热负荷沿高度分布的不均匀系数；β 为考虑屏间烟气向炉膛反辐射影响的修正系数；q_l 为炉膛辐射受热面的平均热负荷（kW/m^2）；A''_l 为炉膛出口烟窗的截面积（m^2）。

屏出口处向屏后受热面的辐射热量 Q''_f 为

$$Q''_f = \frac{Q'_f(1-a)x''_p}{\beta} + \frac{5.67\times10^{-11} a A''_p T_p^4 \xi_r}{B_j} \tag{9-89}$$

式中，等号右边的第一项为来自炉膛的辐射热量经屏吸收后，继续向屏后受热面辐射的热量；第二项为屏间烟气对屏后受热面辐射的热量；a 为屏间烟气黑度；A''_p 为屏后受热面烟窗的截面积（m^2）；T_p 为屏间烟气的平均温度（K）；ξ_r 为考虑燃料种类影响的修正系数，对煤和重柴油，$\xi_r=0.5$，对天然气，$\xi_r=0.7$，对油页岩，$\xi_r=0.2$；x''_p 为屏进口截面对出口截面的角系数。

对于后屏，x''_p 可应用两个无限长平行平面的计算公式，即

$$x''_p = \sqrt{\left(\frac{b}{s_1}\right)^2 + 1} - \frac{b}{s_1} \tag{9-90}$$

式中，b 为屏的宽度（m）；s_1 为屏间距离（m）。

对于大屏，x''_p 按两个互成直角并有一共同边的矩形平面间的角系数。

（2）传热方程　每千克燃料的燃烧产物传给工质的热量 Q_d（kJ/kg）与受热面积 A（m^2）、烟气和工质间的温压 Δt（℃）成正比。其传热方程为

$$Q_d = \frac{KA\Delta t}{B_j} \tag{9-91}$$

式中，K 为传热系数［kW/（m^2·℃）］，表示温压为 1℃时，每平方米受热面积的传热量，反映传热过程的强弱程度。

工程上还用热流密度（或称受热面的热负荷）q（kW/m^2）来表示每平方米受热面积的传热量，即

$$q = \frac{Q}{A} = K\Delta t \tag{9-92}$$

2. 传热计算方法

对流受热面的传热计算，可分为设计计算和校核计算两种。但在计算过程中，要先初步布置受热面结构，才可计算传热系数，所以实际上常用校核计算。

对流受热面校核计算时，先估计其中一种介质的终温和焓值，并按热平衡方程式（9-83）求出该终温所对应的受热面吸热量及另一种介质的终温和焓值。接下来计算传热系数和温压，再由传热方程式（9-91）得出传给受热面的热量。如果由这两个方程式得出的两个热量之差不超过 2%，则该受热面的计算即告完成。温度和吸热量的最终数值，应以热平衡方程式中的值为准。如果两者之差超过 2%，就需重新假定终温，再进行计算。

第二次计算时所选取的终温值，与第一次计算时所采用的终温值之差，如果不超过 50℃，此时传热系数可不必重算。必须重算的只是温压和辐射吸热量的值，以及重新解热平衡方程式和传热方程式。

第二次计算后，如果两个热量值之差仍大于 2%，则可用线性内插法来求真正的终温。

如图 9-10 所示，下角标 I 及 II 指第一次及第二次逐次逼近计算。用内插法求得的终温与计算传热系数所用终温之差如果未超过 50℃，则仅需按内插法求得的终温校核吸热量，由热平衡方程式校核吸热工质的所求温度，即可结束计算。如果用内插法求得的终温与计算传热系数所用终温之差大于 50℃，则需按内插法得到的终温重新进行包括传热系数及温差的计算在内的全部计算。

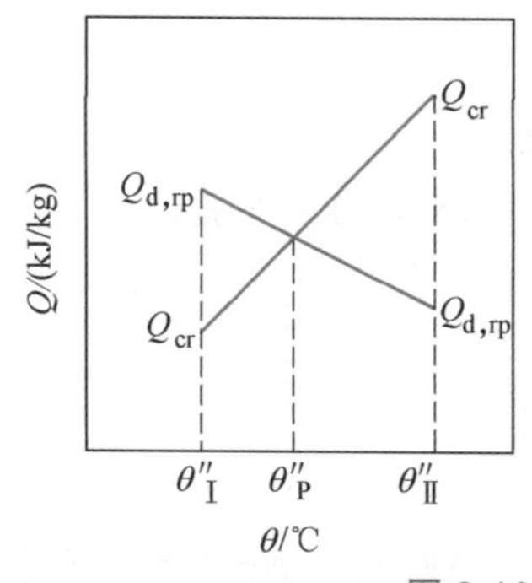

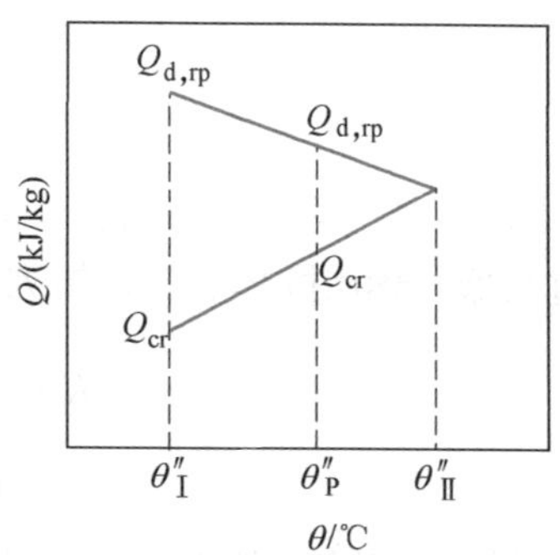

图 9-10　计算终温的图解法

9.2.3 传热系数

1. 基本原理

（1）传热过程　锅炉对流受热面的传热过程是用热烟气来加热热水、蒸汽及空气，热烟气的热量通过管壁传给被加热的工质，互不相混。传热过程由三个串联的换热环节组成：①热流体对外壁的放热；②从外壁穿过管壁到内壁面的导热；③内壁面对管内流体的放热。

在锅炉对流受热面中，热烟气对管外壁的放热过程一般由对流和热辐射组成；管外壁到内壁为纯导热过程；内壁到工质的放热为对流放热过程。

（2）传热系数公式　在实际传热过程中，在管子外壁常常积有灰垢，在管子内壁积有水垢，根据热阻叠加原理，传热过程的总热阻为

$$R=\frac{1}{\alpha_1}+\frac{\delta_h}{\lambda_h}+\frac{\delta_m}{\lambda_m}+\frac{\delta_g}{\lambda_g}+\frac{1}{\alpha_2} \tag{9-93}$$

式中，$1/\alpha_1$ 为高温烟气对管子外表面传热的热阻，$\alpha_1=\alpha_d+\alpha_f$，$\alpha_d$ 为表面传热系数，α_f 为辐射传热系数；δ_h/λ_h 为灰层热阻，δ_h 为灰层的厚度，λ_h 为灰垢热导率；δ_m/λ_m 为管壁金属的导热热阻，δ_m 为管壁厚度，λ_m 为金属热导率；δ_g/λ_g 为水垢层的导热热阻，δ_g 为水垢层的厚度，λ_g 为水垢热导率；$1/\alpha_2$ 为管内壁对工质传热的热阻，α_2 为管内工质表面传热系数。

热阻的倒数即为传热系数 K，一般表达式为

$$K=\frac{1}{\dfrac{1}{\alpha_1}+\dfrac{\delta_h}{\lambda_h}+\dfrac{\delta_m}{\lambda_m}+\dfrac{\delta_g}{\lambda_g}+\dfrac{1}{\alpha_2}} \tag{9-94}$$

在锅炉的传热计算中，管壁金属的热阻很小，可忽略不计。目前，大型电站锅炉对给水进行了严格的处理，可以保证管内壁水垢极少，则水垢的热阻也可不计。

燃料种类、灰粒尺寸、烟气流速、管子直径及其布置方式等都会影响灰层的热阻，热力计算中用（对流受热）污染系数 ε 或热有效系数 ψ 来表示灰污染的影响，则传热系数可用下面的简化计算式，即

$$K=\frac{1}{\dfrac{1}{\alpha_1}+\varepsilon+\dfrac{1}{\alpha_2}} \tag{9-95}$$

或

$$K=\psi\frac{1}{\dfrac{1}{\alpha_1}+\dfrac{1}{\alpha_2}} \tag{9-96}$$

热力计算中，针对不同的受热面有不同形式的传热系数计算公式。

1）对流过热器。燃用固体燃料，错列布置管束时，有

$$K=\frac{1}{\dfrac{1}{\alpha_1}+\varepsilon+\dfrac{1}{\alpha_2}}$$

燃用固体燃料，顺列布置管束，及燃用气体燃料、重柴油，错列和顺列布置管束时，有

$$K=\frac{\psi}{\dfrac{1}{\alpha_1}+\dfrac{1}{\alpha_2}}$$

2）省煤器、直流锅炉过渡区、蒸发受热面及超临界压力锅炉对流过热器。燃用固体燃料，错列布置管束时，有

$$K=\frac{\alpha_1}{1+\varepsilon\alpha_1} \tag{9-97}$$

燃用固体燃料，顺列布置管束，及燃用气体燃料、重柴油，错列和顺列布置管束时，有

$$K=\psi\alpha_1 \tag{9-98}$$

3）屏式过热器。

$$K=\frac{1}{\dfrac{1}{\alpha_1}+\left(1+\dfrac{Q_f}{Q_d}\right)\left(\varepsilon+\dfrac{1}{\alpha_2}\right)} \tag{9-99}$$

式中，$\left(1+\dfrac{Q_f}{Q_d}\right)$为考虑屏式过热器吸收炉膛辐射影响的一个乘数；$Q_f$ 为屏吸收的炉膛辐射热量；Q_d 为屏吸收对流及屏间烟气辐射热量。

4）管式空气预热器。管式、立式布置时

$$K=\xi\frac{\alpha_1\alpha_2}{\alpha_1+\alpha_2} \tag{9-100}$$

式中，ξ 为利用系数，是综合考虑管子的积灰污染、烟气和空气对受热面冲刷不均匀等因素的一个系数。

管式、卧式布置时，有

$$K=\frac{\alpha_1}{1+\varepsilon\alpha_1} \tag{9-101}$$

5）回转式空气预热器。

$$K=\frac{\xi c_n}{\dfrac{1}{x_y\alpha_1}+\dfrac{1}{x_k\alpha_2}} \tag{9-102}$$

回转式空气预热器内蓄热是不稳定传热过程，用 c_n 来考虑非稳定传热的影响。而烟气侧和空气侧冲刷的受热面积是不同的，分别用 x_y 和 x_k 来表示烟气侧受热面和空气侧受热面占总面积的份额。例如，烟气侧通道为 180°，空气侧通道为 120°，密封区为 2×30°，则 x_y=0.5，x_k=0.33。

对于用厚度为 0.6～1.2mm 的蓄热板，c_n 值与预热器转子的转速 n 有关，可按表 9-4 取用。

表 9-4　c_n 值

n/（r/min）	0.5	1.0	>1.5
c_n	0.85	0.97	1.0

2. 表面传热系数

对流换热是指运动着的流体与固体壁面之间的热交换。这种热交换既包括流体位移所产生的对流作用，同时也包括流体分子之间的导热作用。表面传热系数是表征对流换热过程强弱的指标，它与流体的物性、流动状态、温度，管束中管子的布置结构，冲刷方式（纵向、横向或斜向）以及管壁温度等因素有关。其数值是在试验台上用试验方法得出，再用相似理论整理出实用的计算公式。

（1）横向冲刷顺列管束的表面传热系数　在锅炉对流受热面中，烟气冲刷过热器、再热器、省煤器以及直流锅炉过渡区等大都是横向冲刷管束，在管式空气预热器中，空气侧的冲刷一般也都是横向冲刷。管束的布置有顺列布置和错列布置两种。

烟气流横向冲刷顺列管束时的表面传热系数［kW/（m^2 • ℃）］计算公式为

$$\alpha_{\mathrm{d}}=0.2C_sC_z\frac{\lambda}{d}Re^{0.65}Pr^{0.33} \tag{9-103}$$

式中，Re 为雷诺数，反映流动状态对换热的影响，$Re=wd/\nu$，ν 为平均温度下烟气的运动粘度（m^2/s），$\nu=\mu/\rho$，ρ 为平均温度下烟气的密度（kg/m^3）；Pr 为普朗特数，反映流体物性对换热的影响，$Pr=\mu c_p/\lambda$，μ 为平均温度下烟气的动力黏度（Pa • s），c_p 为平均温度下烟气的比定压热容［kJ/（kg • ℃）］；d 为定性尺寸，取管子外径（m）；λ 为平均温度下烟气的热导率［kW/（m • ℃）］；C_s 为管束几何布置方式的修正系数；C_z 为烟气行程方向上管子排数的修正系数。

C_s 与纵向相对节距 $\sigma_2=s_2/d$ 及横向相对节距 $\sigma_1=s_1/d$ 有关，即

$$C_s=\left[1+(2\sigma_1-3)\left(1-\frac{\sigma_2}{2}\right)^3\right]^{-2} \tag{9-104}$$

当 $\sigma_2\geqslant 2$ 或 $\sigma_1\leqslant 1.5$ 时，$C_s=1$，$\sigma_2<2$ 且 $\sigma_1>3$ 时，式（9-104）中的 σ_1 取为 3。C_z 值按所求管束的各个管组的平均排数 z_2 求之。

当 $z_2\geqslant 10$ 时，$C_z=1$，$z_2<10$ 时

$$C_z=0.91+0.0125(z_2-2) \tag{9-105}$$

（2）横向冲刷错列管束的表面传热系数　烟气流横向冲刷错列管束时的表面传热系数［kW/（m^2 • ℃）］计算公式为

$$\alpha_{\mathrm{d}}=C_sC_z\frac{\lambda}{d}Re^{0.6}Pr^{0.33} \tag{9-106}$$

式中，C_s 由 σ_1 和 φ_σ 值［$\varphi_\sigma=(\sigma_1-1)/(\sigma_2'-1)$］确定，$\varphi_\sigma$ 中的 σ_2' 为平均斜向相对节距，$\sigma_2'=\sqrt{\dfrac{\sigma_1^2}{4}+\sigma_2^2}$，$\sigma_2$ 为纵向相对节距；其余符号的意义与式（9-103）中的相同。

$$\left.\begin{array}{ll}\text{当}0.1<\varphi_\sigma\leqslant 1.7\text{时} & C_s=0.34\varphi_\sigma^{0.1}\\ \text{当}1.7<\varphi_\sigma\leqslant 4.5\text{且}\sigma_1<3\text{时} & C_s=0.275\varphi_\sigma^{0.5}\\ \text{当}1.7<\varphi_\sigma\leqslant 4.5\text{且}\sigma_1\geqslant 3\text{时} & C_s=0.34\varphi_\sigma^{0.1}\end{array}\right\} \tag{9-107}$$

$$
\left.\begin{array}{ll}
\text{当}z_2<10\text{且}\sigma_1<3.0\text{时} & C_z=3.12z_2^{0.05}-2.5 \\
\text{当}z_2<10\text{且}\sigma_1\geqslant 3.0\text{时} & C_z=4z_2^{0.02}-3.2 \\
\text{当}z_2\geqslant 10\text{时} & C_z=1
\end{array}\right\} \tag{9-108}
$$

（3）纵向冲刷受热面的表面传热系数　锅炉管式空气预热器中烟气一般在管内流动，烟气对受热面做纵向冲刷；某些形式的管路管束、屏式受热面，也有烟气做纵向冲刷的。此外，各种受热面管内的汽水工质都是纵向冲刷的。锅炉受热面中，一般都是湍流强制对流，其表面传热系数由下式求出，即

$$
\alpha_{\mathrm{d}}=0.023\frac{\lambda}{d_{\mathrm{d1}}}Re^{0.8}Pr^{0.4}C_tC_l \tag{9-109}
$$

式中，λ 为流体的热导率［kW/（m・℃）］；d_{d1} 为定性尺寸（当量直径）；C_t 为考虑管壁温度对流体物性影响的温度修正系数；C_l 为相对长度修正系数，考虑传热的入口效应对 α_{d} 的影响，仅在 $l/d<50$ 且圆管入口是直的，没有圆形导边的情况下才采用，当 $l/d\geqslant 50$ 时，C_l=1。

对圆管内流动 d_{d1} 取为管子的内径，流体在圆管内流动或纵向冲刷管束时则为

$$
d_{\mathrm{d1}}=\frac{4A_{\mathrm{lt}}}{U} \tag{9-110}
$$

式中，A_{lt} 为流体的流通截面积（m^2）；U 为被流体湿润的全部固体周界（湿周，m）。

对于布置有管束的矩形烟道，当量直径为

$$
d_{\mathrm{d1}}=\frac{4\left(ab-n\dfrac{\pi d^2}{4}\right)}{2(a+b)+n\pi d} \tag{9-111}
$$

式中，a、b 分别为矩形烟道横断面净尺寸（m）；n 为烟道中的管子总数；d 为管子的外径（m）。

当管内为烟气且被冷却或管内为蒸汽和水且被加热时，则 C_t=1；当管内为空气且被加热时，有

$$
C_t=\left(\frac{T}{T_{\mathrm{b}}}\right)^{0.5} \tag{9-112}
$$

式中，T 为流体（空气）的温度（K）；T_{b} 为管壁内表面的温度（K）。

（4）回转式空气预热器表面传热系数　回转式空气预热器中传热元件如图 9-11 所示，由于波形板的波纹是倾斜的，因此气流的冲刷不同于单纯的纵向冲刷。在计算公式中引进系数 A 加以修正。在 Re=1000 ～ 10000 范围试验得出烟气侧和空气侧的表面传热系数为

$$
\alpha_{\mathrm{d}}=A\frac{\lambda}{d_{\mathrm{d1}}}Re^{0.8}Pr^{0.4}C_tC_l \tag{9-113}
$$

式中，系数 A 取决于蓄热板的形式；系数 C_t、C_l 可按式（9-109）中的规定求取。

传热元件的平均壁温（℃）按下式计算，即

$$
\overline{t}_{\mathrm{b}}=\frac{\overline{\theta}_{\mathrm{y}}x_{\mathrm{y}}+\overline{t}_{\mathrm{k}}x_{\mathrm{k}}}{x_{\mathrm{y}}+x_{\mathrm{k}}} \tag{9-114}
$$

式中，$\overline{\theta}_y$、$\overline{t}_k$ 分别为烟气和空气的平均温度（℃）；x_y、x_k 分别为烟气侧受热面和空气侧受热面各占总受热面的份额。

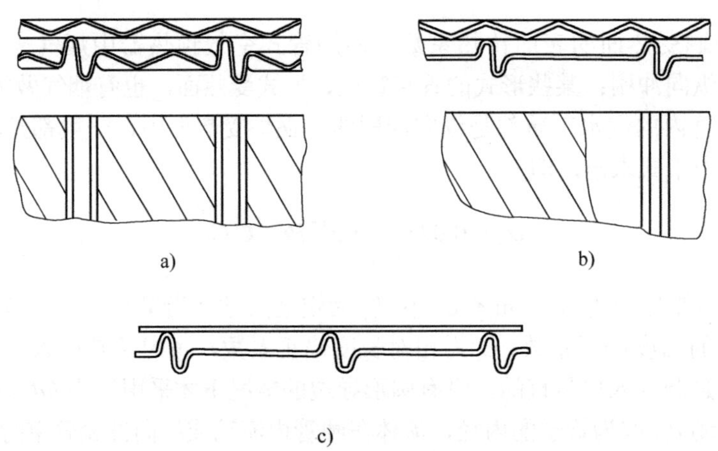

图 9-11　回转式空气预热器蓄热板

a）强化型传热元件，波形板 + 波形定位板　b）普通型传热元件，波形板 + 平定位板
c）冷段传热元件，平板 + 定位板

3. 辐射传热系数

高温烟气流经对流受热面时，既有对流换热，又有辐射换热。因为烟气与管壁都不是黑体，高温烟气与管束表面之间的辐射换热是比较复杂的，辐射能要经过多次吸收和反射之后才能被完全吸收。由于锅炉对流受热面管壁的黑度较大，在 0.8 ～ 0.9 之间，因此烟气与管壁之间的辐射可仅考虑一次吸收的部分，而用增加管壁表面黑度的方法来考虑多次吸收与反射的因素，即用管束黑度 a_{gs} 来代替管壁黑度 a_b，两者关系为

$$a_{gs}=\frac{1+a_b}{2} \tag{9-115}$$

并假定燃烧固体燃料的燃烧产物（含灰气流）及受热面管束为灰体，可得出单位管壁面积的辐射换热量（kW/m^2）为

$$\begin{aligned} q_f &= a_y\sigma_0 T_y^4 a_{gs} - a_y\sigma_0 T_{hb}^4 a_{gs} \\ &= a_y a_{gs}\sigma_0 (T_y^4 - T_{hb}^4) \end{aligned} \tag{9-116}$$

式中，a_y、a_{gs} 分别为烟气及管束的黑度；T_y、T_{hb} 分别为烟气及灰污壁面的热力学温度（K）。

则辐射传热系数公式可表达为

$$\begin{aligned} \alpha_f &= \frac{q_f}{\Delta t} = \frac{a_y a_{gs}\sigma_0 (T_y^4 - T_{hb}^4)}{T_y - T_{hb}} \\ &= a_y a_{gs}\sigma_0 (T_y^2 + T_{hb}^2)(T_y + T_{hb}) \end{aligned} \tag{9-117}$$

当燃用液体或气体燃料，烟气流中不含灰粒，仅有三原子气体辐射时，烟气黑度应乘以修正值 $(T_y/T_{hb})^{0.4}$，则单位管壁面积的辐射吸热量变化为

$$q_{\mathrm{f}}=a_{\mathrm{y}}\sigma_0 T_{\mathrm{y}}^4 a_{\mathrm{gs}}-a_{\mathrm{y}}\left(\frac{T_{\mathrm{y}}}{T_{\mathrm{hb}}}\right)^{0.4} a_{\mathrm{gs}}\sigma_0 T_{\mathrm{hb}}^4 =a_{\mathrm{y}}a_{\mathrm{gs}}\sigma_0(T_{\mathrm{y}}^4-T_{\mathrm{y}}^{0.4}T_{\mathrm{hb}}^{3.6}) \tag{9-118}$$

可得到

$$\alpha_{\mathrm{f}}=a_{\mathrm{y}}a_{\mathrm{gs}}\sigma_0 T_{\mathrm{y}}^3\frac{1-\left(\dfrac{T_{\mathrm{hb}}}{T_{\mathrm{y}}}\right)^{3.6}}{1-\dfrac{T_{\mathrm{hb}}}{T_{\mathrm{y}}}} \tag{9-119}$$

烟气黑度计算式为

$$a_{\mathrm{y}}=1-\mathrm{e}^{-kps} \tag{9-120}$$

式中，p 为炉膛压力，对非增压燃烧锅炉取 p=0.1MPa；k 为辐射减弱系数，按下式计算，即

$$k=k_{\mathrm{q}}r+k_{\mathrm{h}}\mu_{\mathrm{h}} \tag{9-121}$$

式中，k_{q} 为三原子气体的辐射减弱系数［1/（m·MPa）］，可按式（9-39）计算；r 为烟气中三原子气体占总容积的份额；k_{h} 为烟气中悬浮灰粒的辐射减弱系数［1/（m·MPa）］，可按式（9-44）计算；μ_{h} 为烟气中飞灰的质量分数（kg/kg）。

对不含灰气流（燃用液体或气体燃料时），式（9-121）中等号右边第二项为零。热力计算标准中已将 $k_{\mathrm{q}r}$ 和 $k_{\mathrm{h}}\mu_{\mathrm{h}}$ 制成线算图供查用。

密闭空间内的烟气容积向其周界表面辐射时的辐射层有效厚度（m）为

$$s=3.6\frac{V}{A_{\mathrm{z}}} \tag{9-122}$$

式中，V 为辐射层容积（m^3）；A_{z} 为周界表面积（m^2）。

对于光管管束则用下式计算，即

$$s=0.9d\left(\frac{4}{\pi}\frac{s_1 s_2}{d^2}-1\right) \tag{9-123}$$

对于屏式受热面则用下式，即

$$s=\frac{1.8}{\dfrac{1}{A}+\dfrac{1}{B}+\dfrac{1}{C}} \tag{9-124}$$

式中，A、B、C 分别为相邻两片屏之间烟室的高度、宽度和深度（m）。

对于由鳍片管组成的管束，按式（9-123）求得的 s 值应乘以 0.4。

计算高温级管式空气预热器时也应考虑烟气辐射，其辐射层有效厚度为

$$s=0.9d_{\mathrm{n}}$$

式中，d_{n} 为管子内径。

燃用固体或液体燃料情况下，计算受热面的辐射传热系数时，由于管子外表面有一层灰垢，使管壁外表面温度升高，因此，管壁温度应取管壁外表面灰污层温度，称为灰壁温度。对屏式受热面、对流过热器和包墙管过热器有

$$t_{hb}=t+\left(\varepsilon+\frac{1}{\alpha_2}\right)\frac{B_j}{A}(Q_d+Q_f) \tag{9-125}$$

式中，t 为受热介质的平均温度（℃）；ε 为污染系数（m^2 • ℃ /kW）。

对于燃用固体燃料时错列布置的过热器，以及燃用液体及固体燃料时的屏式受热面，污染系数 ε 可按下文所述选取：对于燃用液体燃料时的过热器和包墙管，可取 ε=2.6m^2 • ℃ /kW；对于燃用固体燃料时顺列布置的过热器和包墙管，则可取 ε=4.3m^2 • ℃ /kW。上述过热器均包括再热器。

其他受热面的灰壁温度计算式为

$$t_{hb}=t+\Delta t \tag{9-126}$$

对于凝渣管束，Δt=80℃；对于 θ'>400℃时的单级布置的省煤器、双级布置的第二级省煤器（高温级）、直流锅炉的过渡区以及小型锅炉的锅炉管束，Δt=60℃；对于双级布置的第一级省煤器（低温级）以及 $\theta'\leqslant$ 400℃的单级布置省煤器，Δt=25℃；而燃用气体燃料时，对所有受热面都采用 Δt=25℃。

对于第二级空气预热器，灰壁温度取烟气和空气的平均温度。

对流烟道中的烟气空间，如转弯气室、各级（组）受热面的前部或级间的气室等，其中的烟气具有辐射能力，对贴壁受热面、管束及独立管排等的辐射传热量（kJ/kg）可按下式计算，即

$$Q_f=\alpha_f\frac{\theta_{pj}-t_{hb}}{B_j}A_f \tag{9-127}$$

式中，α_f 为气室的辐射表面传热系数［kW/（m^2•℃）］；θ_{pj} 为气室空间烟气的平均温度（℃）；A_f 为辐射受热面积（m^2）。

位于对流受热面管束前方或管束之间的气室中烟气的辐射，可以通过近似地将计算管束的辐射传热系数加大来考虑其对受热面传热的影响，计算式为

$$\alpha_f'=\alpha_f\left[1+A\left(\frac{T_{qs}}{1000}\right)^{0.25}\left(\frac{b_{qs}}{b_{gs}}\right)^{0.07}\right] \tag{9-128}$$

式中，T_{qs} 为计算管束前气室中的烟气温度（K）；b_{qs} 为计算管束前气室的深度（m）；b_{gs} 为沿烟气流动方向上管束的深度（m）；A 为系数，考虑不同燃料烟气成分对辐射的影响，对重柴油及气体燃料，A=0.3，对烟煤和无烟煤屑，A=0.4，对褐煤和页岩，A=0.5。

位于管束后面的气室对管束的辐射很小，可以忽略不计。多级屏受热面的级间气室或级后气室，其黑度与屏的黑度很相近，对屏的辐射也可忽略不计。对于凝渣管束也同样如此。

4. 积灰污染对传热的影响

燃用固体燃料时，烟气中的飞灰颗粒会沉积在对流受热面管子上，传热热阻增加，受热面的传热受到影响。严重时还会增加通风阻力，甚至堵塞烟道。

由于管壁表面的积灰对传热热阻的影响很大，因此，其数值的精确与否对热力计算的精确性有很大的影响。在热力计算中采用污染系数、热有效系数和利用系数来考虑积灰对传热的影响。

（1）污染系数　污染系数 ε 是用来表示燃用固体燃料时，管壁外表面积灰对传热的影响。

$$\varepsilon=\left(\frac{1}{\alpha_{1h}}+\frac{\delta_h}{\lambda_h}+\frac{1}{\alpha_2}\right)-\left(\frac{1}{\alpha_1}+\frac{1}{\alpha_2}\right)=\frac{1}{K}-\frac{1}{K_0} \tag{9-129}$$

式中，α_{1h} 为含灰气流对积灰管壁的表面传热系数［kW/（m^2·℃）］；α_1 为清洁气流对洁净管壁的表面传热系数［kW/（m^2·℃）］；α_2 为管内工质表面传热系数［kW/（m^2·℃）］；δ_h、λ_h 分别为管壁外表面灰层厚度及其热导率。

污染系数为在同样的传热温压、传热面积及结构参数条件下，污染管壁的传热热阻 $1/K$ 与清洁管壁的传热热阻 $1/K_0$ 的差值。污染系数与烟气流速、管子节距和直径、灰粒尺寸等众多因素有关。根据试验测定，燃用固体燃料的错列管束的污染系数（m^2·℃ /kW）由下式确定，即

$$\varepsilon=C_dC_{k1}\varepsilon_0+\Delta\varepsilon \tag{9-130}$$

式中，ε_0 为基准污染系数，由实验室模型试验获得；C_d 为管径修正系数；C_{k1} 为灰的粒度组成的修正系数，粒度组成由尺寸大于 30μm 灰粒的含量 R_{30} 来表示；$\Delta\varepsilon$ 为修正系数。

C_{k1} 由下式计算，即

$$C_{k1}=1-1.18\lg\frac{R_{30}}{33.7} \tag{9-131}$$

当缺乏燃料灰粒的粒度组成资料时，可取：煤及页岩 C_{k1}=1，泥煤 C_{k1}=0.7。修正系数 $\Delta\varepsilon$ 考虑其他因素的影响，可按表 9-5 选取。

表 9-5　污染系数的附加修正值 Δε　（单位：m^2·℃ /kW）

受热面名称	积松灰的煤	无烟煤屑		褐煤、泥煤有吹灰
		钢珠除灰	不吹灰	
第一级省煤器、$\theta'\leqslant$ 400℃的单级省煤器及其他受热面	0	0	1.7	0
$\theta'>$ 400℃的单级省煤器、第二级省煤器及直流锅炉过渡区	1.7	1.7	4.3	2.6
错列布置过热器	2.6	2.6	4.3	3.4

屏式过热器受热面的污染也用污染系数来表示。燃用固体燃料时，ε 可由相关手册查图获得。当锅炉燃用重柴油时，取 ε=5.2m^2·℃ /kW；燃用气体燃料时，取 ε=0。

（2）热有效系数　在对流受热面的热力计算中，多数场合是用热有效系数 ψ 来考虑管壁外表面积灰对传热的影响。在计算顺列布置的对流过热器、省煤器、凝渣管、锅炉管束、再热器和直流锅炉的过渡区等受热面时，都用热有效系数来修正传热系数。其定义为污染管传热系数 K 与清洁管传热系数 K_0 之比，即

$$\psi=\frac{K}{K_0} \tag{9-132}$$

燃用无烟煤屑和贫煤时，ψ=0.6；燃用烟煤、褐煤和烟煤的洗中煤时，ψ=0.65；燃用油页岩时，ψ=0.5。

当燃用重柴油时，除空气预热器外的对流受热面都采用热有效系数进行计算。当锅炉

在过量空气系数 α_1'' >1.03 下工作时，热有效系数按表 9-6 选取。当 $\alpha_1'' \leqslant 1.03$ 且采用钢珠除灰时，所有受热面的热有效系数值都比表 9-6 所查数值增加 0.05；如无钢珠除灰，则取用表 9-6 中的数值。

如在重柴油中加入固体添加剂（如菱苦土、白云石）以减轻尾部受热面的腐蚀时，则第二级省煤器、过渡区、低温过热器和再热器等受热面的污染会加重，其热有效系数应比表 9-6 降低 0.05。如采用液体添加剂，除小型锅炉省煤器增加 0.05，其余各项不变。

表 9-6 燃油锅炉的热有效系数 ψ

受热面名称	烟气流速 /（m/s）	热有效系数 ψ
第一级和第二级省煤器，直流锅炉过渡区，并有钢珠除灰时	4 ～ 12 12 ～ 20	0.7 ～ 0.65 0.65 ～ 0.6
对流竖井中的对流过热器，再热器并有钢珠除灰	4 ～ 12	0.65 ～ 0.6
水平烟道中的顺列过热器和再热器无吹灰，凝渣管束，小型锅炉的锅炉管束	12 ～ 20	0.6
小型锅炉省煤器，进口水温≤ 100℃	4 ～ 12	0.55 ～ 0.5

注：较低的流速对应于较大的 ψ 值。

燃用气体燃料时，除空气预热器外的所有对流受热面也都采用热有效系数来考虑污染对传热的影响。对于 $\theta' \leqslant 400$℃的第一级省煤器或单级省煤器，ψ=0.9；对于 θ' >400℃的第二级省煤器、过热器和其他受热面，ψ=0.85。

锅炉燃用重柴油之后燃用煤气时，热有效系数应取为燃用重柴油与煤气时的平均值；而当燃用固体燃料之后燃用煤气时（如没有停炉吹灰），则按固体燃料取用。

当燃用混合燃料时，污染系数或热有效系数均按污染程度较严重的燃料取用。

（3）利用系数　屏式过热器的利用系数 ξ 是考虑烟气对屏冲刷不完全的修正系数，对于布置在炉膛顶部及进入对流烟道烟气转弯处的屏式过热器，其值可由图 9-12 查取；当烟气流速 w_y>4m/s 时，取 ξ=0.85。

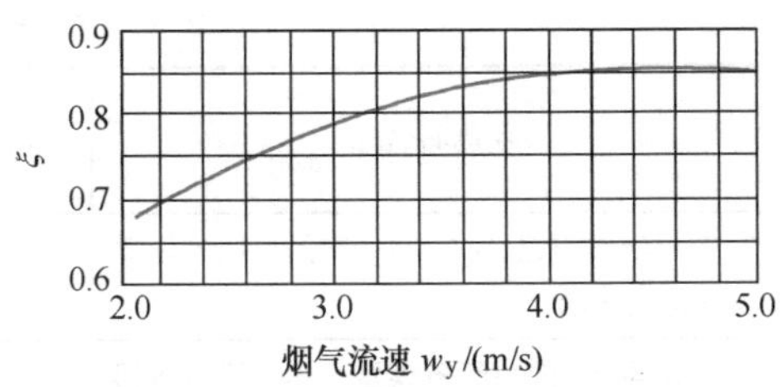

图 9-12 屏式过热器的利用系数 ξ

对于管式空气预热器，把灰污染及冲刷不完全的影响合并，用利用系数 ξ 来考虑，其值列在表 9-7 中。该表所列数据是不带中间管板的情况。当有中间管板时，利用系数将降低，有一块中间管板时，ξ 值降低 0.1；有两块中间管板时，ξ 值降低 0.15。

表 9-7 管式空气预热器的利用系数 ξ

燃料种类	第一级（低温）	第二级（高温）
无烟煤屑	0.80	0.75
重柴油	0.80	0.85
其余各种燃料	0.85	0.85

当空气预热器的漏风量为 $\Delta\alpha_{ky}$=0.2 ～ 0.25 时，回转式空气预热器的利用系数 ξ=0.8；当 $\Delta\alpha_{ky}$=0.15 时，回转式空气预热器的利用系数 ξ=0.9。

燃用重柴油时，对于下级空气预热器，上述 ξ 值均指没有潮湿积灰的情况而言的。当

过量空气系数 $\alpha_1''>1.03$，或管式空气预热器进口空气温度低于 80℃，以及回转式空气预热器的进口空气温度低于 60℃时，利用系数 ξ 均应降低 0.1。

5. 工质侧的表面传热系数

计算省煤器的传热系数时，可不考虑水侧的热阻 $1/\alpha_2$。对过热器与再热器则需求取蒸汽在管内流动的表面传热系数 α_2。

计算 α_2 时，整个过热器、再热器或其中某一段的平均蒸汽压力取其进出口压力总和的一半，同时可按平均汽温从水蒸气表中查找蒸汽比体积。

空气和蒸汽在管内纵向流动时的表面传热系数也可用式（9-109）计算，只是物性参数（λ，γ，Pr）相应改变即可。

对超临界压力锅炉，工质侧的热阻 $1/\alpha_2$ 很小，也可不予计算。

而在近临界压力时，一定条件下会出现膜态沸腾，其沸腾表面传热系数急剧下降，要计及其对传热的影响。

9.2.4　传热温压

所谓传热温压，就是参与换热的两种流体在整个受热面中的平均温差。两种介质在整个流通路径上彼此反向平行流动称为逆流流动；而彼此同向平行流动的，则称为顺流流动。由传热学可知，这两种流动方式的传热温压都可按对数平均温差来表示，即

$$\Delta t=\frac{\Delta t_{\mathrm{d}}-\Delta t_{\mathrm{x}}}{\ln\dfrac{\Delta t_{\mathrm{d}}}{\Delta t_{\mathrm{x}}}} \tag{9-133}$$

式中，Δt_{d} 为受热面两端中较大温差一端的介质温差（℃）；Δt_{x} 为另一端较小的介质温差（℃）。

当 $\Delta t_{\mathrm{d}}/\Delta t_{\mathrm{x}}\leqslant 1.7$ 时，可按算术平均温差来计算，即

$$\Delta t=\frac{1}{2}(\Delta t_{\mathrm{d}}+\Delta t_{\mathrm{x}})=\theta_{\mathrm{pj}}-t_{\mathrm{pj}} \tag{9-134}$$

式中，θ_{pj} 为烟气进出口温度的算术平均值（℃），$\theta_{\mathrm{pj}}=\dfrac{1}{2}(\theta'+\theta'')$；$t_{\mathrm{pj}}$ 为工质进出口温度的算术平均值（℃），$t_{\mathrm{pj}}=\dfrac{1}{2}(t'+t'')$。

锅炉受热面的布置有时较为复杂，既非纯顺流，也非纯逆流。其布置形式主要有：

（1）串联混流　一段顺流，一段逆流，由两段组成。

（2）并联混流　指在同一烟气流通截面上布置成并行的几部分，工质在烟气进口截面上要往返几个行程。

（3）交叉流　两种介质的流动方向互相交叉，如管式空气预热器。

在锅炉各受热面中，根据传热学的知识，在冷热两种介质进出口温度相同的条件下，逆流的平均传热温压最大，顺流的平均传热温压最小。而采用其他任何流动方式所得到的传热温压值皆介于其间。可用下式计算，即

$$\Delta t=\psi\Delta t_{\mathrm{nl}} \tag{9-135}$$

式中，Δt_{nl} 为按逆流计算的平均传热温压（℃）；ψ 为传热温压修正系数，考虑非逆流所造成

的影响。

对任何复杂的受热面连接方式，只要知道其传热温压修正系数和逆流平均传热温压，就可算出其平均传热温压。这样问题就变为如何计算传热温压修正系数。

如果所采用的系统按顺流计算的平均传热温压 Δt_{sl}，有

$$\Delta t_{sl} \geqslant 0.92\Delta t_{nl} \tag{9-136}$$

对于任何复杂的工质流动连接方案，均可按下式计算，即

$$\Delta t = \frac{1}{2}(\Delta t_{sl} + \Delta t_{nl}) \tag{9-137}$$

对于锅炉对流受热面布置系统通常用的几种连接方式，以下分别说明其传热温压计算方法。

1. 串联混合流的传热温压

为了确定 ψ，需要三个量纲一的定性参数，即

$$P = \frac{\tau_2}{\theta' - t'}，R = \frac{\tau_1}{\tau_2}，A = \frac{A_{sl}}{A_z} \tag{9-138}$$

烟气的流程先逆后顺时，$\tau_1 = \theta' - \theta''$，$\tau_2 = t'' - t'$；

烟气的流程先顺后逆时，$\tau_1 = t'' - t'$，$\tau_2 = \theta' - \theta''$。

式中，τ_1、τ_2 分别为流体的自身温差（℃）；A_{sl}、A_z 分别为顺流部分受热面和总受热面面积。

令

$$\phi = \exp\left[\frac{\ln\dfrac{1-P}{1-PR}}{\psi(R-1)}\right] \tag{9-139}$$

则 ψ 可由下式求得

$$\frac{\left(\dfrac{1}{P}-1\right)[\phi^{A(R+1)}-1]}{R\phi^{A(R+1)}+1} + \frac{\dfrac{1}{P}-R}{R-1}[\phi^{(1-A)(R-1)}-1] = 1 \tag{9-140}$$

2. 并联混合流的传热温压

并联混流时，需两个量纲一的参数，当一个行程为顺流，另一个行程为逆流时，有

$$P = \frac{\tau_x}{\theta' - t'}，R = \frac{\tau_d}{\tau_x} \tag{9-141}$$

式中，τ_d 为烟气或工质的温差 $\theta' - \theta''$ 与 $t'' - t'$，两者中的较大者（℃）；τ_x 为上述两者中的较小者（℃）。

$$\psi = \frac{\dfrac{\sqrt{R^2+1}}{R-1}\ln\dfrac{1-P}{1-PR}}{\ln\dfrac{\dfrac{2}{P}-1-R+\sqrt{R^2+1}}{\dfrac{2}{P}-1-R-\sqrt{R^2+1}}} \tag{9-142}$$

当两个行程均为逆流时，有

$$\psi=\frac{\ln\dfrac{1-P}{1-PR}}{2(R-1)a} \tag{9-143}$$

式中，$a=\dfrac{t''-t'}{2\Delta t}$；$R=\dfrac{\tau_{\mathrm{d}}}{\tau_{\mathrm{x}}}$；$P=\dfrac{2(1+\mathrm{e}^{a})(1-\mathrm{e}^{(1-2R)a})}{(1+2\mathrm{e}^{a})(R-\mathrm{e}^{(1-2R)a})+R+\mathrm{e}^{a}}$。

当两个行程均为顺流时，有

$$\psi=\frac{\ln\dfrac{1-P}{1-PR}}{2(R-1)a}$$

其中

$$P=\frac{2}{\dfrac{1+2R}{1-\mathrm{e}^{-(2R+1)a}}+\dfrac{1}{1+\mathrm{e}^{-a}}} \tag{9-144}$$

式中，a 和 R 同前。

3. 交叉流的传热温压

交叉流时，传热温压的大小主要取决于行程曲折次数及气流相互流动的总趋向（顺流或逆流）。当总趋向为逆流时，有

$$P=\frac{\tau_{\mathrm{x}}}{\theta'-t'},\quad R=\frac{\tau_{\mathrm{d}}}{\tau_{\mathrm{x}}} \tag{9-145}$$

$$\psi=\frac{\dfrac{R}{R-1}\ln\dfrac{1-P_1}{1-P_1R}}{\ln\Phi-\ln(1-P_1R)} \tag{9-146}$$

其中

$$P_1=\frac{\left(\dfrac{1-P}{1-PR}\right)^{\frac{1}{n}}-1}{R\left(\dfrac{1-P}{1-PR}\right)^{\frac{1}{n}}-1} \tag{9-147}$$

式中，n 为交叉次数，n=1，2，3，4（n>4 则 $\psi_{\mathrm{t}}=1$）。

$$\Phi=\sum_{i=1}^{\infty}\varphi_i$$

$$\varphi_0=1$$

$$\varphi_1=\alpha+\frac{\alpha}{\beta}(\mathrm{e}^{-\beta}-1)$$

$$\varphi_2=\frac{1}{2}\alpha(2\varphi_1-\alpha\varphi_0)+\frac{\alpha^2}{2!}\mathrm{e}^{-\beta}$$

$$\varphi_3=\frac{1}{3}\alpha\left(2\varphi_2-\frac{\alpha}{2}\varphi_1\right)+\frac{\alpha^3}{3!}\frac{\beta}{2!}\mathrm{e}^{-\beta}$$

$$\vdots$$

$$\varphi_i=\frac{1}{i}\alpha(2\varphi_{i-1}-\frac{\alpha}{(i-1)!}\varphi_{i-2})+\frac{\alpha^i}{i!}\frac{\beta^{i-2}}{(i-1)!}\mathrm{e}^{-\beta}$$

$$\vdots$$

$$\beta=\frac{\ln\frac{1-P_1}{1-P_1R}}{(R-1)\psi_t};\quad \alpha=\beta R$$

上面的无穷级数收敛很快，计算 Φ 的结束准则可取为

$$\left|\frac{\varphi_i-\varphi_{i-1}}{\varphi_i}\right|<10^{-5}$$

ψ 的计算可采用迭代法，取 ψ_{t0}=0.75 作为 ψ_t 的初始值，再计算 β、α，接着计算 ψ_i（i=1，2，3，…，N），若 φ_i 满足计算准确度，则计算 Φ，如果 N 满足 $\left|\varphi_{N-1}-\varphi_N\right|$ <0.002，则计算即可结束。

当交叉流总趋势为顺流时，则用参数 P_1 代表 P，即

$$P_1=\frac{1-[1-P(R+1)]^{\frac{1}{n}}}{R+1} \tag{9-148}$$

手工计算时更常使用线算图，具体可参见有关锅炉手册。

9.2.5 扩展受热面的对流传热计算

在圆管表面附加了鳍片、肋片或销钉等，使参与对流换热的表面有所增加的受热面称为扩展受热面，如图 9-13 所示。采用扩展受热面可以增大传热量，减少承压金属耗量，并使通风阻力和工质流动阻力有所降低，已成为锅炉对流受热面的发展趋势，得到了越来越多的应用。

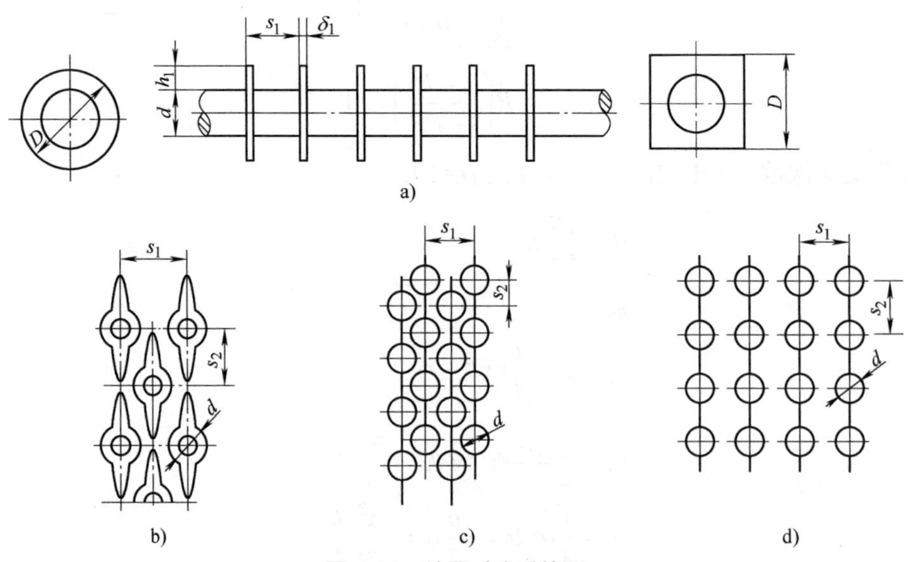

图 9-13 扩展对流受热面

a）肋片管 b）鳍片管 c）错列膜式管 d）顺列膜式管

1. 传热系数

对于单侧或双侧带有肋片的受热面管，按烟气侧全部受热面计算的传热系数[kW/（m²·℃）]可用下式计算，即

$$K=\frac{1}{\dfrac{1}{\alpha_{zs1}}+\dfrac{1}{\alpha_{zs2}}\dfrac{A_y}{A_n}} \tag{9-149}$$

式中，α_{zs1}、α_{zs2} 分别为烟气侧（外侧）及工质侧（内侧）的折算表面传热系数 [kW/（m²·℃）]；A_y、A_n 分别为烟气侧及工质侧总表面积（m²）。

从传热学可知，当壁面两侧流体的表面传热系数相差悬殊时，从增强传热的角度，仅需在表面传热系数小的一侧扩展表面。汽水侧的表面传热系数要大得多，$\alpha_{zs2}=\alpha_2$，因此，对流受热面中只要在烟气侧加肋片扩展表面，而当计算省煤器时，$1/\alpha_2$ 可忽略不计。

烟气侧的折算表面传热系数 α_{zs1} 取决于烟气对管壁的表面传热系数 α_1 和肋片及污垢层的热阻，由下式计算，即

$$\alpha_{zs1}=\left(\frac{A_l}{A_y}E\mu+\frac{A_g}{A_y}\right)\frac{\psi_1\alpha_d+\alpha_f}{1+\varepsilon(\psi_1\alpha_d+\alpha_f)} \tag{9-150}$$

式中，E 为肋片有效系数；μ 为考虑肋片厚度在高度方向上变化影响的系数，如图 9-14 所示；ε 为污染系数；ψ_1 为考虑沿肋片表面放热不均匀的修正系数，对圆管上的肋片，ψ_1=0.85；对直线形底的肋片（包括销钉形肋片），ψ_1=0.9，对鳍片管及膜式对流受热面，ψ_1=1.0；A_l/A_y 为烟气侧肋片表面与烟气侧全部表面积之比，对于带圆形肋片圆管，有

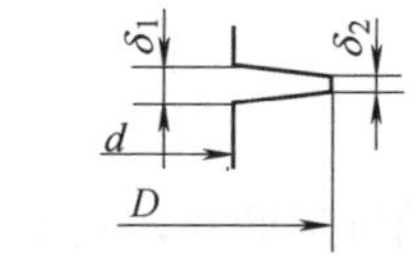

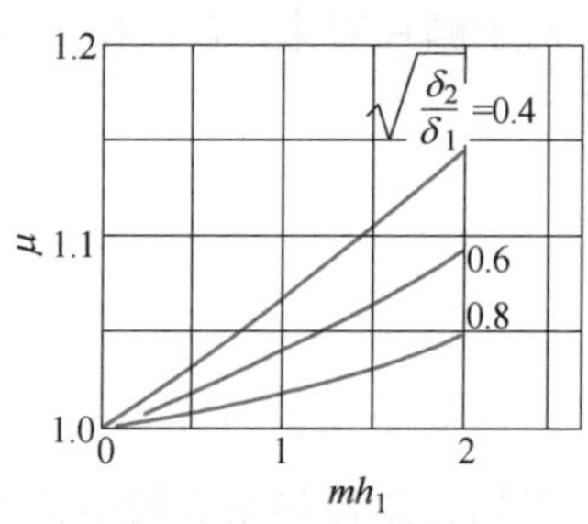

图 9-14　考虑肋片厚度变化的系数 μ

$$\frac{A_l}{A_y}=\frac{\left(\dfrac{D}{d}\right)^2-1}{\left(\dfrac{D}{d}\right)^2-1+2\left(\dfrac{s_1}{d}-\dfrac{\delta_1}{d}\right)} \tag{9-151}$$

对于带方形肋片的圆管，有

$$\frac{A_l}{A_y}=\frac{2\left[\left(\dfrac{D}{d}\right)^2-0.785\right]}{2\left[\left(\dfrac{D}{d}\right)^2-0.785\right]+\pi\left(\dfrac{s_1}{d}-\dfrac{\delta_1}{d}\right)} \tag{9-152}$$

对于鳍片管及膜式受热面，有

$$\frac{A_l}{A_y}=\frac{4h_l}{4h_l+\pi d-2\delta_l} \tag{9-153}$$

式中，D为圆形肋片的直径或方形肋片的边长（m）；d为管子外径（m）；h_1、δ_1分别为肋片（鳍片）的高度及平均厚度（m）；s_1为肋片的节距（m）；A_g/A_y为管子无肋片部分面积（$A_g=A_y-A_1$）与烟气侧全部面积之比。

2. 肋片有效系数

肋片有效系数E是考虑肋片材料的热阻对传热影响的系数。它取决于肋片的形状、厚度以及热导率。肋片的有效系数则从传热实际效果考虑，指扩展表面的实际传热量与假定整个肋片表面处于肋基温度时的传热量之比。

对于平面底部等截面直肋（鳍片），其肋片有效系数为

$$E=\frac{\dfrac{\alpha_d U}{m}\theta_0 \text{th}(mh_1)}{\alpha_d U h_1 \theta_0}=\frac{\text{th}(mh_1)}{mh_1} \tag{9-154}$$

式中，α_d为肋片表面的表面传热系数（假定沿肋高方向不变）；U为肋片周边长度（m）；θ_0为基本面的表面温度（℃）；h_1为肋片高度（m）；m为对流放热与肋片导热比例的参数。

参数m为

$$m=\sqrt{\frac{2(\psi_1\alpha_d+\alpha_f)}{\delta_1\lambda[1+\varepsilon(\psi_1\alpha_d+\alpha_f)]}} \tag{9-155}$$

对销钉形肋片，式中$\delta_1=d_0/2$，d_0是销钉的直径。

对于鳍片管束，E值按下式计算，即

$$E=\frac{\text{th}\left[m\left(h_1+\dfrac{\delta_1}{2}\right)\right]}{m\left(h_1+\dfrac{\delta_1}{2}\right)} \tag{9-156}$$

3. 表面传热系数

平均表面传热系数根据试验结果由下列各式计算。

对横向冲刷带环形肋片管子的顺列管束，有

$$\alpha_d=0.105C_zC_s\frac{\lambda}{s_1}\left(\frac{d}{s_1}\right)^{-0.54}\left(\frac{h_1}{s_1}\right)^{-0.14}\left(\frac{ws_1}{\nu}\right)^{0.72} \tag{9-157}$$

式中，C_z为考虑沿气流方向管子排数影响的修正系数，当$z<4$时可查相关手册，当$z\geqslant 4$时，即取$C_z=1$；C_s为考虑管束中管子相对节距影响的修正系数，当$\sigma_2\leqslant 2$时，可查相关手册，当$\sigma_2>2$时，即取$C_s=1$；d为肋基的外径（m）；s_1为肋片的节距（m）；h_1为肋片的高度（m）；w为最小截面处烟气的流速（m/s）；λ为烟气在定性温度下的热导率［kW/（m・℃）］。

对横向冲刷带环形肋片管子的错列管束，有

$$\alpha_d=0.23C_z\varphi_\sigma^{0.2}\frac{\lambda}{s_1}\left(\frac{d}{s_1}\right)^{-0.54}\left(\frac{h_1}{s_1}\right)^{-0.14}\left(\frac{ws_1}{\nu}\right)^{0.65} \tag{9-158}$$

式中，C_z为考虑沿气流方向管子排数影响的修正系数；φ_σ为考虑管束中管子相对节距影响

的参数，$\varphi_\sigma=\dfrac{\sigma_1-1}{\sigma_2'-1}$，$\sigma_2'$ 为斜向的管子相对节距平均值。

对横向冲刷带有鳍片管的错列管束，有

$$\alpha_\mathrm{d}=0.14C_z\varphi_\sigma^{0.24}\frac{\lambda}{d}\left(\frac{wd}{\nu}\right)^{0.68} \tag{9-159}$$

对横向冲刷膜式对流受热面顺列管束，有

$$\alpha_\mathrm{d}=0.051\frac{\lambda}{d}\left(\frac{wd}{\nu}\right)^{0.75} \tag{9-160}$$

对横向冲刷膜式对流受热面错列管束，有

$$\alpha_\mathrm{d}=C_zC_s\frac{\lambda}{d}\left(\frac{wd}{\nu}\right)^{0.7} \tag{9-161}$$

9.3　锅炉热力计算的步骤和方法

锅炉的设计包括各方面的计算，主要有：热力计算、水循环或水动力计算、空气动力计算、烟气阻力计算、管子金属壁温计算、强度计算、炉墙和构架计算等，热力计算是最主要和最基础的计算。锅炉热力计算的目的是为确定锅炉的主要工作指标和参数，以及各受热面的结构尺寸。锅炉的热力计算有两种形式，即设计计算与校核计算。

设计计算的任务：根据给定的锅炉容量、参数和燃料特性去确定锅炉机组的结构尺寸与各受热面的面积，并确定锅炉的燃料消耗量、锅炉效率、各受热面交界处的温度和焓、各受热面的吸热量和介质速度等参数，为选择辅助设备和进行空气动力计算、水动力计算、管子金属壁温计算和强度计算提供原始资料。

校核计算的任务：在给定锅炉负荷和燃料特性的前提下，按锅炉机组已有的结构和尺寸，去确定各个受热面交界处的介质温度、烟气温度、锅炉效率和燃料消耗量等参数。进行校核计算是为了计算锅炉机组按指定燃料运行的经济指标，寻求必要的改进锅炉结构的措施，为选择辅助设备和进行空气动力计算、水动力计算、管子金属壁温计算和强度计算提供原始资料。

实际工程中设计锅炉时常采用校核计算的方法，其计算程序为：

1）按设计任务书要求列出原始数据。

2）根据燃料性质、燃烧方式和锅炉构造进行空气平衡计算。

3）根据各受热面入口、出口的过量空气系数，进行理论空气量、烟气量的计算及编制烟气性质表和焓温表。

4）假定排烟温度后进行热平衡计算，确定各项热损失，计算锅炉效率和燃料消耗量（包括实际和计算燃料消耗量），算出保热系数。

5）假定预热空气温度后进行炉膛传热计算。

6）按烟气流动方向对烟道内的各个受热面，依次进行热力计算。

7）热力计算的修正和热平衡误差的校核。

8）列出包括整个锅炉主要热力计算数据的汇总表。

锅炉的校核计算较为复杂，往往要经过多次计算才能完成，可采用逐步逼近法最后加以确定。

进行炉膛校核热力计算时，首先假定炉膛出口烟气温度，如果求出的炉膛出口烟气温度与预先估计值之差超过100℃，则需重新假定后再计算。

进行对流受热面校核热力计算时，需先假定一种介质的终温和焓，然后分别按热平衡方程和传热方程计算吸热量，两者之差不超过2%（个别情况下可大于2%），计算即告完成。温度及吸热量的最终值，应以烟气放热的热平衡方程式中的值为准。如果两者相差较大，就需重新估计终温并重新计算。

依照烟气流动的顺序依次进行各受热面的校核热力计算。如果计算求得的排烟温度与原假定值相差不超过10℃，热空气温度相差不超过40℃，则认为计算合格。最后，以计算所得的排烟温度与热空气温度校准排烟热损失、锅炉效率、燃料消耗量以及炉膛出口烟气温度及炉膛辐射受热面的吸热量。

如果计算所得的排烟温度或热空气温度与假定值相差超过上述规定，则应重新假定排烟温度及热空气温度进行计算。如果由重新假定排烟温度而使计算燃料消耗量变动的值不超过2%，则各对流受热面的传热系数可不重新计算，仅需校正各受热面的温度、传热温压及吸热量。

如果尾部受热面为双级布置，计算第二级省煤器时按已知的进口烟气温度和估算的出口工质焓，第二级空气预热器按已知的进口烟气温度和假定的热风温度，第一级省煤器按已知的进口烟气温度和进口水温，第一级空气预热器按已知的进口烟气温度和进口空气温度，分别用逐次逼近法求出烟气温度和进口（出口）工质温度。所求出的第一级省煤器出口水温和第二级省煤器进口水温之差应不超过10℃。同样，要求空气预热器的第一级出口与第二级进口空气的温差小于10℃。

然后按下式检查计算的精确性，即

$$\Delta Q = Q_{\mathrm{r}}\eta_{\mathrm{gl}} - \Sigma Q\left(1-\frac{q_4}{100}\right) \tag{9-162}$$

式中，$\sum Q$ 为汽水系统各受热面总吸热量，计算误差 ΔQ 应不超过 Q_{r} 的0.5%。

9.4 锅炉整体布置及主要设计参数的选择

9.4.1 锅炉的整体布置

锅炉的整体布置是锅炉设计中一个重要的环节。锅炉的整体布置是指锅炉炉膛和其中的辐射受热面、对流烟道和其中的对流受热面的布置。

锅炉整体布置不仅受蒸汽参数、容量和燃料性质的影响，而且要考虑到整个电厂布置的合理性，各种汽水管道及烟风煤粉管道的合理布局。

1. 蒸汽参数对受热面布置的影响

蒸汽参数的变化对于锅炉本体各个受热面间吸热量分配有很大的影响，吸热量分配比例的不同，将直接影响受热面的布置。工质在各个受热面吸收的总热量，按热力学可分为加

热吸热量 Q_{jr}、蒸发吸热量 Q_{zf} 和过热吸热量 Q_{gr}。不同参数下工质吸热量的分配见表 9-8。

当汽压升高，工质加热吸热量与过热吸热量（包括再热蒸汽的吸热量 Q_{zr}）增加，蒸发吸热量则减少。在锅炉各受热面，工质加热吸热主要靠省煤器完成，蒸发吸热主要靠水冷壁完成，而过热吸热则由过热器和再热器完成。对于不同参数的锅炉，其受热面布置考虑的问题也不尽相同。

表 9-8　锅炉中工质吸热量的分配比例

参数			总焓增 /（kJ/kg）	吸热量分配比例（%）		
汽压 /MPa	汽温 /℃	给水温度 /℃		Q_{jr}	Q_{zf}	Q_{gr}/Q_{zr}
1.3	350	105	2708	14.3	72.4	13.3
3.9	450	150	2697	17.6	62.6	19.8
9.9	540	215	2522	20.3	49.7	30.0
13.8	540/540	240	2777	20.5	36.2	29.6/13.7
16.8	540/540	265	2645	22.5	28.1	34.3/15.1

对低参数小容量锅炉，受热面中以蒸发受热面为主。水冷壁和锅炉管束是蒸发受热面，仅在尾部装有面积不大的铸铁省煤器预热给水。

对于中参数锅炉，工质蒸发吸热量与炉内辐射受热面的吸热量大致相近，除炉内布置水冷壁及炉膛出口有几排凝渣管束外，无须再像低压锅炉那样大量布置对流管束。因此，中压锅炉大都采用单锅筒结构，工质的预热由省煤器完成。当炉内辐射受热面的吸热量不能满足蒸发吸热量的要求时，可使省煤器部分沸腾。这种锅炉通常采用 Π 形布置，在水平烟道布置过热器，尾部垂直烟道布置省煤器与空气预热器。

对于高参数锅炉，工质加热和过热吸热量比例增大，蒸发吸热量比例减小，有必要将一部分过热器受热面移入炉膛，因此除对流过热器外，往往需要布置顶棚过热器和在炉膛出口布置替代凝渣管束的屏式过热器。对蒸发及加热受热面的布置，采用的热力系统仍然类似中压锅炉。

此外，随着蒸汽参数的提高，工质加热吸热量的比例增加，蒸发吸热量的比例减少，一部分加热的吸热量可以由水冷壁负担，所以，在高参数以上的锅炉中省煤器通常是非沸腾式的，水冷壁的一部分实际上起了省煤器的作用。

对超高参数带有中间再热的锅炉，由于工质蒸发所需热量进一步减少，过热（包括再热）吸热量进一步增加，有必要将更多过热器受热面放入炉膛中。在炉膛中除了布置顶棚过热器和出口屏式过热器外，又在炉膛上部装设了前屏过热器，在水平烟道及垂直烟道布置再热器。

对于亚临界带中间再热的锅炉，随着过热吸热的比例进一步增加，过热器与再热器的增加将更为明显。在减少水冷壁蒸发受热面的同时，将一部分再热器也移入炉膛，设置墙式再热器。

超临界锅炉由于不能进行汽水分离，只能采用直流锅炉，加热吸热量比例约占 30%，其余为过热吸热量。

2. 锅炉容量对受热面布置的影响

当蒸汽参数提高时，锅炉容量也随之增加，炉膛容积也增加。但是，炉膛壁面积并非

与其容积成正比增加。因此，随着锅炉容量的增加，能布置水冷壁的炉内表面积相对减小。容量增大，炉壁面积增加慢的矛盾更为显著。而炉膛高度又有一定限制，为了使炉膛出口烟气温度不致过高而引起严重结渣，不仅在炉膛内需要布置更多的辐射式、半辐射式过热器，而且常常需要在炉膛中装设双面水冷壁，使烟气在炉膛中得到足够冷却。

同样理由，随着锅炉容量增大，炉膛宽度（尾部烟道宽度）也相对减小，这就会影响到尾部受热面的布置。为使尾部受热面的工质流速不因尾部烟道宽度的相对减小而增大，在设计高参数锅炉时，尾部省煤器和空气预热器均采用双级双流布置。对于超高参数以上的锅炉，有时尾部受热面即使采用了双级双流布置也难以解决问题。因此，就将空气预热器移至炉外，采用比较紧凑的回转式空气预热器。在空气预热温度达到350℃以上时，联合使用管式和回转式空气预热器。高温段使用管式，低温段使用回转式。

3. 燃料性质对受热面布置的影响

燃料性质对锅炉热力工况以及对受热面的布置有很大的影响。就固体燃料——煤而言，煤的发热量、挥发分、水分、灰分、硫分及着火点等性质，对受热面布置均有影响。

燃料发热量较低，则燃料的消耗量较多，理论燃烧温度降低，炉膛出口烟气温度可能变化。因此影响了炉内辐射传热与对流传热的比例，锅炉各部分的受热面积也随之改变。

煤水分较大，将引起炉内燃烧温度下降，烟气量增加，炉内辐射吸热量减少，对流吸热量增加。同时，水分多的煤需要较高的热空气温度，即需要布置更多的空气预热器受热面。

煤的挥发分较低，不易着火和燃尽，炉内火炬长度应保证大一些，即炉膛应高一些。挥发分低的煤也要求热空气温度高一些，即空气预热器受热面多些。为保证燃料燃尽，低挥发分的煤还要求较大的过量空气系数，这同样会使炉内燃烧温度降低和烟气量增加，从而改变辐射换热与对流换热的比例。

煤的灰分直接影响对流受热面的磨损，灰分多，应选择较低的烟气流速，相应改变受热面的尺寸和结构，并在易受磨损的局部管段或弯头处加装防磨件。但烟气流速太低时又会使受热面积灰，影响受热面传热。因此，要选择适当的烟气流速并设置有效的吹灰装置。

灰渣的灰熔融性对炉膛的设计有很大的影响。当灰的变形及软化温度不高时，容易引起炉膛内或其出口处密集对流受热面的结渣。为避免发生以上情况，通常需要控制炉膛出口烟气温度低于煤灰的变形温度DT以下50～100℃。炉膛出口烟气温度的选择会影响辐射换热与对流换热的比例，也影响受热面的布置和结构尺寸。

煤中硫分主要影响烟气露点，因硫分不同应选取不同的排烟温度和低温受热面结构。但是，实际上对多硫燃料，用提高排烟温度来解决低温腐蚀是不合算的。有时选择较低的排烟温度，而采取其他措施来对付低温腐蚀，如设置暖风器或采用耐腐蚀的材料（玻璃预热器及陶瓷元件）。这样，对受热面布置影响就较少，或仅使它影响末级受热面的结构。

4. 锅炉整体外形布置

锅炉整体外形有多种布置形式，使之适应不同的燃料、容量与参数。锅炉的整体外形选择应考虑：工作可靠；锅炉本体及厂房建设和连接烟风管道等金属材料消耗少，成本低；检修及运行操作方便；要从整个电站设备合理配合和便于布置来进行选型。

大容量电站锅炉各种布置形式的主要区别在于炉膛与对流烟道的相对位置不同，对流烟道的数量不同，常见锅炉本体布置形式如图9-15所示。其中Π形、塔形和箱形是较常见的形式。

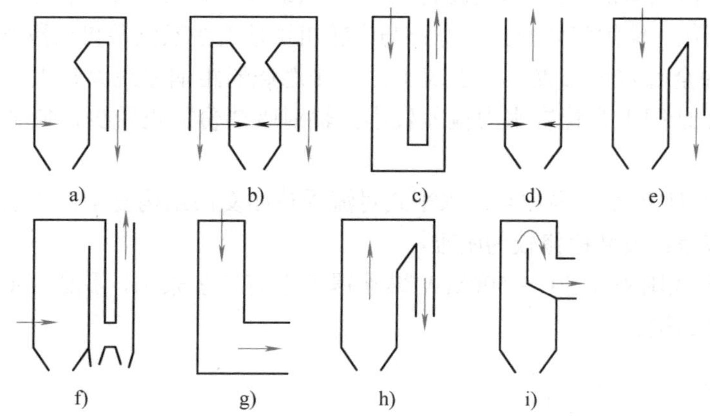

图 9-15　锅炉本体布置形式

a）Π 形　b）T 形　c）U 形　d）塔形　e）H 形　f）N 形　g）L 形　h）半塔形　i）箱形

（1）Π 形布置　这是在国内外大中容量锅炉中应用最广泛的一种布置形式。这种布置形式的锅炉整体由垂直的柱形炉膛、水平烟道及下行垂直烟道构成。

它的优点：受热面布置方便，工质适应向上流动，受热面易于布置成逆流形式，加强对流传热；锅炉高度较低，安装起吊方便；排烟口在底层，送引风机等动力设备可安置在地面；尾部对流烟道气流向下，易于吹灰；检修尾部受热面方便；锅炉本体及与汽轮机连接管道系统消耗的金属量适中。

它的缺点：占地较大；有水平过渡烟道，使锅炉构架复杂，转向室内烟气速度场、温度场分布不均，换热效能很低，无法充分利用；烟道转弯易引起飞灰对受热面的局部磨损；锅炉容量增大时，尤其 200MW 以上锅炉，燃烧器不易布置，前墙可能布置不下，前后墙布置使管道复杂。

针对以上缺点，在传统 Π 形布置的基础上有了一些变形，如无水平烟道型。这种形式结构紧凑，密封性好，包墙管系统简单，有利于受热面采用悬吊布置，我国以前在 200MW 以下燃煤锅炉上有较多采用，国外主要用于大型燃油或燃气锅炉。

（2）塔形布置　这是一种单烟道或单流程锅炉，适用于重柴油、气体或低灰分固体燃料。其特点是烟气一直向上流动，对流受热面全部布置在炉膛上方的烟道中。

它的优点：占地少；烟道短，烟气流速可以取得较高，使整个锅炉体积缩小，减少了金属的消耗；烟气不改变流动方向，对流受热面冲刷均匀，磨损减轻；受热面全部水平布置，易于疏水。

它的缺点：送风机、引风机及除尘器布置于顶部，增加了锅炉构架的负荷，设备的安装和检修复杂；过热器、再热器布置很高，蒸汽管道较长；炉膛和对流烟道的截面需配合恰当。

为了克服上述缺点，将塔形布置做少许变动，形成半塔形布置。其特点是将空气预热器、除尘器、送风机、引风机等布置在地面，用垂直布置的空烟道连接上部的省煤器和下部的空气预热器。这种布置保留了全塔形布置的优点，国外多用来烧多灰劣质煤。

（3）箱形布置　目前国内外大中容量燃油燃气锅炉广泛采用箱形布置。

其优点：布置紧凑，锅炉各部件除空气预热器外都布置在一个箱形炉体中，外形尺寸小，构架简单，占地面积小；锅炉表面积小，膨胀缝少，且大部分集箱布置在前墙上部，使顶部密封结构简化，锅炉整体密封性好；与汽轮机连接的主蒸汽及再热蒸汽管道短，连接方便；对流受热面全部水平布置，利于疏水；上排燃烧器距烟窗距离较大，火焰长，有利于燃料燃尽；水平迂回上升管屏水力偏差较小，辐射吸热份额也较少，使金属壁温低，工作可靠。

其缺点：比 Π 形布置锅炉高，水平式对流受热面支吊结构复杂，工艺要求高；过热器辐射传热特性较差；安装检修较为困难。

这种布置形式国外在 50 ～ 500MW 燃油锅炉上有较多采用，我国 200MW 机组的燃油锅炉也采用这种结构。

9.4.2 主要参数选定原则

锅炉设计时要根据技术经济的综合分析选择很多设计参数，其中，主要的参数有锅炉排烟温度、热空气温度、炉膛出口烟气温度与各受热面中工质的流速。

1. 锅炉排烟温度

设计锅炉时，选择较低的排烟温度可以减少排烟热损失，提高锅炉效率，从而减少燃料消耗，降低锅炉运行费用。但另一方面，降低排烟温度，同时也就减小了烟气侧与尾部受热面工质侧的传热温差，要获得同样的换热量，就必须增加受热面面积，从而会增加金属消耗，提高了锅炉的投资费用。另外，如果排烟温度取得过低，还会引起空气预热器严重的低温腐蚀。因此，排烟温度的选择是一个需要深入进行技术经济分析的问题，要根据钢材价格、燃料价格及投资回收期等因素进行综合分析后选定。

燃用固体燃料的锅炉，给水温度高，燃料水分多，需采用较高的排烟温度。目前，常用省煤器烟气侧出口处的烟气与给水温度差 Δt_{sm}，以及空气预热器进口烟气温度与热空气温度之差 Δt_{ky} 等参数来核算最经济排烟温度，一般应使 Δt_{sm} 为 30 ～ 50℃，Δt_{ky} 为 35 ～ 70℃。

选择最经济排烟温度还应考虑它对低温受热面工作可靠性的影响。通常，水蒸气露点为 35 ～ 65℃，硫酸蒸气的露点在折算硫分 $S_{zs,\ ar}$ 为 0.6% ～ 5% 的燃料可以达到 120 ～ 150℃，如果受热面温度低于水蒸气及硫酸蒸气露点温度，就可能产生严重的低温腐蚀和堵灰。但如果仅用提高排烟温度的方法来提高受热面壁温则会使锅炉效率下降太多，因此往往会采用暖风器等措施来提高进风温度，从而使排烟温度保持在经济合理的水平。表 9-9 为大中容量锅炉排烟温度的推荐值。

表 9-9 大中容量锅炉排烟温度的推荐值 （单位：℃）

燃料折算水分 $M_{zs,\ ar}$（%）	给水温度 t/℃		
	150	215 ～ 235	265
≤7	110 ～ 120	120 ～ 130	130 ～ 140
8 ～ 45	120 ～ 130	140 ～ 150	150 ～ 160
＞45	130 ～ 140	160 ～ 170	170 ～ 180

2. 热空气温度

热空气温度的选择主要应保证燃料在锅炉炉膛内迅速着火。它的选择主要取决于燃料着火性能。燃料着火性能好，可选得低一些；着火性能差，则应选得高一些。此外，热空气温度还与制粉系统对热风干燥剂的要求有关，对于水分多的燃料，要选择较高的热空气温度。对于液态排渣炉，为保持炉内高温，顺利造渣及流渣，必须选用较高的热空气温度。

为了使燃料迅速着火，热空气温度当然高一些好。但高到一定数值后，对于强化燃烧帮助不大，反而要增加过多的空气预热器受热面并会增加尾部受热面布置的困难。因此，只要能保证燃料着火和稳定燃烧，热空气温度不必取得过高。表 9-10 为热空气温度推荐值。

表 9-10　热空气温度推荐值

炉型	燃料种类	热空气温度 /℃
固态排渣煤粉炉	烟煤、贫煤	300 ～ 350
	无烟煤、褐煤	350 ～ 400
液态排渣煤粉炉		350 ～ 400
重柴油及天然气炉		250 ～ 300
高炉气炉		250 ～ 300
流化床炉		150 ～ 250
火床炉		<200

3. 炉膛出口烟气温度

炉膛出口烟气温度 θ_1'' 在 1200 ～ 1400℃时，大中容量锅炉内辐射受热面和对流受热面吸热的分配率最好，可使总的受热面金属耗量最少。但是炉内受热面的布置应保证锅炉安全运行，即以保证炉膛出口后的受热面不结渣为前提，因此炉膛出口烟气温度的选取值比上述范围要低一些。

通常用灰的变形温度 DT 作为不发生结渣的极限温度，如灰的软化温度与变形温度之差小于 100℃，则取 $\theta_1''<$（ST-100℃）；一般煤种下 $\theta_1''<1100$℃；如无拉稀管排，则 $\theta_1''<1050$℃。当炉膛出口布置屏式过热器时，则屏后温度应小于（DT-50℃）或（ST-150℃）。屏前烟气温度对不结渣的煤应小于 1250℃；对于一般结渣煤，应小于 1200℃；对于强结渣煤和页岩，应小于 1100℃。

对燃煤锅炉，受限于结渣条件，炉膛出口温度不能取经济值；重柴油锅炉结渣可能性小，炉膛出口烟气温度可选用高一些，但要注意高温腐蚀的问题；只有燃气锅炉可以按经济值来选用炉膛出口烟气温度，但仍需注意对流过热器管壁不要超温。

4. 各受热面中工质的流速

（1）过热蒸汽质量流速　过热蒸汽的质量流速是根据管壁冷却条件和流动阻力来选取的。在过热器中蒸汽的质量流速如果选得太低，则传热能力将会降低，导致受热面增加；蒸汽质量流速太低还会令蒸汽侧表面传热系数降低而导致管壁温度的升高，危及受热面安全。相反，如果质量流速过大，则蒸汽流动阻力增加。对于屏式过热器及辐射式过热器，由于它们处于更高的烟气温度区域，受热面管子工作条件很差。为保证在运行中受热面管子不被烧坏，应选取更高的蒸汽质量流速。

过热器中蒸汽的质量流速也可通过改变过热器蛇形管的圈数来调整，蛇形管可以制成单圈、双圈或三圈的。容量较大的锅炉，烟道宽度（指 1t/h 蒸发量对应的宽度）相对减小，为不使蒸汽流速过大，可采用双圈或三圈的形式。表 9-11 为过热器与再热器的质量流速推荐值。

（2）再热器质量流速　为了提高整个电厂的效率，一般将再热器中的蒸汽阻力控制在 0.2MPa 以下，再热系统阻力不得超过再热蒸汽进口压力的 10%，因此再热蒸汽的质量流速常采用较低值，见表 9-11。为了满足要求，再热器用较大直径的管子且常用多重管圈，管圈数可达 6 ～ 8 个。

表 9-11　过热器与再热器的质量流速推荐值

受热面形式		ρw/［kg/（$m^2 \cdot s$）］
对流过热器	中压	250 ～ 400
	高压	400 ～ 700
	超高压	500 ～ 1100
屏式过热器		800 ～ 1000
辐射过热器		1000 ～ 1500
再热器		250 ～ 400

（3）省煤器水流速度　省煤器蛇形管中水流速度不仅影响传热，而且对金属的腐蚀也有一定的影响。省煤器中的水总是设计成由下向上流动，因为这样流动能把水受热时所产生的汽泡带走，不会使管壁因汽泡停滞而烧坏或腐蚀。运行经验表明，对于水平管子，当水流速度大于 0.5m/s 时，可以避免金属的局部氧腐蚀。在沸腾式省煤器的后段，蛇形管内是汽水混合物，这时如水平管中的水流速度较小，就容易产生汽水分层，影响运行安全。在沸腾式省煤器的沸腾段中，水流速度应大于 1.0m/s。而水流速度过高，阻力增大，又会增加电耗。

省煤器蛇形管在烟道中的布置，可以垂直于锅炉前墙，也可以平行于锅炉前墙。管子的方向不同，则管子的数目和水的流通截面积就不同，因而水的流速也不一样。通常锅炉的垂直烟道宽度大而深度小，当管子垂直于前墙布置时，并列管数多，管中的水流速度较小。

（4）烟气流速　烟气流速的选择要考虑传热、积灰和磨损等多重因素，不同受热面应根据需要选择不同的烟气流速。

对于屏式过热器，烟气流速的选择主要考虑避免积灰而引起的结渣，在额定负荷时取烟气的流速为 6m/s 左右。布置于炉膛出口以后的对流式过热器与再热器，烟气流速的选择既要考虑积灰的因素，又要考虑磨损的因素。当烟速低于 3m/s 时，烟气中的飞灰容易黏附到管壁，造成积灰，严重时产生堵灰。一般设计应使额定负荷下的烟气流速不低于 6m/s。这样，低负荷时的烟速可不低于 3m/s。当烟气温度在 900℃左右时，灰粒黏性不大，硬度也不高，这时可以适当提高烟速，以强化传热，减少受热面面积。Π 形布置的锅炉水平烟道内的受热面就属于这种情况，通常取 10m/s 以上的烟速。当烟气温度降低到 700℃左右时，灰粒硬度提高，为减轻受热面的磨损，烟速一般不应大于 9m/s。

对于省煤器等尾部受热面，烟气流速的选择主要考虑积灰和磨损的因素，为了防止积灰，额定负荷时烟气流速不应低于 5m/s。由于磨损量与烟速的 3.3 次方成正比，因此烟速也不能取得过高，一般尾部受热面的烟气流速为 6 ～ 9m/s。

思 考 题

9-1　分析炉膛传热的特点。

9-2　炉膛火焰中具有辐射能力的成分是什么？

9-3　推导炉膛辐射换热的基本方程。

9-4　简述炉膛热力计算的方法。

9-5　过热器热力计算的特点是什么？

9-6　尾部受热面热力计算的特点是什么？

9-7　在热力计算中如何考虑积灰污染对传热的影响？

9-8　简述对流受热面热力计算的方法。

9-9　锅炉校核式热力计算的主要步骤是什么？

9-10　分析蒸汽参数对受热面布置的影响。

9-11　我国电站锅炉本体外形布置主要有哪几种？分析其特点。

9-12　分析锅炉排烟温度、热空气温度和炉膛出口烟气温度的选定原则。

第10章 自然循环锅炉水动力特性

10.1 锅炉水循环过程

锅炉受热面中，工质的性质和流动方式各不相同。蒸发受热面内工质为汽水两相混合物，与其他受热面有较大差异。蒸发受热面内，工质流动可以是循环流动，也可以是在泵的作用下一次强制流过。按工质在蒸发受热面内的流动方式，锅炉可分为自然循环锅炉和强制流动锅炉两个大类。强制流动锅炉可以进一步分为强制循环锅炉和直流锅炉。

10.1.1 自然循环锅炉

自然循环锅炉的工质流动如图10-1a所示。给水经给水泵送入省煤器，预热后进入锅筒。单相的水从锅筒进入不受热的下降管，经集箱进入蒸发受热面。蒸发受热面不断吸热，部分水变为蒸汽，管内工质成为汽水混合物。由于蒸发管内的汽水混合物密度小于下降管内水的密度，因此集箱左右两侧因工质密度不同而形成压力差，推动蒸发受热面的汽水混合物向上流动，进入锅筒。汽水混合物在锅筒内进行汽水分离，分离出的蒸汽由锅筒顶部送至过热器，分离出的水则和省煤器来的给水混合后再次进入下降管，继续循环流动。工质循环流动完全是由于蒸发受热面受热产生的密度差而自然形成，故称自然循环。

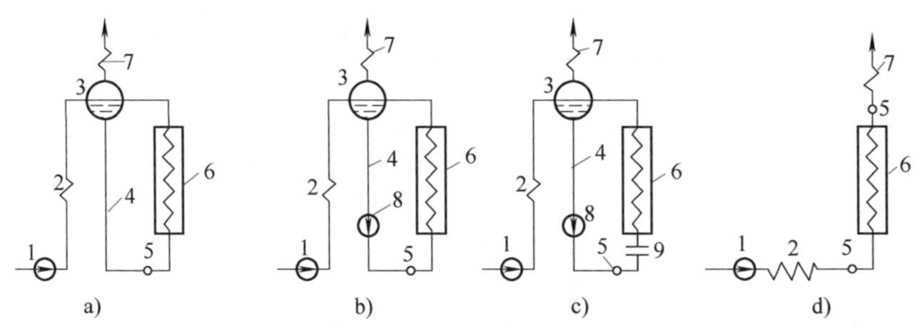

图10-1 锅炉蒸发受热面内工质流动的几种类型

a）自然循环锅炉 b）强制循环锅炉 c）控制循环锅炉 d）直流锅炉

1—给水泵 2—省煤器 3—锅筒 4—下降管 5—集箱 6—蒸发受热面 7—过热器 8—循环泵 9—节流圈

自然循环的推动力是下降管工质密度和上升管工质密度之差产生的压差。自然循环锅炉的基本特征是有一个直径较大的锅筒。锅筒是锅炉的省煤器、过热器和蒸发受热面的分隔容器，使得工质的加热、蒸发和过热等相应的各个受热面有明显的分界。自然循环锅炉结构比较简单，运行容易掌握而且比较安全可靠，积累的运行经验也比较丰富，所以亚临界压力以下的锅炉，多数采用自然循环锅炉。

10.1.2　强制循环锅炉

随着锅炉压力提高，水、汽之间的密度差减小，工质循环流动的推动力也减小。工作压力为 17 ～ 18MPa 时，水的自然循环就不够可靠。随着锅炉容量的提高，为了保证管内工质具有较高的质量流速，需要采用管径较小的蒸发受热面，但是小管径管子的流阻大，自然循环更不安全。为了解决这个矛盾，在锅炉中的循环回路上串接一个或多个专门的循环泵，用以控制水和汽水混合物的流动，则称为强制循环锅炉或控制循环锅炉，工质流动如图 10-1b、c 所示。水循环回路中，工质流动是依靠循环泵的提升压力和自然循环的推动力共同推动。自然循环的推动力一般为 0.05 ～ 0.1MPa，而循环泵的提升压力为 0.25 ～ 0.5MPa，约为自然循环推动力的 5 倍，因此强制循环能克服较大的流动阻力，蒸发受热面可以采用较小管径。

强制循环锅炉和自然循环锅炉的汽水系统比较相似，区别只是多了一个循环泵。循环泵给锅炉的结构设计和运行带来一系列重大的变化。强制循环锅炉的蒸发受热面的管子管径小，垂直或水平布置都可以。锅炉低负荷运行或起动时，循环泵强迫工质在循环回路内流动，使蒸发受热面得到足够的冷却，吸热比较均匀，锅炉起动及升降负荷的速度较快。

采用循环泵，增加了设备费以及锅炉运行费。循环泵长期在高压、高温下运行，必须采用特殊材料和结构设计，否则循环泵将影响整个锅炉的运行可靠性。强制循环锅炉的蒸发受热面中，双相流体在循环泵的压力推动作用下流动，在热交换的同时，还伴随着工质状态的变化，因而其水动力特性较为复杂。为了进一步提高锅炉水动力的安全可靠性，可以在蒸发受热面的进口设置节流圈，这种锅炉一般称为控制循环锅炉，如图 10-1c 所示。

对于亚临界压力以下的锅炉，采用强制循环时，在水冷壁受热面的布置上，并没有显示出很大的优点，而采用自然循环方式完全能保证水循环的可靠性。自然循环锅炉工程应用的最高蒸汽压力是 19.11MPa，单炉的最大容量为 885MW。只有当蒸汽压力超过 16MPa 且自然循环不可靠时，才需要考虑采用强制循环锅炉。强制循环锅炉工程应用的最高蒸汽压力是 19.6MPa，单炉的最大容量为 1000MW。当单炉容量超过 600MW，一般在较低的压力时就考虑采用强制循环锅炉或直流锅炉。压力超过 19.6MPa，则适合采用直流锅炉。

10.1.3　直流锅炉

直流锅炉没有锅筒，给水在给水泵的作用下，依次通过加热、蒸发和过热等各个受热面，完成水的加热、汽化和蒸汽过热过程，最后蒸汽过热到规定的温度，各受热面之间并没有固定的界限，工质流动如图 10-1d 所示。在稳定流动时，直流锅炉的给水流量应等于蒸发量，蒸发受热面中的水将一次全部蒸发完毕，成为干饱和蒸汽，因此直流锅炉可以认为是循环水量为零的强制循环锅炉的一个特例。

直流锅炉与强制循环锅炉相比，取消了锅筒，且工质在给水泵压力的作用下一次性通过各受热面，因此直流锅炉的特点是：受热面可自由布置；金属耗量少，起停速度快；水容量及相应的蓄热能力较小，对外界负荷变化较敏感；直流锅炉不能连续排污，对给水品质的要求很高；给水泵功率消耗大。

直流锅炉原则上适用于任何压力和容量的锅炉，但在超高压力以上，直流锅炉才更能显示出优越性。因此，直流锅炉一般应用于压力超过16MPa的机组，而且在锅炉压力接近或超过临界压力时，由于汽水密度差很小或完全无差别，不能产生自然循环，则只能采用直流锅炉。

10.1.4　复合循环锅炉

1. 复合循环锅炉的基本原理

复合循环锅炉是由直流锅炉和强制循环锅炉联合发展起来的一种锅炉。在稳定工况下，直流锅炉水冷壁内的工质流量等于蒸发量。随着锅炉负荷的降低，水冷壁内工质流量按比例减少，而炉膛热负荷下降缓慢。为保证水冷壁管得到足够的冷却，直流锅炉的最低负荷受到限制。直流锅炉最低负荷一般为额定负荷的25%～30%，如果要保证低负荷时水冷壁管内的质量流速和管壁安全，必须采用较小管径。但是，锅炉在额定负荷运行时，由于管径很小，水冷壁管内工质的质量流速必然很高，使汽水系统流动阻力过大，给水泵功率消耗很大。另外，锅炉起动时，管内工质流量也要维持在25%～35%额定负荷的水流量，以达到保护水冷壁的目的，因此锅炉起动系统的管道和设备庞大复杂，工质和热量损失也很大。

为了克服纯直流锅炉的不足以及适应超临界压力锅炉应用的需要，产生了复合循环锅炉，其循环系统如图10-2所示。复合循环回路使部分工质在水冷壁中进行循环。复合循环锅炉与直流锅炉的区别是在省煤器和水冷壁之间连接有循环泵、混合器和单向阀等设备。

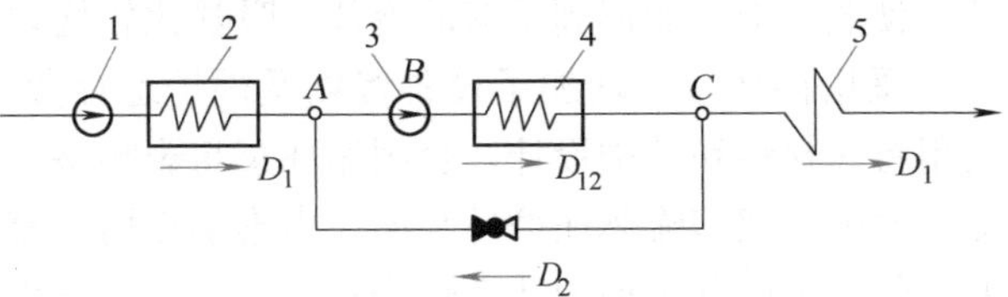

图10-2　复合循环锅炉的循环回路示意图

1—给水泵　2—省煤器　3—循环泵　4—水冷壁　5—过热器

循环泵可以安装在给水流程中，与给水泵成串联布置，也可安装在循环管路上，与给水泵成并联布置。串联系统如图10-2所示，循环泵吸入的工质是省煤器给水和水冷壁出口饱和水的混合物，其温度低于饱和温度，有利于循环泵的安全工作，因此，这种连接方式被广泛采用。A、C两点的压力之间有如下关系，即

$$p_C = p_A + \Delta p_b - \Delta p_{lz} \tag{10-1}$$

式中，p_C为C点的压力（Pa）；p_A为A点的压力（Pa）；Δp_b为循环泵的提升压差（Pa）；Δp_{lz}为水冷壁系统的流动阻力（Pa）。

由上式可知，如果循环泵的工作压差Δp_b大于水冷壁中工质的流动阻力Δp_{lz}，则有$p_C>p_A$，循环管路中有循环水流量。流过水冷壁的工质流量为给水流量和循环流量之和，锅炉按强制循环锅炉原理工作。如果循环泵的工作压差Δp_b小于或等于水冷壁中工质的流动阻力Δp_{lz}，则有$p_C \leqslant p_A$，循环管路中无循环流量，此时流过水冷壁的工质流量即为给水流量，锅炉按直流原理工作。因此，复合循环锅炉同时具有直流锅炉和强制循环锅炉的特点。按工质循环工作的锅炉负荷范围，复合循环锅炉分为全负荷复合循环锅炉和部分负荷复合循环锅炉两种。

2. 全负荷复合循环锅炉

全负荷复合循环锅炉在全负荷范围内都有 $\Delta p_b > \Delta p_{lz}$，即在全负荷范围内都有工质循环，这种锅炉又称低循环倍率锅炉。随着锅炉负荷降低，工质循环量增大，以保证低负荷时管内工质的质量流速，提高水冷壁的安全性。

亚临界低循环倍率锅炉系统及其循环流量曲线如图 10-3 所示。循环系统如图 10-3a 所示，由混合器、过滤器、循环泵、分配器、水冷壁和汽水分离器等部件组成，工质流程为：给水经省煤器流出，与从汽水分离器 3 分离出来的饱和水在混合器 2 内混合，由过滤器 8 滤去管路中的杂质，进入再循环泵 7 升压后送入分配器 6，由连接管分别引到水冷壁 4 各回路的下集箱。水经过水冷壁，引入汽水分离器，分离出来的蒸汽引向过热器系统，而分离出来的水引到混合器，进行再循环。

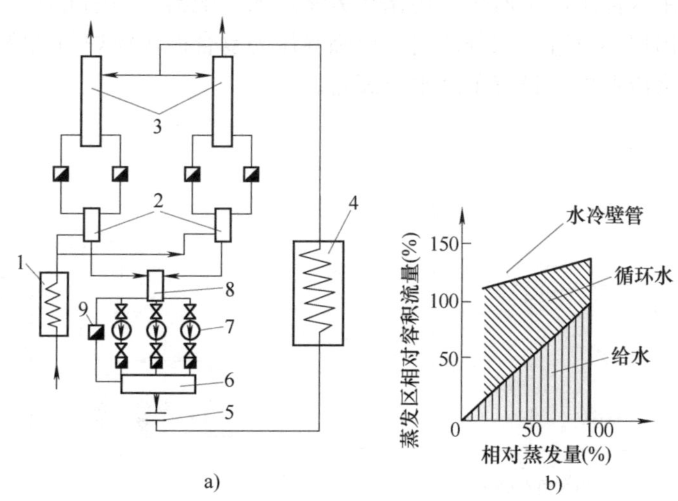

图 10-3　亚临界低循环倍率锅炉系统及其循环流量曲线

a）锅炉系统　b）循环流量曲线

1—省煤器　2—混合器　3—汽水分离器　4—水冷壁　5—节流圈

6—分配器　7—再循环泵　8—过滤器　9—备用管路

每个循环回路的连接管入口都装有节流圈 5，用于调整各回路的流量，使各回路的流量与水冷壁热负荷分布相适应，防止管壁超温。循环泵共 3 台，2 台运行，1 台备用。切换到备用泵过程中，给水通过备用管路 9 进入分配器，不影响锅炉安全工作。

低循环倍率锅炉负荷变化时，水冷壁管中的工质流量变化不大，如图 10-3b 所示。因此，在各种负荷下，水冷壁管的冷却条件都较好，蒸发受热面可以采用管径较大的一次上升膜式水冷壁。

亚临界压力的低循环倍率锅炉既有直流锅炉的特点，又有控制循环锅炉的特点，但它没有大直径的锅筒，只有小直径的汽水分离器，且循环流量小，因此锅炉钢材耗量较少，循环泵的功率也较小。低循环倍率锅炉适合于容量为 300 ～ 600MW 的机组。容量小的锅炉难以采用一次上升管屏的水冷壁结构，否则就要加大循环倍率，使锅炉接近于控制循环系统。对于容量更大的锅炉，则适于采用部分负荷复合循环锅炉。低循环倍率系统取消汽水分离器，也可用于超临界压力锅炉。

3. 部分负荷复合循环锅炉

部分负荷复合循环锅炉就是在低负荷时 $\Delta p_b > \Delta p_{lz}$，循环管路有循环流量，锅炉按控制循环锅炉原理工作；高负荷时 $\Delta p_b \leqslant \Delta p_{lz}$，循环管路无工质再循环，锅炉按直流原理工作。复合循环锅炉一般适用于容量大于 300MW 的机组，锅炉由复合循环转变到直流运行的负荷一般是额定负荷的 65%～80%，容量大的锅炉取低值。

部分负荷复合循环锅炉大多用于超临界压力机组，工作原理如图 10-4 所示。它与低循环倍率锅炉在系统上的主要差别是在循环回路上装有循环限制阀，如图 10-5 所示。给水经省煤器进入混合器，当锅炉按复合循环运行时，水冷壁出口的部分工质进入混合器与给水混合，经循环泵升压后，由分配器送入水冷壁下集箱。在分配器内的分配管座上开有不同直径的节流孔，按炉膛热负荷分配工质流量；当锅炉按直流运行时，循环限制阀断开，循环泵只起到提升压力的作用或停用，工质可以由循环旁路进入分配器。超临界压力锅炉无汽水分离要求，所以水冷壁出口不设置汽水分离器。亚临界压力复合循环锅炉与超临界压力锅炉的工作原理相同，只是水冷壁出口设置了汽水分离器。

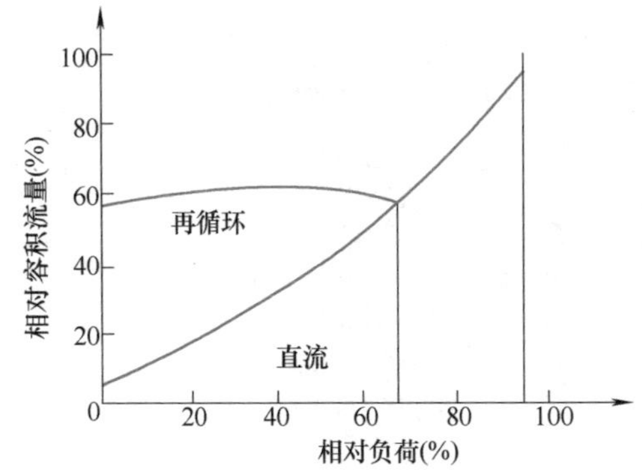

图 10-4 部分负荷复合循环锅炉的工作原理

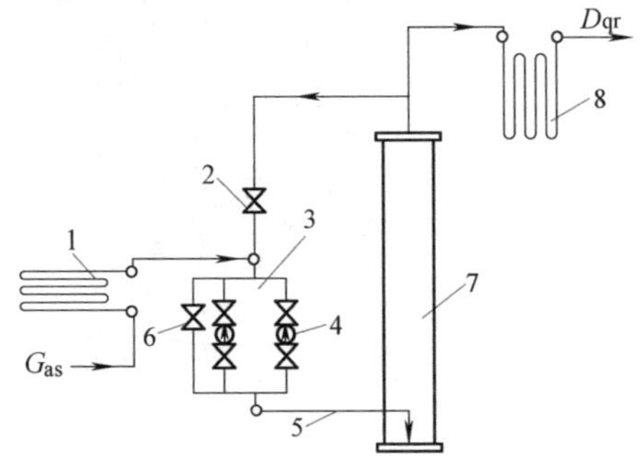

图 10-5 超临界压力复合循环锅炉的循环系统

1—省煤器 2—循环限制阀 3—混合器 4—循环泵 5—分配器 6—循环旁路 7—水冷壁 8—过热器

4. 复合循环锅炉的特点

复合循环锅炉的工质流动特性由循环泵、水冷壁及循环管路的特性决定。设计中只要很好地组合这三者的关系，便可获得预期的管内流动特性。复合循环锅炉特点如下：

1）水冷壁管壁温度因水循环得到可靠保证，可选用较大直径的水冷壁管和垂直一次上升管屏，因此结构简单可靠。

2）水循环系统使低负荷时流经水冷壁管的工质流量增大，因此额定负荷时的质量流速可选得低些，以减小流动阻力和水泵电耗。

3）锅炉最低负荷可降到额定负荷的 5%，起动旁路系统可按 5%～10% 负荷设计，减小设备投资和起动时的工质及热量损失。

4）水循环工质使水冷壁进口工质的焓提高，工质在蒸发管内焓增减少，有利于减少热偏差和提高管内工质流动的稳定性。

5）锅炉在低负荷运行时，工质流量和温度变化幅度小，减小了管壁热应力，有利于改善锅炉低负荷运行特性。

6）循环泵长期在高温高压下工作，制造工艺复杂，技术性能要求高，且循环泵要消耗电能，致使机组运行费用增加。

7）复合循环不仅应用于超临界压力锅炉，而且应用于亚临界压力锅炉。亚临界压力复合循环锅炉的汽水系统，除有混合器外还设有汽水分离器。汽水分离器断面较小，水位波动大，给水调节比较困难。

10.2　自然循环基本原理

10.2.1　概述

自然循环锅炉的蒸发系统是由锅筒、下降管、分配水管、下集箱、上升管、上集箱、汽水引出管和汽水分离器等组成的一个闭合循环回路，如图 10-6 所示。工质流经水冷壁上升管，吸收炉膛火焰和烟气的辐射热量，部分水蒸发，管内形成汽水混合物；而下降管在炉外不受热，管内为饱和水或未饱和水。因此，下降管中水的密度大于上升管中汽水混合物的密度，在下集箱中心 $A—A$ 截面两侧将产生液柱的重位压差，此压差推动汽水混合物沿上升管向上流动，水沿下降管向下流动。

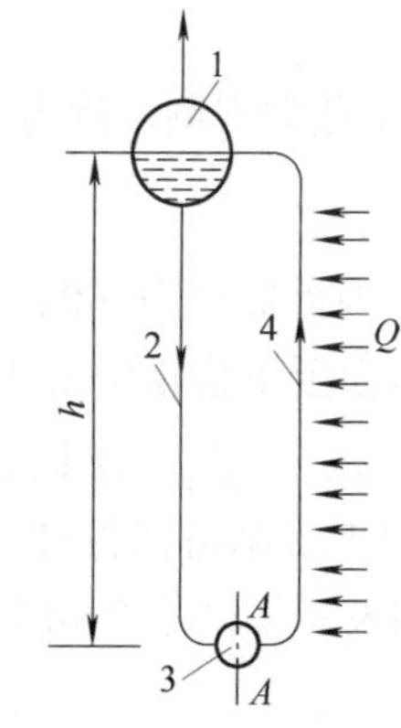

图 10-6　自然循环锅炉循环回路

1—锅筒　2—下降管　3—下集箱　4—水冷壁

闭合循环回路中，由于工质自身的密度差造成的重位压差推动工质流动的现象，称为自然循环。循环回路中，工质流动的推动力是由密度差产生的，没有任何外来推动力。闭合循环回路中，蒸汽实际上并不循环流动，只有水在闭合回路内循环流动，所以自然循环又称为水循环。

10.2.2　自然循环的参数

1. 物理量的定义

假设进入上升管的流量为 q_m（kg/s），水冷壁的实际蒸发量为 D（kg/s），则可以定义以下物理量来描述自然循环。

（1）循环流速 w_0　上升管内，水在饱和水状态下的流速（m/s），即

$$w_0 = \frac{q_m}{\rho' A} \tag{10-2}$$

式中，A 为水的流通截面积（m^2）；ρ' 为饱和水密度（kg/m^3）。

（2）质量含汽率 x　上升管中蒸汽占循环流量的质量份额，或汽水混合物中蒸汽所占的质量份额，即

$$x = \frac{D}{q_m} \tag{10-3}$$

（3）循环倍率 K　上升管中，每产生 1kg 蒸汽，进入循环回路的总水量，即

$$K = \frac{q_m}{D} \tag{10-4}$$

循环流速可以表征工质流动的快慢，是反应循环水动力特性的基本指标。循环倍率则是反应循环回路受热和流动特性的重要参数。不计锅筒内蒸汽凝结等因素的影响，从锅筒引出的蒸汽流量则等于上升管出口的蒸汽流量，且上升管出口处的质量含汽率与循环倍率互为倒数关系。

2. 自然循环回路的压差

图 10-6 所示的循环回路中，上升管内工质不断吸热，产生部分蒸汽，使上升管与下降管内工质密度产生差异。因此，下集箱中心截面 $A—A$ 两侧将受到不同的压力。假设循环回路内工质不流动，则 $A—A$ 截面左侧，管内工质作用在该截面的静压力为

$$p_1 = p_0 + \bar{\rho}_{xj} g h \tag{10-5}$$

$A—A$ 截面右侧，管内汽水混合物作用在该截面的静压力为

$$p_2 = p_0 + \bar{\rho}_{ss} g h \tag{10-6}$$

式中，p_0 为锅筒压力（Pa）；$\bar{\rho}_{xj}$、$\bar{\rho}_{ss}$ 分别为下降管、上升管内工质的平均密度（kg/m^3）；h 为锅筒水面至下集箱中心的高度（m）。

由于 $\bar{\rho}_{xj} > \bar{\rho}_{ss}$，所以 $p_1>p_2$，此压力差必将推动工质由下降管侧向上升管侧流动，循环回路内的工质不可能保持静止。工质流动时，循环回路内将产生流动阻力损失。用 Δp_{xj} 及 Δp_{ss} 分别表示下降系统和上升系统的总阻力，此时在下集箱中心截面 $A—A$ 两侧的静压力分别为

$$p_1 = p_0 + \bar{\rho}_{xj} g h - \Delta p_{xj} \tag{10-7}$$

$$p_2 = p_0 + \bar{\rho}_{ss} g h + \Delta p_{ss} \tag{10-8}$$

锅筒水面至下集箱中心线所在截面之间，下降系统和上升系统的压差分别为

$$Y_{xj} = p_1 - p_0 = \bar{\rho}_{xj} g h - \Delta p_{xj} \tag{10-9}$$

$$Y_{ss} = p_2 - p_0 = \bar{\rho}_{ss} g h + \Delta p_{ss} \tag{10-10}$$

对于 $A—A$ 截面，在流动达到稳定时，根据牛顿第三定律，上升系统的压差等于下降系统的压差，即

$$Y_{ss} = Y_{xj} \tag{10-11}$$

式（10-11）称为压差平衡方程，是自然循环锅炉进行水循环计算的基本公式。

3. 运动压差和有效压差

将式（10-11）的 Y_{ss}、Y_{xj} 分别用式（10-9）和式（10-10）表示，移项并整理得

$$S_{yd} = (\bar{\rho}_{xj} - \bar{\rho}_{ss}) g h = \Delta p_{xj} + \Delta p_{ss} \tag{10-12}$$

式（10-12）的左端称为循环回路的运动压差，用 S_{yd} 表示。循环回路中，工质达到稳定流动时，运动压差就是用于克服下降系统和上升系统所有流动阻力的动力。运动压差的大小取决于饱和水与饱和汽的密度、上升管中的含汽率和循环回路高度。

随着压力的提高，饱和水和饱和汽的密度差减小，运动压差也减小。循环回路的高度

增加，上升管入口工质焓值及炉内热负荷相同时，上升管含汽段高度相应增加，运动压差增大。上升管受热增强，产汽量增多，汽水混合物的平均密度减小，运动压差也随之增大。若下降管含汽，下降管内工质的平均密度将减小，运动压差则降低。

锅炉蒸汽压力较高时，汽水密度差较小，运动压差也较小。为了维持循环回路的安全和水循环稳定，需要降低汽水混合物的平均密度，通常可以增大上升管的含汽率来进行补偿。但含汽率过大，水冷壁的工作安全会受到影响。因此，自然循环锅炉的锅筒压力接近水的临界压力时，就很难保证水循环的稳定性，需要采用强制循环或直流锅炉。

循环回路中，当工质达到稳定流动时，运动压差扣除上升系统的总阻力后，剩余的压差则称为有效压差，用 S_{yx} 表示，即

$$S_{\mathrm{yx}} = S_{\mathrm{yd}} - \Delta p_{\mathrm{ss}} = \Delta p_{\mathrm{xj}} \tag{10-13}$$

有效压差就是用来克服下降系统阻力的推动力。在稳定流动状态下，有效压差的数值与下降管系统的阻力相等。

10.3　两相流体的参数与计算

自然循环锅炉中，上升管内的水吸热蒸发，产生蒸汽，形成汽水两相流动。汽水两相介质与单相介质的性质不同，两相间有分界面存在。汽水两相流动与管壁之间有作用力存在，并发生能量交换，而且两相界面之间也存在动量交换和能量交换。另外，汽水两相流动中，不仅汽水介质可以有不同的容积比例和相应的质量比例，而且两相之间的分布状况也是多种多样，从而构成不同的流动形式。流动形式不仅影响两相流动的力学关系，而且影响其传热和传质特性。

10.3.1　汽水两相流的基本参数

汽水两相流中，两相介质各有其不同的流动参数，而且两相介质之间相互制约，流动参数相互关联。为了便于进行两相流动的计算和试验数据处理，还常常使用折算参数。折算参数实际上并不存在，它只是一种假想的计算参数。

1. 蒸汽含量

汽水两相流中，蒸汽的含量或份额有三种表示方法，分别是质量含汽率、容积含汽率和截面含汽率。对于同一种工况，三种含汽率的数值并不相同，但是三者之间存在内在联系，分别适用于各种流动计算。

汽水混合物中，蒸汽的质量流量和汽水混合物的总质量流量之比，称为质量含汽率 x，即

$$x = \frac{q_m''}{q_m'' + q_m'} = \frac{q_m''}{q_m} \tag{10-14}$$

式中，q_m''、q_m' 分别为蒸汽和水的质量流量（kg/s）。

在管子出口处，q_m'' 等于该管的蒸发量 D，式（10-14）与式（10-3）相同。

汽水混合物中，蒸汽的体积流量与汽水混合物的总体积流量之比，称为容积含汽率 β，即

$$\beta = \frac{q_V''}{q_V'' + q_V'} = \frac{q_V''}{q_V} \tag{10-15}$$

式中，q''_V、q'_V 分别为蒸汽和水的体积流量（m^3/s）。

根据容积含汽率与质量含汽率的定义，可以推导出 β 和 x 之间有如下关系式：

$$\beta=\frac{q''_m/\rho''}{q''_m/\rho''+q'_m/\rho'}=\frac{1}{1+\frac{\rho''}{\rho'}\left(\frac{1}{x}-1\right)} \tag{10-16}$$

两相流动中，对于一个流通截面，蒸汽流通的截面占总流通截面积之比，称为截面含汽率 φ，也称真实含汽率或空泡份额，即

$$\varphi=\frac{A''}{A} \tag{10-17}$$

显然，水的流通截面积 A' 所占的流通截面积的份额用下式表示，即

$$\frac{A'}{A}=\frac{A-A''}{A}=1-\varphi \tag{10-18}$$

式中，A''、A' 和 A 分别为蒸汽、水所占的流通截面积和总流通截面积（m^2）。

2. 蒸汽和水的折算速度及真实速度

假定汽水混合物中的蒸汽单独流过整个管道截面，此时的蒸汽速度称为蒸汽折算速度 w''_0（m/s），即

$$w''_0=\frac{q''_m}{A\rho''} \tag{10-19}$$

同理，可得水的折算速度 w'_0，即

$$w'_0=\frac{q'_m}{A\rho'} \tag{10-20}$$

汽水两相流中，蒸汽的真实速度 w'' 为蒸汽流过其实际占据面积的实际速度，即

$$w''=\frac{q''_m}{A''\rho''}=\frac{w''_0}{\varphi} \tag{10-21}$$

同样，水的真实速度 w' 用下式表示，即

$$w'=\frac{q'_m}{A'\rho'}=\frac{w'_0}{1-\varphi} \tag{10-22}$$

根据连续流动相的流量平衡条件，可以计算求得蒸汽和水的折算速度，而计算真实速度则必须已知截面含汽率。

汽水两相流中，蒸汽和水的实际速度并不相等，汽水两相界面之间有滑移。蒸汽和水的真实速度之比称为滑移比 s，即

$$s=\frac{w''}{w'}=\frac{q''_m\rho'A'}{q'_m\rho''A''}=\frac{x}{1-x}\frac{\rho'}{\rho''}\frac{1-\varphi}{\varphi} \tag{10-23}$$

通过试验，可确定滑移比的值，用下式计算相应的截面含汽率，即

$$\varphi=\frac{1}{1+s\frac{\rho''}{\rho'}\frac{1-x}{x}}=\frac{1}{1+s\left(\frac{1-\beta}{\beta}\right)} \tag{10-24}$$

当滑移比为 1 时，蒸汽和水的真实速度相等，则截面含汽率就等于容积含汽率。

循环流速是假设质量流量与汽水混合物的总质量流量相同的饱和水流过整个管道截面时所具有的速度。两相流动中，w_0 也是一个折算参数。只有在单相水流动时，w_0 是实际存在的。由式（10-2）可进一步推导出下式，即

$$w_0 = \frac{q_m}{A\rho'} = \frac{q'_m}{A\rho'} + \frac{q''_m}{A\rho''}\frac{\rho''}{\rho'} = w'_0 + w''_0\frac{\rho''}{\rho'} \tag{10-25}$$

3. 汽水混合物的密度和速度

对于管内的汽水混合物，取长度为 ΔL 的微小两相流道，忽略在此微小流道中密度的变化，则此微流道中汽水混合物的质量为 $\rho''\varphi A\Delta L+\rho'(1-\varphi)A\Delta L$，微流道的体积为 $A\Delta L$，流道内汽水混合物的密度为

$$\rho_{\rm h} = \frac{\rho''\varphi A\Delta L + \rho'(1-\varphi)A\Delta L}{A\Delta L} = \rho''\varphi + \rho'(1-\varphi) \tag{10-26}$$

$\rho_{\rm h}$ 是一个真实参数。汽水混合物中，蒸汽和水各自具有自己的真实速度，由下式计算汽水混合物的速度，即

$$w_{\rm h} = \frac{q'_V + q''_V}{A} = w'_0 + w''_0 = w_0 + w''_0\left(1-\frac{\rho''}{\rho'}\right) = w_0\left[1 + x\left(\frac{\rho'}{\rho''}-1\right)\right] \tag{10-27}$$

10.3.2　汽水两相流的流型和传热

汽水两相流的流体力学特性与两相介质的存在形式和分布状态有关。流动形式不同，汽水两相流动的流体力学特性和传热特性也不相同。对于汽水混合物的流动，除了要判定属于湍流或层流，以及是否会出现二次流和涡流外，更重要的是要明确其属于哪一种流型，然后根据流型建立相应的流动方程式和传热方程式。汽水混合物在管内的流型与工质压力、壁面热负荷、质量流速以及管子的几何结构及壁面特性有关。

1. 垂直上升管内的流型

垂直上升受热管中的流型如图 10-7 所示。具有一定欠焓的单相水从管子底部进入，向上流动并不断受热，在单相水温度达到饱和水温度以前，属于单相液体流动。

随着水温不断升高，靠近管壁面处的水首先达到并超过饱和温度，开始汽化产生汽泡，汽泡脱离壁面向上运动，形成泡状流动。开始时只有近壁面处才有汽泡存在，管子中心的水还处于过冷状态，而且从整个断面来说工质仍处于过冷状态，此时的局部沸腾称为过冷沸腾。随着平均水温不断升高，当平均水温达到饱和温度时，在连续的液相中有大量分散的汽泡与

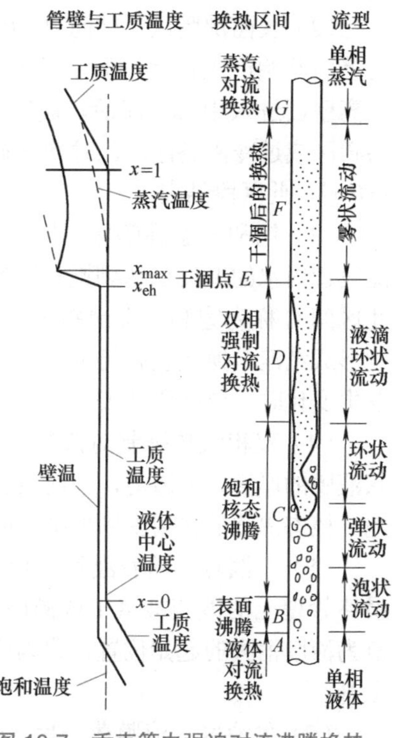

图 10-7　垂直管内强迫对流沸腾换热

液相一起向上流动，称为泡状流动。

由于液相沿管子径向存在速度梯度，汽泡会向管子中心运动。随着汽泡不断增多，含汽量增大，汽泡发生聚合，形成弹状大汽泡，称为弹状流动。当压力很高时，一般不会形成弹状流动。

当含汽量再增大时，弹状汽泡之间的液体块被击碎，在管中心形成含有大量小水滴的汽核或蒸汽流，管壁上则附着有水膜向上流动，称为环状流动。

沿管壁流动的液膜不断蒸发，直到液膜完全蒸干，但蒸汽流中还有小液滴存在，称为雾状流动或弥散状流动。蒸汽中的液滴完全蒸发成蒸汽，则形成单相过热蒸汽流动。

对于自然循环锅炉的垂直上升蒸发管，循环倍率大，比较常见的是前三种流型，即泡状流、弹状流和环状流，很少见到弥散流或雾状流。在泡状流或弹状流区域，在较低的质量含汽率范围内，若传热强度很高时，管壁上的沸腾也会偏离核态沸腾，管壁传热恶化，即发生第一类传热危机，形成膜态沸腾。蒸汽膜的热导率很小，管壁温度将迅速升高。在弥散流或雾状流区域，随着壁面液膜蒸干，蒸汽流动的传热系数较小，管壁温度也较高，将发生第二类传热危机。所以自然循环锅炉的蒸发受热面既应避免偏离核态沸腾出现，也应避免在弥散流或雾状流区域工作，防止发生传热危机。

2. 管内传热过程

中等热负荷下，未饱和水在均匀受热的垂直管中向上流动，直到形成过热蒸汽，整个过程与流动工况对应的换热方式、管壁温度及流体温度的变化如图10-7所示。传热过程按换热规律可以分为以下几个区间：

（1）单相液体强制对流换热区　区间 A 为单相液体强制对流换热区，此区段液体温度尚未达到饱和温度，管壁温度稍高于水的饱和温度，但低于产生汽泡所必需的过热度。

（2）表面沸腾区　区间 B 为泡状流动的初期，管壁温度已具有形成汽化核心的过热度，内壁面开始产生汽泡，但由于主流的平均温度仍低于饱和温度，存在过冷度，形成的汽泡脱离壁面进入中心水流后，被冷凝而消失，或者仍然附着在壁面，因此区间 B 被称为表面沸腾区或过冷沸腾区，此时管子截面上的热力学含汽率 $x<0$。当所有的水均加热到饱和，即 $x=0$ 时，此区段结束。

（3）饱和核态沸腾区　区间 C 的流动结构包括泡状流动、弹状流动和部分环状流动。此段管内水的温度已达到饱和温度，汽泡脱离壁面后不再凝结消失，x 值由0开始增加，因此区间C称为饱和核态沸腾区。在环状流动的初期阶段，贴壁的液膜尺寸较厚，内壁上还能形成汽泡，换热状态仍可近似认为属于核态沸腾。当液膜中不再产生汽泡，沸腾传热机理发生变化时，该区段结束。

（4）双相流体强制对流换热区　随着 x 的增加，管内工质呈现液滴环状流动。由于环状液膜的厚度逐渐减薄，因而液膜的导热性增强，最后使得紧贴管壁的液体不能过热形成汽泡，核态沸腾的作用受到抑制，所以区间 D 为双相强制对流换热区。

（5）干涸点　随着液膜不断地蒸发及被中心汽流卷吸，沿着流动方向的液膜越来越薄，最终管壁上的液膜被蒸干或撕破而完全消失，管壁出现干涸，即传热恶化现象。图中的 E 点为液膜消失的起始位置，称为干涸点，这时管子壁面直接同蒸汽接触，使得壁面温度急剧上升。

（6）欠液区　液膜蒸干后，管内为蒸汽携带液滴的雾状流动，直到液滴完全蒸发变成干蒸汽为止。区间 F 为干涸后的换热区，也称为欠液区。这一区段的换热依靠液滴碰到壁面时的导热及含液滴蒸汽流的对流换热，此时可能处于蒸汽有些过热而液滴仍为饱和温度的热力学不平衡状态。因此在该区段管子的某一截面上，热力学含汽率 x=1。

（7）单相蒸汽强制对流换热　区间 G 中，汽流携带的液滴全部蒸发成蒸汽，属于单相的过热蒸汽强制对流换热。

3. 管壁温度分布

管壁温度沿管长的变化取决于局部表面传热系数，如图 10-7 所示。在单相水和表面沸腾区，壁温与工质温度差值不大，并随工质温度的提高而增加。进入饱和核态沸腾和双相强制对流换热区，表面传热系数 α_2 很大，而工质温度保持在饱和温度，故管子内壁温度只比工质温度高几度，两者在干涸点之前都比较接近。水膜干涸消失时，α_2 剧烈下降，虽然工质温度仍处于饱和温度，壁温却因传热恶化而飞升。壁温飞升通常是指流体温度的变化很小，而壁温的增加值很大。干涸后，壁温与 α_2 的变化有关，若质量流速较高，α_2 增加，壁温飞升后逐渐有所降低；反之，壁温可能持续增加，如图 10-7 中的虚线所示。虽然过热蒸汽区的 α_2 增加，但蒸汽吸热后温度不断增加，故壁温也随之不断增高。

4. 水平管内的流型和传热

水平蒸发管内的流型比垂直上升蒸发管内的流型更为复杂。由于重力作用，水平蒸发管中的汽水混合物呈不对称分布。汽水混合物的质量流速越小，不对称分布越严重，典型的水平蒸发管的流型如图 10-8 所示。

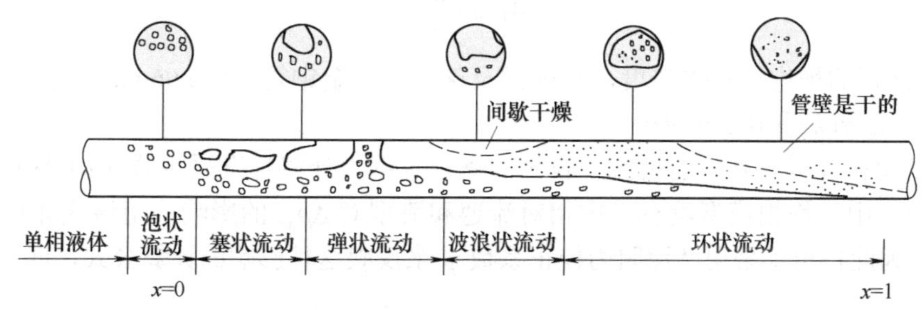

图 10-8　水平蒸发管的流型

水平蒸发管内最初出现的是泡状流和弹状流，与垂直管的区别是汽泡偏向上部。在弹状流向环状流转换的过程中，随着弹状汽泡之间的液体块逐渐被击碎，会形成波浪状流动。汽水混合物的流速比较低时，还会形成汽水分层流动。管内工质继续蒸发，则形成环状流动。与垂直管相比，管子上部的液膜比下部薄，所以管子上部会提前出现蒸干现象。

水平管内的传热过程与垂直管基本相同，也可分为单相及两相流体强制对流换热区、表面沸腾区、饱和核态沸腾区和欠液区等，但是各区段的长度和传热系数大小并不完全相同。水平管的管壁温度分布也类似于垂直管，对应于各换热区段，有相应的管壁温度分布。

实践中，管子的布置方式较多，如倾斜上升及下降管、垂直下降管、螺旋管、扁平管等。为了寻找不同流型与汽水两相介质流动参数及管子布置方式之间的关系，到目前为止已进行了大量的研究。通常用局部的汽水两相流动参数来确定该处的两相流动特性，至今已提出了许多用以判别垂直管、水平管和倾斜管等管内及管束间的汽液两相流动形式的流型图，详细内容可参阅相关文献。

10.3.3 汽水两相流动阻力的计算

流型不同，计算汽水两相混合物的流动特性以及流动压差的方法也不同。到目前为止，处理汽水两相流动问题主要采用三种方法，即均相模型法、分流模型法和流动机构模型法。

1. 均相模型及摩擦阻力计算方法

由于汽的密度比水小，水对汽有浮力作用，因而汽的流动速度比水的流动速度快，汽水之间有相对运动速度，即汽与水之间有相对摩擦，所以两相流体的流动阻力与单相流体不同。流型对摩擦阻力有较大影响，这是由于蒸汽在水中的分布导致汽与水的接触面积变化，因而流动阻力与流型相关。

（1）均相模型及其公式　均相模型假定：①汽和水均匀地混合在一起，与泡状流近似，只考虑汽和水的比体积不同；②汽和水之间没有相对运动，认为两者速度相同。因此，均相模型认为除了汽比水的比体积大外，汽和水性质完全一样。均相模型的实质是把汽液两相流按照单相流处理，采用与单相摩擦阻力一样的计算公式，即

$$\Delta p_{mc}=\lambda\frac{l}{d_n}\frac{w_h^2\rho_h}{2} \tag{10-28}$$

式中，w_h 和 ρ_h 分别为汽水混合物的速度和密度；λ 为摩擦阻力系数，取单相流体的值。

当流动处于阻力平方区时，λ 与管子内壁绝对粗糙度及管内径有关，可按下式计算，即

$$\lambda=\frac{1}{4\left(\lg 3.7\frac{d_n}{k}\right)^2} \tag{10-29}$$

式中，k 为钢管的平均绝对粗糙度，对碳钢及珠光体合金钢管，k=0.06mm，对奥氏体钢管，k=0.008mm；d_n 和 k 采用相同单位。

（2）以均相模型为基础的公式　较早的锅炉水动力计算标准采用式（10-28）计算两相流摩擦阻力。由于均相模型没有考虑相对流速和流型对 Δp_{mc} 的影响，用该式计算摩擦阻力误差很大。因此提出了采用摩擦阻力校正系数 ψ 来反映这种影响的计算公式，即

$$\Delta p_m=\psi\Delta p_{mc}=\psi\lambda\frac{l}{d_n}\frac{w_h^2\rho_h}{2} \tag{10-30}$$

西安交通大学总结国内外计算 Δp_m 的公式和数据，并结合我国水循环试验结果，提出摩擦阻力校正系数的计算方法如下：

汽水混合物质量流速 ρw=1000kg/（m^2·s）时，有

$$\psi=1 \tag{10-31}$$

汽水混合物质量流速 ρw<1000kg/（m^2·s）时，有

$$\psi=1+\frac{x(1-x)\left(\frac{1000}{\rho w}-1\right)(\rho'/\rho'')}{1+x(\rho'/\rho'')} \tag{10-32}$$

汽水混合物质量流速 ρw>1000kg/（m^2·s）时，有

$$\psi=1+\frac{x(1-x)\left(\frac{1000}{\rho w}-1\right)(\rho'/\rho'')}{1+(1-x)(\rho'/\rho'')} \tag{10-33}$$

ψ 与质量含汽率、压力和质量流速有关，也可按锅炉水动力计算标准的线算图查取，如图 10-9 所示。

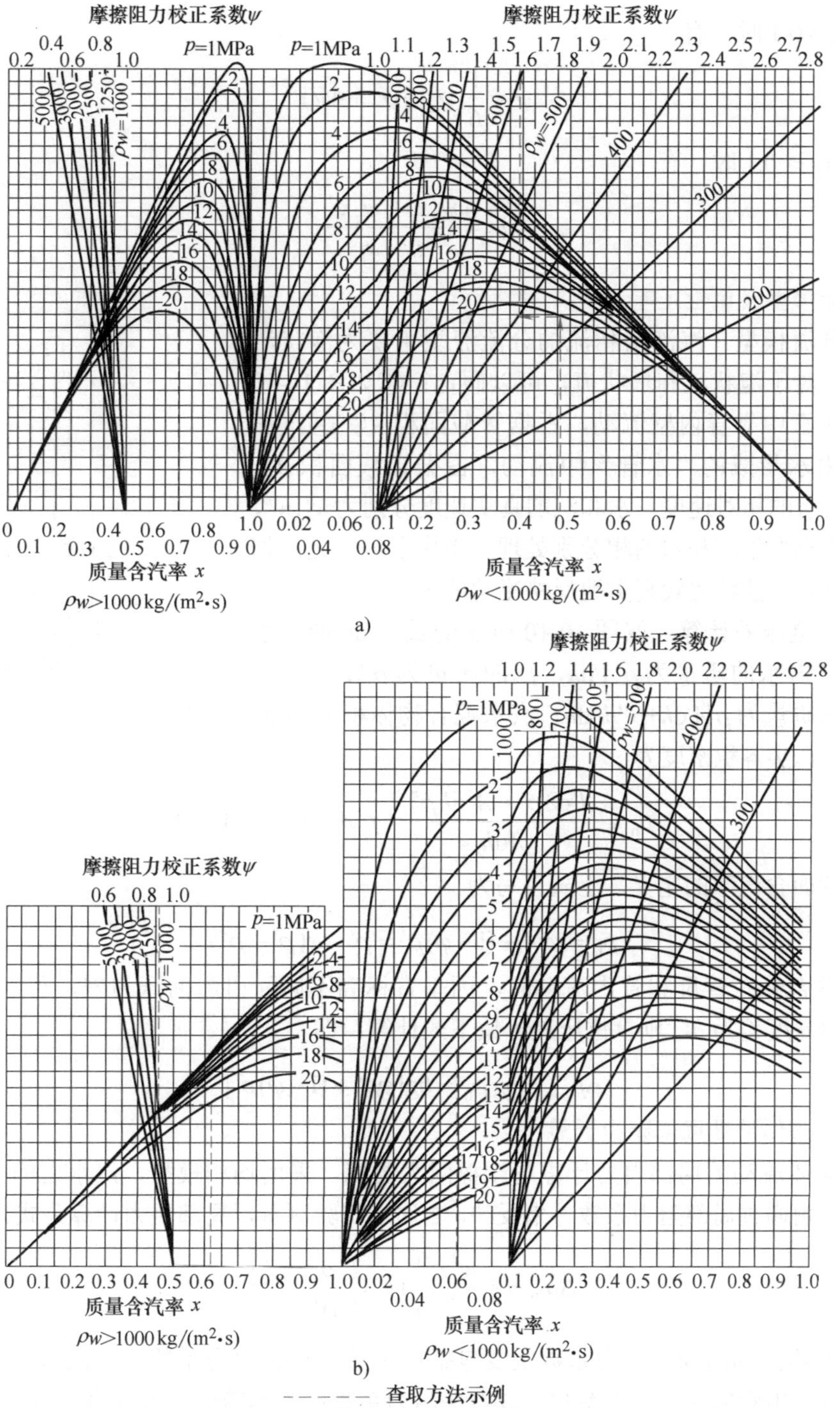

摩擦阻力校正系数ψ

质量含汽率 x

ρw>1000 kg/(m²·s)

质量含汽率 x

ρw<1000 kg/(m²·s)

a)

摩擦阻力校正系数ψ

质量含汽率 x

ρw>1000 kg/(m²·s)

质量含汽率 x

ρw<1000 kg/(m²·s)

b)

－－－－－ 查取方法示例

图 10-9　汽水混合物摩擦阻力公式中 ψ 线算图

a）不受热管　b）受热管

1）不受热管。ψ 值按图 10-9a 查取。

2）受热管。x_c 和 x_r 分别为管段出口与入口的质量含汽率，平均含汽率 $x=(x_c+x_r)/2$，ψ 值按图 10-9b 查取：

当 $x_c-x_r<0.1$ 时，有

$$\psi=\frac{1}{6}(\psi_c+\psi_r+4\overline{\psi}) \tag{10-34}$$

当 $x_c-x_r\geqslant 0.1$ 时，有

$$\psi=\frac{\psi_c x_c-\psi_r x_r}{x_c-x_r} \tag{10-35}$$

2. 分流模型及重位压差计算方法

（1）分流模型　汽液两相流的分流流型主要为泡状流和环状流。对于泡状流和环状流，可以假定：①如图 10-10 所示，水在管中靠管内壁流动，占据管截面积 A'；②汽在管子中间由水形成的“水管”中流动，占据管截面积 A''；③考虑汽与水的相对速度，水和汽的真实速度分别为 w'、w''，因此，分流模型把汽和水两相分别处理，考虑了汽水之间相对速度的影响，能够比较真实地反映流动情况。

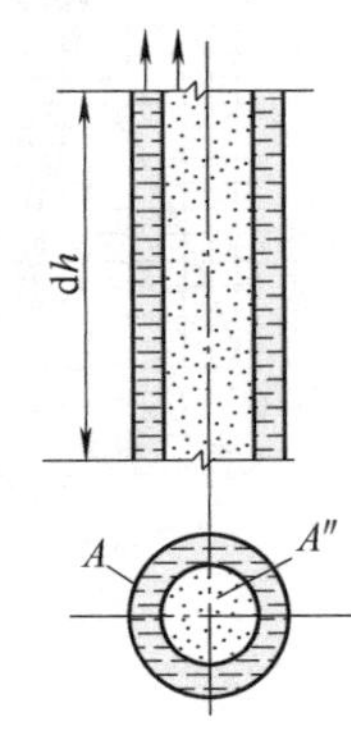

图 10-10　汽水两相的分流模型

（2）重位压差计算　取图 10-10 所示的长为 dh 的一小段管子，管内水的质量为 $\rho'A'\mathrm{d}h$，汽的质量为 $\rho''A''\mathrm{d}h$，汽水混合物总质量为 $\rho'A'\mathrm{d}h+\rho''A''\mathrm{d}h$，汽水混合物体积为 $A\mathrm{d}h$，则混合物的真实容积密度为

$$\rho_h=\frac{A'\mathrm{d}h\rho'+A''\mathrm{d}h\rho''}{A\mathrm{d}h}=\rho'A'/A+\rho''A''/A \tag{10-36}$$

根据截面含汽率的定义，上式可写为

$$\rho_h=\varphi\rho''+(1-\varphi)\rho'=\rho'-\varphi(\rho'-\rho'') \tag{10-37}$$

汽水混合物在管屏和管内流动时，因垂直标高不同而引起的压力差，称为重位压差。计算管段的高度差为 h，则重位压差可按下式计算，即

$$\Delta p_{zw}=hg\rho_h=hg[\varphi\rho''+(1-\varphi)\rho'] \tag{10-38}$$

3. 两相流体流动局部阻力计算

两相流体流动的局部阻力计算与摩擦阻力类似。采用均相模型，汽水之间相对速度对局部阻力影响通过局部阻力系数 ξ 来反映。ξ 通过试验测量，局部阻力计算公式为

$$\Delta p_{jb}=\xi\frac{w_0^2\rho'}{2}\left[1+x\left(\frac{\rho'}{\rho''}-1\right)\right] \tag{10-39}$$

两相流体流动的局部阻力系数主要包括：①管子出口阻力系数；②汽水混合物从上集箱进入汽水引出管的入口阻力系数；③弯头阻力系数；④锅筒内旋风分离器阻力系数。

4. 两相流体流动加速压降计算

汽水混合物在管内流动时，因受热而引起的动量变化称为加速压降。加速压降等于管

段出口截面的动量与管段进口截面的动量之差。在热负荷不大的管内，加速压降可略去不计。在均相模型中，加速压降按下式计算，即

$$\Delta p_{\text{js}}=(\rho w)^2\left(\frac{1}{\rho''}-\frac{1}{\rho'}\right)(x_2-x_1) \tag{10-40}$$

目前，均相模型和分相模型是应用最广泛的两种处理两相流动的基本方法。许多研究学者还提出了大量的经验和半经验方法，这些方法针对特定的流动机构或流体动力学特性，建立恰当而实用的模型，如处理泡状流动和弹状流动的漂移流率模型、处理泡状流动的变密度模型等，用以计算空泡份额或流动压差。

10.4　自然循环水动力计算与安全

10.4.1　自然循环水动力的计算

自然循环水动力计算是通过循环回路的压差平衡或压头平衡，求得回路的汽水流动状态，确定循环回路的循环水流速度、工作压差和循环倍率等安全指标，从而鉴定水循环工作的可靠性。对新设计的锅炉或对系统有较大改动的锅炉，通常都要进行水动力计算。计算中的有关参数，如热负荷、介质流速和压差等都是指整个管组的平均值，所以在校核个别管子的安全裕度时，必须按条件最差的管进行。

水动力计算的方法是按给定结构的循环回路建立基本方程，然后求解方程组，以求得回路的特性参数。建立基本方程的方法有压差法和压头法两种。以流动压力降平衡为基础建立基本方程式的方法称为压差法；以流动动力与阻力平衡为基础建立基本方程式的方法则称为压头法。

基本方程组的解法有试算法和特性曲线图解法两种。目前试算法主要应用计算机采用逐次逼近法求解，在手算中则主要采用绘制特性曲线图求解。

1. 循环回路

自然循环的循环回路由锅筒、下降管、上升管、集箱、导汽管及连接管等组成，分简单回路与复杂回路两种，如图 10-11 所示。一个下降管系统单独与一个水冷壁管屏组成的回路称为简单回路，多个管屏共用一个下降管系统的回路则称为复杂回路。现代大型锅炉广泛采用大直径下降管，一根下降管与多个管屏连接，是复杂回路。

循环回路中，一个水冷壁管屏通常由数十根管子并联组成，管子进出口分别由集箱连接，出口集箱和锅筒之间由导汽管连接，或水冷壁出口无集箱直接引入锅筒。同一个管屏中，每根管子的结构和热负荷基本相同，但并列管屏的结构和热负荷各不相同。

上升系统各段管内含汽率和流型变化较大，故自然循环水动力计算先要对循环回路进行分段。分段原则是每个管段的结构、热负荷、工质相态及流动基本一致，如图 10-12 所示。回路的总高度是锅筒水位面与下集箱中心之间的垂直距离 h。炉膛外的水冷壁，下部不受热的水冷壁为受热前段，上部不受热的水冷壁为受热后段。炉膛内的水冷壁，可根据其热负荷的大小划分成 h_1 和 h_2 两段。在导汽管的总高度内，锅筒水位以下的管段与下降管之间能够产生密度差推动力，该段是动力性质段，为 h_d 段；锅筒水位以上的管内汽水混合物的

密度大于锅筒内蒸汽的密度，因此该段是阻力性质段，为 h_c 段。锅炉给水有欠焓时，由下集箱进入上升管的水要吸收一些热量才能达到饱和，即受热上升管的下部有一段不含汽的热水段 h_{rs}，而上部为含汽段 h_{hq}。

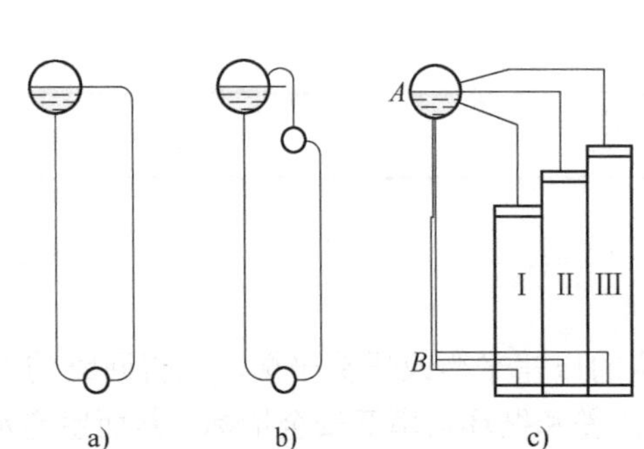

图 10-11　简单回路与复杂回路

a）无上集箱的简单回路　b）简单回路　c）复杂回路

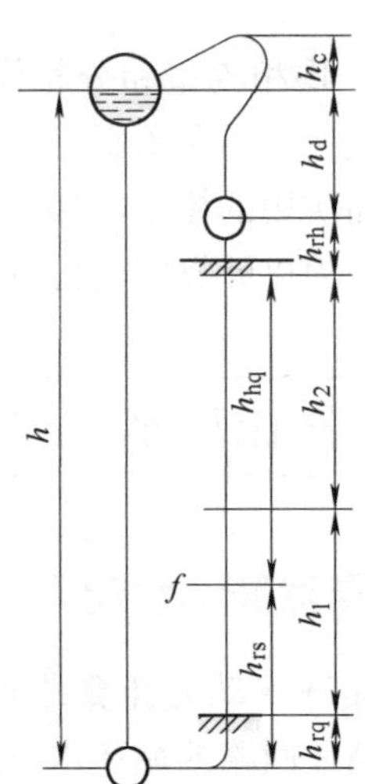

图 10-12　简单回路的分段实例

（1）压差法　以图 10-12 所示的简单回路为例，自锅筒水位至下集箱中心之间的下降管系统的总压差与上升管系统的总压差分别为

$$Y_{xj} = \bar{\rho}_{xj} g h - \Sigma \Delta p_{xj} \tag{10-41}$$

$$Y_{ss} = \Sigma h_i \bar{\rho}_i g + \Sigma \Delta p_{lz} + \Delta p_{js} + \Delta p_{fl} \tag{10-42}$$

式中，h 为循环回路高度（m）；h_i 为上升管各区段的高度（m）；$\Sigma \Delta p_{xj}$ 为下降管系统阻力总力降（Pa）；$\Sigma \Delta p_{lz}$、Δp_{js}、Δp_{fl} 分别为上升管流动总阻力损失、工质加速压力降和锅筒内汽水分离器的阻力损失（Pa）；$\bar{\rho}_{xj}$、$\bar{\rho}_i$ 分别为下降管工质平均密度和上升管各区段的工质平均密度（kg/m³）。

自然循环在稳定流动工况下，下降系统的总压差和上升系统的总压差是相等的，即有

$$Y_{xj} = Y_{ss} \tag{10-43}$$

上述三式就是压差法进行水动力计算的基本方程组。按照图 10-12 所示的上升管分段情况，上升管系统的重位压差和加速压降、阻力损失可分别用下式表示，即

$$\Sigma h_i \bar{\rho}_i g = h_{rs} \rho' g + (h_1 + h_{rq} - h_{rs}) \bar{\rho}_{h1} g + h_2 \bar{\rho}_{h2} g + h_{rh} \bar{\rho}_{h,rh} g + h_d \bar{\rho}_{h,d} g + h_c \bar{\rho}_{h,c} g$$

$$\Delta p_{js} = \Delta p_{js,1} + \Delta p_{js,2} + \Delta p_{js,rh} + \Delta p_{js,d} + \Delta p_{js,c}$$

$$\Sigma \Delta p_{lz} = \Delta p_{lz,rs} + \Delta p_{lz,1} + \Delta p_{lz,2} + \Delta p_{lz,rh} + \Delta p_{lz,d} + \Delta p_{lz,c}$$

式中，$\Delta p_{js,1}$、$\Delta p_{lz,1}$ 分别为上升管 $h_1+h_{rq}-h_{rs}$ 段的加速压降和阻力损失（Pa）；$\Delta p_{js,2}$、$\Delta p_{lz,2}$ 分别为上升管 h_2 段的加速压降和阻力损失（Pa）；$\Delta p_{lz,rs}$ 为热水段的流动阻力损失（Pa）。

进入上升管的水具有一定的欠焓，因此上升管的入口有一段为不含汽的水加热段，这部分水的密度要比下降管中水的密度小些，但差别不大，它所产生的运动压差可略去不计。

在加热段中还可能有过冷沸腾，计算时也可略去不计。水循环计算时，需要确定出上升管中水开始沸腾的截面位置。该截面以下为加热水段，截面以上则为含汽段。含汽段产生运动压差数值较大，因此，hrs 必须根据锅炉的具体情况进行计算，其数值与上升管入口工质欠焓、热水段区域的炉膛热负荷等因素有关。关于热水段高度和锅筒内汽水分离装置的流动阻力损失的具体计算方法参阅锅炉水动力计算方法，管子结构数据则根据锅炉结构尺寸相应确定。

（2）有效压差法　稳定流动时，回路运动压差和回路的总阻力相等，即下降管和上升管系统的重位压差与回路的总阻力相等。运动压差扣除上升管侧的总阻力后，剩余的压差就是有效压差。因此，图 10-13 所示的循环回路中，回路的运动压差和有效压差分别为

$$S_{yd}=h\bar{\rho}_{xj}g-(\Sigma h_i\bar{\rho}_i g)_s \tag{10-44}$$

$$S_{yx}=S_{yd}-(\Sigma\Delta p_{lz}+\Delta p_{js}+\Delta p_{fl})=\Sigma\Delta p_{xj} \tag{10-45}$$

以上两式是用压头法进行水循环计算的基本方程组。自然循环稳定流动时，有效压差与下降管的总阻力相等。

2. 循环回路特性曲线与工作点

循环回路的特性曲线是指某循环回路在热负荷一定时，循环回路的压差、压头和阻力等与循环水量或循环水流速度之间的函数关系曲线。确定回路的工作点时，可采用压差法，也可采用有效压差法。

（1）简单回路自然循环特性曲线图解法　采用压差法计算，需先假定至少三个循环水流速度，分别按式（10-41）和式（10-42）计算出对应的下降系统和上升系统的总压差，然后将各压差与 q_m 的对应点在 Y-q_m 坐标系上标出，并分别将三点连成两条平滑的 Y_{xj}-q_m 和 Y_{ss}-q_m 曲线，如图 10-13 所示。这两条曲线的交点处，$Y_{ss}=Y_{xj}$，因此交点就是回路的工作点。由工作点的坐标可相应地求得循环回路在稳定工况下的流量 q_{m0}（或循环流速 w_0）和总压差 Y_{xj} 或 Y_{ss}，然后依据有关指标来判断水循环是否安全。

采用有效压差法计算时，应用式（10-45）求解出有效压差，并求得下降管阻力。利用三点图解法画出 S_{yx}-q_m 和 Δp_{xj}-q_m 曲线，如图 10-14 所示。这两条曲线的交点就是回路的工作点，并由此求得回路的循环流量 q_{m0} 和工作压差 S_{yx}^0。

（2）复杂循环回路自然循环特性曲线图解法　图 10-11c 所示为三个管屏共用一根下降管的复杂回路。对于三个管屏，它们之间是并联的。每一个水冷壁管屏的上升系统，水引入管、上升管和汽水引出管则是串联的。各水冷壁管屏吸热量、水引入管和汽水引出管长度不同，因此各上升管屏的水流量不同，必须将各上升管系统分开计算，然后再汇总求解。

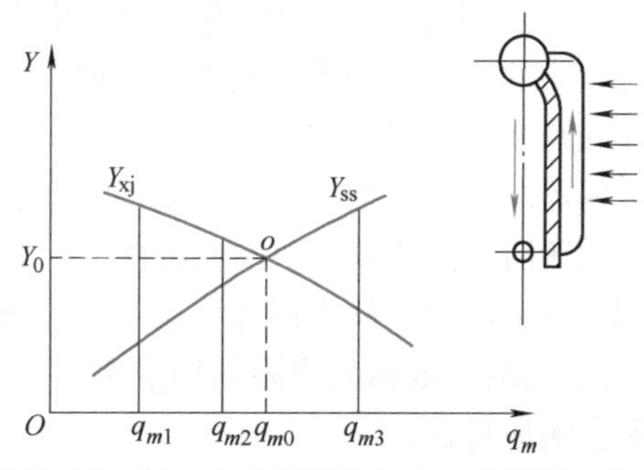

图 10-13　压差法确定回路工作点的图解曲线

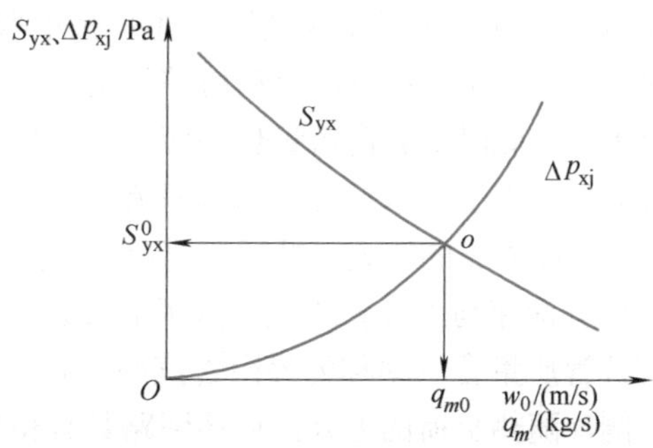

图 10-14　有效压差法确定回路工作点的图解曲线

当用压差法求解时，由于串联系统的各段管内工质的质量流量相同，串联上升系统总压差是各部分各自的压差在相同流量下的叠加值，因此串联系统的特性曲线由各段管子的特性曲线在流量相同时的压差叠加而成，如图10-15所示。图中Y_{yr}、Y_{yc}、Y_{slb}、Y_{ss}分别为引入管、引出管、水冷壁的特性曲线和上升系统的总特性曲线。水在引入管内是向下流动，重位压力降应取负值，流阻取正值，因此引入管的压差特性曲线位于横坐标的下方。

三组水冷壁管屏各自的上升系统是并联的。稳定流动时，并联的各上升系统压差必然相等，总流量是在相同压差下各系统的流量总和。因此，这三个并联上升系统的总特性曲线由三个上升系统各自的特性曲线在等压差下的流量叠加而成，如图10-16所示。上升系统的总特性曲线与下降管特性曲线的交点就是回路的工作点，总流量为$q_{mz}=q_{m\mathrm{I}}+q_{m\mathrm{II}}+q_{m\mathrm{III}}$。由该交点作水平线，与特性曲线Ⅰ、Ⅱ、Ⅲ的交点即为各组水冷壁的流量$q_{m\mathrm{I}}$、$q_{m\mathrm{II}}$、$q_{m\mathrm{III}}$。同样道理，根据流量可求出水引入管、水冷壁管屏与汽水引出管的工作压差。

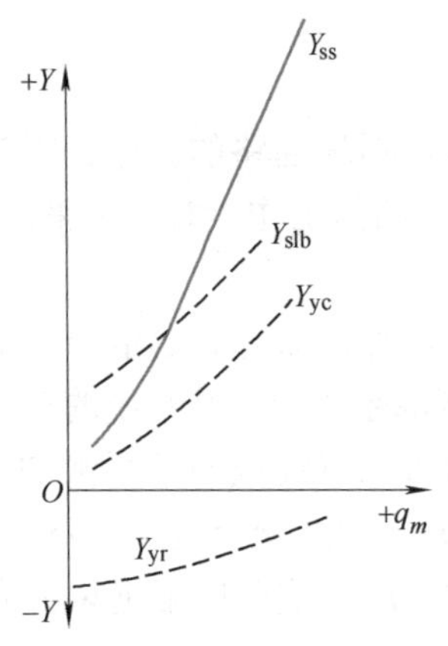

图10-15 串联上升系统的特性曲线

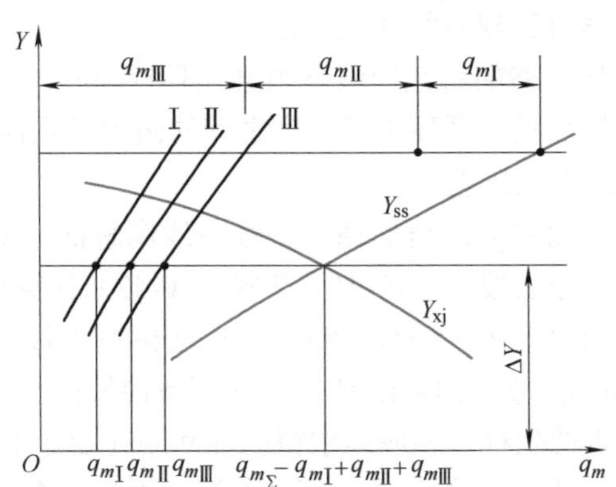

图10-16 并联上升系统的特性曲线及工作点

10.4.2 自然循环的自补偿特性

锅炉工作压力和回路高度一定时，循环回路运动压差的大小取决于上升管的热负荷。热负荷的变化将会导致循环流速变化。热负荷降低时，由于产汽量减少，汽水混合物密度增加，则运动压差降低，循环流速降低；当上升管热负荷增强时，产汽量增多，汽水混合物密度减小，运动压差增加，但是上升管的流动阻力也随着汽水混合物体积流量的增加而增大。热负荷增强时，循环流速是增大还是减小取决于运动压差和流动阻力这两个因素中变化较大的一个。当x较小时，运动压差的增加大于流动阻力的增加，因此，随着x的增大，循环流速增大。此时，管内流量也相应增加，称为循环回路具有流量正响应特性。当x增大到一定数值后，由于汽水混合物的体积流量过大，将出现流动阻力的增加大于运动压差增加的状况，这时随着x的增大，循环流速反而下降，称为循环回路具有流量负响应特性。

循环流速与上升管质量含汽率的关系如图10-17所示。图中最大循环流速$w_{0,\max}$所对应的上升管质量含汽率称为界限含汽率x_{jx}，界限含汽率的倒数则称为界限循环倍率K_{jx}。在x_{jx}的两侧，随热负荷的上升，循环回路具有相反的流量响应特性。

在上升管质量含汽率小于界限含汽率的范围内，自然循环回路上升管受热增强时，循环水量和循环流速也随之增大，这种特性称为自然循环的自补偿特性或自补偿能力，即上升管受热越强，循环流速越大，工质的冷却能力越大。若热负荷太大，上升管质量含汽率超过界限含汽率，这时随着受热面吸热增强，循环水量和循环流速反而减小，则自然循环失去自补偿能力，工质的冷却能力逐渐减小，上升管的安全性下降。

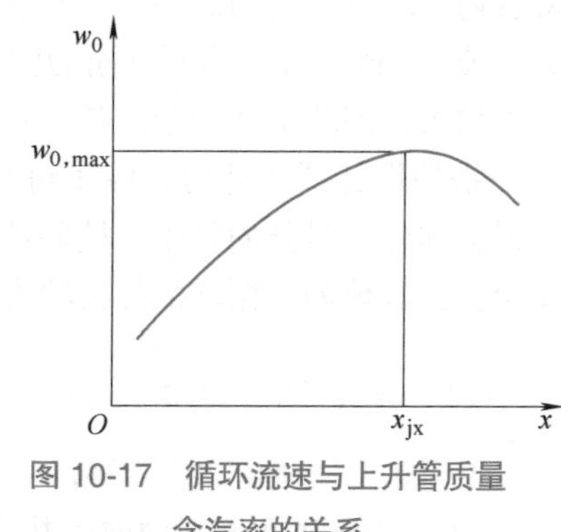

图 10-17　循环流速与上升管质量含汽率的关系

为了保证自然循环回路的工作安全，锅炉应始终在自补偿范围内工作，保证上升管的质量含汽率必须始终小于界限含汽率，而循环倍率则应始终大于界限循环倍率。对压力大于 17MPa 的锅炉，上升管出口质量含汽率还应受到不发生沸腾传热恶化的条件限制。

10.4.3　自然循环故障

当蒸发受热面有连续水膜冷却时，这时管壁温度大于工质温度，但一般不超过 25℃，蒸发受热面可以安全地工作。因此，蒸发受热面的安全工作条件是：管子内壁有连续的水膜存在。水循环出现停滞、倒流和下降管带汽等自然循环故障时，管子内壁连续的水膜容易遭到破坏，蒸发管内则容易发生传热危机。

1. 停滞

锅炉炉膛的温度场分布不均，故并联的每个上升管子的受热条件都不同。受热弱的管子工质密度大，当管屏压差等于受热弱管子的液柱重位压差时，管屏压差刚好能托住管子液柱，此时液体工质不再流动，汽泡则依靠浮力穿过液柱向上运动，即产生了水循环停滞。在停滞情况下，汽泡容易在弯头、焊缝等处聚集，形成蒸汽塞或大汽泡，而破坏连续水膜，使管子金属超温损坏。

2. 倒流

当管屏压差小于受热管子液柱重位压差时，水就因重力自上往下流动，称为倒流。在倒流情况下，只有当水的倒流速度与汽泡上浮速度相等时，即汽泡处于静止或悬浮状态而形成蒸汽塞时，管壁水膜被汽泡破坏，才会发生管子烧坏，但这种情况实际很少发生，因为倒流速度较大时，工质仍然可以较好地冷却管子。

当上升管接到锅筒汽空间时，不会发生倒流，而是会出现自由水面，即上升管内有一段静止的水柱，其重位压差等于管屏压差，且静止水柱的水面以上直到锅筒的管段内只有水蒸气，管壁无水膜。在自由水面以上的管子如果受热，则管子容易烧坏。自由水面的位置上下波动，则会引起管子金属疲劳破坏。

3. 下降管带汽

有多种原因会使下降管带汽，如下降管入口产生旋涡漏斗、自汽化和下降管受热等。下降管入口产生旋涡时，旋涡中心将有部分蒸汽被水流抽吸进入下降管。下降管入口阻力损失，导致流体压力降低较大时，水会自汽化。下降管受热且吸热量较多时，下降管内也会产生水蒸气。

下降管带汽时，一方面进入下降管的实际水流量减少，循环流量降低；另一方面，下降管内出现汽水两相流动，工质密度减小，使下降管侧的重位压差降低，且流动阻力相应增大，使 Y_{xj} 值下降。这两方面的因素都会导致水循环安全裕度下降，即产生停滞和倒流的可能性增大，因此下降管带汽是一种不安全因素。

锅炉设计或改造时，除了进行水动力计算，得到水动力特性的平均值，还必须针对受热最弱和受热最强的管子，校验停滞和倒流等水循环故障，合理设计下降管，保证水循环的安全性。具体的水循环故障校验方法可参考锅炉水动力计算标准。

10.4.4 自然循环的安全性

1. 影响安全性的主要因素

（1）水冷壁受热不均或受热强度过高　锅炉运行时，炉内火焰偏斜、水冷壁局部结渣和积灰是造成水冷壁吸热不均的主要原因。受热很弱的管子容易出现停滞或倒流，受热很强的管子可能出现膜态沸腾和蒸干现象，结果都是导致管子局部发生传热恶化，管壁温度升高。

（2）下降管带汽　下降管入口产生旋涡漏斗、自汽化和下降管受热时，都会使 Y_{xj} 值下降，导致水循环安全裕度下降，即产生停滞和倒流的可能性增大。Y_{xj} 下降对停滞、倒流的影响如图10-18所示。图中左侧曲线为校验的上升管内发生倒流时的压差特性曲线。下降管带汽，则 Y_{xj} 向下移，与平均管及校验管的压差曲线交点也下移，如该交点低于图10-18中左侧的倒流管压差曲线的顶点，则校验管的工作点是三个，右侧的工作点代表管内为上升流动，左侧的两个工作点则代表校验管内发生倒流，管内流量可能有两个，且两点之间的任何一个中间点都是不稳定的工作点。

（3）上升系统的流动阻力　影响上升系统流动的因素很多，如分配水管、水冷壁、汽水导管的管径和水冷壁流通截面的比值、管子弯头数量、汽水分离器的结构阻力系数、循环流速、锅炉负荷等。水冷壁阻力对循环流量的影响如图10-19所示。

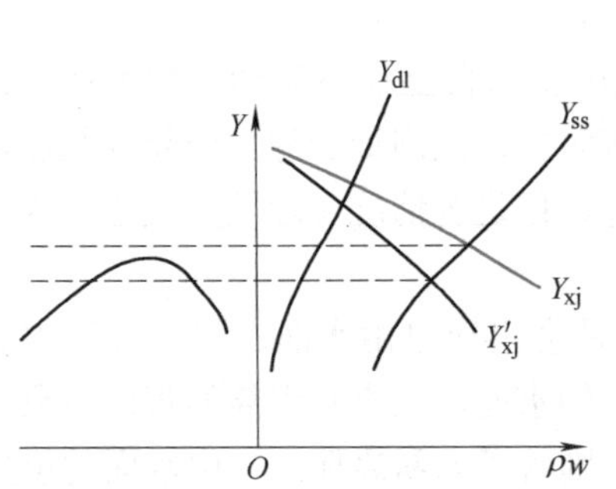

图10-18　下降管带汽对停滞、倒流的影响

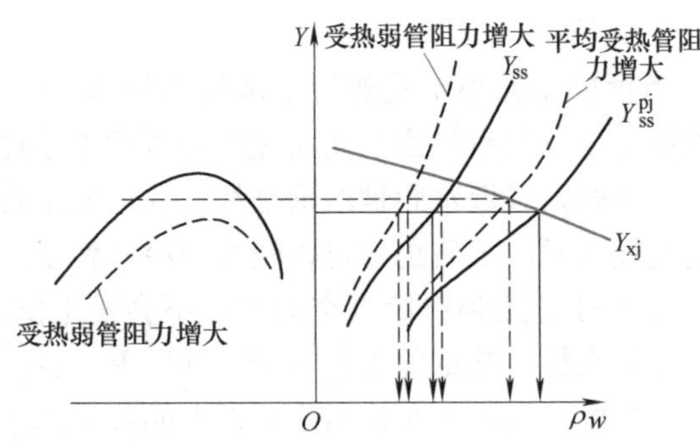

图10-19　水冷壁阻力对循环流量的影响

当上升系统流动阻力增加时，平均管的 Y_{ss} 与 Y_{xj} 曲线的交点左移，平均管质量流量减小。由于上升系统的压差增加，受热弱的管子流量也相应增加，但是流动阻力也相应增加，使受热弱的管子流量有减小的趋势。因此，平均管和受热管的阻力都增加时，受热弱管子的工作点为图中两条虚线（虚线 Y_{ss} 与水平虚线）的交点。

（4）水冷壁结垢　水冷壁管壁上形成水垢，传热阻力增加，管子金属内壁面上无水膜直接冷却，管壁温度就会升高，导致管子受热减弱。这种破坏绝不亚于停滞、倒流和膜态沸腾的影响。管内结垢时，流动阻力也随着增大，容易引起停滞或倒流。

（5）锅炉负荷　锅炉低负荷运行时，蒸发量减少，水冷壁管内工质密度增大，重位压差增大，循环回路的压差减小，循环流速就会降低，因而低负荷运行时的水循环安全性较差。锅炉在快速变负荷，尤其是在快速降负荷时，由于压力降低，锅筒和下降管内水的自汽化，使循环流量和压差同时减小，水循环安全性大幅度降低。因此，控制锅炉变负荷速度是保证水循环系统安全工作的重要条件之一。

2. 提高安全性的措施

循环回路的合理布置及良好的运行条件是保证水循环安全性的主要措施。水循环的安全性在很大程度上取决于并列上升管的受热均匀程度。提高回路的运动压差，减小流动阻力，也可以提高管组的循环流速，提高水循环的安全性。

（1）减小并列蒸发管吸热不均　锅炉炉壁热负荷沿炉膛宽度和深度的分布不均匀，故水冷壁各部位的吸热量不同。一般水冷壁中间部位的热负荷比两侧高，炉角与炉膛下部的热负荷最低。炉壁热负荷的大小与分布取决于燃烧器布置、燃料性质、炉膛截面和燃烧状况。为减小并列蒸发管吸热不均，现代锅炉在结构和布置上常采用以下措施：

1）按受热面热负荷划分循环回路。按受热强弱情况，将每面墙的水冷壁划分为若干个独立的循环回路，每一回路中并列管子的受热情况与结构尺寸差异较小。划分的回路越多，每一回路中并列的管数越少，吸热就越均匀。为简化结构，现代锅炉每面墙的水冷壁可划分为 3 ～ 8 个独立循环回路。

2）改善炉膛四角管子的受热状况。矩形截面的炉膛中，炉角管子吸热最差，因此四角最好不布置管子，或将炉膛截面切角，形成大切角炉膛或八角炉膛。

3）采用平炉顶结构。用平炉顶取代斜壁顶棚水冷壁管，可使两侧墙水冷壁吸热区段的高度基本相同，减少吸热不均。

为减小并列管吸热不均，在运行方面应注意以下几点：

1）保持炉膛火焰中心位置，避免火焰偏斜。

2）保持水冷壁清洁，防止局部结渣积灰。结渣会使管子吸热不均匀性增加。当回路中某些管子结渣或积灰时，吸热量会减少，循环流速降低。

3）避免锅炉长时间低负荷运行。锅炉负荷较低时，蒸发管中产汽量较少，循环流速较低。低负荷运行时，投入的燃烧器个数少，火焰在炉内充满度较差，炉膛温度场分布不均，水冷壁受热不均匀程度相对增大。受热较弱的偏差管容易发生水循环故障。

（2）降低下降管和汽水导管的阻力　稳定流动时，循环回路的运动压差和回路的所有阻力相平衡。循环回路的阻力包括下降管阻力、上升管阻力、汽水导管阻力和汽水分离器阻力等。运动压差一定时，降低下降管和汽水导管的阻力，可以有更多的剩余压差克服上升系统的阻力，从而提高循环流速和循环倍率，有利于上升管的工作安全。在结构和运行方面，减小下降管和汽水导管阻力有以下措施：

1）采用大直径下降管。增大管子内径，可降低其相对摩擦阻力系数，摩擦阻力减小。

2）选择较大的下降管截面积比和汽水引出管截面积比。截面积比是指下降管或汽水引出管总截面积与上升管总截面积之比。截面积比越大，下降管和汽水引出管的阻力越小，则循环流速越大，水循环安全性提高。下降管及汽水引出管的截面积比推荐值见表 10-1。

表 10-1 下降管及汽水引出管的截面积比的推荐值

锅筒压力 /MPa		4 ～ 6	10 ～ 12	14 ～ 16	>17
锅炉蒸发量 /（t/h）		35 ～ 240	160 ～ 420	400 ～ 670	≥ 800
下降管截面与上升管截面之比	大直径集中下降管	0.2 ～ 0.3	0.3 ～ 0.4	0.4 ～ 0.5	0.3 ～ 0.6
	小直径分散下降管	0.2 ～ 0.35	0.35 ～ 0.45	0.5 ～ 0.6	0.6 ～ 0.7
汽水引出管的截面与上升管截面比		0.35 ～ 0.45	0.4 ～ 0.5	0.5 ～ 0.7	0.6 ～ 0.8
上升管内径 /mm		36 ～ 54	35 ～ 50	34 ～ 48	40 ～ 60
下降管外径 /mm		42 ～ 60	42 ～ 60	42 ～ 60	51 ～ 76
下降管入口流速 /（m/s）		≤ 3	≤ 3.5	≤ 3.5	≤ 4

注：实际亚临界自然循环锅炉所采用的截面比高于表中推荐数值。

3）防止下降管带汽。大容量锅炉的下降管一般不受热。为防止下降管带汽，在下降管入口加装格栅或十字板，并将部分给水引至下降管入口，增大锅水的欠焓；运行时维持正常的锅筒水位，并防止汽压和负荷突变等。水位过低时，下降管入口不仅容易产生旋涡漏斗，而且会使下降管入口处的静压力降低，容易产生水的自汽化。

（3）合理设计上升管 炉内上升管高度增加，压差增大，阻力同时增加。因为压差的增大通常占主要地位，所以随着上升管高度的增加，循环流速增大。但是上升管吸热很大时，会使循环倍率下降，甚至导致自然循环丧失自补偿能力。因此，上升管的高度不能过大。对于炉外不受热的上升管段，其高度增加，则只是循环流速增大，有利于提高水循环的安全性。当上升管高度及吸热量不变时，上升管管径减小，循环流速增大，循环倍率下降，同时还可节约金属。但管径不能太小，否则循环倍率可能小于界限循环倍率。上升管管径推荐值见表 10-1。

思 考 题

10-1 列表分析自然循环锅炉、强制循环锅炉与直流锅炉的异同。

10-2 简述复合循环锅炉的特点。

10-3 简述垂直上升管内的流型与传热过程。

10-4 分析垂直上升管与水平管内流型与传热过程的异同点。

10-5 画出自然循环的循环回路图并标注名称。

10-6 简述自然循环的自补偿特性有哪些。

10-7 简述影响自然循环安全性的因素，并给出提高安全性的措施。

第 11 章 强制流动锅炉水动力学

11.1 强制流动锅炉的传热和水动力计算

锅炉过热受热面和加热受热面中管内单相流体的表面传热系数 α_2 约 100 ～ 1000 W/（m^2 • ℃），蒸发受热面的沸腾传热系数 α_2 高达 1×10^{4}W/（m^2 • ℃）。较高的沸腾传热系数足以保证管壁得到充分冷却，但在实际中，即使水动力稳定和热偏差不大，也会发生蒸发管管壁超温烧损。这表明蒸发管内侧发生了传热恶化，使得 α_2 急剧降低，壁温飞升。对于直流锅炉，在 K=1.0 时这种现象不可避免会出现。对于强制流动锅炉，工质侧的传热系数变化较大，为了防止传热恶化、计算管壁温度和确定干涸点的位置，必须进行蒸发管内的传热计算。

11.1.1 蒸发管内的传热计算

1. 管内沸腾换热机理及传热系数

蒸发管内的各换热区间，对流与沸腾两种换热方式所起的作用有显著差别，具有不同的换热机理，管内局部对流沸腾传热系数沿管长（或质量含汽率）的变化关系如图 11-1 所示。图中每条曲线（或点）分别表示某一热负荷 A，B，…，G 为对应于图 10-7 的垂直上升管换热区间。图中曲线 1 表示热负荷不太高时的换热情况，主要有以下换热区间：

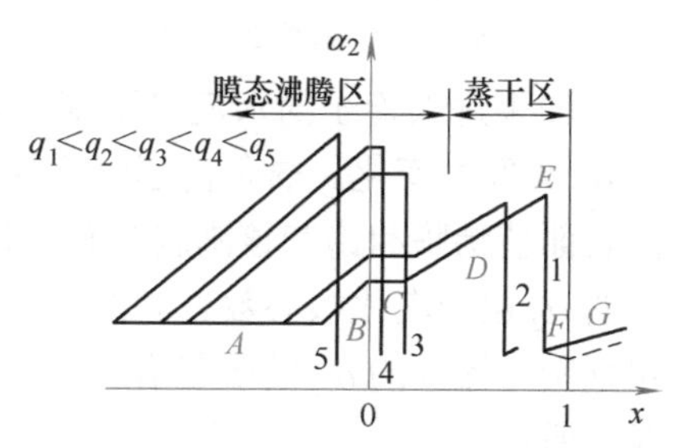

图 11-1　垂直管内对流沸腾传热系数与热负荷、质量含汽率的关系

1）单相液体区（A 段），换热机理为单相强制对流换热，热负荷的影响很微弱，α_2 主要取决于流速，基本上是一常数，沿着管长方向由于流体温度的上升而略有增加。

2）表面沸腾区（B 段），α_2 明显增加。热量传递既有单相流体的强制对流换热，还有表面沸腾换热。汽泡在主水流中的冷凝，或是附着在壁面的汽泡，其根部的液体微层连续蒸发及汽泡顶部的凝结，都会将热量转移到主水流。这一区间的流速与热负荷对表面传热系数

均有影响。在始沸点后的初期，壁面上的汽化核心数很少，热量主要是通过对流方式传递。随着流体温度的升高和汽化核心的增加，沸腾换热所占的比例逐渐增加。

3）饱和核态沸腾区（C 段），初始阶段，$x < 0.3$ 时，热量传递主要是沸腾换热，换热强度取决于热负荷，而对流换热（或流速）的影响趋近于零。热负荷一定时，α_2 基本保持不变，这一阶段也称为旺盛沸腾区。随着含汽率的进一步提高，除了沸腾换热以外，由于汽液混合物的流速显著增加，可达进口水流速度的几倍乃至十几倍，宏观对流作用的影响则再次显示出来，因此 α_2 又开始增加，且与双相强制对流换热区（D 段）没有明显的分界。饱和核态沸腾的 α_2 非常大，因为此时内壁面上的汽化核心数相当多，大量的汽泡形成、长大和脱离，除了其本身携带走汽化热以外，还把近壁层的过热液体推向中心主流，而汽泡脱离后的位置又由中心主流的较冷流体来补充，在管壁附近形成了非常猛烈的微观对流。

4）双相强制对流换热区域（D 段），随着液膜逐渐减薄，液膜的导热性增强，但不再形成汽泡，此时由管壁传来的热量以强制对流的方式，通过液膜的导热传递到汽水分界面上，在该界面上液体不断被蒸发，使液体的汽化过程从核态沸腾转入表面蒸发。由于汽水混合物流速的进一步提高，表面传热系数沿流动方向继续增大，沸腾换热的影响逐渐下降，而对流换热的份额越来越大。当混合物流速相当高时，热负荷的影响渐趋消失，流速成为决定性因素。

5）干涸点 E，由于液膜被蒸干或撕破而消失，α_2 突然下降到接近于饱和蒸汽对流换热的数值。

6）欠液换热区（F 段），是传热恶化后湿蒸汽与管壁的换热。此时工质处于热力学不平衡状态，热量传递过程相当复杂。热量可以由壁面传给蒸汽，使蒸汽过热后再传给液滴，从而使液滴蒸发，热量也可以从壁面直接传给能撞击到壁面上的液滴而使其蒸发。若壁温很高，热量还可以由壁面以辐射的方式传给蒸汽和液滴。这一区段中的表面传热系数 α_2 比上一区段显著下降，其变化趋势取决于工质的质量流速。如果 $\rho w > 700\text{kg}/(\text{m}^2\cdot\text{s})$，主流中的液滴因湍流扩散撞击壁面的概率增加，液滴快速蒸发使得蒸汽流速进一步增加，故 α_2 随 x 增加而上升；如果 ρw 较小，液滴撞击壁面的概率小，壁面热量的传递速度减小，壁温升高，则 α_2 可能继续下降，如图 11-1 中的虚线所示。

7）过热蒸汽区（G 段），换热遵循单相强制对流换热的规律。由于蒸汽温度比内壁温度增加更快，表面传热系数 α_2 随蒸汽温度的提高而略有增大。

2. 热负荷对沸腾换热的影响

如果进入管子的水流量不变，管子的管外热负荷不断升高，则换热区域和表面传热系数 α_2 会发生变化。热负荷逐渐增加时，单相水和双相强制对流区的长度缩短，核沸腾（包括表面核沸腾和饱和核沸腾）和干涸后传热区扩大。其中，单相流体 α_2 不变，整个核沸腾区的 α_2 由于汽化核心数目和汽泡产生及脱离的频率增加，传热变得更加强烈而增大，但两相强制对流区的 α_2 仅略有增加，干涸点的位置提前，出现在 x 值更低的时候，如图 11-1 曲线 2 所示。

当热负荷再增加并大于某一界限值后，则过冷沸腾进一步提前，饱和核沸腾区逐渐缩短。虽然核沸腾区的 α_2 更高，但在 x 值达到某一定值时，不经过两相强制对流区，直接从核沸腾转入传热恶化。这时发生传热恶化的 x 值比较小，恶化点的位置更早，其恶化机理也发生变化，不再是由于液膜的蒸发和撕破导致的壁面蒸干，而是水不能润湿壁面，使核态沸腾工况转变为膜态沸腾，如图 11-1 中曲线 3 和 4 所示。这种情况可能在环状流动中发生，也可能随着热负荷不断升高而相继在弹状流动或泡状流动工况时发生。当热负荷非常高时，甚至在过冷区域就会偏离核沸腾而转入膜态沸腾，如图 11-1 中曲线 5 所示。

3. 各类传热区域表面传热系数计算

各换热区间的表面传热系数都是通过试验整理得到的，计算关联式相当多。下面对各换热区间分别介绍一种常用的表面传热系数的计算方法。

（1）单相流体强制对流换热　对于临界压力以下的水、$Re > 1\times10^6$ 的过热蒸汽，以及超临界压力时工质焓值 $h < 1000\text{kJ/kg}$ 或 $h > 2700\text{kJ/kg}$ 的水和蒸汽，表面传热系数可按下式进行计算，即

$$\alpha_2 = 0.023\frac{\lambda}{d_n}Re^{0.8}Pr^{0.4} \tag{11-1}$$

式中，λ 为工质的热导率 [kW/（m・℃）]；d_n 为管子内径（m）。各物性参数按工质的平均温度确定，定性尺寸为管子内径。

对于 $Re < 1\times10^6$ 的过热蒸汽，通常为锅炉再热器中的蒸汽，α_2 的试验值小于上式的计算值，建议按下式进行计算，即

$$\alpha_2 = 0.0133\frac{\lambda}{d_0}Re^{0.84}Pr^{1/3} \tag{11-2}$$

式中，工质物性是按工质温度 t_{gz} 和管子内壁温度 t_{nb} 的算术平均值确定，通常 t_{nb} 是未知的，需用试凑法进行计算。

（2）表面沸腾　热水锅炉受热管内的工质平均温度 t_{gz} 尚未达到饱和温度 t_{bh}，而内壁温度 t_{nb} 已超过 t_{bh}，具有一定的过热度，就会在内壁上生成汽泡，形成表面沸腾。

工质温度越低，则发生表面沸腾的可能性越小。当工质的过冷度 $\Delta t_{gl}=t_{bh}-t_{gz}$ 大于某一值时，就不会发生表面沸腾，因此可以用过冷度 Δt_{gl} 作为是否发生表面沸腾的判据。不发生表面沸腾的条件为

$$\Delta t_{gl} \geqslant \frac{q_n}{\alpha_2} - 0.236\frac{q_n^{0.3}}{p^{0.15}} + 5 \tag{11-3}$$

式中，q_n 为内壁热负荷（W/m^2）；p 为压力（MPa）；α_2 为管内水强制表面传热系数，通常可用式（11-1）计算。

若考虑到将要发生表面沸腾时管子横截面上水温存在差别，建议用考虑物性修正系数后的下式进行计算，即

$$\alpha_2 = 0.023\frac{\lambda}{d_n}Re^{0.8}Pr_{gz}^{0.4}\left(\frac{Pr_{gz}}{Pr_{nb}}\right) \tag{11-4}$$

式中，Pr_{gz} 和 Pr_{nb} 分别为按工质平均温度和按内壁温度计算的普朗特数。

由上式可知，减小热负荷，降低压力，提高质量流速以及增大过冷度都不易发生表面沸腾。发生表面沸腾时，汽泡的生成和消失可能引起热水锅炉供暖系统的压力波动和水击，在沸腾处会因含盐水的蒸发浓缩形成水垢，这些都可能导致锅炉部件的损坏。因此，热水锅炉的受热面中不允许发生表面沸腾。对于大容量蒸汽锅炉，表面沸腾必然存在，必要时可按相关资料计算出管内表面沸腾区段的起点和长度。

（3）饱和沸腾　管内饱和沸腾换热区间包括饱和核态沸腾区和双相强制对流换热区。这两个换热区间的换热机理虽然有所区别（饱和核态沸腾区以沸腾换热为主，双相强制对流换热区以对流换热为主），但这两个换热区间的界限很难确定，两者的表面传热系数都非常大，内壁温度只比工质的饱和温度稍高几度，传热计算中的热阻非常小，因此 α_2[W/（m^2·℃）] 的计算将两个区间统一考虑。常用的计算方法如下，即

$$\alpha_2=\alpha\sqrt{1+1.027\times10^{-5}\left(\frac{\rho' w_h r}{q_n}\right)^{\frac{1}{2}}\left(\frac{0.7\alpha_{ch}}{\alpha}\right)^2} \tag{11-5}$$

$$\alpha=\sqrt{\alpha_{dl}^2+(0.7\alpha_{ch})^2} \tag{11-6}$$

$$\alpha_{dl}=0.023\frac{\lambda}{d_n}Re^{0.8}Pr_{gz}^{0.4}\left(\frac{\mu_{nb}}{\mu_{gz}}\right)^{0.13} \tag{11-7}$$

$$\alpha_{ch}=3.16\left(\frac{p^{0.14}}{0.722}+0.019p^2\right)q_n^{0.7} \tag{11-8}$$

式中，α_{dl} 为单相流体的强制表面传热系数 [W/（m^2·℃）]；α_{ch} 为沸腾时的沸腾表面传热系数 [W/（m^2·℃）]；Re 为按循环流速 w_0 计算的雷诺数；w_h 为汽水混合物速度（m/s）；r 为汽化热（kJ/kg）；p 为压力（MPa）；q_n 为内壁热负荷（W/m^2）；μ_{gz} 和 μ_{nb} 为分别按工质温度和内壁温度计算的黏度（Pa·s）。以上各式的其他物性均按工质温度确定。

式（11-5）的使用条件为：p=0.2～17MPa；q_n=8×10^4～6×10^6W/m^2；w_h=1～300m/s；（$\rho' r w_h/q_n$）（$0.7\alpha_{ch}/\alpha$）$^{4/3}$＞5×10^4。由于式（11-7）中求 μ_{nb} 时要求知道内壁温度，故也得用试凑法进行计算。

（4）传热恶化后的换热　发生传热恶化后，工质处于雾状流动状态。质量流速较大时，可以认为工质中蒸汽和液滴的温度相等，即处于热力学平衡状态。因此换热计算可采用均相流模型，借用单相强制对流的计算式，通过试验修正来处理。修正系数 y 与压力和含汽率有关，主要考虑实际中非均相的影响，包括蒸汽和液滴间存在的相对速度，液滴在汽化时对边界层的附加扰动，管中截面上的密度梯度对边界层中速度分布和温度分布的影响等因素。将汽水混合物速度式代入式（11-1）的雷诺数中，整理后有

$$\alpha_2=0.023\frac{\lambda''}{d_n}\left(\frac{\rho' w_0 d_n}{\rho' v''}\right)^{0.8}(Pr'')^{0.4}\left[x+\frac{\rho''}{\rho'}(1-x)\right]^{0.8}y \tag{11-9}$$

$$y=1-0.1\left(\frac{\rho''}{\rho'}-1\right)^{0.4}-(1-x)^{0.4} \tag{11-10}$$

从上式可以看出，当 ρw 较大时，随着 x 增加，蒸汽速度也增加，则表面传热系数 α_2 增大，出现壁温飞升时的峰值。壁温峰值处的 x 值比 x_{eh} 要大些，其表面传热系数应当用下文式（11-37）计算出的 x_{max} 代入上式中求得。

当 ρw＜700～800kg/（m^2·s）时，热力学不平衡程度较严重，用上式计算偏差较大，建议用下式进行计算，即

$$\alpha_2=1.16\left[\frac{12.5+0.025\rho w}{(x+0.001)-x_{eh}}-(4650-8\rho w)(x-x_{eh})+1240\right] \tag{11-11}$$

上式表明，当 ρw 较小时，随着 x 增加，蒸汽流速的有限增加使换热过程加强的影响小于热力学不平衡程度对换热过程减弱的影响，因此 α_2 减小，壁温增高，不存在传热恶化时壁温的最高峰值。这与上述讨论是一致的。

（5）超临界压力相变区的换热计算　超临界压力下，液体转变为气体的相变区，由于工质物性变化剧烈，换热过程有可能出现强化，也有可能出现恶化。对于工质焓 h=1050 ～ 2720kJ/kg 的垂直管的表面传热系数，可按下式计算，即

$$\alpha_2=A\alpha_0 \tag{11-12}$$

式中，A 为修正系数，按图 11-2 查取；α_0 为超临界压力下工质焓 h=840kJ/kg 时的表面传热系数 [W/（m²·℃）]，按下式计算，即

$$\alpha_0 = 0.021\frac{\lambda}{d_n}Re^{0.8}Pr^{0.4} \tag{11-13}$$

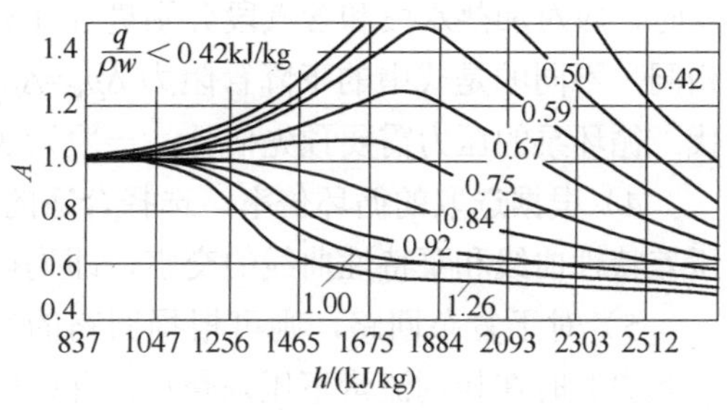

图 11-2　超临界压力下的修正系数 A

由图 11-2 可以看出，如果满足 $q/(\rho w)$ < 0.42kJ/kg 的条件，则有 A > 1，表明在超临界压力相变区 α_2 都大于 α_0，表面传热系数不会下降，可以保证超临界压力锅炉相变区不出现传热恶化现象。此时，α_2 可按下式计算，即

$$\alpha_2 = 0.023\frac{\lambda}{d_n}Re^{0.8}Pr_{min}^{0.4} \tag{11-14}$$

式中，Pr_{min} 为分别按工质平均温度及壁温确定的 Pr 数中的较小者。

水平管或倾斜管，沿圆周均匀加热时或顶部加热时，管子顶部的温度最高，其顶部表面传热系数 α_{2sp} 可按下式进行计算，即

$$\alpha_{2sp}=B\alpha_2 \tag{11-15}$$

式中，α_2 为垂直管的表面传热系数 [W/（m²·℃）]，按式（11-12）计算；B 为倾角修正系数，按图 11-3 确定，图中 α 为管子中心线与水平线的夹角。

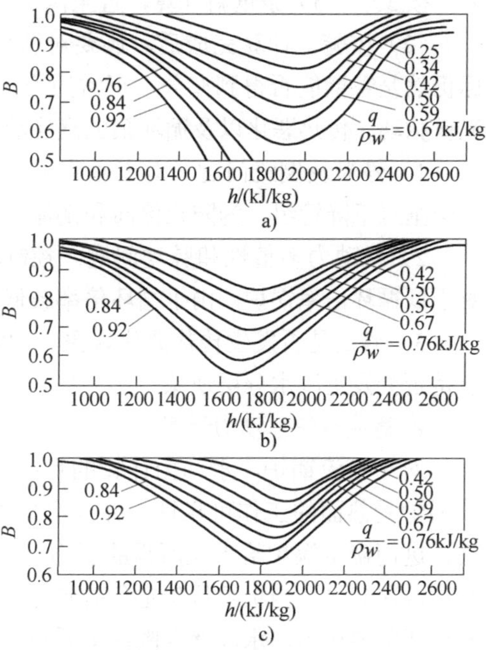

图 11-3　超临界压力下管子倾角修正系数 B

a）α=0°　b）α=15°　c）α=30°

11.1.2　强制流动锅炉水动力计算

1. 强制循环锅炉水动力计算

强制循环锅炉水动力计算的目的，除了要保证蒸发受热面的工作可靠性，即确定各个循环回路内有足够的质量流速，并校核回路中是否会发生循环停滞、倒流及脉动等不稳定工况外，还要确定循环泵的流量和压头，并保证在泵的进口处不发生汽化。

(1) 计算步骤 强制循环水动力计算方法与自然循环锅炉基本相同，主要计算步骤如下：

1) 按设计要求选取循环倍率。

2) 根据回路热负荷，按设计要求分配各回路的流量，并在回路的入口考虑相应的节流圈，要求各回路出口处的质量含汽率基本相等。

3) 计算整个回路的压差特性 $\Delta p=f(G)$。与自然循环不同，强制循环的压差特性是在不计循环泵压力条件下，上升管阻力与下降管阻力的差值与上升管流量的关系。仍采用三点法分别计算上升管和下降管阻力，在图上合成后画出回路的压差特性曲线。在计算上升管压差时，应对加热水段和含汽段分别进行计算。加热水段高度的计算和自然循环中的计算方法相同，不同的是式中的下降管阻力 $\Delta p_{xj}=\Delta p_{jl}+\Delta p_{b}$，即用节流圈的阻力与循环泵的压力之和取代。循环泵的压力需要预先估计，一般为 3×10^5Pa。

4) 根据选取的循环倍率，选择合适的循环泵，给出的泵的特性曲线 $\Delta p_{b}=f(G)$。回路的压差特性曲线和泵特性曲线的交点，即为循环回路的工作点。

5) 对于复杂回路，则可根据回路的结构组成，分别做出各简单回路的压差特性曲线，按照串联时在相同流量下压差叠加，并联时在相同压差下流量叠加的原则进行合成，从而求得回路的总特性曲线及总工作点，并反推出各简单回路的工作点。

6) 若各简单回路的流量不能与各回路的吸热量相匹配，则改变各回路前的节流圈阻力，按3)～5)条重新计算，直至满足2)的要求。

(2) 校验 计算完成后，还要对循环可靠性进行校验。强制循环锅炉的循环可靠性指标仍然是管壁能否得到充分、正常的冷却，包括不发生循环的停滞和倒流、水动力多值性、流量脉动、传热恶化以及循环泵的汽化等。

1) 停滞及倒流问题。对于垂直上升管组，按自然循环的停滞和倒流的方法进行校验，对于垂直下降管组，为防止停滞和倒流，一般要求工质的质量流速不小于500kg/(m^2·s)。

2) 水动力多值性和脉动问题。控制循环锅炉的垂直上升管不会产生水动力的多值性。对于低循环倍率锅炉，由于循环倍率较低，进入蒸发管的循环水欠焓较大，应进行校验。

3) 确定是否发生传热恶化现象。通常要对受热最强的管子进行校验，对水平管还应检查是否会发生汽水分层现象。

2. 直流锅炉水动力计算

对于直流锅炉，水动力计算的目的是确定蒸发受热面的最佳结构方案和工况参数，校核锅炉受热面的工作可靠性，并提出提高可靠性的措施，计算锅炉整个汽水系统的压力损失，进而确定锅炉给水泵所需的压力。带中间负荷的超临界压力机组要求锅炉能变压运行，并能快速起停。当机组从额定负荷到低负荷时，炉膛水冷壁管圈的运行压力将从超临界压力降至亚临界压力，水冷壁管圈内工质将有两种工作状态，即单相流动和双相流动，这使锅炉的工作条件更为复杂，必须进行低负荷工况的水动力特性计算。直流锅炉炉膛水冷壁水动力调整是在冷态进行的，因此需要计算出冷态下的流量分配和节流阀压差。

(1) 计算步骤 直流锅炉水动力计算的内容和步骤如下：

1) 热负荷的分配。将炉膛各墙的水冷壁（沿宽度按照管屏划分，沿高度则按照管屏、管径和管子倾斜角度等因素）划分成若干个区域，然后将热负荷按照一定的规则分配到各个区域上去。

2）计算分段阻力。按照热负荷的分布情况、管径和管子倾斜角度等因素，将管屏及其引入和引出管分成若干段，对各段分别进行压降的计算。

3）计算出 100% 负荷下各管屏的水力工况，如流量、压降、入口及出口的工质参数等。

4）在已知节流阀的开度情况下，即设计流量所对应的压差为设计压差，计算其他工况下（热态，70%、30% 负荷；冷态，100%、70%、30% 负荷）各管屏的流量、压差以及入口和出口的工质参数。热态计算的目的是了解各种工况下水冷壁的工作是否安全以及节流阀是否起到预期的控制作用。冷态计算的目的是获得冷炉调整的数据。按这两种参数进行冷炉调整之后，恢复到热态就应为所要求的工况。

（2）校验　完成以上计算后，应依据直流锅炉的水动力特性对直流锅炉的安全性进行校验，主要从以下几个方面进行：

1）合理组织炉内过程和工质流动过程，保证管壁温度始终低于材料允许温度，而且相邻管壁温度之差小于 50℃，确保蒸发受热面安全工作。

2）避免发生脉动。依据计算所得的最小质量流速来确定防止脉动的节流程度。

3）检验热效流动偏差和结构不均引起的水力偏差。

11.2　蒸发受热面的流动多值性

强制流动锅炉包括强制循环锅炉和直流锅炉两种。两者的共同点是工质在泵的推动力作用下流动。对于强制流动蒸发受热面，管内工质的流动都是具有水的加热段和蒸发段的强制流动。强制循环锅炉蒸发受热面出口是汽水两相混合物，管子一般是垂直布置；而直流锅炉蒸发受热面出口为单相的饱和或过热蒸汽，管子可以水平、垂直和倾斜布置。因此，直流锅炉水动力特性分析及其基本内容原则上也适用于强制循环锅炉的蒸发受热面。

11.2.1　流动多值性的原因

在一定的热负荷下，强制流动受热管圈中，工质流量与管路流动压降之间的关系，称为水动力特性。以 q_m 为横坐标，Δp 为纵坐标，绘制水动力特性的函数关系式 $\Delta p=f(\rho w)$ 或 $\Delta p=f(q_m)$ 的曲线，称为水动力特性曲线，如图 11-4 所示。

不计加速压力降，蒸发受热面管路压力降 Δp 的函数表达式为

$$\Delta p=\Delta p_{\mathrm{lz}}\pm\Delta p_{\mathrm{zw}}=\left(\Sigma\xi+\lambda\frac{l}{d}\right)\frac{(\overline{\rho w})^2}{2\overline{\rho}}\pm\overline{\rho}gh \tag{11-16}$$

式中，$\sum\xi$ 为总的局部阻力系数。

重位压差在工质上升流动时为正值，下降流动时为负值。式（11-16）就是强制流动水动力特性的函数关系式。自然循环流动时，管路压力降特征是重位压差为主；强制流动时，管路压力降特征是流动阻力为主。

式（11-16）中有（$\overline{\rho w}$）^{2} 项，因此在流动阻力为主的强制流动中，水动力特性曲线可能出现多值性。按式（11-16）绘制出水动力特性曲线，如果对应一个压降只有一个流量 q_m，则水动力特性是稳定的或单值的，如图 11-4 的曲线 1 所示。如果对应一个压降可能是两个

甚至两个以上流量，如并联管子中，虽然管屏两端压差是相等的，各管却可以具有不同的流量，则水动力特性是不稳定的或者多值的，如图11-4的曲线2所示。

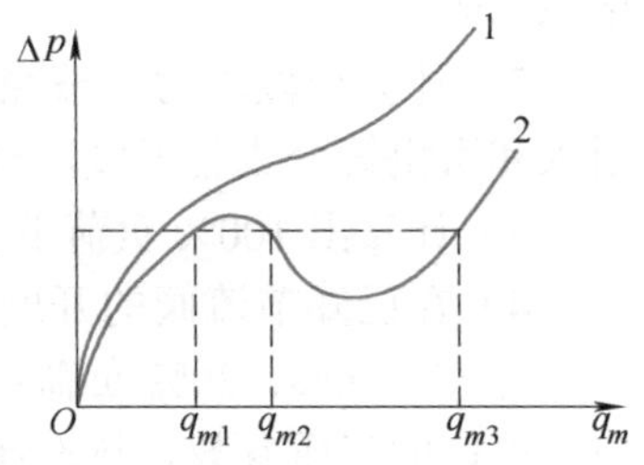

图11-4 水动力特性曲线

1—单值特性曲线 2—多值特性曲线

当出现流动多值性时，流量少的管子可能会因管壁冷却不足而导致过热。如果工质流量时大时小，管子冷却情况经常变动，管壁温度的变动会引起金属疲劳破坏。

流动多值性是由于工质的热物理特性的变化造成的。当流量和重位压差改变时，工质的比体积会发生变化。在管路同时有上升和下降流动时，重位压差的影响不同，情况更为复杂。此外，管路系统的几何参数、工质的流动方式、压力、进口工质焓等对流动特性也有影响。

11.2.2 水平蒸发受热面的水动力特性

对于水平围绕上升管带、螺旋式和水平迂回管屏式水冷壁的水动力特性，可按水平布置来分析。由于管圈长度相对于高度要大得多，因此，进行水动力特性分析时，重位压差可略去不计，式（11-16）可进一步简化为

$$\Delta p=\left(\sum\xi+\lambda\frac{l}{d}\right)\frac{\overline{(\rho w)}^2}{2\overline{\rho}}=\left(\sum\xi+\lambda\frac{l}{d}\right)\frac{1}{2A^2}q_m^2\overline{v}=Kq_m^2\overline{v} \tag{11-17}$$

式中，A为管圈的流通截面积（m^2）；$\overline{v}$为管内工质的平均比体积（m^3/kg）；K为管圈总阻力系数，$K=(\sum\xi+\lambda l/d)/(2A^2)$，对于特定管圈可作为常数。

式（11-17）说明在管圈总阻力系数K一定时，压降Δp与$q_m^2\overline{v}$成正比。

对于均匀受热的水平管管道，设管长为l，热负荷为q且保持不变，管圈进口为未饱和水，如图11-5所示。随着入口水流量的增加，管圈压力降的变化如图11-6所示。当入口水流量很少时，水进入管子后很快汽化成蒸汽，管内主要是单相蒸汽的流动，即B点之前的流动特性曲线。当入口水流量很大时，管子的吸热量只能使水温升高而不产生蒸汽，故从管子流出的仍是单相水，即D点之后的流动特性曲线。上述两个流动区域，管内是单相或接近单相的流动，其水动力特性函数是单值的。

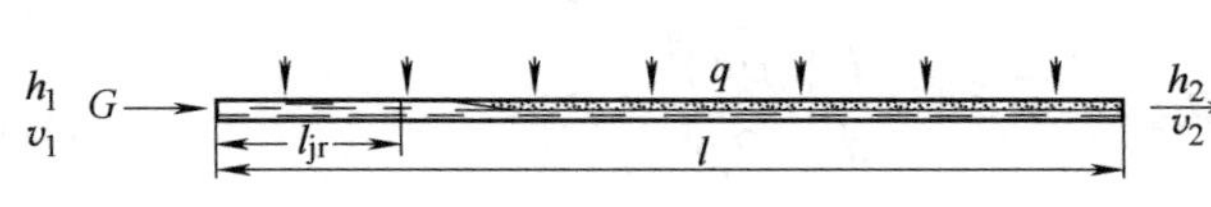

图11-5 均匀受热的水平管圈

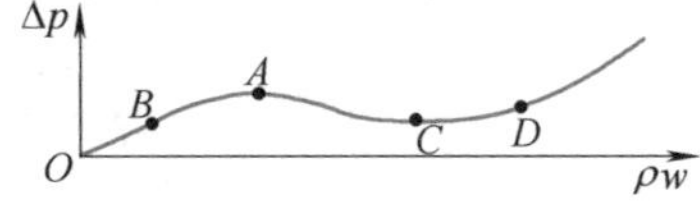

图11-6 水平管圈的水动力特性曲线

当管子出口工质的质量含汽率在0～1之间时，管路压力降不仅与汽水混合物的质量流量有关，还与流体的平均比体积的变化有关。此时随着进入管圈的流量q_m的增加，加热区段长度增加，蒸发区段长度减小，含汽率下降，并且管圈中汽水混合物的平均比体积减小。

流量q_m增加一方面使单相水的流动阻力增加，另一方面含汽率下降引起蒸发段工质的平均比体积的减小，因此式（11-17）中压降随流量的变化，取决于q_m与$\overline{v}$的变化幅度较大

的那一个。在图 11-6 中，$B—A$ 段，质量流量的增加起主要作用，Δp 随质量流量增加而增大；$A—C$ 段，管中平均比体积的减小起主要作用，Δp 随质量流量增加而降低；$C—D$ 段，蒸汽含量很少，质量流量的增加起主要作用，故 Δp 随质量流量的增加又上升。

以上分析表明，即使管圈的热负荷不变，在强制流动的蒸发受热面中，当管圈进口为未饱和水时，在同一压差下，各并联工作的管子的流量可能有两个或三个值，出口工质的蒸汽干度也相应不同。强制流动蒸发受热面中产生这种多值性流动的根本原因是蒸汽和水的比体积或密度不同所引起的，发生在既有加热段又有蒸发段的受热蒸发管内。

11.2.3　影响水动力多值性的主要因素

1. 工作压力

图 11-7 表示压力对水动力特性的影响。锅炉压力越高，饱和蒸汽与饱和水的密度差越小。流量 q_m 增加时，工质平均比体积的减小幅度较小。因此，锅炉工作压力升高，水动力特性便趋向单值。

超临界压力直流锅炉也可能发生水动力多值性。超临界压力的相变区内，如图 11-8 所示，工质的比体积随温度上升而急剧增大，密度急剧下降，与亚临界压力下水汽化成蒸汽，比体积急剧上升而密度急剧下降的情况非常相似。因此，超临界压力直流锅炉蒸发受热面内，工质温度升高时，工质的比体积变化很大，也要防止发生水动力多值性。

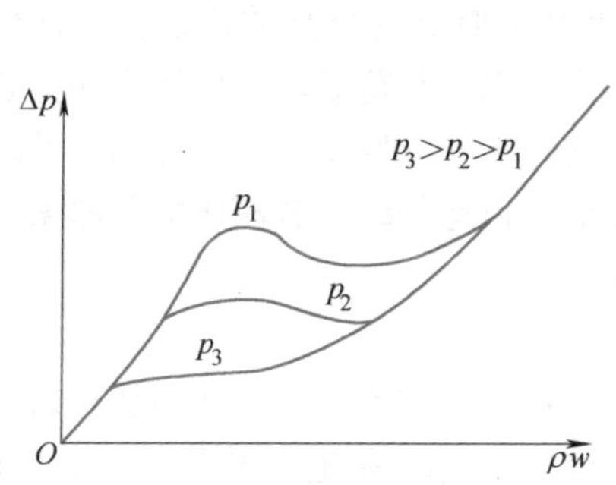

图 11-7　压力对水动力特性的影响

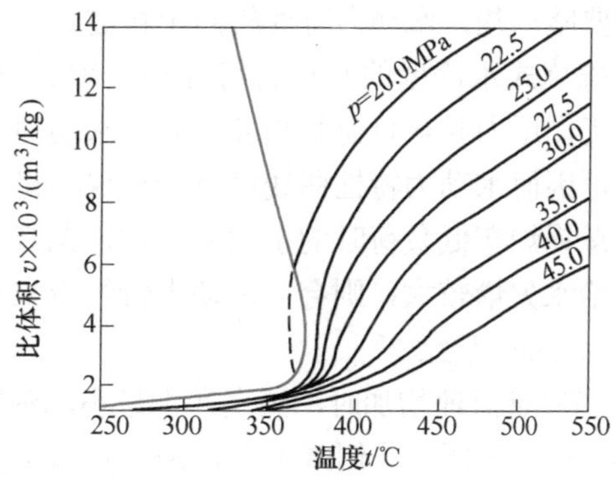

图 11-8　超临界压力的比体积特性

2. 进口工质的焓值

当管圈进口工质欠焓为零，热负荷一定的情况下，蒸汽产量不随流量而变，平均比体积的变化小，而压降则随着流量的增加而单值地增加。

管圈进口工质的欠焓越小，或管圈进口工质的温度越接近于对应管圈进口压力下的饱和温度，则水动力特性越趋向稳定。图 11-9 给出了压力一定时，在不同管圈进口工质温度情况下的水动力特性曲线。

超临界压力下，沿管圈长度、工质焓变化时，工质的比体积也发生变化，尤其在相变区的变化很大，因此管圈进口工质的焓对水动力多值性也有影响，如图 11-10 所示。试验结果表明，要保持流动单值性，必须使进口工质的焓足够大，水动力特性曲线才具有足够的陡度。

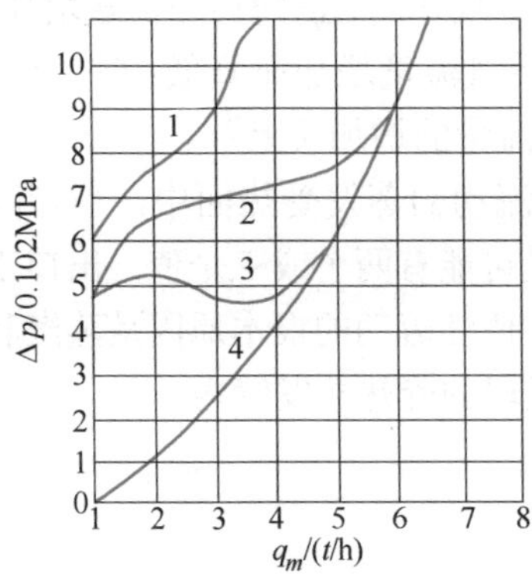

图 11-9 进口工质温度对水动力特性的影响

（p=4MPa，饱和温度 t_s=250℃）

1—t_1=210℃ 2—t_2=180℃

3—t_3=150℃ 4—管子未被加热

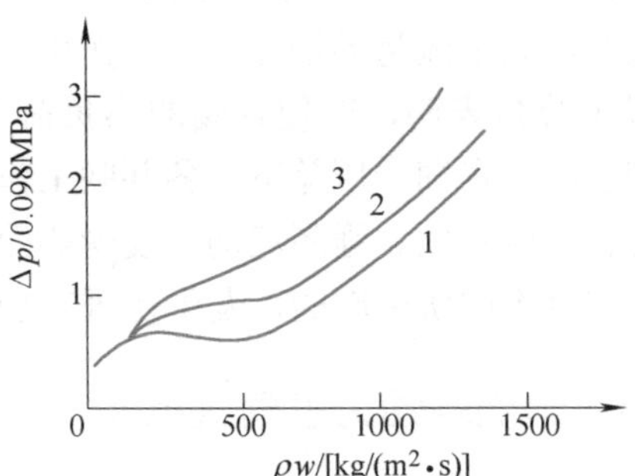

图 11-10 超临界压力下水平管圈进口工质焓 h_e 对水动力特性的影响

（p=29.4MPa，t=250℃，d=38mm×4mm）

1—h_e=837kJ/kg 2—h_e=1047kJ/kg

3—h_e=1256kJ/kg

3. 管圈热负荷和锅炉负荷

管圈热负荷增加时，水动力特性趋向于稳定。热负荷较高时，缩短了加热区段的长度，相当于减少了工质欠焓的影响，管圈中产生的蒸汽量多，阻力上升较快，水动力特性曲线上升也要陡一些，水动力特性趋向于稳定。

螺旋式水冷壁的水动力特性在锅炉高负荷时比低负荷时具有更高的稳定性。锅炉负荷高，工作压力和热负荷都相应提高，水动力特性较稳定。锅炉负荷低，工作压力和热负荷都较低，因而水动力特性曲线可能会出现不稳定性。因此，水平蒸发管圈在设计和调整时，更应注意锅炉在低负荷时的水动力特性，尤其在起动和低负荷运行时，若高压加热器未投入运行，给水欠焓较大，则会对水动力特性带来不利影响。

4. 热水段阻力

当质量流速增加时，蒸汽产生量小，蒸发段阻力也减小。热水段阻力所占比例较大，因此蒸发段阻力所占比例减小，对 Δp 的影响减小，水动力特性趋于稳定。采用小管径管子和安装节流圈等方法，增加热水段阻力，减小了蒸发段的影响，也可以使水动力特性趋于稳定。

11.2.4 垂直蒸发管中的水动力特性

垂直布置的蒸发受热面包括一次上升管屏、多次上升管屏及多流程迂回管屏等。垂直布置管屏的特征是管屏高度相对较高，接近于管子长度，重位压差对水动力特性的影响很大，甚至成为压降的主要部分。因此，必须考虑重位压差对水动力特性的影响。

重位压差对垂直一次上升管屏水动力特性的影响如图 11-11 所示。重位压差总是随 q_m 单值性地增加，因此对总的水动力特性能起稳定作用。垂直上升管中，如果重位压差对压降的影响占主导地位，则其水动力特性一般是单值的。如重位压差还不足以使水动力特性达到稳定时，则必须在管子入口处装节流圈，以保证水动力特性的稳定。

垂直下降流动蒸发管屏中，上端进口压力大于下端出口压力，而重位压差的影响正好相反，使下端出口压力大于上端进口压力，故在垂直下降流动的蒸发受热面的压降公式中，重位压差取负号，重位压差对水动力特性的作用正好与垂直上升流动的相反，水动力的不稳定性更严重，如图 11-12 所示。

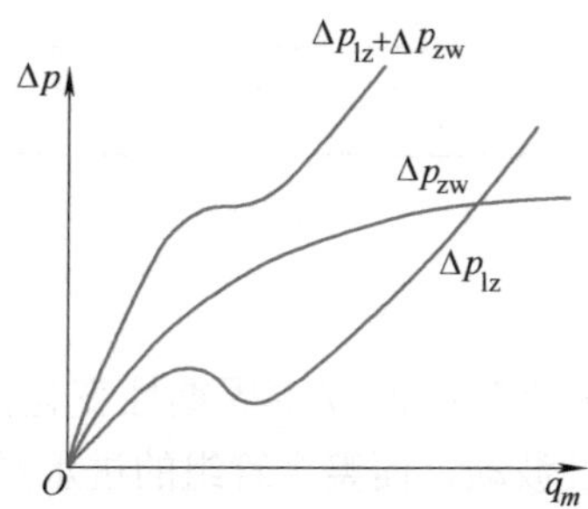

图 11-11　垂直上升管屏水动力特性曲线

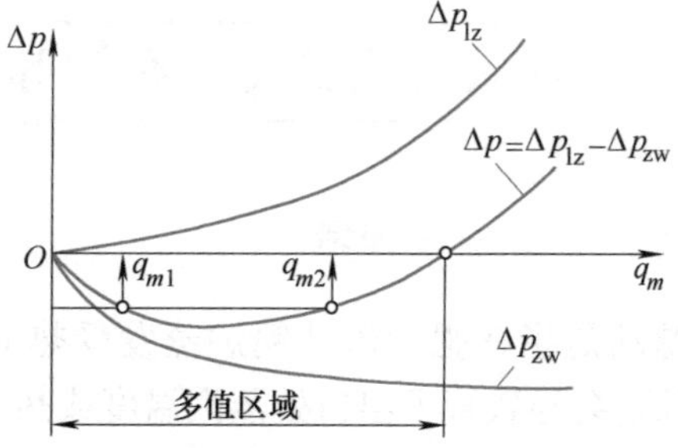

图 11-12　垂直下降管屏水动力特性曲线

11.2.5　消除或减轻水动力多值性的措施

针对水动力多值性的原因和受热面的布置，可从以下五个方面消除或减轻水动力多值性：

（1）提高工作压力　引起强制流动水动力不稳定的根本原因是蒸汽与水的密度有差别。随着压力提高，蒸汽与水的密度差将减小，水动力特性趋于稳定。

（2）适当减小蒸发段进口水的欠焓　当管圈进口水的欠焓为零时，管圈中就没有加热区段，在一定热负荷下，管圈内蒸汽产量不随工质流量而变化，而流动阻力总是随工质流量的增加而增加，因此，进口水的欠焓越小，水动力特性越趋向稳定。但是进口水的欠焓也不宜过小，因为当工况稍有变动时，管圈进口处有可能产生蒸汽，引起并联各管的工质流量分配不均，反而会加剧并联管的热偏差。

（3）增加热水段阻力　直流锅炉在水的加热段采用较小管径或在管圈进口处加装节流圈，增加热水段阻力，可使水动力特性趋于稳定。加装节流圈对水动力特性的影响如图 11-13 所示。加装节流圈后，管圈的总流动阻力增加，但总的水动力特性曲线趋于稳定。节流圈孔径越小，局部阻力越大，水动力特性越稳定。为了使系统压降损失不太大，设计时应合理选取节流圈的阻力系数。

（4）加装呼吸集箱　水动力不稳定时，对于同一管屏，各个管子的流量不同，即在同一管子长度处，各个管子内的压力也不同，质量流速较小的管子，压力较高。管屏中部加装呼吸集箱，如图 11-14 所示，可以平衡各管的压力，使各管质量流速趋于平衡。

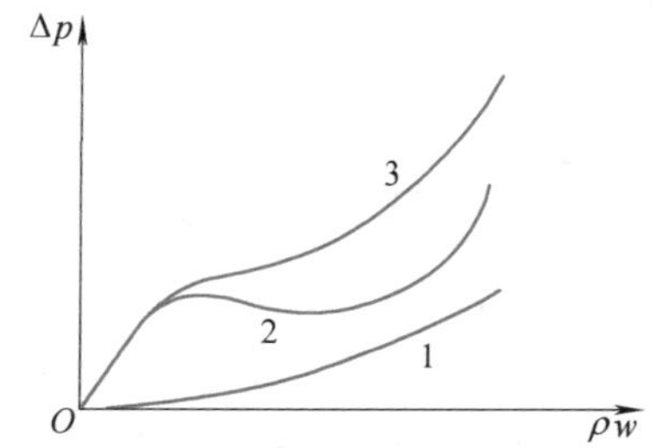

图 11-13　节流圈对水动力特性的影响

1—节流圈阻力特性　2—未加节流圈
3—加节流圈后的水动力特性

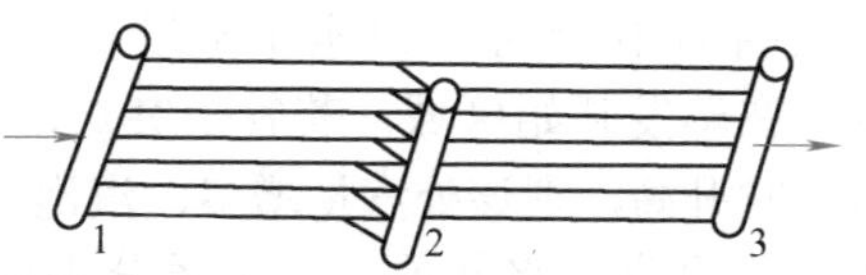

图 11-14　呼吸集箱装置示意图

1—进口集箱　2—呼吸集箱　3—出口集箱

（5）提高质量流速 当质量流速增加时，管子的 Δp 值增加。当 Δp 值超过图 11-6 中的 A 点时，则水动力稳定。

11.3 强制流动蒸发受热面的脉动

11.3.1 流量脉动现象

脉动是指在强制流动锅炉蒸发受热面中，流量的大小随时间发生周期性变化的现象。流量脉动会导致管子出口处蒸汽温度或热力状态的周期性波动，而整个管组的进水量和蒸汽量却无显著变化。流量脉动时，管子加热、蒸发和过热区段的长度不断发生变化，因而相应的管壁区段也交变地与不同状态的工质接触，致使管壁温度周期性变化，导致金属疲劳损伤。脉动现象有管间脉动、屏间脉动和整体脉动三种。

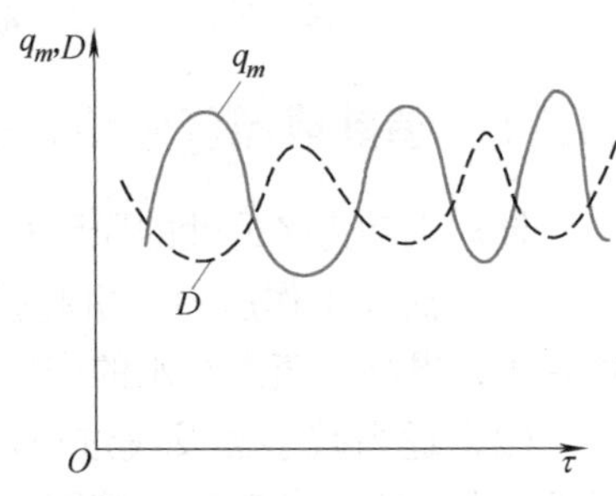

图 11-15 同一根管子脉动现象

发生管间脉动时，管屏的总流量和进出口集箱之间的压差均未发生变化，但是各管中的流量却发生了周期性变化，其变化规律如图 11-15 所示。对于一根管子而言，管子入口水流量 q_m 与出口蒸汽量 D 都发生周期性变化，而且 q_m 与 D 的变化方向相反。对比同一管屏的并联管子，当一部分管子的进水量 q_{m1} 减小，D_1 增加时，另一部分管子的进水量 q_{m2} 增加，D_2 减小；相反，当 q_{m1} 增加时，q_{m2} 减小。发生管间脉动时，单根管子内的 q_m 和 D 都有周期性的变化，但 q_m 与 D 的变化相差 180°相位角；管屏中一部分管子与另一部分管子之间 q_m 或 D 的变化也相差 180°的相位角。

屏间脉动是指发生在并列管屏之间的流量脉动现象。发生屏间脉动时，并列管屏的进出口总流量和总压差并无明显变化，只是各管屏间的流量发生变化。

整体脉动是整个锅炉的并联管子的流量同时发生周期性波动。在燃料量、蒸汽量和给水量等急剧波动时，以及给水泵、给水管道和给水调节系统等不稳定时，锅炉都有可能发生整体脉动，但当这些扰动消除后，整体脉动即可停止。

11.3.2 脉动的原因

发生脉动的根本原因目前还有待进一步研究。简单而言，管间流量脉动时，管内水和蒸汽的瞬时流量总是不一致，那么管内一定存在着压力波动。如图 11-16 所示，以水平蒸发管内两相流动为例，在蒸发开始区域，若管子突然出现局部热负荷短时升高，则该处汽量增多，汽泡直径增大，局部压力升高，将其前、后工质分别向管圈进、出口两端推动，因而进口水流量 q_m 减少，加热水区段缩短，而出口蒸汽量 D 增加。与此同时，由于局部压力的升高，将一部分汽水混合物推向过

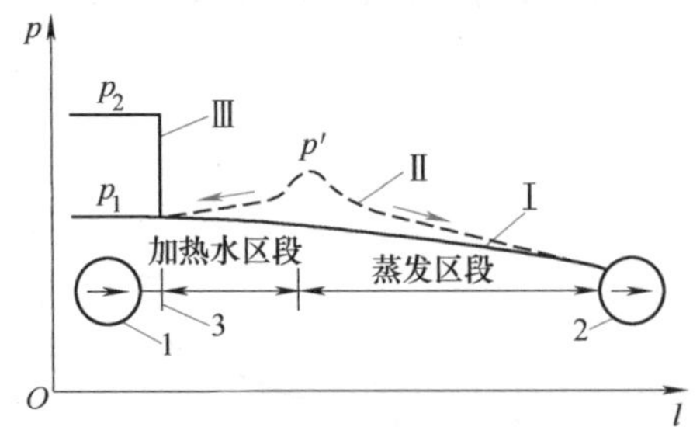

图 11-16 压力沿管长的变化

Ⅰ—无脉动 Ⅱ—有脉动

Ⅲ—节流圈中的压力变化

1—进口集箱 2—出口集箱 3—节流圈

热区段，导致过热区段也缩短。蒸汽量的增加和过热区段的缩短，都会导致出口过热汽温下降或者工质热力状态发生变化。上述过程的结果是管子输入输出能量之间失去平衡，管内压力一直下降到低于正常值，流量和出口汽温开始反方向变化。同时，在管内压力升高期间，工质饱和温度升高，则管壁温度也升高，管壁金属蓄热。当管内压力下降时，工质饱和温度也下降，管壁金属释放蓄热给工质，相当于工质吸热量增大。以上过程重复进行，管子就连续地周期性发生流量和温度的脉动。

因此，产生脉动的根本原因是饱和水与饱和蒸汽之间的密度差。产生脉动的外因，是管子在蒸发开始区段受到外界热负荷变动的扰动；而内因则是由于该区段工质及金属的蓄热量发生周期性变化。目前对脉动产生的原因存在着多种解释。上述对脉动产生原因的分析并不完善，只是一种通俗的说明，对水平管或微倾斜管能适用。实践证明，垂直管中也可能产生脉动现象，有时甚至是相当敏感。

对于强制流动锅炉，蒸发受热面的流动应该稳定，尤其是直流锅炉，蒸发受热面不允许发生脉动。由于脉动现象和机理非常复杂，有待进一步研究，因此脉动的校验方法和计算公式可参考电站锅炉水动力计算标准。

11.3.3　防止脉动的措施

（1）提高工作压力　压力对脉动的影响如图 11-17 所示。锅炉的工作压力越高，汽与水的比体积越接近，局部压力升高的现象就不易发生，或压力升高的幅度较小，故提高工作压力可减少脉动现象的产生。实践证明，当压力在 14MPa 以上时，就不容易发生脉动现象。

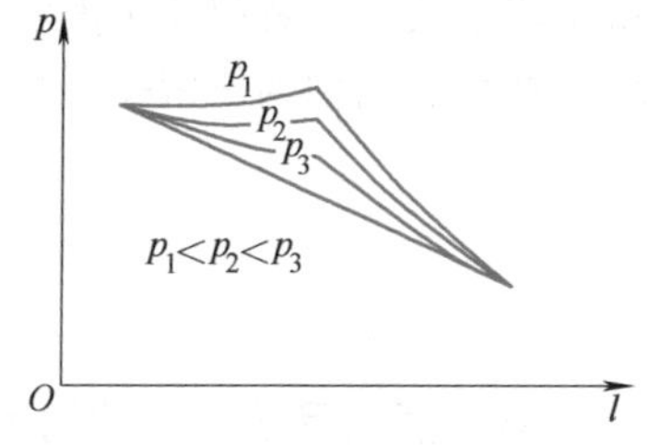

图 11-17　压力对脉动的影响

（2）增大加热段与蒸发段阻力的比值　增加管圈加热段的阻力和降低蒸发段阻力都可减小脉动现象的产生。管子入口压力越高，出口压力越低，则在开始蒸发点附近，局部压力升高对进口工质流量影响减小，且更容易把工质推向出口，因而流量波动减小。在管圈进口装节流圈，或者加热区段采用较小直径的管子，都可增加热水段的阻力和管子入口压力。管圈进口工质欠焓增加，热水段长度和阻力都增加，对减少脉动现象也是有利的，但是对于水动力稳定有不利影响。

（3）提高质量流速　提高工质在管内的质量流速，可很快地把汽泡带走而不会使其在管内集聚变大，管内就不会形成较高的局部压力，从而保持稳定的进口流量，减小和避免管间脉动的产生。

（4）蒸发区段安装中间集箱　蒸发管中产生脉动时，由于各并列管子间的流量不同，沿各管子长度的压力分布也不同。并列管子的进出端连接在进出口集箱上，应具有相同的进口压力和出口压力，但在管子中部，由于各管工质流量互不相同，流动阻力也不同，流量大的管子加热段阻力增大，故管子中部的压力较低；而流量小的管子加热段阻力较小，则中部压力较高。如果将各并列蒸发管的中部连接至中间集箱或呼吸集箱，则各管中部的压力趋于均匀，因而可减轻脉动现象的发生。

中间集箱设置在管屏中间，相当于减小了蒸发段的长度和流动阻力，使脉动不易发生。呼吸集箱应设置在并列管间压差较大的位置，一般装在 x=0.1 ～ 0.2 的位置，效果比较显著。

呼吸集箱直径通常为连接管直径的两倍左右，如图11-14所示。

（5）合适的锅炉起停和运行方面的措施　为了防止产生脉动，直流锅炉在运行时应注意保证稳定的燃烧工况和均匀的炉内温度场，以减小各并列管的受热不均；在锅炉起动时，应保持足够的起动流量及起动压力。

11.4 蒸发受热面的热偏差和水力不均

管内工质为单相流体的过热器热偏差，其基本内容原则上也适用于强制流动锅炉的蒸发受热面。强制流动锅炉的蒸发受热面布置于炉膛高温区域，既有单相流体，又有双相流体，因而强制流动锅炉蒸发受热面中的热偏差与单相流体相比，有显著区别。

11.4.1 蒸发受热面热偏差的定义

1. 热偏差系数

在计算和分析水动力多值性与脉动时，都是假定管间热负荷均匀、管子结构相同。实际上，管屏中每根管子受热情况和结构并不完全相同。与过热器类似，蒸发受热面中，工质的含汽率大，可能发生传热恶化，存在管壁温度过高而损坏的危险。

蒸发受热面的热偏差定义式与过热器相同，也包括吸热不均系数、结构不均系数和流量不均系数，三者都使偏差管质量流速下降，表现为偏差管工质焓增增大。偏差管焓增与平均管焓增之比称为热偏差系数，即

$$\eta_i = \frac{\Delta h_{\mathrm{p}}}{\Delta h_0} = \frac{q_{\mathrm{p}} A_{\mathrm{p}} / q_{m\mathrm{p}}}{q_0 A_0 / q_{m0}} = \frac{\eta_q \eta_A}{\eta_G} \tag{11-18}$$

2. 热效流动偏差和水力不均系数

对于蒸发受热面，结构不均的影响较小。蒸发受热面受热不均引起的水力不均则称为热效流动偏差。蒸发受热面的受热不均和流量不均引起的水力不均则用水力不均系数η_G表示，即

$$\eta_G = \frac{q_{m\mathrm{p}}}{q_{m0}} = \frac{(\rho w)_{\mathrm{p}}}{(\rho w)_0} \tag{11-19}$$

式中，$q_{m\mathrm{p}}$、q_{m0}分别为偏差管、平均管流量（kg/s）；$(\rho w)_{\mathrm{p}}$、$(\rho w)_0$分别为偏差管、平均管质量流速［kg/（m^2·s）］。

已知垂直管屏高度h、入口压力p_1和出口压力p_2。平均管参数用下角标“0”表示，偏差管参数用下角标“p”表示。忽略加速压降和工质由分配集箱引入管屏、管屏进入汇集集箱的压降，根据伯努利方程，对于平均管和偏差管可分别写出：

$$\Delta p = p_1 - p_2 = \Delta p_{\mathrm{lz},0} + \Delta p_{\mathrm{zw},0} = \Delta p_{\mathrm{lz,p}} + \Delta p_{\mathrm{zw,p}} \tag{11-20}$$

流动阻力和重位压差计算式分别为

$$\Delta p_{\mathrm{lz}} = \left(\lambda \frac{l}{d} + \sum \xi\right) \frac{(\rho w)_{\mathrm{qs}}^2}{2} = z(\rho w)^2 v$$

$$\Delta p_{zw} = H\rho g = Hg / v$$

将 Δp_{lz}、Δp_{zw} 代入式（11-20），两端除以 $z_0(\rho w)_0^2 v_0$，整理得

$$\eta_G = \frac{(\rho w)_p}{(\rho w)_0} = \sqrt{\frac{z_0 v_0}{z_p v_p}\left[1 + \frac{(H_0 / v_0 - H_p / v_p)g}{z_0(\rho w)_0^2 v_0}\right]} \tag{11-21}$$

偏差管的质量流速小，表现为偏差管工质焓增较大，故 η_G 总是小于或等于 1。η_G 越小，则水力不均越大。式（11-21）表明，影响垂直管屏 η_G 的因素为：① v_0/v_p，反映了受热不均对流动不均的影响，即热效流动偏差；② z_0/z_p，反映了结构不均对流动不均的影响；③（$H_0/v_0-H_p/v_p$）g，反映了重位压差对流量不均的影响，即使管屏高度相同，重位压差也会影响水力不均。

3. 水平管圈的水力不均

对于水平管圈，可以忽略重位压差的影响，式（11-21）可以写为

$$\eta_G = \sqrt{\frac{z_0}{z_p}\frac{v_0}{v_p}} \tag{11-22}$$

z_0/z_p 反映了结构不均对 η_G 的影响，v_0/v_p 反映了受热不均对流动不均的影响。具有加热段和蒸发段的管子，v 的计算式如下，即

$$v = \frac{v_1 + v'}{2}\frac{L_{rs}}{L} + \frac{v_2 + v'}{2}\frac{L_{zf}}{L} = \frac{v_1 + v'}{2}\frac{q_m \Delta h}{ql} + \frac{2v' + \frac{1}{r}\left(\frac{ql}{q_m} - \Delta h\right)(v'' - v')}{2}\left(1 - \frac{q_m \Delta h}{ql}\right) \tag{11-23}$$

式中，v_1、v' 和 v_2 分别为管子入口、饱和水和管子出口工质的比体积（m^3/kg）。

因此，影响水平管圈水力不均的因素为：

（1）热负荷　强迫流动的特点是热负荷大，质量流速小。偏差管受热强，则产生蒸汽多，汽水混合物比体积和体积大，速度高，阻力大，因此在相同压差下质量流量必然减少。

（2）结构　偏差管总阻力系数和阻力大，吸热量越多，则流量减小，水力不均匀越大。

（3）受热面进口处的工质焓值　图 11-18 给出了在亚临界及超临界的条件下，η_G 与受热面进口处工质焓值的关系。无论是亚临界或超临界压力，在某个进口工质焓值处，η_G 会达到极值点，即受热面对于水力偏差的灵敏度很高，对于偏差管最危险。图 11-19 给出了在不同 η_q 值时，进口工质焓值的极值点与受热面平均焓增的关系。在给定压力下，平均焓增趋于 0 时，进口工质焓值的极值趋近于某个定值，这时受热面对于偏差现象的灵敏度最大。对于亚临界压力直流锅炉，具有最大灵敏度的进口焓就是饱和水焓。

（4）工作压力　随着工作压力的增加，水力偏差明显降低。图 11-20 给出了在不同压力下水力偏差系数 η_G 与进口焓的关系。

4. 垂直管圈的水力不均

对于垂直管圈，必须考虑重位压差的作用，假定 $h_p=h_0$，令 $hg/[z_0(\rho w)_0^2]=\beta$，式（11-21）可写为

$$\eta_G = \sqrt{\frac{z_0}{z_p}\frac{v_0}{v_p}}\sqrt{1 + \beta\frac{\rho_0 - \rho_p}{v_0}} = \eta_{Gsp}\sqrt{1 + \beta\frac{\rho_0 - \rho_p}{v_0}} \tag{11-24}$$

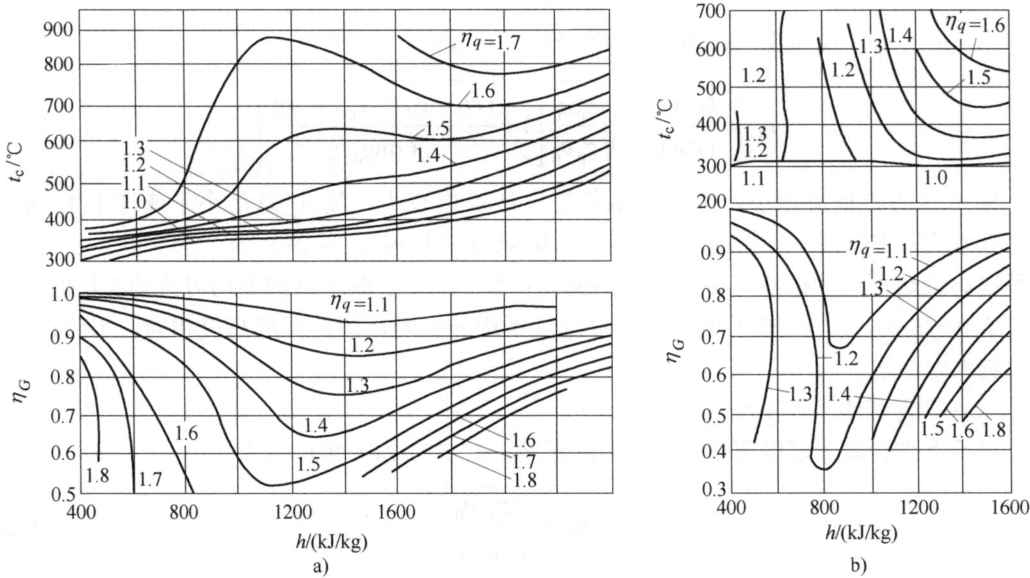

图 11-18 水力偏差系数 η_G 及偏差管出口工质温度 t_c 与受热面进口焓的关系（平均焓增为 835kJ/kg）

a）p=23.5MPa b）p=11.8MPa

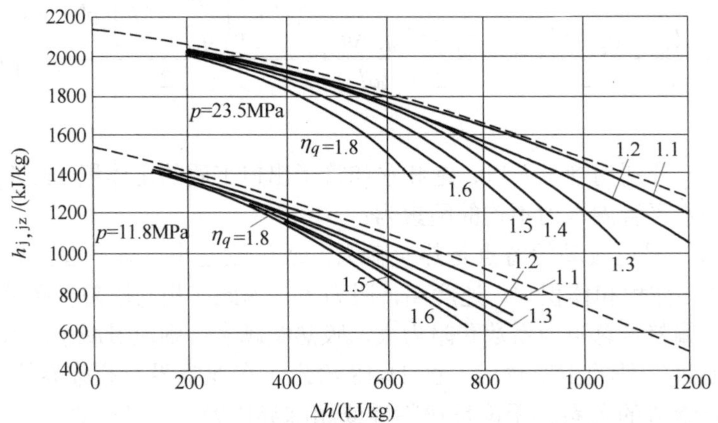

图 11-19 进口焓极值点 $h_{j,jz}$ 与受热面平均焓增的关系

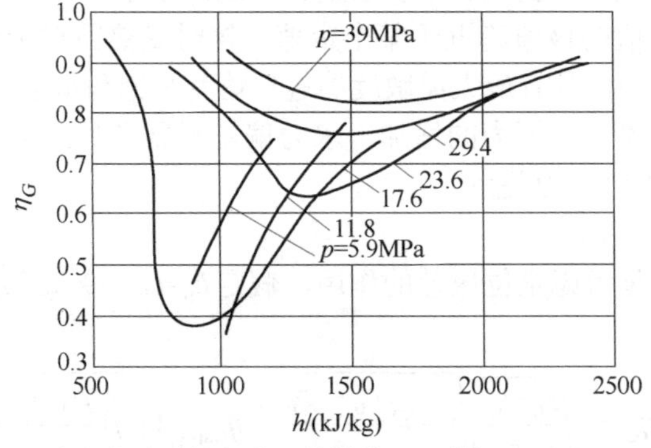

图 11-20 水力偏差系数与进口焓的关系（$\overline{\Delta h}$ =835kJ/kg，η_q=1.4）

$$\beta=\frac{hg}{z_0(\rho w)_0^2}=\frac{hg}{\lambda\frac{l}{d}\frac{1}{2}(\rho w)_0^2}=\frac{2gd}{\lambda(\rho w)_0^2}\tag{11-25}$$

式中，η_{Gsp} 为水平管圈水力不均系数；β 为垂直度系数，它在一定程度上反映了重位压差占流动阻力份额。式（11-24）表明：

1)q 增加时，ρ_p 下降，$\beta(\rho_0-\rho_p)/v_0$ 上升，重位压差使质量流速上升；另一方面，ρ_p 下降，v_p 上升，v_0/v_p 下降，流动阻力则使质量流速下降。因此，重位压差有减轻或改善水力不均的作用。

2）重位压差占流动阻力比例越大，则 β 越大，η_G 越大，水力不均越小。决定重位压差占流动阻力比例的因素是 ρw，它取决于锅炉的负荷。ρw 增加，β 减少，即锅炉在高负荷时，重位压差作用减小，流动特性表现出强迫流动特性。在负荷较低时，ρw 下降，β 上升，重位压差作用增大，流动表现出自然循环特性。在负荷很低时，ρ_p 较大，可能使得 $\beta(\rho_0-\rho_p)/v_0 \leqslant -1$，这时 $\eta_G \leqslant 0$，即流动出现了停滞和倒流。

5. 水力不均危害

偏差管工质出口温度升高是热偏差的另一种表现形式，即偏差管流量减小带来的后果。它与受热面热负荷不均匀系数的关系称为受热面的偏差特性。这一特性可以用来评估每个受热面容许的水力偏差及热力偏差。受热面的偏差特性如下：

1）锅炉正常热工况时，可能会有短期的急剧变化，以致出现受热面的焓值比正常值要高的情况。这时，焓值的提高可用下式来考虑，即

$$\Delta h_0^*=b\Delta h_0\tag{11-26}$$

式中，b 为焓值的提高系数，对于煤粉炉，当 D 大于 70% 额定蒸发量时，b=1.2，当 D 小于 70% 额定蒸发量时，b=1.3，对于燃油锅炉，所有负荷下，b=1.2。

偏差管中工质焓增为

$$\Delta h_p=\eta_h\Delta h_0^*\tag{11-27}$$

偏差管出口处工质焓值为

$$h_p=h_j+\eta_h\Delta h_0^*\tag{11-28}$$

2）假定 η_h 为 1 ～ 1.5 之间，已知入口焓值，根据式（11-28）计算出口偏差管出口的焓值 h_p 和温度 t_c，再根据式（11-24）求出 η_G，进而根据式（11-18）求出 η_h 对应的 η_q，绘制受热面的偏差特性 η_q-t_c 曲线，如图 11-21 所示。如果偏差管出口处工质温度与平均温度偏差值不大于 30℃，则可认为在变动工况下工作时，该受热面的可靠性是有保证的。反之，受热面的可靠性无保障。

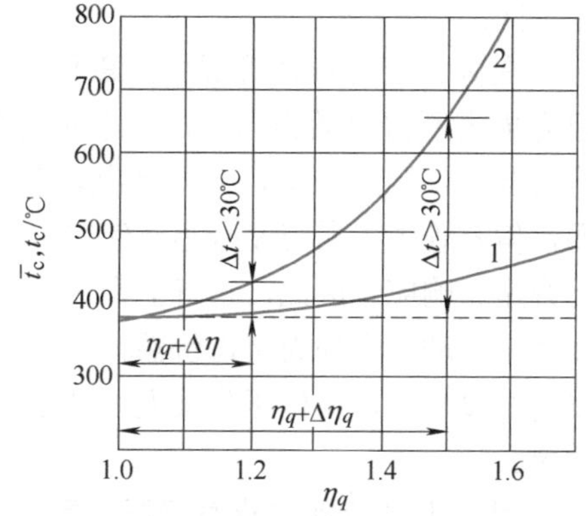

图 11-21　η_q 与受热面偏差特性曲线

1—影响弱　2—影响强

11.4.2　热偏差的影响因素

热偏差的影响因素主要有热力不均、水力不均及结构不均等。对于蒸发受热面，热偏差主要

是由于热力不均和水力不均造成的，可不考虑结构不均对热偏差的影响。

1. 热力不均

炉膛内烟气温度场分布在宽度、深度和高度方向都不均匀。锅炉的结构、燃烧方式和燃料种类不同，则热负荷不均匀程度不同。一般来说，垂直管屏的吸热不均匀程度大于水平管圈，燃油锅炉的吸热不均匀程度大于燃煤锅炉。锅炉运行时，如火焰偏斜、炉膛结渣等，会产生很大的热偏差。

以上所述，既适用于强制流动锅炉，又适用于其他类型的锅炉，如自然循环锅炉。除一次垂直上升管屏在低负荷下运行的情况之外，强制流动锅炉均没有自补偿能力，这与自然循环锅炉有显著区别。强制流动锅炉蒸发受热面中，吸热多的管子，由于管内工质比体积大、流速高，以致流动阻力大，因而管内工质流量减少；而流量的减少反过来又促使工质的焓增更大，比体积更大。这会导致热偏差达到相当严重的程度。强制流动锅炉的热力不均，还会影响水力不均，从而扩大了热偏差，对管壁的安全不利。

2. 水力不均

水力不均是并联各管的流动阻力、重位压差及沿进口或出口集箱长度上压力分布不同而引起的。流动多值性和脉动也是引起水力不均的原因。另外，热力不均也会导致水力不均。

（1）流动阻力的影响　对于水平围绕及螺旋式管圈，管圈很长，流动阻力很大，远超过重位压差和集箱压力变化对流量不均的影响。因此，对于水平围绕及螺旋式管圈，只需考虑流动阻力对水力不均的影响。

管内工质流量与管圈阻力系数及管内工质的平均比体积有关。管圈的阻力系数越大，流量越小，热偏差越严重。阻力系数的大小取决于管圈的结构和安装质量。管子的长度、粗糙度、弯曲度和管内焊瘤等，都会造成各管阻力系数不同。工质平均比体积的差别是由热力不均所引起的。吸热多的个别管圈，工质平均比体积大、阻力大，管圈中的工质流量低，致使热偏差增大。由于两相流体的比体积随焓值的增加而剧烈增加，所以因吸热不同而引起的流量偏差更大，热偏差也就更严重。

（2）重位压差的影响　垂直蒸发管屏中，重位压降在总压降中的作用不能忽略，必须考虑重位压差对热偏差的影响。但在上升流动和下降流动中，重位压差对水力不均的影响规律不同。

在垂直上升蒸发管屏中，重位压差对工质的流动是阻力作用。如果管屏总压降中流动阻力损失所占份额相当大，当个别管圈热负荷偏高时，因偏差管中工质平均比体积的增大将引起流动阻力增大，并导致其流量降低，即管圈流量对于热负荷上升呈负响应；另一方面，偏差管中工质密度减小会使重位压差降低，从而促使流量回升，即管圈流量对于热负荷上升呈正响应。因此，垂直上升管屏中，重位压降有助于减小流量偏差。但是，如果管屏总压降中流动阻力损失所占份额较小，重位压降占总压降的主要部分，受热弱的偏差管中由于平均密度很大，重位压降很大，则重位压降将引起不利影响，可能致使该管中出现流动停滞现象。

对于下降流动的蒸发管屏，重位压差对工质的流动则是动力作用。当个别管圈热负荷偏高时，偏差管中工质平均比体积的增大将引起流动阻力增大，并导致其流量降低。但是偏差管内工质密度减小将使重位压差降低，因而促使其流量更低。因此，在下降流动的垂直管屏中，重位压差使流量偏差增大，热偏差更严重。

11.4.3　减轻与防止热偏差的措施

为减轻热偏差，锅炉结构设计时，应使并联各管的长度及管径等尽可能均匀；燃烧器的布置和燃烧工况要考虑炉膛受热面热负荷均匀。锅炉的设计布置采取的具体措施如下。

1. 加装节流阀或节流圈

在并联各管屏进口加装节流阀，并根据各管屏热负荷的大小调节节流阀的开度，使热负荷高的管屏中具有较高流量，热负荷低的管屏中具有较低流量，保证各管屏得到几乎相同的出口工质焓值，以减小热偏差。

并联蒸发管圈的入口加装节流圈，等于增大了每根管的流动阻力。当阻力系数一定时，原来流量大的管子就有较大的阻力增量，原来流量小的管子就有较小的阻力增量。同一管屏中，各蒸发管是并列连接在进出口集箱上，各根管两端的压差必须相等。要满足这个条件，加装节流圈后，原来流量大的管子必然减小流量，流量小的管子必然增大流量，各管的流量趋于均匀。但应指出，在具体设计和调整节流阀或节流圈时，需同时考虑水动力多值性、脉动和热偏差问题。

2. 减小管屏宽度

减小同一管屏或管带中并联管圈的根数，则在相同的炉膛温度分布和结构尺寸情况下，可减少同屏或同管带各管间的吸热不均匀性和流量不均匀性，使热偏差减小。

3. 装设中间集箱和混合器

在蒸发系统中装设中间集箱和混合器，可使工质在其中进行充分混合，然后再进入下一级受热面。前一级受热面的热偏差在中间集箱和混合器中消除，进入下一级受热面的工质焓值趋于均匀，因而可减小蒸发系统总的热偏差。

4. 采用合理的工质流速

较高的工质质量流速，通常可以降低管壁温度，使受热多的管子不致过热。对于垂直管屏，由于其重位压降较大，如果质量流速过低，则在低负荷运行时容易因吸热不均而引起管子过热，因而额定负荷时工质质量流速采用了较大的数值。

如前所述，对于垂直管屏，应该注意到重位压降对质量流速影响的双重性。垂直管屏的流量特性取决于摩擦压降与重位压降之比。摩擦压降占主导作用时，某根管子吸热偏多，由于汽水混合物的比体积增大，管内摩擦压降会显著增大，即受热偏多的管内流量会减小，管屏是负流量响应特性或直流特性，会导致个别管子受热高反而流量减小，引起恶性循环，使管子出口焓和温度增加过高，甚至引起爆管。另一方面，重位压降占主导作用时，受热偏多的垂直管内，水和蒸汽的重位压降会降低，当质量流速低而使摩擦压降减小时，流过受热偏多的管子的流量会增加，管屏是正流量响应特性或自然循环特性。

在给定热负荷下，对于一个几何结构已经确定的或设计完成的垂直管屏，质量流速存在一个界限值。当实际质量流速低于这个界限值时，管屏的负流量特性就会向正流量特性转变，受热偏多的个别管内流量会增加，水冷壁出口焓和温度将降低。因此，垂直管水冷壁设计时，应选用合理的质量流速，保证管屏的热偏差在允许范围之内。

对于大容量直流锅炉，相对于一次垂直上升管屏或螺旋管圈而言，水冷壁采用多次上升下降流动的垂直管屏，则水冷壁的并联管子数量较少，工质流通截面积也较小，且管子总长度较大，因此，管屏摩擦压降份额大，且工质质量流速较大，管屏容易呈负流量特性，水冷壁安全性较低。此时，垂直管水冷壁应选用低流速设计。

5. 合理组织炉内燃烧工况

相对于旋流燃烧器的布置，直流煤粉燃烧器的四角切圆燃烧方式具有较好的炉膛火焰充满度，炉内热负荷较均匀，火焰中心温度和炉膛局部最高热负荷也较低，因而蒸发受热面吸热不均匀性较小。运行中应调整好炉内燃烧，保证各个燃烧器的给粉量应尽可能均匀，燃烧器的投入和停运要力求对称，防止火焰发生偏斜，同时防止炉内结渣和积灰等。

11.5 蒸发受热面的传热恶化和防止恶化的措施

自然循环锅炉的沸腾传热恶化原理，原则上也适用于强制流动锅炉的蒸发受热面。如前所述，沸腾传热恶化按其机理基本上可分为两类。但在直流锅炉蒸发受热面中，由于工质状态经过泡状、环状和雾状流动直到单相蒸汽，工质含汽率由 0 逐渐上升到 1.0，因此直流锅炉蒸发受热面的沸腾传热恶化，特别是第二类沸腾传热恶化不可避免。

11.5.1 两类沸腾传热恶化的现象及机理

1. 第一类传热恶化

热负荷较高时，在质量含汽率较小或过冷沸腾的核态沸腾区，包括泡状流动、弹状流动及环状流动的初期，如果热负荷大于某一临界热负荷，由于管子内壁的汽化核心密集，汽泡的脱离速度小于汽泡的生长速度，会在管壁上形成连续的汽膜，管壁出现膜态沸腾。此时，管壁得不到液体的冷却，表面传热系数显著下降，壁温飞升值很高。通常壁温未升高到稳定值时，受热面已经烧坏。这种因水不能进入壁面，由核态沸腾工况转变为膜态沸腾的传热恶化，通常称为偏离核沸腾或烧毁，也称为第一类传热恶化。发生第一类传热恶化时，壁温飞升速度很快，故又称为快速危机。通常在亚临界压力参数以上的锅炉中，可能会遇到第一类传热恶化的问题。

第一类传热恶化的发生与热负荷、质量含汽率、质量流速、压力及管径有关，通常用发生传热恶化时的临界热负荷 q_{cr}（CHF）作为第一类传热恶化发生的特征参数，即

$$q_{cr} = f(p, \rho w, x, d) \tag{11-29}$$

2. 第二类传热恶化

在热负荷较低、质量含汽率较高的环状流阶段的后期，管子四周贴壁处的液膜已经很薄，因蒸发或中心汽流的卷吸撕破作用，液膜部分或全部消失，该处的壁面直接与蒸汽接触而得不到液体的冷却，也使表面传热系数明显下降，壁温升高，但壁温的增值比第一类传热恶化要小，其升温速度也较慢，这类传热恶化通常称为蒸干，又称为第二类传热恶化或慢速危机。

第二类传热恶化发生时，热负荷较小，一般的高参数直流锅炉中，尤其在燃油锅炉炉膛受热面中可能遇到，而且传热一旦恶化，可能使壁温超过金属的允许值。通常用发生传热恶化时的含汽率 x_{eh} 作为第二类传热恶化发生的特征参数，即

$$x_{eh} = f(p, \rho w, x, d) \tag{11-30}$$

上式表明，发生第二类传热恶化时的 x_{eh} 与热负荷、压力、质量流速和管径等有关，这些因素的交互作用使其对 x_{eh} 的影响相当复杂。

随着 q 增加，各换热区间的界限通常相对前移，长度缩短，使 x_{eh} 点位置也相对前移，传热恶化提前发生。随着压力提高，饱和水表面张力减小，汽流扰动对液膜影响大，降低了液膜的保持能力，使液膜的稳定性降低而易被撕破，因此 x_{eh} 的位置提前。质量流速对 x_{eh} 的影响呈现非单调性，如图 11-22 所示，存在着某一界限质量流速 $(\rho w)_{jx}$，使 x_{eh} 最小。当 $\rho w<(\rho w)_{jx}$ 时，由于 ρw 较低，主汽流与液膜间的相对速度随质量流速增加而增大，液膜易被撕破，因此 x_{eh} 随 ρw 的增加而减小。当 ρw 较高时，主汽流与液膜间的相互作用已趋于稳定，而且由于湍流扩散作用使主汽流中沉降到液膜上的水滴增加，因此 x_{eh} 随 ρw 的增加而增大，即传热恶化推迟。

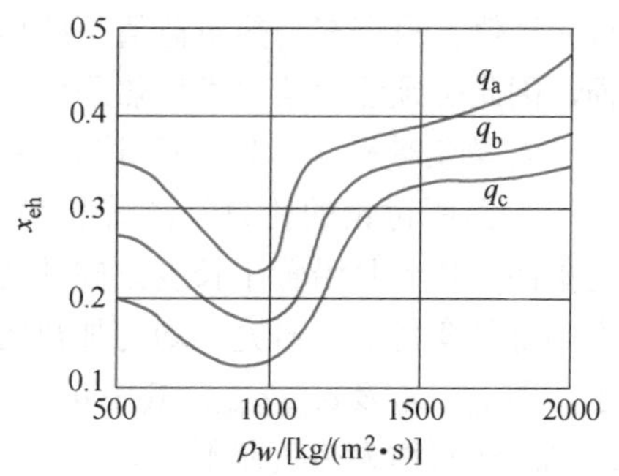

图 11-22　x_{eh} 与 q 和 ρw 的关系

（p=18.6MPa，$q_a<q_b<q_c$）

发生液膜蒸干的第二类传热恶化后，管壁温度开始急剧上升，同时还经常伴随着壁温的周期性波动或脉动。试验表明，发生壁温脉动的区域大致为 30 ～ 60mm，温度波动值可达 60 ～ 125℃。这是由于：①在开始出现恶化的区域，部分液膜虽已撕破，但管壁仍有残留的细小液流，使管壁上同一位置交替地与蒸汽和残余液流接触，造成温度脉动；②由于流量的微小波动，使液膜与蒸汽间的分界线发生周期性的波动，液膜蒸干位置可能前后移动；③中心汽流的液滴可能时而撞击壁面。壁温波动幅度过大，引起管子金属的疲劳损坏，同时也加快了氧化层的破坏，使金属的腐蚀过程加剧。在传热恶化区，为了限制蒸干点位置和壁温脉动的振幅，要求管壁与工质的温度差不超过 80℃。

3. 两类传热恶化的异同

两类传热恶化现象的发生，都是管壁与蒸汽直接接触而得不到液体的冷却，使传热系数显著减小、管壁温度急剧飞升所致。随着热负荷的提高，x_{eh} 值减小，恶化点提前，这是它们的共同特点。它们的不同点则是发生传热恶化的机理不同，所处的流动结构和工况参数不同，引起的后果也不相同。

两类传热恶化现象的区别在于：①两者的流动结构不同，第一类传热恶化处于核态沸腾区，恶化后管子中部为含有汽泡的液体，第二类传热恶化处于液膜表面蒸发的两相强制对流传热区，恶化后管子中部为含有液滴的蒸汽；②两者的传热机理也不同，前者转入膜态沸腾，然后再过渡到欠液区，后者则直接转入欠液区；③两者的发生位置不同，前者通常发生在 x 较小或欠热（$x<0$）时，以及热负荷高的区域，而后者恰好相反；④两者的表面传热系数都急剧降低，比正常核态沸腾时下降一个到两个数量级，但后者的 α_2 稍高于前者。这是由于第二类传热恶化发生后的换热方式为强制对流，蒸汽流速高，又有残余液膜的润湿和水滴的撞击，可以冷却管壁，所以 α_2 值比膜态沸腾时高。

由于两种传热恶化的工况参数存在差异，它们对管壁温度的影响也不相同。第一类传热恶化的壁温飞升程度远比第二类严重和剧烈。发生膜态沸腾时，由于蒸汽膜的导热作用很差，理论计算表明，当受热面的热负荷大于 q_{cr} 时，管壁温度的计算值甚至可能超过 2000℃。

压力较低的锅炉中，壁面热负荷通常不会达到 q_{cr}，但在接近临界压力时，q_{cr} 显著下降，有可能发生第一类传热恶化。第二类传热恶化是发生在热负荷不高于 700W/m^2 的情况下，一般高参数直流锅炉可能遇到这样的热负荷，此时管壁温度仅高于饱和温度 250 ～ 300℃。水冷壁的热负荷不太高时发生壁温突升，从传热的观点看是传热恶化发生了，但壁温不一定超过允许值。只有在高热负荷值下的传热恶化，才可能使壁温超过金属的允许值而导致金属烧损，因此必须注意第二类传热恶化。

4. 热负荷分布对传热恶化现象的影响

上面所讨论的还只是沿管长和管子圆周均匀加热时的工况。而锅炉的实际受热面往往是单面受热，且沿管子长度方向的受热也不均匀，因此加热表面的热负荷沿着长度及沿圆周方向都是变化的。研究不均匀加热的影响时，热负荷分布的不均匀性通常采用两个指标来表示，即 q_{max}/q_{pj} 及 q_{max}/q_{min}，其中 q_{max}、q_{pj} 及 q_{min} 分别为最大热负荷、平均热负荷和最小热负荷。q_{max}/q_{pj} 通常称为热负荷不均匀系数。随着压力、质量流速和管径的增加，不均匀加热与均匀加热的差别也逐渐缩小。

目前，对不均匀加热过程的传热恶化的认识还存在两种观点：一种观点认为传热恶化只是一种局部现象，即当局部区域的工况参数（p、q、x、ρw 和 d）达到会发生传热恶化对应的数值时，就会发生传热恶化；另一种观点认为传热恶化现象是整体现象，恶化点之前的管道热负荷分布将直接影响到传热恶化时的 q 与 x_{eh} 的关系，即恶化点上游的工况参数对下游有影响。不同的观点采用不同的确定传热恶化点的方法。

沿管长的热负荷分布不均匀时，随着热负荷不均匀系数的变化，传热恶化的位置有可能位于管子的出口截面，也可能在管段的中间区域，后者主要发生在热负荷偏差较大的时候，此时传热恶化点移向热负荷最大区。而沿管长均匀加热时，传热恶化的位置首先出现在管子的出口截面上。试验证明，第一类传热恶化与沿管长的热负荷分布规律有关，符合整体现象；而第二类传热恶化与沿管长的热负荷分布规律无关，因此可以将这种传热恶化看作局部现象。锅炉中通常发生的是第二类传热恶化，因此我国主要是采用局部现象的观点来处理此问题。

当垂直管沿圆周的热负荷分布不均匀时，传热恶化首先发生在管内壁热负荷最大的向火侧位置，p、q、x 和 ρw 等工况参数对传热恶化的影响规律定性上与均匀加热时相同，但在定量上两者却有差别。沿圆周不均匀加热时，假设 q_{max} 与 q_{pj} 发生传热恶化时，对应的临界热负荷分别为 $q_{max,cr}$ 和 $q_{pj,cr}$，均匀加热时的临界热负荷为 q_{cr}。如果以 $q_{max,cr}$ 来衡量受热不均匀时的传热恶化，在其他条件相同的情况下，则有 $q_{max,cr} > q_{cr}$，这可能是因为在不均匀加热时，热负荷较低区域的液体能以环向对流的形式向受热强的区域扩散补充，推迟了此处传热恶化的发生。如果以 $q_{pj,cr}$ 作为受热不均匀时传热恶化的特征参数，当液体的环向对流扩散速度适应热负荷分布的不均匀性，能够及时补充较高热负荷区域汽化失去的液体时，$q_{pj,cr}=q_{cr}$；若液体的环向对流扩散速度与热负荷的分布规律不匹配，不能及时流向较高热负荷区域，补充该区域汽化消失的液体，则 $q_{pj,cr} < q_{cr}$，在较低的平均热负荷下出现传热恶化，而且 q_{max}/q_{pj} 越大，$q_{pj,cr}$ 值越低。随着压力、质量流速和管径的增加，液体的环向对流扩散速度较快，不均匀加热与均匀加热的差别也逐渐缩小。

锅炉管壁壁温校核时，通常取用的是沿圆周最大热负荷值，由于 $q_{max,cr} > q_{cr}$，相应地沿圆周受热不均匀管子发生传热恶化的含汽率大于受热均匀时的含汽率。如选用均匀加热管传热恶化的试验数据，所得的结果则是偏安全和保守的。

5. 水平管中传热恶化现象的特点

水平管中发生传热恶化现象比垂直管中更复杂。由于重力的影响，水平管中的蒸汽偏于上半部形成不对称流动，沿管子周界液膜的厚度差异很大。如果工质流速很低，则在含汽率较小处可能出现汽水分层现象。因此，管子顶部先发生传热恶化现象，而管子下部则后发生传热恶化。管子的顶部发生传热恶化后，还可能发生再润湿现象，有时会发生多次的恶化和再润湿现象。由此可知，水平蒸发管的上管壁温度通常大于下管壁温度，当汽水混合物发生分层流动时，此温差最大。即使管壁最高温度不超过材料允许值，也不允许上下壁温差过大，它会使汽水分层面处的金属发生疲劳损坏。

均匀受热水平沸腾管的试验研究表明，沿管子圆周存在着显著的上下壁温差。上管壁的恶化位置在 x_{eh}=0.15 处，其最大壁温飞升值约为 560℃，而下管壁直到 x_{eh}=0.68 处，壁温才开始飞升。在 x_{eh}=0.15 ～ 0.8 的管段之间，上下管壁温差 Δt=265℃。随着质量流速的增大，发生传热恶化时的位置推迟，上下壁的 x_{eh} 的差值减小，管子壁温飞升值及上下壁温差明显下降。压力增加，传热恶化位置提前，亚临界及近临界压力时，管子顶端的传热恶化可能在工质过冷条件下开始发生，上下壁的 x_{eh} 的差值增大，因此为减小上下壁温差所需的质量流速也就越高。与垂直管相同，随着热负荷增加，传热恶化提前发生，管子上壁温飞升值及上下壁温差增大。

11.5.2　两类沸腾传热恶化区域的确定

1. 两类传热恶化区域的划分

由于两类传热恶化发生时管壁温度都飞升，因此难以用壁温升高来判断传热恶化的类型，采用观察或其他办法来直接界定也很困难，因此只有通过试验结果，并对传热恶化的过程加以理论分析后才能做出间接的判断。

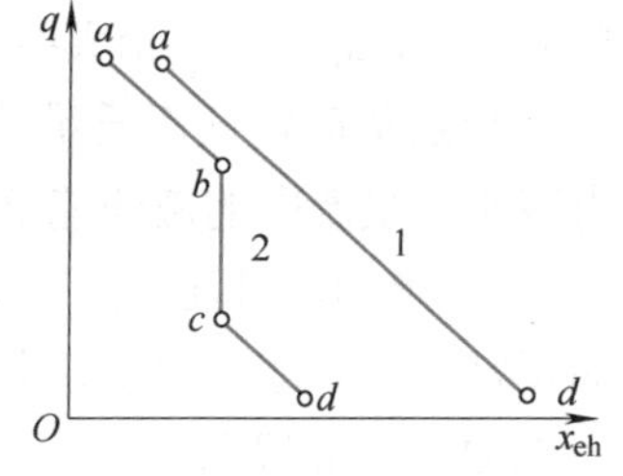

图 11-23　传热恶化时 x_{eh} 与 q 的关系

前已指出，随着热负荷的提高，x_{eh} 值减小，两类传热恶化的位置提前。但在一定的压力、质量流速和管径下，在不同热负荷条件下进行试验时，得到的传热恶化时含汽率 x_{eh} 与热负荷 q 之间却存在着两种不同的关系，如图 11-23 所示。一种情况是 x_{eh} 随 q 的下降而增加，如曲线 1 所示。这种情况很难判断属于哪一类传热恶化，即使该曲线存在两类传热恶化，也难以确定其界限。

另一种情况如曲线 2 所示，线段 ab 表示第一类传热恶化的情况，此时发生传热恶化时的含汽率随临界热负荷的降低而增大。b 点为两类传热恶化的分界点，曲线 bcd 表示第二类传热恶化的情况。其中，在热负荷较高的范围内，传热恶化时的 x_{eh} 与热负荷大小无关，即垂直线段 bc，而 c 点后的 cd 段发生传热恶化时的 x_{eh} 与 q 的关系又和线段 ab 相同。对于 bc 垂直段，x_{eh} 与 q 大小无关，用临界热负荷 q_{cr} 作为发生传热恶化的特征参数没有意义，因此通常用恶化时的含汽率 x_{eh} 作为第二类传热恶化的特征参数，而对第一类传热恶化则常用 q_{cr} 来表示。

发生第二类传热恶化时，出现恶化时的含汽率与热负荷无关现象的 bc 垂直段与流动结构有关。进入液滴环状流动阶段后，管内含汽率比较高，而中心汽流的速度比较大，使得贴于管壁的环形液膜表面上产生波浪。由于汽液表面之间存在相对速度，流速较高的中心汽流将卷吸并撕裂波峰处的部分液膜，成为汽流中的携带液滴，而中心汽流中的液滴也会因湍流扩散而沉积到液膜表面。受热流体的液膜蒸发量及被汽流卷吸的水量之和大于从主流沉积到液膜表面上的液滴量，因此在汽流流动方上的液膜越来越薄。当液膜减薄到一定程度时，其表面的波浪会消失，变得非常平滑，这时仍存在于壁面的薄膜称为微观液膜。当微观液膜消失时就会发生第二类传热恶化。

微观液膜的表面光滑，使中心汽流不再卷吸液膜上的液滴。随不同的工况条件，中心汽流中的液滴有时能沉积到液膜上去“润湿”液膜，而有时又不能沉积到液膜上。在受热管中，两相流体的流动阻力通常随着含汽率增加而增大，一旦进入微观液膜区域，流动阻力便会因液膜表面光滑而突然下降，这就是“阻力危机”现象。此时的质量含汽率为$x_{\Delta p}$，而第二类传热恶化发生在“阻力危机”之后，即$x_{eh} > x_{\Delta p}$，但两者的数值已相差不多。试验表明，$x_{\Delta p}=f(p, \rho w)$，与热负荷无关，即$q$的变化只影响管子截面上发生“阻力危机”的位置。

中心汽流的液滴能否沉降到微观液膜上，主要取决于液滴在汽流中的受力状态。管内质量流速越大，则流体中的湍流脉动横向扩散作用越强，促使液滴流向液膜的力也越大，而热负荷越高，则从液膜表面蒸发出的蒸汽速度越大，液滴所受到的阻力也越大，润湿液膜的可能性减小。

当热负荷较高而质量流速相对较低时，主流中的液滴不能沉积到微观液膜上，即微观液膜得不到主流的湿润，则从发生“阻力危机”截面$x_{\Delta p}$到传热恶化截面x_{eh}之间，微观液膜蒸发的蒸汽率基本是一个常数，也与q无关。因此，$x_{eh}=x_{\Delta p}+\Delta x=f(p, \rho w)$，得到$x_{eh}$与$q$无关的结果，出现了图11-23中$bc$垂直段，这种现象一直持续到较低的热负荷$c$点为止。这种情况下，$x_{eh}$比$x_{\Delta p}$稍大些，壁温飞升值较高。

当热负荷较低而质量流速相对较高时，液滴在飞向壁面过程中所受到的迎面汽流的阻力减小，主流中的液滴能够沉积到微观液膜上，使微观液膜能得到更多的来自主流的水滴，因而x_{eh}增加，且比$x_{\Delta p}$大得多些。这种情况的壁温飞升值较低，一般不会破坏蒸发受热面的正常工作。随着热负荷降低，润湿液膜的液滴增多，则x_{eh}也增大，因此就与q有关，如图11-23中cd段所示。

随着质量流速的提高，推动液滴飞向液膜的力增大，在热负荷较高时就会出现润湿液膜的现象，图中c点的位置上升，bc垂直段缩短。当质量流速增大到一定程度，c点就会和b点相重合，bc垂直段消失。

2. 传热恶化位置的确定

要计算沸腾传热恶化区的管壁温度工况，以及提出保证锅炉工作可靠性的有效措施，首先要确定恶化点的位置，即计算出x_{eh}值。由于沸腾传热恶化的现象极为复杂，各种计算方法主要通过试验来确定，因此它们之间的差别有时也很大。

对于垂直管的计算方法，按x_{eh}与q的关系存在两种情况。对于亚临界压力下（$p < 20\text{MPa}$），沿圆周均匀加热，$d_n > 15\text{mm}$的垂直管，不满足下列条件者，属于图11-23中的曲线1的类型，满足者属于图11-23中曲线2的类型：

$$\left.\begin{array}{l} p \leqslant 8\text{MPa}, \rho w \leqslant 3000\text{kg}/(\text{m}^2\cdot\text{s}) \\ 8\text{MPa} \leqslant p \leqslant 17\text{MPa}, \rho w \leqslant \dfrac{3000}{9}(17-p) \\ p \geqslant 17\text{MPa}, \text{任何}\rho w \end{array}\right\} \tag{11-31}$$

确定计算对象的类型后，传热恶化时的 x_{eh} 值由下列各式确定：

对于图 11-23 曲线 1 类型，有

$$x_{eh} = c_d x_1 - 0.86 c_q (q_n - 460)\times 10^{-2} \tag{11-32}$$

对于图 11-23 曲线 2 类型的 ab 段，有

$$x_{eh} = c_d x_2 - 0.86 c_q (q_n - q_b)\times 10^{-2} \tag{11-33}$$

对于图 11-23 曲线 2 类型的 bc 段，有

$$x_{eh} = c_d x_2 \tag{11-34}$$

对于图 11-23 曲线 2 类型的 cd 段，有

$$x_{eh} = c_d x_2 - 0.86 c_q (q_n - q_c)\times 10^{-2} \tag{11-35}$$

式中，x_1 为 d_n=20mm、q_n=460kW/m^2 时发生传热恶化时的含汽率，按图 11-24 查取；x_2 为 d_n=20mm，与 q_n 无关区段中发生传热恶化时的界限含汽率，按图 11-25 查取；q_n 为管子内壁热负荷（kW/m^2）；q_b、q_c 分别为恶化时的含汽率不随 q_n 变化的界限热负荷值，对应图 11-23 中的上界限点 b、下界限点 c 的热负荷（kW/m^2），按表 11-1 查取；c_d 为管径修正系数，按图 11-26 查取；c_q 为热负荷修正系数，按图 11-27 查取。

对于 d_n < 15mm 时的传热恶化计算，可查阅水动力计算的有关资料。

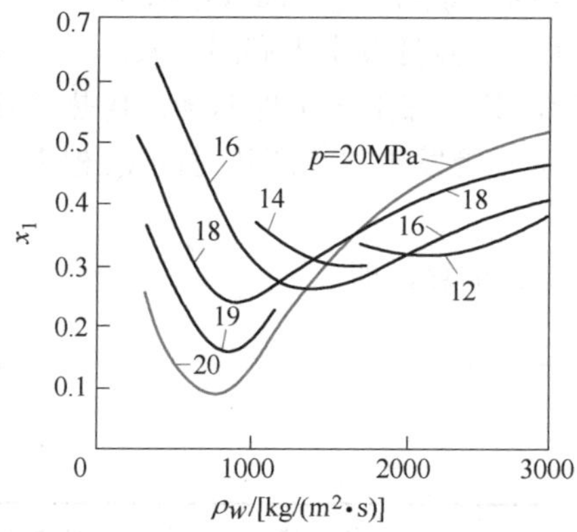

图 11-24　发生第一类传热恶化时的含汽率 x_1（q_n=460kW/m^2，d_n=20mm）

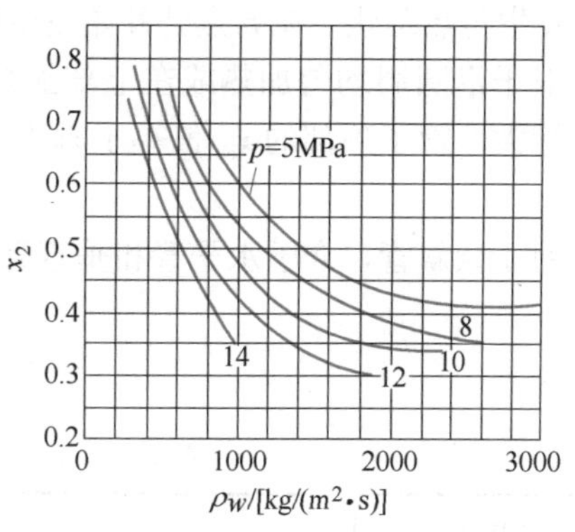

图 11-25　与 q_n 无关区段中发生传热恶化时的界限含汽率 x_2（d_n=20mm）

表 11-1　恶化时的含汽率不随 q_n 变化的界限热负荷值 q_b 及 q_c

p/MPa	5	6	7	8	9	10	11	12	13	14	15
q_b/（10^3kW/m^2）	1.16	1.16	1.16	1.16	1.16	1.16	0.93	0.7	0.58	0.47	0.35
q_c/（10^3kW/m^2）	0.7	0.58	0.47	0.35	0.23	0	0	0	0	0	0

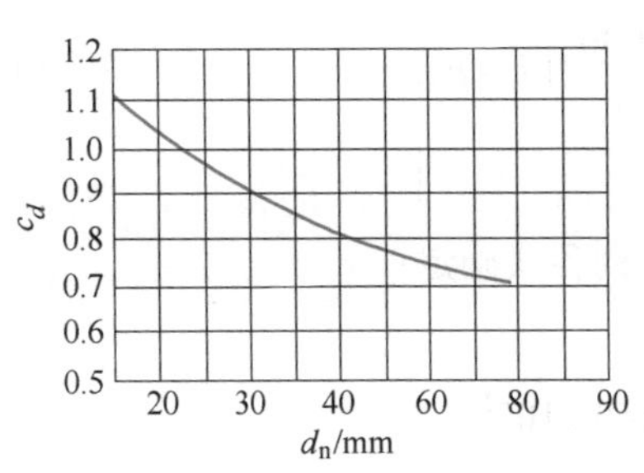

图 11-26　管径修正系数

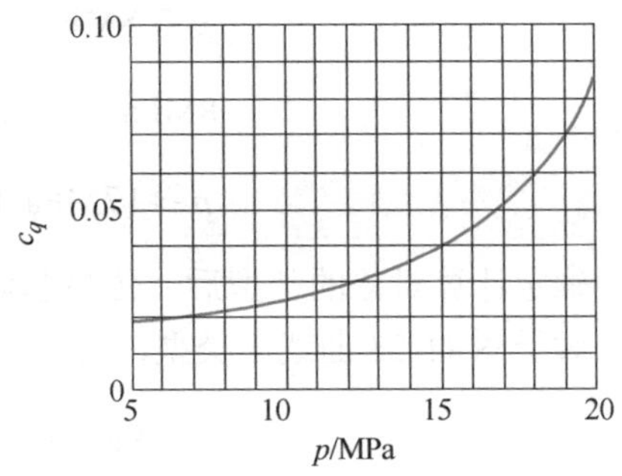

图 11-27　热负荷修正系数

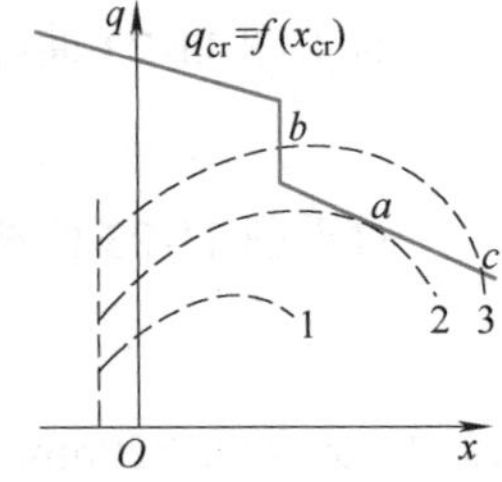

图 11-28　局部现象处理沿管长不均匀加热的方法示意图

对于沿圆周热负荷分布不均匀的工况，按上述方法计算后还要进一步修正。对于单面受热的锅炉水冷壁，应按所校验管子截面上的最大外壁热负荷折算到内壁，以式（11-32）、式（11-33）及式（11-35）中的 q_n 来计算 x_{eh} 值，但由此求得的数值比实际值偏低，应进行如下的修正：对于按式（11-32）求得的 x_{eh} 值可乘上 1.5；对于按式（11-34）、式（11-35）求得的 x_{eh} 值可加上 0.1。此种修正方法也适用于与水平倾角大于 60°的管子。

沿管长不均匀加热的传热恶化问题采用局部现象的方法来处理，如图 11-28 所示。图中，$q_{cr}=f(x_{cr})$ 是在计算工况下发生传热恶化时，q 与 x 的关系曲线。虚线是沿管长加热不均匀时，沿管子长度方向的实际 q 与 x 的分布曲线。其中，虚线 1 在曲线 $q_{cr}=f(x_{cr})$ 的下方，表明不会发生传热恶化；虚线 2 与曲线 $q_{cr}=f(x_{cr})$ 相切，在切点 a 处会发生传热恶化；虚线 3 与曲线 $q_{cr}=f(x_{cr})$ 有两个交点 b、c，由于这两个交点之间的 q 高于 $q_{cr}=f(x_{cr})$ 曲线，b、c 之间的区域均会发生传热恶化，在 b 点处开始发生传热恶化，而在 c 点处发生再润湿现象。

对于沿圆周均匀加热或在上部加热时的水平管，其上部工作条件恶劣，传热恶化区比垂直管大，管子顶部的 x_{eh} 值小于垂直管的 x_{eh} 值。水平管发生传热恶化时的 x_{sp} 根据表 11-2 选用。

对于倾斜管，介于水平管和垂直管之间，可按下式估算，即

$$x_{eh}=x_{sp}+\frac{\alpha}{90}(x_{cz}-x_{sp}) \tag{11-36}$$

表 11-2　水平管发生传热恶化时的含汽率 x_{sp}

p/MPa	1 ~ 5	5 ~ 10	10 ~ 15	15 ~ 17
x_{sp}	0.3	0.2	0.1	0

发生传热恶化后，管壁温度随之飞升，直到最大值。试验表明，$\rho w>700\text{kg/(m}^2\cdot\text{s)}$ 时，壁温最大的位置可能并不在 x_{eh} 处，如图 10-7 所示，其对应的含汽率 $x_{max}>x_{eh}$，两者之间相差 Δx，此时有最小的表面传热系数 $\alpha_{2,\ min}$。根据资料统计结果，x_{max} 可由下式计算，即

$$x_{max}=x_{eh}+\Delta x=x_{eh}+0.045+\frac{0.048}{2.3-0.1p} \tag{11-37}$$

11.5.3　超临界压力管内换热和传热恶化

1. 超临界压力管内换热

超临界压力下，工质没有汽液两相共存的沸腾状态，管内换热应该符合单相流体的强迫对流换热规律，较低于临界压力时有所改善，一般认为不会出现沸腾传热恶化现象。但实践证明，超临界压力锅炉的炉膛辐射受热面在一定区域内也会发生传热恶化，而导致爆管事故。

当水的工作状态超过热力学临界点（p_{cr}=22.064MPa，t_{cr}=373.99℃）时，在一个很小的的温度范围内，物性参数会发生显著的变化，图 11-29 所示为 p=24.5MPa 时工质的物性参数。在 380 ～ 390℃附近，当温度稍有增加时，水的热导率和动力黏度会明显降低，比体积和焓显著增加，μ 和 v 的变化达数倍之多，特别是水的 c_p 急剧飞升，并在某一个温度下具有极大值，该值比一般的水和蒸汽的 c_p 值大得多。当工质的 c_p 达到最大时，对应的温度称为拟临界温度或类临界温度。

一般认为，使比热容达到极大值所对应的拟临界温度为相变点，温度低于拟临界温度时，工质为类似水的液体，高于拟临界温度时，工质为类似蒸汽的气体。拟临界温度和比热容极大值与压力有关，随着压力的增大，拟临界温度有所提高，而比热容极大值的数值降低。

通常把比热容大于 8.4kJ/（kg · ℃）的区域称为大比热容区。随着压力的提高，大比热容区的焓值范围略有缩小，但最大比热容值大致处于同一个焓值区域，如图 11-30 所示。大约 h=1700 kJ/kg 时进入大比热容区，且大比热容区内的焓值范围相当大，约为 950kJ/kg，占到超临界压力锅炉中总焓增的 1/3 左右。当然，真正最大比热容区域占的焓增范围约为 50kJ/kg，故超临界压力锅炉的设计，比较容易确定大比热容区的位置。

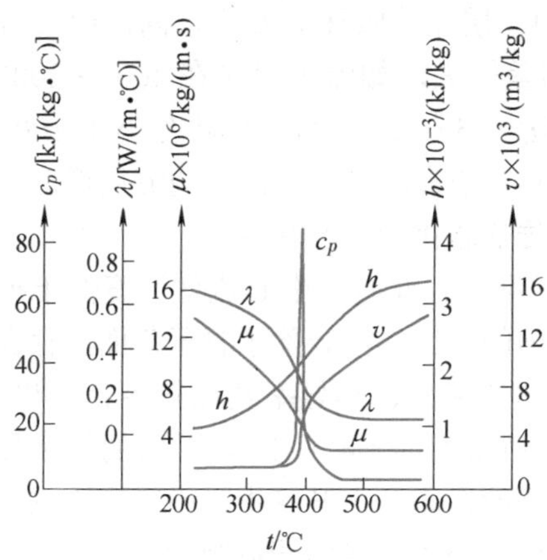

图 11-29　大比热容区内水的物性参数变化（p=24.5MPa）

c_p—比定压热容　λ—热导率

h—焓　μ—动力黏度　v—比体积

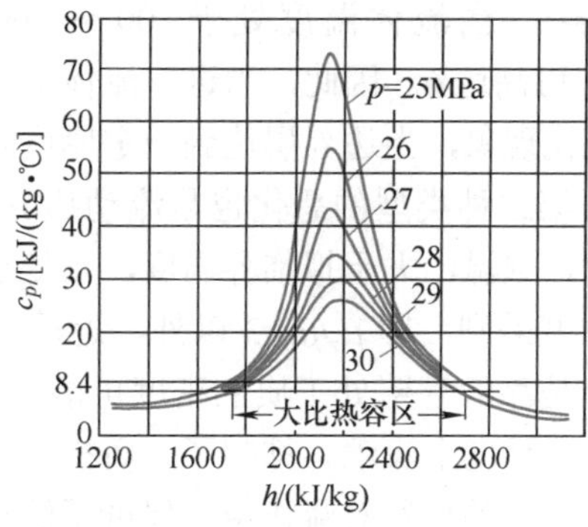

图 11-30　水的比热容与焓的关系

2. 超临界压力管内传热恶化现象

超临界压力下的管内强制对流换热可以分为两类工况，一种是在一定的热负荷下壁温沿着流动方向单调地增加的正常换热工况，另一种是在管子的某一区域壁温急剧升高，达到最大值后又迅速降低的传热恶化工况。

在不发生传热恶化的区域，工质与管壁的换热都是单相流体强制对流换热区，可以按照单相流体的换热公式进行计算。

超临界压力下管内发生传热恶化、壁温飞升主要原因是大比热容区内工质物性参数变化相当剧烈，表现为当管壁温度大于拟临界温度，工质平均温度又小于拟临界温度时，从壁面处开始，水的物性沿管径方向有很大的变化，导致出现不同于通常恒定物性的单相流体的换热现象。

试验表明，垂直上升管中的传热恶化可以分为两种类型：第一种类型的恶化发生在管子进口段上，$l/d \leqslant 60$ 处，它可以在流体的任何焓值（直到拟临界焓）下发生；第二种类型的恶化则发生在热负荷较高、工质温度已接近拟临界温度时，恶化位置与热负荷的大小有关，即壁温随工质焓的增加出现两个峰值，如图 11-31 所示。在所列试验结果中，当热负荷较小时，$q < 454$ kW/m^2，壁温沿着流动方向单调增加，与工质温度的差值基本保持恒定，处于正常换热工况，而热负荷增大后，$q > 507$kW/m^2，才出现两种类型的传热恶化现象，壁温随工质焓增出现了两个峰值。

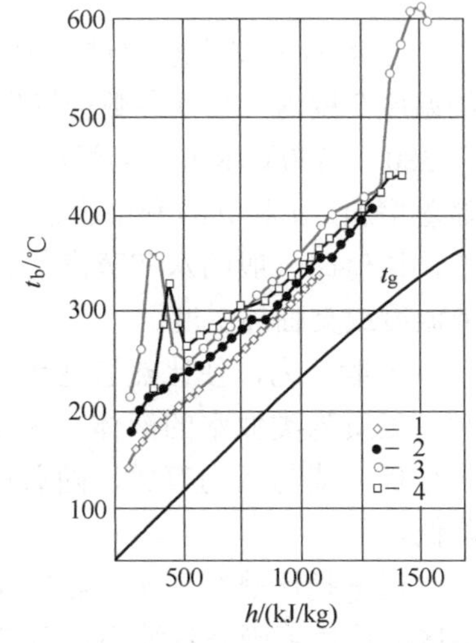

图 11-31 管壁温度随焓的变化关系

［p=26.5MPa，ρw=495kg/（m^2 • s）］

1—q=362kW/m^2 2—q=454kW/m^2

3—q=507kW/m^2 4—q=570kW/m^2

进口段上发生的第一种类型传热恶化与液体热稳定过程中边界层的形成过程有关。在进口较短的区间中，中心流体仍处于进口时较低的温度，而近管壁处的一层流体吸热后温度较高，中心流体的黏度 μ_z 大，近壁面处流体的黏度 μ_b 小，且两者相差较大，如流体温度在 400 ～ 300℃时，μ_z/μ_b=3，当流体温度处于 300 ～ 100℃之间，μ_z/μ_b=1.5 ～ 2，而流体温度小于 100℃时，μ_z/μ_b 可高达 6。因此，当进口流体温度较低，而热负荷较高时，会使流动边界层增厚，出现层流化现象，当边界层达到一定厚度时，就会出现传热恶化和壁温峰值。

第二种类型的恶化也是流动边界层的层流化的结果。此时，中心流体温度低于拟临界温度，壁温已大于拟临界温度，正处于物性变化剧烈的大比热区。除了管子截面上存在的工质黏度差别，即 μ_z/μ_b=3 以外，近壁层处和中心流体的密度、热导率及比热容相差也很大，尤其是靠近管壁处工质的密度可能是管子中心处工质密度的 1/4 ～ 1/3，浮力的作用使近壁处的流体向上流动，抑制了工质横向的湍流脉动。因此在垂直上升管中，由密度不均引起的相当强烈的自然对流作用，促进了流动层流化的发展。当管内横向湍流脉动消失和出现最厚的层流边界层时，α_2 显著降低，壁温再次飞升。流体一旦恢复湍流边界层时，管壁温度又开始下降。

3. 超临界压力管内传热恶化的判定

影响超临界压力下发生传热恶化的因素主要是热负荷和工质的质量流速。质量流速一定时，低热负荷时通常不会发生传热恶化，甚至有传热强化的作用。即在大比热容区内的 α_2 比单相流体的要大。但随着 q 的提高，这种强化作用不断减弱，α_2 逐渐减小，q 达到某一数值时则出现传热恶化工况，α_2 开始下降，如图 11-32 所示。q 值越大，最低的 $\alpha_{2,\min}$ 越小，恶化时的壁温峰值也越高，发生恶化的截面向管子进口方向移动。若热负荷不变时，随着 ρw 上升，开始出现传热恶化的 q 也提高，恶化点的焓值也移向更高的地方，当 ρw 大到一定值时，传热恶化现象消失。试验证实，提高 q 和降低 ρw 都将导致传热恶化，因此可以用组合参数 $C=q/(\rho w)$ 来有效地综合分析试验数据。参数 C 表示单位质量流量所吸收的热量，单位为 kJ/kg，并可作为是否发生传热恶化的判据。

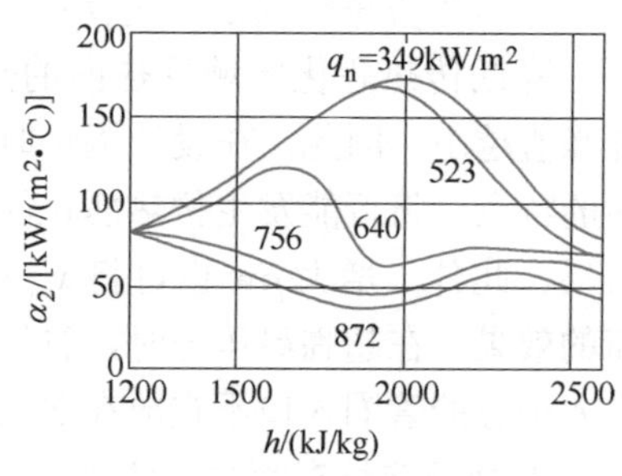

图 11-32　超临界压力时的表面传热系数
［p=24MPa，ρw=700kg/（m^2・s）］

若以大比热容区内工质的 α_2 是否大于大比热容区外单相水的表面传热系数 α_0 作为判断发生传热恶化的标准，由试验得到：当 $C>0.84$ 时，α_2 总是小于 α_0，出现传热恶化的现象；C=0.42 ～ 0.84 时，工质的焓不同，α_2 可能大于或小于 α_0；$C<0.42$ 时，α_2 总是大于 α_0，不会出现传热恶化。因此，为了使超临界压力锅炉大比热容区不出现传热恶化现象，应当保证

$$\frac{q}{\rho w}<0.42 \tag{11-38}$$

此外，有些研究者通过试验发现，管径越小越不易出现换热恶化，但如果发生传热恶化，则小管子恶化区的范围延伸得越大。

对于超临界压力时的水平管，也会出现类似于亚临界压力下的不对称及分层流动现象。造成这种现象的原因与亚临界压力下相同，在横截面上的自然对流作用下，轻的介质集中在管子上部，使上部管壁温度高于下部，出现上下管壁的温差，而且此温差在拟临界温度附近有一最大的峰值。

对于垂直下降流动时的换热工况尚需进一步研究，有些研究结论甚至相互矛盾。有的认为下降流动要优于相同条件下的上升流动，不易发生传热恶化，也有的认为两者之间没什么区别或者恰恰相反。

11.5.4　防止或推迟传热恶化的措施

传热恶化会对锅炉的安全可靠运行产生严重威胁。直流锅炉蒸发管中不可避免地要产生第二类传热恶化，若要完全防止发生传热恶化，会受到经济性的限制，故对于第二类传热恶化，通常考虑的是推迟传热恶化的发生，保证传热恶化后壁温在允许的温度值以内。因此，在设计亚临界压力以上的锅炉时，首先，在传热恶化出现的区域，管子使用更好的材料，提高管壁允许使用温度，使其高于管壁实际温度；其次，采取必要的防护措施，考虑如何防止或推迟传热恶化现象的产生，或者减轻传热恶化的危害。防止或推迟传热恶化的措施主要有以下几点。

1. 适当提高质量流速

提高工质的质量流速是防止或推迟传热恶化的有效措施之一。ρw 的增加，可以提高工质的湍流扩散能力，使更多的中心汽流液滴沉降到液膜上，将壁温降到金属的允许温度值以下，使传热恶化的区域减小，同时使 x_{eh} 也有所增加，即传热恶化被推迟。但是，过高的 ρw 会使流动阻力大幅度增加，锅炉的运行经济性下降。

2. 合理安排受热面热负荷

降低传热恶化区域受热面的热负荷，可以减小恶化时的壁温飞升值。热负荷越低，壁温峰值越小。因此，在设计锅炉时应合理安排受热面的热负荷，充分利用 q 沿管长不均匀加热的特点，将可能发生传热恶化的管组区段布置在 q 较小的区域，以减轻传热恶化所造成的后果。此外，增大 ρw 也可将 x_{eh} 移向炉膛上部 q 较小的区域，起到了降低传热恶化区热负荷的效果。在超临界压力时，管组进口端热负荷高时易出现进口端的传热恶化，因此要注意进入炉膛的管圈入口不宜放在热负荷高的地方。

3. 加强流体在管内的扰动

加强流体在管内的扰动，在流体扩散力或离心力的作用下，可以增加中心汽流中的液滴在管壁液膜上的沉降，并能强化传热，以达到消除和推迟传热恶化的目的。目前，除了提高质量流速以外，通常还可采用内螺纹管或加装扰流子两种方法减轻传热恶化的后果。

在直流锅炉蒸发受热面中易出现传热恶化的区段采用内螺纹管，可显著推迟传热恶化，降低管壁温度。内螺纹管是在管子内壁上开出单道或多道的螺旋形槽道的管子。内螺纹管防止或推迟传热恶化的主要作用在于：①工质在内螺纹的作用下形成强烈的旋转汽流，使中心汽流中的水滴因离心力作用沉降到液膜上，推迟了蒸干现象的发生；②近壁面的旋转汽流加强了对流边界层和热边界层的扰动，减小了边界层的热阻，使管壁温度降低，起到强化传热的作用；③内螺纹槽中的液膜不易被中心汽流卷吸携带；④增大管子的内表面积，降低内壁面热负荷。内螺纹管能推迟传热恶化，并且降低壁温峰值的效果显著，因而是目前用得最多的一种防止和减轻传热恶化的方法。

图 11-33 所示是单道内螺纹管的结构和传热效果示意图。光管在 x 大约为 0.03 时，壁温开始飞升，发生传热恶化，壁温峰值达 500℃左右，而采用内螺纹管后，约在 x=0.9 后壁温才开始有些升高，该处热负荷已相应较低，显然推迟了传热恶化的发生，其后果也大为减轻。内螺纹管的效果与其结构形式有关，螺纹数量、结构尺寸等经过优化筛选，可以显著推迟传热恶化发生，甚至在 x=0 ～ 1 的范围内都不会发生传热恶化。

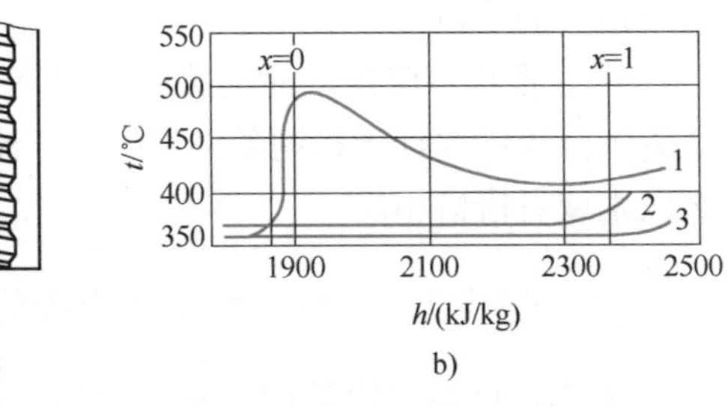

图 11-33 单道内螺纹管的结构和传热效果示意图
[p=24MPa，ρw=700kg/（m^2·s），q=495kW/m^2]
a）结构 b）传热效果
1—光管 2—内螺纹管（q=400kW/m^2） 3—工质

扰流子是将一根长的金属薄片扭曲成螺旋状后装入管中，并加以固定而成。螺旋状的扭转扁钢带将管内通道分隔成两个螺旋状的子通道，迫使汽流旋转，不仅使中心汽流中的液滴向液膜沉降，而且使管截面中心及近壁面上的流体因受扰动而充分混合。这是推迟传热恶化和降低壁温峰值的另一种有效方法。扰流子结构和传热效果如图 11-34 所示。

扰流子两端固定在管壁上，每隔一段长度（约为 1.33 倍扭带的螺距）上装有定位小凸缘，防止扭带的移位及保证扰动流体的效果。为了避免结垢引起腐蚀，扭带与管壁留有 1.6mm 的间隙。采用扰流子具有与内螺纹管相同的传热效果，但其结构和制造工艺相对简单，技术要求也低一些，因此具有一定的优越性。

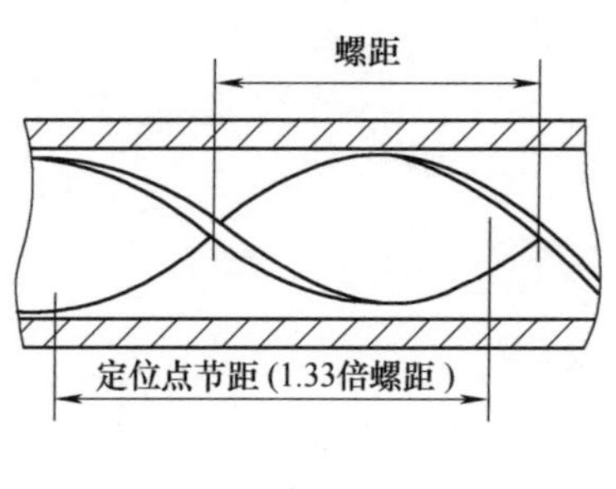

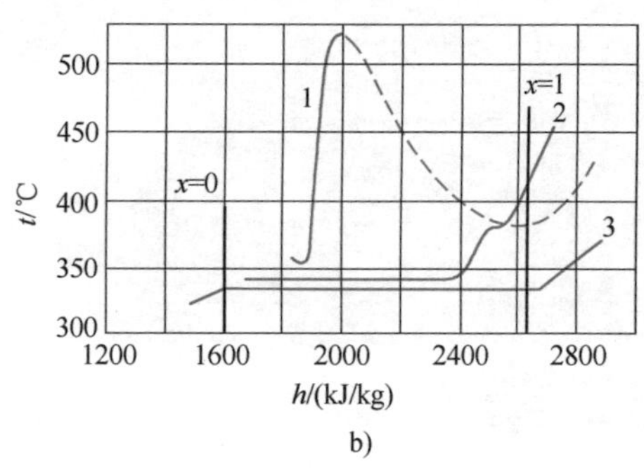

图 11-34　扰流子结构及传热效果［p=18.5MPa，ρw=1500kg/（m^2·s)］

a）结构　b）传热效果

1—无扰流子（q=500kW/m^2）　2—装扰流子（q=400kW/m^2）　3—工质

为了减小流动阻力和金属耗量，提高推迟传热恶化的效果，采用扰流子时，不必沿管子长度安装整根扰流子，而是在每隔一段距离装一小段扰流子。这样，一方面汽流在扰流子末端脱离时，已经形成的旋转扰动不会立即消失，仍然能保持一段距离，而且使得附着在扰流子表面上的液膜有机会在扰流子的末端脱离，转移到管壁上，增加液膜的水量，从而起到了降低流动阻力，节省金属材料，强化传热的效果。

内螺纹管和扰流子对超临界压力时的传热恶化现象也有减轻作用，尤其是内螺纹管近年来在超临界及超超临界锅炉上得到了非常广泛的应用。

思 考 题

11-1　简述蒸发管内的沸腾换热机理。

11-2　简述蒸发受热面流动多值性的原因、主要因素与消除措施。

11-3　简述蒸发受热面脉动的原因，并提出防止脉动的措施。

11-4　简述影响蒸发受热面的热偏差和水力不均的因素有哪些，并提出减轻或防止的措施。

11-5　简述两类沸腾传热恶化的机理与异同，分别提出防止两类传热恶化的方法。

第12章 锅炉水工况与蒸汽净化

12.1 给水净化与锅炉水工况

在火力发电厂中，锅炉和汽轮机之间形成热力循环系统，工质是水和蒸汽。凝汽式电厂的全部热能用于发电，水、汽虽做全部循环运行，但由于锅炉排污、汽轮机轴封处连续向外排汽，以及管道系统的泄漏等，仍会有少量的水、汽损失，一般为锅炉额定蒸发量的2% ～ 4%，这部分损失由原水（天然水）补给。热电厂除发电外，还对外供汽、供热。由于用热方式及供热系统等原因，往往使相当部分的蒸汽不能回收，造成较大的水汽损失，所以热电厂的补给水量比凝汽式电厂要大。

机组运行初期的给水和正常运行中的补给水都来自原水。原水中含有各种杂质，若未经处理就进入系统，会使热力设备（锅炉、加热器和给水管道）结垢、腐蚀，使过热器和汽轮机内积盐，影响机组的安全经济运行。因此必须严格控制锅炉的给水品质。机组参数越高，要求的给水品质越高；不同类型锅炉对给水品质的要求也不相同。

12.1.1 受热面结垢

原水中一般都含有杂质。水中杂质按其与水混合形态的不同可分为三类：悬浮物质（细菌、藻类、泥沙黏土和其他不溶物质）、胶体（硅酸胶体或铁铝等化合物、高分子化合物）和溶解物质（盐分及气体）。其中盐分包括钙镁盐、钠盐、铁盐和铝盐，和气体包括氧气和二氧化碳。这些杂质常以离子状态存在于水中，主要有Ca^{2+}、Mg^{2+}、Na^{+}、Fe^{2+}、Cu^{2+}和Al^{3+}等阳离子，以及HCO_3^-、CO_3^{2-}和SO_4^{2-}等阴离子。

1. 锅内水垢的形成

受热面上结有水垢后，由于水垢的导热性能仅为金属的几十分之一，在热负荷很高的蒸发管中形成水垢后将使金属管壁温度急剧升高，甚至导致爆管。结垢不仅危及安全，也降低经济性，当结有1mm厚水垢时，燃料耗量将增加1.5% ～ 2.0%。

给水中含有的杂质在蒸发过程中被不断浓缩，浓度达到一定值时，其中的某些物质便开始以结晶形式析出。结晶可以直接形成在受热面壁上，其核心是壁面的粗糙点；也可以形成在水容积中，结晶核心是水中的胶体质点、汽泡及各种物质的悬浮质点。

凡是直接结晶在受热面壁上，在金属表面上形成的坚硬而质密的沉淀称为水垢；凡是结晶在水容积中形成的悬浮的晶体颗粒称为泥渣。水垢不易清除，大多数泥渣可利用锅炉排污清除。

水是一种很好的溶剂，许多物质易溶于水，这些物质具有正的溶解度系数，即溶解度随温度的增加而增加。但也有一些固体物质难溶于水，它们具有负的溶解度系数，即溶解度随温度增加而减小，通常称为难溶物质。

水垢按其化学成分可分为钙镁水垢、硅酸盐水垢、铁垢和铜垢。

应该指出，由于现代水处理技术已能制备质量很高的补给水，能使给水中残余硬度减少至近于零，而且在锅筒锅炉中还普遍采用了炉水的磷酸盐处理，所以钙镁水垢实际上在电厂锅炉中已很少形成。锅内水垢的主要成分是氧化铁、钢和硅酸盐。

2. 锅内盐垢的形成

盐分在饱和蒸汽中的溶解情况取决于其分配系数。这里主要讨论盐分在过热蒸汽中的溶解度。若盐分在过热蒸汽中的量超过其溶解度，则过热器管壁就有盐分析出结成盐垢。

一般随着压力的增加，盐分的溶解度增大。这是由于压力增加，汽与水的性质逐渐靠近。水由于密度大，对盐分的溶解能力大，因而当压力提高使蒸汽密度增大时，其对盐分的溶解能力也增大。各种盐类的溶解度等压线在性质上是相同的。当过热度很高时，压力对溶解度的影响减小，此时主要取决于温度的影响，同一种盐类在各种不同压力下的溶解度曲线逐渐趋于一致。这是由于压力对于作为溶剂的过热蒸汽的影响在微过热区域为最大，当过热度继续增加，蒸汽接近于永久气体，因而此时温度的影响为主要。

按照盐分在过热蒸汽中的溶解度，可将盐分分成三类，分类按某一压力下盐分的最低溶解度进行。如以 20MPa 为例，第一类为易溶盐类，如 SiO_2、NaCl 等，溶解度可达几十毫克每千克；第二类为中等溶解度盐类，如 $CaCl_2$、$MgCl_2$ 等，溶解度约几毫克每千克；第三类为难溶盐类，如 Na_2SO_4、Na_3PO_4 等，溶解度很小，仅百分之几到千分之几毫克每千克。

12.1.2　锅内腐蚀

当金属材料与周围介质（如水、空气等）接触时，由于发生化学或电化学过程而遭受损耗或破坏的情况称为金属的腐蚀。凡是与周围介质直接起化学作用而使金属被破坏的过程均属于化学腐蚀；如在腐蚀过程中还伴有电流产生时，则属于电化学腐蚀。这是从腐蚀过程的原理上进行的分类。

按照金属腐蚀破坏的外部征象不同，腐蚀又可分为均匀腐蚀和局部腐蚀两种。在锅炉内部上述腐蚀形态均能发生，但局部腐蚀的危害要大得多。

锅内腐蚀是指在锅炉汽水通道内部发生的腐蚀，可归纳为下列几种。

1. 汽水腐蚀

汽水腐蚀是金属铁被水蒸气氧化而发生的纯化学腐蚀，腐蚀产物为 Fe_3O_4 和 H_2。汽水腐蚀是过热器受热面中主要的腐蚀过程。此外，当蒸发管中流动工况遭到破坏，如汽水分层或循环停滞时也会发生汽水腐蚀。汽水腐蚀属均匀腐蚀形态，一般不很强烈。

2. 锅内电化学腐蚀

锅内由于给水品质不良而引起的气体腐蚀、垢下腐蚀，以及炉水碱度过大引起的碱性腐蚀均属电化学腐蚀。

如果一种金属与电解质溶液相接触，金属表面的正离子受到极性水分子的作用发生水化。如果水化时所产生的水化能足以克服金属晶格中金属正离子与电子之间的引力，则一些金属正离子会脱落下来，进入与金属表面相接触的液层中形成水化离子。

12.1.3 给水品质

在凝汽式电厂中，给水的主要部分为汽轮机的凝结水，同时由于锅炉排污、其他用汽和设备泄漏等原因会使机组在运行中总有一定的汽水损失，因此要向机组增加对应的补给水以维持机组汽水质量的平衡。为保证良好的给水品质，对这部分补给水要进行净化处理。我国火力发电厂汽水质量标准中对给水品质有特定的要求，锅炉给水质量标准见表 12-1。

表 12-1 锅炉给水质量标准

控制项目		标准值和期望值	过热蒸汽压力 /MPa					
			汽包炉				直流炉	
			3.8～5.8	5.9～12.6	12.7～15.6	＞15.6	5.6～18.3	＞18.3
氢电导率（25℃）/（μS/cm）		标准值	—	≤ 0.30	≤ 0.30	≤ 0.15[①]	≤ 0.15	≤ 0.10
		期望值	—	—	—	≤ 0.10	≤ 0.10	≤ 0.08
硬度（μmol/L）		标准值	≤ 0.2	—	—	—	—	—
溶解氧含量[②] /（μg/L）	AVT（R）	标准值	≤ 15	≤ 7	≤ 7	≤ 7	≤ 7	≤ 7
	AVT（O）	标准值	≤ 15	≤ 10	≤ 10	≤ 10	≤ 10	≤ 10
铁含量 /（μg/L）		标准值	≤ 50	≤ 30	≤ 20	≤ 15	≤ 20	≤ 5
		期望值	—	—	—	≤ 10	≤ 5	≤ 3
铜含量 /（μg/L）		标准值	≤ 10	≤ 5	≤ 5	≤ 3	≤ 3	≤ 2
		期望值	—	—	—	≤ 2	≤ 2	≤ 1
钠含量 /（μg/L）		期望值	—	—	—	—	≤ 3	≤ 2
		标准值	—	—	—	—	≤ 2	≤ 1
二氧硅胶含量 /（μg/L）		标准值	应保证蒸汽二氧化硅符合表 12-2 的规定			≤ 20	≤ 15	≤ 10
		期望值				≤ 10	≤ 10	≤ 5
氯离子含量 /（μmol/L）		标准值	—	—	—	≤ 2	≤ 1	≤ 1
总有机碳离子 TOCi 含量 /（μmol/L）		标准值	—	≤ 500	≤ 500	≤ 200	≤ 200	≤ 200

① 没有凝结水精处理除盐装置的水冷机组，给水氢电导率应不大于 0.30μS/cm。

② 加氧处理溶解氧指标按加氧处理给水 pH 值、氢电导率和溶解氧的含量表控制。

另外，在运行中还可能由于未经处理的冷却水漏入凝结水，以及设备管道金属的腐蚀等原因，使凝结水受到污染，因此还需要对凝结水进行除盐处理。

12.1.4 补给水处理

锅炉的补给水来自天然水。在天然水中会含有比较多的杂质，从水处理的角度，这些杂质可按其颗粒大小，分为悬浮物、胶体和溶解物质。

1. 预处理

对锅炉补给水的预处理，就是用混凝、澄清和过滤的方法，去除水中的悬浮物和胶体状态的物质。

水的混凝处理就是通过在水中加入混凝剂（铝盐、铁盐等），使水中颗粒尺寸相对比较小的悬浮物以及胶体结合成大的絮凝体，使它们易于在重力作用下沉淀分离出来。水的混凝和沉淀过程结合起来，实现了水的澄清过程。水经过滤料层去除其中悬浮物的过程称为过滤。经过澄清处理后的水，再进行过滤处理可进一步去除水中的杂质。

2. 离子交换处理

水经过混凝、澄清和过滤的预处理后，所含的悬浮物和胶体可基本被去除，但是仍含有大量的溶解性盐类。去除水中溶解盐类的方法主要有离子交换法、膜分离法和蒸馏法。在水处理过程中，以离子交换法最为普遍。离子交换法是指某些物质遇水后，能将其本身具有的离子与水中带同类电荷的离子进行交换反应的方法，这些物质称为离子交换剂。

水通过离子交换剂时，原先溶解在水中的阳离子和阴离子先后与阳离子和阴离子交换剂发生反应并与之结合而被除去。通过离子交换，可实现水的软化、除盐。电站锅炉的补给水一般都要经过二级除盐处理。

12.1.5 凝结水处理

凝结水是锅炉给水的重要组成部分，也是给水中水量最大、水质较好的部分，控制好凝结水的水质对于保证给水品质，进而保证蒸汽品质有重要意义。凝结水处理几乎是亚临界汽包锅炉与直流锅炉必不可少的环节。

目前对于凝结水的处理大都采用前置式除盐系统，其工作流程为：凝结水→电磁除铁过滤器→活性炭过滤器→混床→供出。

12.1.6 汽包锅炉的水工况

去除锅水中含盐的方法包括锅内加药和排污两个过程，即通过向锅水加入化学药剂，使锅水中的杂质不会生成牢固附着在受热面上的水垢，而是生成呈悬浮状态或沉渣状态的水渣，或者是把已经生成的水垢转变成水渣，然后把水渣以及含盐浓度较高的锅水通过排污排出。

1. 锅内加药

对锅水进行校正处理，就是向锅水中加入化学药剂，把结垢物质转变为不沉淀的轻质水渣，通常采用的校正添加剂为磷酸盐（如磷酸三钠 Na_3PO_4）。

通过向锅水加入磷酸盐溶液，使锅水中保持有一定量的磷酸根（PO_4^{3-}），在锅水处于沸腾和碱性软高的状态下，水中的钙离子与磷酸根会发生以下反应：

$$10Ca^{2+}+6PO_4^{3-}+2OH^- \longrightarrow 3Ca_3(PO_4)_2 \cdot Ca(OH)_2 \text{（碱式磷酸钙）}$$

生成的碱式磷酸钙是一种松软的水渣，且不会转为二次水垢，易于通过排污从锅水中排除。

但是锅水中的 PO_4^{3-} 过高，会增加锅水的盐含量，影响蒸汽品质。在用磷酸盐处理时，磷酸离子发生水解而生成氢氧离子，会进一步提高水的碱度。

目前电厂锅炉的给水质量一般都比较高，同时由于汽轮机凝汽器漏水量的减少以及对凝结水的净化处理，凝结水质量也有很大提高，这样就可少用甚至不用磷酸处理。如果能不用磷酸处理，就可不用校正添加剂，既可节约费用，还可节省加药设备，锅水中的含盐也可减少，使蒸汽品质提高。

2. 排污

锅炉排污工作是每台锅炉运行操作中一道必不可少的工序。犹如煤经过燃烧，利用其热量而排除炉渣一样。锅炉炉水经过蒸发残留下来的杂质污物，就得通过排污清除，以保证炉水的质量在规定的允许范围内，确保锅炉设备的可靠运行。否则，将会造成管子爆破的锅炉事故，严重影响生产。以往曾发生过由于没有严格执行排污操作，致使炉管被水垢、水渣完全堵死造成煤管事故的事例。

锅炉排污基本上可归纳为两种方法：一种是定期排污，另一种是连续排污。这两种方法，必须予以同等重视，不可偏废。若只用一种方法，不但不能保证炉水质量，反而会浪费大量的高温热水，导致燃料能源的巨大损失。下面分别详细地阐述两种排污方法。

（1）定期排污　定期排污又叫间断排污和底部排污。因为定期排污是在锅炉水系统最低的地方（如在锅炉的泥包和下集箱等处底部）间断地进行而得名。定期排污的目的，是为了排除锅炉内形成的黏质物、泥渣、沉淀和腐蚀产物等。定期排污阀门的开启，应保证时间不能过长，一个排污点一次排污的时间按规定要求不超过30s。排污时间过长，排污量过多，不但排掉了好水，浪费了热能，而且严重时会使锅炉水循环遭到破坏。尤其对带有水冷壁上升管中的水发生倒流现象，这将是很危险的。

在有良好水处理设备的系统中，一般每班只排污一次，也可每天排污一次。对实行炉内水处理的锅炉，如一般立式或卧式锅炉，则应适当增加排污次数，每班可排污1～2次，具体视炉水质量而定。

排污工作应在锅炉低负荷时进行，因为此时沉淀物最容易沉积于锅炉底部。

禁止两台锅炉同时进行排污。一台锅炉同时开两个排污点也是不允许的，各个排污点的排污应逐个地进行。

当炉内水位出现不正常情况和锅炉出事故时，应立即停止排污工作。

定期排污管道上，要装有串联着的两个阀门。其中一个是作为调整使用，另一个是为了保证设备运行的安全。

还要着重指出，当炉水碱度和氯根超过标准要求时，不应进行大量定期（底部）排污，此时必须利用锅筒表面的连续排污。因为炉水的氯根和碱度的降低，只能通过连续排污来解决。若没有连续排污，或利用连续排污不足以降低炉水碱度和氯根浓度时，才可以利用定期排污，进行辅助调节。因为如前所述，定期排污主要是排除松软的水垢和沉渣用的。

（2）连续排污　连续排污也叫表面排污或上部排污。这种排污方式是连续不断地将锅炉上锅筒中浓度最大的炉水排出，以降低炉水表面的碱度、氯根浓度，减少悬浮物等，防止汽水共腾现象的发生和炉水对锅筒壁的腐蚀。

连续排污截门原则上应该经常开着，截门开度的大小，由化验员根据炉水质量分析的情况通知司炉工进行调节。

工业锅炉若给水质量良好，炉水不甚恶劣，蒸汽用户对蒸汽质量也无任何要求时，可以不采用连续排污，在炉水质量控制标准允许的条件下，只进行间断式的表面排污也是可以的，以减少排污水量和热能损失。

从实践知道，炉水浓度最大的地方是在上锅筒内水面下 80 ～ 100mm 的地方。因为，此处炉水蒸发面较大，污物容易浮集。

连续排污是通过在上锅筒内安装连续排污管引至锅筒外来实现的。连续排污管一般是采用有支管和无支管两种。无支管的连续排污管，是在主（干）管上均匀分布钻有直径 5 ～ 10mm 的孔眼来吸引表面污水，通过干管流出锅筒外，达到排污的目的。

安装连续排污管时，应掌握支管顶端位于正常水面下 30 ～ 40mm 处。不论连续排污或定期排污，若排污管安装的地方不合适，就不会有效地排除沉淀物质和浓度高的炉水，达不到预想的要求。

一般火管式和火筒式锅炉，是没有安装表面排污装置的。这是因为它们的水容量大、蒸发量小（即其蒸发倍率很小），锅筒的蒸汽空间也大，蒸汽可以得到净化的缘故。同时，这类火管式锅炉的供热用户，对蒸汽质量大多是无什么过高要求的，这也是它们不装表面排污的一个原因。

12.1.7　直流锅炉水工况

直流锅炉的给水，一次性通过锅炉的省煤器、蒸发受热面和过热器，以过热汽的形式供给汽轮机。直流锅炉不能排污，给水中的杂质，要么沉积在锅炉受热面内，要么随蒸汽带出。现代锅炉机组受热面的温度和热负荷很高，容易产生腐蚀产物。沉积在锅炉受热面内的腐蚀产物和污垢，会造成管壁超温和损坏；随着过热蒸汽带出的杂质，会在汽轮机的阀门、喷嘴和叶片上发生沉积，轻则影响机组效率，重则造成安全事故。所以，直流锅炉给水品质的要求比汽包锅炉高很多。

为减轻和防止直流锅炉蒸发受热面（水冷壁）管内的腐蚀，除对补给水与凝结水进行处理外，还要组织好直流锅炉的水工况。直流锅炉一般采用全挥发性水工况（All-Volatike Treatment，AVT），其中又分为还原性全挥发处理 AVT（R）和弱氧化性全挥发处理 AVT（O）两种工况。

1. 还原性全挥发处理 AVT（R）水工况

这种工况又称为联氨 - 氨水工况。采用联氨（N_2H_2）进行的辅助除氧反应如下：

$$N_2H_2+O_2 \longrightarrow N_2+2H_2O$$

为了尽可能去除热力除气后的残余氧，应保证水泵入口处水中有 20 ～ 30μg/L 的过量 N_2H_2。

在这种水工况中，还加入 NH_3，与给水中残余的 CO_2 反应生成 $(NH_4)_2CO_3$，目的是去除游离的 CO_2，保持水的碱性，使水中 pH 值不低于 9.0。

锅炉采用 AVT（R）水工况的目的是抑制氧对金属的腐蚀。在高温条件下，金属 Fe 会与 H_2O 发生反应生成 Fe_3O_4，即

$$3Fe+4H_2O \longrightarrow Fe_3O_4+4H_2$$

Fe_3O_4 紧贴在金属表面上形成一层稳定密致的氧化膜，可阻止金属的进一步腐蚀，但水中的联氨具有还原性，在高温条件下会把晶体状的 Fe_3O_4 还原成随水流动的 $Fe(OH)_2$ 或 FeO，甚至铁原子 Fe，其反应为

$$2Fe_3O_4+N_2H_4 \longrightarrow 6FeO+N_2+2H_2O$$

$$2FeO+N_2H_4 \longrightarrow 2Fe+N_2+2H_2O$$

FeO 质地疏松，不能阻止金属离子向氧化膜外扩散，所以这种水况形成的氧化膜虽然内层比较稳定，但外层不坚固，在水流中容易脱落而形成腐蚀产物。

联氨 - 氨水工况是一种传统的水工况，以往在直流锅炉上采用较多，但某些运行实践表明，当水冷壁热负荷较高时，为避免水冷壁内沉积物过多，锅炉要定期进行化学清洗。

2. 弱氧化性全挥发处理 AVT（O）水工况

与 AVT（R）水工况不同，AVT（O）水工况对给水只进行热力除氧，不再采用化学药物辅助除氧，并允许给水中存在一定浓度的氧，同时通过加氨来调节给水的 pH 值。

在给水中存在一定浓度氧量时，O_2 加速金属表面氧化膜形成，首先生产的是 Fe_3O_4 氧化膜，即

$$3Fe+\frac{1}{2}O_2+3H_2O \longrightarrow Fe_3O_4+3H_2$$

水中氧与生成的 Fe_3O_4 氧化膜接触，会进一步氧化成 Fe_2O_3 氧化膜，即

$$2Fe_3O_4+\frac{1}{2}O_2 \longrightarrow 3Fe_2O_3$$

而 Fe_2O_3 是比 Fe_3O_4 更加稳定的保护膜，不容易剥落，可以很好地保护管子。

对于 AVT（O）水工况，在给水中应加入氨水来调节水的 pH 值。此外还应加入一定浓度的氧气，氧浓度大约为 200μg/L，以保证形成钝化了的密致氧化保护膜。

与 AVT（R）水工况相比，AVT（O）水工况取消了成本昂贵的联氨处理，还可减少锅炉下辐射区高热负荷水冷壁内生成氧化铁的沉积速度。

12.2 蒸汽品质

合格的蒸汽品质是保证锅炉和汽轮机安全经济运行的重要条件。蒸汽中含有过多的杂质会引起过热器受热面、汽轮机通流部分或蒸汽管道沉积盐垢。如沉积在过热器受热面管子中，将使管壁温度升高，可能将管子烧坏；如沉积在汽轮机的通流部分，将使蒸汽的流通截面减小，叶片粗糙度增加，甚至会改变叶片的型线，使汽轮机的阻力增大，出力和效率降低；如沉积在蒸汽管道的阀门处，可能引起阀门动作失灵以及阀门漏汽。因此，为保证锅炉与汽轮机的正常工作，对蒸汽品质应有严格的要求。在运行中，必须有严格的化学监督，保证蒸汽品质符合规定。

12.2.1 蒸汽品质标准

蒸汽品质是指蒸汽中杂质的含量。这些杂质包括盐类物质、碱类物质和氧化物，其中绝大部分是盐类物质，所以通常也把蒸汽对杂质的携带称为蒸汽带盐。故此，在本章中如无特别说明，则“盐”和“杂质”视为完全相同的说法。蒸汽带盐对锅炉和汽轮机的安全经济运行有重要影响，所以对于蒸汽品质有着严格的标准规定，见表 12-2。

表 12-2　蒸汽品质标准

过热蒸汽压力 /MPa	钠含量 /（μg/kg）		氢电导率（25℃）/（μS/cm）		二氧化硅含量 /（μg/kg）		铁含量 /（μg/kg）		铜含量 /（μg/kg）	
	标准值	期望值	标准值	期望值	标准值	期望值	标准值	期望值	标准值	期望值
3.8 ～ 5.8	≤ 15	—	≤ 0.30	—	≤ 20	—	≤ 20	—	≤ 5	—
5.9 ～ 15.6	≤ 5	≤ 2	≤ 0.15①	—	≤ 15	≤ 10	≤ 15	≤ 10	≤ 3	≤ 2
15.7 ～ 18.3	≤ 3	≤ 2	≤ 0.15①	≤ 0.10①	≤ 15	≤ 10	≤ 10	≤ 5	≤ 3	≤ 2
＞ 18.3	≤ 2	≤ 1	≤ 0.10	≤ 0.08	≤ 10	≤ 5	≤ 5	≤ 3	≤ 2	≤ 1

① 表面式凝汽器、没有凝结水精除盐装置的机组，蒸汽的脱气氢电导率标准值不大于 0.15μS/cm，期望值不大于 0.10μS/cm；没有凝结水精除盐装置的直接空冷机组，蒸汽的氢电导率标准值不大于 0.3μS/cm，期望值不大于 0.15μS/cm。

锅炉运行中，如果蒸汽品质符合表 12-2 的规定，就可防止钠盐、硅酸盐及金属氧化物在过热器和汽轮机内的明显沉积。总之，只要蒸汽品质在上述规定的范围内，就可保证机组在较长时间内正常运行且其出力和效率不致有明显降低。

蒸汽压力提高时，蒸汽比体积将减小，汽轮机通流部分的通流截面也相应减小，因此汽轮机中允许的积盐量减少，对蒸汽品质的要求也就更高。

12.2.2　蒸汽带盐的危害

蒸汽中所含杂质为各种盐类、碱类及氧化物，其中绝大部分是盐类，故通常多以蒸汽中盐含量的多少表示蒸汽品质。盐含量越多，蒸汽品质越差。含盐蒸汽在过热器中过热，部分盐分会沉积在管壁上形成盐垢，盐垢使管子流通截面积减小，阻力增大，流过该管的蒸汽量减小，管子得不到充分的冷却，同时，盐垢的热阻大，会妨碍管壁的传热，很容易造成管子过热损坏，另一部分盐随蒸汽流动，可能在管道、阀门及汽轮机通流部分沉积下来。盐质沉积在管道阀门处，可能造成阀门卡涩和漏汽。盐质沉积在汽轮机通流部分，会使喷嘴叶片的叶型改变，汽轮机效率降低，同时由于蒸汽流通截面积减小，流动阻力增大，将使汽轮机出力降低，轴向推力与叶片应力增大；当沿圆周积盐不均匀时，将影响转子的平衡，甚至造成重大事故。蒸汽参数越高，蒸汽比体积越小，蒸汽流通截面积相应减小，因此盐沉积的危害性越大。

12.3　蒸汽净化

12.3.1　蒸汽污染的原因

蒸汽污染的关键环节是给水污染，给水中杂质的来源分别是：补给水带入的杂质、凝汽器泄漏使循环冷却水进入凝结水侧带入的杂质、疏水回收带入的杂质、热用户的返回水带入的杂质和水汽系统的腐蚀产物等。

对于直流锅炉，给水污染将直接导致蒸汽的污染。对于锅筒锅炉，给水的污染将导致锅水污染，锅水含杂质的浓度比给水大得多，这是由于锅水不断蒸发而使盐分浓缩的缘故。

锅水中的污染物通过机械性携带和溶解性携带两种方式导致蒸汽污染。故机械性携带和溶解性携带是锅筒锅炉蒸汽污染的主要原因。下面对其进行比较详细的阐述。

1. 机械性携带

机械性携带是指蒸汽由于携带含盐的炉水水滴而带盐的现象。机械性携带量的大小取决于携带水滴的多少及炉水的盐含量（mg/kg），可由式（12-1）表示，即

$$S_{q}^{s}=\frac{\omega}{100}S_{ls} \tag{12-1}$$

式中，S_{q}^{s} 为蒸汽机械携带的盐分量（mg/kg）；ω 为蒸汽湿度，表示蒸汽中携带的炉水水滴的质量占蒸汽质量的百分数；S_{ls} 为炉水的盐含量（mg/kg）。

在锅筒中，水滴形成的方式为：①当汽水混合物在水位面以下被引入时，由于汽泡穿出水面，将水面撕裂，形成许多大小不等的水滴；②当汽水混合从锅筒的蒸汽空间引入时，由于汽水冲击水面或锅筒内部装置，或汽流相互冲击而形成许多水滴并向不同方向飞溅；③在炉水表面有时还形成稳定的泡沫层，当泡沫破裂时，也有大量水分和细小破碎的泡沫形成而被带出；④被蒸汽携带的大水滴，当在重力的作用下落到水面上时，也会撞击出许多细小的水滴。

影响蒸汽携带水滴的主要因素为锅炉工作压力、锅炉负荷、炉水盐含量、锅筒蒸汽空间的高度和锅筒内部装置等。

2. 溶解性携带

溶解性携带指由于蒸汽能够溶解盐类而带盐的现象。在高压、超高压及亚临界压力的锅炉中，饱和蒸汽和过热蒸汽都具有直接溶解某些盐类的能力。蒸汽中的溶盐量（mg/kg）可用下式表示，即

$$S_{q}^{R}=\frac{a}{100}S_{ls} \tag{12-2}$$

式中，a 为分配系数，又叫溶解系数，表示溶解于蒸汽中的某种杂质的含量 S_{q}^{R} 与此种杂质在炉水中的含量 S_{ls} 的比值的百分数。

对于高压和超高压以上的锅炉，蒸汽污染是由机械性携带和溶解性携带引起的，蒸汽既携带炉水又溶解盐类。因此，蒸汽中某种杂质的总量（mg/kg）为

$$S_{q}=S_{q}^{s}+S_{q}^{R}=\frac{\omega+a}{100}S_{ls}=\frac{k}{100}S_{ls} \tag{12-3}$$

式中，k 为蒸汽的携带系数，表示蒸汽中的盐含量占炉水盐含量的百分数。

影响蒸汽溶解性带盐的因素有蒸汽压力、杂质的种类、炉水的盐含量与 pH 值等。

12.3.2　蒸汽污染的防治途径

根据蒸汽污染的原因，可以提出防治蒸汽污染、提高蒸汽品质的途径。以下为电厂经常采用的三项措施：

1）采用合理的水处理工艺，降低补给水中杂质的含量。

2）防止凝汽器泄漏，以免汽轮机凝结水被循环冷却水污染。

3）对于锅筒锅炉，还可采取如下的锅内净化的措施来提高蒸汽的品质：

① 进行排污，控制锅水品质。

② 进行汽水分离，控制机械性携带。

③ 进行蒸汽清洗，控制溶解性携带和机械性携带。

12.3.3 锅内的蒸汽净化

锅筒内的净化，是锅筒锅炉保证蒸汽品质的重要环节。正因为有了锅筒内的净化措施，所以可以适当降低锅筒锅炉对给水品质的要求。

1. 汽水分离

（1）汽水分离原理

1）惯性力分离，使汽水改变方向，利用汽水所受离心力大小不同的原理来分离汽水。

2）重力分离，利用汽与水的密度差进行的自然分离。

3）离心力分离，使汽水混合物产生旋转运动，利用汽水所受离心力大小不同的原理来分离汽水。

4）水膜分离，使蒸汽中的水滴黏附于金属壁面或金属网格上形成水膜流下而进行汽水分离。

（2）汽水分离设备 在现代大型锅炉上，常见的汽水分离设备有旋风分离器、百叶窗分离器、顶部多孔板（均汽板）等。其中旋风分离器是最主要的汽水分离设备。

1）旋风分离器。旋风分离器是进行汽水粗分离的主要设备，它能有效地把汽水混合物中的汽和水分开。其主要有四种形式：立置非导流式旋风分离器、立置导流式旋风分离器、涡轮式旋风分离器和卧式旋风分离器。

① 立置非导流式旋风分离器。立置非导流式旋风分离器的结构如图 12-1 所示。它由筒体、顶帽、筒底和导向叶片等部件组成。其工作过程为：汽水混合物由切向进入筒体，产生旋转运动，水在离心力的作用下被抛向筒壁，大部分水在重力的作用下沿筒壁流下，蒸汽则由中心上升，经顶帽中的波形板进行进一步的水膜分离后进入蒸汽空间。这种分离器是综合了离心力分离、重力分离及水膜分离来进行汽水分离的。

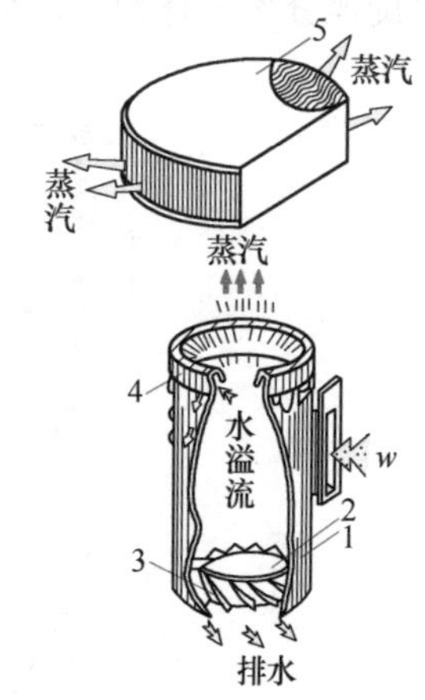

图 12-1 立置非导流式旋风分离器

1—筒体 2—筒底 3—导向叶片 4—溢流环 5—顶帽

筒体一般由厚 2 ～ 3mm 的钢板卷成，直径多为 290mm、315mm 及 350mm。由于汽水混合物的旋转，筒体内的水面呈抛物面状，贴着上部筒壁的只有一薄层水。为了防止这层水膜被上升的汽流撕破而使蒸汽重新带水，在筒的顶部装有溢流环。溢流环与筒体的间隙要保证水膜顺利溢出，但要防止蒸汽由此跑出。

为防止筒内的水向下排出时把蒸汽带出，一般在筒体的下部装有由圆形底板和导向叶片组成的筒底。导叶沿底板四周倾斜布置，倾斜方向与水流旋转方向保持一致，以使水平稳地流入锅筒的水空间。为了消除流出的水的旋转运动可能造成的锅筒水位的偏斜，应采用左旋与右旋旋风分离器交错布置方法来保持锅筒水位的平稳。另外，在筒体的下方还装有托斗，以防止底部排水中的蒸汽进入下降管。

由于筒体中心的汽流是旋转上升的，所以筒体出口蒸汽速度很不均匀，局部流速很高，大量水滴被带出。加装顶帽目的是使汽流出口速度均匀，以减少蒸汽带水，同时利用水滴的

黏附力进行水膜分离，进一步减少蒸汽带水。

② 立置导流式旋风分离器。其广泛应用于超高参数的锅炉上。在其筒体内部汽水混合物入口引管的上半部加装有导流板，形成导流式筒体，这是它与立置非导流式旋风分离器的主要不同之处。导流板的加装，延长了汽水混合物的流程和在筒体内的停留时间，强化了离心作用，从而提高了分离效果，增大了旋风分离器的允许负荷（图12-2）。与立置非导流式旋风分离器相比，在筒体直径相同的情况下，其允许负荷可提高20%左右，且阻力基本相当。

③ 涡轮式旋风分离器。涡轮式旋风分离器又叫轴流式旋风分离器（图12-3）。其基本组成为：外筒、内筒、与内筒相连的集汽短管、螺旋导叶装置和波形板、百叶窗、顶帽等。汽水混合物由涡轮式分离器底部进入，在向上流动的过程中，借助于固定螺旋导向叶片使汽水混合物产生强烈旋转，在离心力的作用下水被抛向内筒壁并向上做螺旋运动，通过集汽短管与内筒之间的环形截面流入内外筒间的疏水夹层，然后折向下流，进入锅筒的水容积。蒸汽则由筒体的中心部分向上流动，经顶帽的波形板分离器进行水膜分离后进入蒸汽空间。涡轮式旋风分离器体积小，分离效率高，但阻力较大，因此多用于强制循环锅炉。

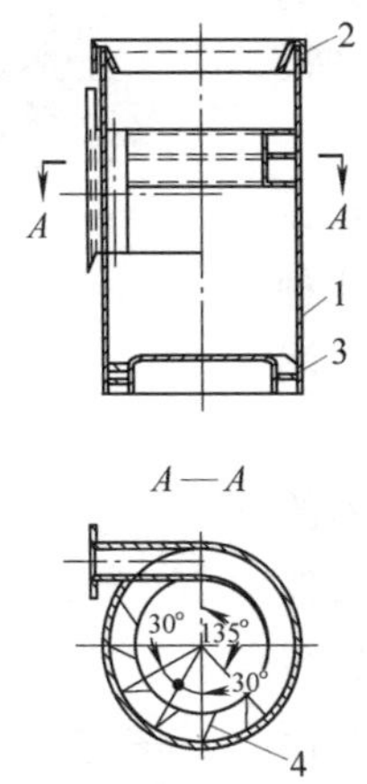

图12-2 立置导流式旋风分离器

1—筒体 2—溢流环 3—筒底导叶 4—导流板

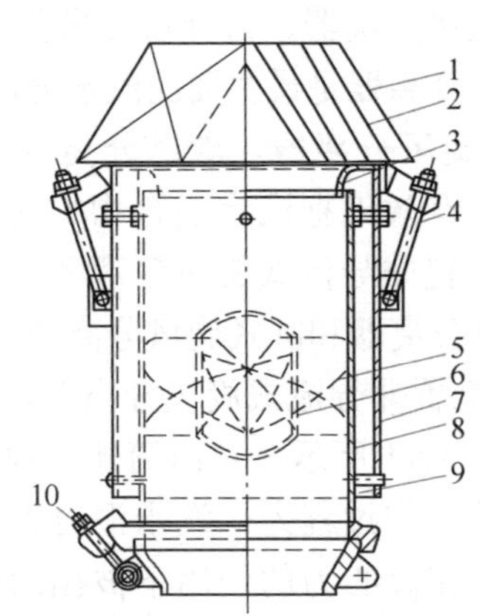

图12-3 涡轮式旋风分离器

1—梯形顶帽 2—波形板 3—集汽短管 4—钩头螺栓 5—固定式导向叶片 6—芯子 7—外筒 8—内筒 9—疏水夹层 10—支撑螺栓

④ 卧式旋风分离器。卧式旋风分离器主要借助于离心力进行汽水分离，并在蒸汽的出口处装有钢丝网分离装置进行进一步的水膜分离。由于蒸汽空间高度小，分离效果不及前几种。在FW1025t/h自然循环锅炉的锅筒中有应用。

2）百叶窗分离器。百叶窗分离器由许多厚约0.8～1.2mm的波形钢板平行组装而成，如图12-4所示。各波形板之间的间隙为10mm左右。当蒸汽进入波形板间的弯曲通道时，蒸汽中的水滴便会在离心力的作用下被抛出来，黏附在钢板表面，形成水膜，然后在重力的

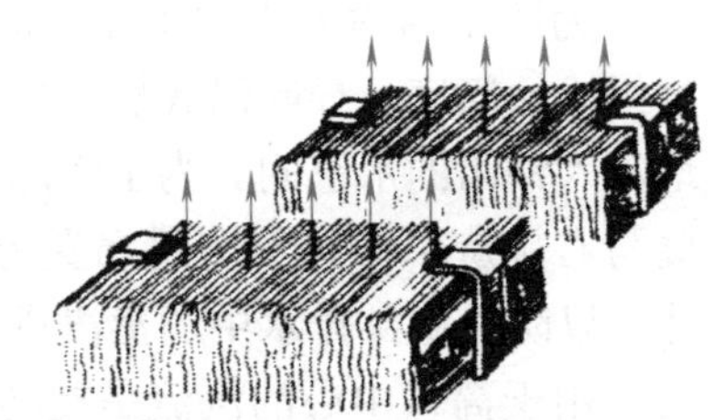

图12-4 卧式布置的百叶窗分离器

作用下流入锅筒的水空间。

百叶窗分离器主要用来集聚和除去蒸汽中的微小水滴，属于锅筒中的细分离装置。它有水平式和立式两种形式。立式波形板的疏水条件较好，所以分离效果比水平式的要好，能适应较高的入口蒸汽流速，其撕破水膜的临界流速比水平式大得多，采用的蒸汽流速可为水平式的 2.5 ～ 3 倍。其缺点是要占据较大的蒸汽空间。水平波形板的疏水与蒸汽流向相对，只有在入口蒸汽速度很低的情况下才能有效，否则会把水膜撕破，形成二次带水。

3）顶部多孔板。为了使波形板分离器前的蒸汽负荷均匀，波形板分离器往往与顶部多孔板配合使用。多孔板布置在波形板分离器的上方。

顶部多孔板布置在锅筒顶部靠近蒸汽引出管口的地方。它是利用孔板的节流作用，使蒸汽空间的负荷沿锅筒的长度和宽度均匀分布，避免蒸汽局部流速过高。在波形板分离器上方布置多孔板，可以均衡波形板前的蒸汽负荷，提高其分离效率。另外它还能阻挡住一些小水滴，起到一定的细分离作用。

多孔板一般由 3 ～ 4mm 厚的钢板制成，孔板上的孔均匀分布，孔径 10mm 左右，孔间距不超过 50mm，开孔的数目应根据穿孔蒸汽的流速确定。中压锅炉的穿孔蒸汽流速为 8 ～ 12m/s，高压锅炉为 6 ～ 8m/s，超高压锅炉为 4 ～ 6m/s。

2. 蒸汽清洗

（1）基本原理　蒸汽清洗就是让蒸汽与含盐浓度较低的清洗水接触，使溶解于蒸汽中的盐分转移到清洗水中，从而减少蒸汽的溶解带盐。另外也可使蒸汽中携带的盐含量较高的炉水水滴转入清洗水中，以此减少蒸汽的机械性带盐。虽然由清洗水层出来的蒸汽也会带走一些清洗水水滴，且携带的水滴的量也与清洗前差不多（略多），但由于清洗水水滴中的盐含量比炉水水滴的盐含量低得多，所以蒸汽清洗能降低蒸汽的机械性带盐量。蒸汽清洗的主要目的是减少蒸汽的溶解性携带。

（2）清洗装置　按照蒸汽与水的接触方式的不同，清洗装置可分为喷水式、水膜式和穿层式等。

1）喷水式。喷水式清洗是将给水喷入旋风分离器以上的蒸汽空间对蒸汽进行清洗。这是最简单的清洗方法，清洗效率不高。

2）水膜式。水膜式清洗装置（图 12-5）将旋风分离器顶部的百叶窗倾斜放置，给水从百叶窗上端送入，当蒸汽穿过百叶窗时与波形板壁面的水膜接触而进行清洗。在这种结构中，清洗水易被旋风分离器带入的炉水污染，从而影响蒸汽品质。

3）穿层式。穿层式清洗装置是我国普遍采用的清洗装置。由于蒸汽穿过清洗水层时水层会起泡，所以也称为起泡穿层式。在近代超高压及其以上压力的锅筒锅炉中，主要采用平板式清洗装置，如图 12-6 所示。

平板式清洗装置由开孔的平板组成，孔板的厚度一般为 2 ～ 3mm，开孔孔径为 5 ～ 6mm。清洗时蒸汽自下而上穿过孔板，由清洗水层穿出，进行起泡清洗。给水可以从清洗孔板的一端引入，从另一端流入锅筒水空间；也可以从清洗孔板的中间引入，分成两部分流过清洗孔板，然后由两端流入锅筒的水空间。

平孔板上的水层靠蒸汽穿孔阻力所造成的孔板前后压差来托住。当低负荷时，清洗水可能会跌落，出现干孔板区。为了保证低负荷时不出现干孔板区，高负荷时又不大量带清洗水，必须合理选择蒸汽的穿孔速度和孔板的开孔孔径。

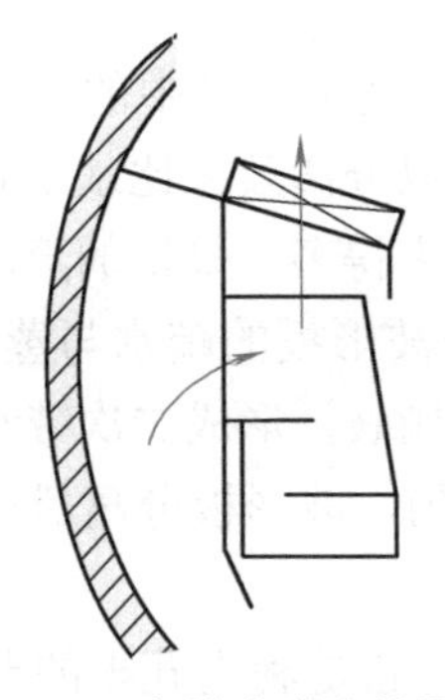

图 12-5　水膜式清洗装置

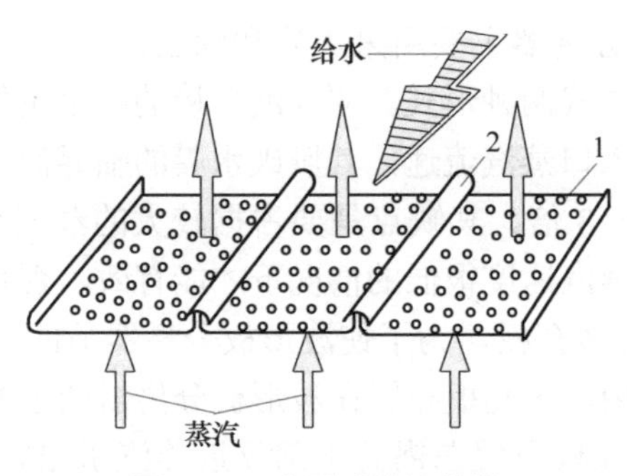

图 12-6　穿层式清洗装置

1—平孔板　2—U 形卡

蒸汽清洗是一个物质交换的过程，研究表明：如果炉水与清洗水层的含盐浓度差越大，蒸汽与清洗水的接触面积及物质交换系数越大，则这种物质交换过程就越强烈，清洗效果越好。在蒸汽穿层清洗过程中，物质扩散是在清洗水层、清洗水层之上的泡沫层和蒸汽空间三个区域中进行的。在清洗水层中虽然有最大的浓度差，但在泡沫层中汽泡呈泡沫状态积聚而具有最大的接触面积，因此一般认为物质交换主要在泡沫层中进行。影响穿层式清洗效果的主要因素有清洗前蒸汽的品质、清洗水量和清洗水品质、清洗水层厚度、蒸汽流速等。

思考题

12-1　简述锅内腐蚀的机理。

12-2　什么是蒸汽的机械性携带与溶解性携带？

12-3　蒸汽带盐的危害是什么？

12-4　什么是蒸汽清洗？

12-5　什么是连续排污、定期排污？

12-6　为什么直流锅炉对给水品质的要求比汽包锅炉高？

12-7　汽包进行汽水分离的原理是什么？常用的汽水分离设备有哪些？

第 13 章

锅炉的运行和调节

锅炉是火力发电厂的三大主机之一，锅炉的运行任务是在安全和经济的条件下，保证锅炉出力随时满足电网负荷的需要。电网负荷随着时间变化，锅炉负荷也要随之变化，担任调峰任务的机组，其负荷波动更为剧烈。

锅炉起停过程会带来很多经济性和安全性问题，故锅炉的起停过程要严格监控。正常运行的锅炉，要求在负荷控制范围内，锅炉蒸汽参数应稳定在额定值允许范围内，同时在负荷变化过程中应有良好的蒸汽参数动态特性，调节过程中的蒸汽参数偏离也要在额定值允许范围内，并能快速完成调节任务。目前，大部分机组均能够实现比较理想、可靠的自动调节，锅炉的自动调节系统主要有给水自动调节系统、汽温自动调节系统和燃烧自动调节系统等。

13.1 汽包锅炉的起动和停运

13.1.1 锅炉的起动方式

1. 冷态起动和热态起动

根据机组的状态可分为冷态起动和热态起动。锅炉在常温常压状态下的起动称为冷态起动；锅炉较短时间内停用，内部保持一定压力和温度状态下的起动称为热态起动。热态起动又分为温态起动、热态起动和极热态起动。

2. 额定参数起动和滑参数起动

根据锅炉和汽轮机的起动顺序或起动时的蒸汽参数，可把机组的起动分为额定参数起动和滑参数起动。

额定参数起动，也称为顺序起动，常用于母管制系统。额定参数起动，先起动锅炉，待锅炉参数达到或接近额定值时，再起动汽轮机。

滑参数起动常用于单元制锅炉机组，也称为机炉联合起动，就是在起动锅炉的同时，起动汽轮机，在蒸汽参数逐渐升高的情况下完成汽轮机暖管、冲转、暖机、升速和带负

荷。由于汽轮机冲转和带负荷是在蒸汽参数较低的情况下进行的，滑参数起动又称为低参数起动。

13.1.2 汽包锅炉的起动

1. 锅炉起动前的准备工作

1）检修工作完毕，安全措施拆除。

2）各系统与设备正常，并处于起动状态。

3）原煤斗储存符合要求的煤量。

4）完成相关试验，并符合要求，包括锅炉水压试验，炉膛严密性试验，机组连锁、锅炉连锁和泵的连锁试验，阀门检验，转动机械试验等。

2. 锅炉上水

具备上水条件后，起动电动给水泵或凝结水泵用低负荷给水旁路通过省煤器向锅筒上水。冷态起动时上水水温应尽可能接近锅筒壁温，水温和锅筒壁温差不应超过 50℃。锅筒上水时严格控制上水速度，夏季上水不少于 2h，冬季不少于 4h，当水温与锅筒壁温接近时，可适当加快速度。锅筒上水时，注意控制锅筒上下壁温差在安全范围内，锅筒上下壁温差控制在 50℃之内。汽包上水时通常将水位上至较低，以便在水位急剧升高时有一个较大的缓冲空间。

3. 锅炉点火

锅炉点火前必须炉膛吹扫，以清除可能残留的可燃物质，防止点火时发生爆燃。吹扫风量应大于 25% 的额定风量，通风时间一般为 5 ～ 10min，煤粉炉的一次风管也应吹扫 3 ～ 5min。在吹扫前应顺序起动空气预热器、引风机和送风机。

煤粉锅炉大多以柴油作为点火燃料，柴油点燃后，炉温逐渐升高，为使煤粉能稳定着火燃烧，要求炉膛具有一定的热负荷以及热空气温度在 150℃以上时，才能投用煤粉燃烧器。

4. 锅炉升温升压

在起动初始阶段锅炉的升温速度应比较慢，对高压和超高压锅炉一般升温速度限制在 1.5 ～ 2℃ /min，对亚临界压力锅炉不超过 2.5℃ /min。

5. 升负荷

在锅炉升温升压至满足汽轮机冲转参数后，汽轮机将进行冲转至转速 3000r/min，然后进行发电机并网操作。

发电机并网后，锅炉进入升负荷阶段。在这一阶段，锅炉需要起动制粉系统，投入主燃烧器。随着燃烧率增大，锅炉出口蒸汽流量、温度和压力也逐渐升高，汽轮发电机组的负荷也逐步提高，机组按预定起动曲线运行，直至达到满负荷。

6. 汽包锅炉热态起动

热态起动是指锅炉在保持有一定压力，且温度高于环境温度下的起动。国内外各制造厂所取的温度界限不尽相同。例如，以汽轮机高压内缸第一级金属温度为依据，该温度在 190 ～ 300℃之间，为温态起动；在 300 ～ 430℃之间，为热态起动；在 430℃以上为极热态起动。

锅炉的热态起动过程与冷态起动过程基本相同，但热态起动时锅内存有锅水，只需少量上水调整水位；蒸汽管道与锅内都有余压与余温，升温升压与暖管等过程可更快些。锅炉点火后要很快起动旁路系统，以较快的速度调整燃烧，避免因锅炉通风吹扫等原因使汽包压力有较大幅度降低。冲转前须先令制粉系统投入运行，以满足汽轮机较高冲转参数的要求。冲转时的进汽参数要适应汽轮机的金属温度水平，应避免因锅炉燃烧原因使机组在冲转、并网、低负荷运行等工况下运行时间拖延，造成汽缸温度下降。机组极热态起动时必须谨慎，起动过程的关键在于协调好锅炉蒸汽温度和汽轮机的金属温度，尽可能避免热偏差，减少汽轮机寿命损耗。

7. 起动过程中主要设备的保护与监视

（1）汽包的保护和监督　汽包为单向受热的厚壁部件，在起动过程中将产生很大的应力。考虑到汽包的安全，在锅炉起停过程中要严格控制压力的变化，并进行有效监控。为保护汽包，整个起动过程必须不断监视汽包的上下壁温差以及内外壁温差，控制汽包起动应力。实际操作中以控制压力的变化率作为控制汽包壁温差的基本手段。

（2）过热器的保护　锅炉在冷炉起动前，立式布置的过热器管内一般都有停炉时留下的积水，点火后，积水将逐渐蒸发。锅炉起压后，部分积水也会被蒸汽流排除。积水全部蒸发或排除前，某些管内没有蒸汽流过，管壁温度接近于烟气温度，将发生金属超温现象。因此，一般规定在锅炉蒸发量小于 10% 额定值时，必须限制过热器入口烟气温度。控制烟气温度的手段主要是限制燃烧率和调整炉膛内火焰中心的位置。

（3）再热器的保护　中间再热单元机组起动时，通过采用旁路系统和控制再热器处的烟气温度来保护再热器。

（4）省煤器的保护　省煤器的保护是采取措施保持省煤器连续进水。常用方法有省煤器再循环法和连续进水法。连续进水法一般采用小流量给水连续经省煤器进入汽包，同时通过连续排污或定期排污系统放水维持汽包水位。连续进水法克服了省煤器再循环的循环压头低等缺点，常被采用。

（5）燃烧器的保护　锅炉点火后，未投入的燃烧器要注意冷却。一般只要送额定风量的 5% 就可以保证燃烧器喷口不被破坏。对于已投入运行的燃烧器，通过对一次风和二次风的调整，使煤粉气流的着火点在喷口的适宜距离，防止将燃烧器烧坏。

13.1.3　汽包锅炉的停运

大型机组的停运方式一般有额定参数停运、滑参数停运和故障停运三种。锅炉按计划停止运行时，应按停炉曲线和汽轮机要求进行。

1. 额定参数停运

额定参数停运时，锅炉减少燃料量、风量，尽量维持汽温、汽压在正常范围内，逐渐降低机组负荷，当汽轮机负荷降到最低时，发电机解列，汽轮机停机，锅炉熄火。停运后空气预热器应继续运行，直至出口烟气温度低于规定值后停止。

2. 滑参数停运

单元制机组的计划停运，通常采用滑参数停运方式。

开始停运后，锅炉逐步降低燃烧强度，汽轮机调速门全开。当锅炉负荷降低到 40% ～ 50% 额定负荷时，为防止锅炉出现灭火或爆燃事故，需要投入油枪。随着蒸汽参数的降低，机组负荷逐渐减少，直至机组全停。滑参数停运的主要优点是充分利用锅炉余热发电，还能够利用温度逐渐降低的蒸汽使汽轮机部件比较均匀和较快地冷却，以缩短停运时间。滑参数停运的关键是控制主蒸汽温度降低的速度，一般为1℃ /min。锅炉出口蒸汽要保持有足够的过热度，以防止汽轮机后补蒸汽湿度过大。汽包锅炉停运中，应缓慢降压，保持锅筒内工质的饱和温度下降速度不大于1.5℃ /min，锅筒上下金属壁温差不大于40℃，并使水循环安全可靠。

3. 故障停运

故障停炉又称为事故停运，可分为一般事故停运和紧急事故停运两种。设备故障需要及时停运检修时，可采用一般事故停运，逐步减负荷直至炉膛熄火，其步骤与正常停运相同，但速度要加快。

若发生重大事故，可能会严重损坏设备或危及人身安全时，应采取紧急事故停运。进行紧急事故停运时，应立即停供燃料，停止送、引风机，关闭主汽阀，开启旁路；如果是锅炉爆管事故，应保持引风机运行，抽吸炉内烟气和蒸汽；如果是锅炉满水或缺水事故，应关闭给水隔绝阀，停止给水泵，严禁向锅炉上水。

4. 锅炉停运后的保养

锅炉停运后，若不采取有效的保护措施，溶解在水中的氧以及外界漏入汽水系统的空气中所含的氧和二氧化碳，都会对锅炉金属造成腐蚀。因此，当锅炉停运时间较长时，需要采取措施对锅炉的汽水系统进行保护，防止金属腐蚀。

锅炉汽水系统停运保护的原则是：阻止空气进入锅炉的汽水系统；保持汽水系统金属表面干燥；在金属表面形成具有防腐作用的薄膜，以隔绝空气；使金属表面浸泡在含有除氧剂或其他保护剂的水溶液中。锅炉停运保护分为干法保护和湿法保护两类。干法保护包括热炉放水余热烘干法、充氮法；湿法保护包括氨 - 联氨法、氨水法和其他药剂保护法。

13.2 汽包锅炉的动态特性和运行调节

锅炉在从一个工况向另一个稳定工况的过渡过程中，工况参数变化的速度和波折，即工况参数和时间的关系，称之为锅炉的动态特性。

锅炉机组的运行，必须与外界的负荷相适应。当锅炉负荷变动时，必须对锅炉机组进行一系列的调整操作，改变锅炉的燃料量、空气量和给水量等，保持锅炉的汽温、汽压和水位在一定的允许范围内，且使锅炉蒸发量和外界负荷相适应。带稳定的基本负荷的机组，锅炉机组内部某一因素的改变，也会引起运行参数的变化，因而也要进行必要的调节。只有严格地监视锅炉机组的运行工况，及时正确地进行调节，才能保证锅炉机组的安全经济运行。

13.2.1 汽包锅炉的蒸汽压力变动速度

蒸汽压力是锅炉安全和经济运行的重要指标之一。一般规定过热蒸汽的工作压力与额定值之间的偏差不能超过0.1MPa。当发生外扰或内扰时，汽压发生波动。若汽包压力的变动速度过大，可能会使水循环恶化。

为了简化分析，进行下列假定：

1）把汽包、下降管、上升管、上下联箱、汽水导管组成的锅炉蒸发区域看作具有相同状态参数的集中容积，其内部工质的温度和压力均匀分布。

2）在压力变动时，蒸发区域内总是处于饱和状态。

3）水循环的管系和集箱全部金属的温度与饱和温度同步变化；汽包壁较厚，它与工质之间的放热速度比较慢，根据经验，汽包的 50% 金属与饱和温度同步变化。

4）在蒸发区域压力变动不大时，工质的内能变化近似等于焓的变化。

因此，蒸发区域内质量和能量平衡式为

$$\Delta D_{sm}-\Delta D_{bq}=\frac{d}{d\tau}(\rho'V'-\rho''V'') \tag{13-1}$$

$$\Delta Q_{zf}+\Delta(D_{sm}h_{sm})-\Delta(D_{bq}h'')=\frac{d}{d\tau}(V'\rho'h'+V''\rho''h''+G_{js}c_{js}t_{js}) \tag{13-2}$$

式中，D_{sm}、h_{sm} 分别为由省煤器进入汽包的给水量和给水焓；D_{bq} 为由汽包送出的饱和汽的量；G_{js}、c_{js}、t_{js} 分别为参与储热过程的金属的质量、比热容和温度；V'、V'' 分别为蒸发区域中水容积和蒸汽容积；h'、h'' 分别为饱和水及饱和蒸汽焓；τ 为时间。

蒸发区域中，水容积和蒸汽容积之和应当等于总容积，蒸发区域的总容积是定值，有

$$V=V'+V'' \tag{13-3}$$

$$-\frac{dV''}{d\tau}=\frac{dV'}{d\tau} \tag{13-4}$$

工质的焓值变化存在以下关系：

$$\begin{aligned}h''&=h'+r\\ h_{sm}&=h'-h_q\end{aligned} \tag{13-5}$$

式中，r 为汽化热；h_q 为汽包给水的欠焓。

工质的焓、密度和金属的温度对时间的导数与压力变动速度有如下关系，即

$$\frac{dh}{d\tau}=\frac{\partial h}{\partial p}\frac{dp}{d\tau},\quad \frac{d\rho}{d\tau}=\frac{\partial \rho}{\partial p}\frac{dp}{d\tau},\quad \frac{dt_b}{d\tau}=\frac{\partial t_b}{\partial p}\frac{dp}{d\tau} \tag{13-6}$$

以上各式，经过整理可以得到

$$\frac{dp}{d\tau}=\frac{\Delta Q_{zf}+(\varepsilon_1-h_q)\Delta D_{sm}-\varepsilon_2\Delta D_{bq}}{\varepsilon_3V'+\varepsilon_4V''+\varepsilon_5G_{js}c_{js}} \tag{13-7}$$

式中，$\varepsilon_1=\frac{r\rho''}{\rho'-\rho''}$；$\varepsilon_2=\frac{r\rho'}{\rho'-\rho''}$；$\varepsilon_3=\rho'\frac{dh'}{d\tau}+\frac{r\rho''}{\rho'-\rho''}\frac{d\rho'}{d\tau}$；$\varepsilon_4=\rho''\frac{dh''}{d\tau}+\frac{r\rho'}{\rho'-\rho''}\frac{d\rho''}{d\tau}$；$\varepsilon_5=\frac{dt_b}{d\tau}$。这五个系数都与压力有关，代入时，都要代入工况变动前的数值。

式（13-7）的分子表示单位时间内蒸发区域的热量收支的不平衡，此值越大，则压力变动速度越快。实际计算表明，压力变动速度的影响因素主要是蒸发受热面吸热量的波动和蒸汽输出量的变化。前者取决于燃料在炉膛内的放热量，后者取决于锅炉负荷的变动。式（13-7）的分母表示蒸发区域内的储热能力，其值越大，则压力变动速度越小。储热能力最大的是水，其次是金属，蒸汽的储热能力最小。随着锅炉容量增加，锅炉的相对储热能力减小，压力变动速度增加。在汽轮机甩负荷时，锅炉的压力变动速度达到最大值。

13.2.2　汽包水位的变动

汽包水位是锅炉运行中一个重要的控制参数。汽包水位过高，蒸汽空间缩小，将会引

起蒸汽带水，使蒸汽品质恶化以致造成过热器内壁结垢，从而使管子过热，严重时会发生爆管。满水时，周期大量带水将会引起管道和汽轮机内产生严重的水冲击，造成设备损坏。水位过低，将会引起水循环被破坏，使水冷壁超温。因此，运行时必须严格监视和限制汽包水位的变动和变动速度。自然循环锅炉的汽包水位，一般定在汽包中心线以下100mm左右，允许波动的范围为±50mm。

锅炉运行中，汽包水位经常变动。当有扰动破坏了物质平衡，或者使工质状态发生变化，便将引起水位变化。水位变化的剧烈程度随着扰动量增大和扰动速度的加快而增强。影响汽包水位变化的主要因素包括锅炉负荷、燃烧工况和给水量扰动。

（1）锅炉负荷　汽包水位首先取决于锅炉负荷的变动量和变化速度。锅炉负荷变化不仅影响蒸发设备中水的消耗量，而且还会造成压力变化，引起锅水状态的变化。

锅炉运行中，引起水位变化的根本原因是蒸发区物质平衡被破坏或者工作状态发生了改变。当给水量与蒸发量不相等时，水位会发生变化。例如，只增加燃料量而不进行其他操作（如给水调节和汽轮机调节门动作）的情况下，锅炉蒸发量增加，给水量小于蒸发量，水位便会降低，如图13-1中曲线1所示。

若汽压或负荷波动较大，也可能引起水位变化。图13-1中曲线2表示汽压突然下降对水位的影响。一方面，汽压下降造成汽水的比体积增大，水位上升；另一方面，工质饱和温度降低，蒸发区域金属和锅炉水放出蓄热，产生附加蒸汽量，进而使汽水膨胀，水位上升。这种水位暂时上升的现象，称为虚假水位。

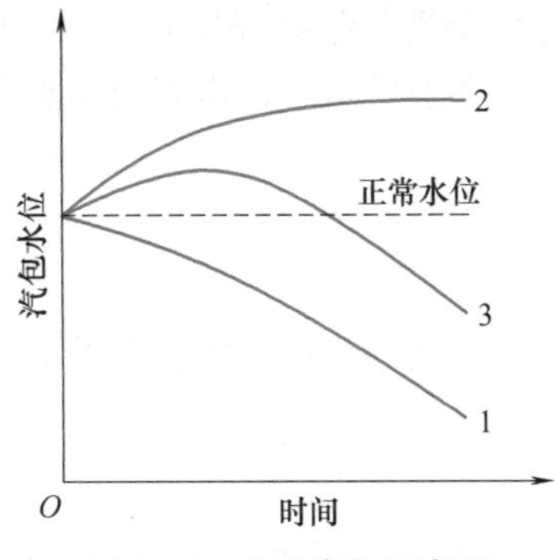

图13-1　水位变化示意图

当锅炉负荷突然增加，汽包压力下降，给水量和燃料量还没及时进行调节时，汽包水位开始先升高，然后再逐渐降低。如果不及时增加给水，汽包水位将急剧下降到正常水位以下，甚至出现缺水。这种情况下汽包水位的变化如图13-1中曲线3所示。

（2）燃烧工况　锅炉负荷和给水不变的情况下，燃料量的变化会引起炉内燃烧工况变动，导致汽包水位变化。当燃料量增加，蒸发强度增大。如果汽轮机用汽量不变，则随着汽包压力增高，汽包输出的蒸汽量将增加，于是蒸发量大于给水量，造成汽包进出工负质量暂时不平衡。由于水面以下的蒸汽容积增大，也会出现“虚假水位”，但随着燃料量增加也同时导致汽包压力升高，也会使汽泡体积减小。另外，由于热惯性的影响，燃料量的增加只使蒸汽量缓慢增加，因此，燃料量变化时的“虚假水位”现象要缓和得多。

（3）给水量扰动　给水量阶跃式增加时，给水量大于蒸发量，会导致汽包水位上升。但由于给水温度低于汽包内饱和水温度，当温度较低的给水进入汽包后，会使水面下汽泡体积减小，使水位下降。实际水位变化是以上两种因素共同作用的结果。

13.2.3　过热汽温的变动

过热蒸汽温度是锅炉运行时要严格监视和控制的最重要的运行指标之一。过热蒸汽焓值的热平衡式为

$$h_2 = h_1 + \frac{B}{D}Q - \Delta h_{jw} \tag{13-8}$$

式中，h_1、h_2 分别为过热器进口和出口的蒸汽焓；B、D 分别为燃料量和蒸汽流量；Q 为对应于单位燃料量的蒸汽吸热量；Δh_{jw} 为减温器引起的单位蒸汽量的焓减。

式（13-8）右侧第一项和第三项对出口汽温的影响都是单向的；第二项则说明，不论什么原因使其 B/D 的值有所变化，都可引起出口汽温的变化。式（13-8）可变成如下形式：

$$\left(h_2 - h_1 + \Delta h_{jw}\right)D = BQ \tag{13-9}$$

此式左边是工质侧的吸热，右边是烟气侧的放热。因此，引起汽温变化的原因有两方面，即烟气侧放热工况的改变和蒸汽侧吸热工况的改变。影响烟气侧放热工况改变的主要因素有燃料数量和性质、风量及风率、燃烧器运行方式、给水温度及受热面清洁程度等的变化。影响蒸汽侧吸热工况改变的主要因素有锅炉负荷、饱和蒸汽温度和减温水等的变化。

实际测量中发现，在扰动发生时，汽温的变化不是阶跃的，一般都是从慢到快，然后再从快到慢的过程，如图 13-2 所示。曲线的拐点是参数变化最快的点。过曲线拐点，作切线与初值线和终值线相交于两点，则两点之间的时间差值称为时间常数。因此，时间常数的物理意义就是以参数变化最快速度完成参数从初值到终值所用的时间。由参数开始变化点到时间常数的起点的时间，称为时滞。以拐点分界，把飞升曲线分为前后两部分，一般前部分比较短，二者甚至相差几倍以上。因此，出现汽温变化曲线的原因是过热器金属管子储热。在烟气侧对过热器管子的加热强度增大时，过热器金属管子首先吸热增加，提高管子的壁温，即金属管子储热过程。管壁温度升高以后，管壁对蒸汽的传热温差增加，才有更多的热量传给蒸汽，使蒸汽温度提高。

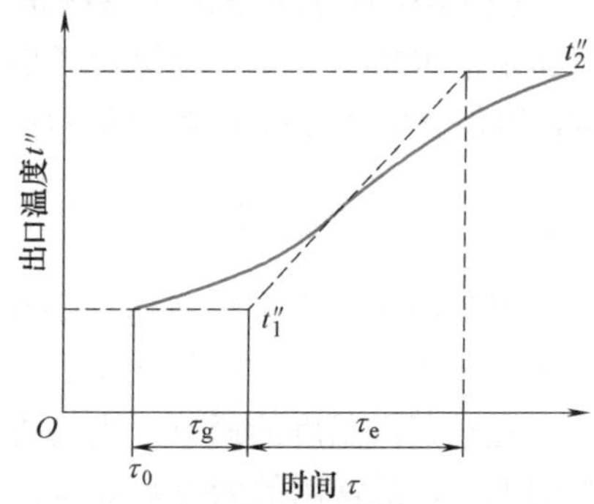

图 13-2 扰动过程中汽温变化曲线

汽温变化速度和过热器的储热能力有关。在稳定工况时，过热器的金属壁面和内部的蒸汽之间一般维持几十度以上的温差。一旦发生扰动，使蒸汽温度变化时，过热器壁面金属的温度也会随着变化，金属吸收或放出一部分储存热，延缓了汽温的变化。锅炉的过热蒸汽参数越高、容量越大，过热器管子越长、管子和联箱的壁厚越大，金属储热能力越大，出口蒸汽温度的变化速度就越慢。

过热汽温变化的时滞与扰动方式有关。烟气侧和蒸汽侧的流量扰动，常在几秒钟内使整个过热器受到影响，时滞较小。进口蒸汽焓和喷水量的变化对出口汽温的影响就较慢，其时滞正比于进出口之间的距离，反比于蒸汽流速。

13.2.4 给水调节

实现水位自动调节的原则性系统主要有单冲量、双冲量和三冲量给水调节系统。

单冲量即指汽包水位，是最简单的单回路定值给水自动调节系统，如图 13-3a 所示。图中 H 表示汽包水位的信号。单冲量调节方式的主要缺点为：当蒸汽负荷和蒸汽压力突然变动时，水容积中的蒸汽含量和蒸汽比体积将发生改变，产生虚假水位，从而使给水阀有错误动作，因此单冲量调节只能用于负荷相当稳定的小容量锅炉。

为了克服上述缺陷，可以在根据水位调节之外，再引入蒸汽流量和给水流量的变化来控制给水，从而构成双冲量和三冲量给水调节系统。

图 13-3b 所示为双冲量给水调节系统，在这种系统中除汽包水位信号 H 之外，又加入了蒸汽流量信号 D。当蒸汽负荷变动时，信号 D 要比信号 H 提前反应，从而可抵消“虚假水位”的错误影响。这种双冲量给水调节方式可用于负荷经常变动和容量较大的锅炉，但是它的缺点是不能及时反映和纠正给水量扰动的影响。

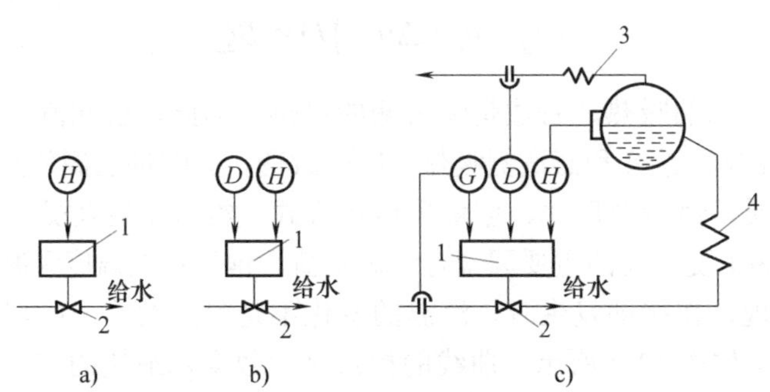

图 13-3 给水自动调节系统

a）单冲量 b）双冲量 c）三冲量

1—调节机构 2—给水调节阀 3—过热器 4—省煤器

图 13-3c 所示的三冲量系统是更为完善的给水调节方式，该系统在信号 H 和 D 之外又增加了给水量信号 G。它综合考虑了蒸汽量与给水量相等的原则，又考虑了水位偏差的影响，既能补偿“虚假水位”的反应，又能纠正给水量的扰动。

13.2.5 过热汽温调节

保证机组安全和经济运行必须要维持锅炉出口过热蒸汽温度的稳定。汽温过高会缩短受热面金属寿命，影响安全运行；汽温过低则会影响机组循环热效率。

过热蒸汽温度的调节方式主要有两类：一类是蒸汽侧的调节，最常用的为喷水减温；另一类是烟气侧的调节，如摆动式燃烧器、分隔烟道的烟气挡板和烟气再循环等。

过热蒸汽温度自动调节的任务就是维持过热器出口汽温在允许范围内，采用以减温水为调节量，以过热汽温作为被调量的调节方式。图 13-4 所示是过热汽温调节系统示意图。

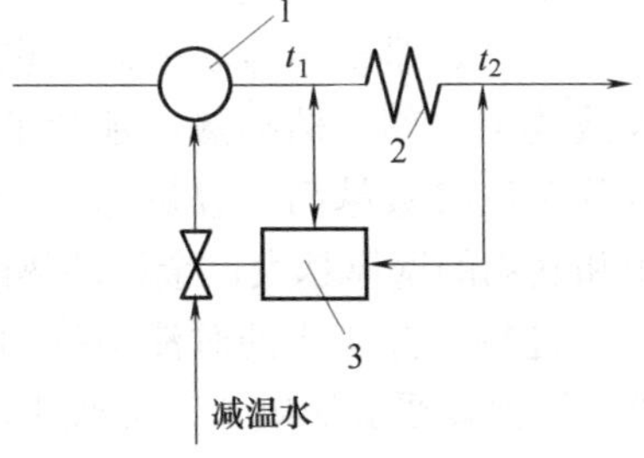

图 13-4 过热汽温调节系统示意图

1—减温器 2—某段过热器 3—调节装置

对于再热蒸汽温度，为了避免降低循环效率，多采用烟气侧的调温手段，同时用喷水作为细调或防止事故之用。当用摆动式燃烧器或烟气挡板等来调节再热汽温时，调节机构动作后汽温变化的时滞较小，故可用再热蒸汽的出口温度作为调节信号。如果再加入蒸汽负荷信号（如高压缸排汽压力），则可进一步提高调节质量。

13.2.6 燃烧调节

燃烧调节的任务如下：

1）维持锅炉的蒸汽压力为设定值，或使锅炉蒸发量满足负荷的需求。

2）保证燃料量和送风量之间的合适比例，即保持过量空气系数为一定值。

3）通过调节引风量来维持炉膛压力稳定。

实现上述三个调节目标需要有三个被调量：燃料量、送风量和引风量。在燃烧调节中三个被调量的调节应密切配合，其中燃料量和送风量的配合比较复杂。

在应用固体燃料的燃烧调节系统中，由于固体燃料量的测量不是很准确，因此一般用热量信号来反映燃料量。图 13-5 所示的控制系统中，采用了蒸发量 D 与汽压变化速度 $dp/d\tau$ 的综合信号作为反映燃料量的热量信号，并与锅炉出口汽压信号一起直接送到燃料调节器中，燃料调节器的输出作为送风调节器的输入信号。这种方式称为串级调节，适用于热值会有显著变化的固体燃料。氧量 O_2 作为送风调节的校正信号，以维持最佳的过量空气系数。采用平衡通风时，以炉膛负压 p_1 的定值作为引风调节器的控制目标，引风调节的任务就是要消除实际负压与定值之间的偏差，常使用一个独立的单冲量调节系统。但是这种简单系统很容易发生波动。因此，除了在负压信号通道上加一阻尼外，常以送风调节（或送风量）作为前馈信号，使引风与送风（和燃料）基本上同时按比例动作，从而减小炉内压力的波动。

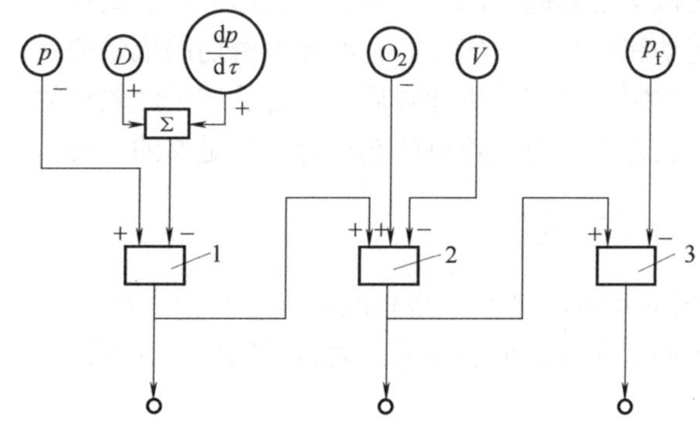

图 13-5 有煤粉仓的燃烧调节系统

1—燃料调节器 2—送风调节器 3—引风调节器

对于直吹式制粉系统，要迅速改变进入炉内的燃料量，就只有利用磨煤机中的储存能力。因此，当锅炉负荷变动时，增减负荷的信号应该首先送给一次风调节器，通过各台磨煤机一次风量的总和可以代表进入炉内煤粉的总量。各台磨煤机则根据能够反映磨煤机内存煤量的信号调节给煤机的给煤量。较常用的信号是磨煤机进出口一次风压差。

13.3 直流锅炉的起动和停运

13.3.1 直流锅炉的起动特点和基本要求

1. 直流锅炉的起动特点

直流锅炉结构和工作原理上的特殊性，使其起动过程也具有一些特殊性，其起动和汽包锅炉相比有相近的地方，但也具有一些不同的特点。直流锅炉起动过程的主要特点为：

1）直流锅炉点火时，要求一开始就建立起足够的起动流量和起动压力，以保证所有受热面的冷却。

2）在工质升温过程中，工质状态不断变化，在锅炉送出汽水混合物和饱和蒸汽期间会

发生短暂的膨胀现象。

3）直流锅炉是由许多管径小而管壁薄的管子所绕成，无厚壁汽包限制升温速度，因而升温可快速进行，允许快速起动。

2. 直流锅炉起动的基本要求

直流锅炉和汽轮机对于起动过程都有各自要求，但两者存在矛盾。汽轮机要求以小的初始蒸汽量（约 7% ～ 10% 额定流量）和低的蒸汽参数来加热；但直流锅炉又要求用较大的起动流量（25% ～ 30% 额定流量）和较高的起动压力，甚至额定压力来冷却蒸发受热面。因此，机组的起动方式要安全而合理。

在直流锅炉母管制系统中，机炉的起动是分别进行的，即先进行锅炉升火，升压到与蒸汽母管并列为止，锅炉的起动就算完毕。而汽轮机则取自母管来的蒸汽，进行暖管、暖机、逐步提高转速、并列，至带额定负荷。

在直流锅炉的单元机组中，为了缩短起动时间，减少起动损失，要求机炉差不多同时起动，称为锅炉和汽轮机的整套起动法。整套起动合理方案的制订不仅要适应锅炉，也要确保所配汽轮机的安全起动和运行，它们之间有着极为密切的依赖关系。实际上，单元机组中锅炉的起动程序和参数控制，在汽轮机冲转后，都是从属于汽轮机的。为此要组织好单元机组的成套起动，运行人员也必须对汽轮机的起动特性有足够的了解。

13.3.2 直流锅炉的起动系统

直流锅炉起动系统主要由过热器旁路和汽轮机旁路两大部分组成。过热器旁路系统是针对直流锅炉单元机组的起动特点而设置的，为直流锅炉单元机组特有的系统。汽轮机旁路系统与汽包锅炉的相同。

直流锅炉单元机组起动旁路系统功能主要有：辅助锅炉起动，协调机炉工况，回收工质和热量及安全保护。机组的起动旁路系统，要根据机组的容量、参数及承担电网负荷的性质等合理地选定。此外，起动旁路系统功能在运行中的效果，还与锅炉、汽轮机及辅机的性能有关。

直流锅炉起动系统有内置式分离器起动系统和外置式分离器起动系统两大类型。DG 1900/25.4-II2 型超临界直流锅炉的内置式分离器起动系统如图 13-6 所示。起动系统主要由起动分离器、储水罐、水位控制阀、截止阀、管道及附件等组成。

目前直流锅炉最常见的起动系统为内置式起动系统。该类型的起动系统分离器与水冷壁、过热器之间的连接无任何阀门。一般在 35% 额定负荷以下，由水冷壁进入分离器的工质为汽水混合物。在分离器内进行汽水分离，分离器出口蒸汽直接送入过热器，疏水系统回收工质和热量或排放汽水至大气、地沟。当水冷壁进入分离器的工质为干蒸汽时，分离器只起联箱的作用，蒸汽通过分离器直接进入过热器。

外置式分离器类似于一个中压或低压分离器，它只是在机组起动及停运过程中使用，正常运行时与系统隔绝，处于备用状态。

外置式分离器起动系统在起停过程中，要进行投入运行和切除起动分离器的操作，增加了起停复杂性。但是起动分离器的优点明显，能充分地回收热量和工质，能解决机、炉之间的蒸汽流量和参数要求不一致的矛盾，与内置式分离器比较，外置式起动分离器的压力低，设计、制造方便，运行要求也较低。

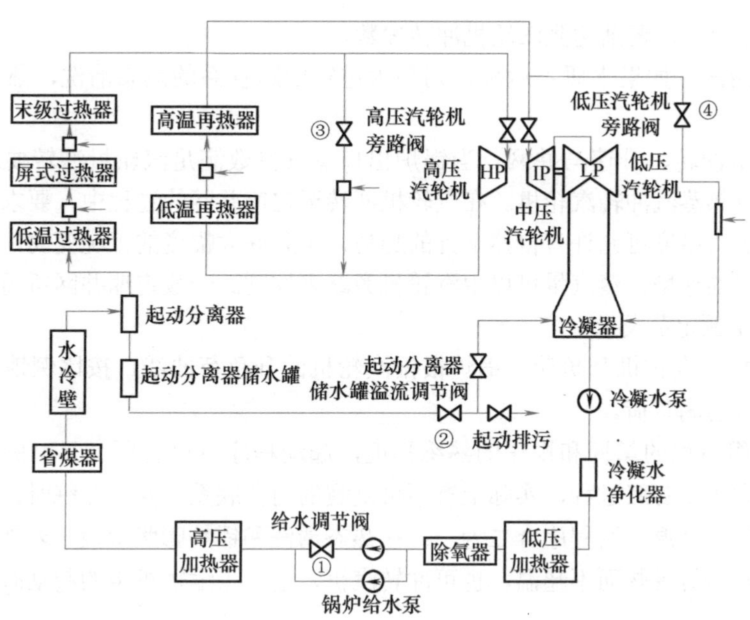

图 13-6　DG1900/25.4-II2 型超临界直流锅炉的内置式分离器起动系统

13.3.3　直流锅炉滑参数起动

滑参数起动方式对机组安全运行和经济性都有很大好处，但是，由于具体条件和设备形式的不同，不可能制定标准的起动运行程序。以 600MW 机组超临界直流锅炉为例，并结合国内直流锅炉应用，简单介绍直流锅炉冷态滑参数起动程序。

（1）冷态循环清洗　循环清洗的目的是洗去管系内的污物，提高给水品质，使给水达到一定标准。在锅炉点火之前，隔绝汽轮机本体。机组进行低压系统清洗（通称小循环）和高压系统清洗（通称大循环）。小循环回路为：凝汽器→凝结水泵→除盐设备→凝结水升压泵→低压加热器→除氧器→凝汽器。大循环回路为：凝汽器→凝结水泵→除盐设备→凝结水升压泵→低压加热器→除氧器→给水泵→高压加热器→省煤器、水冷壁→炉顶过热器→包覆管→起动分离器→凝汽器。

（2）建立起动流量和起动压力　根据管壁金属温度工况、管内流动稳定性、起动损失等因素的综合考虑，直流锅炉需要建立 25% ～ 30% 额定蒸发量的起动流量。

为了保证管内工质流动稳定性，缓和膨胀现象，避免起动初期工质汽化，应有足够高的起动压力，超临界参数直流锅炉采用全压起动方式，亚临界参数直流锅炉采用 40% ～ 70% 额定压力作为起动压力。

（3）锅炉点火及工质加热　锅炉点燃后，在点火初期，过热器和再热器内尚无蒸汽疏通，处于干烧状态，故需限制这两个受热面前的烟气温度；另外还需控制管系的温升速度。因此，要求在低燃烧率（加 10% ～ 15% 燃料量）下维持一定时间。

起动分离器内最初无压，随着燃烧的进行，工质温度逐渐上升并开始产生蒸汽，锅炉开始起压。随着燃料量的不断增加，进入分离器的工质中蒸汽份额增加，压力逐渐上升，进入过热器系统的蒸汽量增加，而分离器流入储水罐的水量减少，给水泵送入锅炉的给水量逐渐增加。结合汽轮机旁路的控制和锅炉燃料量与风量的控制，可以使锅炉出口蒸汽的温度和

压力按一定速率上升，逐渐达到汽轮机冲转参数。

（4）热态清洗 如果水质不达标，则必须进行回路管系的热态清洗，热态清洗的温度为260～290℃。

（5）汽轮机冲转、升速与并网 当锅炉出口蒸汽参数满足汽轮机冲转要求后，即可用小流量低压微过热蒸汽冲转汽轮机。在汽轮机冲转至定速并网的过程中，要求能够稳住主蒸汽压力，而主蒸汽温度可允许有自然上升的趋势，不允许大幅度的工况变动。汽轮机升速主要依靠蒸汽流量的递增，蒸汽量可以由汽轮机旁路来控制。一般定速并网所需要的蒸汽量大约为7%～10%额定蒸发量。

（6）锅炉配合汽轮机升负荷 锅炉根据汽轮机的升负荷曲线，按比例地增加燃料和给水，使机、炉均达满负荷。

按照对机组特性的掌握和操作的熟练程度，起动程序可以有所交叉。例如，锅炉本体的升压、升温和工质膨胀过程，实际上有不可割裂的内在联系。操作熟练时，可借膨胀过程的进行借势升压、升温，两程序合二为一；在热态清洗和锅炉膨胀阶段，若能控制好出口蒸汽参数并使过热器等受热面不超温，也可冲转汽机，进一步缩短机组的起动时间。

13.3.4 直流锅炉的停炉

对于凝汽式汽轮机的单元机组的正常停用，采取滑参数方式最合理。一般规定按起动曲线的相反方向进行滑参数卸负荷。

滑参数停炉时，逐步减少燃料量、风量及给水量，同时，按照规定降低蒸汽参数和汽轮机负荷。当机组负荷降低到额定负荷25%～30%时，锅炉进入湿态运行，这时起动分离器负责完成汽水分离的任务。继续减少燃料量、风量、给水量，同时降低蒸汽参数，机组负荷降低至最低允许负荷值，然后进行锅炉熄火、汽轮机停机、发电机解列及给水泵停运等操作。

13.4 直流锅炉的动态特性与调节特点

13.4.1 直流锅炉的动态特性

1. 汽水系统内工质储存量的变化

直流锅炉的受热面可以简化成省煤器、水冷壁和过热器三个受热管段串联组成的受热面。水通过省煤器加热后，水冷壁进口为未饱和水，在水冷壁中进行加热、汽化和蒸汽微过热，然后，蒸汽通过过热器过热，达到所需的蒸汽参数。

燃料量或给水量的扰动，会使水冷壁热水段、蒸发段和微过热段的长度发生变化，从而使锅内工质储存量发生变化。锅内储存水量发生变化，使蒸汽流量增加或减少的部分，称为附加蒸发量。

当直流锅炉的热负荷与给水量不相适应时，出口汽温会显著地变动。因此，运行中热负荷应与给水量很好配合，也就是要保持适当的煤水比。只要保持适当的煤水比，在任何负荷与任何工况下，直流锅炉都可以维持一定的过热汽温。这种特性与自然循环锅炉有显著的区别。

2. 蒸汽温度和压力的动态变化特性

（1）汽轮机调节门开度的变化　汽轮机调节门开度增大时，蒸汽流量急剧增加，锅炉出口汽压则迅速降低。如果给水压力和给水阀开度不变，给水流量就会自动增加，稍高于原来的水平。汽压开始降低时，锅炉金属和工质释放热量，产生附加蒸发量，蒸汽流量将增加。随后，蒸汽流量将逐渐减少，最终与给水量相等，保持平衡。同时，汽压降低的速度也逐渐减缓而趋于稳定。因为燃料量保持不变，而给水量会略有增加，故锅炉出口的蒸汽温度稍有降低。如果只从燃料与工质的热平衡考虑，在最初阶段，蒸汽流量显著增大时，蒸汽温度理应显著下降，但由于过热器金属释放储热所起的补偿作用，故过热器出口蒸汽温度没显著的偏差。

（2）燃料量的变化　燃料量增大时，蒸发量在短暂延迟后将发生一次向上的波动，随后就稳定下来，与给水量保持平衡。因为在燃烧放热量增加时，烟气侧的响应速度很快，所以蒸发量变化的延迟现象主要是传热与金属热容量的影响。波动过程中，超过给水量的附加蒸发量是由于热水段和蒸发段的缩短引起的。随着蒸发量的增加，锅炉压力也逐渐升高，故给水量会自动减小。煤水比即使改变很小，蒸汽温度也会发生明显的偏差。但是，在过渡过程的初始阶段，由于蒸发量与燃烧放热量近乎按比例变化，再加上管壁金属储热所起的延缓作用，过热汽温要经过一定迟滞后才逐渐变化。如果燃料增加的速度和幅度都很快，有可能使热水段末端发生工质突然膨胀的现象，使锅炉瞬间排出大量蒸汽。在这种情况下，汽温将先下降，然后再逐渐上升。

蒸汽压力在短暂延迟后逐渐上升，最后稳定在较高的水平。蒸汽压力最初的上升是由于蒸发量的增加。蒸汽压力随后保持较高的水平是由于汽温升高，蒸汽容积流量增大，而汽轮机调速阀开度不变，流动阻力增大所致。

（3）给水量的变化　给水量骤增时，蒸汽流量会增大。但是，由于燃料量不变，热水段和蒸发段都要延长。在最初阶段，蒸汽流量只是逐渐上升。在最终稳定状态，蒸发量将等于给水量，达到新的平衡。由于锅炉金属储热的延缓作用，汽温变化与燃料量扰动时相似，在过热器起始部分和出口端，汽温变化也都有一定的迟滞，然后逐渐变化到稳定值。过热蒸汽压力由于蒸汽流量的增加而升高，当温度下降，容积流量减少时，过热蒸汽压力又有所降低，最后稳定在稍高的水平。

13.4.2　直流锅炉的调节特点

1. 直流锅炉的调节任务

直流锅炉的调节任务有很多，主要包括：

1）用最迅速的方法使蒸发量满足汽轮机负荷的要求。

2）保持蒸汽的压力和温度。

3）保持最佳的空气工况，使锅炉具有最高的燃烧效率。

4）保持炉膛负压一定。

5）保持汽水行程中某些中间点的温度。

在燃烧与通风调节方面，直流锅炉与汽包锅炉并无不同，但在蒸汽参数调节方面，直流锅炉则更为复杂。

2. 主调节信号的选择

主调节信号又称调节主冲量，即被调参数或被调量。直流锅炉蒸汽参数调节中，被调量为汽压和汽温。仅把锅炉最终出口的汽压和汽温这两个被调量作为主调节信号，往往使调节质量很差，不能稳定地保证它们维持在规定值。因此，除了把汽压和汽温作为主调节信号外，还必须选择一些辅助信号。

对于纯直流锅炉，各个区段（加热、蒸发和过热）在动态特性上紧密联系，所以可把整个锅炉作为一个调节段来处理。此时，蒸汽参数调节的主要任务是使燃料输入的热量与蒸汽输出的热量相配合，亦即控制燃料与给水的比例，通常用蒸汽温度来间接判定。由于燃料 - 给水比和蒸汽温度之间不是简单的正比关系而是累积关系，每一工况的扰动要经过一定的时间之后才显现出来，即扰动后被调参数（蒸汽温度）总有一段延迟才开始变化。为了提高调节质量和便于操作人员判断，还应选用其他测量值作为主调节信号。直流锅炉常用的主调节信号包括过热器后烟气温度、蒸发量、过热蒸汽出口压力和各级过热器出口汽温。

调节蒸汽参数时，要求能迅速判断燃料释放热量的变化。燃料释放热量的变化很难及时测定，尤其燃用固体燃料时更难于测定。利用过热器后烟气温度和锅炉蒸发量，可以迅速判断出燃料释放热量的变化方向和大小。因为蒸发量的突变可以作为产生扰动的信号，燃料释放热量的变化又必然引起过热器后烟气温度的变化。锅炉负荷升高时，燃料量增加，引起过热器后烟气温度上升。过热器后烟气温度作为主调节信号，还有一个优点是它的变化迟延很小，它比过热蒸汽出口温度的迟延要小得多。

但是，蒸发量的变化，并不一定是燃料量变化引起的。外部扰动引起汽轮机功率变化时，同样会引起锅炉蒸发量的暂时增大或减小。因此，要正确判断蒸发量的变化是燃料扰动引起的，还是汽轮机功率扰动所引起的，主调节信号就必须再加入过热器出口蒸汽压力。因此，利用蒸发量、过热器后烟气温度和过热蒸汽出口压力三个主调节信号，在锅炉带不变负荷时，可以用来稳定燃料量；当锅炉带变动负荷时，可以用来调节给水量。

直流锅炉是一次强制流动，循环倍率等于 1，因而给水量和燃料量直接影响汽水通道内各点的温度。反之，根据这些温度，也可以正确地控制给水和燃料的比例；尤其在锅炉负荷变动时，它们能校正两者的比例关系。但是，因为蒸汽温度的迟延相当大，只有在过热开始截面的工质温度的迟延在 30s 以内才有可能。所以直流锅炉的调节过程必须全面使用上述几个主调节信号。

直流锅炉的另一个特点是锅炉出口和汽水通道所有中间截面的工质焓（温度）值的变化是相互关联的。例如，当给水与燃料的比例发生变化时，引起蒸发终点的移动，首先反映出变化的是过热区段开始截面处的汽温，它类似于汽包锅炉中水位的变化。汽包锅炉中水位和过热蒸汽出口温度是两个不相关联的被调量，而直流锅炉中过热区段开始截面处的汽温的变化，则必然引起过热区段各中间截面汽温的改变，最后导致过热蒸汽出口温度的变化。直流锅炉的调节质量，不仅在于准确地保持给定的蒸发量及额定的汽压和汽温，同时也只有保持住这些中间截面的工质温度才能较好地稳定出口汽温。因此，在直流锅炉的汽温调节中还必须选择适当的中间点汽温作为主调节信号。

3. 蒸汽参数的调节原理

锅炉运行必须保证汽轮机所需要的蒸汽量以及过热蒸汽压力和温度的稳定不变。由动态特性分析中可知，直流锅炉蒸汽参数的稳定主要取决于两个平衡：汽轮机功率和锅炉蒸发量的平衡，以及燃料与给水的平衡。前者能稳住汽压，后者则能稳住汽温。

直流锅炉的加热、蒸发、过热三个区段间无固定分界线，使得汽压、汽温和蒸发量之间互相依赖紧密相关，一个调节手段不仅仅只影响一个被调参数。因此，汽压和汽温这两个被调参数的调节不能分开，而是一个调节过程的两个方面。直流锅炉的蓄热能力小，运行工况一旦被扰动，蒸汽参数的变化很快。这些都要求选择合理的调节手段。

（1）蒸汽压力的调节　压力调节的实质就是保持锅炉出力和汽轮机所需蒸汽量的相等。压力的变动是汽轮机负荷或锅炉出力的变动引起的，压力变化反映了两者之间的不相适应。

在汽包锅炉中，调整锅炉的出力是依靠调整燃烧来实现，与给水量无直接关系；给水量则是根据汽包水位来调整的。在直流锅炉中，炉内放热量的变化并不直接引起出力的改变，只是当给水量改变时，才会引起锅炉出力的变化。因此，直流锅炉的出力首先应由给水量来保证，然后燃料量相应调整以保持其他参数。在手动操作时，因为燃烧调整还牵涉风量调整等，往往先用给水量作为调节手段稳住锅炉汽压，然后再调喷水保持汽温。带基本负荷的直流锅炉，如果采用自动调节，往往还用调整汽轮机调节阀门来稳住汽压。

（2）过热蒸汽温度的调节　直流锅炉运行过程中，过热蒸汽温度不仅随着锅炉蒸发量变化，而且随着给水温度、燃料品质、炉膛过量空气系数以及受热面结渣等的变化而在较大范围内波动。

锅炉效率、燃料发热量、给水焓保持不变，则过热蒸汽温度只取决于燃料量与给水量的比例 B/G。如果 B/G 保持一定，则 h_{gr} 不变。反之，B/G 比值的变化，则是造成过热汽温波动的基本原因。因此，直流锅炉汽温调节主要是通过给水量和燃料量的调整来进行。

实际运行中，要保证 B/G 比值的精确也不容易，特别是燃用固体燃料时，用给煤机电流、给粉机转速来测定和控制燃料量十分粗糙。因此，直流锅炉采用 B/G 作为粗调的调节手段，还采用在汽水通道上装置喷水减温器作为细调的调节手段。有些锅炉也采用烟气再循环量、炉膛火焰中心位置作为辅助调节手段，但国内把这些手段主要用来作为再热汽温的调节手段。

在运行中，为了维持锅炉出口汽温的稳定，通常在过热区段中间部分取一温度测点，将它固定在相应的数值上，这就是通常所谓的中间点温度。汽水通道上的喷水除了最后一级喷水外，往往就以喷水点后的温度作为中间被调参数。

综上所述，直流锅炉带固定负荷时，压力波动小，主要的调节任务是汽温调节；在带变负荷时，则汽温与汽压的调节过程必须同时进行。例如，当汽轮机功率增加引起汽压降低时，就必须加大给水量来提高压力，此时若燃料量不相应增加，就会引起汽温的下降。因此，直流锅炉调压的同时必须调温，即燃料量必须随给水量相应地变化，才能在调压过程中同时稳定汽温。手动操作直流锅炉时，给水调压，燃料配合给水调温，抓住中间点，喷水微调，以这种“协调控制”的方法来达到蒸汽参数的稳定。

（3）再热汽温的调节　当机组采用中间再热时，再热蒸汽温度的调节也极为重要。再热器内的工质一般为中压或低压，由于压力低，蒸汽侧传热系数较小，再热器内蒸汽质量流速为减少阻力又过大，所以再热器管壁的冷却条件较差。低压蒸汽的比热容较小，同样的热力不均匀，再热蒸汽的温度偏差比过热器要大得多。再热器的运行工况不仅受到锅炉各种因素的影响，还与汽轮机的运行工况有关。因此，再热汽温的调节既重要又较困难，特别是不易找到有效的调节手段。

再热蒸汽流量与燃料量之间无直接的单值关系，不能用燃料量与蒸汽量的比值来调节汽温。用喷水量作为调节手段虽较有效，但因不经济而只能作为事故超温时的调节手段。常用的是把烟气再循环量、旁通烟气量等作为再热汽温调节手段。

思考题

13-1　什么是锅炉的冷态起动与热态起动？

13-2　什么是锅炉的额定参数起动和滑参数起动？

13-3　汽包锅炉冷态起动的主要步骤是什么？

13-4　汽包锅炉起动过程中如何保护汽包、过热器、再热器、省煤器及燃烧器？

13-5　汽包的水位变动受哪些因素的影响？

13-6　汽包锅炉给水调节有哪几种方式？各有何特点？

13-7　直流锅炉的起动特点是什么？

13-8　直流锅炉起动旁路系统的作用是什么？

13-9　简述直流锅炉滑参数起动的主要步骤。

13-10　锅炉停运后如何保养？

参考文献

［1］ 范从振 . 锅炉原理［M］. 北京：中国电力出版社，1986.

［2］ 陈学俊，陈听宽 . 锅炉原理［M］.2 版 . 北京：机械工业出版社，1991.

［3］ 容銮恩，袁镇福，刘志敏，等 . 电站锅炉原理［M］. 北京：中国电力出版社，2000.

［4］ 冯俊凯，等 . 锅炉原理及计算［M］.3 版 . 北京：科学出版社，2003.

［5］ 车得福，庄正宁，李军，等 . 锅炉［M］.2 版 . 西安：西安交通大学出版社，2008.

［6］ 樊泉桂，阎维平，闫顺林，等 . 锅炉原理［M］.2 版 . 北京：中国电力出版社，2014.

［7］ 张力 . 电站锅炉原理［M］. 重庆：重庆大学出版社，2009.

［8］ 周强泰，周克毅，冷伟，等 . 锅炉原理［M］.3 版 . 北京：中国电力出版社，2013.

［9］ 岑可法，姚强，骆仲泱，等 . 高等燃烧学［M］. 杭州：浙江大学出版社，2002.

［10］ 岑可法，樊建人 . 燃烧流体力学［M］. 北京：水利电力出版社，1991.

［11］ 朱全利 . 锅炉设备及系统［M］. 北京：中国电力出版社，2006.

［12］ 卢啸风 . 大型循环流化床锅炉设备与运行［M］. 北京：中国电力出版社，2006.

［13］ 华东六省一市机电工程（电力）学会 . 锅炉设备及系统［M］. 北京：中国电力出版社，2001.

［14］ 中国动力工程学会 . 火力发电设备技术手册：第一卷　锅炉［M］. 北京：机械工业出版社，2001.

［15］ 田子平 . 大型锅炉装置及原理［M］. 上海：上海交通大学出版社，1997.

［16］ 樊桂泉 . 超超临界锅炉设计及运行［M］. 北京：中国电力出版社，2010.

［17］ 丁立新 . 电厂锅炉原理［M］. 北京：中国电力出版社，2006.

［18］ 林宗虎，徐通模 . 实用锅炉手册［M］.2 版 . 北京：化学工业出版社，2009.

［19］ 张磊，张立华 . 燃煤锅炉机组［M］. 北京：中国电力出版社，2006.

［20］ 同济大学，重庆建筑大学，哈尔滨建筑大学，等 . 燃气燃烧与应用［M］.3 版 . 北京：中国建筑工业出版社，2000.

［21］ EVERSON R C，NEOMAGUS H W J P，KASAINI H.Reaction kinetics of pulverized coal-chars derived from inertinite-rich coal discards：Characterisation and combustion［J］.Fuel，2006，85（5）：1067-075.

［22］ KALISZ S，PRONOBIS M，DAVID B.Co-firing of biomass waste-derived syngas in coal power boiler［J］. Energy，2008，33（12）：1770-1778.

［23］ 全国锅炉标准化技术委员会 . 大型煤粉锅炉　炉膛及燃烧器性能设计规范：JB/T 10440—2004［S］. 北京：机械工业出版社，2004.

［24］ EL-MAHALLAWY F，HABIK S E.Fundamentals and technology of combustion［M］.Oxford：Scott and Daughters Publishing Inc，2002.

［25］《工业锅炉设计计算　标准方法》编委会 . 工业锅炉设计计算　标准方法［M］. 北京：中国标准出版社，2003.

［26］ 环境保护部科技标准司 . 火电厂大气污染物排放标准：GB 13223—2011［S］. 北京：中国标准出版社，2011.

［27］ BASU P.Combustion and gasification in fluidized beds［M］.Boca Raton：Taylor & francis group，CRC

Press，2006.

［28］ YANG S，et al.Impact of operating conditions on the performance of the external loop in a CFB reactor［J］. Chemical Engineering and Processing，2009，48（4）：921-926.

［29］ 全国煤炭标准化技术委员会 . 煤的工业分析方法：GB/T 212—2008［S］. 北京：中国标准出版社，2008.

［30］ KEATING E L .Applied combustion［M］.2nd ed.Boca Raton：CRC Press，2007.

［31］ RAYAPROLU K.Boilers for power and process［M］.Boca Raton：Taylor & francis group，CRC Press，2009.

［32］ SAJWAN K S，et al.Coal combustion byproducts and environmental issues［M］.New York：Springer，2006.